■
航空工艺装备设计与制造系列丛书

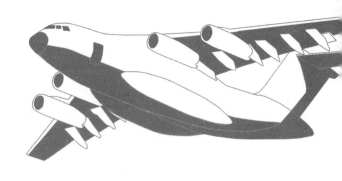

航空工艺装备 设计手册

主 编 王新峰

副主编 李继红 上官敬益

哈尔滨工业大学出版社
HARBIN INSTITUTE OF TECHNOLOGY PRESS

内 容 简 介

本书的主要内容包括工装设计基础、装配类工装设计、夹具类工装设计、模具类工装设计、地面与试验工装设计、其他工装设计及生产线规划与集成,从设计通用原则、依据、方法、工具入手,详细介绍了各专业类工装设计类别、方法,深入总结了模块化、防差错、安全、刚强度、目标精度及仿真等方面的设计方法,强化了机、电、气、液、软件的设计方法,重点介绍了生产线规划与集成设计。

本书可作为航空制造行业从事工艺装备设计的技术人员和管理人员的指导书。

图书在版编目(CIP)数据

航空工艺装备设计手册/王新峰主编. —哈尔滨:
哈尔滨工业大学出版社,2025.1. —(航天先进技术研究与应用系列). —ISBN 978-7-5767-1695-5

Ⅰ.V241-62

中国国家版本馆 CIP 数据核字第 2024N0A359 号

策划编辑	许雅莹	
责任编辑	李青晏	
封面设计	朱晓娇	
出版发行	哈尔滨工业大学出版社	
社 址	哈尔滨市南岗区复华四道街 10 号 邮编 150006	
传 真	0451-86414749	
网 址	http://hitpress.hit.edu.cn	
印 刷	哈尔滨市石桥印务有限公司	
开 本	787 mm×1 092 mm 1/16 印张 38.25 字数 860 千字	
版 次	2025 年 1 月第 1 版 2025 年 1 月第 1 次印刷	
书 号	ISBN 978-7-5767-1695-5	
定 价	228.00 元	

前　言

　　工艺装备是航空制造的依据,工艺装备设计是实现飞机产品制造技术指标和制造工艺工序的核心要素,是飞机产品良好制造质量的关键支撑。在航空制造行业内,本书首次对航空工艺装备基础设计方法和专业设计方法进行了全面梳理,对编者多年从事工艺装备设计技术研究过程工程的经验及对专业技术发展进行了总结,结合了大量中航西安飞机工业集团股份有限公司各型飞机工艺装备设计工程实践,部分结合了江西洪都航空工业集团有限责任公司工艺装备设计工程实践。本书对工艺装备及其产业链条相关技术管理人员深入了解航空工艺装备设计技术方面具有重要价值,对航空工艺装备设计过程和新员工培训具有理论指导作用。

　　本书针对工艺装备设计过程中涉及的设计基础、装配类工装、夹具类工装、模具类工装、地面与试验工装、其他工装、生产线规划与集成等方面技术进行了全面归纳总结,其中,设计基础包含概述、通用基础、专业基础、使能技术、安装设备等内容,生产线规划与集成包含规划、集成、案例等内容。书中部分彩图以二维码的形式随文编排,如有需要可扫码阅读。

　　本书编者主要为中航西安飞机工业集团股份有限公司(简称中航西飞)工艺装备设计工程技术人员。其中,编写思路、架构、大纲、技术方向确定、全文审校等由王新峰完成,技术内容审定由李继红、上官敬益完成,工装设计基础由王守川、乔顺成、李卫平、王伟华、杨巍参与提供资料与编写,装配类工装设计由王鸿昇、张炜、刘航、赵成、李继红、寇永兴参与提供资料与编写,夹具类工装设计由吴峰参与提供资料与编写,模具类工装设计由车剑昭、岳明、党晓丽、许会锋、闫宝强、刘凯参与提供资料与编写,地面与试验工装设计由赵晓亮、李磊、许广孝参与提供资料与编写,其他工装设计由杨亮、董卫萍、宦景亮、魏洪杨、周新房、郭峰参与提供资料与编写,生产线规划与集成由王守川、师鹏、张莹莹、王乐蕾、田芳方参与提供资料与编写。

　　同时,本书的主要专业资料来源于王富朝、上官敬益主编的中航西飞内部资料《工艺装备设计手册》,中航西飞张宇、曹爱民、巴晓甫、侣胜武、王永宏为书稿内容提供了帮助。另外,中国商飞公司航空制造技术专家王建华对本书的提纲及内容进行了指导,南昌航空大学朱永国、江西洪都航空工业集团有限责任公司李仁花对全书编辑提供了充分协助,中国航空制造技术研究院薛贵军、沈阳航空航天大学王巍,沈阳飞机工业(集团)有限公司孙朝海提供了资料并参与部分内容的审校工作。在此一并表示衷心感谢。另外,本书在编写过程中参考了大量文献,在此向这些文献的作者表示真诚的谢意。

　　由于编者水平有限,书中难免有疏漏与不妥之处,敬请读者批评指正。

编　者

2024 年 5 月

目　　录

第一部分　工装设计基础

第四部分　模具类工装设计

第七部分　生产线规划与集成

第一部分 工装设计基础

第1章 工装设计概述

1.1 工装分类

飞机产品在制造、检验及系统测试、地面配合等生产过程中所使用的专用装备称为飞机工艺装备,简称工装。工装具有批量小、种类多、数量庞大、成本高、周期长、专用性强等特点。工装可分为装配工装、夹具工装、模具工装、地面设备、试验工装及其他工装等。

(1)装配工装是用于控制产品在组件到部件装配及总装配的过程中几何参数的专用装备。

(2)夹具工装是机械制造过程中用于安装和定位加工工件,以保证零件和产品的质量,并提高生产效率的工艺装备。

(3)模具工装是飞机制造工程的重要组成部分,也是产品生产所需的重要工艺装备。它与冲压、锻造、铸造等机械成形设备,以及塑料、橡胶、陶瓷等非金属材料制品成形加工设备相配套,作为成形工具使用。

(4)地面设备是零部件在起吊、翻转、托放、运输过程中使用的专用设备,包括吊挂、翻转设备、托架和运输车等。此外,还包括在零部件安装、调试过程中因工作高度不可达而设置的工作梯。

(5)试验工装是在飞机制造过程中对飞机液压系统、气压系统、附件等的技术参数进行试验与检测,以及用于试验中封堵产品开口或接头的专用设备。

(6)其他工装包括模线、样板、刀具、量具等。

①模线是按1:1比例准确绘制在金属板或明胶板上的飞机外形和结构的理论图或结构图。

②样板是一种专用刚性量具,它按模线或数据制造,表示飞机零件、组件、部件的真实形状,在其上刻有标记并钻有工艺孔。

③刀具是机械制造中用于切削加工的工具,又称切削工具。绝大多数的刀具是机用的,但也有手用的。因为机械制造中使用的刀具基本上都用于切削金属材料,所以刀具

一词一般就理解为金属切削刀具。

④量具是实物量具的简称,它是一种在使用时具有固定形态、用于复现或提供给定量的一个或多个已知量值的器具。

1.2 工装设计依据

工装功能必须满足飞机产品的技术要求和使用单位的工艺要求,这些要求是工装设计的重要依据,工装设计依据主要包括以下几类。

1. 飞机产品文件

(1)产品数学模型。

飞机产品采用数字化技术设计时,产品数学模型(简称数模)及产品图样共同作为工装设计依据。当两者不一致时,应以数模为准或由产品设计确认。

(2)产品图样。

飞机产品不采用数字化技术设计时,产品图样即作为工装设计依据。

(3)产品专用技术要求。

产品专用技术要求是产品数模、产品图样上无法标注的技术性要求,如:飞机不同区域的外形阶差、间隙及水平测量;液压系统的流量、压力等参数要求等。

2. 工艺文件

(1)工艺总方案。

工艺总方案是新机研制工艺过程中首先编制的顶层工艺文件,它制定了产品零件加工和装配的工艺原则及互换协调要求,其他工艺文件的编制都必须遵照该文件的规定。

(2)互换协调图表。

为保证工装之间、工装与产品之间及产品之间的协调,零件制造主管工艺人员、装配制造主管工艺人员依据工艺总方案绘制能表明上述协调关系的图表即为互换协调图表,如:飞机装配互换协调图表、飞机钣金零件协调图表、飞机机加零件协调图表,工装设计时应遵循各图表内的工装协调关系。随着数字化技术的应用,互换协调图表特别是零件协调图表的内容越来越少。

①飞机装配互换协调图表。

飞机装配互换协调图表表示部件、组合件装配工装的制造协调方法及其制造依据之间的协调关系,同时表示部件、组合件之间,以及部件、组合件与零件、成品件之间的协调关系。

②飞机钣金零件协调图表。

飞机钣金零件协调图表表示钣金零件工装的制造协调方法及其制造依据之间的协调关系,同时表示钣金零件之间,钣金零件与组合件、部件之间的协调关系。

③飞机机加零件协调图表。

飞机机加零件协调图表表示机加零件工装的制造协调方法及其制造依据之间的协调关系,同时表示机加零件之间,机加零件与组合件、部件之间的协调关系。

(3)其他协调依据。

有些工装的协调依据并未列在协调图表中,而是零件制造单位根据需要在申请工装时提出对工装制造依据的要求,如:作为导管焊接夹具制造依据的导管实样、机床夹具制造依据的工序件等。

(4)工艺装备申请单。

工艺装备申请单是工装项目的立项依据,由工装使用单位提出申请,工装设计员审查会签并给出工装编号,经工装工具管理室批准并安排工装制造计划。工装图样按其标注工装名称、工装编号、产品图号等。

(5)工艺装备设计技术条件。

工艺装备设计技术条件是由工装使用单位对工装功能提出的具体要求,包括产品的定位、装配顺序、夹紧方式、使用设备及工具等。设计员对其内容进行可行性审查并签字确认。另外,钣金零件模具、简单工具的技术条件内容可直接填写在工艺装备申请单上而不另外编写工艺装备设计技术条件。

3. 其他设计依据

其他设计依据包括工装设计技术,管理文件,常用工程手册,常用材料、标准件和成品件标准,工装制造、测量设备参数,工装使用设备参数等。

1.3　工装设计要求

设计人员在进行工装设计时应遵循如下要求:

1. 可靠性要求

(1)工装应具有一定的稳定性,在制造、保存、运输、使用等过程中不产生失稳现象。

(2)采用合理的可靠性设计方法,如有冗余设计、元器件降额设计等。

(3)合理设计零部件的刚度、强度,既要避免因刚度、强度不足引起结构变形超差,也要避免因工装刚度、强度过剩而造成材料浪费。

(4)参考设计手册,选择合理的安全系数。

(5)根据工装使用环境和材料的物理性质、化学性质等,合理选择材料种类、热处理工艺、表面处理工艺等。

(6)对于因温度变化导致材料变形超差的工装,应避免温度变化对工装尺寸稳定性的影响,应尽可能采用线膨胀系数相近的材料,或设计可移动定位结构。

(7)对于工装中的电气设备,应按使用环境对电气设备外壳的防护等级做出要求,按GB/T 4208—2017《外壳防护等级(IP 代码)》执行。

（8）表面喷涂的漆膜颜色名称及颜色编号应符合 GB/T 3181—2008《漆膜颜色标准》的规定。

（9）定位元件的设计应符合六点定位原则，定位元件应根据工艺要求合理分配公差，合理设计运动机构的配合间隙，既保证运动顺畅，又保证定位精度。

（10）夹紧元件引起的产品位置变化和变形不应超出要求，不应压伤产品。

（11）合理设计工装中运动组件的工作位置定位装置、非工作位置限位装置、运动轨迹、阻尼装置、缓冲装置等。

（12）工装防松设计按标准 HB 0－2—2002《螺纹连接和销钉连接的防松方法》、HB/Z 223.17—2002《飞机装配工艺　螺纹连接防松》执行。

（13）工装中有错用隐患的可拆装结构和可更换结构，应进行防错设计。

（14）关键受力件应规定无损检测的方法和要求。

（15）对于关键工装、重要工装，宜运用故障模式影响及危害性分析方法进行潜在故障模式、影响及危害分析和评估。

（16）对电气系统、关键软件应有可靠性要求，并规定其验证方法。

2.维修性要求

工装应具备良好的维修性，具体按照 GB/T 9414.1—2012《维修性　第 1 部分：应用指南》和 GB/T 9414.2—2012《维修性　第 2 部分：设计和开发阶段维修性要求与研究》执行。

3.测试性要求

工装设计应使零部件制造、硬件安装调试、软件安装调试、维修等阶段具备良好的测试性。

4.保障性要求

工装应具备良好的保障性，按需提供维修文件、维修设施。

5.安全性要求

（1）工装必须符合国家安全标准的要求，设计安全保护措施，具备安全保护说明和标志。

（2）工装中的安全标志应符合标准 GB 2894—2008《安全标志及其使用导则》的规定。

（3）工装失效会对人身安全造成威胁、对产品造成损伤，应进行强度计算或强度试验。

（4）消除可能会对操作者或产品造成危害的尖角、锐边等结构。

（5）工装中运动组件应合理设计人员保护装置。

（6）工装中电气设备外壳的防护等级应符合标准 GB/T 4208—2017 的规定。

6.环境适应性要求

（1）工装设计应充分考虑工装使用环境的温度、湿度、气压、气流、粉尘、振动、酸碱度等物理化学环境，做相应的防护设计，如：钢件表面防锈防腐、滑轨增加护罩、设备支撑位置增加减震垫等。

（2）对于与自动化设备配的工装，设计时应充分考虑设备、刀具、切削液等因素对工装的影响。

（3）对于试验设备、电气装配类工装，设计时应考虑使用环境温度、工作介质、电磁干扰的影响。

7. 人机工程要求

（1）工装设计应充分考虑人的生理和心理需求。人体尺寸数据及人体尺寸百分位数以 GB/T 10000—2023《中国成年人人体尺寸》、GB/T 13547—1992《工作空间人体尺寸》、GB/T 12985—1991《在产品设计中应用人体尺寸百分位数的通则》为依据；防止四肢触及危险区的安全距离应符合 GB/T 23821—2022《机械安全 防止上下肢触及危险区的安全距离》的规定；避免人体各部位挤压的最小间距应符合 GB/T 12265.3—1997《机械安全避免人体各部位挤压的最小间距》的规定。

（2）工装应符合操作舒适、安全可靠、简便、省力而又准确的要求。

8. 经济性要求

（1）工装中应最大限度地采用标准零部件，优先从现有的国家标准和行业标准中选用，并应尽量减少品种及规格。

（2）工装零组件、工装与配套设备的接口、工装内部元件之间的接口应符合通用化、系列化、组合化（模块化）要求。

（3）满足各项性能的前提下降低加工精度、表面粗糙度、表面处理等要求，优先选择低价材料，优先选择市场占有率高的元器件。

（4）应减少装配件数量，精简装配步骤，精简调试环节。

9. 工艺性要求

（1）工装应结合现有资源和技术水平，充分考虑工艺方法的可行性，合理设计零部件的类型及结构。

（2）铸件应有人工时效或自然时效处理要求，铸件尺寸公差按 HB 6103—2004《铸件尺寸公差和机械加工余量》的规定。焊接件应有焊后去应力要求，焊缝应远离应力集中处，焊接结构应减少锐角连接。

（3）应优先选择常用尺寸公差、形位公差、配合的尺寸系列，避免使用专用刀量具。

（4）工装零件或工装整体应符合检测工艺性，适应三坐标测量机、激光跟踪仪等测量设备的技术特点。

（5）数控加工件应设计基准孔或基准面，满足加工、检测和返修工艺需求。

（6）零件应减少加工面；不开敞的内部表面上避免设计加工面。零件加工面和非加工面应明显分开，应留出退刀槽或孔。零件被加工表面应具有均匀的宽度。无特殊用途的情况下，应避免阶梯面。零件阶梯孔中精度最高的一段直径优先设计为通孔。

（7）装配件应具有良好的装配工艺性，合理规定装配要求。

（8）工装设计结构应符合本单位当前加工能力要求或当前国内先进制造水平。

10. 继承性和先进性要求

(1)工装设计应优先选用典型结构和典型线路,符合继承性原则。

(2)工装设计应积极采用新技术、新器材、新工艺,符合先进性原则。

11. 存放要求

(1)需封存的工装、易腐蚀件,宜规定进行油封处理。

(2)工装中禁止拆卸或调整的部位,宜规定进行漆封处理。

(3)对于禁止开启的装置,宜规定铅封要求。

(4)对工装使用与维修所需专用检验工具、无法在工装实体上做标识的小工装、工装可卸件等应设计工装存放箱/盒,设计工装存放箱/盒时,应考虑到工装存放箱/盒内存放物的数量、形状、存放位置,做到按形迹定置存放。

12. 数据要求

(1)数据应清晰、完整、正确,数据格式应统一。

(2)单位制的选择应按照 GB 3100—1993《国际单位制及其应用》和 GB 3101—1993《有关量、单位和符号的一般原则》执行。

(3)工装坐标系、含有测量点和数控元素零组件的坐标系应与产品坐标系一致。

(4)工装设计数据应归档存放,按版次管理,保证发放数据的独立性、可靠性、安全性、完整性和修改性。

(5)工装设计采用的工程软件,其软件版本应与相应产品设计软件版本保持一致。

(6)数据的审批和发放参照标准 HB 7838—2008《数字化产品数据审批与发放要求》执行,数据的交换和传递参照 HB 7833—2008《数字化产品数据交换与传递要求》执行。

(7)工艺装备数字化设计通用要求按 HB 20036—2011《工艺装备数字化设计通用要求》执行。

13. 验证项目与要求

工装设计需要进行几何精度、预载、静平衡、动平衡、试车、空运转、负荷、超负荷、性能、寿命、破坏性、温度、压力、噪声、电气、渗漏、气密性等验证项目,应编制验证要求,以验证原理性设计方案和功能是否达到设计要求。

14. 其他要求

(1)工装设计应考虑工装全生命周期的各项要求。

(2)需要定检的工装,应提出定检技术要求,明确定检周期、定检内容等要求。

(3)保证前后工序所用工装之间的协调性。

(4)按需对工装做出使用要求和使用说明。

(5)工装的尺寸公差、形位公差、配合的精度等级应基于产品精度要求合理设定,宜取产品公差的 1/5～1/3,当精度等级与当下制造水平不符时,应综合考虑产品精度要求和制造能力确定精度等级。一般公差应符合 HB 5800—1999《一般公差》的规定。

1.4 工装设计流程

飞机工装涉及的范围很广,具有信息量大、种类多且参数复杂,涉及部门、人员众多,处理流程烦琐的特点。设定合适的工装设计流程,可以使设计人员更好地规划和组织设计过程,确保每个环节的顺利进行,并最终实现设计目标。图 1.1 所示为飞机工装典型设计流程图。

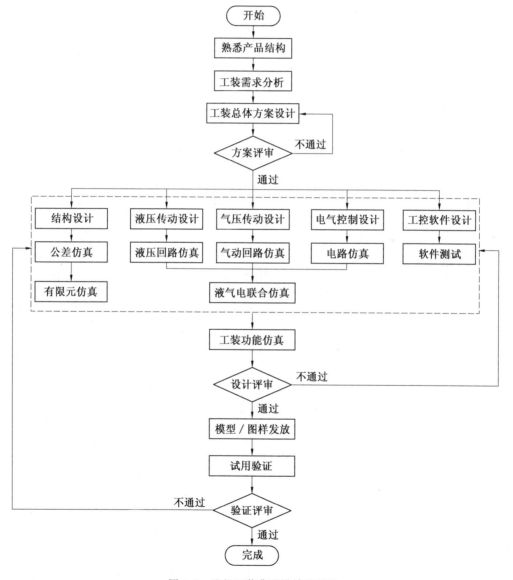

图 1.1 飞机工装典型设计流程图

其基本流程是：

(1)熟悉工装产品结构并进行需求分析,形成总体方案设计,对总体方案设计进行评审,若审核不通过,则需要根据修改意见对总体方案进行完善和修改。

(2)进行结构设计、液压传动设计、气压传动设计、电气控制设计与工控软件设计,并进行仿真或测试。

(3)进行工装功能仿真,根据仿真结果,对设计进行评审,若审核不通过,则需要重新进行设计。

(4)设计评审通过后,依据设计做出工装模型,进行试用验证。由技术部组织工装的试用鉴定工作。技术部人员配合车间人员进行工装的试用,若通过验证,则视为合格;若不通过,则需要根据使用中出现的问题对结构设计进行完善和修改。

某些工装的设计流程与图 1.1 所示的工装典型设计流程稍有不同。如:①在模具设计时需进行工艺参数、回弹补偿等计算;②在 RTM(树脂传递模塑成形)设计时需进行热平衡计算;③在数控调姿机构设计时需进行动力学和 Simulink 仿真;④自动钻铆工装应进行振动仿真。

第2章 工装设计通用基础

工装设计通用基础是指在进行工装设计过程中所需的相关基础知识,工装设计是一项复杂的工程,涉及很多基础知识,其中包括工装模块化设计、工装防差错设计、工装强度校核、工装设计仿真等。

2.1 工装材料选择

2.1.1 选择原则

(1)优先选用有储备或易于采购的材料,考虑能否利用已报废的工装材料。

(2)材料规格选择要合理,避免刚性不足或过剩。

(3)综合平衡材料成本与加工成本,考虑是否用焊接结构代替整体结构。

(4)应从工装功能、刚性强度、工艺性、结构、质量、精度、成本等方面综合考虑。

(5)了解市场信息,选择性能良好的新材料,促进新工艺方案的实施。

(6)按相关文件的规定选用材料及规格,并尽量减少材料选用规格。

(7)在不影响工装功能的前提下允许材料代用,一般代用材料的性能应等于或高于被代用材料。

2.1.2 常用材料

1. 型材

型材包括方管、矩形管、圆管、角材、槽钢等。型材材料牌号包括 20 钢、Q235、2A12 及 6061 等。型材主要用于单独或组合焊接成工装基体,如:底盘、梁、立柱、框架、工作梯等。根据需要优先选择方管、矩形管,若规格尺寸不能满足截面要求时,可采用槽钢对合焊接。角材主要用于支座、压紧件、定位件等工装元件。

2. 板材、棒材

板材适用于工装的机加元件或焊接元件,棒材适用于螺杆、销类、衬套类。板材材料牌号包括 Q235、45 钢、20 钢、2A12 及 6061 等。Q235 是工装结构使用最多的材料,适用于工装基体、焊接件、机械加工件等。45 钢适用于有一定强度和耐磨要求的工装基体、压板、垫片、受力元件、轴、销等。20 钢薄板材适用于样板类元件;20 钢棒材经表面渗碳热处理后,适用于直径较大的衬套和销类元件。2A12 适用于基体板、卡板、型胎等。6061

适用于铝合金焊接构件。

3. 铸造件

工装构件因形状或尺寸的限制，板材和焊接件不能满足要求时，通常采用铸造件，主要是铸铝件。铸铝件材料牌号包括 ZL101、ZL201。ZL101 适用于尺寸、曲度大的卡板、拉伸模、蜂窝铣具等；ZL201 适用于表面强度要求高的拉伸模。

4. 高强度钢

高强度钢材料牌号包括 T8A、T10A、CrMn、30CrMnSi。T8A 和 T10A 适用于耐磨性要求高的小尺寸钻、衬套和销棒，冲切模具的阴、阳模等；CrMn 适用于小尺寸钻、衬套；30CrMnSi 适用于有高强度要求的受力元件。

5. 非金属材料

除复合材料外，非金属材料包括聚氨酯橡胶、木材、帆布、尼龙带、橡皮绳等。聚氨酯橡胶适用于较薄零件的冲压模具；木材和帆布适用于托架、补铆夹具等；尼龙带和橡皮绳适用于压紧蒙皮类产品。

2.2　工装基准

工装基准是工装设计、制造、使用、检测中的必需要素。工装基准的选择即为工装坐标系的建立，其合理性将直接影响工装的制造、使用效果。

2.2.1　基准基本形式

基准由点、线、面组成，表现形式为基准面、基准线。

1. 基准面

工装各元件的安装都基于基准面，因此基准面的应用最为广泛。

(1) 机械加工形成的基准面。

通过对工装基体表面进行机械加工形成的基准平面，可以是整体平面，也可以是三个或多个局部表面加工组成的平面，如图 2.1 所示。

(2) 安装基准板。

工装基体表面为非加工面时，将加工过的三块基准板用销子和埋头螺钉安装在基体表面形成基准面。基准板与基体表面之间需填充环氧水泥作为工艺补偿。适用于无法用机床设备直接加工的大型复杂装配工装框架，如图 2.2 所示。

小型框架可在框架侧面安装基准角材形成基准面，如图 2.3 所示。

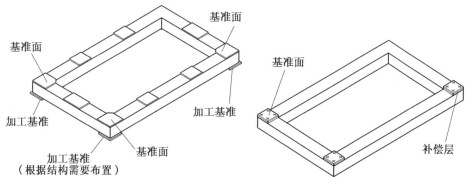

图 2.1　机械加工形成的基准面图　　　图 2.2　安装基准板形成的基准面图

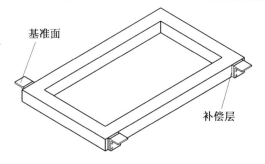

图 2.3　侧面安装基准角材形成的基准面图

（3）光学视线。

在装配工装安装中,利用准直望远镜、光学目标、水平仪、经纬仪建立光学视线,由两条平行视线可建立平行或垂直于地面的基准面。该两条平行视线作为建立其他视线的依据,即基准视线,按基准视线建立的其他光学视线称作辅助视线。

（4）基准叉、耳。

装配工装上的基准叉、耳是定位件的安装基准。在使用型架装配机或光学工具坞安装时,基准叉、耳除作为安装基准外,还作为检测尺寸变化的测量基准,基准耳子图如图2.4所示。

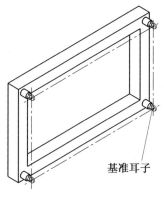

图 2.4　基准耳子图

(5)工具球基准。

在工装基体上,安装三个处于平面直角坐标上的工具球形成基准面,它具有基准系统所需要的点、线、面。

使用工具球作为基准的工装,设计时将一个工具球置于两条垂线的交点上,通常命名为 TB01,将另外两个工具球分别置于两条垂线上并分别命名为 TB02、TB03。工装图样中应给定三个工具球的空间坐标值。由于六个坐标值即可确立空间坐标系,因此其中TB01 作为坐标原点控制三个自由度(三个坐标值),对于 TB02 和 TB03 只需要一个点控制两个自由度(两个坐标值),另一点控制一个自由度(一个坐标值)即可,不控制的坐标值仅作为参考,如图 2.5 所示。

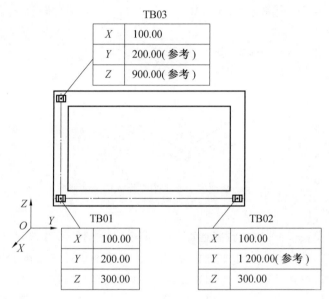

TB03

X	100.00
Y	200.00(参考)
Z	900.00(参考)

TB01

X	100.00
Y	200.00
Z	300.00

TB02

X	100.00
Y	1 200.00(参考)
Z	300.00

图 2.5 工具球基准图

对于大型或结构复杂的工装基体,为了控制其变形,应设置三个以上的工具球。除用于建立坐标系统的三个工具球外,其余工具球的坐标值均为参考。

(6)划线形成的基准面。

将工装框架置于钳工平台上找正,用高度划线尺在两侧面划出两条线,该两条线形成的平面即为基准面。这种基准面不易调整、可靠性差,适用于结构简单、精度要求低的工装,如图 2.6 所示。

2. 基准线

(1)划线及边缘线。

以元件上的相关划线及边缘线作为基准线安装其他元件或制孔。其特点是操作简单、定位精度低,一般位置误差为 0.2 mm。

(2)棱线(棱边)。

以元件上两面相交形成的棱线作为基准线安装其他元件或制孔。

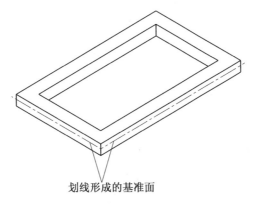

划线形成的基准面

图 2.6　划线形成的基准面图

（3）两孔中心连线。

以元件上已制出的两孔中心连线作为基准线安装其他元件或制孔。由于已制孔的位置精度较高，因此其定位精度高。

2.2.2　工装基准要求

合理建立工装基准可有效保证工装协调、制造精度，有利于工装的安装、检测和产品装配。

（1）应力求工装设计基准与产品设计基准一致。

（2）工装与工装之间及工装与标工之间的协调基准应一致。

（3）设计时应考虑工装加工、安装、调整、检测所需的工艺基准。

（4）相邻产品部件、组件所用工装基准尽量一致。

（5）设计基准、工艺基准与检测基准尽量一致，便于尺寸标注，以减少基准转换误差及尺寸换算误差积累。

（6）基准点位置、结构的选择应保证其稳定性且使用方便，以避免工装制造、使用中的基准位置偏移。

2.2.3　工装基准表达

（1）工装基准与产品基准一致时，按产品基准名称标识，如：飞机对称基准、飞机水平基准、弦线基准、梁基准、框基准等；两者不一致时，应注明工装基准与产品基准的关系。

（2）大部分零件工装与飞机基准无直接关系，而是按零件基准或结构特征确定工装基准，不必示出与飞机基准的关系。当零件图样上有飞机基准的参考关系时，根据需要在工装图样上示出。

（3）大型或重要零部件工装应在图样主视图及主要切面图上示出与产品相关的"航向""上""下""左""右"等飞机方位的参考标识。

（4）以工具球作为基准的工装，应按工装坐标系和产品坐标系分别给出坐标值。在图样上标注工具球坐标的理论值，并在图样附注中注明在工装实物上标注实测值。

2.3 工装协调

飞机制造工艺的难点是解决互换与协调问题,而保证工装的协调性是满足互换与协调要求的主要途径。

2.3.1 协调方法

一般机械制造是通过控制产品零件的尺寸公差来保证产品的装配协调,而飞机产品由于其庞大的零件数量、复杂的结构及装配关系,若采用控制零件尺寸公差的工艺方法会形成很大的误差积累而难以保证最终装配要求。因此,在飞机制造工艺过程中通过控制关键装配部位的协调关系这一途径来满足产品装配要求。

协调一般采用以下三种传递方法:

1. 模拟量传递协调

对产品关键互换与协调部位进行真实几何形状(刚性实体)类比模拟,可以体现产品零部件间的装配关系,并以此实体为依据协调制造工装和加工产品,从而使该关键装配部位得到一致的尺寸、外形,减少误差环节,保证其装配误差控制在允许的范围内。这一以类比模拟实体为依据进行的产品制造工艺协调称为模拟量传递协调。这些类比模拟实体称为协调工装,其包括样板、标准样件、标准量规、标准平板及过渡工装、工序件等。

2. 数字量传递协调

飞机产品全部采用数字化技术建立三维数学模型,并通过预装配技术对产品进行预装配校验。这时依据产品数学模型进行工装设计、制造及产品协调制造,即可保证产品的最终装配要求,这一以产品数学模型为依据进行的产品制造工艺协调称为数字量传递协调。

采用数字量传递协调可对产品从设计到制造进行全过程数字化分析、控制与仿真,提高飞机研制质量、缩短研制周期,同时节省大量的标工、过渡工装及样板。

3. 数字量与模拟量传递协调相结合

在采用数字量传递协调时,为确保和验证产品关键部位的装配关系,还需在产品关键部位进行模拟量协调,即数字量与模拟量传递协调相结合。

2.3.2 协调工装设计

1. 协调工装设计应考虑的因素

(1)在确保协调部位的模拟关系正确、有效的前提下,力求协调工装结构简单,并尽量减少协调环节。

(2)标工和工装的分离面应与产品的结构分离面一致。成套标工及标工与工装之间应有一致的工装设计基准。

(3)产品同一协调部位所使用的工装,需样板协调制造时,样板的切面位置应相同。

(4)对合协调的标工之间及标工与工装之间,为保证无应力顺畅对合,对接叉耳在接合面之间应留有等距间隙。

(5)有对合关系的样件必须进行对合检查,并根据需要设计对合架。特别是口盖、口框、门及门框类样件,既需要铰链和插销位置相互协调,又要保证外形间隙及阶差,必须使用对合架进行对合检查。

(6)根据需要设计标工在工装上固定时所用的转接架。

2. 协调工装图样上的特殊标注

(1)总图上制造依据栏应填写相关内容,并在适当位置绘制协调流程图。

(2)图样中以旗标的形式注明某部位的协调依据或特殊协调要求,并对协调尺寸加注特殊标记。

(3)协调部位应示出与之协调的标工或工装的参考线及协调关系,如:接头之间的间隙尺寸、外形之间的等距关系等。

2.3.3　各专业间工装协调

工艺协调方案及工装协调图表中,对工装设计各专业之间的工装协调关系没有规定,若以其他专业的工装作为协调依据时,应向所需专业的工装提出技术要求,相关专业应在该工装上增加所要求的协调内容。

2.4　工装模块化设计

模块化是通过标准化、系列化等设计手段,将制造要素分解成结构、系统和功能相对独立的单元模块,按照产品制造需求进行单元模块的配置、组合、重构与测试、交付,构造一种可重构制造环境,使制造系统能快速适应多品种、小批量、互换性强的产品制造需求,模块化技术适用于各种批量及研制环节。模块化特征主要包含三点:①具有独立工作运行模式的单元;②在系统结构中,本身是可组合、分解或更换的单元;③具有反映外部特征的接口、功能、状态,反映内部特征的逻辑等基本属性。

2.4.1　设计原则

一般应从可行性、费用、后勤保障等几个方面考虑,如下情况工装可采用模块化设计:

(1)若标准模块的可靠性及输入—输出特性均符合新产品要求,并且模块的应用可简化目前的设计工作,则应考虑优先采用模块化设计。

(2)若用更新、更好的功能单元替换老式组件能改进现有设备,则应考虑模块化设计。

(3)若模块化设计利于采用自动化的制造方法,则应优先采用模块化设计。

（4）若模块可直接从市场购置，则应优先采用。

（5）若模块化能更有效地简化维修，则应考虑模块化。

（6）若模块化有利于故障的识别、隔离和排除，则应考虑模块化。

（7）若模块化设计可以降低对使用、维修人员的数量和技能的要求，减少培训工作量，则应考虑模块化。

（8）若模块化便于故障自动诊断，则应予以模块化。

2.4.2 设计要求

（1）模块划分遵循独立性原则、规模适中原则、重用性原则、唯一性原则等。

（2）模块间的界面应清晰，以免在拆卸模块时，误将模块本身分解。界面应实现标准化。

（3）模块间连接结构应简单，以保证装拆时所用工时和器材最少。要确保连接的精度、稳定性和可靠性。

（4）同一类型的模块必须是可以互换的，可安装在同一型号或同一系列的工装上。

（5）模块的装拆应具有可达性，在更换模块时应不影响其他模块的完整性。

（6）模块寿命应符合工装规范要求，应规定模块的首次大修寿命、翻修间隔寿命。各模块的寿命允许有差别。

（7）工装设计应贯彻通用化、系列化、组合化、模块化的设计原则。

（8）研制的系列化模块应采用标准的外形尺寸、安装尺寸及接口，便于组合、派生新产品或扩充功能。

（9）对有技术发展前景的模块，在设计时应留有足够的空间及备用接口，以便采用新装置、新组件等。

（10）应采用通用语言编制计算机软件，便于移植与派生。

（11）选用的计算机要有足够的容量，并留有功能扩展接口。应对计算机软件进行模块化设计，便于扩展或修改。

（12）基础模块应具有最高的结构稳定性、可靠性和耐久性。

（13）模块的结构设计应保证工装和该模块能按技术状态的要求使用。

（14）模块在工装上的安装位置有确定的要求时，在结构上应采取防错措施，以排除不正确安装的可能性。

（15）应保证能将不需分开的一组（或若干组）模块成组地装拆。

（16）模块的连接处允许使用补偿元件。补偿元件应作为模块的组成部分，在模块修理时，用来恢复几何互换性。

（17）模块的结构应保证易于将模块从结合处脱开，例如，在安装边上设有顶丝孔或外缘设计较大的倒角等。

（18）在模块上应留有能方便、可靠地固定吊具和支撑的结构。

（19）模块中对产品性能影响较大的零部件必须具有较高的精度等级。

2.4.3 设计内容

(1)技术装备模块化集成。

技术装备研制越来越趋向于多专业联合设计,明确专业界限接口协调一致有利于多专业联合设计,技术装备模块化集成设计已成为必然。

(2)装配型架模块化。

装配型架是装配技术装备的核心,其模块化需关注独立功能单元及外部接口的集成。主要涉及能源配套集成,即将除尘系统、压缩空气、电源、网络、照明进行结构一体化集成设计,形成具备整体功能、外观的模块单元,如图 2.7 所示。

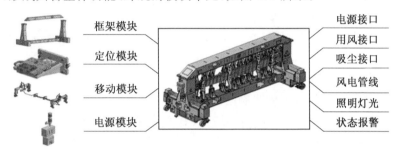

图 2.7 装配型架模块化设计图

(3)工作平台模块化。

工作平台模块化类似于标准化功能组件组合,主要体现于登梯及平台的模块化设计,包含护栏模块、楼梯模块、台面模块、靠近模块等。

(4)模块化拼装夹具。

模块化拼装夹具是在夹具零部件标准化、系列化和规格化的基础上发展起来的新型夹具,由一套预先制造好的具有不同形状、不同规格尺寸、不同功能模块并具有互换性的标准元件组合而成,根据被加工零件的不同要求,可组装成不同用途、不同形式的组合夹具,是一种通用化程度很高的工艺装备。模块化拼装夹具的特点是结构模块通用化强,通过模块组合拼装可以快速转换形成新的工装功能结构。模块化拼装夹具的优点是设计、组装工时短,可以有效缩短产品生产准备周期,保证加工精度,稳定产品质量,提高劳动生产率,降低制造成本,减少夹具存放面积。图 2.8 所示为模块化拼装夹具的设计流程图。

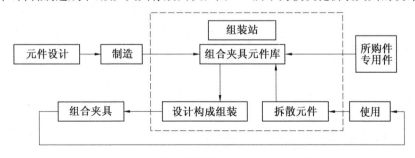

图 2.8 模块化拼装夹具的设计流程图

（5）模块化组合模具。

模块化组合模具一般由多个单元模块组成，基体通过标准框板快速组合，型面上安装统一规格尺寸的靠块，形成具备整体功能、外观的模块单元，如：飞机长桁检验模具。该类模具的特征是通过标准化框板、靠块、起吊连接结构，形成多个独立单元模块，存在的问题是不同模块组合时受零件成形机床设备接口影响较大。

（6）工业软件模块化。

工业软件模块化主要是通过工具化、动态链接、打包等形式将功能、算法、逻辑、程序封装为独立模块，其优点是最大限度地将开发内容封装为通用模块，降低重复开发工作量，存在的问题是不同厂商工控系统软件接口、算法框架等存在较大差异。

（7）成套系统数控可重构调姿定位。

成套系统数控可重构调姿定位是指结构组合固定、对象不固定。该类重构方式关注的是成套独立功能单元系统适配不同工序工位产品装配定位，存在的问题是数控调姿系统多构型重组时地面电气、网络等接口存在适应性风险。

（8）分组单元随位数控可重构调姿定位。

分组单元随位数控可重构调姿定位是指组合不固定、对象不固定。该类重构方式通过结构、接口、功能的模块化设计和算法构建，采用位置、结构、流程等重组方法，实现单装备对应多站位多对象的装配，其关注的是独立结构单元模块，在不同工序工位状态下形成一套新系统。

（9）点阵重构类装备。

点阵重构类装备主要是通过成套点阵系统针对不同对象产品结构构造变化出不同外形、工位，完成不同对象的制造、定位、检验，其特点是适应性强。

（10）辅助动力支撑重构装备。

辅助动力支撑重构装备主要是通过气动、液压、机械等自平衡结构和方式，采用辅助动力方式，重构空间状态和位姿，其强调的是工位及结构重构，结构系统轻便、灵活、载重大，适用于各种人工助力场合。

（11）机器人空间位置重构装备。

机器人空间位置重构装备主要是通过机器人空间姿态调整进行对象的适应性重构，其强调工位及系统重构，适应不同区域、外形、部件位置的制孔。

2.5　工装防差错设计

在工装制作和使用过程中，出现差错不可避免，因此，在设计工装时，必须考虑如何防止和避免差错。

2.5.1　设计原理

（1）通用性原理。

功能相同的零组件，在满足使用功能的同时，采用相同的结构和尺寸公差，使零组件能在不同的部位安装并能满足使用要求。

（2）相符性原理。

有连接关系、配合关系的零组件，采用相同涂饰、相同结构或相同尺寸等特征一致性的方法，使零组件有唯一确定的安装位置和安装姿态。

（3）顺序原理。

有先后顺序要求的操作过程，用文字描述、编号或设置相互配合结构的形式，明确安装和操作的顺序。

（4）自动原理。

不满足使用条件或超出设定的条件范围时，能够自动停止当前动作或发出警告、提醒。

（5）警告原理。

对发生的错误操作和行为进行提醒和警告，当接近发生危险情况时，发出视觉或听觉警告。

（6）缓和原理。

发生差错时，采取补救和缓解措施，避免或降低发生错误后所带来的影响。

2.5.2　设计原则

（1）使用便捷原则。

考虑工装使用的便捷性，使操作人员能够快速地作出正确的识别或操作，降低工作难度，提高工作效率。

（2）经济适用原则。

评估差错产生后果的危害程度，采用合理有效的防差错方法，尽量不增加材料种类和材料用量，不提高零组件加工和安装难度，不严重增加工装制造费用。

（3）操作安全原则。

消除作业危险，使操作人员在安全的环境下工作。

2.5.3　设计方法

（1）工装标识防差错常用设计方法。

①在设计条带钻模板时，为避免钻模板的方向使用错误，钻模板或产品零件装反等问题，采用标识方法防差错。如：在钻模板主体正面喷漆，左侧喷红色耐磨漆，右侧喷绿色耐磨漆等，并在合适的位置用明显的颜色标记工装名称、图号、基准线、向内、向上、向前等标识；在背面喷白色耐磨漆，用红色漆标识"禁止用此面钻孔"等。

②对多孔钻模或有多个相近孔径的工装，为了避免用错定位孔等，采用打标记、涂不同颜色漆进行区分。

③对于要求局部互换的定位零组件，采用连接细绳/钢丝与支架连接，并在固定位置以标识方法进行区分，如：上、下翼面及各个工位等。

④结构相近且能替换的零组件应设置机械式限位结构和标识方位，避免操作人员对

工装结构相似不易分清而导致错误。

⑤在检验销棒、定位销棒的设计时,在销棒手柄上根据不同的尺寸段分别涂不同颜色的漆或标记不同直径的尺寸,以区分不同直径的尺寸段,避免操作人员使用错误。

⑥工装制造、使用时,需要操作人员引起注意的地方或容易发生差错的位置,设置说明标牌或注意事项标牌。

⑦对大型工装工作梯的设计,采用警示标牌、斑马线标识等措施,防止工作梯因使用不当发生不安全问题。

⑧在吊挂、运输车、托架上采用标识产品航向、框号、肋号、产品图号等与工装有对应关系的信息,防止在使用过程中工装与产品的连接、托放位置和方向不明确而产生的差错。

⑨对于种类多、数量多的检验卡板放置架,在放置部位用漏字模喷标记,将各种卡板按定置管理做出标记,防止工人使用中错拿错放。

⑩对左右产品零件合用同一工装时,在工装上做出明显标记,如:产品图号、航向、对称线等。

⑪标识零件属性。在零件非工作面上用喷涂、刻蚀、打钢印等方法,标记出零件号、数模编号和版次等信息,不适合做标记的零组件,采用装箱或袋的方法,在箱或袋上进行标识。

(2)工装结构防差错常用设计方法。

①为保证可拆卸件在重复安装时位置的唯一性,定位销采用不同的直径或定位孔采用不同的孔距;两定位销位置不对称;工装体上设置的防错销与可拆卸件上的防错槽相配合;可拆卸定位件外形设计成非对称件结构等,防止可拆卸件在反复拆卸、复位时反转错装。

②设置防错件,使零件在非正确位置无法定位或安装,如在零件的非连接面上设置螺钉、销钉、凸块等,使定位件错位后安装不上。

③在钻模板设计时,为避免工作面与非工作面混淆,采用在钻模板的非工作面上增加防差错挡块或销钉等,当钻模板安装错误时,挡块或销钉会与产品干涉。

④在零件非工作面上设有明显的位置特征,如在非工作面上开下陷槽、制孔等,使定位件工作面与非工作面很容易区分。

⑤对于相似的产品零件定位,用不同形状的工装定位件区分,或采用工装定位件孔间距不同、定位销直径不同的方式防止错定位。

⑥同一工装上不同内径的可换钻套,特别是孔内径相差很小的,在不影响使用的情况下,尽可能将可换钻套外径设计为不同尺寸,防止可换钻套外径都相同时装错位置。

⑦模具上、中、下模的模板等对应位置倒相同斜角,保证几个模板安装位置唯一;模具上采用不同直径的导柱规格便于确定位置;采用非对称位置的导板、导槽导向装置,避免上、下模位置安装不正确。

⑧试验台设计带有自动报警功能,防止使用者误操作,提高试验过程的安全性、可靠性。

⑨试验设备对插头、插座进行防差错设计。试验设备输入电压常采用低电压,如电源为 24 V、36 V、48 V,应选用不同规格的插头、插座,使某一电压插头无法插入其他电压的插座中,防止插头插错。

⑩吊挂设计中,在说明书中规定连接螺栓预紧力矩值,便于使用单位严格控制预紧力,保证吊挂使用的安全性。

⑪为防止复材壁板起吊时吊带损伤壁板边缘,设置尼龙材料的保护套,并在吊带压紧处设计凹槽,防止吊带滑脱,保证使用安全。

⑫对于外廓特别复杂的零件,允许直接采用数控粗加工,避免因外廓形状复杂而出现尺寸标注不全、制造单位工人不易识图等问题。

⑬对于自动化工装,编制使用说明书,便于操作者使用;对没有传感器装置的采取防碰措施、设极限开关或限位开关等。

2.6　工装安全设计

2.6.1　设计原则

(1)工装设计坚持遵法守规,贯彻执行国家相关环境/职业健康安全法律、法规、规范、标准,不断规范工装设计环境/职业健康安全管理。

(2)工装设计坚持安全第一,预防为主,通过系统的危险源辨识和风险评估,对人的不安全行为、物的不安全状态、环境的不安全因素进行有效控制,提高人员、产品、工装安全。

(3)工装设计坚持保护环境,有效控制污染物的排放,保护生态环境。

(4)工装设计坚持以人为本,通过系统的污染源辨识和评估,通过采取相应技术措施,有效控制辐射、噪声、粉尘、有害气体、腐蚀性介质、热介质、冷介质等对人体的伤害。结合人机工程学原理,降低操作人员劳动强度和不适感。

(5)通过采用新材料、新技术、新工艺等技术措施,提高工装设计环境/职业健康安全技术水平。

(6)对材料选择及设计结构进行优化,节省原材料及能源消耗,降低成本。

(7)通过完善安全保护装置、警示标识、操作说明等途径,提高工装安全。

(8)设计应优先选用高效节能型机电产品,不得选用国家明令淘汰的高耗能落后机电产品。

2.6.2　设计要求

(1)通用安全要求。

①遵循贯彻相应的法律、法规、规范及标准等要求。

②考虑人员、产品、工装的安全性,对安全风险进行识别,采取保护措施,减少风险。

③控制装置标识要准确、清晰,安全警示应贴在工装显著的位置上。

④除产品结构限制外,应遵循人类工效学原则,应符合人机工程有关功能、参数要求。

⑤噪声均应低于工业企业噪声相关要求。

⑥结构设计时应考虑各部件的安全性、合理性、美观性,功能及自动化程度与产品要求相适应。

⑦安全风险等级一般风险以上的工装,工装图样应注明工装安全说明内容等标识要求。

⑧需要吊运的工装、工装可卸件,起吊装置设计应满足安全要求。

⑨产品下架需拆除的工装零件,应设置必要的警示标识,保障人员、产品安全。

⑩工装集成的电气设备应设置安全警示标识。

⑪移动、翻转、运动机构应安全可靠,有必要的防护措施。

⑫消除工装结构上的尖角,防止划伤人员或产品;压紧件与产品接触面应加垫保护。

⑬紧固件应根据工作条件采用相应防松措施,尤其是组合式可卸件、分体件的连接紧固件。

⑭处于易燃易爆场所的工装,设计、选型、制造、安装等应满足防火、防爆要求。

⑮具有热、冷、腐蚀性等介质的工装,设计、选型、制造、安装等应满足防烧伤、防烫伤、防冻伤、防腐蚀等要求。

⑯产品生产中经常拆卸或搬运的工装零部件超过 15 kg 时,应设置起吊装置。

⑰工作梯、工作平台、工装托架等防移动装置应齐全、完好。

⑱工作梯、工作平台应在接近飞机一侧设置防撞弹性结构,避免与飞机硬接触伤及产品。

⑲当移动工作梯、工作平台脚轮布置在主体工作梯框架之外时,应设置防压脚装置。

⑳工作梯、工作平台应设置扶手、防护栏、防滑台面,设计时应考虑操作者的可达性,避免身体中心偏离过大。2 m 及以上工作梯、工作平台上应设置安全带系留环及"作业时必须系安全带"警示标识;在工作梯、工作平台的大开口处应设置"飞机下架禁止靠近"标识;工作梯、工作平台醒目位置应设置"小心台阶""当心碰头""当心坠落""限载××人或限载××kg";按需设置"禁止通行"等警示标识,护栏应设置"禁止倚靠"标识。

(2)专用安全要求。

①充液成形模具设计安全要求。

为防止模具在使用过程中液体向外喷射,充液成形模具结构中应设置挡板防护装置。

②橡胶热压模具设计安全要求。

为保证零件在热压成形完成后顺利脱模,外廓尺寸大于 100 mm×100 mm 的橡胶热压模具须安装手柄。

③车床夹具设计安全要求。

车床夹具应确定配重块尺寸及位置,满足动平衡要求。车床夹具禁止使用松散件,法兰连接的车床夹具应设置保险爪。

④机械设计安全要求。

(a)在运动及定位系统中应设置电气及机械两套限位装置,防止超限程发生危险。

(b)大型带动力移动式数字化集成装备在设计时应设置接近式报警传感器。

(c)所有可操控数字化集成装备均需设置急停按钮,按钮安装位置应在人手可触及范围内,满足 GB/T 16754—2021《机械安全　急停功能设计原则》要求。

(d)通过工装结构优化,改善操作人员的工作姿态、操作可达性和安全性。采用沿导轨移动、旋转打开等方式,减少工装可卸件,降低安全风险。

(e)通过工装设计结构改进,减少环氧树脂等有害物质的使用。

(f)防护罩、盖、栏应完备可靠,其安全距离、刚度、强度及稳定性均应符合 GB/T 8196—2018《机械安全　防护装置　固定式和活动式防护装置的设计与制造一般要求》、GB/T 23821—2022 的相关规定。

(g)工装上未加防护罩的旋转部位的楔、销、键不应突出表面 3 mm,且无毛刺或棱角。

⑤电气设计安全要求。

(a)进线电源必须带有接地系统和接零系统,三相 380 V 进线采用三相五线制电源系统,220 V 进线采用单相三线制系统。

(b)考虑电磁兼容性,以保证电气装备在使用环境中可靠运行。

(c)配电箱及控制柜外壳设计可靠的接地系统,确保人身安全。

(d)进线电源处加装断路器或隔离开关,确保需要时有效切断电源,且便于操作。

(e)工装照明电源采用 24 V/36 V 安全电压。

(f)中大型数字化集成装备进线电源加装浪涌保护器,防止雷电影响和其他瞬时过压电涌引起系统损坏。

(g)插头插座采用防差错设计,不同电压等级的插座、插头严格区别。

(h)电气导线线径选择严格按照载流量进行选型。

(i)电机电源进线端应加装热继电器。

(j)电气控制柜安装元器件需预留不少于 30% 的空间。

(k)数控系统控制柜及大功率控制柜应加装空调冷却系统。

(l)运动导线应加装拖链,并选择合适的转弯半径,且预留不少于 40% 空间。

(m)在同一线槽内敷设不同电压的导线时,需用隔板分开。

(n)网络线与动力线敷设时平行间距不小于 400 mm。

(o)防爆场合必须选用防爆电器元件(元件安装在易燃易爆介质环境)、防爆控制箱及相应的防爆管线。

(p)各类行程限位装置、过载保护装置、电气与机械联锁装置、紧急制动装置、声光报警装置、自动保护装置应完好、可靠;显示屏和指示仪表应灵敏、准确;附属装置应齐全。

(q)访问程序数据或可编程功能必须由授权人执行,这些功能必须闭锁,可采用密码或钥匙开关。

(r)操作工位应设置急停开关,急停开关不应自动恢复,必须采取手动复位,并符合 GB/T 16754—2021 的相关规定。

(s)电气设备的绝缘、屏护、防护间距应符合 GB 5226.1—2008《机械安全 机械电气设备 第1部分:通用技术条件》的相关规定;电器箱、柜与线路应设置标志牌,注明线路编号、规格及起讫地点;并联线路应有顺序号。线路(包括 PE(聚乙烯)线)应保持导电的连续性、可靠性、线路接头连接可靠,无机械损伤,无松动。

(t)系统布线的选择、敷设应避免因环境因素及各种机械应力等外部作用而带来的损害;安全净距应符合 GB 50054—2024《低压配电设计》的相关规定;电缆线路应符合 GB 50168—2018《电气装置安装工程 电缆线路施工及验收标准》、GB 50217—2018《电力工程电缆设计标准》的相关规定;主干导体线路颜色:L1(A)相为黄色,N 线为淡蓝色,L2(B)相为绿色,L3(C)相为红色,PE 线的专有颜色为绿黄双色。

⑥集成软件设计安全要求。

软件设计过程需确定安全体系架构、设计安全协议和安全接口;需确定访问控制与身份鉴别机制、定义主体角色和权限;需确定数据结构安全设计、选择加密方法和算法,需确定敏感数据保护方法;需确定内部处理逻辑安全设计;需评估内部通信机制。

⑦压缩空气系统设计安全要求。

(a)气源需根据不同压缩空气质量要求配置各类空气处理装置。

(b)系统须按所需的压力进行设计,管材、阀门及附件等必须满足强度要求。

(c)压缩空气埋地敷设时,需根据土壤情况采用相应等级防腐措施,架空敷设通过过道时,需满足安全高度要求。

(d)对于复杂的数字化集成装备,设计中需尽量采用环形管网以解决用气点多、管网压力不稳的问题。

(e)压缩空气出口管应避开型架上的激光检测点,压缩空气出口布置应保证操作者使用方便。

(f)压缩空气出口需配置安全可靠的快卸接头及风带。

(g)压缩空气管路设计按 GB 50316—2000《工业金属管道设计规范》执行,压缩空气管路设计范围:最高工作压力小于 1.6 MPa,公称直径小于 150 mm。

(h)管道安装、试验及验收按 GB 50235—2010《工业金属管道工程施工规范》及 GB 50236—2020《现场设备工业管道焊接工程施工规范》执行。

⑧液压系统设计安全要求。

(a)液压系统设计必须满足相配套主机要求的性能指标、技术参数。

(b)液压系统设计采用的压力等级、通径、管径应符合国家标准。

(c)液压原理图上应注明设计参数,各元件的型号、规格及使用中的参数,标明管道规格。

(d)系统必须有过压保护。

(e)设计时必须说明液压系统工作环境温度。当环境温度高时,液压泵的进口温度不超过 60 ℃;在环境温度低时,液压系统必须能正常启动。

(f)如果有电气接线,每一个独立的台架或油箱都应设置一个电气接线盒,接线盒内各接线端子应标明线号。

(g)滤油器的设置:必须有足够的空间便于更换滤芯。

⑨吊挂安全设计要求。

(a)强度因素。

吊挂各元件应符合 HB 3164—2000《飞机地面保障设备零组件技术条件》要求,破坏载荷应不小于 5 倍的额定载荷;起重钢索按 GB/T 16762—2020《一般用途钢丝绳吊索特性和技术条件》选用,承载力应考虑安全系数 $K(K \geqslant 5)$,同时结合钢索最小破断力选取,最小直径不小于 6 mm。同一吊挂应选用相同直径的起重钢索,避免安装错位引起超载而发生安全事故;吊带安全系数 $K \geqslant 7$,为防止吊带安装错误造成安全隐患并保证延伸率一致,同一吊挂应选取同品牌、同种类、同型号的吊带;螺栓强度安全系数必须大于 5,优先选用航标螺栓,破坏拉力和破坏剪力数据见 HB 1—217—2011《螺栓和螺钉的强度数据》,多螺栓受力时应适当考虑效能系数;仅用于垂直起升重物的手动、电动葫芦额定安全系数应该大于额定载荷的 1.5 倍;用于翻转吊挂中的手动葫芦安全系数应大于额定载荷的 4 倍,电动葫芦应大于 2 倍;手动或电动葫芦应采用链环型葫芦,吊钩应带有安全弹扣。

(b)结构合理性因素。

吊挂元件应优先选用成品或航标标准件;吊索与水平线的夹角应大于 30°,受吊高限制除外;吊带与连接件之间应使用同规格吊带转接环连接;吊挂横梁设计时,连接耳片材料应优先选用 20 钢;吊挂连接耳片应避免仅焊缝受力,应考虑在结构上满足强度要求;吊挂接头与产品应贴合紧密,必要时可以数控加工,接头与产品之间保护胶垫应不大于 2 mm;吊挂接头结构尽可能采用整体机加结构,材料优先选用 20 钢,不推荐使用铝合金材料;吊挂接头采用焊接结构时应注明焊接要求,特殊焊缝应注明焊缝等级及检验方法;单个吊挂接头螺栓数量原则不少于 4 个,以保证受力时与产品连接结构的稳定性,螺栓孔公差推荐取 H14;自制螺栓或受力轴销材料应选用 30CrMnSiA,并进行热处理,抗拉强度 σ_b 应大于 1 080 MPa,需要探伤检查的应在图样中注明探伤方法;机械加工的吊挂元件应避免应力集中,耳片根部圆角值一般取 3~5 mm;带有横梁的吊挂,为了避免放置时元件损伤,在结构允许的情况下,应在吊挂横梁设计支腿或脚轮;当结构不允许时,设置吊挂放置架。

(c)操作规范性因素。

吊挂连接螺栓公称直径小于 6 mm 时应注明拧紧力矩,拧紧力矩参照 HB 6586—1992《螺栓螺纹拧紧力矩》,螺栓长度参照 HB 0—1—2003《螺栓螺纹对螺母的伸出量及相对夹层的位置》;对有寿件、追溯件应制定使用前检查及更换要求。

⑩运输车安全设计要求。

(a)强度因素。

轮子在选用时要考虑运输车的自重和最大承载,一般情况下,总承载越大选择的轮子尺寸越大,轮子的额定承载通常应有 2 倍安全系数,特别重要的运输车,应有 3~4 倍安全系数,如用于发动机、飞机大部件运输;车体结构应进行刚度分析,变形量不大于车体长度的 1/120。

(b)结构合理性因素。

轮子分布要合理,通常情况下沿车体长度方向轮距为车长的 2/3~3/4,厂房内运输车应选用聚氨酯脚轮,厂区道路运输应选用实心橡胶轮;运输车承载为集中载荷时应使受力点靠近轮子位置;产品在运输车上应定置放置,在条件允许的情况下应按形迹化放置;运输车应设置支脚或刹车机构;轮子分布应考虑产品装卸过程中重心的稳定性,避免侧翻;特别重要的运输车应考虑轮子失效时的防侧翻机构,如用于发动机、飞机大部件运输。

(c)导向机构合理性因素。

导向机构设计时要综合考虑运输车的外观尺寸、载荷、牵引方式、使用环境及路况等因素,防止转弯不灵活甚至转弯时运输车发生侧翻事故。

(d)操作规范性因素。

使用操作说明应规定运输车的限载、牵引速度及操作规程和注意事项。

⑪工作梯安全设计要求。

(a)稳定性因素。

工作梯承载通常应符合每平方米 75 kg 的设计原则,主要受力结构杆件挠度变形不大于其长度的 1/200;单个翻板、抽板每平方米承载应不小于 100 kg;对于移动工作梯,地面支脚间距应不小于工作梯高度的 60%,否则应采用设置外伸支撑等措施满足稳定性要求;工作梯的稳定性指标是在额定载荷下,最高工作台面任何方向水平位移不应大于高度的 1%。

(b)护栏规范性因素。

护栏设计应不低于国家标准 GB 17888.3—2008《机械安全　进入机械的固定设施第 3 部分:楼梯、阶梯和护栏》的要求;护栏底部应有踢脚板,2 m 以上平台护栏应加装钢板网,防止零件跌落砸伤人员或产品。

2.7　工装设计建模

工装设计建模是指将工件的形状、尺寸和表面质量等因素综合考虑,建立一个合理的模型。

2.7.1　建模原则

在进行工装建模时,应遵循以下原则:

(1)版本统一。在工装建模过程中使用一致的软件版本可以确保所有团队成员在相同的环境下操作和共享文件,避免由于不同版本之间的兼容性问题而导致的困扰。

(2)坐标系统一。在整个工装建模过程中使用相同的坐标系,以便更好地管理和定位工装的各个部分,并提高模型的工程精度。

(3)绘图比例统一。在工装建模中,常见的绘图比例包括 1∶1、1∶2 和 1∶10 等。选择适当的绘图比例可以确保图纸上的尺寸准确反映实际工装的尺寸,并方便其他团队成员进行参考和制造。

2.7.2　建模工具

(1)CATIA。

CATIA 是法国达索公司提供的产品开发旗舰解决方案的工业设计软件。作为PLM(产品生命周期管理)协同解决方案的一个重要组成部分,它可以通过建模帮助制造厂商设计他们未来的产品,并支持从项目前阶段、具体设计、分析、模拟、组装到维护的全部工业设计流程。

(2)Solid Works。

Solid Works 也是法国达索公司专门研发的机械设计软件。

(3)Pro/Engineer。

Pro/Engineer 主要用于机械工业设计。Pro/Engineer 的优点是文件体积小,软件的设计变化能力很高;缺点是需要了解自上而下的设计理念、继承、参数化建模这些概念,上手难。

(4)UG。

UG 是 Siemens PLM Software 公司出品的一个产品工程解决方案,它为用户的产品设计及加工过程提供了数字化造型和验证手段。UG 的优点是混合建模,可以局部参数化,UG 转换机器码的效果很好;缺点是设计变化很困难。

2.7.3　建模基本规范

随着工装 CAD(计算机辅助设计)技术的不断发展,必须对工装设计制定规范,以利于设计过程有序有效进行。工装 CAD 基本规范包括工装 CAD 模型分类、工装 CAD 建模要求。

1. 工装 CAD 模型分类

工装 CAD 模型分为二维模型、三维模型、MBD 模型、CAD 库文件模型。

(1)二维模型。

二维模型用于绘制工装图样及建立工装更改信息。

①工装图样二维模型。

(a)无三维模型的二维模型。

无三维模型的二维模型是仅在二维模块下建立二维工装图样的模型。适用于小型、结构简单且不需数控加工的工装。

(b)有三维模型的二维模型。

通常工装都应建立三维模型,二维模型由三维模型派生,并与其具有固定的连接关系。

(c)制造工艺用二维模型。

制造工艺用二维模型是工装下料或制造铸件、木模型用的纸模线模型。

(d)标准模板二维模型。

标准模板二维模型是工装图样中附注、标题栏、更改记录栏、图签等信息的模型集合。

②工装更改信息模型。

工装更改信息模型是用于记录工装所有更改信息的二维模型。多页二维图样工装必须单独建立更改模型,单页二维图样工装将更改信息合并在二维图样模型中。

(2)三维模型。

三维模型是工装的三维实体模型。它具有广泛的信息量,包括工装与产品关系、工装本身结构关系、各基准之间关系、工装数控加工信息和检测信息等。另外,三维模型可通过软件功能对工装进行简单刚性分析、质量计算、重心分析,工装与产品、工装结构的预装配分析及派生二维模型等。

工装三维模型又可分为总装配模型、组件模型和元件模型。

①总装配模型。

总装配模型是整套工装的总体模型,具有与产品的关系、协调关系、元组件装配关系等信息,并应有整套工装模型树管理。

②组件模型。

组件模型是该组件内各元组件装配关系的子模型,应保证总装配模型要求。

③元件模型。

元件模型是组成装配件(模型)的基本模型,应保证上一级模型装配的要求。

(3)MBD 模型。

MBD 模型是无纸化设计流程中基于模型定义的 CAD 模型。MBD 模型除具有三维模型的基本特征外,还具有管理、制造、使用过程中所需的必要信息。

(4)CAD 库文件模型。

CAD 库文件模型包括材料库、标准件库、特征库等基础性 CAD 模型文件。

2. 工装 CAD 建模要求

(1)三维建模要求。

①工装模型与产品模型的关系要求。

(a)建模坐标系应尽量与飞机产品坐标系一致,并符合右手法则,保证产品模型调入时的相互关系正确。

(b)工装工作形面以产品形面为依据时,应取自相关产品模型的形面或其等距形面。

(c)工装工作形面需要按产品的形面延伸时,相关工装应按产品同一形面延伸并使用相同的延伸方法。延伸形面在其有效工作区内的变形量应保证控制在不影响产品质量的公差范围内。

(d)工装三维模型完成后不得保留飞机产品模型及有关协调工装模型,并删除无用的信息。

②模型装配要求。

(a)关键元组件模型应按建模坐标系直接载入,不允许约束装配。

(b)装配模型中不允许有模型更新状态和模型错误的存在,不允许保留各元组件的约束关系和测量信息。

(c)元组件模型的对称件必须按规范另编模型号。

③模型实体要求。

(a)实体结构必须按真实尺寸建立三维模型。

(b)工艺圆角、锐边倒圆、倒角或标准紧固件在三维模型中允许不建模,可在二维图样中注明。

(c)带螺纹的元件不生成螺纹实体,在二维图样中补画螺纹线并标注螺纹尺寸。弹簧元件仅生成弹簧中心线或按简化画法在二维图样中补线。

(d)实体上孔数量较多时,可不建孔模型,但需在二维图样中表达所有孔的完整信息。

(e)建立元件模型时,不得使用混合设计模式,即几何体与几何图形不加区分的设计模式。

(f)元件模型中的基本元素,如:基准点、基准线、基准面、理论外形等不得与外部元、组件有链接关系。

(2)二维建模要求。

①二维模型应符合"技术制图与机械制图"国家标准和有关标准规范。

②由三维模型派生的二维模型,链接关系一般情况下不得断裂。

③二维图形的尺寸标注必须使用软件系统尺寸标注功能生成,不能标注与三维模型中的几何结构图形不一致的尺寸,以便于制造时对非关键尺寸依据工装图样按比例量取。

(3)工装 CAD 模型命名规则。

工装 CAD 模型命名应具有唯一的存储标识并与现有工装图号相兼容,明确表达模型的类型、版次,便于管理、使用。工装 CAD 模型名由工装图号、模型标识、软件后缀扩展名组成。工装图号按具体项目的文件规定编号。模型标识由专业设计室代码、模型顺序号、模型版次组成。软件后缀扩展名由计算机自动生成,不同的软件系统将生成不同的后缀扩展名。工装图号与设计室代码、模型顺序号及模型版次三者之间用下划线隔开,以示区分。

2.8　工装快速设计

2.8.1　参数化建模

(1)概述。

参数化建模是指将设计要求、设计原则、设计方法和设计结果用灵活可变的参数来表示,以便在人机交互过程中根据用户需要随时加以改变,是针对产品模型的可重用性和并行设计而提供的有效方法,可便于历史、系列产品实例的充分重用,使得产品设计可以随着某些结构尺寸的修改和使用环境的变化而自动修改、更新,提高了设计效率。参数化建模的主要技术特点是:基于特征、全尺寸约束、尺寸驱动设计修改和全数据相关。

①基于特征。将具有代表性的几何形状定义为特征,并将其所有尺寸存储为可调参数,通过特征参数来生成特征实体,并以此为基础构造更加复杂的几何实体。

②全尺寸约束。将尺寸和形状联合起来考虑,通过尺寸的约束来实现对几何形状的控制。

③尺寸驱动设计修改。通过编辑尺寸数值来驱动几何形状的改变,尺寸驱动已成为当今 CAD 系统的基本功能。

④全数据相关。尺寸参数的修改将导致其他相关模块中相应尺寸的全盘更新。

(2)设计要求。

①可变性。参数化建模的首要要求是能够灵活地变更模型参数。这意味着需要在设计过程中考虑各种可能的变化情况,并确保模型的参数能够方便地进行调整和修改。

②可复用性。设计的模型可以多次复用,以提高工作效率。为此,设计人员在建模过程中需要使用通用的模型元素和模块化的设计方法,在不同的场景下能够快速地复用和拓展模型。

③主参数的个数尽量少。主参数的个数越少,主参数表的字段越少,组件参数化越容易直观理解,越便于设计人员对参数表的管理和维护。

④根据组件的装配功能(即组件几何装配特征的几何形状、几何约束)确定主参数。设计人员为组件选取参数时主要考虑的因素就是组件的输入几何装配特征尺寸与母装配体的几何装配特征尺寸相匹配。因此,组件的主参数中一定要包括表示组件的几何装配尺寸的参数。

(3)参数化建模应用。

设计飞机进气道安装工装是一个关键且复杂的任务。传统的设计方法需要大量的手动调整和验证才能确保工装与飞机进气道完美匹配。使用参数化建模技术,可以快速创建可调整的飞机进气道安装工装。其基本思想是将进气道的尺寸、形状和位置等参数化,并在设计过程中修改这些参数,以适应不同型号的飞机。同样的方法也可应用于飞机机身组装工装设计,可以定义不同机身部件的尺寸和位置参数,例如,前后连接处的间距和对齐要求。工程师可以通过调整这些参数来设计适用于不同飞机型号和组装阶段的工装。参数化建模还可以帮助工程师预测潜在的装配冲突,并通过合理的调整以确保装配的顺利进行。此外,参数化建模还可以应用于装配工作台的设计。装配工作台是用于支持零部件和协助操作者进行装配操作的装备。通过参数化建模,可以根据不同的装配需求,灵活地调整工作台的高度、角度和工作面积等参数,以提供舒适的操作环境和便捷的装配工艺。

2.8.2 标准件库

(1)概述。

工装快速设计中的标准件库是一种存储和管理各种标准件、零部件和元素的库存。

它含有预定义的、符合标准规范的零部件和构件,确保设计的一致性、可靠性和互换性,节省设计时间和成本。标准件库需要定期维护和更新,以适应行业的新标准和技术发展,并确保所使用的零部件和构件的质量和可用性。标准件库通常包含标准零部件、组件和模块及图形元素。

①标准零部件,如螺栓、螺母、垫片等,具有通用设计和规格,并广泛应用于各种工装设计和装配任务中。

②组件和模块,如夹具组件、机械连接件、传动装置等,可直接引入工装设计中,加快设计速度并提高一致性和质量。

③图形元素则是在工装设计软件中预定义的线条、符号、文本等元素,用于创建图纸和说明文件,方便工装的制造、装配和维护。

标准件库具有标准化和规范化、高效和方便维护与更新等特点。

(2)设计要求。

①标准件库应该遵循工艺装备设计领域的标准和规范。它应该包含通用的、广泛适用的标准件,以确保设计的一致性和可重复性。

②标准件库中的组件应该具有统一的命名和分类体系,以便用户能够快速找到所需的部件。

③标准件库应该涵盖各种类型的标准件,包括螺栓、螺母、垫圈、轴承等。它应该能够满足不同工艺装备设计项目的需求。

④标准件库应该支持用户根据自身需求进行扩展和定制。用户可以添加自定义的标准件或根据特定需求修改标准件的属性和参数。

(3)标准件库应用。

①标准件库可以用于快速设计和装配。

设计人员可以通过使用标准件库中的零部件和构件,快速创建并装配各种工装和夹具,这项应用可显著提高设计效率和一致性。标准件库中的零部件和构件经过预先验证和优化,保证了其质量和可靠性,从而使设计人员能够轻松地组合和装配工装和夹具。

②标准件库可以帮助优化装配过程。

标准件库中提供了经过验证和优化的工装元素,例如夹持装置、操作支撑等。这些工装元素能够根据实际需求进行灵活组合和调整,以改善飞机装配过程中的定位和安装步骤。通过使用标准件库中的优化工装元素,可以提高装配的效率和准确性,减少装配过程中的错误和问题。

③标准件库在质量控制和标准化方面发挥着重要作用。

标准件库中的零部件和构件符合行业的标准和规范要求,确保了工装设计的质量和一致性。在装配过程中能够有效地控制错误和故障,提高质量水平,并延长装备的寿命。

2.8.3　CATIA 二次开发

CATIA 二次开发是指在 CATIA 软件基础上开发自定义功能或模块,通过使用CATIA 提供的 API(应用接口程序)、VB. NET、C++等编程语言和工具,用户可以根据需要扩展和定制 CATIA，以更好地满足特定领域和工艺装备的要求。CATIA 二次开发主要由 CATIA API、编程语言和开发工具三个部分构成。其中，CATIA API 提供了 CATIA 应用程序接口，用户可以通过脚本或编程语言与 CATIA 进行交互；常用的编程语言包括 VB. NET、C++等，用于编写脚本或程序来扩展 CATIA 的功能；开发工具包括 CATIA VBA（visual basic for applications）编辑器、组件应用架构（computer application architecture，CAA），独立开发编写和调试脚本。在实际工装快速设计中，CAA 应用更为广泛，功能更加强大。

（1）概述。

CAA 是客户用于 CATIA 二次开发的强大工具。CAA 提供了快速应用开发环境（rapid application development environment，RADE）和不同的 API 接口。快速应用开发环境是集成在可视化开发环境中的完整编译工具组，根据用户的需求调用不同的 API 函数接口来编写 CATIA 的二次开发代码。CAA 的总体框架如图 2.9 所示。

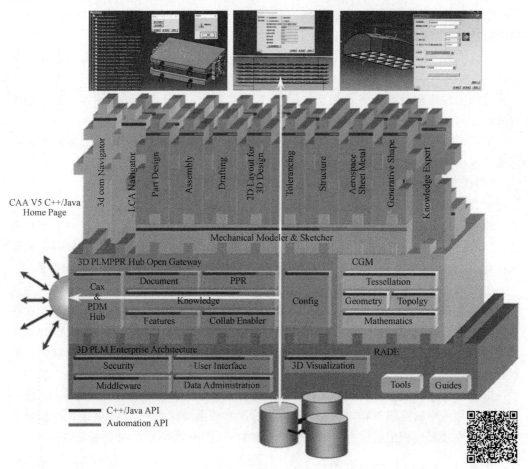

图 2.9　CAA 的总体框架

（2）CAA 设计要求。

①CAA 需要提供高性能的功能，以快速处理和展示大型装备的设计。

②CAA 需要提供可定制的功能，以便用户根据其特定的需求进行适应和扩展。

③CAA 应当能够支持新的技术和功能的快速集成和扩展。

④CAA 需要提供易于维护和升级的结构和架构，以便开发人员能够及时对系统进行修复和改进。

⑤CAA 应当提供与其他软件和系统的兼容性，以便无缝集成工艺装备设计工具。

（3）开发案例。

图 2.10 所示为利用 CAA 开发的飞机装配工装快速设计模块，包括骨架设计、外形定位设计和零组件设计等功能。骨架设计工具条提供了从骨架线框设计到实体生成的全套功能，能够为装配产品生成包围盒、骨架线框和参数驱动的骨架线框及骨架实体。外形定位设计工具条通过实例化卡板和内型板文档模板，可实现卡板和内型板的快速设计。零组件设计工具条具备快速定位和管理零组件的功能，可以方便地插入零组件并丰富零组件库的内容。

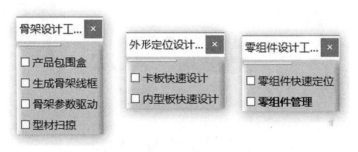

图 2.10　飞机装配工装快速设计模块

①骨架快速设计。

如图 2.11 所示，依据装配产品设计产品包围盒；如图 2.12 所示，依次选择骨架模板实例化输入条件；如图 2.13 所示，使用骨架参数驱动命令修改骨架参数；如图 2.14 所示，设计人员确定型材参数，选择线段并设置扫掠中心和角度，填写骨架实体名称，创建骨架实体；最后，使用 CATIA 自带的 CutBack 命令进行相交处理以满足工装实际要求，最终结果如图 2.15 所示。

②外形定位设计。

如图 2.16 所示，根据窗口信息完成卡板名称的填入、装配产品选择、卡板轴线面选择、卡板水平基准面选择，点击生成卡板命令完成卡板初步建模。修改卡板参数后刷新卡板，直至卡板尺寸符合要求。

如图 2.17 所示，完成内型板名称的填入、装配产品选择、内型板轴线面选择、内型板水平基准面选择，点击生成内型板命令完成内型板初步建模。修改内型板参数后刷新内型板，直至内型板尺寸符合要求。如果后续内型板尺寸不需要改变，可以锁定参数，省略修改参数过程。

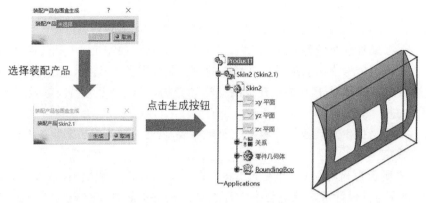

图 2.11　产品包围盒功能演示

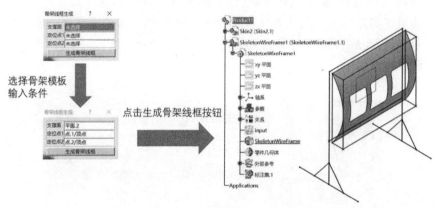

图 2.12　骨架线框生成

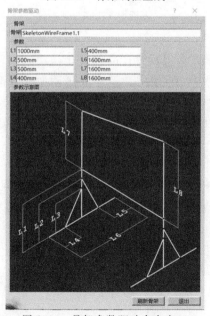

图 2.13　骨架参数驱动命令窗口

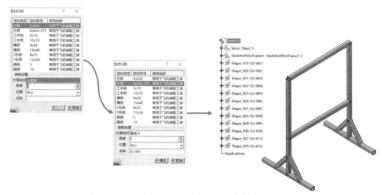

图 2.14　使用型材扫掠命令完成骨架实体创建

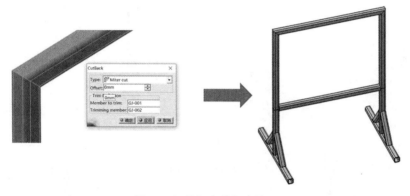

图 2.15　骨架实体相交处理

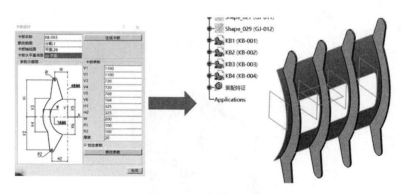

图 2.16　卡板快速设计展示

③零组件设计。

如图 2.18 所示,选择需要插入的零组件代号,通过交互选择确定定位点,点击插入按钮即可将所选零组件快速插入到定位点处。

④综合设计实例。

经过飞机装配工装快速设计模块的各个功能的配合使用,完成一套装配工装的快速设计,如图 2.19 所示。

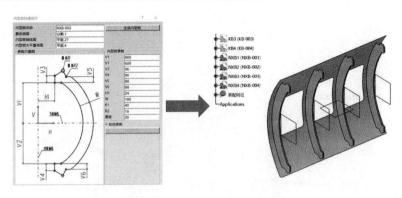

图 2.17　内型板基体快速设计展示

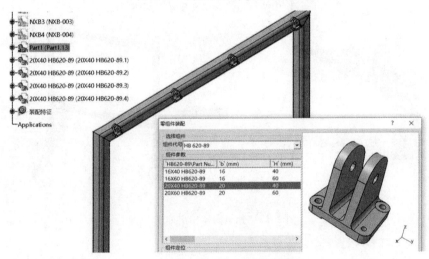

图 2.18　零组件设计

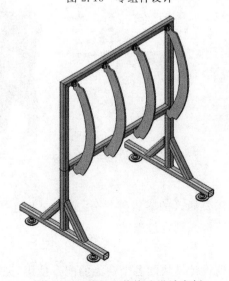

图 2.19　装配工装快速设计实例

2.8.4 有限元二次开发

（1）概述。

有限元二次开发是在有限元分析软件基础上的二次开发过程，通过编程和定制化功能来扩展软件的应用范围和能力。有限元二次开发包括软件开发、算法实现和工具集成等主要组成部分。有限元二次开发具有灵活性、高度定制化和功能扩展性等特点。灵活性指二次开发能够根据具体需求进行定制和调整，以满足用户特定的分析和计算要求。高度定制化意味着开发者可以根据自身需求打造独特的工具和功能，从而提供个性化的解决方案。功能扩展性使得用户能够在现有软件框架上不断添加新功能和模块，以满足不断变化的需求。

（2）有限元二次开发要求。

①工装设计中的有限元二次开发要求精确的几何建模。这意味着在进行有限元分析之前，需要准确地建立工装的几何模型。为了满足这一要求，可以使用 CAD 软件进行建模，并确保模型的几何形状和尺寸与实际工装一致。

②明确确定所需的功能和特性，包括几何建模、材料属性、加载条件、边界条件等。这些功能应该与工装设计的实际需求相匹配。

③设计直观、易于使用的用户界面，使工程师能够轻松定义模型和分析设置。应该提供适当的图形界面和输入方式，以方便用户进行操作。

④使用统一的命名规则和代码风格，增加代码的可读性和可维护性。注释和文档应该清晰明了，方便其他开发人员理解和使用。

⑤提供清晰、直观的可视化结果，包括位移、应力、应变等。还要支持结果数据的导出和分析，方便工程师进行后续处理和评估。

⑥有限元二次开发还需要关注模型的简化与精度的把握。工程师需要根据实际情况兼顾模型精度与计算速度之间的平衡，避免过度简化导致计算结果失真或过多细节导致计算复杂度过高。

（3）有限元二次开发在工装设计中的应用。

①设备结构优化。通过有限元二次开发，可以开发和应用定制的优化算法，用于对工艺装备的结构进行优化。通过这种优化，可以提高设备的强度、刚度和稳定性，同时降低质量和材料成本。

②模拟与仿真。有限元二次开发的功能可以用于开展工艺装备的模拟和仿真。通过编写自定义的模型和算法，可以模拟装备的运行和工作状态，评估性能和响应，并对设计和操作进行优化。

③耐久性分析。使用有限元二次开发的工具，可以进行工艺装备的耐久性分析。通过开发定制化的算法和功能，可以评估装备在长期使用和不同条件下的寿命和可靠性，并进行优化设计。

④自动化设计。有限元二次开发可用于开发自动化设计工具和流程。通过定制化的功能和算法，可以实现装备设计的自动化和参数化，从而提高设计效率和准确性。

⑤工装刚强度校核。工装的刚度、强度校核是对工装结构的受力状态进行的总体分

析、判别,目的是在保证工装精度和使用安全等前提下合理选用材料规格,为工装结构的优化设计提供科学依据。常用校核方法包括:基本校核、工装框架简化校核、利用 CATIA V5 进行校核及利用 Nastran 进行校核等。校核时一般应根据工装结构特点、需校核部位及类型选择合适的校核方法。

2.8.5 基本校核

基本校核主要应用于基本单元结构,包括梁刚度校核、螺栓强度校核、耳轴强度校核、焊缝强度校核和压杆稳定性校核等,可直接利用理论推导计算公式进行校核。

1. 梁刚度校核

(1)受力分析和挠度计算。

表 2.1 为梁受力分析与挠度计算。

表 2.1 梁受力分析与挠度计算

梁的形式、受力状态、剪力图、弯矩图、挠度图	剪力	弯矩	挠度
	$Q_x = P$	$M_x = Px$ $M_{max} = M_B = PL$	$f_{max} = f_A = \dfrac{PL^3}{3EJ}$
	$Q_x = qx$ $Q_{max} = Q_B = qL = P$	$M_x = \dfrac{qx^2}{2}$ $M_{max} = M_B = \dfrac{qL^2}{2} = \dfrac{PL}{2}$	$f_{max} = f_A = \dfrac{qL^4}{8EJ} = \dfrac{PL^3}{8EJ}$
	若 $x<a$,则 $Q_x = -\dfrac{Pb}{L}$ 若 $x>a$,则 $Q_x = \dfrac{Pa}{L}$	若 $x<a$,则 $M_x = -\dfrac{Pb}{L}x$ 若 $x>a$,则 $M_x = -\dfrac{Pa}{L}(L-x)$ 若 $x=a$,则 $M_C = M_{max} = -\dfrac{Pab}{L}$	若 $a>b$,则 $f_{max} = f_d = \dfrac{Pbd^3}{4EJL}$ 式中:$d = \sqrt{\dfrac{L^2-b^2}{3}}$

续表2.1

梁的形式、受力状态、剪力图、弯矩图、挠度图	剪力	弯矩	挠度
	若 $x<L/2$，则 $$Q_x=-\frac{P}{2}$$ 若 $x>L/2$，则 $$Q_x=\frac{P}{2}$$	若 $x<L/2$，则 $$M_x=-\frac{Px}{2}$$ 若 $x>L/2$，则 $$M_C=M_{max}=-\frac{PL}{4}$$	$$f_{max}=f_C=\frac{Pl^3}{48EJ}$$
	若 $x<a$，则 $$Q_x=-P$$ 若 $a<x<(a+b)$，则 $$Q_x=0$$	若 $x<a$，则 $$M_x=-Px$$ 若 $a\leqslant x\leqslant(a+b)$，则 $$M_x=M_{max}=-Pa$$	$$f_{max}=f_C=$$ $$\frac{Pa}{24EJ}(3L^3-4a^2)$$
	$$Q_x=-\frac{qL}{2}+qx$$ $$Q_{max}=\frac{qL}{2}=\frac{P}{2}$$	$$M_x=-\frac{qx}{2}(L-x)$$ $$M_C=M_{max}=$$ $$-\frac{qL^2}{8}=-\frac{PL}{8}$$	$$f_{max}=f_C=$$ $$\frac{5qL^4}{384EJ}=\frac{5PL^3}{384EJ}$$
	若 $x<a$，则 $$Q_x=P$$ 若 $x>a$，则 $$Q_x=-\frac{Pa}{L}$$	若 $x<a$，则 $$M_x=Px$$ 若 $x>a$，则 $$M_x=-\frac{Pa}{L}(L-x+a)$$ 若 $x=a$，则 $$M_x=M_{max}=Pa$$	在伸臂上： $$f_{max}=f_C=\frac{Pa^2}{3EJ}(L+a)$$ 在二支点内： $$f_{max}=-\frac{0.064PaL^2}{EJ}$$

续表2.1

梁的形式、受力状态、剪力图、弯矩图、挠度图	剪力	弯矩	挠度
	若 $x \leqslant a$，则 $Q_x = qx$ 若 $x > a$，则 $Q_x = qx - \dfrac{q(a+L)^2}{2L}$	若 $x \leqslant a$，则 $M_x = \dfrac{qx^2}{2}$ $M_{max} = M_A = \dfrac{qa^2}{2}$ 若 $x > a$，则 $M_{max} = \dfrac{q(L^2-a^2)^2}{8L^2}$	$f_C = $ $\dfrac{qa[3a^3 - L(L^2-4a^2)]}{24EJ}$
	若 $x < a$，则 $Q_x = P$ 若 $a \leqslant x \leqslant (a+L)$，则 $Q_x = 0$ 若 $x > (a+L)$，则 $Q_x = -P$	若 $x < a$，则 $M_x = Px$ 若 $a \leqslant x \leqslant (a+L)$，则 $M_x = M_{max} = Pa$	在伸臂上： $f_{max} = f_C = f_{C'} =$ $\dfrac{Pa^2}{6EJ}(2a+3L)$ 在跨度内： $f_{max} = f_E = -\dfrac{PaL^2}{8EJ}$
	若 $x \leqslant a$，则 $Q_x = qx$ 若 $a < x < (a+L)$，则 $Q_x = qx - q(a+L/2)^2$ 若 $x=a$ 或 $x=a+L$，则 $Q_A = Q_B = Q_{max} = qa$	若 $x \leqslant a$，则 $M_x = \dfrac{qx^2}{2}$ $M_{max} = M_A = \dfrac{qa^2}{2}$ 若 $x=a+L/2$，则 $M_E = \dfrac{q}{2}\left(a^2 - \dfrac{L^2}{4}\right)$	在伸臂上： $f_{max} = f_C = f_{C'} =$ $\dfrac{Pa^2(L^3 - 6a^2L - 3a^3)}{24EJ}$ 在跨度内： $f_{max} = f_E =$ $\dfrac{qL^2}{48EJ}\left(\dfrac{5L^2}{8} - 3a^2\right)$
	若 $x < L/2$，则 $Q_x = -\dfrac{P}{2}$ 若 $x > L/2$，则 $Q_x = \dfrac{P}{2}$	若 $x < L/2$，则 $M_x = \dfrac{PL}{8}\left(1 - \dfrac{4x}{L}\right)$ 若 $x=0$ 或 $x=L$，则 $M_{max} = M_A = M_B = \dfrac{PL}{8}$ 若 $x=L/2$，则 $M_C = M_{max} = -\dfrac{PL}{8}$	$f_{max} = f_C = \dfrac{PL^3}{192EJ}$

续表2.1

梁的形式、受力状态、剪力图、弯矩图、挠度图	剪力	弯矩	挠度
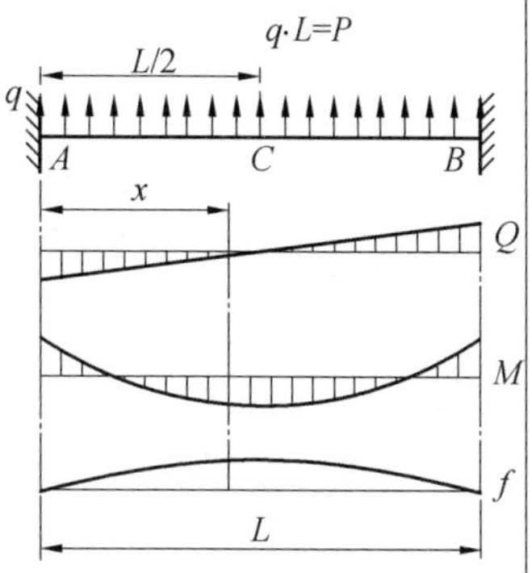	$Q_x = \dfrac{qL}{2}\left(\dfrac{2x}{L}-1\right)$ $Q_{max} = \dfrac{qL}{2}$	$M_{max} = M_x = M_B = \dfrac{qL^2}{12}$	$f_{max} = f_C = \dfrac{qL^4}{384EJ}$

（2）工装推荐许用挠度。

在工装应力释放完全、制造工艺合理的条件下，以型架梁为例，最大许用挠度见表2.2。

表 2.2　型架梁最大许用挠度

计算用载荷	挠度方向	挠度 f_{max} /mm	说明
梁自重	侧向	$0.025l^2$	适用于根据型架梁的长度 l(m)选定截面惯性矩，再按后加载荷进行刚度校核
	向下	$0.01l^2$	
后加载荷	向下	0.1	适用于精度要求较高的型架
		0.2	适用于一般要求的型架
		0.3	适用于精度要求较低的小型夹具

2. 螺栓强度校核

（1）常用校核形式。

常用螺栓校核形式见表2.3。

表 2.3　常用螺栓校核形式

受力形式	校核与设计	常用参数代码及说明
受轴向载荷松螺栓连接 	$$\sigma=\frac{4P}{\pi d_1^2}\leqslant[\sigma]$$ $$[\sigma]=\frac{\sigma_s}{n_s}$$ $$d_1\geqslant\sqrt{\frac{4P}{\pi[\sigma]}}$$	
受轴向载荷紧螺栓连接 	$$\sigma=\frac{5.2P}{\pi d_1^2}\leqslant[\sigma]$$ $$[\sigma]=\frac{\sigma_s}{n_s}$$ $$d_1\geqslant\sqrt{\frac{5.2P}{\pi[\sigma]}}$$	P—载荷，N； d_1—螺纹小径，mm； σ—抗拉强度，MPa； $[\sigma]$—许用抗拉强度，MPa； σ_s—螺栓屈服强度，MPa，由螺纹连接机械性能等级决定； n_s—安全系数，受轴向载荷松螺栓连接强度校核：$n_s=1.2\sim1.7$，其余查表2.5； σ_F—抗压强度，MPa； $[\sigma_F]$—许用抗压强度，MPa； τ—抗剪强度，MPa； $[\tau]$—许用抗剪强度，MPa； δ—受挤压高度，mm； m—结合面数
受横向载荷铰制孔螺栓连接 	$$\sigma_F=\frac{P}{\delta d_1}\leqslant[\sigma_F]$$ $$d_{1\sigma}\geqslant\frac{P}{\delta[\sigma_F]}$$ $$\tau=\frac{4P}{m\pi d_1^2}\leqslant[\tau]$$ $$d_{1\tau}\geqslant\sqrt{\frac{4P}{m\pi[\tau]}}$$ d_1 应大于或等于 $d_{1\sigma}$ 与 $d_{1\tau}$ 两数值中的最大者	
受横向载荷紧螺栓连接 	$$\tau=\frac{5.2P}{\pi d_1^2}\leqslant[\tau]$$ $$d_1\geqslant\sqrt{\frac{5.2P}{\pi[\tau]}}$$	

（2）相关参数选取。

校核所需的相关参数选取见表 2.4 和表 2.5。

表 2.4 许用强度计算公式

许用强度	被连接件材料	静载荷	动载荷	备注
抗压	钢	$[\sigma_F]=\sigma_s/1.25$	$(0.7\sim0.8)[\sigma_F]$	σ_s 为螺栓材料的屈服强度
	铸铁	$[\sigma_F]=\sigma_s/(2\sim2.5)$	$(0.7\sim0.8)[\sigma_F]$	
抗剪	钢和铸铁	$[\tau]=\sigma_s/2.5$	$[\tau]=\sigma_s/(3.5\sim5)$	

表 2.5 预紧螺栓连接安全系数 n_s

螺栓材料	静载荷			动载荷		
	M6~M16	M16~M30	M30~M60	M6~M16	M16~M30	M30~M60
碳钢	4~3	3~2	2~1.3	10~6.5	6.5	6.5~5
合金钢	5~4	4~2.5	2.5	7.5~5	5	5~3

3.耳轴强度校核

叉耳连接中的耳轴强度校核方法见表 2.6。

表 2.6 叉耳连接中的耳轴强度校核方法

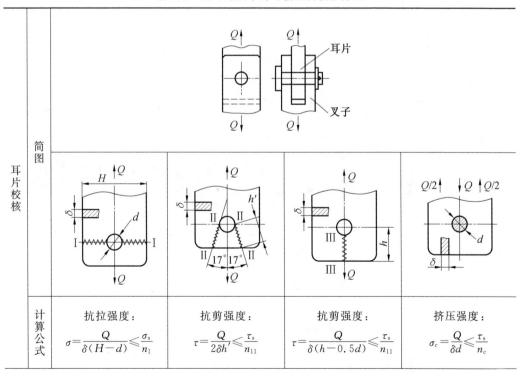

耳片校核	简图				
	计算公式	抗拉强度：$\sigma=\dfrac{Q}{\delta(H-d)}\leqslant\dfrac{\sigma_s}{n_1}$	抗剪强度：$\tau=\dfrac{Q}{2\delta h'}\leqslant\dfrac{\tau_s}{n_{11}}$	抗剪强度：$\tau=\dfrac{Q}{\delta(h-0.5d)}\leqslant\dfrac{\tau_s}{n_{11}}$	挤压强度：$\sigma_c=\dfrac{Q}{\delta d}\leqslant\dfrac{\tau_s}{n_c}$

续表2.6

轴校核	简图	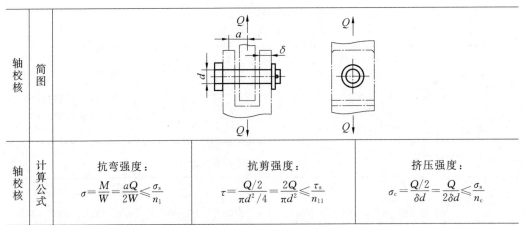		
轴校核	计算公式	抗弯强度： $\sigma = \dfrac{M}{W} = \dfrac{aQ}{2W} \leqslant \dfrac{\sigma_s}{n_1}$	抗剪强度： $\tau = \dfrac{Q/2}{\pi d^2/4} = \dfrac{2Q}{\pi d^2} \leqslant \dfrac{\tau_s}{n_{11}}$	挤压强度： $\sigma_c = \dfrac{Q/2}{\delta d} = \dfrac{Q}{2\delta d} \leqslant \dfrac{\sigma_s}{n_c}$
说明		(1)拉压安全系数 n_1，碳钢取 4，30CrMnSiA 取 5；剪切安全系数 n_{11}，碳钢取 2.4，30CrMnSiA 取 3；挤压安全系数 n_c，固定连接取 1，活动连接取 5。 (2)孔轴配合为过盈配合时需进行挤压强度校核。 (3)叉耳连接间隙小（或无间隙）时轴只进行抗剪强度校核；间隙大时轴既要进行抗剪强度校核，又要进行抗弯强度校核。		

4. 焊缝强度校核

(1)校核方法。

焊缝强度校核方法见表2.7。

表 2.7　焊缝强度校核方法

焊缝形式	对接焊缝	一般填角焊缝	不开坡口的填角焊缝	开坡口的填角焊缝
简图				
强度计算	抗拉强度： $\sigma = \dfrac{P}{\delta b} \leqslant [\sigma]$	抗剪强度： $\tau = \dfrac{P}{1.4\delta b} \leqslant [\tau]$	抗拉强度、抗剪强度： $\sigma = \dfrac{P}{\delta b} \leqslant [\sigma]$ $\tau = \dfrac{P}{1.4kb} \leqslant [\tau]$	抗拉强度： $\sigma = \dfrac{P}{\delta b} \leqslant [\sigma]$
说明		(1)焊缝的强度计算方法与无焊缝时相同，但应考虑焊缝质量和热影响区的不稳定性。 (2)焊缝的起点和终点质量较差，强度计算时，焊缝的计算长度 b 适当减小。 (3)当不开坡口的填角焊缝的焊缝宽度 $\delta > 5$ mm 时，$h = k = \delta$；当 2 mm $< \delta \leqslant 5$ mm 时，$h = k = 1.5\delta$；当 $\delta \leqslant 2$ mm 时，$h = k = 2\delta$。		

(2)许用强度。

焊缝许用强度见表 2.8。

表 2.8　焊缝许用强度

焊缝形式	受力状态	许用强度/MPa	
		材料	
		Q235	20 钢
对接焊缝	拉力	75	80
	压力	85	90
填角焊缝	拉力、压力、剪力	55	60

5. 压杆稳定性校核

工程中常采用安全系数法进行压杆稳定性校核。压杆临界应力 σ_{cr} 与工作时最大应力 σ 之比或压杆临界载荷 P_{cr} 与工作时最大载荷 P 之比,即为压杆工作安全系数。为使压杆具有足够的稳定性,工作安全系数必须大于或等于规定的稳定安全系数 $[n_{st}]$,即

$$n = \frac{\sigma_{cr}}{\sigma} = \frac{P_{cr}}{P} \geqslant [n_{st}] \qquad (2.1)$$

(1)临界应力计算。

为计算压杆的临界应力 σ_{cr},需引入柔度参数 λ(即压杆长细比),其计算公式为

$$\lambda = \frac{\mu L}{i} \qquad (2.2)$$

式中,i 为压杆惯性半径,$i = \sqrt{\dfrac{J}{F}}$;μ 为长度系数,根据压杆两端支持方式的不同来选取,其值见表 2.9。

表 2.9　长度系数 μ

支持方式	两端铰支	两端固定,上端可横向自由	一端自由一端固定	两端固定	一端铰支一端固定
压杆形式					
长度系数 μ	1.0		2.0	0.5	0.7

根据压杆的力学性能及试验表明,所有材料均存在大柔度极限 λ_P 和小柔度极限 λ_0,

当压杆处于其材料柔度极限的不同区间时,临界应力 σ_{cr} 的计算方法不同:

①当 $\lambda \leqslant \lambda_0$ 时,压杆为小柔度杆。此时不存在失稳,应考虑材料破坏强度,$\sigma_{cr}=\sigma_b$。

②当 $\lambda \leqslant \lambda_P$ 时,压杆为大柔度杆。此时压杆容易失稳,必须进行稳定性校核,临界应力用欧拉公式计算:

$$\sigma_{cr}=\frac{P_{cr}}{F}=\frac{\pi^2 EJ}{(\mu L)^2 F}=\frac{\pi^2 E}{\lambda^2} \tag{2.3}$$

③当 $\lambda_0 < \lambda < \lambda_P$ 时,压杆为中柔度杆。此时设计较为合理,通常根据经验公式 $\sigma_{cr}=a-b\lambda$ 计算,式中常数 a、b 与材料的力学性能有关。

工装常用材料参数 a、b、λ_P、λ_0 见表 2.10。

表 2.10 工装常用材料参数 a、b、λ_P、λ_0

材料	a/MPa	b/MPa	λ_P	λ_0
Q235	304	1.12	100	61.4
优质碳钢	460	2.57	100	60
硅钢	577	3.74	100	60

(2)稳定安全系数 $[n_{st}]$。

稳定安全系数一般应大于强度安全系数。压杆的柔度越小,其稳定性越好,通常考虑中柔度杆和大柔度杆的失稳情况。选取 $[n_{st}]$ 值时,一般中柔度杆取小值,大柔度杆取大值,选取时视具体情况而定,$[n_{st}]$ 值见表 2.11。

表 2.11 稳定安全系数 $[n_{st}]$

压杆形式	金属结构中的压杆	机床丝杠	精密丝杠	水平长丝杠	磨床油缸活塞杆
$[n_{st}]$	1.8~3.0	2.5~4	>4	>4	2~5

2.8.6 工装框架简化校核

飞机工装大量采用焊接框架,结构及受力状态相对复杂,不能直接引用基本校核方法的计算公式进行校核,若全部利用计算机分析软件进行精确校核,必然延长工装设计周期。简化校核可快速而有效地对一些常用框架进行粗略的校核判断,其计算结果相对保守。

1. 作用载荷

(1)框架自重。框架自重一般按均布载荷计算。若工装制造和使用状态一致,且自重变形为永久变形时,可不考虑其影响,反之应考虑。

(2)后加载荷。包括产品质量、操作者质量、卡板及定位件质量等。通常按作用于重心位置的集中载荷计算;对于质量分布均匀的产品和定位件可按均布载荷计算。

2. 简化方法

（1）简化形式及计算公式。

常用框架简化形式及计算公式见表 2.12。

表 2.12　常用框架简化形式及计算公式

工装框架结构	简化形式	简化算法
活动梁及转动梁		$f_{max} = \dfrac{5qL^4}{384EJ} + g(x_1)\dfrac{PL^3}{384EJ}$
固定梁		$f_{max} = \dfrac{qL^4}{384EJ} + g(x_1)\dfrac{PL^3}{192EJ}$
转动框架	平放	$f_{max} = \dfrac{5qL^4 + 64qLH^3}{384EJ} +$ $g(x_1)\dfrac{PL^3 + 6PH^3}{48EJ}$
	立放	$f_{max} = K^q\dfrac{5qL^4}{384EJ} +$ $g(x_1)K^P\dfrac{PL^3}{48EJ}$
立式固定框架		$f_{max} = K^q\dfrac{5qL^4}{384EJ} +$ $g(x_1)K^P\dfrac{PL^3}{384EJ}$
等截面构架		$f_{max} = \dfrac{5qL^4}{384EJ_{复合}} +$ $g(x_1)\dfrac{PL^3}{384EJ_{复合}}$

续表2.12

工装框架结构	简化形式	简化算法

注：(1)以上为最大挠度简化计算公式。

(2)任意位置 x 处的挠度计算公式为 $f_x = g(x)f_{\max}$。

(3)式中 $g(x)$、$g(x_1)$ 为位置系数。

(2)简化计算所需参数。

①参数 $g(x)$ 为定位件的位置系数，$g(x_1)$ 为集中载荷 P 的位置系数，利用图2.20得其近似计算公式：

$$g(x) = \frac{3x}{L} - \frac{4x^3}{L^3} \tag{2.4}$$

$$g(x_1) = \frac{3x_1}{L} - \frac{4x_1^3}{L^3} \tag{2.5}$$

式中，x、x_1 为定位件或载荷 P 距较近支点的距离，即 $x \leqslant L/2$，$x_1 \leqslant L/2$。

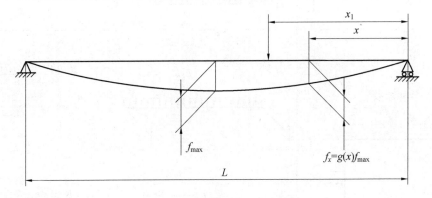

图2.20　位置系数推导示意图

②参数 K^q 和 K^P 分别为均布载荷和集中载荷的挠度折减系数：

$$K^q = \frac{C+10}{5(C+2)} \tag{2.6}$$

$$K^P = \frac{C+8}{4(C+2)} \tag{2.7}$$

式中，C 为梁的支承综合刚度系数。对于整体焊接框架，其综合刚度系数 $C = \frac{LJ_H}{HJ_L}$，J_H 为立柱的惯矩，J_L 为纵梁的惯矩，L 为梁的计算长度，H 为立柱的计算高度。

2.9　工装定位与压紧

产品零件在工装上的定位与压紧是否准确可靠，将直接影响产品加工质量。

1. 定位基本原则

（1）六点定位原则。

通过工装定位元件组成的六个类比点，限制被定位零件空间的六个自由度，以确定零件在工装上的位置关系，即六点定位原则，如图 2.21(a)所示。

欠定位指限制的自由度少于六点时；过定位指限制的自由度多于六点时。一般情况下应避免欠定位及过定位现象，但对于刚性较差的零件需用过定位来增强定位的可靠性。

（2）三二一定位原则。

工装元件在工装坐标系中通过不在同一直线上三个点的 X、Y、Z 坐标值确定其空间位置。经分析当第一个点的 X、Y、Z 坐标值确定后，第二个点只需 Y、Z 坐标值，X 坐标值可供参考，第三个点只需 Y 坐标值，X、Z 坐标值可供参考，就能满足定位要求，即三二一定位原则，如图 2.21(b)所示。

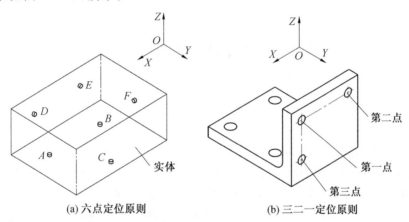

(a) 六点定位原则　　　　(b) 三二一定位原则

图 2.21　定位原理图

2. 定位部位的选择

依据工装使用单位的要求确定零件的定位部位，并考虑以下因素：

（1）尽量选择产品零件的有关基准作为定位面，如：框、梁、肋、长桁轴线面及框、梁、肋平面。

（2）定位部位应可靠、稳定，便于实施产品压紧。

（3）易于保证被加工面的精度，减少误差环节。

（4）同一产品零件在不同工装上的定位部位应尽量一致。

（5）尽量避免在零件上的形状复杂部位定位。

3. 定位件设计

通常定位件成组使用并依据产品零件的定位部位进行布置和结构设计。设计时应考虑以下因素：

（1）应根据被定位产品的结构特征，选择合适的定位方式，使定位准确、可靠。

（2）定位件应有足够的刚性以平衡产品零件加工、压紧时的外力。

（3）定位件的定位部位（如：型面、定位孔、定位销、定位叉耳等）精度应能满足产品对应部位精度要求。

（4）定位件设计应考虑工艺性，便于制造、安装及使用。

4. 压紧机构设计

通常压紧机构与定位件配套使用。零件在工装上定位后实施压紧，以保证零件的位置稳定、平衡加工外力。

压紧方式包括螺旋、螺旋杠杆、连杆机构、弹簧、卡板、尼龙带、橡胶绳、真空、液压、气压等。压紧机构设计时应考虑以下因素：

（1）保证零件定位有效、压紧可靠且操作方便。

（2）尽量选用压紧标准件。

（3）避免造成零件损伤或变形，必要时在接触面上粘贴软质材料。

（4）根据需要选择压紧方式。

2.10　工装目标精度设计

1. 产品与工装精度的关系

（1）精度取值原则。

一般情况下，装配工装制造公差取产品公差的1/5～1/3。当制造精度超出工装精度取值范围后，按照飞机制造容差分配原则，控制零件制造、组部件装配公差，改变安装测量方式，然后可以适当放宽公差取值范围，具体取值范围见表2.13。

表 2.13　工装目标精度相对产品需求精度的取值系数适用表

序号	飞机产品精度对象类别	取值区间	故障处理的可调整区间（控制零件制造、组部件装配公差，改变安装测量方式）
1	协调部位及交点	<1/5	1/5～1/3
2	位置、外形、非关键交点	<1/3	1/3～1/2
3	精度受加工测量设备限制，但可通过产品工序过程控制	<1/2	1/2～3/4
4	精度受加工测量设备限制，交点、型面等的目标精度可通过产品修配或末端结果来实现控制	<3/4	3/4～1
5	常规外形目标精度	<1	—
6	非基准及对接边界且不影响流线外形或最终飞机外形控制精度的局部点状超差	—	非关键局部允许>1

（2）协调原则。

工装上有互换协调要求的外形、交点、孔位或有配合要求的结构尺寸应按制造依据协调制造或相互配合制造。

（3）经济加工原则。

与产品精度无关的工装尺寸一般采用经济加工原则，如定位件上的非工作尺寸，定位件或连接件上可补偿或配制的连接孔位，压紧件的安装尺寸，工装结构件和支撑件的安装尺寸等。

2. 导杆式定位器公差计算与分析

（1）导杆式定位器空间定位误差建模。

以导杆式 TH（工具孔）孔定位器为例进行分析，该定位器由支座和孔定位件组成，支座通过调整后安装在型架上固定不动，导杆与支座导套孔用插销连接，如图 2.22 所示。

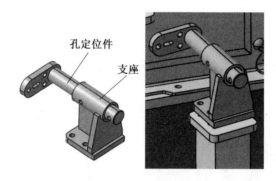

图 2.22　导杆式 TH 孔定位器

对于支座和孔定位件，分别建立直角坐标系 $D_1[O_1X_1Y_1Z_1]$ 和 $D_2[O_2X_2Y_2Z_2]$，如图 2.23 所示。由于孔定位件存在误差，矢量随同 D_2 沿 X_1、Y_1、Z_1 方向平移 Δx_1、Δy_1、Δz_1，绕 X_1、Y_1、Z_1 转动 α、β、γ。通过推导得到 P 点的线位移综合误差为

$$\begin{cases} \Delta x = \Delta x_1 + z\beta - y\gamma \\ \Delta y = \Delta y_1 + x\gamma - z\alpha \\ \Delta z = \Delta z_1 + y\alpha - x\beta \end{cases} \tag{2.8}$$

（2）六自由度误差情况分析。

导套内孔为 $d(+s_1/0)$，导杆外径为 $d(-s_2/-s_3)$，通过误差情况分析，得

$$\Delta x_1 = \Delta a + (s_1 + s_3)/2, \quad \alpha = (s_1 + s_3)/2c, \quad \Delta y_1 = \Delta b, \quad \Delta z_1 = 0$$

已知 $x = -a, y = b, z = 0$，代入式（2.8），取大值得到：

$$\begin{cases} \Delta x = \Delta a + \dfrac{s_1 + s_3}{2} + b\gamma \\ \Delta y = \Delta b + a\gamma \\ \Delta z = b(s_1 + s_3)/2c \end{cases} \tag{2.9}$$

根据上述关系式，已知各尺寸和形位公差，可以求空间定位误差；也可以根据空间定位误差，计算分配各尺寸和形位公差。

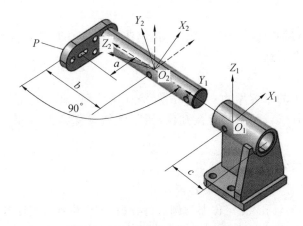

图 2.23　尺寸参数和直角坐标系

3. 可更换卡板公差计算与分析

（1）卡板定位误差模型。

图 2.24 为飞机壁板工装，工装由装配型架、上支座、下支座和卡板等组成，卡板可更换，卡板上有两孔，通过"一面两销"方式与支座定位。

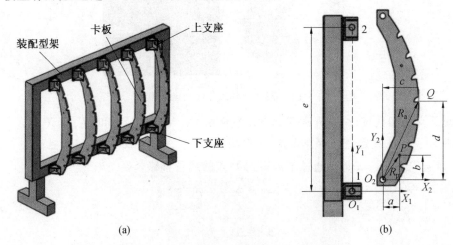

图 2.24　飞机壁板工装及可更换卡板坐标系

对于支座和卡板分别建立坐标系 $D_1[O_1X_1Y_1]$ 和 $D_2[O_2X_2Y_2]$，原点 O_1 和 O_2 都建立在下支座定位孔上，P、Q 点的线位移综合误差为

$$\begin{cases} \Delta x = \Delta x_1 \\ \Delta y = \Delta y_1 \end{cases} \tag{2.10}$$

（2）卡板误差分析。

设两销孔中心距 $e \pm \Delta e$，销轴 $\phi d(-s_2/-s_3)$，卡板孔 $\phi D(+s_1/0)$，轮廓度公差为 t，公差取值分析：

①点 P 的平移误差：$\Delta x_1 P = (s_1 + s_3)/2 + \Delta a$，$\Delta y_1 P = (s_1 + s_3)/2 + \Delta b$。

②点 Q 的平移误差：$\Delta x_1 Q = (s_1 + s_3)/2 + \Delta c + t/2$，$\Delta y_1 Q = (s_1 + s_3)/2 + \Delta d$。

③两个定位销中心距公差：$\Delta e = s_2$。

4. 单轴数控定位器公差计算与分析

（1）单轴数控定位器空间定位误差模型。

单轴数控定位器结构示意图如图 2.25 所示。单轴数控定位器主要由底座、拖板、直线导轨、滚珠丝杠、伺服电机、定位接头等组成。

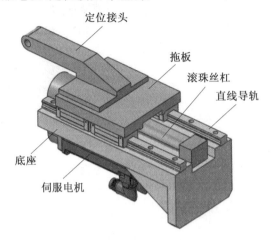

图 2.25　单轴数控定位器结构示意图

以底座和拖板为研究对象，分别建立直角坐标系 $D_1[O_1X_1Y_1Z_1]$ 和 $D_2[O_2X_2Y_2Z_2]$，如图 2.26 所示。还建立一个参考坐标系 $D_2'[O_2X_2'Y_2'Z_2']$，其坐标轴与 D_1 的坐标轴平行，并随上拖板平移而不旋转。

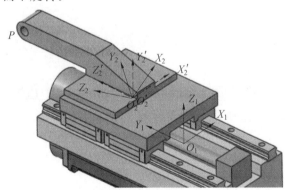

图 2.26　导轨副误差模型

采用相同的方法，拖板进给到某处 y 时，P 点的线位移误差同式(2.8)。

（2）六自由度误差情况分析。

图 2.27 所示为单轴数控定位器三视图。数控定位器空间定位精度主要取决于导轨安装基准面定向公差的大小。

①取导轨垂直和水平面基准面的定向公差相同，即 $\alpha = \gamma$。

②两根导轨间距 S，导轨安装面高度差为 h，则转角 $\beta = h/S$。

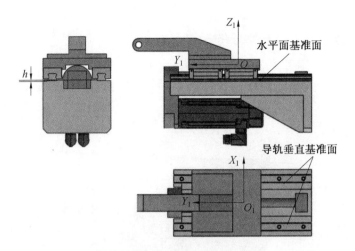

图 2.27 单轴数控定位器三视图

③导轨长度 L，导轨垂直和水平面基准面直线度公差 w，则 $\alpha=\gamma=w/L$。代入式(2.8)并考虑最大误差有

$$\begin{cases} \Delta x = \Delta x_1 + zh/S - yw/L \\ \Delta y = \Delta y_1 + zw/L \\ \Delta z = \Delta z_1 + yw/L \end{cases} \tag{2.11}$$

5. 三坐标数控定位器公差计算与分析

图 2.28 所示为三坐标数控定位器零部件误差。

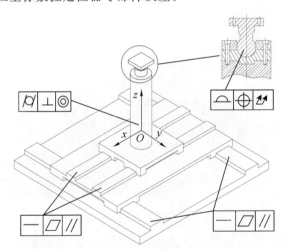

图 2.28 三坐标数控定位器零部件误差

(1)基于 SDT(小位移旋量)的三坐标数控定位器误差模型。

利用基于 SDT 的公差建模方法，将三坐标数控定位器的形位、尺寸、装配间隙等误差统一用 $\boldsymbol{\tau}=\begin{bmatrix} \boldsymbol{d} & \boldsymbol{\delta} \end{bmatrix}^{\mathrm{T}}$ 表示，其中，$\boldsymbol{d}=\begin{bmatrix} d_x & d_y & d_z \end{bmatrix}$ 为平动分量集，$\boldsymbol{\delta}=\begin{bmatrix} \Delta\theta_x & \Delta\theta_y & \Delta\theta_z \end{bmatrix}$ 为转动分量集。各误差项传递时，将 $\boldsymbol{\tau}$ 写成齐次变换矩阵：

$$\boldsymbol{T}_{\mathrm{SDT}} = \begin{bmatrix} 1 & -\Delta\theta_z & \Delta\theta_y & d_x \\ \Delta\theta_z & 1 & -\Delta\theta_x & d_y \\ -\Delta\theta_y & \Delta\theta_x & 1 & d_z \\ 0 & 0 & 0 & 1 \end{bmatrix}$$

设第 m 个几何特征误差引起的任意点 Q 的坐标误差为 $\Delta\boldsymbol{P}_m = [\Delta x_m \ \ \Delta y_m \ \ \Delta z_m]$，第 n 个几何特征误差引起的点 Q 坐标误差为 $\Delta\boldsymbol{P}_n = [\Delta x_n \ \ \Delta y_n \ \ \Delta z_n]$。将第 m 个和第 n 个几何特征误差的 SDT 表达式分别记为 $\boldsymbol{\tau}^m = [\boldsymbol{d}^m \ \ \boldsymbol{\delta}^m]^{\mathrm{T}}$ 和 $\boldsymbol{\tau}^n = [\boldsymbol{d}^n \ \ \boldsymbol{\delta}^n]^{\mathrm{T}}$，其中 $\boldsymbol{d}^m = [d_x^m \ \ d_y^m \ \ d_z^m]$，$\boldsymbol{d}^n = [d_x^n \ \ d_y^n \ \ d_z^n]$，$\boldsymbol{\delta}^m = [\Delta\theta_x^m \ \ \Delta\theta_y^m \ \ \Delta\theta_z^m]$，$\boldsymbol{\delta}^n = [\Delta\theta_x^n \ \ \Delta\theta_y^n \ \ \Delta\theta_z^n]$。

利用 SDT 的齐次变换矩阵形式，可得

$$\begin{cases} \Delta\boldsymbol{P}_m' = (\boldsymbol{T}_{\mathrm{SDT}}^m - \boldsymbol{I})\boldsymbol{P}_Q' \\ \Delta\boldsymbol{P}_n' = (\boldsymbol{T}_{\mathrm{SDT}}^n - \boldsymbol{I})\boldsymbol{P}_Q' \end{cases} \tag{2.12}$$

式中，$\Delta\boldsymbol{P}_m' = [\Delta\boldsymbol{P}_m \ \ 1]^{\mathrm{T}}$、$\Delta\boldsymbol{P}_n' = [\Delta\boldsymbol{P}_n \ \ 1]^{\mathrm{T}}$ 分别为误差矢量 $\Delta\boldsymbol{P}_m$、$\Delta\boldsymbol{P}_n$ 的增广矢量；$\boldsymbol{T}_{\mathrm{SDT}}^m$、$\boldsymbol{T}_{\mathrm{SDT}}^n$ 分别为第 m 个、第 n 个几何特征误差的齐次变换矩阵；$\boldsymbol{I}$ 为单位矩阵；$\boldsymbol{P}_Q' = [x_Q \ \ y_Q \ \ z_Q \ \ 1]^{\mathrm{T}}$ 为点 Q 的位置矢量 $\boldsymbol{P}_Q$ 的增广矢量，$\boldsymbol{P}_Q = [x_Q \ \ y_Q \ \ z_Q]^{\mathrm{T}}$。

利用式(2.11)可得，第 m 个和第 n 个几何特征误差引起的点 Q 累积坐标误差为

$$\Delta\boldsymbol{P}_m' + \Delta\boldsymbol{P}_n' = (\boldsymbol{T}_{\mathrm{SDT}}^{m+n} - 2\boldsymbol{I})\boldsymbol{P}_Q' \tag{2.13}$$

式中，$\boldsymbol{T}_{\mathrm{SDT}}^{m+n} = \boldsymbol{T}_{\mathrm{SDT}}^m + \boldsymbol{T}_{\mathrm{SDT}}^n$。

经运算，可得

$$\Delta\boldsymbol{P}_m' + \Delta\boldsymbol{P}_n' = \begin{bmatrix} 0 & -(\Delta\theta_z^m + \Delta\theta_z^n) & \Delta\theta_y^m + \Delta\theta_y^n & d_x^m + d_x^n \\ \Delta\theta_z^m + \Delta\theta_z^n & 0 & -(\Delta\theta_x^m + \Delta\theta_x^n) & d_y^m + d_y^n \\ -(\Delta\theta_y^m + \Delta\theta_y^n) & \Delta\theta_x^m + \Delta\theta_x^n & 0 & d_z^m + d_z^n \\ 0 & 0 & 0 & 0 \end{bmatrix} \boldsymbol{P}_Q'$$

$$\tag{2.14}$$

结合式(2.11)～式(2.13)可知，零件装配位姿误差为零件上各几何特征 SDT 误差参数的对应项直接累加。

将图 2.28 中定位球铰各误差项的 SDT 分别记为

$$\begin{cases} \boldsymbol{\tau}_{\mathrm{R}}^j = [d_{\mathrm{R}}^j \ \ \delta_{\mathrm{R}}^j]^{\mathrm{T}} = [d_{\mathrm{R}x}^j \ \ d_{\mathrm{R}y}^j \ \ d_{\mathrm{R}z}^j \ \ 0 \ \ 0 \ \ 0]^{\mathrm{T}} \\ \boldsymbol{\tau}_{\mathrm{PO}}^j = [d_{\mathrm{PO}}^j \ \ \delta_{\mathrm{PO}}^j]^{\mathrm{T}} = [d_{\mathrm{PO}x}^j \ \ d_{\mathrm{PO}y}^j \ \ d_{\mathrm{PO}z}^j \ \ 0 \ \ 0 \ \ 0]^{\mathrm{T}} \\ \boldsymbol{\tau}_{\mathrm{RO}}^j = [d_{\mathrm{RO}}^j \ \ \delta_{\mathrm{RO}}^j]^{\mathrm{T}} = [d_{\mathrm{RO}x}^j \ \ d_{\mathrm{RO}y}^j \ \ d_{\mathrm{RO}z}^j \ \ 0 \ \ 0 \ \ 0]^{\mathrm{T}} \\ \boldsymbol{\tau}_{\mathrm{TC}}^j = [d_{\mathrm{TC}}^j \ \ \delta_{\mathrm{TC}}^j]^{\mathrm{T}} = [d_{\mathrm{TC}x}^j \ \ d_{\mathrm{TC}y}^j \ \ d_{\mathrm{TC}z}^j \ \ 0 \ \ 0 \ \ 0]^{\mathrm{T}} \\ \boldsymbol{\tau}_{\mathrm{DT}}^j = [d_{\mathrm{DT}}^j \ \ \delta_{\mathrm{DT}}^j]^{\mathrm{T}} = [d_{\mathrm{DT}x}^j \ \ d_{\mathrm{DT}y}^j \ \ d_{\mathrm{DT}z}^j \ \ 0 \ \ 0 \ \ 0]^{\mathrm{T}} \end{cases} \tag{2.15}$$

式中，上标 j 表示定位球铰；下标 R 表示圆度误差；下标 PO 表示位置度误差；下标 RO 表示圆跳动误差；下标 TC 表示球铰间隙误差；下标 DT 表示尺寸误差。

利用式(2.13)，可得定位球铰各误差项 SDT 旋量参数累积表达式为

$$\begin{cases} d_x^j = d_{Rx}^j + d_{POx}^j + d_{ROx}^j + d_{TCx}^j + d_{DTx}^j \\ d_y^j = d_{Ry}^j + d_{POy}^j + d_{ROy}^j + d_{TCy}^j + d_{DTy}^j \\ d_z^j = d_{Rz}^j + d_{POz}^j + d_{ROz}^j + d_{TCz}^j + d_{DTz}^j \\ \Delta\theta_x^j = \Delta\theta_y^j = \Delta\theta_z^j = 0 \end{cases} \tag{2.16}$$

利用式(2.15),可得定位球铰制造误差累积的 SDT 表达式 $\boldsymbol{\tau}^j$,$\boldsymbol{\tau}^j = \begin{bmatrix} \boldsymbol{d}^j & \boldsymbol{\delta}^j \end{bmatrix}^T$,$\boldsymbol{d}^j = \begin{bmatrix} d_x^j & d_y^j & d_z^j \end{bmatrix}$,$\boldsymbol{\delta}^j = \begin{bmatrix} \Delta\theta_x^j & \Delta\theta_y^j & \Delta\theta_z^j \end{bmatrix} = \begin{bmatrix} 0 & 0 & 0 \end{bmatrix}$。

(2)定位球铰误差分析。

将定位球铰坐标系 $O_j x_j y_j z_j$ 和相对装配产品坐标系 $O_f x_f y_f z_f$ 的理论和实际齐次变换矩阵分别记为 ${}_j^f\boldsymbol{T}_t$、${}_j^f\boldsymbol{T}_r$,定位接头误差的变换矩阵记为 $\Delta\boldsymbol{T}_j^f$,上标 f 表示机身。

在定位球铰坐标系 $O_j x_j y_j z_j$ 中,有

$$ {}_j^f\boldsymbol{T}_r = {}_j^f\boldsymbol{T}_t + \Delta\boldsymbol{T}_j^f = \mathrm{Trans}(d_x^j, d_y^j, d_z^j)\mathrm{Rot}(\Delta\theta_x^j, \Delta\theta_y^j, \Delta\theta_z^j){}_j^f\boldsymbol{T}_t \tag{2.17}$$

式中,$\mathrm{Trans}(d_x^j, d_y^j, d_z^j)$ 表示在定位球铰坐标系 $O_j x_j y_j z_j$ 中表示的定位球铰平动分量集 $\boldsymbol{d}^j$ 引起的装配产品坐标系平移变换;$\mathrm{Rot}(\Delta\theta_x^j, \Delta\theta_y^j, \Delta\theta_z^j)$ 是在定位球铰坐标系 $O_j x_j y_j z_j$ 中表示的定位球铰转动分量集 $\boldsymbol{\delta}^j$ 引起的装配产品坐标系旋转变换。

化简式(2.16),可得

$$\Delta\boldsymbol{T}_j^f = \Delta_j {}_j^f\boldsymbol{T}_t \tag{2.18}$$

式中,$\Delta_j = \mathrm{Trans}(d_x^j, d_y^j, d_z^j)\mathrm{Rot}(\Delta\theta_x^j, \Delta\theta_y^j, \Delta\theta_z^j) - \boldsymbol{I}$。

在装配产品坐标系 $O_f x_f y_f z_f$ 中,有

$$ {}_j^f\boldsymbol{T}_r = {}_j^f\boldsymbol{T}_t + \Delta\boldsymbol{T}_j^f = {}_j^f\boldsymbol{T}_t \mathrm{Trans}(d_{jx}^f, d_{jy}^f, d_{jz}^f)\mathrm{Rot}(\Delta\theta_{jx}^f, \Delta\theta_{jy}^f, \Delta\theta_{jz}^f) \tag{2.19}$$

式中,d_{jx}^f、d_{jy}^f、d_{jz}^f 为装配产品位置误差参数;$\Delta\theta_{jx}^f$、$\Delta\theta_{jy}^f$、$\Delta\theta_{jz}^f$ 为装配产品姿态误差参数;$\mathrm{Trans}(d_{jx}^f, d_{jy}^f, d_{jz}^f)$ 表示在装配产品坐标系中 d_{jx}^f、d_{jy}^f 和 d_{jz}^f 引起的坐标系平移变换;$\mathrm{Rot}(\Delta\theta_{jx}^f, \Delta\theta_{jy}^f, \Delta\theta_{jz}^f)$ 表示在装配产品坐标系中 $\Delta\theta_{jx}^f$、$\Delta\theta_{jy}^f$ 和 $\Delta\theta_{jz}^f$ 引起的坐标系旋转变换。

整理式(2.18),可得

$$\Delta\boldsymbol{T}_j^f = {}_j^f\boldsymbol{T}_t \Delta_j^f \tag{2.20}$$

式中,$\Delta_j^f = \mathrm{Trans}(d_{jx}^f, d_{jy}^f, d_{jz}^f)\mathrm{Rot}(\Delta\theta_{jx}^f, \Delta\theta_{jy}^f, \Delta\theta_{jz}^f) - \boldsymbol{I}$。

联立式(2.17)和式(2.19),可得

$$\Delta_j^f = ({}_j^f\boldsymbol{T}_t)^{-1}\Delta_j({}_j^f\boldsymbol{T}_t) \tag{2.21}$$

将 ${}_j^f\boldsymbol{T}_t$ 用矢量形式表示,有

$$ {}_j^f\boldsymbol{T}_t = \begin{bmatrix} {}_j^f\boldsymbol{n} & {}_j^f\boldsymbol{o} & {}_j^f\boldsymbol{a} & {}_j^f\boldsymbol{p} \\ 0 & 0 & 0 & 1 \end{bmatrix} \tag{2.22}$$

式中,${}_j^f\boldsymbol{n} = \begin{bmatrix} {}_j^f n_x & {}_j^f n_y & {}_j^f n_z \end{bmatrix}^T$;${}_j^f\boldsymbol{o} = \begin{bmatrix} {}_j^f o_x & {}_j^f o_y & {}_j^f o_z \end{bmatrix}^T$;${}_j^f\boldsymbol{a} = \begin{bmatrix} {}_j^f a_x & {}_j^f a_y & {}_j^f a_z \end{bmatrix}^T$;${}_j^f\boldsymbol{p} = \begin{bmatrix} {}_j^f p_x & {}_j^f p_y & {}_j^f p_z \end{bmatrix}^T$。

经计算得

$$ ({}_j^f\boldsymbol{T}_t)^{-1} = \begin{bmatrix} {}_j^f n_x & {}_j^f n_y & {}_j^f n_z & -({}_j^f\boldsymbol{p})^T {}_j^f\boldsymbol{n} \\ {}_j^f o_x & {}_j^f o_y & {}_j^f o_z & -({}_j^f\boldsymbol{p})^T {}_j^f\boldsymbol{o} \\ {}_j^f a_x & {}_j^f a_y & {}_j^f a_z & -({}_j^f\boldsymbol{p})^T {}_j^f\boldsymbol{a} \\ 0 & 0 & 0 & 1 \end{bmatrix} \tag{2.23}$$

工程实际中,制造各误差项相比其基本尺寸均是微小量。当 $\Delta\theta_x^j$、$\Delta\theta_y^j$、$\Delta\theta_z^j$ 为微小量时,有

$$\begin{cases} \lim \sin \Delta\theta_x^j = \lim \sin \Delta\theta_y^j = \lim \sin \Delta\theta_z^j = 0 \\ \lim \cos \Delta\theta_x^j = \lim \cos \Delta\theta_y^j = \lim \cos \Delta\theta_z^j = 1 \end{cases} \tag{2.24}$$

联立式(2.20)~式(2.23),令 ${}_j^f\boldsymbol{T} = [{}_j^f\boldsymbol{n} \quad {}_j^f\boldsymbol{o} \quad {}_j^f\boldsymbol{a}]$,经计算可得

$$\begin{bmatrix} (\boldsymbol{d}_j^f)^T \\ (\boldsymbol{\delta}_j^f)^T \end{bmatrix} = \begin{bmatrix} ({}_j^f\boldsymbol{T})^T & -({}_j^f\boldsymbol{T})^T {}_j^f\widetilde{\boldsymbol{P}} \\ 0 & ({}_j^f\boldsymbol{T})^T \end{bmatrix} \begin{bmatrix} (\boldsymbol{d}^j)^T \\ (\boldsymbol{\delta}^j)^T \end{bmatrix} {}_j^f\widetilde{\boldsymbol{P}} \tag{2.25}$$

式中,$\boldsymbol{d}_j^f = [d_{jx}^f \quad d_{jy}^f \quad d_{jz}^f]$;$\boldsymbol{\delta}_j^f = [\Delta\theta_{jx}^f \quad \Delta\theta_{jy}^f \quad \Delta\theta_{jz}^f]$;${}_j^f\widetilde{\boldsymbol{P}} = \begin{bmatrix} 0 & -{}_j^fP_z & {}_j^fP_y \\ {}_j^fP_z & 0 & -{}_j^fP_x \\ -{}_j^fP_y & {}_j^fP_x & 0 \end{bmatrix}$。

令 $\boldsymbol{R}_j^f = \begin{bmatrix} ({}_j^f\boldsymbol{T})^T & -({}_j^f\boldsymbol{T})^T {}_j^f\widetilde{\boldsymbol{P}} \\ 0 & ({}_j^f\boldsymbol{T})^T \end{bmatrix}$,$\boldsymbol{R}_j^f$ 即为定位球铰误差的误差传递系数。因为定位球铰与装配产品固连,所以 ${}_j^f\boldsymbol{T}$ 和 ${}_j^f\widetilde{\boldsymbol{P}}$ 各参数均是常值。

化简式(2.25),可得

$$\begin{cases} d_{jx}^f = \boldsymbol{\delta}^j \cdot ({}_j^f\boldsymbol{p} \times {}_j^f\boldsymbol{n}) + \boldsymbol{d}^j \cdot {}_j^f\boldsymbol{n} \\ d_{jy}^f = \boldsymbol{\delta}^j \cdot ({}_j^f\boldsymbol{p} \times {}_j^f\boldsymbol{o}) + \boldsymbol{d}^j \cdot {}_j^f\boldsymbol{o} \\ d_{jz}^f = \boldsymbol{\delta}^j \cdot ({}_j^f\boldsymbol{p} \times {}_j^f\boldsymbol{a}) + \boldsymbol{d}^j \cdot {}_j^f\boldsymbol{a} \\ \Delta\theta_{jx}^f = \boldsymbol{\delta}^j \cdot {}_j^f\boldsymbol{n} \\ \Delta\theta_{jy}^f = \boldsymbol{\delta}^j \cdot {}_j^f\boldsymbol{o} \\ \Delta\theta_{jz}^f = \boldsymbol{\delta}^j \cdot {}_j^f\boldsymbol{a} \end{cases} \tag{2.26}$$

将式(2.16)中的 $\Delta\theta_x^j = \Delta\theta_y^j = \Delta\theta_z^j = 0$ 代入式(2.25)中,可得

$$\begin{cases} d_{jx}^f = \boldsymbol{d}^j \cdot {}_j^f\boldsymbol{n} \\ d_{jy}^f = \boldsymbol{d}^j \cdot {}_j^f\boldsymbol{o} \\ d_{jz}^f = \boldsymbol{d}^j \cdot {}_j^f\boldsymbol{a} \\ \Delta\theta_{jx}^f = \Delta\theta_{jy}^f = \Delta\theta_{jz}^f = 0 \end{cases} \tag{2.27}$$

依据定位器球铰误差分析方法进行 z 向伸缩柱和 x、y 向导轨的误差传递与累积。

(3)z 向伸缩柱误差分析。

将图 2.28 所示 z 向伸缩柱各误差项的 SDT 分别表示为

$$\begin{cases} \boldsymbol{\tau}_C^p = [\boldsymbol{d}_C^p \quad \boldsymbol{\delta}_C^p]^T = [0 \quad 0 \quad 0 \quad \theta_{Cx}^p \quad \theta_{Cy}^p \quad 0]^T \\ \boldsymbol{\tau}_V^p = [\boldsymbol{d}_V^p \quad \boldsymbol{\delta}_V^p]^T = [0 \quad 0 \quad 0 \quad \theta_{Vx}^p \quad \theta_{Vy}^p \quad 0]^T \\ \boldsymbol{\tau}_A^p = [\boldsymbol{d}_A^p \quad \boldsymbol{\delta}_A^p]^T = [d_{Ax}^p \quad d_{Ay}^p \quad 0 \quad 0 \quad 0 \quad 0]^T \\ \boldsymbol{\tau}_{DT}^p = [\boldsymbol{d}_{DT}^p \quad \boldsymbol{\delta}_{DT}^p]^T = [d_{DT\,x}^p \quad d_{DT\,y}^p \quad d_{DT\,z}^p \quad 0 \quad 0 \quad 0]^T \end{cases}$$

式中,上标 p 表示 z 向伸缩柱;下标 C 表示圆柱度误差;下标 V 表示垂直度误差;下标 A 表示同轴度误差。

再次利用式(2.13),可得 z 向伸缩柱各误差项 SDT 旋量参数累积为 τ^{p}, $\tau^{\mathrm{p}} = [\boldsymbol{d}^{\mathrm{p}} \quad \boldsymbol{\delta}^{\mathrm{p}}]^{\mathrm{T}}$, $\boldsymbol{d}^{\mathrm{p}} = [d_{\mathrm{DT}x}^{\mathrm{p}} + d_{\mathrm{A}x}^{\mathrm{p}} \quad d_{\mathrm{DT}y}^{\mathrm{p}} + d_{\mathrm{A}y}^{\mathrm{p}} \quad d_{\mathrm{DT}z}^{\mathrm{p}}]$, $\boldsymbol{\delta}^{\mathrm{p}} = [\theta_{\mathrm{C}x}^{\mathrm{p}} + \theta_{\mathrm{V}x}^{\mathrm{p}} \quad \theta_{\mathrm{C}y}^{\mathrm{p}} + \theta_{\mathrm{V}y}^{\mathrm{p}} \quad 0]$。

依据式(2.24),可将 z 向伸缩柱制造误差和其引起的定位接头位姿误差($\boldsymbol{d}_{\mathrm{p}}^{\mathrm{j}}$、$\boldsymbol{\delta}_{\mathrm{p}}^{\mathrm{j}}$)的关系表示为

$$\begin{bmatrix} (\boldsymbol{d}_{\mathrm{p}}^{\mathrm{j}})^{\mathrm{T}} \\ (\boldsymbol{\delta}_{\mathrm{p}}^{\mathrm{j}})^{\mathrm{T}} \end{bmatrix} = \boldsymbol{R}_{\mathrm{p}}^{\mathrm{j}} \begin{bmatrix} (\boldsymbol{d}^{\mathrm{p}})^{\mathrm{T}} \\ (\boldsymbol{\delta}^{\mathrm{p}})^{\mathrm{T}} \end{bmatrix} \tag{2.28}$$

式中,$\boldsymbol{R}_{\mathrm{p}}^{\mathrm{j}}$ 为 z 向伸缩柱的误差传递系数;$\boldsymbol{d}_{\mathrm{p}}^{\mathrm{j}} = [d_{\mathrm{p}x}^{\mathrm{j}} \quad d_{\mathrm{p}y}^{\mathrm{j}} \quad d_{\mathrm{p}z}^{\mathrm{j}}]$;$\boldsymbol{\delta}_{\mathrm{p}}^{\mathrm{j}} = [\Delta\theta_{\mathrm{p}x}^{\mathrm{j}} \quad \Delta\theta_{\mathrm{p}y}^{\mathrm{j}} \quad \Delta\theta_{\mathrm{p}z}^{\mathrm{j}}]$。利用式(2.25),可实现 $\boldsymbol{R}_{\mathrm{p}}^{\mathrm{j}}$ 的求解,其计算方法与 $\boldsymbol{R}_{\mathrm{j}}^{\mathrm{j}}$ 的相同,在此不再赘述。

(4)x 向导轨误差分析。

将图 2.28 所示 x 向导轨各误差项的累积 SDT 分别表示为

$$\begin{cases} \boldsymbol{\tau}_{\mathrm{S}}^{\mathrm{s1}} = [\boldsymbol{d}_{\mathrm{S}}^{\mathrm{s1}} \quad \boldsymbol{\delta}_{\mathrm{S}}^{\mathrm{s1}}]^{\mathrm{T}} = [0 \quad 0 \quad 0 \quad \theta_{\mathrm{S}x}^{\mathrm{s1}} \quad \theta_{\mathrm{S}y}^{\mathrm{s1}} \quad \theta_{\mathrm{S}z}^{\mathrm{s1}}]^{\mathrm{T}} \\ \boldsymbol{\tau}_{\mathrm{F}}^{\mathrm{s1}} = [\boldsymbol{d}_{\mathrm{F}}^{\mathrm{s1}} \quad \boldsymbol{\delta}_{\mathrm{F}}^{\mathrm{s1}}]^{\mathrm{T}} = [0 \quad 0 \quad 0 \quad \theta_{\mathrm{F}x}^{\mathrm{s1}} \quad \theta_{\mathrm{F}y}^{\mathrm{s1}} \quad \theta_{\mathrm{F}z}^{\mathrm{s1}}]^{\mathrm{T}} \\ \boldsymbol{\tau}_{\mathrm{P}}^{\mathrm{s1}} = [\boldsymbol{d}_{\mathrm{P}}^{\mathrm{s1}} \quad \boldsymbol{\delta}_{\mathrm{P}}^{\mathrm{s1}}]^{\mathrm{T}} = [0 \quad 0 \quad 0 \quad \theta_{\mathrm{P}x}^{\mathrm{s1}} \quad \theta_{\mathrm{P}y}^{\mathrm{s1}} \quad \theta_{\mathrm{P}z}^{\mathrm{s1}}]^{\mathrm{T}} \\ \boldsymbol{\tau}_{\mathrm{DT}}^{\mathrm{s1}} = [\boldsymbol{d}_{\mathrm{DT}}^{\mathrm{s1}} \quad \boldsymbol{\delta}_{\mathrm{DT}}^{\mathrm{s1}}]^{\mathrm{T}} = [d_{\mathrm{DT}x}^{\mathrm{s1}} \quad d_{\mathrm{DT}y}^{\mathrm{s1}} \quad d_{\mathrm{DT}z}^{\mathrm{s1}} \quad 0 \quad 0 \quad 0]^{\mathrm{T}} \end{cases}$$

式中,上标 s1 表示 x 向导轨;下标 S 表示直线度误差;下标 F 表示平面度误差;下标 P 表示平行度误差。

再次利用式(2.13),可得 x 向导轨制造误差的 SDT 表达式 $\tau^{\mathrm{s1}} = [\boldsymbol{d}^{\mathrm{s1}} \quad \boldsymbol{\delta}^{\mathrm{s1}}]^{\mathrm{T}}$, $\boldsymbol{d}^{\mathrm{s1}} = [d_{\mathrm{DT}x}^{\mathrm{s1}} \quad d_{\mathrm{DT}y}^{\mathrm{s1}} \quad d_{\mathrm{DT}z}^{\mathrm{s1}}]$, $\boldsymbol{\delta}^{\mathrm{s1}} = [\theta_{\mathrm{S}x}^{\mathrm{s1}} + \theta_{\mathrm{F}x}^{\mathrm{s1}} + \theta_{\mathrm{P}x}^{\mathrm{s1}} \quad \theta_{\mathrm{S}y}^{\mathrm{s1}} + \theta_{\mathrm{F}y}^{\mathrm{s1}} + \theta_{\mathrm{P}y}^{\mathrm{s1}} \quad \theta_{\mathrm{S}z}^{\mathrm{s1}} + \theta_{\mathrm{F}z}^{\mathrm{s1}} + \theta_{\mathrm{P}z}^{\mathrm{s1}}]$。

依据式(2.27),建立将 x 向导轨制造误差和其引起的 z 向伸缩柱位姿误差($\boldsymbol{d}_{\mathrm{s1}}^{\mathrm{p}}$、$\boldsymbol{\delta}_{\mathrm{s1}}^{\mathrm{p}}$)的关系式

$$\begin{bmatrix} (\boldsymbol{d}_{\mathrm{s1}}^{\mathrm{p}})^{\mathrm{T}} \\ (\boldsymbol{\delta}_{\mathrm{s1}}^{\mathrm{p}})^{\mathrm{T}} \end{bmatrix} = \boldsymbol{R}_{\mathrm{s1}}^{\mathrm{p}} \begin{bmatrix} (\boldsymbol{d}^{\mathrm{s1}})^{\mathrm{T}} \\ (\boldsymbol{\delta}^{\mathrm{s1}})^{\mathrm{T}} \end{bmatrix} \tag{2.29}$$

式中,$\boldsymbol{R}_{\mathrm{s1}}^{\mathrm{p}}$ 为 x 向导轨的误差传递系数;$\boldsymbol{d}_{\mathrm{s1}}^{\mathrm{p}} = [d_{\mathrm{s1}x}^{\mathrm{p}} \quad d_{\mathrm{s1}y}^{\mathrm{p}} \quad d_{\mathrm{s1}z}^{\mathrm{p}}]$;$\boldsymbol{\delta}_{\mathrm{s1}}^{\mathrm{p}} = [\Delta\theta_{\mathrm{s1}x}^{\mathrm{p}} \quad \Delta\theta_{\mathrm{s1}y}^{\mathrm{p}} \quad \Delta\theta_{\mathrm{s1}z}^{\mathrm{p}}]$。同理,可利用式(2.25)实现 $\boldsymbol{R}_{\mathrm{s1}}^{\mathrm{p}}$ 的求解。

(5)y 向导轨误差分析。

将图 2.28 所示 y 向导轨各误差项的累积 SDT 分别表示为

$$\begin{cases} \boldsymbol{\tau}_{\mathrm{S}}^{\mathrm{s2}} = [\boldsymbol{d}_{\mathrm{S}}^{\mathrm{s2}} \quad \boldsymbol{\delta}_{\mathrm{S}}^{\mathrm{s2}}]^{\mathrm{T}} = [0 \quad 0 \quad 0 \quad \theta_{\mathrm{S}x}^{\mathrm{s2}} \quad \theta_{\mathrm{S}y}^{\mathrm{s2}} \quad \theta_{\mathrm{S}z}^{\mathrm{s2}}]^{\mathrm{T}} \\ \boldsymbol{\tau}_{\mathrm{F}}^{\mathrm{s2}} = [\boldsymbol{d}_{\mathrm{F}}^{\mathrm{s2}} \quad \boldsymbol{\delta}_{\mathrm{F}}^{\mathrm{s2}}]^{\mathrm{T}} = [0 \quad 0 \quad 0 \quad \theta_{\mathrm{F}x}^{\mathrm{s2}} \quad \theta_{\mathrm{F}y}^{\mathrm{s2}} \quad \theta_{\mathrm{F}z}^{\mathrm{s2}}]^{\mathrm{T}} \\ \boldsymbol{\tau}_{\mathrm{P}}^{\mathrm{s2}} = [\boldsymbol{d}_{\mathrm{P}}^{\mathrm{s2}} \quad \boldsymbol{\delta}_{\mathrm{P}}^{\mathrm{s2}}]^{\mathrm{T}} = [0 \quad 0 \quad 0 \quad \theta_{\mathrm{P}x}^{\mathrm{s2}} \quad \theta_{\mathrm{P}y}^{\mathrm{s2}} \quad \theta_{\mathrm{P}z}^{\mathrm{s2}}]^{\mathrm{T}} \\ \boldsymbol{\tau}_{\mathrm{DT}}^{\mathrm{s2}} = [\boldsymbol{d}_{\mathrm{DT}}^{\mathrm{s2}} \quad \boldsymbol{\delta}_{\mathrm{DT}}^{\mathrm{s2}}]^{\mathrm{T}} = [d_{\mathrm{DT}x}^{\mathrm{s2}} \quad d_{\mathrm{DT}y}^{\mathrm{s2}} \quad d_{\mathrm{DT}z}^{\mathrm{s2}} \quad 0 \quad 0 \quad 0]^{\mathrm{T}} \end{cases} \tag{2.30}$$

式中,上标 s2 表示 y 向导轨。

再次利用式(2.13),可得 y 向导轨制造误差的 SDT 表达式 $\tau^{\mathrm{s2}} = [\boldsymbol{d}^{\mathrm{s2}} \quad \boldsymbol{\delta}^{\mathrm{s2}}]^{\mathrm{T}}$, $\boldsymbol{d}^{\mathrm{s2}} = [d_{\mathrm{DT}x}^{\mathrm{s2}} \quad d_{\mathrm{DT}y}^{\mathrm{s2}} \quad d_{\mathrm{DT}z}^{\mathrm{s2}}]$, $\boldsymbol{\delta}^{\mathrm{s2}} = [\theta_{\mathrm{S}x}^{\mathrm{s2}} + \theta_{\mathrm{F}x}^{\mathrm{s2}} + \theta_{\mathrm{P}x}^{\mathrm{s2}} \quad \theta_{\mathrm{S}y}^{\mathrm{s2}} + \theta_{\mathrm{F}y}^{\mathrm{s2}} + \theta_{\mathrm{P}y}^{\mathrm{s2}} \quad \theta_{\mathrm{S}z}^{\mathrm{s2}} + \theta_{\mathrm{F}z}^{\mathrm{s2}} + \theta_{\mathrm{P}z}^{\mathrm{s2}}]$。

依据式(2.27),建立将 y 向导轨制造误差和其引起的 x 向导轨位姿误差($\boldsymbol{d}_{\mathrm{s2}}^{\mathrm{s1}}$、$\boldsymbol{\delta}_{\mathrm{s2}}^{\mathrm{s1}}$)的关系式:

$$\begin{bmatrix} (\boldsymbol{d}_{\mathrm{s2}}^{\mathrm{s1}})^{\mathrm{T}} \\ (\boldsymbol{\delta}_{\mathrm{s2}}^{\mathrm{s1}})^{\mathrm{T}} \end{bmatrix} = \boldsymbol{R}_{\mathrm{s2}}^{\mathrm{s1}} \begin{bmatrix} (\boldsymbol{d}^{\mathrm{s2}})^{\mathrm{T}} \\ (\boldsymbol{\delta}^{\mathrm{s2}})^{\mathrm{T}} \end{bmatrix} \tag{2.31}$$

式中，R_{s2}^{s1} 为 y 向导轨的误差传递系数；$d_{s2}^{s1}=\begin{bmatrix} d_{s2x}^{s1} & d_{s2y}^{s1} & d_{s2z}^{s1} \end{bmatrix}$；$\delta_{s2}^{s1}=\begin{bmatrix} \Delta\theta_{s2x}^{s1} & \Delta\theta_{s2y}^{s1} & \Delta\theta_{s2z}^{s1} \end{bmatrix}$。同理，可利用式（2.25）实现 R_{s2}^{s1} 的求解。

联立式（2.24）、式（2.27）、式（2.28）和式（2.29），可求得单个定位器各零部件制造误差引起的累积误差为

$$
\begin{aligned}
\begin{bmatrix} (d^{\mathrm{f}})^{\mathrm{T}} \\ (\delta^{\mathrm{f}})^{\mathrm{T}} \end{bmatrix} &= R_{j}^{\mathrm{f}}(\begin{bmatrix} (d^{\mathrm{j}})^{\mathrm{T}} \\ (\delta^{\mathrm{j}})^{\mathrm{T}} \end{bmatrix} + R_{p}^{\mathrm{j}}(\begin{bmatrix} (d^{\mathrm{p}})^{\mathrm{T}} \\ (\delta^{\mathrm{p}})^{\mathrm{T}} \end{bmatrix} + R_{s1}^{\mathrm{p}}(\begin{bmatrix} (d^{\mathrm{s1}})^{\mathrm{T}} \\ (\delta^{\mathrm{s1}})^{\mathrm{T}} \end{bmatrix} + R_{s2}^{\mathrm{s1}}\begin{bmatrix} (d^{\mathrm{s2}})^{\mathrm{T}} \\ (\delta^{\mathrm{s2}})^{\mathrm{T}} \end{bmatrix}))) \\
&= R_{j}^{\mathrm{f}}\begin{bmatrix} (d^{\mathrm{j}})^{\mathrm{T}} \\ (\delta^{\mathrm{j}})^{\mathrm{T}} \end{bmatrix} + R_{j}^{\mathrm{f}}R_{p}^{\mathrm{j}}\begin{bmatrix} (d^{\mathrm{p}})^{\mathrm{T}} \\ (\delta^{\mathrm{p}})^{\mathrm{T}} \end{bmatrix} + R_{j}^{\mathrm{f}}R_{p}^{\mathrm{j}}R_{s1}^{\mathrm{p}}\begin{bmatrix} (d^{\mathrm{s1}})^{\mathrm{T}} \\ (\delta^{\mathrm{s1}})^{\mathrm{T}} \end{bmatrix} + R_{j}^{\mathrm{f}}R_{p}^{\mathrm{j}}R_{s1}^{\mathrm{p}}R_{s2}^{\mathrm{s1}}\begin{bmatrix} (d^{\mathrm{s2}})^{\mathrm{T}} \\ (\delta^{\mathrm{s2}})^{\mathrm{T}} \end{bmatrix}
\end{aligned}
$$

$$(2.32)$$

式中，$d^{\mathrm{f}}=\begin{bmatrix} d_{\mathrm{f}x} & d_{\mathrm{f}y} & d_{\mathrm{f}z} \end{bmatrix}$、$\delta^{\mathrm{f}}=\begin{bmatrix} \Delta\theta_{\mathrm{f}x} & \Delta\theta_{\mathrm{f}y} & \Delta\theta_{\mathrm{f}z} \end{bmatrix}$ 分别为三坐标数控定位器定位装配产品的位置误差和姿态误差。

2.11　工装设计仿真

工装设计仿真是指利用虚拟仿真技术对工装设计方案进行评估和验证的过程。虚拟仿真技术可以对工装设计进行数字化建模，应用计算机仿真技术对设计结果进行模拟、分析和优化，以确定最佳的工装设计方案。

2.11.1　刚强度有限元仿真

工装刚度和强度的校核是确保工装能够承受正常操作和预期负载的重要步骤。工装刚度和强度校核通常需要分析工作负载的各个方面，以确定工装所面临的最大负荷。目前飞机工装刚强度主要采用有限元分析软件进行计算机辅助工程（CAE）校核，利用 CATIA 的有限元校核模块进行机械设计同步简易校核，利用 NASTRAN、ABAQUS 等专业有限元软件对关键件、重特大工程进行详细校核。在飞机工装设计中，常使用 ABAQUS 对工装结构进行有限元力学分析来验证工装的可靠性、安全性及为工装结构合理优化提供科学依据。

1.通用规则

1）坐标系构建。

有限元分析建模时应定义全局坐标系，坐标系由右手定则来确定，宜采用笛卡儿直角坐标系，必要时可选用柱坐标系或球坐标系，当模型载荷、约束或结果显示需求与全局坐标系不一致时，可增加局部坐标系。

2）单位制选择。

单位制的选择应按照 GB 3100—1993 和 GB 3101—1993 执行。根据工装产品特点选择 SI 单位制或其他单位制。例如，对质量较敏感的工装产品推荐采用 SI 单位制，质量单位为千克，具体参见表 2.14；对质量不敏感的大型工装产品推荐采用 SI 单位制倍数单位，质量单位为吨，具体参见表 2.15。

表 2.14 SI 单位制系统 1

物理量名称	SI 基本单位制系统 1	
	单位名称	单位符号
长度	米	m
质量	千克	kg
时间	秒	s
热力学温度	开[尔文]	K
—	SI 导出单位制系统 1	
力	牛顿	N
应力	帕	Pa(N/m^2)
力矩	牛顿米	N·m
密度	千克每立方米	kg/m^3
位移	米	m
速度	米每秒	m/s
加速度	米每二次方秒	m/s^2
频率	赫兹	Hz

表 2.15 SI 单位制系统 2

物理量名称	SI 基本单位制系统 2	
	单位名称	单位符号
长度	毫米	mm
质量	吨	t
时间	秒	s
热力学温度、摄氏温度	开[尔文]、摄氏度	K、℃
—	SI 导出单位制系统 2	
力	牛顿	N
应力	兆帕	MPa(N/mm^2)
力矩	牛顿毫米	N·mm
密度	吨每立方毫米	t/mm^3
位移	毫米	mm
速度	毫米每秒	mm/s
加速度	毫米每二次方秒	mm/s^2
频率	赫兹	Hz

3)材料属性设置。

(1)金属材料。

①概述。

金属材料一般需要考虑的要素包括：

(a)按各向同性材料考虑。

(b)材料进入屈服要考虑塑性。

(c)常用材料性能,包括密度、弹性模量、剪切模量、泊松比、屈服极限、极限强度和延伸率等。

(d)热环境条件下应考虑材料线膨胀系数及温度对材料性能的影响。

(e)注意材料热处理状态及不同状态下的材料性能。

②弹性性能。

金属材料选择各向同性材料,弹性性能应定义弹性模量、剪切模量、泊松比。

③塑性性能。

塑性性能应定义屈服极限、极限强度及其对应的应变值,塑性性能一般采用双线性模型。

④密度。

考虑重力或惯性加速度时,应定义材料的密度。

⑤热膨胀系数。

有温度载荷时,应定义材料的热膨胀系数。

(2)层合复合材料。

①定义方式。

层合复合材料通过输入单向板的材料性能及铺层,计算复合结构的性能。

②单向板材料性能。

单向板材料性能包括六个参数:纵向弹性模量、横向弹性模量、面内剪切模量、纵向剪切模量、横向剪切模量及主泊松比。

③二维正交各向异性材料。

当结构采用壳单元模拟时,选择二维正交各向异性材料,应输入单向板材料性能参数。

④三维正交各向异性材料。

当结构采用体单元模拟时,选择三维正交各向异性材料,应定义三向弹性模量、剪切模量及泊松比共九个参数。

⑤定义材料的其他要求。

主要包括:

(a)有层合板结构实测性能时,应对单向板的性能进行适当修正。

(b)测试数据中一般同时提供拉伸和压缩强度、弹性模量数据,计算时可根据结构主要受载情况来选取。当受载情况难以判断且数据差别不大时,应选取较小数据。

(c)剪切破坏是复合材料主要失效模式之一,剪切性能应采用试验测试数据。

(d)定义复合材料密度时,应根据实际产品结构质量进行修正。

(e)各向异性材料要根据实际结构定义材料方向。

4)仿真目标。

(1)应用有限元仿真分析技术,评估工装结构的刚强度,在工装设计时预测结构的力学性能。

(2)静强度计算的一般目标包括结构的应力、应变、位移、压强、支反力、支反力矩等求解结果。如果关注强度,就需要评估结构应力是否达到材料许用应力,结构是否满足强度设计要求;如果关注刚度,需要评估结构变形是否满足刚度设计要求。

(3)仿真目标可能有多个,一要细化仿真目标,二要按重要性排序。在后续的模型建立和设置中,要优先考虑重点的仿真目标。

5)仿真结果。

工装结构静强度有限元分析应提供分析模型和分析报告,分析模型内容一般应包含有限元几何模型、有限元网格模型、载荷边界、材料信息、求解结果、后处理结果等。

2. 仿真流程

工装结构有限元分析流程基本包括有限元模型建立、提交分析、结果评估、报告编写等,如图 2.29 所示。

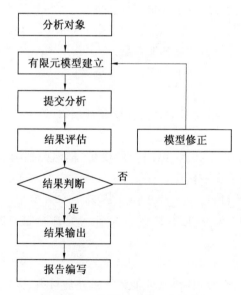

图 2.29　有限元分析工作流程

3. 有限元模型建立

1)模型构建。

工装结构静强度分析采用几何导入法建模,即通过将基于 CAD 软件创建的 CAD 模型导入前处理软件的方法进行建模。导入的几何模型需要进行适度简化,模型简化原则如下:

(1)几何模型简化不应改变结构基本特征、传力路径、刚度、质量分布等。

（2）对于厚度方向尺寸远小于其他方向尺寸的结构,采用板壳结构建模,几何取结构中面。

（3）对规则截面的细长结构,如:桁条、大梁、杆系、管路、螺栓等,采用梁单元建模,相应的几何模型取特征交线或中心线。

（4）承受局部载荷的集中力结构,采用实体单元建模。

（5）吊挂类工装计算吊挂主体结构时删除螺钉、垫片等连接件;耳片等承力件保留特征用实体结构计算;螺钉等连接件强度需单独分析计算。

（6）模具类工装数控型面多为曲面,模型多采用实体结构。

（7）对所分析指标影响很小的次要构件或非承载件可以去除。

（8）对加强筋结构,分析整体刚度、强度时,可以忽略;分析局部变形及应力分布时,则不能忽略。

（9）对构件局部刚度有加强作用的翻边结构,在单元数目允许情况下不应忽略;对不影响结构刚度、强度的工艺翻边结构,可以完全忽略。

（10）相对所在部件尺寸小的孔结构,可以忽略;相对所在部件尺寸大的孔结构,会对局部结构刚度和强度有影响,或存在局部应力集中的情况,应保留。

2）网格划分。

（1）单元类型选择。

有限元单元类型包括一维单元、二维单元、三维单元等。

①类型选择原则。

单元类型的选择应能反映不同部件的结构形式,在满足分析要求的前提下,单元类型选择一般遵循以下原则:

（a）选用形状规则的单元,一般二维单元宜采用三角形或四边形单元,三维单元宜采用四面体或六面体单元。

（b）选用满足精度要求的单元,刚度计算时宜采用一阶单元,强度计算时宜采用二阶单元。

（c）选用计算效率快的单元,静力学刚度强度计算宜采用缩减积分单元。

②一维单元。

一维单元类型选择应遵循以下原则:

（a）一维单元能给出拉压、弯曲、扭转应力/应变。

（b）考虑横向剪切效应的一维单元还能给出横向剪应力/应变。

（c）大型管梁焊接类工装框架、工作平台等可以简化为一维单元计算。

③二维单元。

二维单元类型选择应遵循以下原则:

（a）二维单元能给出上下表面和中性面的正应力/应变、剪应力/应变。

（b）常用的二维单元为三角形和四边形单元,优先选用四边形单元。

（c）四边形线性单元中,可以选用缩减积分和完全积分单元。

（d）线性三角形单元仅用于网格过渡或几何拓扑需要的局部区域,且三角形单元优先选用二次单元。

(e)大型板焊类工装框架、方管焊接类工装框架、卡板等可以简化为二维单元计算。

④三维单元。

三维单元类型选择应遵循以下原则：

(a)三维单元应能给出三方向的正应力/应变和剪应力/应变。

(b)常用的三维单元为六面体和四面体单元，优先选用六面体单元。

(c)六面体线性单元优先选用非协调单元，二次单元优先选用缩减积分单元，用在接触面上选用线性单元。

(d)四面体单元优先选用二次单元，用在接触面上选用二次修正单元。

(e)线性四面体单元、楔形单元仅用于网格过渡或几何拓扑需要的局部区。

(f)装配类工装定位器、工艺接头、吊挂耳片、冲压模具和需要强度校核的螺栓连接件等宜使用三维单元计算。

(2)单元阶次选择。

单元分为低阶单元和高阶单元，单元阶次选择一般应遵循以下原则：

①单元阶次选择应考虑计算效率，刚度计算时宜采用低阶单元，强度计算时宜采用高阶单元。

②计算精度要求高的区域宜选用高阶单元，如装配工装定位器等；精度要求低时可选用低阶单元，如工作平台等。

③不同阶次单元的连接位置应使用过渡单元或多点约束等。

(3)单元网格划分。

①网格划分要求。

有限元模型网格由一系列单元、节点组成，完整的网格一般应满足以下要求：

(a)网格划分时应保留主要的几何轮廓线，网格应与几何轮廓保持基本一致。

(b)网格密度应能真实反映结构基本几何形状特征。

(c)网格密度应能反映结构真实传力路径及力的分配。

(d)网格密度应能反映结构真实变形形状。

(e)网格形状应尽可能规则，面网格尽量划分为四边形，体网格尽量划分为六面体。

(f)网格特征应能满足网格质量检查要求。

(g)网格单元节点应力梯度应能满足工程使用精度要求。

(h)对称结构可采用对称网格。

②网格尺寸设置。

网格密度（网格尺寸）应考虑分析目的、计算规模、效率、硬件承受能力等综合因素，网格密度控制一般遵循以下基本原则：

(a)应对结构变化大、曲面曲率变化大、载荷变化大或不同材料连接的部位进行细化。

(b)单元尺寸过渡平滑，粗细网格之间应有足够的单元进行过渡，避免相邻单元的质量和刚度差别太大。

(c)应力响应关注区域的网格密度应大于位移响应关注区域的网格密度。

(d)主承力方向的单元尺寸应较小,垂直于该方向的单元在满足质量要求时可将尺寸稍作加大。

(e)对于实体单元网格,在结构厚度上应确保不少于三层。

(f)关键部位结构圆角区域网格数量不少于12个。

③单元属性设置。

单元属性可以赋给几何或单元,一般应进行以下定义:

(a)指定单元的材料,各向异性材料应在单元属性中定义材料参考坐标系。

(b)壳单元定义厚度及其偏置信息等。

(c)梁单元定义截面形状尺寸(或直接定义截面面积、转动惯性矩)、偏置信息及梁的方向等。

(d)集中质量单元定义质量大小、转动惯量及参考坐标系。

④网格质量检查。

网格划分完后,需要对网格划分质量进行检查,控制网格质量参数在合理范围内。

(a)网格检查的主要参数包括单元方向、翘曲度、偏斜度、内角等。

(b)网格检查的要求:网格中不应存在错误单元,警告单元数量占比不应超过5%,保证结构重点关注区域的单元质量高,非关注区域的单元质量可适当降低。

3)连接定义。

(1)概述。

仿真模型连接形式包括接触连接、绑定约束、刚体约束、耦合约束等,通常会将大尺寸复杂工装中的连接面上螺栓、铆钉简化掉并给连接面做绑定约束,将焊接工装合并为连续体,需校核连接件强度时可保留连接件模型。

(2)接触连接。

接触连接一般用于定义面—面接触和自接触,模型中的接触连接需要进行以下定义:

①在零件中事先建立好接触需要的面或组。

②定义接触关系对,包括接触类型,主接触面、从接触面。

③定义接触属性,一般只需要定义切向摩擦系数。

④定义求解过程中的一些控制选项。

(3)绑定约束。

绑定约束用于将模型中的两个区域(面或节点区域)绑定在一起,使它们之间没有相对运动,模型中的绑定约束应进行以下定义:

①在零件中事先建立好绑定约束需要的面或组。

②定义关系对,包括主、从绑定面。

③定义求解过程中的一些控制选项。

(4)刚体约束。

刚体约束用于创建一个刚性区域(节点、面或单元),在整个分析过程中,该区域内节

点和单元的相对位置保持不变,该区域跟随制定的一个参考点发生刚体位移,模型中的刚体约束应进行以下定义:

①在零件中事先建立好刚体约束需要的节点、面或单元。

②定义关系对,包括主参考点、从面或单元。

③定义求解过程中的一些控制选项。

(5)耦合约束。

耦合约束用于将一个约束控制点和一个面的运动约束在一起,耦合约束应进行以下定义:

①在零件中事先建立好耦合约束需要的点、面或组。

②定义耦合约束关系对,包括耦合约束类型,主控制点、从属面。

③定义耦合约束自由度、参考坐标系,默认为全局坐标系。

4)边界条件。

(1)约束。

设置仿真分析计算的约束一般需考虑以下要求:

①有限元模型约束施加应符合实际安装条件。

②约束区域应能准确反映实际约束情况,根据约束类型选取合适的施加方式,如固支应选择自由度全部约束,铰支选择平动自由约束,对称结构选择对称或反对称约束。

③避免单点约束,避免应力集中。

④明确约束的位置、自由度和方向。

⑤装配类工装型架约束通常是将与地面通过地脚螺栓连接的板底面固支,将自由度全部约束。

⑥吊挂类工装约束通常是将连接耳片铰支,选择平动自由约束。

(2)预定义场。

通过预定义场在初始步和分析步中设置初始温度、速度、位移、力等。

(3)载荷。

设置仿真分析计算的载荷一般需考虑以下要求:

①按照载荷输入条件及安全系数要求,分析全部给定工况的载荷。

②考虑不同工况同一时刻各项载荷的联合作用。

③明确载荷的位置、大小和方向。

5)工况。

需根据工装结构和使用情况,设定合理的工况,以得到较为准确的计算结果。

6)模型检查。

有限元模型在提交求解前应进行充分的质量检查,确保模型网格质量,输入参数的正确性,边界条件、连接接触关系的合理性等,模型质量检查主要包括:

(1)单位制检查,检查模型单位制是否统一,不应存在单位冲突情况。

(2)单元特征检查,主要包括单元节点的重复性、单元的连续性、单元最小尺寸、单元方向、自由边、单元形状评价指标检查,以及多点约束的主、从节点冲突性检查等。

(3)属性特征检查,主要包括单元几何属性、材料属性、材料方向及模型质量属性检查等。

(4)载荷及边界条件检查,主要包括载荷大小、方向及边界条件的正确性。

(5)频率分析检查,进行简单的模态分析检查模型是否可以正常计算及模型连接情况。

4.提交分析

(1)求解设置。

应根据仿真分析任务和目标要求,明确求解器的类型及设置参数,静强度分析中明确求解器类型和计算时间步长等。提交求解之前应对求解器类型、载荷工况、分析类型、输出内容等进行设置和检查确认,对于涉及大变形或非线性分析还需要对步长、算法、收敛判据等相关内容进行设置和检查确认。

(2)求解参数。

求解前需要对载荷工况和接触关系进行设置和检查确认,并对求解器的基本选项、求解器选项、非线性选项进行设置,具体需要设置的参数如下:①忽略大变形效应影响;②考虑预应力效应影响;③时间步长默认;④子步数和时间步长;⑤默认输出控制。

5.结果后处理

(1)后处理。

有限元法计算结果需按照有关准则进行数值分析和图形显示,而不同后处理方式将对结果产生很大影响。由于不同的后处理软件在后处理技术和方式上有所差异,因此相同的求解结果文件基于不同后处理软件在分析结果时也可能存在差异。

(2)结果类型。

工装结构刚强度分析结果类型包括应力、应变、位移、压强、支反力、支反力矩等。

(3)表现形式。

仿真分析结果以云图、矢量图、剖面图、列表、数值、曲线等形式呈现。

(4)处理要求。

工装结构刚强度分析计算结果后处理要求如下:①不同材料共节点的应力应分别查看;②各向异性材料应查看节点材料主方向的应力/应变;③壳单元应分别查看上下表面的应力/应变结果。

6.结果评估

(1)强度准则。

①金属材料。

脆性材料选用第一、第二强度理论,塑性材料选用第四强度理论分析极限强度,具体如下:

(a)第一强度理论要求结构最大主应力在材料许用应力范围内。

(b)第二强度理论要求结构最大主应变在材料许用应变范围内。

(c)第四强度理论要求结构最大米泽斯应力在材料许用应力范围内。

②层合复合材料。

层合复合材料一般采用最大主应变准则或层合板强度准则,具体如下:

(a)最大主应变准则要求拉伸、压缩应变在许用应变范围内。

（b）层合板强度准则要求纵横向拉伸、压缩及剪切强度在许用强度范围内。

（2）强度评估。

①判据。

工装结构静强度满足设计载荷要求判据：

（a）工装结构应力在材料许用应力范围内。

（b）工装结构总体失稳载荷大于设计载荷。

（c）工装局部失稳载荷满足总体要求。

②失效模式。

工装结构强度的失效模式包括：

（a）局部强度破坏，受力或变形超出材料允许值。

（b）总体强度破坏，受力或变形超出材料允许值。

（c）局部受力或变形突变。

（d）局部失稳。

（e）总体失稳。

（3）刚度评估。

①判据。

工装结构静强度满足设计载荷要求判据：

（a）工装结构应变在材料许用应变范围内。

（b）工装结构变形应满足设计指标。

②失效模式。

工装结构可能的失效模式包括：

（a）不满足强度评估判据。

（b）挠度值超出刚度允许结构变形要求。

（4）评估流程。

工装结构有限元仿真分析结果评估至少包含以下环节：

①分析。

②校对。

③审核。

7. 模型修正

在完成结构静强度仿真计算后，如有试验数据结果，可对仿真结果与试验结果之间的误差进行分析，当仿真结果和试验结果之间的误差过大时，需要对仿真模型进行修正。仿真模型修正可以利用试验数据量化仿真模型的精度，开展仿真模型的研究和应用，并基于模型修正的方法进行仿真精度的提升。仿真模型修正流程图如图 2.30 所示。

8. 分析报告

在完成仿真分析之后，应针对具体分析对象、分析目的、分析问题编写有限元分析报告，报告编写内容至少应包括以下方面：

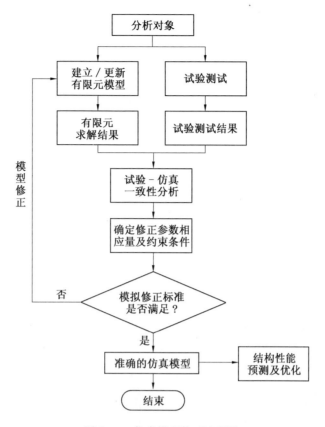

图 2.30　仿真模型修正流程图

（1）任务概述。应对分析问题进行一定的背景介绍，并说明本报告所采取的分析类型和关注的分析结果。

（2）分析过程。应对仿真分析的过程进行描述，包括模型简化、网格划分、材料模型、边界条件、载荷和求解方式等。

（3）分析结论。应给出典型的图表结果，如计算结果、应力云图、应变云图、位移云图等。图表应简明、易懂，图表中不应有无关的信息。根据给出的图表结果，总结分析结论，并给出客观、综合评定。

（4）优化及建议。报告中应根据分析结果，给出优化建议和设计改良方案。

2.11.2　工装功能仿真

1. 装配过程仿真

在三维数字样机的基础上，利用计算机仿真环境和工装模型对产品整个装配过程进行模拟与分析，将产品与工装按实际装配工艺顺序进行模拟试验，结合干涉检查直观地分析工装的装配性、合理性、准确性，并生成相关的分析报告，对分析报告进行归档处理。

（1）装配顺序规划。

对产品中各零/组件的装配顺序进行分析和计算，获得合理的装配顺序的过程。

（2）装配路径规划。

对产品中各零/组件的装配路径进行分析和计算，获得合理的装配路径的过程。

（3）装配过程仿真规划。

对产品中各零/组件的装配顺序、装配路径、装配操作进行分析和计算，并检查、分析和处理装配过程中出现的干涉、碰撞等问题，最终获得合理的装配顺序和装配路径，优化装配工装层级结构，减少工装设计、工艺装配的错误。

2. 功能仿真目的

（1）模拟装配工装的定位和布局。

（2）模拟产品零组件的上架、定位、装夹、下架等装配过程，检查工装设计的缺陷，并对工装设计的结果进行验证和优化。

3. 功能仿真要求

（1）装配工装仿真的模型要求。

通过调用数据库中完整的装配工装模型与数据平台上完整的飞机产品三维模型进行装配仿真验证。具体要求如下：

①装配工装建模坐标系应尽量与飞机产品坐标系一致，并符合右手法则，保证产品三维模型调入时的相互关系正确。

②装配工装模型必须按1∶1比例创建。

③装配工装模型在不影响装配约束关系和相互运动关系的基础上可以进行数量和模型类型的轻量化处理。

④装配工装工艺圆角、锐边倒圆、倒角或标准件在三维模型中按需创建。

⑤装配工装模型中不允许有模型更新状态和模型错误信息的存在，不允许保留各零组件之间的约束关系和测量信息。

⑥产品三维模型应从数据平台获取，并保持最新版次。

⑦产品三维模型在不影响装配约束关系和相互运动关系的基础上可以进行数量和模型类型的轻量化处理。

（2）装配工装仿真内容。

①产品上架、下架路径分析。

②工装的定位和布局进行检查验证。

③工装与产品干涉分析。

④工装结构本身干涉分析（静态干涉分析、动态干涉分析）。

⑤施工（钻孔、铆接、分解、去毛刺、涂胶、填胶封包）通路分析。

⑥操作人员可达性分析。

⑦人机功效分析。

⑧激光跟踪仪射线通路分析。

（3）装配工装仿真需定义的边界条件。

装配工装仿真需定义的边界条件为产品的输入输出状态、装配工艺流程及工装定位件结构的使用方法。其中,产品的输入输出状态指的是产品在完成装配之前与装配之后的状态、上架与下架的方式。装配工艺流程主要指的是完成产品装配的具体顺序。

4. 仿真步骤

(1)装配仿真数据及资源导入。

①从数据库或本机调入装配工装模型。

②从数据平台调入产品三维模型。

③从资源库调入人体模型或自行创建人体模型。

④从资源库调入工具及设备模型或自行创建。

⑤从资源库调入厂房模型或自行创建,据厂房平面布置图或厂房三维模型,确定工装在厂房中的位置、工装占地面积、工装周围辅助资源状况。

(2)装配工装仿真环境搭建。

产品的位置应按照装配工装的位置确定,并保证初始状态为产品设计的理论状态,为达到较好的视觉效果,进行装配仿真前建议将工装和产品的颜色进行调整,工装等辅助资源的颜色原则上应符合公司现场管理规定,如需要也可以更改;产品的颜色以能够明显区分装配关系为准,不宜采用红色,以免与干涉检查报错信息混淆。

(3)装配工艺流程规划。

根据产品结构规划合理、正确的工艺流程,装配工装依据工艺流程设计,满足产品的装配顺序。

(4)装配路径规划。

装配路径是指从被安装零部件存放的位置,直到零部件被装配到装配体上形成产品所行走的空间轨迹。装配路径规划就是寻找一条装配零件从装配初始点(装配操作前的位置)到装配目标点(产品最终的装配位置)的空间运动路径,当零件沿此路径装配时不会与环境中其他已装配零件发生碰撞。路径规划通常只考虑工作空间的几何信息,生成结果是针对每一个具体零部件的无碰撞几何路径。装配路径可以是直线,二维、三维曲线或折线。

(5)装配过程仿真。

用功能仿真软件对装配工装的装配过程进行三维仿真模拟,对狭小空间或特殊要求的工序进行模拟仿真,直观地反映出产品的整个装配过程及人员操作情况。

(6)装配工艺过程仿真分析。

通过对装配工装的动态干涉检查,可以观察并分析装配路径规划是否合理,由此可以判断出装配工装的合理性。

(7)装配工装的优化。

通过装配过程仿真、装配工艺过程的仿真分析,对装配工装进行优化,以上步骤可以重复进行,通过多次仿真做出最优的装配方案。

5. 仿真结果分析及应用

(1)仿真结果分析内容与方法。

通过对仿真过程的视觉观察可以发现其中明显的工装结构性问题,但对于一些细节问题如工装与产品间不存在干涉,但与产品某表面已接触或间隙不符合工艺要求的问题,仍需对其进一步定量化计算和详细分析。为此,利用仿真软件所提供的整体干涉检查、可拆卸性检查、约束分析、自由度分析和精度分析等各种分析工具,直观或定量化考察装配工装的准确性。

干涉检测分为静态、动态和运动三类方式,利用这些方式对装配路径上的障碍实施自动鉴别,如通过计算产品零件的运动包络体并判断该包络体与环境元素间是否相交来确定零件在装配过程中有无干涉问题等,若发现动态干涉现象,系统将采用线框提示或自动停止模拟过程,并最终生成分析报告。

(2)仿真结果应用。

通过对工装装配过程的仿真,并通过干涉碰撞检测分析,可以直观地观察工装的装配流程规划与路径是否合理,另外,能够检测和分析该工装装配的正确性,优化工装结构,使装配工装更加合理正确。

(3)仿真结果数据存储。

将仿真过程通过视频录制创建并保存为视频格式,并创建保存对应的 HTML 文档。

2.11.3　工装公差仿真

工装公差仿真是一种利用计算机辅助工具,对工装设计进行虚拟仿真和评估的技术。它通过将工装的几何模型导入仿真软件中,结合材料特性和装配过程,模拟工装在实际使用中的运动和变形情况,以评估工装的精度和稳定性。工装公差仿真中常使用 3DCS(3-dimensional control systems variation analyst)和 DTAS(dimension tolerance analysis system)软件实现公差分析、尺寸控制、柔性装配偏差等功能。

1. 3DCS

3DCS 是三维尺寸控制系统分析专家,是图形化的公差仿真软件。3DCS 是非常先进的尺寸偏差分析工具,用于模拟产品的设计、制造和装配,它能够预测设计所固有的偏差量,并确定该偏差的来源。夹具公差仿真指利用 3DCS 建立夹具模型,并考虑夹具元件之间的公差累积效应,以评估夹具设计是否符合要求。定位件公差仿真指在机械装配过程中,通过将定位件的几何尺寸和公差信息输入到 3DCS 中,模拟不同公差条件下的定位精度,并确定是否需要调整定位件的设计参数。例如,使用 3DCS 软件能更真实地模拟卡板的安装定位,同时节约大量仿真成本。辅助元件公差仿真指除夹具和定位件外,在装配中扮演关键角色的其他辅助元件(如螺栓、垫片、弹簧等)。使用 3DCS 可以对这些辅助元件的公差进行仿真分析,确保它们在公差范围内满足装配要求。

2. DTAS

DTAS 3D 基于蒙特卡洛原理,按照工装的公差及装配关系进行建模,然后进行解析、仿真计算,最终预测工装设计是否能够满足其关键尺寸要求,同时预测产品合格率,并进行根源分析。DTAS 3D 引入人工智能、柔性装配偏差等功能,使公差分析建模效率更高,适用场景更全面。DTAS 可以帮助工装工程师快速找出工装设计阶段、量产阶段出现的公差问题的根本原因,同时还可以对公差问题进行自动优化,并给出一些合理的优化建议,且操作方便友好,计算效率和计算精度高。

第3章　工装设计专业基础

3.1　机械传动系统设计

3.1.1　机械传动基础

1.带传动

(1)带传动种类。

根据带传动原理不同,带传动可分为摩擦型和啮合型两大类。在摩擦型带传动中,又可以分为平带传动、圆带传动、V带传动和多楔带传动。下面以 V 带为例,介绍带传动的设计过程。

(2)V 带传动设计计算。

①设计功率。

$$P_\mathrm{d}=K_\mathrm{A}P \tag{3.1}$$

式中,P_d 为传递的功率,kW;K_A 为工况系数;P 为电动机功率。

②传动比。

$$i=\frac{n_1}{n_2}=\frac{d_\mathrm{p2}}{d_\mathrm{p1}} \tag{3.2}$$

式中,n_1 为小带轮转速,r/min;n_2 为大带轮转速,r/min;d_p1 为小带轮的节圆直径,mm;d_p2 为大带轮的节圆直径,mm,通常带轮的节圆直径可视为基准直径。

若计入滑动功率

$$i=\frac{n_1}{n_2}=\frac{d_\mathrm{p2}}{(1-\varepsilon)d_\mathrm{p1}} \tag{3.3}$$

式中,ε 为弹性滑动率,通常 $\varepsilon=0.01\sim0.02$。

③选定带型。

根据 P_d 和 n_1,由 GB/T 13575.1—2022《普通和窄 V 带传动　第 1 部分:基准宽度制》选取。

④带速。

$$v=\frac{\pi d_\mathrm{p}n_1}{60\times1\,000}\leqslant v_\mathrm{max} \tag{3.4}$$

普通 V 带的带速为 $25\sim30$ m/s,窄 V 带的带速为 $35\sim40$ m/s,一般 v 不得低于 5 m/s。

⑤V 带的根数。

$$z = \frac{P_d}{(P_1 + \Delta P_1) K_a K_L} \tag{3.5}$$

式中，P_1 为单根 V 带的基本额定功率；ΔP_1 为单根 V 带额定功率的增量；K_a 为小带轮包角修正系数；K_L 为带长修正系数。K_a 与 K_L 的选择见 GB/T 13575.1—2022。

2. 链传动

(1)链传动种类。

按用途不同，链条可分为传动链、输送链和电引链。一般机械传动系统中，常用的是传动链。传动链又可以分为滚子链、齿形链等类型。其中滚子链常用于传动系统的低速级，齿形链应用较少。这里以滚子链为例，介绍滚子链的设计过程。

(2)滚子链传动设计计算。

①滚子链传动选择指导。

国家标准 GB/T 18150—2006《滚子链传动选择指导》是链传动设计选择和链条质量最低要求的标准。

②设计功率。

$$P_d = P \times f_1 \times f_2 \tag{3.6}$$

式中，P 为输入功率，kW；z_1 为小齿轮齿数；f_1 为工况系数，f_1 的选取参照 GB/T 18150—2006；f_2 为小链轮齿数系数，$f_2 = \left(\frac{19}{z_1}\right)^{1.08}$。

③链条节距。

根据设计功率 P_d 和小链轮转速，由符合 GB/T 1243—2006《传动用短节距精密滚子链、套筒链、附件和链轮》系列单排链条承载能力图和 GB/T 1243—2006 系列重载单排链条承载能力图选用合理的节距 p。

④链长节数。

$$X_0 = \frac{2a_0}{p} + \frac{z_1 + z_2}{2} + \frac{f_3 p}{a_0} \tag{3.7}$$

式中，a_0 为初定中心距；z_2 为大齿轮齿数；f_3 为用齿数计算链条节数的系数，可由 GB/T 18150—2006 查得；X_0 应圆整成整数 X，宜取偶数，以避免过渡链节。有过渡链节的链条（X_0 为奇数时），其极限拉伸载荷为正常值的 80%。

⑤链速。

$$v = \frac{z_1 n_1 p}{60 \times 1\,000} = \frac{z_2 n_2 p}{60 \times 1\,000} \tag{3.8}$$

当 $v < 0.6$ m/s 为低速传动，当 $v = 0.6 \sim 8$ m/s 为中速传动，当 $v > 8$ m/s 为高速传动。

3. 齿轮传动

(1)齿轮传动种类。

按齿轮类型，齿轮传动可分为直齿圆柱齿轮传动、斜齿圆柱齿轮传动、锥齿轮传动和人字齿轮传动;按装置形式,齿轮传动可分为开式传动、半开式传动、闭式传动。下面以圆柱齿轮为例,介绍圆柱齿轮的设计过程。

(2)齿轮传动设计。

①主要尺寸和参数选择。

当齿轮直径 d 已经按接触疲劳强度确定时,在保证弯曲疲劳强度的前提下,齿数选得多一些好,一般情况下,闭式齿轮传动 $z=20\sim40$,开式齿轮传动 $z=17\sim20$。螺旋角 β 一般取 $10°\sim20°$,压力角 α 一般情况下取 $\alpha=20°$。在设计齿宽时,齿宽 b 由齿宽系数 Ψ_d 确定,$\Psi_d=b/d$。

②传动比。

$$i=\frac{z_1}{z_2} \tag{3.9}$$

式中,z_1 为主动轮齿数;z_2 为从动轮齿数。

③扭矩。

$$T=9.55\times10^6\frac{P}{n} \tag{3.10}$$

式中,T 为扭矩,N·mm;n 为齿轮转速,r/min;P 为功率。

④齿根弯曲疲劳强度校核与设计。

$$\sigma_F=\frac{2d_1K_FT_1Y_{Fa}Y_{Sa}Y_\varepsilon}{bm^3z^2}\leqslant[\sigma_F] \tag{3.11}$$

式中,b 为齿厚;m 为齿轮模数;d_1 为分度圆直径;K_F 为弯曲疲劳强度计算的载荷系数;Y_{Fa} 为齿形系数;Y_{Sa} 为应力修正系数;Y_ε 为弯曲疲劳强度计算的重合度系数;T_1 为转矩。

设计时,模数 m 需满足:

$$m\geqslant\sqrt[3]{\frac{2d_1K_FT_1Y_{Fa}Y_{Sa}Y_\varepsilon}{bz^2[\sigma_F]}} \tag{3.12}$$

模数与齿数的关系如下:

$$m=\frac{d}{z} \tag{3.13}$$

⑤齿面接触疲劳强度校核与设计。

$$\sigma_H=\sqrt{\frac{2K_HT_1}{bd_1^2}\frac{u\pm1}{u}}Z_HZ_EZ_\varepsilon\leqslant[\sigma_H] \tag{3.14}$$

式中,T_1 为小齿轮传递的转矩;u 为齿数比;K_H 为接触疲劳强度计算的载荷系数;Z_H 为区域系数;Z_E 为弹性影响系数;Z_ε 为接触疲劳强度计算的重合度系数。

令 $\psi_d=\dfrac{b}{d_1}$,则设计时 d_1 需要满足:

$$d_1\geqslant\sqrt[3]{\left(\frac{Z_HZ_EZ_\varepsilon Z_\beta}{[\sigma_H]}\right)^2\frac{2K_HT_1}{\psi_d}\frac{u\pm1}{u}} \tag{3.15}$$

式中,Z_β 为螺旋角影响系数。

4. 蜗杆传动

(1)蜗杆传动种类。

根据蜗杆形状的不同,蜗杆传动可以分为圆柱蜗杆传动、环面蜗杆传动和锥蜗杆传动等。这里以普通圆柱蜗轮蜗杆为例,介绍蜗轮蜗杆的设计过程。

(2)普通圆柱蜗杆传动设计。

①普通圆柱蜗杆传动的精度等级及其选择。

GB/T 10089—2018《圆柱蜗杆、蜗轮精度》对蜗杆、蜗轮和蜗杆传动规定了12个精度等级,1级精度最高,随后依次降低。与齿轮公差相仿,蜗杆、蜗轮和蜗杆传动的公差也分成三个公差组。普通圆柱蜗杆传动的精度一般以6~9级应用得最多。6级精度的传动可用于中等精度机床的分度机构、发动机调节系统的传动以及机械式读数装置的精密传动,它允许的蜗轮圆周速度 $v_2 > 5$ m/s。7级精度常用于运输和一般工业中的中等速度($v_2 < 7.5$ m/s)的动力传动。8级精度常用于每昼夜只有短时工作的次要的低速($v_2 \leqslant 3$ m/s)传动。

②传动比。

$$i = \frac{n_1}{n_2} = \frac{Z_2}{Z_1} \tag{3.16}$$

式中, Z_1 为蜗杆头数; Z_2 为蜗轮齿数; n_1 为蜗杆转速,r/min; n_2 为蜗轮转速,r/min。

③蜗杆传动效率。

$$\eta = \eta_1 \eta_2 \eta_3 \tag{3.17}$$

式中, η_1 为蜗轮蜗杆的啮合效率; η_2 为搅油损耗的效率,一般 $\eta_2 = 0.94 \sim 0.99$; η_3 为轴承效率,当选用滚动轴承时 $\eta_3 = 0.98 \sim 0.99$,当选用滑动轴承时 $\eta_3 = 0.97 \sim 0.99$。

当蜗杆为主动时:

$$\eta_1 = \frac{\tan \gamma}{\tan(\gamma + \rho_v)} \tag{3.18}$$

当蜗轮为主动时:

$$\eta_1 = \frac{\tan(\gamma - \rho_v)}{\tan \gamma} \tag{3.19}$$

式中, γ 为蜗杆导程角; ρ_v 为当量摩擦角。

④蜗杆轴工作转矩。

$$T_2 = iT_1\eta \approx 9\,550\,\frac{P_1}{n_1}i\eta \tag{3.20}$$

式中, T_1 为涡轮杆工作转矩,N·m; P_1 为涡轮杆传递功率。

⑤蜗轮齿面接触疲劳强度校核与设计。

传动设计:

$$m^2 d_1 \geqslant \left(\frac{480}{\sigma_{HP}z_2}\right)^2 KT_2 \tag{3.21}$$

传动校核:

$$\sigma_H = 480\sqrt{\frac{KT_2}{d_1 m^2 z_2^2}} \leqslant \sigma_{HP} \tag{3.22}$$

⑥蜗轮齿根弯曲疲劳强度校核与设计。

传动设计：

$$\sigma_F = \frac{1.53 K T_2}{d_1 d_2 m} Y_{Fa2} Y_\beta \leqslant [\sigma_F] \tag{3.23}$$

传动校核：

$$m^2 d_1 \geqslant \frac{1.53 K T_2}{z_2 [\sigma_F]} Y_{Fa2} Y_\beta \tag{3.24}$$

式中，z_2 为涡轮模数；d_1 为蜗杆分度圆直径；d_2 为涡轮分度圆直径；m 为模数；Y_{Fa2} 为蜗轮齿形系数；Y_β 为螺旋角影响系数。m 与 d_1 的匹配查阅 GB/T 10085—2018《圆柱蜗杆传动基本参数》。

5. 丝杆传动

（1）丝杆传动种类。

丝杠螺母机构有滑动摩擦和滚动摩擦之分。滑动丝杠螺母机构结构简单，加工方便，制造成本低，具有自锁功能，但其摩擦阻力大，传动效率低；滚动丝杠螺母机构虽然结构复杂制造成本高，但其最大优点是摩擦阻力小，传动效率高，因此多选用滚动丝杠螺母机构。

（2）丝杆传动设计。

①滚珠丝杆工作长度计算。

$$L = L_{工作台} + L_{行程} + L_{余量} \tag{3.25}$$

②滚珠丝杠螺母副选用。

目前我国滚珠丝杠螺母副的精度标准为四级：普通级 P、标准级 B、精密级 J 和超精密级 C。普通数控机床可选用标准级 B，精密数控机床可选精密级 J 或超精密级 C。

在设计和选用滚珠丝杠螺母副时，首先要确定螺距 t、名义直径 D_0、滚珠直径 d_0 等主要参数。D_0 越大，丝杠承载能力和刚度越大。为了满足传动刚度和稳定性的要求，通常 D_0 应大于丝杠长度的 $1/30 \sim 1/35$，根据 D_0 值选取尽量较大的螺距 t。

滚珠直径 d_0 对承载能力有直接影响，应尽可能取较大的数值。一般 $d_0 \approx 0.6t$，其最后尺寸按滚珠标准选用。

③丝杆副的计算载荷。

$$F_C = K_F K_H K_A F_m \tag{3.26}$$

式中，K_F 为载荷系数；K_H 为硬度系数；K_A 为精度系数；F_m 为平均工作载荷。

④额定动载荷计算。

$$C_a = F_C \sqrt{\frac{n_m L_h}{1.67 \times 10^4}} \tag{3.27}$$

式中，n_m 为丝杠副的平均转速；L_h 为运转寿命；F_C 为计算载荷。

6. 卷扬机

（1）卷扬机种类。

卷扬机分为手动卷扬机、电动卷扬机及液压卷扬机三种。在日常应用中，多以电动卷扬机为主。卷扬机可单独使用,也可作为起重、筑路和矿井提升等机械中的组成部件,因操作简单、绕绳量大、移置方便而广泛应用。

(2)卷扬机设计。

①钢丝绳直径计算。

钢丝绳直径不应小于计算最小直径 d_{min}(mm),如下式所示:

$$d_{min} = c\sqrt{F} \tag{3.28}$$

式中,c 为钢丝绳旋转系数;F 为钢丝绳最大工作拉力(N),卷扬机用钢丝绳应符合 GB/T 20118—2017《钢丝绳通用技术条件》的规定,并且应优先选用线接触型钢丝绳。

②卷筒设计计算。

卷扬机卷筒中钢丝绳为多层缠绕,受力非常复杂。卷筒作为卷扬机的重要零件,应合理地进行设计。

节径 D(mm)计算方法如下式所示:

$$D \geqslant K_r d \tag{3.29}$$

式中,K_r 为筒绳直径比;d 为钢丝绳直径。

③卷筒容绳宽度。

$$B < 3D_0 \tag{3.30}$$

式中,D_0 为圆筒直径。

④动力选择。

由于电动机械工作安全可靠,运行费用低,可以进行远距离控制,因此,凡是有电源的地方,应选用电动卷扬机。

⑤电动机选择。

电动机所需功率计算方法如下:

$$P_总 = \frac{Fv}{1\,000\eta_总} \tag{3.31}$$

式中,F 为钢丝拉力;v 为钢丝绳速度;$\eta_总$ 为总效率。

电动机工作制与定额应符合 GB/T 755—2019《旋转电机 定额和性能》的规定但不宜选用 S1 工作制的电动机。电气装置的防护等级:电动机不应低于 GB/T 4942.1—2016《旋转电机整体结构的防护等级(IP 代码) 分级》规定的 IP44,控制盒、开关控制器和电气元件不应低于 GB/T 14048.1—2023《低压开关设备和控制设备 第 1 部分:总则》规定的 IP54,便携式控制装置不应低于 GB/T 14048.1 规定的 IP65。

⑥筒数选择。

一般建筑施工多采用单筒卷扬机,因其结构简单,操作和移动方便;如果在双线轨道上来回牵引斗车,宜选用双筒卷扬机,以简化安装工作,减少操作人员,提高生产率。

3.1.2 机械结构设计要求

(1)机械结构设计尽量采用模块化设计原则,优先选用标准件及性能高、集成性强的成品件。各部件之间具备功能和逻辑的组合性,实现可组合、可分解和更换的快速连接方式。应遵循人类工效学原则(除产品结构限制外),应符合人机工程有关功能、参数要求。

(2)设计中材料规格、材质选择要合理,优先选用常用材料。

(3)机械结构要有足够的刚性、强度来保证集成装备在运动过程中的稳定性和安全性。机械结构设计上宜采用沿导轨移动、旋转打开等方式,减少可卸件,降低安全风险。结构设计中的移动、翻转等运动机构应安全可靠,有必要的防护措施,消除使用中存在的各种风险。消除结构设计上的尖角,以防止划伤人员或产品。

(4)移动类运输装备在接近飞机、专用设备一侧时应设置防撞弹性结构,避免与飞机、设备硬接触而伤及产品。移动轮布置在主体框架之外时,应设置防压脚装置。移动装置应配标识,要准确、清晰,安全警示贴在移动装置显著的位置处。

(5)集成装备上的工作梯、工作平台设置扶手、防护栏、防滑台面等,设计时应考虑操作者的可达性,避免身体重心偏离过大,设计原则按文件标准执行。集成装备配置防护罩、盖板、围栏应完备可靠,其安全距离、刚度、强度及稳定性均应符合的相关规定集成装备在运动及定位系统中应设置电气及机械两套限位装置,以防止超限程移动。集成装备主体结构框架内外表面及支架附件等喷漆颜色按文件执行,颜色按照国标色标卡GSB05-1426-2001《漆膜颜色标准样卡》执行。

(6)噪声均应低于工业企业噪声相关要求。处于易燃易爆场所的集成装备,设计、选型、制造、安装等应满足防火、防爆要求。大型带动力移动式的集成装备在设计时应设有接近式报警传感器,以警示操作者注意。所有可操控的集成装备均需设置急停按钮,按钮安装位置应在人手可触及范围内,满足 GB/T 16754—2021 要求。对于存在误操作隐患的装置,应设置防差错装置,确保安全操作。

3.1.3　电机选型计算

在飞机制造过程中,需要大量使用各种精密工具和工装设备来完成生产任务。而这些工具和设备都需要配备电动机以提供动力,保证其运转顺畅和高效。电机选型计算是对电机的转速、功率、扭矩等参数进行计算和分析,以确保电机能够正常运转并满足生产需求的重要步骤。

1. 平移运动

(1)惯量计算。

①物体沿直线运动惯量。

$$J_{平动} = \frac{M}{9\,800} \times \left(\frac{S}{2\pi}\right)^2 \tag{3.32}$$

式中,M 表示承载物体的质量,单位为 kg;S 表示丝杠导程,单位为 mm。

②滚珠丝杠惯量。

$$J_{丝杠} = \frac{\pi\gamma}{32} \times D^4 L \tag{3.33}$$

式中,γ 为材料的密度,单位为 kg/m³;D 为丝杠的直径,单位为 m;L 为丝杠的长度,单位为 m。

③电机转动惯量。

$$J_负 = J_{丝杆} + J_{平动} \tag{3.34}$$

$$J_{额定} > 2J_负 \tag{3.35}$$

式中，$J_{额定}$为电机的额定惯量；2 为安全系数，装配工装取 1～3，地面设备等安全要求高时取 3～5。

（2）扭矩计算。

$$T_L = \frac{F_1 L}{2\pi\mu} + T_c \tag{3.36}$$

$$T_{额定} > 3T_L \tag{3.37}$$

式中，T_L为折算到电机轴上的负载转矩，单位为 N·m；F_1为轴向移动工作台时所需的力，单位为 N；L为电机每转的机械位移量，单位为 m；T_c为滚珠丝杠轴承等摩擦转矩，单位为 N·m；μ为摩擦系数；$T_{额定}$为电机的额定扭矩，单位为 N·m；3 为安全系数，装配工装取 2～3，地面设备等安全要求高时取 5～7。

（3）电机转速计算。

$$n_{工作转速} = 60f/p \tag{3.38}$$

式中，f为电源频率；p为电机旋转磁场的极对数。

（4）功率计算。

$$P_负载 = \frac{9\,550T_L}{n_{工作转速}} \tag{3.39}$$

$$P_{额定} > 2P_负载 \tag{3.40}$$

式中，$P_{额定}$为电机的额定功率；2 为安全系数，工装一般可选 1.5～3，地面设备等安全要求高时取 3～5。

综合考虑 $J_{额定}$、$T_{额定}$、$P_{额定}$的计算结果，选择电机型号。

2. 升降运动

（1）惯量计算。

①滚珠丝杠惯量。

$$J_1 = \frac{\pi\rho}{32} \times D^4 L \tag{3.41}$$

式中，ρ为材料的密度，单位为 kg/m³；D为丝杠的直径，单位为 m；L为丝杠的长度，单位为 m。

②联轴器惯量。

$$J_0 = \frac{1}{8} m_0 D_0^2 \tag{3.42}$$

式中，m_0为联轴器质量，单位为 kg；D_0为联轴器直径，单位为 m。

③负载惯量。

$$J_2 = m \times \left(\frac{P_b}{2\pi}\right)^2 \tag{3.43}$$

式中,m 为承载物体的质量,单位为 kg;P_b 表示丝杠导程,单位为 m。

④电机转动惯量。

$$J = J_0 + J_1 + J_2 \tag{3.44}$$

$$J_{额定} > 2J \tag{3.45}$$

式中,J 为电机转动惯量;$J_{额定}$ 为电机的额定惯量,单位为 kg·m²;2 为安全系数,装配工装取 1~3,地面设备等安全要求高时取 3~5。

(2)转矩计算。

①加速转矩。

$$T_a = J_\omega \times \omega_a = (J_0 + J_1 + J_2) \times \left(\frac{V \times 2\pi}{P_b \times t_a} \right) \tag{3.46}$$

式中,T_a 为加速转矩,单位为 N·m;t_a 为加速时间,单位为 s;ω_a 为角速度,单位为 rad/s;V 为物体的速度,单位为 mm/s。

②匀速转矩。

$$T_0 = \mu m g \times \frac{P_b}{2\pi} \tag{3.47}$$

式中,μ 为摩擦系数;T_0 为匀速转矩,单位为 N·m。

③总转矩。

$$T = T_a + T_0 \tag{3.48}$$

$$T_{额定} > 3T \tag{3.49}$$

式中,T 为折算到电机轴上的负载转矩,单位为 N·m;$T_{额定}$ 为电机的额定转矩,单位为 N·m;3 为安全系数,装配工装取 2~3,地面设备等安全要求高时取 5~7。

(3)电机转速。

$$n = \frac{v}{P_b} \tag{3.50}$$

式中,v 为负载的速度,单位为 m/s;n 为电机的转速,单位为 r/min。

(4)电机功率。

$$P_{负载} = \frac{9\,550T}{n} \tag{3.51}$$

$$P_{额定} > 2P_{负载} \tag{3.52}$$

式中,$P_{额定}$ 为电机的额定功率;2 为安全系数,工装一般可选 1.5~3,地面设备等安全要求高时取 3~5。

综合考虑 $J_{额定}$、$T_{额定}$、$P_{额定}$ 的计算结果,选择电机型号。

3. 旋转运动

(1)转动惯量计算。

①转盘转动惯量。

$$J_1 = \frac{1}{2}MR^2 \tag{3.53}$$

式中,J_1 为转盘转动惯量,单位为 kg·m²;M 为转盘的质量,单位为 kg;R 为转盘的半径,单位为 mm。

②物体转动惯量。

$$J_w = n\left(\frac{1}{8}m_w D_w^2 + m_w \times l^2\right) \tag{3.54}$$

式中,m_w 为物体的质量,单位为 kg;l 为圆盘中心至物体中心的距离,单位为 mm;D_w 物体直径,单位为 mm;n 为物体的个数。

③联轴器惯量。

$$J_0 = \frac{1}{8}m_0 D_0^2 \tag{3.55}$$

式中,m_0 为联轴器质量,单位为 kg;D_0 为联轴器直径,单位为 m。

④电机转动惯量。

$$J = \frac{J_1 + J_w + J_0}{i^2} \tag{3.56}$$

$$J_{额定} > 2J \tag{3.57}$$

式中,J 为电机输出轴转动惯量;$J_{额定}$ 为电机的额定惯量,单位为 kg·m²;i 为减速比;2 为安全系数,装配工装取 1~3,地面设备等安全要求高时取 3~5。

(2)转矩计算。

$$T = J \times \beta \tag{3.58}$$

$$T_{额定} > 3T \tag{3.59}$$

式中,β 为角加速度,单位为 rad/s;T 为折算到电机轴上的负载转矩,单位为 N·m;$T_{额定}$ 为电机的额定转矩,单位为 N·m;3 为安全系数,装配工装取 2~3,地面设备等安全要求高时取 5~7。

(3)功率计算。

$$P_{负载} = \frac{9\,550T}{n} \tag{3.60}$$

$$P_{额定} > 2P_{负载} \tag{3.61}$$

式中,$P_{额定}$ 为电机的额定功率,单位为 kW;n 为电机转速,单位为 r/min;2 为安全系数,工装一般可选 1.5~3,地面设备等安全要求高时取 3~5。

综合考虑 $J_{额定}$、$T_{额定}$、$P_{额定}$ 的计算结果,选择电机型号。

3.1.4 传动精度计算

当传动链中各传动元件如齿轮、蜗轮、蜗杆、丝杠、螺母等有制造误差、装配误差和磨损时,就会破坏正确的运动关系,使工件产生误差。

传动链传动误差一般可用传动链末端件的转角误差来衡量。由于各传动件在传动链中所处的位置不同,它们对工件加工精度(即末端件的转角误差)的影响程度是不同的。若齿轮 z_1 有转角误差 $\Delta\phi_1$,而其他各传动元件无误差,则传到末端件(亦即第 n 个传动元件)上所产生的转角误差 $\Delta\phi_{1n}$ 为

$$\Delta\phi_{1n} = k_1\Delta\phi_1 \tag{3.62}$$

式中，k_1 为到末端件的传动比。由于它反映了 z_1 的转角误差对末端元件传动精度的影响，故又称为误差传递系数。

同理对于 z_2

$$\Delta\phi_{2n}=k_2\Delta\phi_2 \tag{3.63}$$

对于分度蜗杆有

$$\Delta\phi_{(n-1)n}=k_{n-1}\Delta\phi_{n-1} \tag{3.64}$$

对于分度蜗轮有

$$\Delta\phi_{nn}=k_n\Delta\phi_n \tag{3.65}$$

由于所有的传动元件都存在误差，因此各传动元件对工件精度影响的综合结果 $\Delta\phi_\Sigma$ 为各传动元件所引起末端元件转角误差的叠加：

$$\Delta\phi_\Sigma=\sum_{j=1}^n\Delta\phi_{jn}=\sum_{j=1}^n k_j\Delta\phi_j \tag{3.66}$$

鉴于传动元件如齿轮、蜗轮等所产生的转角误差，主要是因为制造时的几何偏心或运动偏心及装配到轴上时的安装偏心所引起的，因此可以近似地认为各传动元件的转角误差是转角的正弦函数：

$$\Delta\phi_j=\Delta_j\sin(w_jt+\alpha_j) \tag{3.67}$$

式中，Δ_j 为第 j 个传动元件转角误差的幅值；α_j 为第 j 个传动元件转角误差的初相角；w_j 为第 j 个传动元件的角速度。

于是，末端元件转角误差的叠加可以写成：

$$\Delta\phi_\Sigma=\sum_{j=1}^n\Delta\phi_{jn}=\sum_{j=1}^n k_j\Delta_j\sin(w_jt+\alpha_j)=\sum_{j=1}^n k_j\Delta_j\sin(\frac{1}{k_j}w_nt+\alpha_j) \tag{3.68}$$

可以看出，传动链传动精度也是呈周期性变化的。

为了提高传动精度，可采取如下措施：

(1)减少传动链中的传动件数目，缩短传动链长度。

(2)采用降速传动链，以减小传动链中各元件对末端元件转角误差的影响。

(3)提高传动元件，特别是末端传动元件的制造精度和装配精度。

(4)采用误差补偿的方法。

3.2　电气控制系统设计

3.2.1　设计基础

1.传感器总线

传感器总线是一种用于连接和传输传感器数据的通信系统。它提供了一种简化和集成传感器连接的方法，将多个传感器连接到单个总线上，通过总线传输数据和接收控制命令。传感器总线的特点包括：①高可扩展性。传感器总线可以轻松地扩展以支持更多的传感器,通过增加总线节点数量来增加系统的容量。②实时性能。传感器总线通常具有快速的数据传输速率和低延迟,确保传感器数据的及时性和准确性。③简化连接。传感器总线允许多个传感器通过单一的总线连接到控制系统,简化了传感器的物理连接和布线。常用总线接口包括 RS232、RS485、RS422、CAN(controller area network)和 Profibus。

RS232、RS485、RS422 如图 3.1、图 3.2、图 3.3 所示,三者的区别见表 3.1。

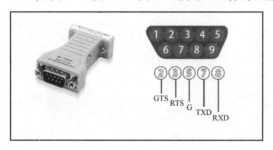

图 3.1　RS232

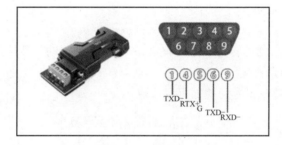

图 3.2　RS485

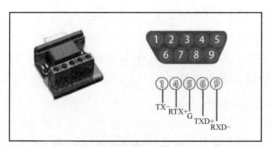

图 3.3　RS422

表 3.1　RS232、RS485、RS422 的区别

接口	RS232	RS485	RS422
传输距离/m	25 以内	可达 1 200	可达 1 200
传输速率/(kb·s^{-1})	20	10	10
通信方式	点对点通信	点对多主从通信	点对多主从通信
工作方式	3 线全双工	4 线全双工	2 线半双工

续表3.1

接口	RS232	RS485	RS422
抗干扰性	产生共模干扰，噪声干扰性弱	采用差分传输方式,抗干扰强	采用差分传输方式,抗干扰强
逻辑特性	逻辑"1":−5～−15 V 逻辑"0":+5～+15 V	逻辑"1":+2～+6 V 逻辑"0":−2～−6 V	逻辑"1":+2～+6 V 逻辑"0":−2～−6 V

CAN 总线接口如图 3.4 所示。CAN 总线广泛应用于工业领域的串行通信。CAN 总线是一种高可靠性、实时性和高带宽的总线标准。CAN 总线采用双绞线,分为高、低两根线,信号为差分信号,具有良好的抗干扰能力,最长传输距离可达 1 km。而 RS485 总线一般采用双绞线或者是双绞线加屏蔽层,信号为单向传输的,即一个节点发送,其他节点接收,最长传输距离可达 1 200 m。CAN 总线可以连接的节点设备更多,理论上一条 CAN 总线可以同时连接 110 个节点设备,而且这些设备之间互不干扰,即使某一台出现问题,也不会影响到其他设备,具有很强的抗干扰能力。CAN 总线的数据传输速度更快,其理论峰值波特率为 1 Mbps,是传统 RS232 总线的几十倍。

图 3.4　CAN 总线接口

如图 3.5 所示为 Profibus 总线接口。Profibus 是一种用于工业自动化领域的现场总线系统。Profibus 提供的数据传输速率比 CAN 高,从 9.6 kbps 到 12 Mbps 不等,完全可以满足不同应用环境的需求。此外,Profibus 可连接的节点数比 RS485 多。RS485 通常用于小规模的网络,最多只能连接几十个节点,而 Profibus 则可以连接数百个节点。Profibus 的传输距离为 100～1 200 m,而且通过中继器后传输距离还可以加长。

2. 控制总线

控制总线是一种用于将控制信号传输到不同设备的通信系统。它用于在控制系统的各个组件之间传输指令、数据和状态信息。控制总线的特点包括:①并行和串行传输。控制总线可以支持并行传输和串行传输,根据系统需求选择合适的传输方式。②多设备连接。控制总线允许将多个设备连接到同一总线上,实现设备之间的相互通信和协调。③数据传输能力。控制总线支持传输各种类型的数据,包括指令、状态信息、参数设置等。

图 3.5　Profibus 总线接口

控制总线与传感器总线的区别：①功能。传感器总线主要用于传输传感器数据，通过单一的总线连接多个传感器到控制系统，而控制总线用于传输控制信号，实现设备之间的协调和控制。②数据传输方式。传感器总线通常采用串行方式传输数据，而控制总线可以采用串行或并行方式传输数据。③组成。传感器总线由总线介质、总线协议和总线接口组成，而控制总线由总线控制器、总线接口和总线协议组成。

3. 工控机

工业控制计算机（工控机）是一种加固的增强型个人计算机，用于对工业生产过程、机电设备和工艺装备进行测量和控制。它在工业环境中能够可靠运行，并且被广泛应用于工业生产线的自动化控制、数据采集与处理、监控与调度等方面。它可以与各种传感器、执行器和其他设备进行连接和通信，实现对生产过程的实时监测和控制。同时，工业控制计算机还可以与上位机、数据库和网络进行集成，实现智能化的工业控制系统。

（1）工控机特点。

①可靠性。工业 PC 具有抗粉尘、烟雾、高/低温、潮湿、振动、腐蚀等防护等级，快速 MTTR（平均修复时间）一般为 5 min，MTTF（平均故障间隔时间）为 10 万 h 以上，而普通 PC 的 MTTF 仅为 10 000～15 000 h。

②实时性。工业 PC 对工业生产过程进行实时在线检测与控制，对工作状况的变化给予快速响应，及时进行采集和输出调节，遇险自复位，保证系统的正常运行。

③扩充性。工业 PC 由于采用底板＋CPU 卡结构，因而具有很强的输入输出功能，最多可扩充 20 个板卡，能与工业现场的各种外设、板卡相连，以完成各种任务。

④兼容性。能同时利用 ISA（工业标准架构）与 PCI（外设组件互连）及 PICMG（开放式计算机标准）资源，并支持各种操作系统，多种语言汇编，多任务操作系统。吸收了 PC 机的全部功能，可直接运行 PC 机的各种应用软件。

（2）工控机分类。

工控机可以按尺寸和安装方式进行分类。工控机按尺寸可分为不同类型，包括 1U、2U、4U 以及无风扇等。①1U 工控机尺寸大约为 433 mm×450 mm×43.5 mm；②2U 工控机尺寸大约为 430 mm×457.2 mm×88 mm；③4U 工控机尺寸大约为 427 mm×

450 mm×177 mm;④无风扇工控机尺寸大约为 154 mm×148 mm×48.8 mm。工控机按安装方式可以分为上架式、壁挂式、嵌入式等。①上架式工控机可以放在工控机机柜中,包括 1U、2U、4U 尺寸的工控机;②壁挂式工控机体积小,适合挂在墙壁上;③嵌入式工控机是一种紧凑型工控机,体积比壁挂式工控机更小,集成度和安全性也更高。

(3)工控机典型结构。

工控机典型结构包括全钢机箱、无源底板、工业电源、CPU、内存、硬盘等。

①全钢机箱。机箱是工控机的硬件组成部件之一。工控机工作环境的特殊性决定了其在高温、低温、高压、低压、多灰尘等恶劣环境下工作,工控机机箱的特性包括抗冲击、抗挤压、抗振动和防尘等。

②无源底板。无源底板的插槽由 ISA 和 PCI 总线的多个插槽组成。该板有 4 层结构,中间两层分别为地层和电源层,可以减少外界的干扰。无源底板上可以拓展很多其他板卡。

③工业电源。现在大部分的工控机使用的都是 ATX(先进技术扩展)电源,上面有开关和一个输入插头,它的运作时间长,可达到 250 000 h,为工业生产提供了可靠的条件。

④CPU。CPU 又被称为中央处理器,相当于是人的大脑,在工控机的整个运行过程中起着不可或缺的作用。CPU 分为两大厂家:Intel 和 AMD。由于 AMDCPU 功耗高且发热量大,所以工控行业以 IntelCPU 为主。CPU 卡按照尺寸划分主要分为长卡和半长卡。CPU 的工作温度为 0～60 ℃。

⑤内存。内存是计算机中重要的部件之一,它是与 CPU 进行沟通的桥梁。内存的作用是暂时存放 CPU 中的运算数据,同时用于与硬盘等外部存储器交换数据。只要计算机在运行,CPU 就会将需要运算的数据调用到内存中进行运算。当运算完成后 CPU会将结果传送出来。内存的运行也决定了计算机的稳定运行,内存的频率越高,计算机运行速度也就越快。

⑥硬盘。硬盘主要分为机械硬盘和固态硬盘,它们各有各的优势。机械硬盘存储空间较大,但它靠磁针转动读写,容易松动。固态硬盘运作稳定,读取数据速度快,但如果出现故障就无法进行开盘处理导出数据,并且存储空间相对较小。

(4)工控机选型。

①空间大小。需要确定空间大小,即工控机所需的尺寸和体积。这有助于确定需求的工控机尺寸范围。

②安装方法。工控机可分为壁挂式、上架式、嵌入式等安装方式。同时也要考虑出线方式,避免布线困难,比如前出线、后出线。

③环境需求。在选择工控机时,要仔细检查其参数是否能满足应用环境的要求。如工作温度、环境湿度、储存温度、耐尘性、抗振动、抗冲击等级、防水等级等。

④参数配置。参数配置包括处理器、内存、硬盘和显卡等。在选择这些参数时,要根据实际应用需求来确定工控机的配置,以确保工控机能够高效运行所需的任务。

⑤接口类型。不同的应用场景可能需要不同类型的接口,如 USB、RS232 和以太

网等。

⑥品牌实力。选择知名品牌的工控机可以保证产品质量和售后服务。

4. PLC

可编程逻辑控制器(programmable logic controller,PLC)是一种专门为在工业环境下应用而设计的数字运算操作电子系统。它采用一种可编程的存储器,在其内部存储执行逻辑运算、顺序控制、定时、计数和算术运算等操作的指令,通过数字式或模拟式的输入输出来控制各种类型的机械设备或生产过程。

(1)基本结构。

PLC基本结构包括电源、中央处理器、存储器、输入单元、输出单元、通信接口等。

①电源。电源用于将交流电转换成PLC内部所需的直流电,大部分PLC采用开关式稳压电源供电。

②中央处理器。中央处理器(CPU)是PLC的控制中枢,也是PLC的核心部件,其性能决定了PLC的性能。中央处理器由控制器、运算器和寄存器组成,这些电路都集中在一块芯片上,通过地址总线、控制总线与存储器的输入/输出接口电路相连。中央处理器的作用是处理和运行用户程序,进行逻辑和数学运算,控制整个系统使之协调。

③存储器。存储器是具有记忆功能的半导体电路,它的作用是存放系统程序、用户程序、逻辑变量和其他一些信息。其中系统程序是控制PLC实现各种功能的程序,由PLC生产厂家编写,并固化到只读存储器(ROM)中,用户不能访问。

④输入单元。输入单元是PLC与被控设备相连的输入接口,它的作用是接收主令元件、检测元件传来的信号。输入的类型有直流输入、交流输入、交直流输入。

⑤输出单元。输出单元是将PLC的输出信号传送给被控设备。它将中央处理器发送的低电平信号转换成电平信号,以驱动被控设备的执行元件。

⑥通信接口。通信接口用于实现与其他设备连接,进行数据交换和控制操作。PLC通信接口通过发送和接收不同类型的数据帧进行通信,包括读取和写入输入/输出数据、发送和接收控制命令等。

(2)特点。

PLC的特点主要包括高可靠性、易编程、组态灵活、齐全的输入/输出功能模块、安装方便和运行快速。

①PLC具有高可靠性。由于PLC采用单片微型计算机,集成度高,配备保护电路和自诊断功能,从而提高了系统的可靠性。

②PLC易编程。PLC的编程一般采用继电器控制梯形图和命令语句,指令数量相对较少。即使没有计算机专业知识,只需要掌握梯形图编程的基础知识,就可以进行编程。

③PLC组态灵活。PLC采用积木式结构,用户只需简单组合,就可以灵活改变控制系统的功能和规模。

④PLC具有齐全的输入/输出功能模块。无论是直流还是交流、开关量还是模拟量,PLC都配备了相应的模块,可直接连接各种工业现场器件,如按钮、开关、传感电流变送器、电机启动器或控制阀等,并通过总线与CPU主板连接。

⑤PLC安装方便。与计算机系统相比,PLC不需要专用机房和严格的屏蔽措施。只需将检测器件和执行机构与PLC的I/O接口端子正确连接,即可正常工作。

⑥PLC运行快速。由于PLC的控制是由程序控制执行的,无论是可靠性还是运行速度,都远超过继电器逻辑控制。

（3）工作原理。

PLC采用周期循环扫描的方式,集中输入,集中输出。首先,中央处理器从存储器中读取程序,并依次执行指令;接着,它会对输入模块进行扫描,检测输入信号的状态,并将其存储在数据存储器中;然后,中央处理器根据程序逻辑对输出模块进行控制,从而改变输出信号的状态;最后,中央处理器进行循环扫描,不断更新输入输出信号的状态,实现对外部设备的控制。

（4）选型规则。

在选择PLC时,需要根据具体需求来确定选型规则。①要考虑控制系统的规模和复杂程度,以确定所需的输入输出点数和处理能力;②要评估PLC的可靠性和稳定性,选择具有良好品质和可靠性的产品;③还需要考虑PLC的编程软件和通信接口是否符合系统要求,并预估维护成本和升级能力。

5. 伺服驱动器

伺服驱动器是用来控制伺服电机的一种控制器,它是伺服系统的组成部分,主要用于高精度的定位系统。通常通过位置、速度和力矩三种方式对伺服电机进行控制,实现高精度的传动系统定位。

（1）特点。

①高精度控制。伺服驱动器能够实现高精度的位置和速度控制,因为它可以根据反馈信号进行闭环控制。通过不断反馈和调整,伺服驱动器能够保持准确的位置和速度。

②快速响应能力。伺服驱动器具有快速响应的特点,可以在短时间内对控制信号作出调整,这使得伺服电机能够实现快速准确的位置和速度变化。

③稳定性和可靠性。伺服驱动器能够长时间在恶劣环境下运行。它采用了先进的控制算法和保护机制,可以防止过热、过载等问题,确保系统的长期稳定运行。

（2）工作原理。

伺服驱动器的工作原理为:首先,功率驱动单元通过三相全桥整流电路对输入的三相电或者市电进行整流,得到相应的直流电;然后,经过整流好的三相电或市电;最后,再通过三相正弦PWM电压型逆变器变频来驱动交流伺服电机。功率驱动单元的整个过程可以简单地说就是AC—DC—AC的过程,整流单元（AC—DC）主要的拓扑电路是三相全桥布控整流电路。

6. 变频器

变频器是应用变频技术与微电子技术,通过改变电机工作电源频率方式来控制交流电动机的电力控制设备。

(1)组成部分。

变频器由多个主要组件组成,包括电源模块、整流器、逆变器、控制电路和输出滤波器等。①电源模块用于接收来自电网的交流电;②整流器的作用是将交流电转换为直流电;③逆变器是变频器的核心部件,它将直流电源转换为可调节频率和电压的交流电;④控制电路用于调节逆变器的输出频率和电压;⑤输出滤波器用于滤除逆变器输出中的高频噪声和谐波,并提供平滑的电压和电流波形给电动机。

(2)工作原理。

变频器的工作原理是将交流电通过电源模块转换为直流电,然后经过整流器和逆变器,将直流电转换为可调节频率和电压的交流电。

7.光栅尺

光栅尺是利用光栅的光学原理工作的测量反馈装置。光栅尺可用作直线位移或角位移的检测。光栅尺测量输出的信号为数字脉冲,具有检测范围大、检测精度高、响应速度快的特点。

(1)组成部分。

光栅尺由标尺光栅和光栅读数头两部分组成。光栅检测装置的关键部分是光栅读数头,它由光源、会聚透镜、指示光栅、光电元件及调整机构等组成。光栅读数头结构形式很多,按结构布局特点可以分为直读式、分光式、镜像式和调相式等四类。

(2)工作原理。

光栅尺由一系列等距的透明和不透明条纹组成,这些条纹被称为光栅。当光线透过光栅时,它会被分成一系列平行的光束。光束会照射到物体上,并被反射或折射回来。反射或折射回的光束会重新会聚到光栅尺上。通过检测光束的干涉模式,可以确定物体的位置和位移。

8.六轴力传感器

六轴力传感器是一种常用的传感器,用于测量物体所受到的力和力矩。

(1)组成部分。

六轴力传感器由多个组件组成,包括力敏元件、电子信号处理单元和测量输出。

①力敏元件是六轴力传感器的核心部分,通常采用应变片或压阻器等敏感元件。这些元件安装在传感器的内部结构中,当受到外力时,敏感元件会发生应变或变形,从而产生电阻或电压的变化。

②电子信号处理单元负责接收并处理从敏感元件传输过来的电阻或电压信号。它包括模拟信号转换电路、数字信号处理电路和放大电路等,模拟信号转换电路将模拟信号转换为数字信号,并进行滤波和放大处理,然后传送给数字信号处理电路;数字信号处理电路对信号进行进一步处理,包括数据采样、滤波、校准和线性化等。

③测量输出是六轴力传感器的最终结果,通常以数字信号或模拟信号的形式输出。数字信号输出通过数字接口传输给外部设备,如计算机或控制系统,以实现实时监测和数据采集;模拟信号输出通过模拟接口传输给外部设备,如示波器或数据采集卡,以便进

一步处理和分析。

（2）工作原理。

六轴力传感器的工作原理是基于力的作用和力对物体的影响进行测量。当外力作用在敏感元件上时，敏感元件会发生应变或变形，导致电阻或电压的变化。通过电子信号处理单元的处理，最终得到物体受到的力和力矩的测量结果。

9. 数控系统

数控系统（NC）是一种自动控制系统，用于控制机械装备进行加工。它通过使用伺服驱动器、变频器、光栅尺、六轴力传感器等设备，实现对机械装备的精确控制和监测。工作原理：①数控系统通过发送指令信号来控制伺服驱动器，从而实现对机械装备的精确控制；②数控系统通过发送指令信号来控制变频器，从而实现对电机转速的精确调节；③光栅尺作为反馈装置，将物体的位置信息发送给数控系统，以便数控系统进行精确的位置控制；④六轴力传感器作为反馈装置，将物体受力信息发送给数控系统，以便数控系统进行精确的力控制；⑤在数控系统中，PLC通过与其他设备如伺服驱动器、变频器等进行通信和数据交换，实现对机械装备的控制和监测。

按照伺服系统的控制方式，可以把数控系统分为以下几类：

（1）全闭环控制系统。

全闭环控制系统是指输出信号受反馈信号的影响，与输入信号进行比较和校正的控制系统。全闭环控制系统通过反馈信号来修正输出信号，从而使输出信号更加准确。在全闭环控制系统中，变频器、编码器和光栅尺是实现精确控制和位置反馈的重要组成部分。全闭环控制系统通过不断地对输出进行测量和比较，将测量结果与期望的参考信号进行比较，从而对控制信号进行调整，以使系统输出达到期望的状态。全闭环控制系统具有良好的稳定性和鲁棒性，能够在不确定性和干扰的情况下保持输出信号的准确性。全闭环控制系统的应用场景主要是对输出信号精度要求较高的场合，例如航空航天、汽车、机器人等领域。全闭环控制系统如图3.6所示。

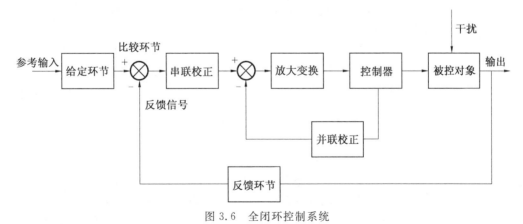

图 3.6　全闭环控制系统

①设计原则。

全闭环控制系统的基本原则如下：

(a)当全闭环控制系统接收到扰动或变化时,能够保持输出在可接收范围内。

(b)全闭环控制系统应具有一定的鲁棒性,即对不确定性、参数变化和外部干扰具有一定的容忍能力。

(c)全闭环控制系统应能够以较快的响应速度对输入变化做出调整。

②设计内容。

全闭环控制系统的设计内容除了包括开环控制设计的各项内容外,还需要设计合适的传感器、选择合适的控制器、确定反馈信号的采集方式、设置控制参数和进行系统辨识。全闭环控制设计的主要目标是根据系统的需求设计出合适的控制策略,并通过反馈回路实现对系统状态的实时调整和校正。

(2)开环控制系统。

开环控制系统是指输出信号不受反馈信号的影响,而只受输入信号影响的控制系统。开环控制系统的输出信号没有经过比较和校正,因此输出信号与输入信号之间存在误差。开环控制系统的优点是简单、成本低,但是在应对不确定性和干扰时效果不佳。开环控制系统的应用场景主要是对输出信号精度要求不高的场合,例如电视机、音箱、电扇等家用电器。开环控制系统如图3.7所示。

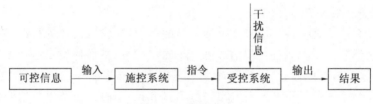

图 3.7　开环控制系统

①设计原则。

开环控制系统设计的基本原则是确保运动结构对于所需运动完全足够且一致的有效性,即能够满足所需精度、速度、力量和加速度等方面的要求。此外,还需要对目标角度或位置等参数进行适当的估算和预设,以便生成相应的指令。同时还需要监视系统运行状况,以期发现潜在的问题。

②设计内容。

在开环控制设计中,主要的设计内容包括确定系统的输入信号、建立数学模型、选择合适的控制算法、设置控制参数和进行仿真验证。开环控制设计的主要目标是根据系统的需求设计出合适的控制策略,并进行静态稳定性和动态性能的评估。

(3)半闭环控制系统。

半闭环控制系统在开环控制系统的基础上加入了某些反馈机制来实现对输出的间接控制和修正。这种控制系统通常使用编码器或其他传感器来监测输出,并将其反馈给控制器进行调整。半闭环控制系统可以在一定程度上抑制外界干扰和系统误差,提高控制精度。这种控制系统不是直接测量工作台的位移量,而是通过旋转变压器、光电编码器或分解器等角位移测量元件,测量伺服机构中电动机或丝杠的转角,来间接测量工作台的位移。这种系统中滚珠丝杠螺母副和工作台均在反馈环路之外,其传动误差等仍会影响工作台的位置精度,故称为半闭环控制系统。图 3.8 为半闭环控制系统框图。半闭环控制系统的应用场景主要是对输出信号精度要求不是特别高的场合,例如电动工具、风扇等。

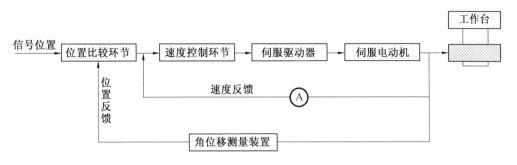

图 3.8　半闭环控制系统框图

①设计原则。

半闭环控制系统的基本原则如下:

(a)选择合适的控制算法和参数调整,以实现系统的稳定性和鲁棒性。

(b)选择合适的测量信号,以便能够准确地回馈控制系统所需的信息。

(c)选择合适的前馈路径,以实现更好的控制性能。

②设计内容。

半闭环控制设计中会进行系统建模、制定性能要求、设计开环控制器、设计反馈回路和闭环控制器、进行系统辨识和校正以及进行系统仿真验证。半闭环控制设计的目标是在保持开环控制的简单和高效性的同时,通过反馈回路进行部分校正,以提升系统的稳定性和性能。

10. 轴位控制形式

(1)单轴运动控制设计。

单轴控制是指每个轴在运动过程中独立控制。在整个运动过程中,单轴控制只需要考虑一个轴的位置和速度控制。因此,单轴控制的同步性和实时性相对较好。在设计原则上,侧重于单独控制每个轴的位置、速度和加速度等运动参数。设计重点主要是为每个轴选择合适的传感器和执行器,并针对每个轴的特点进行参数调整和优化。这种方式适用于比较简单的工装设计,在装配过程中只需要进行单轴的运动控制。例如,在装配过程中,可以使用单轴控制来确保飞机零件的准确对齐和定位。单轴控制的优势在于其简单性和易于操作性。

(2)多轴运动控制策略。

在多轴控制中,系统需要同时控制多个运动轴,例如机械臂的多个关节,这使得同步和实时控制变得更加复杂。为了保持多个轴的同步,系统需要在短时间内完成多个轴位置和速度的协调,这可能带来同步性和实时性方面的问题。例如,多个轴之间的差异或外部干扰,可能导致某些轴的运动速度不同步或不准确。此外,系统需要处理更多的数据和控制信号,可能会导致实时性方面的延迟。为了解决多轴控制中的同步性和实时性问题,需要采取措施。例如,可以使用更高级的控制算法和策略,确保多个轴的同步性。另外,可以采用更快的控制器和更高的采样频率来提高系统的实时性。还可以通过优化系统架构和通信方式来减少数据传输和处理的延迟。虽然单轴控制在同步性和实时性方面相对简单,但多轴控制在实际应用中更为常见。多轴运动控制策略包括多轴耦合运动、多轴协同运动。

①多轴耦合运动。

多轴耦合是指多个轴通过机械结构或其他方式连接在一起,形成一个整体运动系统。在设计时,要侧重于综合考虑整个多轴系统的运动特性,包括轴之间的相互干涉、相互作用和动力学特性等。设计的重点是对整体系统进行建模和分析,确定各个轴之间的耦合关系,并根据整体运动需求进行控制和优化。在飞机装配过程中,可能需要使用多轴耦合控制来完成一些特殊部件的装配,以实现精细的操作。例如,在安装飞机发动机时,可能需要使用多轴耦合控制的装配工装,以同时控制发动机的位置、倾斜、旋转和推力,确保装配的准确性和安全性。

②多轴协同运动。

多轴协同是指多个轴在运动过程中通过协调和配合完成特定任务。在设计原则上,多轴协同侧重于保持轴之间的同步和互动关系,以在运动过程中保持一定的关系。设计重点主要包括确定不同轴之间的关系和运动规则,如速度比例和位置比例,以及设计和调试协同运动的控制算法。在安装飞机机身时,常常需要使用多轴协同控制的装配机器人来同时控制机身的位置、转动和倾斜,以实现精确的装配。

3.2.2 设计要求

(1)设计过程中进线电源必须带有接地系统和接零系统,三相380 V进线采用三相五线制电源系统,220 V进线采用单相三线制系统。配电箱及控制柜外壳设计可靠的接地系统,确保人身安全。一般情况下照明电源采用36 V安全电压。

(2)进线电源处设计加装断路器或隔离开关,确保需要时有效切断电源,且切断开关设计安装在人手可及处。设计过程中考虑电磁兼容性,以保证电气装备在预期使用环境中可以可靠运行。中大型数字化集成装备进线电源加装浪涌保护器,防止闪电和开关浪涌引起系统损坏。

(3)电气导线线径选择严格按照配电设计手册要求进行选型。电机电源进线端应加装热继电器。运动导线应加装拖链,并选择合适的转弯半径,并预留不少于40%的空间。在同一线槽内敷设不同电压的导线时,需用隔板分开。网络线与动力线敷设时平行间距不小于400 mm。线路应设置标志牌,注明线路编号、规格及起讫地点;并联线路应有顺序号。系统布线的选择、敷设应避免环境因素及各种机械应力等外部作用而带来的损害;安全净距应符合GB 50054—2011《低压配电设计规范》的相关规定;电缆线路应符合GB 50168—2018《电缆线路施工及验收规范》、GB 50217—2018《电力工程电缆设计标准》的相关规定。

(4)电气控制柜安装元器件需预留不少于30%的空间。数控系统控制柜及大功率控制柜应加装空调冷却系统。电气柜、控制柜、电池柜内外表面及支架附件等按 GB/T 7353—1999《工业自动化仪表盘、柜、台、箱》进行表面涂覆,颜色按照国标色标卡 GSB05－1426—2001 执行。集成装备中的电气设备应设置安全警示标识。

(5)防爆场合必须选用防爆电器元件、防爆控制箱及相应的防爆管线。

(6)各类行程限位装置、过载保护装置、电气与机械联锁装置、紧急制动装置、声光报警装置、自动保护装置应完好、可靠;显示屏和指示仪表应灵敏、准确;附属装置应齐全。操作工位应设置急停开关,急停开关不应自动恢复,必须采取手动复位,并符合 GB/T 16754—2021 的相关规定。

(7)电气设备的绝缘、屏护、防护间距应符合 GB/T 5226.1—2019《机械电气安全　机械电气设备　第 1 部分:通用技术条件》的相关规定;电器箱、柜周边 0.8 m 范围内无障碍物,柜门开启应灵活。

(8)插头插座采用防差错设计,不同的电压等级选用不同规格的插座、插头。

(9)访问程序数据或可编程功能必须由授权人执行,这些功能必须闭锁,可采用密码或钥匙开关。

3.2.3　照明配电设计

1. 照度计算

光照强度是指单位面积上所接收可见光的能量,简称照度,单位为勒克斯(lx)。对于照度的计算,最常应用系数法计算平均照度:

$$E_{av} = \frac{N\Phi UK}{A} \tag{3.69}$$

式中,N 为光源数量;E_{av} 为工作面上的平均照度;A 为工作面面积(m^2);Φ 为光源光通量(lm);K 为灯具的维护系数,维护系数的选择参考 GB 50034—2013《建筑照明设计标准》;U 为灯具的利用系数,利用系数的选取需根据灯具样本查阅相关参数获得。一般情况下照明电源采用 36 V 安全电压;工装照明照度为 300～500 lx。

2. 功率计算

生产线规划总体用电功率需综合考虑工装、设备、照明、电动工具、吸尘装置等部分的总功率,并按相关标准预留余量,具体计算公式为

$$P_{总} = K\left(\sum_{i=1}^{n_1} P_{380V} + \sum_{i=1}^{n_2} P_{220V} + \sum_{i=1}^{n_3} P_{36V}\right) \tag{3.70}$$

式中,n_1 为额定电压 380 V 电器数量;n_2 为额定电压 220 V 电器数量;n_3 为额定电压 36 V 电器数量;K 为电器同时使用系数,可参照厂房配电设计手册选取。

3. 线径计算

根据单相电功率计算公式,可得电流的计算公式 I 为

$$I = \frac{P}{U\cos a} \tag{3.71}$$

根据三相电功率计算公式,可得电流的计算公式为 I 为

$$I = \frac{P}{\sqrt{3}U\cos a} \tag{3.72}$$

已知功率 P 和电压 U,算出电流值后,根据国标 GB/T 4706.1—2024《家用和类似用途电器的安全 第 1 部分:通用要求》规定的电线负载电流值选择线径。

3.2.4 典型工装控制系统

1. AGV 控制系统

自动导引车(automated guided vehicle,AGV)是用于在整个生产设施中运输材料和产品的自动驾驶车辆。AGV 配备了传感器,使它们能够导航它们的环境并安全地运输其有效载荷。在设计 AGV 控制系统时,重要的是要考虑各种因素,如有效载荷的大小和质量、生产设施的布局、AGV 所需的速度和准确性,以及 AGV 和其他自动化设备之间的通信协议。

图 3.9 为美国 AIT 公司设计的 AGV 在装配现场的移动飞机尾段。AGV 上的辅助工装可对产品进行定位夹紧,同时避免产品在运输过程中发生变形、损伤,其也可将零部件及其地面装配型架一同运载(图 3.10),大大降低了产品因下架、中转装配站位而导致变形的风险,而数字化导航、自动化牵引又可以节省大量的人力物力以及时间成本。

图 3.9　AGV 移动飞机尾段

如图 3.11 所示,AGV 系统主要由驱动系统、操作系统、导引系统、动力系统、控制系统、通信系统、移载系统和安全系统等部分组成。

2. 数字化翻转控制系统

在生产线工装规划与集成中,电气控制系统设计是至关重要的一环,而翻转控制系统作为其中的一个子系统,需要特别重视。

(1)工装规划。

在进行翻转控制系统设计前,需要进行工装规划,包括设备布局、工序流程、材料流动等方面的考虑,以确保翻转机械的正确安装、良好操作和高效运转。

(2)系统元件选择。

在进行翻转控制系统设计时,需要选定合适的元件,如翻转开关、接触器、继电器等,

图 3.10 AGV 运载波音 787 中央翼盒及其型架

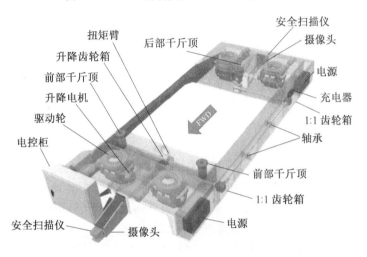

图 3.11 AGV 系统的构成

这些元件可以通过 PLC 进行控制,以及与其他设备进行通信交互。

(3)电路设计。

基于选定的系统元件,需要进行电路设计,包括连接方式、电源回路、限位开关设置、保险丝安装位置等,以保证电气控制系统整体的稳定性,同时也要考虑到未来维护和升级的问题。

(4)程序设计。

在进行程序设计时,需要考虑到翻转控制的根据电气信号控制的顺时针和逆时针转动,以及机械限位的判断等内容。程序设计通常使用图形化编程工具或者一些高级编程语言如 C++、Python 等。

(5)系统调试。

在进行系统调试时,需要依次进行电气连线测试、单元功能测试、整个系统测试等步骤,以确保翻转控制系统与其他系统之间的正确协同工作以及满足用户要求。

3.3　工控软件设计

3.3.1　设计基础

工控软件是专门用于控制工业自动化过程的软件系统,包括用户界面、数据采集模块、控制逻辑、通信接口、数据存储和处理模块等组成部分。工控软件的工作原理是通过与实际物理设备和现场仪表进行数据交互和控制,实现对工业自动化过程的监控和控制功能。工控软件的主要特点是高度可定制化和实时性。鉴于不同工业领域和企业的生产过程和需求各不相同,工控软件应进行定制化开发。它能够根据用户的需求对输入的数据进行实时处理和分析,并及时作出相应的控制动作,以确保生产过程的稳定性和高效性。工控软件的设计通常包含需求分析、数据库设计、界面设计和控制算法设计等方面。

(1)需求分析。

需求分析阶段需要明确工控系统的功能和性能需求,了解系统所需的输入和输出,以及所需的控制算法和逻辑等方面。

(2)数据库设计。

数据库设计主要用于管理、存储和检索与飞机生产相关的数据。由于工控软件需要对大量实时数据进行采集和处理,因此需要选择适当的数据库系统来存储这些数据,并设计相应的数据表结构和索引以支持高效的数据查询和访问。Boeing787 梦想客机的生产线采用了大型集成软件控制系统来管理所有相关数据。该系统由三个部分组成,包括 CAD 制图系统、PLM 产品生命周期管理系统和 ERP 企业资源管理系统。这些系统需要进行大量的数据交换和协调,以确保生产线的正常运作。在该系统中,数据库采用的是 Oracle。它的结构通过 E-R(实体-关系)图进行设计,实现了多种数据关系。针对查询优化问题,系统采用了 B-tree 索引和 Full-Text 索引。安全方案包括数据加密、访问控制和审计等多个层面,按照职责设计不同的访问权限等级。此外,在系统运行期间,数据传输和接口协议进行了有效的管理和优化,以确保扩展性和异常处理机制的可靠性。

(3)界面设计。

进行界面设计以便用户能够直观地监控和操作工业生产过程。界面设计需要考虑用户的需求和习惯,提供直观、友好的操作界面,并具备良好的可视化效果,使用户能够轻松地了解和控制生产过程。

(4)控制算法设计。

了解系统的需求,包括要控制的目标、准确性和稳定性要求等。选择适合系统的控制算法,例如 PID 控制、模型预测控制等。根据实际情况调整算法参数,以达到系统的性能要求。

3.3.2 设计要求

1. 基本要求

软件应能在满足其使用要求的运行终端上安装、运行，并正常使用其所有功能。此外，还应满足以下要求：

（1）软件应具有异常处理机制，异常或误操作发生并处理后，软件功能可恢复。

（2）在安装、使用、卸载过程中，不应影响其他软件的正常使用，不应破坏运行终端的系统环境。

（3）在正常使用软件时，软件的所有功能不应对运行终端和数字化装备造成物理损坏。

（4）软件升级后，应考虑兼容性。若无法保持兼容性，应提供对旧版本的迁移工具。

（5）软件设计应明确集成装备的总体架构规划、各系统之间的逻辑关系，以及集成装备各功能的实现方式，并具有各类软硬件故障自动诊断及报警提示功能。

（6）控制程序可靠、逻辑准确，具有防误操作措施及报警功能设置的过载保护。控制系统设计应尽量避免人员在操作时引起的误操作，实现在一个操作过程中对其他功能键的锁定。

2. 工艺性要求

软件设计时，应结合机械结构和电气要求考虑工艺性：

（1）软件操作应符合工艺流程设计需求，软件操作应与数字化装备的物理操作相协调。

（2）软件对输入的参数应进行边界验证和合理性判断。

（3）软件及其文档的插画、附图应与数字化装备实际外形一致或具有可识别性。

（4）软件应对常用的操作模式进行分类归纳，并以合理的快捷操作形式展示给用户。

（5）软件应对所有工艺流程进行完善的测试，对于非正常流程具有防差错机制。

3. 易用性

软件设计时应充分考虑易用性。在保证安全性和正确性的前提下，遵循以下原则：

（1）界面功能操作应有主次从属关系，原则上交互流程不宜超过四个层级。

（2）操作逻辑和界面布局合理，符合人机功效。

（3）软件应引导用户进行正常操作，对于需要用户关注的信息，应以颜色、文字等进行提示。

（4）软件应具有差错防御性，如当界面元素处于不可用状态时，应将该元素设置为灰色或删除，避免误导用户。

（5）对于后台的耗时操作，前台应显示进度或以某种形式告知操作是否仍在进行。

4. 可靠性

在以下条件下，软件不应出现异常、崩溃、闪退等现象：

(1)长时间连续使用软件。

(2)反复操作或使用软件某功能。

(3)在用户界面连续快速点击或长按。

(4)多次运行软件而不关闭。

(5)未关闭软件直接关闭操作系统。

(6)软件需要的资源已被占用。

(7)软件运行环境遭破坏。

(8)用户的不合理输入或操作。

(9)软件逻辑应充分验证,防护措施可靠,优先级设置合理,在任何情况下不得引发对产品的损伤。

5. 安全性

(1)身份鉴别。

应根据业务需要提供登录模块,对用户身份进行鉴别。根据不同的用户权限,展示不同的用户界面,提供不同等级或不同类别的操作权限。

(2)使用日志。

根据业务需求,软件应记录、保存用户的使用信息,并能以合理的方式展示日志信息。

(3)代码安全。

软件代码应经过完善的测试,功能安全可靠,不应包含任何木马、病毒、已发布的高危漏洞。软件所引用或包含的第三方代码或开源库,应确保其安全性。软件所包含的功能应明示给用户,不应包含隐藏模块。

(4)远程控制。

未经用户授权,软件不应接受远程控制指令进行相关操作,不得尝试获取其他终端远程控制权限。

(5)极限安全。

根据业务需求,软件应实时或周期保存重要数据,防止因突然断电、操作系统崩溃等引起的停机造成的数据丢失。

(6)保密要求。

软件应在功能要求的范围内获取定位、拍照、录像等相关数据,不得超越权限和范围调用传感器采集环境信息。

(7)安装运行要求。

①软件不得采用硬件绑定的形式或借助外部设备授权,软件正常安装后应为永久授权。

②原则上软件应为可携式软件,可直接复制至另一个运行终端使用。

③原则上软件应永远处于非阻塞状态且具有一定实时性,能够正常响应用户的操作。

④软件设计时应考虑安装环境,并提供软件运行所需要的所有第三方软件、插件等。

⑤当软件发生无法修复的问题时,应具备还原机制。

6. 集控软件要求

(1)电气检查。

根据业务需求,集控软件启动、运行、关闭时应检查数字化装备的电气状态,确保其状态满足设备使用要求。

(2)设备连接。

当集控软件控制 PLC、嵌入式控制器、成品设备、工控机外部设备时,应确保外部设备处于正常工作状态时才向其发送指令。当集控软件接收外部设备的指令时,需要有数据校验机制。

(3)操作安全。

软件设计时,应保证与电气、机械系统的安全交互。根据业务需要,软件应提供软限位功能、停止功能、故障检测功能等。

(4)状态管理。

集控软件应对数字化装备的使用状态做出判断,并提示用户进行校准、标定、维护等操作。

(5)代码传输。

当数字化装备需要使用离线代码驱动时,集控软件应具备采用设备现场网络传输离线代码或离线文件的功能。

(6)信息交互要求。

根据业务需求,集控软件应在设计开发时充分考虑与外部系统的数据交互,设计满足用户要求的数据接口。

7. 离线软件要求

(1)离线代码。

离线软件生成的离线代码必须以文本形式存储,并具有可读性、易于手动修改。必要时提供文件说明离线代码的格式定义。

(2)流程仿真。

离线软件的流程仿真(包括碰撞干涉检查、工艺流程仿真、人机操作功效、离线代码验证等)功能应充分考虑现场环境。在配置和输入正确的情况下,离线软件的仿真结果应与实物动作的逻辑一致,运动误差应满足数字化装备使用要求。

(3)二次开发。

根据业务需要,离线软件应具备二次开发功能。当需要与其他信息系统交互时,中间接口按 GB/T 18726—2011《现代设计工程集成技术的软件接口规范》执行。

(4)操作自动化。

对于批量化的操作,离线软件应提供自动化操作的功能,降低操作劳动。若无特殊需求,完成某一单项任务的互动操作的次数不应超过 100 次。

3.3.3 开发流程

软件应采用主流开发语言和开发工具,软件开发应具有完善的开发流程,一般应包含需求分析、概要设计、详细设计、软件实现、综合测试等阶段。软件典型设计开发流程如图 3.12 所示。

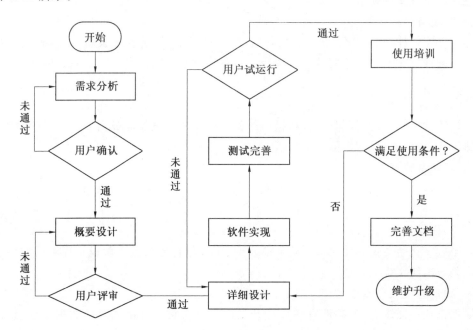

图 3.12 软件典型设计开发流程

3.3.4 典型工控算法

1.调姿定位算法

以图 3.13 所示的机翼调姿为研究对象阐明调姿定位算法。将机翼设计坐标系作为机翼局部坐标系,机翼局部坐标系用 $O_w - x_w y_w z_w$ 表示,记为$\{w\}$。设机翼局部坐标系$\{w\}$相对于全局坐标系$\{g\}$的姿态角为横滚角 ϕ_w、俯仰角 θ_w 和偏转角 ψ_w,位置矢量为$\boldsymbol{P}_w$。记机翼工艺接头球心在$\{w\}$中的坐标矢量为$^w\boldsymbol{J}_i$,如图 3.13 所示。利用$\{w\}$相对$\{g\}$位姿参数,将工艺接头球心在$\{g\}$中的坐标矢量$^g\boldsymbol{J}_i$ 表示为

$$^g\boldsymbol{J}_i = \boldsymbol{R}_{\phi_w}\boldsymbol{R}_{\theta_w}\boldsymbol{R}_{\psi_w}{}^w\boldsymbol{J}_i + \boldsymbol{P}_w \qquad (3.73)$$

式中,$\boldsymbol{R}_{\phi_w}$、$\boldsymbol{R}_{\theta_w}$、$\boldsymbol{R}_{\psi_w}$为调姿部件的旋转矩阵;$\boldsymbol{P}_w$ 为调姿部件的位置矢量。

利用上式可得机翼定位器的位置矢量$^g\boldsymbol{P}_{d_i}$

$$^g\boldsymbol{P}_{d_i} = {}^g\boldsymbol{J}_i \boldsymbol{n}_i \qquad (3.74)$$

式中,$\boldsymbol{n}_i$ 为机翼定位器各伺服电机驱动的单位方向矢量。

调姿系统控制伺服电机驱动定位器运动至 $\boldsymbol{n}_i$,即可实现带装配部件的位姿调整。

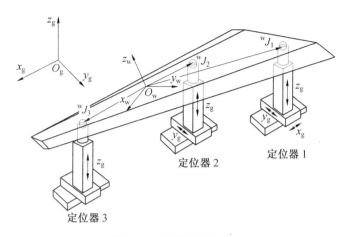

图 3.13　机翼调姿定位

2. AGV 运动算法

AGV 主要运动算法是人工势场法。该算法的思想是以物理学中的抽象势场为基础,将 AGV 的运行环境抽象为势场空间,目标位置产生一个引力场,障碍物附近产生一个斥力场。AGV 同时受到引力场产生的引力和斥力场产生的斥力。在二力的共同作用下朝目标点前进.最终规划出一条从起始点到目标点且无碰撞的路径。

常见的人工势场法中,引力势场函数 U_{att} 的具体形式可表示为

$$U_{att} = \frac{1}{2} k_{att} \rho^2(p, p_g) \tag{3.75}$$

式中,k_{att} 为引力势场正比例系数;p 为 AGV 坐标位置;p_g 为目标点坐标位置;$\rho(p, p_g)$ 为 AGV 与目标点之间的距离。

由引力势场的负梯度得到引力:

$$F_{att} = -\text{grad}[U_{att}] = -k_{att} \rho(p, p_g) \tag{3.76}$$

AGV 离目标点越远,受到目标点的吸引力就越大;相反,当 AGV 离目标点很近时,此时 AGV 受到的吸引力几乎为零。AGV 所受到的吸引力随着它与目标点之间的距离增加成正比增加。

斥力势场函数 U_{rep} 的具体形式可表示为

$$U_{rep} = \begin{cases} \frac{1}{2} K_{rep} \left[\frac{1}{\rho(p, p_{obs})} - \frac{1}{\rho_0} \right]^2 & \rho(p, p_{obs}) \leqslant \rho_0 \\ 0 & \rho(p, p_{obs}) > \rho_0 \end{cases} \tag{3.77}$$

式中,K_{rep} 为斥力势场正比例系数;p_{obs} 为障碍物坐标位置;$\rho(p, p_{obs})$ 为 AGV 与障碍物的距离;ρ_0 为障碍物的影响范围。

由斥力势场的负梯度得到斥力:

$$F_{rep} = -\text{grad}[U_{rep}] = \begin{cases} K_{rep} \left[\frac{1}{\rho(p, p_{obs})} - \frac{1}{\rho_0} \right] \frac{1}{\rho^2(p, p_{obs})} & \rho(p, p_{obs}) \leqslant \rho_0 \\ 0 & \rho(p, p_{obs}) > \rho_0 \end{cases} \tag{3.78}$$

与目标点相反,在障碍物影响范围内,障碍物对 AGV 的斥力随着两者之间距离的增大而逐渐减小。ρ_0 为障碍物对 AGV 产生斥力的最大影响范围,当两者之间的距离大于 ρ_0 时,斥力场为 0,对应产生的斥力也为 0。如图 3.14 所示,AGV 在势场中所受合力为 $F_{total} = F_{att} + F_{rep}$。AGV 沿着合力的方向向前移动,该力决定了 AGV 的运动。当 AGV 逐渐接近目标点时,所受合力也逐渐减小。AGV 到达目标点时所受合力变为零。

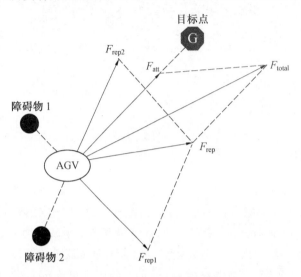

图 3.14　人工势场法受力分析

3.6 自由度机器人运动算法

PUMA560 机器人是典型的 6 自由度机器人,鉴于此以 PUMA560 机器人为研究对象介绍 6 自由度机器人运动算法。PUMA560 前 3 个关节确定手腕参考点的位置,后 3 个关节确定手腕的方位。和大多数工业机器人一样,后 3 个关节轴线交于一点。该点选作为手腕的参考点,也选作为连杆坐标系{4}、{5}和{6}的原点。关节 1 的轴线为垂直方向,关节 2 和关节 3 的轴线为水平,且平行,距离为 a_2。关节 1 和关节 2 的轴线垂直相交,关节 3 和关节 4 的轴线垂直交错,距离为 a_3。各连杆坐标系如图 3.15 所示。

根据坐标变换的链式法则,坐标{$i-1$}到坐标系{i}的变换矩阵可以写成:

$$_{i}^{i-1}\boldsymbol{T} = _{R}^{i-1}\boldsymbol{T}_{Q}^{R}\boldsymbol{T}_{P}^{Q}\boldsymbol{T}_{i}^{P}\boldsymbol{T} \tag{3.79}$$

上式中的每个变换都是仅有一个连杆参数的基础变换(旋转或平移变换),根中间坐标系的设置,上式可以写成:

$$_{i}^{i-1}T = \text{Rot}(x, \alpha-1)\text{Trans}(a_{i-1}, 0, 0)\text{Rot}(z, \theta_i)\text{Trans}(0, 0, d_i) \tag{3.80}$$

由 4 个矩阵连乘可以计算出式(3.79),即 $_{i}^{i-1}\boldsymbol{T}$ 的变换通式为

$$_{i}^{i-1}\boldsymbol{T} = \begin{bmatrix} c\theta_i & -s\theta_i & 0 & a_{i-1} \\ s\theta_i c\alpha_{i-1} & c\theta_i c\alpha_{i-1} & -\alpha_{i-1} & -d_i \delta\alpha_{i-1} \\ s\theta_i s\alpha_{i-1} & c\theta_i s\alpha_{i-1} & \alpha_{i-1} & d_i c\alpha_{i-1} \\ 0 & 0 & 0 & 1 \end{bmatrix} \tag{3.81}$$

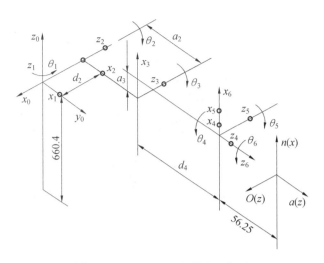

图 3.15　PUMA560 机器人坐标系

机械手端部与底座的关系 $_6^0\boldsymbol{T}$ 为

$$_6^0\boldsymbol{T}=_1^0\boldsymbol{T}_2^1\boldsymbol{T}_3^2\boldsymbol{T}_4^3\boldsymbol{T}_5^4\boldsymbol{T}_5^5\boldsymbol{T} \tag{3.82}$$

根据式(3.81),可求得各连杆变换矩阵如下:

$$\left\{
\begin{array}{l}
_1^0\boldsymbol{T}=\begin{bmatrix} c\theta_1 & -s\theta_1 & 0 & 0 \\ s\theta_1 & c\theta_1 & 0 & 0 \\ 0 & 0 & 1 & 0 \\ 0 & 0 & 0 & 1 \end{bmatrix},\
_2^1\boldsymbol{T}=\begin{bmatrix} c\theta_2 & -s\theta_2 & 0 & 0 \\ 0 & 0 & 1 & d_2 \\ -s\theta_2 & -c\theta_2 & 0 & 0 \\ 0 & 0 & 0 & 1 \end{bmatrix},\
_3^2\boldsymbol{T}=\begin{bmatrix} c\theta_3 & -s\theta_3 & 0 & a_2 \\ s\theta_3 & c\theta_3 & 0 & 0 \\ 0 & 0 & 1 & 0 \\ 0 & 0 & 0 & 1 \end{bmatrix} \\[3em]
_4^3\boldsymbol{T}=\begin{bmatrix} c\theta_4 & -s\theta_4 & 0 & a_3 \\ 0 & 0 & 1 & d_4 \\ -s\theta_4 & -c\theta_4 & 0 & 0 \\ 0 & 0 & 0 & 1 \end{bmatrix},\
_5^4\boldsymbol{T}=\begin{bmatrix} c\theta_5 & -s\theta_5 & 0 & 0 \\ 0 & 0 & -1 & 0 \\ s\theta_5 & c\theta_5 & 0 & 0 \\ 0 & 0 & 0 & 1 \end{bmatrix},\
_6^5\boldsymbol{T}=\begin{bmatrix} c\theta_6 & -s\theta_6 & 0 & 0 \\ 0 & 0 & 1 & 0 \\ -s\theta_6 & -c\theta_6 & 0 & 0 \\ 0 & 0 & 0 & 1 \end{bmatrix}
\end{array}
\right.$$

将各连杆变换矩阵相乘,即可得到 PUMA560 的运动学方程:

$$_6^0\boldsymbol{T}=_1^0\boldsymbol{T}(\theta_1)_2^1\boldsymbol{T}(\theta_2)_3^2\boldsymbol{T}(\theta_3)_4^3\boldsymbol{T}(\theta_4)_5^4\boldsymbol{T}(\theta_5)_6^5\boldsymbol{T}(\theta_6) \tag{3.83}$$

上式为关节变量 $\theta_1,\theta_2,\cdots,\theta_6$ 的函数。可以通过给定机器人各个关节变量值来求得末端执行器的位姿。

(4)虎克铰运动算法。

为描述虎克铰的运动,固定虎克铰的一个分支,建立坐标系,如图 3.16 所示。在下方的虎克铰建立固定坐标系 $O-xyz$,在上方虎克铰建立运动坐标系 $O'-x'y'z'$。两个坐标系的 x 轴重合,均沿着与固定分支连接旋转副的轴线。运动分支坐标系的 z' 沿着支链的方向,固定坐标系的 z 轴从十字轴中心指向固定部分连接法兰的中心。两个坐标系原点相互重合,位于虎克铰十字轴中心。

在图 3.16 所示的坐标系中,虎克铰的运动可以描述如下:首先绕固定坐标系 x 轴转动 α,再绕新位置坐标系的 y' 轴转动 β。利用坐标变换在同一个坐标中描述两个分支曲线方程。坐标转换矩阵如下:

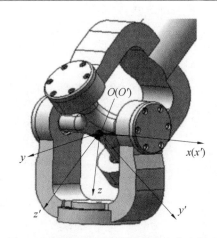

图 3.16　描述虎克铰运动所建立的坐标系

$$R=R(x,\alpha)R(y',\beta)=\begin{bmatrix} 1 & 0 & 0 \\ 0 & \cos\alpha & -\sin\alpha \\ 0 & \sin\alpha & \cos\alpha \end{bmatrix}\begin{bmatrix} \cos\beta & 0 & \sin\beta \\ 0 & 1 & 0 \\ -\sin\beta & 0 & \cos\beta \end{bmatrix} \tag{3.84}$$

3.3.5　典型工控软件

1. 数字化装配定位软件

数字化装配定位软件主要包括数据采集模块、数据分析处理模块、数字化装配定位控制模块和实时仿真可视模块。

（1）数据采集模块。

该模块负责激光跟踪测量仪的接口管理、通信、数据传输和采集命令下达等。数据采集模块将飞机构件上定位基准点空间坐标实时传递给数据分析处理模块以及实时仿真可视模块。

（2）数据分析处理模块。

数据分析处理模块的一个核心内容是建立各激光跟踪测量仪测量坐标系、零部件模型的自身零件坐标系以及装配坐标系之间的转换关系。确定了上述坐标系之间的转换关系后，再实现以下 2 项内容：

①建立一个全局装配坐标系，将主要数据统一到装配坐标系中，进行比对后将差值作为修正值传递给控制系统，以调整机械随动定位装置，实现部件位姿的调整。

②计算装配部件的零件坐标系相对于装配坐标系的方位，由零件坐标系的方位变化来驱动对应子零件坐标系中装配部件三维数字模型的显示变化。

（3）数字化装配定位控制模块。

从激光跟踪仪测量系统中读取柔性装配工装上定位器基准点的实时数据信息，将数据转换到飞机机体坐标系下与理论数据进行对比分析计算，将分析计算得到的误差数据转换到工装坐标系下，得到工装各轴的调整量并转换成控制信息传递给柔性装配工装系统的运动控制器；运动控制器将得到的信息转换成驱动信息，驱动各轴伺服电机运行。

同时柔性装配工装各轴配有的光栅尺对各轴的运行状态进行实时测量,并对数据信息进行分析,反馈定位的补偿数据,完成精确定位。

(4)实时仿真可视模块。

实时仿真可视模块最主要的功能是在计算机中建立包括飞机构件、机械随动定位装置、激光跟踪测量仪等三维数字模型的虚拟工作场景,将装配定位过程实时模拟在软件窗口中,同时显示操作人员关心的若干工作数据,以直观的图形数据窗口指导操作人员工作。

2. 工艺集成管理软件

工艺集成管理软件是飞机数字化装配系统的数据处理中心和任务管理中心,可实现系统的数据集成和任务集成。在飞机数字化装配过程中首先要保证工艺流程严格依照设定的步骤执行,通过调度调姿对接控制系统、数字化测量系统、机器人系统、站位移动系统和精加工系统等底层系统中的一个或几个,协同完成部件人位、部件调姿、部件对接、测量点打制、制孔、飞机移动和交点精加工等装配任务。

工艺集成管理软件同时还需要承担飞机数字化装配系统数据处理中心的角色,工艺集成管理软件将从数据库中读取任务执行的配置信息,启动相应的装配任务。在装配任务执行过程中,工艺集成管理软件通过底层系统从设备实时采集现场数据,如温度、湿度、设备位置和运行状态及部件受力状态等;通过处理现场数据可以对将要执行的装配步骤进行仿真,评估机身、机翼的可装配性;监控某些重要的现场数据,当数值超过正常范围,需要给出警告或者停止操作。

(1)功能模块划分。

根据集成管理系统软件的功能需求分析,将软件划分为如下几个功能模块:工艺流程管理模块、过程数据采集模块、现场过程监控模块、计算分析仿真模块、事件记录分析模块、异常处理模块、用户接口模块、通信接口模块和历史记录查询模块,如图 3.17所示。

(2)功能模块设计。

①工艺流程管理模块。

工艺流程管理模块是集成管理系统软件中对应于装配任务的服务管理模块负责任务流程图显示、工作任务验证、任务组织协同以及任务派发等。

②过程数据采集模块。

过程数据采集模块通过底层系统间接获得现场数据,飞机数字化装配的过程数据主要包括激光跟踪仪测量数据、定位器运动过程数据、机器人操作产生的动态数据等,如激光跟踪仪测量所得的检测点三坐标值、定位器位置信息、机器人的状态信息等。

③现场过程监控模块。

为保证飞机的安全,根据现场采集所得数据对装配过程进行现场监控,特别是对飞机吊装、调姿、对接以及站位间移动等关键工艺。

④计算分析仿真模块。

计算分析主要包括飞机部件的位姿计算评价、对接协调性评价、对接质量评价等,仿

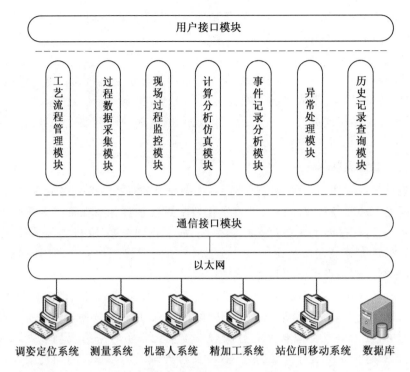

图 3.17　集成管理系统功能模块

真分析主要包括对飞机部件调姿过程和对接过程等运动过程的仿真。

⑤事件记录分析模块。

事件记录分析模块详细记录集成管理系统运行后的任务调度信息、执行状态信息，供用户查看软件系统的运行状况。以文本的形式将日志在系统中显示，并将其记录填入日志表，存入数据库系统。每条记录具体包括日志序号、发生时间、操作用户、分类、事件等。

⑥异常处理模块。

异常处理模块对当前不当操作或不可预测的外力所产生的影响进行快速反应，避免对总体系统产生破坏性影响。

⑦历史记录查询模块。

历史记录查询模块通过对装配过程中保存的实时数据的有效组织及分类显示，提供给操作者一个查询某架次装配记录的友好界面，使操作者方便高效地了解装配进度和装配过程中实时保存的各种重要数据，不但能及时地作出现场决策，也为以后的装配工作提供了很好的借鉴。

3. 机翼对接站位调姿对接系统

（1）系统组成。

调姿系统整体如图 3.18 所示，包括机械部分、电气部分和软件部分。机械部分指数控定位器，它实现了三自由度运动；电气部分指 PLC、伺服驱动、IO 端子等，它的核心组件都在电气控制柜里;软件部分是指调姿定位软件,安装在电气控制柜的工控机里。

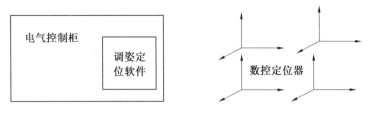

图 3.18　调姿对接系统组成图

(2)数控定位器。

数控定位器是调姿、对接系统的最终执行机构,包括数控定位器机械本体和电气驱动控制。数控定位器一般由底座、纵横拖板、立柱、自适应入位支撑机构、操作台和控制柜等部分组成。X、Y 向一般采用伺服电机驱动,丝杠螺母传动,光/磁栅尺构成全闭环反馈;Z 向一般采用伺服电机驱动,丝杠螺母传动,蜗轮蜗杆减速器自锁,光/磁栅尺构成全闭环反馈。

(3)调姿定位软件。

机翼对接系统采用基于多个数控定位器协同运动,分别实现产品位姿调整和部件对接。调姿定位软件主要包括调姿对接、故障分析、力保护设置、系统控制等模块,其主界面如图 3.19 所示。

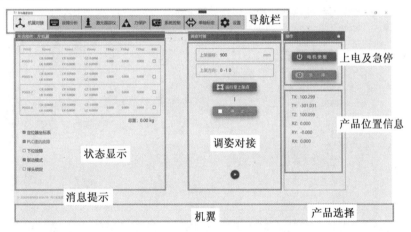

图 3.19　调姿定位软件主界面

调姿定位软件的主要功能如下:

①在装配过程中保证工艺流程严格依照事先设定的步骤执行。

②在装配过程中通过现场设备实时采集现场数据,如设备状态、机翼状态等。

③通过处理现场数据可以对将要执行的装配步骤进行仿真,评估机翼的可装配性。

④监控某些重要的现场数据,当数据的值到达一定非正常范围内,将给出警告甚至停止装配。

⑤记录装配过程中产生的数据、事件,以便于装配完成后分析、评估装配质量,为优化装配过程提供基础。

⑥在功能模块设计中考虑需要完成的装配任务,提供调姿路径评价分析、姿态的计算及评价分析等功能,指导现场集成控制软件进行机翼的调姿、对合等装配任务。

⑦为现场操作人员提供友好的用户交互操作方式,便于现场操作人员掌控现场情况,控制整个装配过程。

4. 桶段数字化调姿对接集成系统

(1)系统组成。

集成系统主界面如图 3.20 所示,主要包含 5 大部分,分别是:系统监控、工艺流程、操作日志、点动操作、其他。

①系统监控主要实时显示定位器的各个运动轴的位置、扭矩、远程控制系统的状态指示。远程控制系统的状态指示中绿色代表有效,红色代表故障报警,灰色默认。

②工艺流程包括系统配置、系统自检、捕捉球头前测量、捕捉球头、球头入位、抱紧球头、调姿位置定义、调姿、对接入位、释放球头、球头脱离、定位器回零。

③操作日志记录关键操作过程以及在操作过程中出现的故障警告提示。

④点动操作主要完成对定位器的点动微调。

⑤其他包括停止、故障复位、退出、帮助。

系统登录后会自动进行系统自检,自检结果在操作日志中显示,系统自检可以在电机处于非运行状态的任何情况下进行,单击系统自检即可。

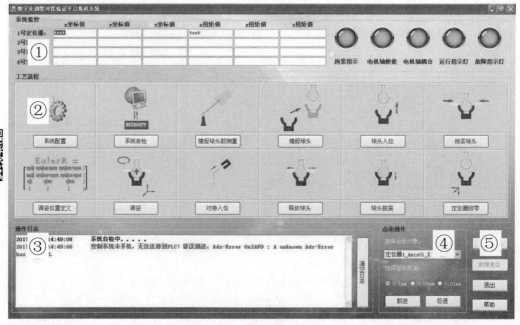

图 3.20　集成系统主界面

(2)系统配置。

系统配置主要完成测量点局部坐标系下理论位置、球头局部坐标系理论位置、定位器零点定义、配置文件中的部分参数配置。

（3）系统自检。

集成系统登录后会自动进行系统自检。自检结果会显示在操作日志框并自动保存到当日的日志文件中。系统自检可以在电机处于非运行状态的任何情况下进行，单击系统自检即可。

（4）捕捉球头前测量。

捕捉球头前测量主要录入调姿部件的测量点在全局坐标系下的实测值，计算调姿部件的位姿以及球头位置，为下一步捕捉球头操作提供运动参数。调姿部件上定义的测量点可能有好多个，理论上所有测量点都是有效的。但是由于加工误差、装配误差及自重引起的变形，测量点的位置发生变化，因此在录入测量点的实测值后必须对测量点的有效性进行验证。

（5）捕捉球头。

捕捉球头主要执行定位器自动运动到调姿部件的球头位置的正下方指定距离。

（6）球头入位。

捕捉球头完成后，定位器应该在调姿部件的正下方，各个定位器球窝距离球头的位置一致。球头入位执行定位器通过耦合同步沿（Z）指定方向做直线运动，直至和球头接触上为止。

（7）抱紧球头。

球头入位后，为了保证调姿部件的安全可靠，必须抱紧球头。

（8）调姿位置定义。

完成调姿部件起始位置、目标位置的录入以及调姿规划、运动数据的生成、规划曲线的生成等。

（9）调姿。

调姿规划完成后即可进行调姿操作。调姿过程可随时通过单击停止按钮停止，但再次执行调姿操作时必须重新进行调姿规划。如果没有进行调姿规划会在操作日志中有对应的提示信息。

（10）对接入位。

初次执行对接入位。

（11）释放球头。

对接入位后，插上销子，就可以撤掉定位器。在撤掉定位器前须先进行释放球头操作。

（12）球头脱离。

球头脱离是指释放球头后撤离定位器：将定位器沿 Z 向同步撤离指定距离的操作。指定距离以及脱离速度在配置文件中定义。

（13）定位器回零。

调姿对接入位完成，执行定位器回到零位的操作。

（14）点动操作。

定位器在球头入位、调姿、对接入位操作后，定位器位置没有满足设定要求，可以通过点动微调定位器。点动操作设计上分三种模式：

①单轴单方向点动是指每个定位器的 X、Y、Z 向电机可单独小范围微动。

②多轴单方向同步点动是指所有定位器的 X、Y、Z 向电机可同步沿某一方向（X、Y 或 Z 向）微动。某一方向是指 X 向或 Y 向或 Z 向。对应运动对象选择中的 X 向同步平移、Y 向同步平移、Z 向同步平移。

③多轴多方向同步点动是指所有定位器的 X、Y、Z 向电机可同步沿某一由 X、Y、Z 三个方向任意运动合成的方向微动。三个方向任意运动合成的方向是指由 X、Y、Z 中的任意两个或三个同时运动形成的方向。对应运动对象选择中的对接入位平移。

（15）故障复位。

调姿运动过程中可能出现因运动参数设置不当或硬件连接失效等而引发的故障报警，此时故障报警灯是红色，并且会在操作日志中有说明。这时可通过单击故障复位按钮，解除电机非正常停止引发的故障报警。

5. 后部组件装配型架升降控制系统

（1）总体要求。

环境条件：温度 0～50 ℃、相对湿度≤90%；

供电条件：采用 380 V/50 Hz/32 A 五线制供电。

（2）主要用途和适用范围。

适用于后部总装型架及上部组件装配型架的安装和调整，在两台工装使用时有部分参数不同，需要技术人员进行调整和设置，包括目标行程和下行暂停位置数据。

（3）工装主要结构及控制系统。

①主要结构。

上部组件装配型架的运动部分由 6 套相同的升降机构组成，使用时驱动升降机构带动保型架同步升降，升降行程约 200 mm，升降速度约 0.8 mm/s，并且 6 个升降机构均有单独点动运行功能，便于细微调整。

后部总装型架的运动部分也是由 6 套相同的升降机构组成，使用时驱动升降机构带动保型架同步升降，升降行程约 540 mm，升降速度约 0.8 mm/s，并且 6 个升降机构均有单独点动运行功能，便于细微调整。

②电气控制系统。

电源进线采用交流 380 V 三相五线制供电，总功率约 10 kW，电气控制系统采用台达 DVP50MC11T 运动控制器搭配台达 6 套伺服控制器，安装于移动式控制柜内，6 台电机和伺服控制器之间用 10 m、20 m、25 m 长电缆连接，用于后部总装和上部组件升降机构的驱动和控制。

3.4　液压气动控制系统设计

3.4.1　液压系统设计

1. 设计基础

液压传动是利用液体的压力进行能量传递和控制的系统。液压传动所用的工作介质为液压油或其他合成液体。液压传动传递动力大,运动平稳,但由于液体黏性大,在流动过程中会有较大的阻力损失,因而不宜做远距离传动和控制。液压传动技术利用压力油作为工作介质来传递、转换和控制能量,在扩大密封空间的过程中完成吸油,而在缩小密封空间的过程中完成压油。

液压与气压传动的基本工作原理相似,以图 3.21、图 3.22 所示的液压千斤顶来简述液压传动的工作原理。通过对液压千斤顶工作过程的分析,可以初步了解到液压传动的工作原理:利用有压力的油液作为传递动力的工作介质,先将机械能转换为压力能,再将压力能转换为不同能量形式的机械能。

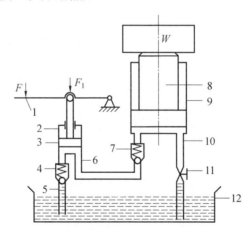

图 3.21　液压千斤顶的工作原理图

1—杠杆手柄;2—小缸体;3—小活塞;4、7—单向阀;5—吸油管;6、10—管道;8—大活塞;9—大缸体;11—截止阀;12—通大气式油箱

2. 需求分析

(1)了解主机基本情况。

液压传动系统设计通常是主机设计的一部分,设计要求主要是由主机根据工艺过程提出的。因此要了解下列基本情况:

①主机的工艺流程、作业环境和主要技术参数。

②主机的总体布局和对液压系统在空间尺寸上的限制。

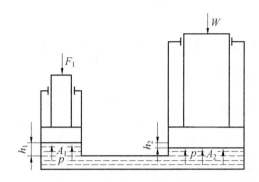

图 3.22　液压千斤顶的简化模型

（2）明确液压系统任务与要求。

①液压系统应该完成的运动方式，如移动、转动或摆动等。

②液压执行元件承受负载的大小和性质、运动速度的大小和变化范围。

③液压执行元件的动作顺序和联锁关系，各动作的同步要求。

④液压系统的自动化程度、运动平稳性、定位精度、工作效率、安全性和可维护性等。

⑤液压系统的工作环境，如环境的温度、湿度、尘埃和外界振动等。

⑥液压系统的成本核算。

⑦液压系统设计必须满足相配套主机要求的性能指标、技术参数。液压系统设计采用的压力等级、通径、管径应符合国家标准。液压系统必须有过压保护。

⑧液压原理图上应注明设计参数、各元件的型号、规格及使用中的参数，标明管道规格。设计时必须说明液压系统工作环境温度。当环境温度高时，液压泵的进口温度不超过 60 ℃；当环境温度低时，液压系统必须能正常启动。

⑨如果有电气接线，每一个独立的台架或油箱，都应设置一个电气接线盒，接线盒内各接线端子应标明线号。

3. 工况分析

工况分析主要指对液压执行元件的工作情况的分析，分析的目的是了解在工作过程中执行元件的速度、负载变化的规律，并将此规律用曲线表示出来，作为拟定液压系统方案确定系统主要参数（压力和流量）的依据。若液压执行元件动作比较简单，也可不作图，只需找出最大负载和最大速度即可。

（1）运动分析。

按设备的工艺要求，把所研究的执行元件在完成一个工作循环时的运动规律用图表示出来。现以液压缸驱动的组合机床滑台为例说明，图 3.23 是机床的动作循环图，由图可见，工作循环为快进→工进→快退；图 3.24 是完成一个工作循环的速度－位移曲线，即速度图。

（2）负载分析。

图 3.24 所示是该组合机床的负载图，这个图是按设备的工艺要求，把执行元件在各阶段的负载用曲线表示出来，由此图可直观地看出在运动过程中何时受力最大，何时最

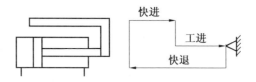

图 3.23　机床的动作循环图

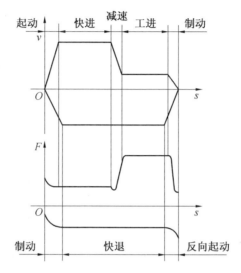

图 3.24　机床速度与负载图

小等各种情况,以此作为以后的设计依据。

现具体分析液压缸所承受的负载,液压缸驱动执行机构进行直线往复运动时,所受到的外负载为

$$F_f = f F_N \tag{3.85}$$

①工作负载 F_L。工作负载与设备的工作情况有关,在机床上,与运动的方向同轴的切削力的分量是工作负载,而对于提升机、千斤顶等来说所移动的物体的质量就是工作负载,工作负载可以是定量,也可以是变量,可以是正值,也可是负值,有时还可以是交变的。

②摩擦阻力负载 F_f。摩擦阻力是指运动部件与支承面间的摩擦力,它与支承面的形状、放置情况、润滑条件以及运动状态有关:

$$F_f = f F_N \tag{3.86}$$

式中,F_N 为运动部件及外负载对支承面的正压力;f 为摩擦系数,分为静摩擦系数($f_s \leqslant 0.2 \sim 0.3$)和动摩擦系数($f_d \leqslant 0.05 \sim 0.1$)。

③惯性负载 F_a。惯性负载式运动部件的速度变化时,由其惯性而产生的负载,可用牛顿第二定律计算:

$$F_a = ma = \frac{G}{g} \frac{\Delta v}{\Delta t} \tag{3.87}$$

式中,m 为运动部件的质量(kg);a 为运动部件的加速度(m/s²);G 为运动部件的重力

（N）；g 为重力加速度（m/s^2）；Δv 为速度的变化量（m/s）；Δt 为速度变化所需的时间（s）。

除此以外，液压缸的受力还有密封阻力（一般用效率 $\eta=0.85\sim0.95$ 来表示）、背压力（可在最后计算时确定）等。

若执行机构为液压马达，其负载力矩计算方法与液压缸相类似。

（3）执行元件参数确定。

① 选定工作压力。

执行元件工作压力可以根据总负载值或主机设备类型选取，见表 3.2 和表 3.3。

表 3.2　按负载选择执行元件的工作压力

负载 F/kN	<5	$5\sim10$	$10\sim20$	$20\sim30$	$30\sim50$	>50
工作压力 p/MPa	$<0.8\sim1.0$	$1.5\sim2.0$	$2.5\sim3.0$	$3.0\sim4.0$	$4.0\sim5.0$	$>5.0\sim7.0$

表 3.3　各类液压设备常用工作压力

设备类型	粗加工机床	半精加工机床	粗加工或重型机床	农业机械、小型工程机械	液压压力机、重型机械、大中型挖掘机械、起重运输机械
工作压力 p/MPa	$0.8\sim2.0$	$3.0\sim5.0$	$5.0\sim10.0$	$10.0\sim16.0$	$20.0\sim32.0$

② 确定执行元件的几何参数。

对于液压缸来说，它的几何参数就是有效工作面积 A，对液压马达来说就是排量 V。液压缸有效工作面积可由下式求得：

$$A=\frac{F}{\eta_{cm}\,p} \tag{3.88}$$

式中，F 为液压缸上的外负载（N）；η_{cm} 为液压缸的机械效率；p 为液压缸的工作压力（Pa）；A 为所求液压缸的有效工作面积（m^2）。

这样计算出来的工作面积还必须按液压缸所求的最低稳定速度 v_{min} 来验算，即

$$A\geqslant\frac{q_{min}}{v_{min}} \tag{3.89}$$

式中，q_{min} 为流量阀最小稳定流量。

若执行元件为液压马达，则其排量的计算式为

$$V=\frac{2\pi T}{p\eta_{Mm}} \tag{3.90}$$

式中，T 为液压马达的总负载转矩（N·m）；η_{Mm} 为液压马达的机械效率；p 为液压马达的工作压力（Pa）；V 为所求液压马达的排量（m^3/r）。

同样，上式所求的排量也必须满足液压马达最低稳定转速 n_{min} 的要求，即

$$V\geqslant\frac{q_{min}}{n_{min}} \tag{3.91}$$

式中，q_{min} 为能输入液压马达的最低稳定流量。排量确定后，可从产品检本中选择液压马达的型号。

③执行元件最大流量的确定。

对于液压缸,它所需的最大流量 q_{max} 就等于液压缸有效工作面积 A 与液压缸最大移动速度 v_{max} 的乘积,即

$$q_{max} = Av_{max} \tag{3.92}$$

对于液压马达,它所需的最大流量 q_{max} 应为马达的排量 V 与其最大转数 n_{max} 的乘积,即

$$q_{max} = Vn_{max}$$

(4)绘制液压执行元件的工况图。

按照上面所确定的液压执行元件的工作面积和工作循环中各阶段的负载,即可绘制压力图;根据执行元件的工作面积以及工作循环中各阶段所要求的运动速度,即可绘制流量图;根据所绘制的压力图和流量图,即可计算出各阶段所需的功率,绘制出功率图。

4. 液压系统原理图

拟定液压系统原理图一般的方法是:先根据具体的动作性能要求选择液压基本回路,然后将基本回路加上必要的措施有机地组合成一个完整的液压系统。拟定液压系统图时,应考虑以下几个问题:所用液压执行元件类型、液压回路选择、液压回路综合。

(1)所用液压执行元件类型。

液压执行元件有提供往复直线运动的液压缸,提供往复摆动的摆动缸和提供连续回转运动的液压马达。在设计液压系统时,可按设备所要求的运动情况来选择,在选择时还应比较、分析,以求设计的整体效果最佳。

(2)液压回路选择。

在确定了液压执行元件后,要根据设备的工作特点和性能要求,首先确定对主机的主要性能起决定性影响的主要回路,然后再考虑其他辅助回路。

(3)液压回路综合。

液压回路综合是把选出来的各种液压回路放在一起,进行归并、整理,再增加一些必要的元件或辅助油路,使之成为完整的液压传动系统,进行这项工作时还必须注意以下几点:

①尽可能省去不必要的元件,以简化系统结构。

②最终综合出来的液压系统应保证其工作循环中的每个动作都安全可靠,无相互干扰。

③尽可能提高系统的效率,防止系统过热。

④尽可能使系统经济合理,便于维修检测。

⑤尽可能采用标准元件,减少自行设计的专用件。

5. 液压元件计算和选择

所谓液压元件的计算,是要计算该元件在工作中承受的压力和通过的流量,以便确定元件的规格和型号。

液压元件的计算和选择一般有以下几类:动力元件的选择、执行元件的选择、控制元

件的选择、辅助元件的选择。

(1)动力元件选择。

液压泵是液压系统中的动力元件。选择液压泵时要考虑系统工况和液压泵主要参数,即压力和流量。

①确定液压泵的最高工作压力 p_p。

$$p_p \geqslant p_1 + \sum \Delta p_1 \tag{3.93}$$

式中,p_1 为执行元件的最高工作压力;$\sum \Delta p$ 为从液压泵的出口到执行元件入口总的管路损失。

②确定液压泵的最大供油量 q_p。

液压泵的最大供油量 q_p 按执行元件工况图上的最大工作流量及回路系统中的泄漏量来确定,即

$$q_p \geqslant K \sum q_{max} \tag{3.94}$$

式中,K 为考虑系统泄漏和溢流阀保留最小溢流量(约为额定流量的 15%)的系数,一般取 $K = 1.1 \sim 1.3$;$\sum q_{max}$ 为同时动作的各执行元件所需流量之和的最大值。

当系统中有蓄能器时,泵的最大供油量为一个工作循环中执行元件的平均流量与回路泄漏量之和。

③选择液压泵的规格。

液压泵的规格可以根据实际工况和液压泵的最大工作压力选取,然后根据液压泵的最大流量确定其型号。值得注意的是,泵的额定压力应该比上述最大工作压力高 $25\% \sim 60\%$,以留有压力储备。额定流量则只需满足上述最大流量即可。

④确定液压泵的驱动功率。

当系统中使用定量泵时,具体工况不同,其驱动功率的计算是不同的。

(a)当在整个工作循环中,液压泵的功率变化较小时,可按下式计算液压泵所需驱动功率,即

$$P = \frac{p_p q_p}{\eta_p} \tag{3.95}$$

式中,p_p 为液压泵的最高工作压力(Pa);q_p 为液压泵的输出流量(m^3/s);η_p 为液压泵的总效率。

(b)当在整个工作循环中,液压泵的功率变化较大,且在功率循环图中最高功率所持续的时间很短时,则可按上式分别计算出工作循环各阶段的功率 P_i,然后用下式计算其所需电动机的平均功率,即

$$P = \sqrt{\frac{\sum_{i=1}^{n} P_i^2 t_i}{\sum_{i=1}^{n} t_i}} \tag{3.96}$$

式中,t_i 为一个工作循环中第 i 阶段持续的时间。

求出了平均功率后,还要验算每一个阶段电动机的超载量是否在允许的范围内,一般电动机允许短期超载量为25％。如果在允许超载范围内,即可根据平均功率 P 与泵的转速 n 从产品样本中选取电动机。

(2)阀类元件选择。

阀类元件的选择是根据阀的最大工作压力和流经阀的最大流量来选择控制阀的规格,即所选用的阀类元件的额定压力和额定流量要大于系统的最高工作压力及实际通过阀的最大流量。在条件不允许时,可适当增大通过阀的流量,但不得超过阀额定流量的20％,否则会引起压力损失过大。具体地讲,选择压力阀时应考虑调压范围,选择流量阀时应注意其最小稳定流量,选择换向阀时除考虑压力、流量外,还应考虑其中位机能及操纵方式。

(3)辅助元件选择。

蓄能器、过滤器、热交换器、管件、密封件、压力检测元件、油箱等都属于液压系统中的辅助元件,它们在液压系统中起着重要作用,根据系统功能和结构要求选择。

6. 液压系统性能验算

液压系统性能验算的目的是评估设计质量。验算的内容一般包括:系统的压力损失、系统总效率、系统的发热与温升等。如果发现问题,要对某些不合理的设计做出相应调整。

(1)液压系统压力损失的验算。

①当执行元件为液压缸时,有

$$p_p \geqslant \frac{F}{A_1 \eta_{cm}} + \frac{A_2}{A_1} \Delta p_2 + \Delta p_1 \tag{3.97}$$

式中, F 为作用在液压缸上的外负载; A_1、A_2 分别为液压缸进、回油腔的有效面积; Δp_1、Δp_2 分别为进、回油管路的总的压力损失; η_{cm} 为液压缸的机械效率。

计算时要注意,快速运动时液压缸上的外负载小,管路中流量大,压力损失也大;慢速运动时,外负载大,流量小,压力损失也小,所以应分别进行计算。

计算出的系统压力 p_p 应小于泵额定压力的75％,因为应使泵有一定的压力储备;否则就应另选额定压力较高的液压泵,或者采用其他方法降低系统的压力,如增大液压缸直径等方法。

②当液压执行元件为液压马达时,有

$$p_p \geqslant \frac{2\pi T}{V \eta_{Mm}} + \Delta p_2 + \Delta p_1 \tag{3.98}$$

式中, V 为液压马达的排量; T 为液压马达的输出转矩; Δp_1、Δp_2 分别为进、回油管路的压力损失; η_{Mm} 为液压马达的机械效率。

(2)液压系统发热与温升的验算。

系统中产生热量的元件主要有液压缸、液压泵、溢流阀和节流阀,散热的元件主要是油箱,系统经一段时间工作后,发热与散热会相等,即达到热平衡,不同的设备在不同的情况下,达到热平衡的温度也不一样,所以必须进行验算。

①系统发热量的计算。

在单位时间内液压系统的发热量可按下式计算：

$$H = P(1 - \eta) \tag{3.99}$$

式中，P 为液压泵的输入功率（kW）；η 为液压系统的总效率，它等于液压泵的效率 η_p、回路的效率 η_c 和液压执行元件的效率 η_M 的乘积，即 $\eta = \eta_p \eta_c \eta_M$。

如在工作循环中泵所输出的功率不一样，则可按各阶段的发热量求出系统单位时间的平均发热量，即

$$H = \frac{1}{T} \sum_{i=1}^{n} P_i (1 - \eta_i) t_i \tag{3.100}$$

式中，T 为工作循环周期时间（s）；t_i 为第 i 工作阶段所持续的时间（s）；P_i 为第 i 工作阶段泵的输入功率（kW）；η_i 为第 i 工作阶段液压系统的总效率。

②系统散热量的计算。

在单位时间内油箱的散热量可用下式计算，即

$$H_0 = hA\Delta t \tag{3.101}$$

式中，A 为油箱的散热面积（m²）；Δt 为系统的温升（℃），$\Delta t = t_1 - t_2$，t_1 为系统达到热平衡时的温度，t_2 为环境温度；h 为散热系数[kW/(m²·℃)]，当周围通风较差时，$h = (8 \sim 9) \times 10^{-3}$ kW/(m²·℃)，当自然通风良好时，$h = 15 \times 10^{-3}$ kW/(m²·℃)，当用风扇冷却时，$h = 23 \times 10^{-3}$ kW/(m²·℃)，当用循环水冷却时，$h = (110 \sim 170) \times 10^{-3}$ kW/(m²·℃)。

（3）系统热平衡温度的验算。

当液压系统达到热平衡时有 $H = H_0$，即

$$\Delta t = \frac{H}{hA} \tag{3.102}$$

当油箱的三个边长之比在 1∶1∶1～1∶2∶3 范围内，且油位是油箱高度的 80% 时，其散热面积可近似计算为

$$A = 0.065 \sqrt[3]{V^2} \tag{3.103}$$

式中，V 为油箱有效容积（L）；A 为散热面积（m²）。

3.4.2　气压系统设计

1. 设计基础

气压传动以压缩机作为动力源，以空气为工作介质进行能量或信号传递。由于空气可压缩性大且工作压力低，气压传动传递动力较小且运动不如液压传动平稳，但是，气体具有低黏性、小阻力、快速和敏捷的特点，因此适用于远距离传动和控制。气压传动的传动效率一般在 80% 左右，低于液压传动，原因是液压传动系统中液体很难被压缩，因此能量损失很小。气压传动系统使用气体作为传动介质，尽管气体的压力较低，但操作简便、维护方便且成本低廉，适用于负载较轻的工作环境。

气动系统的工作原理包括三个步骤：压缩、输送和驱动。首先，气体需要通过压缩机或其他压缩设备压缩成高压气体；然后，高压气体通过管道输送到需要驱动的机械设备

上；最后，高压气体在机械设备内部产生作用力，驱动机械设备运动。

2. 行程程序控制系统设计

行程程序控制系统是气压传动中被广泛采用，其设计步骤为：

(1)明确工作任务与环境要求。

①工作环境的要求，如温度、粉尘、易燃、易爆、冲击及振动情况。

②动力要求，输出力和转矩的情况。

③运动状态要求，执行元件的运动速度、行程和回转角速度等。

④工作要求，即完成工艺或生产过程的具体程序。

⑤控制方式，如手动、自动等。

⑥气源需根据不同压缩空气质量要求配置各类空气处理装置。

⑦系统按所需的压力进行设计，管材、阀门及附件等必须满足强度要求。

⑧对于复杂的数字化集成装备，设计中需尽量采用环形管网以解决用气点多、管网压力不稳的问题。

⑨压缩空气管路埋地敷设时，需根据土壤情况采用相应等级防腐措施，架空敷设通过过道时，需满足安全高度要求。

⑩管道安装、试验及验收按 GB 50235—2010 及 GB 50236—2020 执行。

⑪压缩空气出口布置应保证操作者使用方便，配置安全可靠的快卸接头及风带。

⑫压缩空气管路设计按 GB 50316—2000 执行，压缩空气管路设计范围：最高工作压力小于 1.6 MPa，公称直径小于 150 mm。

(2)回路设计。

回路设计是整个气动控制系统的核心，其设计步骤为：

①根据工作任务要求列出工作程序，包括用几个执行元件及动作顺序，以及执行元件的形式。

②根据程序画出信号－动作(X－D)状态图或卡诺图等。

③找出障碍并消除障碍。

④画出逻辑原理图和气动回路图。

(3)选择和计算执行元件。

①确定执行元件的类型及数目。

②计算和选定各运动和结构参数，即运动速度、行程、角速度、输出力、转矩及气缸的缸径等。

③计算耗气量。

(4)选择控制元件。

①确定控制元件的类型及数目。

②确定控制方式及安全保护回路。

(5)选择气动辅助元件。

①选择过滤器、油雾器、储气罐、干燥器等的形式及容量。

②确定管径及管长、管接头的形式。

③验算各种阻力损失，包括沿程损失和局部损失。

④根据执行元件的耗气量定出压缩机的容量及台数。

3. 行程程序回路设计

(1)行程程序回路设计步骤。

行程程序回路设计主要是为了解决信号和执行元件动作之间的协调和连接问题。用信号动作状态图法设计行程程序回路的步骤为：

①根据生产自动化的工艺要求，列出工作程序或工作程序图。

②绘制 X－D 状态图。

③寻找障碍信号并排除，列出所有执行元件控制信号的逻辑表达式。

④绘制逻辑原理图。

⑤绘制气动回路图。

(2)绘制逻辑原理图。

①逻辑原理图主要由"是""或""与""非""记忆"等逻辑符号表示。

②执行元件的输出由主控阀的输出表示，因为主控阀常具有记忆能力，因而可用逻辑记忆符号表示。

(3)绘制气动回路图。

依据设计结果绘制气动回路图。

3.4.3 气路辅助配套设计

气源、气控系统设计是飞机工艺装备中不可缺少的部分。工艺装备气源设施、气控设施、真空设施、除尘设施设计的目的是给工艺装备提供可靠、充足、安全、便利的设施。要求设计方案具备可行性、合理性、安全性和经济性，符合国家标准、行业标准，满足工艺装备的基本要求，既要保证人员及产品安全，也要按照使用场所进行定制设计。

1. 设计依据

(1)设计技术条件。

(2)产品模型、图样、技术要求。

(3)工艺总方案、装配协调方案。

2. 设计技术规范

(1)工装型架上、工作梯、平台的压缩空气气源需根据不同压缩空气质量要求配置各类空气处理装置。

(2)压缩空气系统须按所需的压力进行设计，管材、阀门及附件等必须严格按照设计要求配置，不得随意更改或代换。

(3)型架外压缩空气管路尽量埋地敷设，型架上所需压缩空气管路架空敷设，压空管路固定在工作梯上。压缩空气管路采用不锈钢管制作，压缩空气管道刷漆按《厂房内设备、工装、信息设施等颜色规定》(Q/4AG7013—2018/G1)执行。

(4)对于各类总装型架，设计中需尽量采用环形管网以解决大型型架用气点多、易造成管网压力不稳的问题。

(5)压缩空气出口管应避开型架上的激光检测点,压缩空气出口布置应保证操作者使用方便且不妨碍工作。压缩空气出口需配置安全可靠的快卸接头及风带。压缩空气管路设计按 GB 50316—2000 执行。

(6)管道安装、试验及验收按 GB 50235—2010 及 GB 50236—2020 执行。

(7)架空管道支撑、吊架应牢固、齐全。架空管道下方如有车辆通行时,应悬挂限高标志。

(8)在对设备工艺管线进行设计时,详细了解用气的需求,根据空气流量、压力、品质要求,根据需要配置冷干机、吸干机或空气过滤器。

(9)针对翼盒总装、中机身总装、外翼总装、中央翼总装、外翼上下壁板等大型装配型架压空设计,此类工装型架占地面积大,分多层工作面,用气点多,瞬间用气量大。在设计中宜采用环形管网,解决大型型架用气点多、易造成管网压力不稳的问题。

(10)根据不同形状的工装构型和工人操作面,巧妙安排管网和用气点,保证操作者使用方便且不妨碍工作。

(11)沿地敷设的管道上面覆盖扁豆型铝合金扣板或橡胶线槽,黄黑道面漆,起到保护管道及美观、警示的作用。

(12)不锈钢压缩空气管道采用快速组装式支架,安装方便,外形精巧,承载力大。

(13)工装型架上风电集成设计,隐蔽式安装,满足美观需求。

(14)飞机整机喷漆时,几十个移动工作梯接在一起,采用较粗的硬管固定在每个移动工作梯上,硬管上接出快速接口,连接风动工具,每个移动工作梯之间用软管快速连接或脱开,气源从厂房柱子旁或升降地井内快插接至工作梯风管网中。不喷漆时,脱开气源及工作梯上各个快插接头,收起软管,推走工作梯,现场恢复整洁状态。

(15)对飞机装配型架进行精益布局,优化压缩空气输入工装的形式,提高工具安全性能和使用寿命。

(16)大型固定式工作平台气源管道可采用成品铝合金管及配套管件。

3. 气控设施设计

(1)气动控制系统设计。

设计人员在进行气动控制系统设计时,需要采取下列步骤。

①确定系统需求。

根据所需控制的工业过程和设备,确定气动控制系统需要达到的功能要求、性能指标、控制方式等。

②选择气源和执行元件。

根据系统需求和要求选择合适的气源和执行元件,如压缩空气源、电磁阀、气缸、连接器等。

③设计控制电路。

根据系统需求和元器件特性,设计并绘制气动控制系统的控制电路图。电路图应该清晰明了,标记符合国家规范。

④确定控制策略。

根据系统需求和控制电路图,确定控制策略,包括控制信号来源、信号处理方法、控制逻辑等。

⑤进行模拟仿真。

使用仿真软件进行模拟仿真,可以验证设计的气动控制系统是否符合要求,是否能够正常工作。

⑥搭建试验系统。

按照设计方案组装气动控制系统,并进行测试和优化调整,确保系统控制效果稳定可靠。

⑦完善系统文档。

包括气动控制系统的设计、安装、调试、维护、操作手册等相关文档,以备将来使用和维护。

(2)工艺装备真空设施设计。

①设计原则。

(a)真空吸附装置必须安全可靠,使用方便快捷,且保证产品在转运过程中不产生较大的变形。

(b)真空吸附装置采用压缩空气作为动力时,外接气源的流量、压力、品质须达到真空系统要求。

(c)真空发生器具备状态检测功能。

(d)真空管路的连接必须保证密封。

(e)真空压力表的安装位置、方向应便于观察表盘。

(f)管路做好气密性试验及强度试验。

(g)真空设施尽量标准化、模块化、可重构。

(h)大型真空系统管路设计时,应充分考虑安全性。可设置多套真空管路,分别独立。同时相邻的两个吸盘分别属于不同的管路系统,以确保部分吸盘或管路失效后,系统仍可安全运行,同时系统报警。

(i)真空系统末端配置压力检测单元,使整个真空系统形成闭环控制,运行过程中需对真空度进行实时监测。

(j)真空系统与压空系统管路安装完后,必须按规范做强度及气密性试验。

(k)在采用真空吸附装置转运产品时,须先扎紧安全索。

(l)在飞机集成装备中,压缩空气、真空、除尘等动力管道需要统筹规划,均隐蔽式布置于集成装备内部,需一体化设计,设计原则是小管让大管,有压让无压。

(m)真空管道采用线性布置方式,设计短直、避免转弯,降低管路阻力损失,保证系统真空度。

(n)真空设施的动力源有电动和气动两种,本节以气动为主。

②真空吸附装置典型设计。

真空吸附装置主要用于实现飞机壁板、梁等零件的抓取、保形等功能。根据真空源的产生方式可分为两类：一类为采用压缩空气为动力源，通过真空发生器产生真空的真空系统，如图3.25所示，主要包含气源处理、多功能真空发生器、真空安全阀、吸盘、真空传感器以及各种连接附件等；另一类为真空泵产生真空的真空系统。真空系统在实际应用时均应实时监测，并配备有效的保护措施，防止真空系统在故障时造成损失。

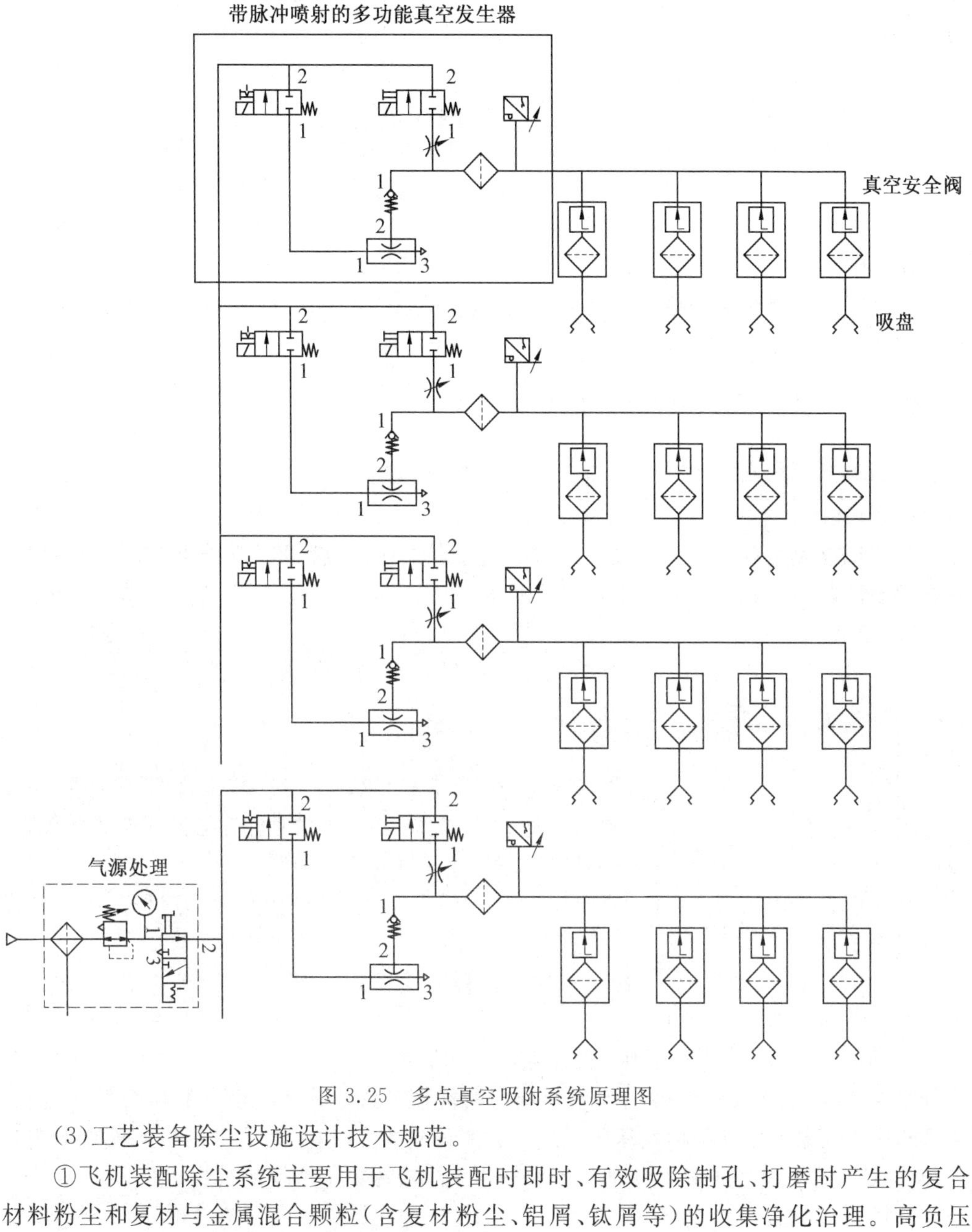

图3.25 多点真空吸附系统原理图

(3)工艺装备除尘设施设计技术规范。

①飞机装配除尘系统主要用于飞机装配时即时、有效吸除制孔、打磨时产生的复合材料粉尘和复材与金属混合颗粒(含复材粉尘、铝屑、钛屑等)的收集净化治理。高负压

除尘系统采用防爆设计。

②高负压除尘系统单个吸尘口产生的空气流量不小于 200 m³/h,粉尘在管网中流动速度不低于 25 m/s,真空压不小于 25 kPa。

③高负压除尘装置要求系统配置防爆隔离阀,并安装温度监控装置,防爆隔离阀与主机距离 3 m(应根据防爆隔离阀关闭响应应时间确定)以上。防爆隔离阀和过滤器之间的管道采用壁厚为 3 mm 以上的金属管材。

④高负压除尘装置选用的电机、控制柜/箱、过滤器、防爆隔离阀等关键元器件应通过防爆认证。

⑤除尘系统所采用电路、管路等需选用防火阻燃材料,防火阻燃等级不低于 GB/T 18380—2022《电缆和光缆在火焰条件下的燃烧试验》的 C 级。

⑥所有金属设施、金属管道采用导除静电接地措施,所有管道法兰连接处应进行跨接。

⑦选用干式除尘器进行除尘时,采用袋式外滤除尘和(或)旋风除尘工艺。

⑧干式除尘系统应按照粉尘爆炸特性采取预防和控制粉尘爆炸的措施,选用降低爆炸危险的泄爆、隔爆等防爆装置。

⑨工艺装备除尘设施主要由除尘主机、过滤器、吸尘管道、吸尘口、微动开关、控制系统等组成。

3.4.4　典型液气设计案例

1. 压力机液压系统

(1)概述。

液压机是一种利用液体静压力来加工金属、塑料、橡胶、木材、粉末等制品的机械。它常用于压制工艺和压制成形工艺,如:锻压、冲压、冷挤、校直、弯曲、翻边、薄板拉伸、粉末冶金、压装等等。

液压机多为立式,其中以四柱式液压机的结构布局最为典型,应用也最广泛。这种液压机有 4 个立柱,在 4 个立柱之间安置上、下两个液压缸。液压压力机对其液压系统的基本要求是:

①为完成一般的压制工艺,要求主缸(上液压缸)驱动上滑块能实现"快速下行→慢速加压→保压延时→快速返回→原位停止"的工作循环;要求顶出缸(下液压缸)驱动下滑块实现"向上顶出→停留→向下退回→原位停止"的动作循环。

②液压系统中的压力要能经常变换和调节,并能产生较大的压制力(公称压力),以满足工作要求。

③由于流量大、功率大、空行程和加压行程的速度差异大,因此要求功率利用合理,工作平稳性和安全可靠性要高。

(2)YB32－200 型液压压力机液压系统工作原理。

图 3.26 所示为 YB32－200 型液压压力机液压系统。该系统由一高压泵供油,控制油路的压力油是经主油路由减压阀 4 减压后所得到的,现以一般的定压成形压制工艺为例,说明该液压压力机液压系统的工作原理。其中液压机上滑块的工作情况为:

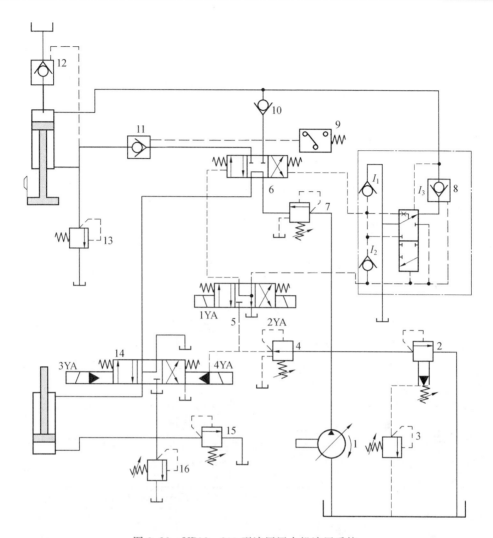

图 3.26　YB32-200 型液压压力机液压系统

1—液压泵;2—先导型溢流阀;3,4,7,13,15,16—比例溢流阀;5—换向阀;6—上缸换向阀;8—
预泄换向阀组;9—电子开关;10,11,12—单向阀;14—下缸换向阀

①快速下行。

电磁铁 1YA 通电,作先导阀用的换向阀 5 和上缸主换向阀(液控)6 左位接入系统,液控单向阀 11 被打开,这时系统中油液进入液压缸上腔,因上滑块在自重作用下迅速下降,而液压泵的流量较小,所以液压机顶部充液筒中的油液经液控单向阀 12 也流入液压缸上腔。

②慢速加压。

当上滑块下行到接触工件后,因受阻力而减速,液控单向阀 12 关闭,液压缸上腔压力升高实现慢速加压,这时的油路走向与快速下行时相同。

③保压延时。

保压延时是当系统中压力升高到使压力继电器 9 起作用,电磁铁 1YA 断电,先导阀

5 和上液压缸换向阀 6 都处于中位时出现的,保压时间由时间继电器控制,可在 0～24 min内调节。保压时除了液压泵在较低压力下卸荷外,系统中没有油液流动。

④泄压快速返回。

保压时间结束后,时间继电器发出信号,使电磁铁 2YA 通电。由于液控单向阀 13 可以在控制压力低于其主油路压力下打开,所以有:上液压缸上腔→液控单向阀 13→预泄换向阀组 8(上位)→油箱。

液控单向阀 11 被打开,油液流动情况为:

进油路:液压泵 1→阀 7→上缸换向阀 6(右位)→阀 11→上液压缸下腔;

回油路:上液压缸上腔→阀 12→充液筒。

⑤原位停止。

原位停止是上滑块上升至预定高度,挡块压下行程开关,电磁铁 2YA 失电,先导阀和上缸换向阀均处于中位时得到的,这时上缸停止运动,液压泵在较低压力下卸荷,由于阀 11 和安全阀 13 的支承作用,上滑块悬空停止。

液压压力机下滑块顶出和返回:

①下滑块向上顶出时,电磁铁 4YA 通电,这时有:

进油路:液压泵 1→阀 7→阀 6(中位)→下缸换向阀 14(右位)→下液压缸下腔;

回油路:下液压缸上腔→下缸换向阀 14(右位)→油箱。

②下滑块向上移动至下液压缸中活塞碰上缸盖时,便停留在这个位置上。向下退回是在电磁铁 4YA 断电、3YA 通电时发生的,这时有:

进油路:液压泵 1→阀 7→阀 6(中位)→下缸换向阀 14(左位)→下液压缸上腔;

回油路:下液压缸下腔→下缸换向阀 14(右位)→油箱。

该液压机完成上述动作的电磁铁及预泄阀动作顺序见表 3.4。

表 3.4　电磁铁及预泄阀动作顺序

（3）YB32－200 型液压压力机液压系统特点。

①系统中使用一个轴向柱塞式高压变量泵供油，系统工作压力由远程调压阀 3 调定。

②系统中的顺序阀 7 调定压力为 2.5 MPa，从而保证了液压泵的卸荷压力不致太低，也使控制油路具有一定的工作压力（大于 2.0 MPa）。

③系统中采用了专用的预泄换向阀组 8 来实现上滑块快速返回前的泄压，保证动作平稳，防止换向时的液压冲击和噪声。

④系统利用管道和油液的弹性变形来保压，方法简单，但对液控单向阀和液压缸等元件密封性能要求较高。

⑤系统中上、下两缸的动作协调由两换向阀 6 和 14 的互锁来保证，一个缸必须在另一个缸静止时才能动作。但是，在拉深操作中，为了实现"压边"这个工步，上液压缸活塞必须推着下液压缸活塞移动，这时上液压缸下腔的液压油进入下液压缸的上腔，而下液压缸下腔中的液压油则经下缸溢流阀排回油箱，这时虽两缸同时动作，但不存在动作不协调的问题。

⑥系统中的两个液压缸各有一个安全阀进行过载保护。

2.机械手气压传动系统

机械手是自动生产设备和生产线上的重要装置之一，它可以根据各种自动化设备的工作需要，按照预定的控制程序动作，因此，在机械加工、冲压、锻造、铸造、装配和热处理等生产过程中被广泛用来搬运工件，借以减轻工人的劳动强度，也可实现自动取料、上料、卸料和自动换刀的功能。气动机械手是机械手的一种，它具有结构简单、自重小、动作迅速、平稳、可靠和节能等优点。

图 3.27 所示为用于某专用设备上的气动机械手，它由四个气缸组成，可在三个坐标内工作。其中，A 缸为夹紧缸，其活塞退回时夹紧工件，活塞杆伸出时松开工件；B 缸为长臂伸缩缸，可实现伸出和缩回动作；C 缸为立柱升降缸；D 缸为回转缸，该气缸有两个活

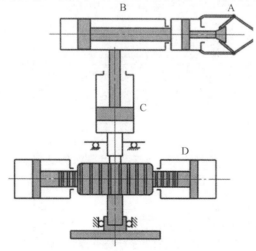

图 3.27 气动机械手

A—夹紧缸；B—长臂伸缩缸；C—立柱升降缸；D—回转缸

塞,分别装在带齿条的活塞杆两头,齿条的往复运动带动立柱上的齿轮旋转,从而实现立柱及长臂的回转。

(1)工作程序图。

该气动机械手的控制要求是:手动起动后,能从第一个动作开始自动延续到最后一个动作。其要求的动作顺序如图 3.28 所示。

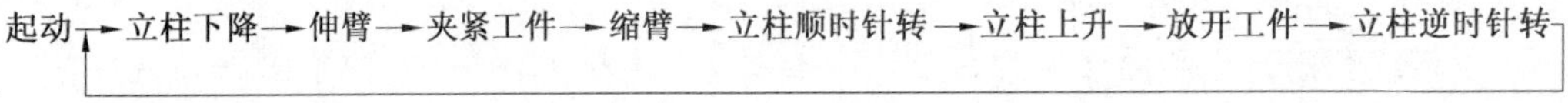

起动 → 立柱下降 → 伸臂 → 夹紧工件 → 缩臂 → 立柱顺时针转 → 立柱上升 → 放开工件 → 立柱逆时针转 ┐

图 3.28　动作顺序

写成如图 3.29 所示工作程序。

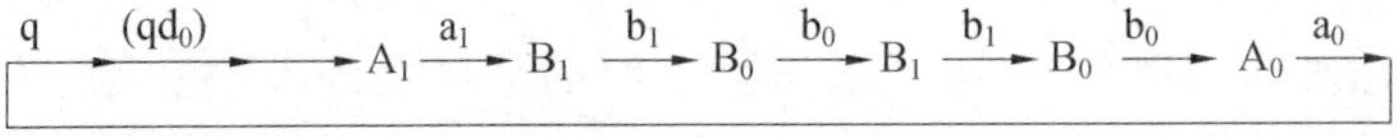

$q \xrightarrow{(qd_0)} A_1 \xrightarrow{a_1} B_1 \xrightarrow{b_1} B_0 \xrightarrow{b_0} B_1 \xrightarrow{b_1} B_0 \xrightarrow{b_0} A_0 \xrightarrow{a_0}$

图 3.29　工作程序

可写成简化式为 $C_0 B_1 A_0 B_0 D_1 C_1 A_1 D_0$。

由以上分析可知,该气动系统属多缸单往复系统。

(2)X−D 图。

根据上述分析的可以画出气动机械手在 $C_0 B_1 A_0 B_0 D_1 C_1 A_1 D_0$ 动作程序下的 X−D 图,从图中可以比较容易地看出其原始信号 c_0 和 b_0 均为障碍信号,因而必须排除。为了减少整个气动系统中元件的数量,这两个障碍信号都采用逻辑回路来排除,其消障后的执行信号分别为 $c_0^*(B_1) = c_0 a_1$ 和 $b_0^*(D_1) = b_0 a_0$,如图 3.30 所示。

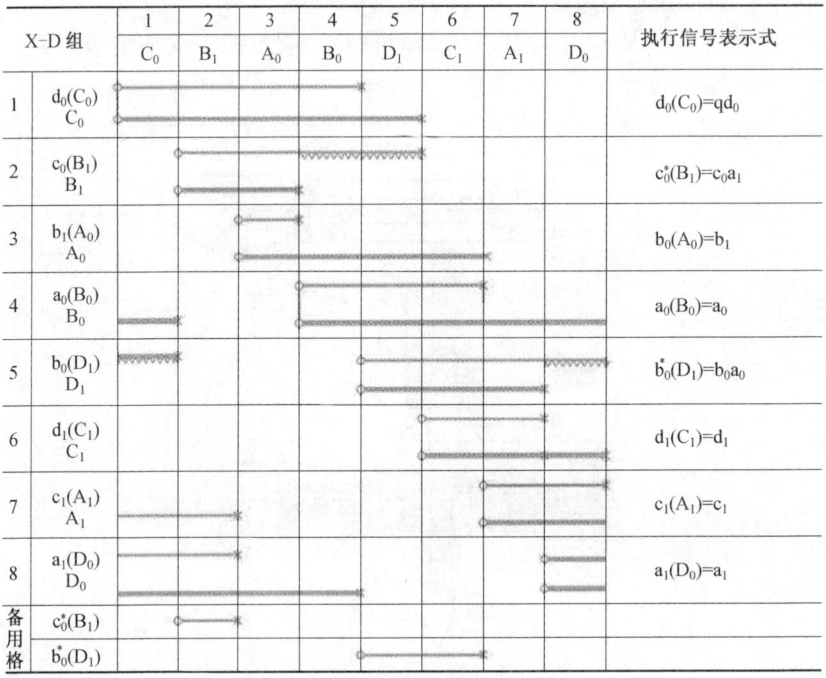

X−D 组		1	2	3	4	5	6	7	8	执行信号表示式
		C_0	B_1	A_0	B_0	D_1	C_1	A_1	D_0	
1	$d_0(C_0)$ C_0									$d_0(C_0) = qd_0$
2	$c_0(B_1)$ B_1									$c_0^*(B_1) = c_0 a_1$
3	$b_1(A_0)$ A_0									$b_0(A_0) = b_1$
4	$a_0(B_0)$ B_0									$a_0(B_0) = a_0$
5	$b_0(D_1)$ D_1									$b_0^*(D_1) = b_0 a_0$
6	$d_1(C_1)$ C_1									$d_1(C_1) = d_1$
7	$c_1(A_1)$ A_1									$c_1(A_1) = c_1$
8	$a_1(D_0)$ D_0									$a_1(D_0) = a_1$
备用格	$c_0^*(B_1)$									
	$b_0^*(D_1)$									

图 3.30　气动机械手 X−D 图

（3）逻辑原理图。

图 3.31 所示为气动机械手在其程序为 $C_0 B_1 A_0 B_0 D_1 C_1 A_1 D_0$ 条件下的逻辑原理图,图中列出了四个缸八个状态以及与它们相对应的主控阀,图中左侧列出的是由行程阀、起动阀等发出的原始信号(简略画法)。在三个与门元件中,中间一个与门元件说明起动信号 q 对 d_0 起开关作用,其余两个与门则起排除障碍作用。

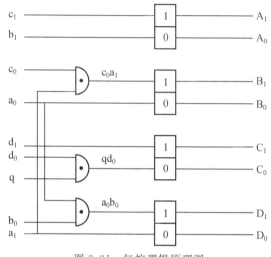

图 3.31　气控逻辑原理图

（4）气动回路图。

按图 3.31 所示的气控逻辑原理图可以绘制出该气动机械手的气动回路图,如图 3.32 所示。

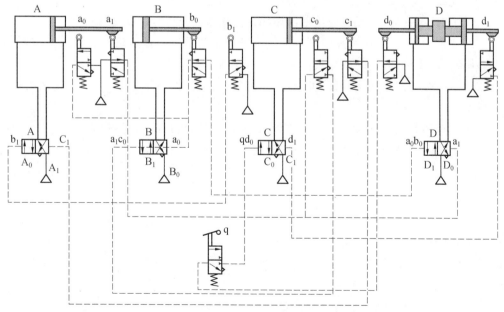

图 3.32　气动机械手的气动回路图

第4章　工装使能技术

工装使能技术是指通过集成传感器、通信设备、智能控制系统和软件技术等,为工装赋予更多功能和智能化能力的技术。它利用先进的自动化控制技术、计算机控制技术和感知技术,使工装能够实现精确定位、自适应控制和实时数据分析等功能,以提高生产流程的效率、精度和自动化程度。

4.1　无线通信

无线通信是利用电磁波信号可以在自由空间中传播的特性进行信息交换的一种通信方式,近些年信息通信领域中,发展最快、应用最广的就是无线通信技术。工业控制和消费电子行业常用的无线通信技术有 ZigBee、无线局域网(Wi－Fi)、蓝牙(bluetooth)、ISA100、WIA－PA(wireless networks for industrial automation-process automation)等,它们被广泛应用于工业检测和控制。

1. 无线通信的特点

(1)无线传输:无线通信是通过无线电波或红外线等无线信号进行数据传输和通信的方式。相比有线通信,无线通信不需要物理连接线路,更加灵活和便捷。

(2)高速数据传输:无线通信可以提供高速稳定的数据传输速度。通过无线技术,可以实现快速的文件传输、视频流媒体播放和互联网访问等功能。

(3)网络覆盖广泛:无线通信可以在广大区域内提供网络覆盖,无须铺设复杂的有线基础设施。

(4)应用场景多样:无线通信可以应用于各种场景,包括个人通信、家庭网络、企业办公、工业自动化、物联网等。它可以连接不同类型的设备,实现设备之间的数据交换和互联互通。

2. 无线通信的应用

(1)远程监控与控制:通过无线通信技术,可以实现对工装设备的远程监控与控制。例如,可以使用无线传感器来监测工装的温度、压力、湿度等参数,并将数据传输给中央控制系统进行实时监测和分析。同时,无线通信也可以用于控制工装的开关、调节参数等操作。

(2)数据采集与传输:工装常常需要采集各种数据,如生产过程中的温度、振动、电流等信息。利用无线通信技术,可以方便地将这些数据传输到数据采集系统或云平台进行分析和处理,从而实现对工装运行状态的实时监测和优化控制。

（3）定位与导航:在复杂的工装环境中,无线通信技术可以用于实现定位与导航功能。通过使用无线信号,可以确定工装的位置信息,并为操作人员提供准确的导航指引,以提高工作效率和安全性。

（4）设备间协作与通信:现代工装系统往往包含多个设备之间的协作与通信。无线通信技术可以实现设备之间的无缝连接和数据交换,促进工装系统各个部件的协同工作。例如,在自动化生产线上,无线通信可以实现机器人与传送带、激光测量仪等设备之间的实时通信和协调动作。

4.2　云边端与大数据

云边端是将云计算与边缘计算相结合,实现将计算、存储和网络资源分布在云端和边缘设备之间,以实现数据的快速处理和分析,其中"云"为中心节点,"边"指代边缘侧,包括基础设施边缘和设备边缘,"端"则指终端设备如智能化电气设备、传感器和摄像头等。大数据则是指海量的、复杂的、高维度的数据集合,通过对这些数据的分析和挖掘,可以获取有价值的信息和知识。

1. 云边端与大数据的特点

云边端的特点首先在于其高效性和灵活性。云边端采用分布式计算和存储技术,使得数据的处理和分析可以更加快速和高效。同时,云边端的架构具有良好的灵活性,可以根据应用场景的需求进行灵活调整和部署,提供更好的用户体验。大数据具有数据量大、数据类别多、数据处理速度快、价值密度低和数据真实性高等特点。

2. 云边端与大数据的应用

基于云、边、端协同制造架构体系,开发在模块化装备"端"侧接口开发和边缘特定功能应用系统,如图4.1所示。根据云管家对模块化资源的分配、调度及应用系统的组线指令,对边缘特定功能软件、模块化装备控制软件及模块化装备等软、硬件资源进行组合配置,构建具有特定实际用途的物理组合体,形成具备一定功能的模块化产线单元,如图4.2所示。大数据在工装上的应用主要体现在如下几个方面:

（1）工装设计优化。通过收集和分析大量的生产数据,可以对工装的设计进行优化。例如,通过大数据分析,可以发现在不同生产环境下的工装磨损情况,从而优化工装材料的选择和使用寿命。

（2）故障预测和维护。大数据分析可以帮助监测工装的状态并预测故障。通过实时监测工装的运行数据,分析异常情况,可以提前预测工装可能出现的故障并进行维护,避免生产线停机造成的损失。

（3）进程优化。通过收集大量的生产数据,可以对工装的生产过程进行分析和优化。例如,通过分析生产数据,可以找出工装在不同工艺参数下的最佳运行状态,提高生产效率和产品质量。

(4)质量管理。通过收集和分析大量的生产数据,可以实现对工装的质量管理。例如,可以根据工装的使用情况和生产数据,进行工装质量评估,并进行相关的质量控制和改进措施。

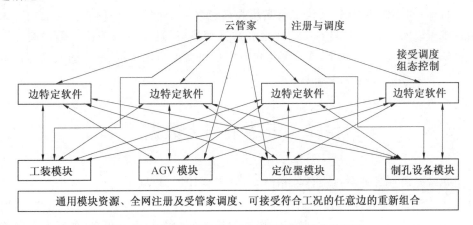

图 4.1　模块化装备与特定功能应用系统总体架构

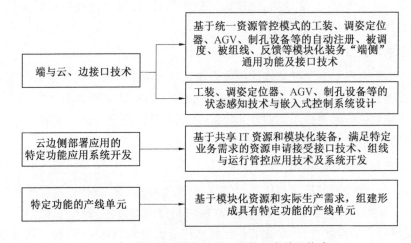

图 4.2　基于云边端架构的可重构生产单元构建

4.3　边缘计算

　　边缘计算是将计算、存储等能力从云计算云端下放至接近终端的边缘端技术,使终端用户可以在物理距离更近的位置使用强大的计算资源,获得更好的应用体验。移动边缘计算的思想也是诞生于云计算,通过将终端的计算等任务迁移至拥有更强能力的服务器上进行处理,从而扩展终端的应用场景。

1.边缘计算的特点

(1)低延迟:边缘计算将计算资源和服务功能推向边缘设备,这样可以更快地响应用户请求和处理数据。相比于传统的云计算模式,边缘计算能够显著减少数据传输时间和延迟,从而提供更快的用户体验。

(2)数据处理在边缘:边缘计算通过在边缘设备上进行数据处理和分析,可以减少对网络带宽的需求,并降低云计算中心的负载。这样不仅减少了网络传输量,还提高了数据安全性和隐私保护。

(3)实时决策支持:边缘计算允许将计算能力和决策支持功能推向边缘设备上,使得实时的环境感知和决策成为可能。这在需要即时响应和智能决策的场景中非常重要,如AGV的路径规划和导航。

2.边缘计算的应用

目前大多数AGV控制系统使用云计算框架,实时性差。云端与AGV之间有较大的网络延迟,这使得AGV中如避障、路径规划以及障碍物识别等高实时性任务不能得到及时响应。边缘计算可以解决基于云计算的AGV系统实时性差的问题,在AGV中的应用如下。

(1)路径规划和导航:通过在AGV附近的边缘设备上进行路径规划和导航计算,可以减少延迟并提高实时性,使得AGV能够更快地响应环境变化,做出决策并移动到目标位置。

(2)传感数据处理和决策支持:AGV通常配备各种传感器,如激光雷达、摄像头等,用于感知周围环境。边缘计算可以在边缘设备上进行传感数据的实时处理和分析,提供更准确的环境感知和决策支持,使AGV能够更智能地进行自主导航和避障行动。

(3)数据存储和共享:AGV在运行过程中产生的大量数据,如传感器数据、位置信息等,可以通过边缘计算在边缘设备上进行实时存储和共享。这样可以减少对网络带宽的需求,提高数据的访问速度和共享效率,促进多个AGV之间的协同工作和信息交流。

4.4　区块链

区块链技术是一种分布式、去中心化的信息存储和传输技术,基于密码学原理,并通过共识算法确保数据的安全性和可信度。区块链由被链接起来的数据块组成,每个数据块包含多个交易记录或信息,并且具有独特的标识符。在区块链上,数据以不可篡改的方式存储,任何修改过的数据都会与原始数据的标识符不匹配,从而保障了数据的安全性和完整性。

1.区块链技术的特点

区块链技术具有以下特点:

(1)去中心化。区块链不依赖于单一的中心机构,而是由多个节点组成的网络共同维护和验证数据。

（2）透明性。所有参与者都可以查看和验证区块链上的交易和数据，使得信息公开可信。

（3）安全性。区块链使用密码学和共识算法保障数据的安全性和防篡改能力。

（4）不可篡改性。一旦数据被记录在区块链上，很难对其进行篡改或删除，确保数据的长期保存和可信度。

（5）匿名性与隐私性。部分区块链系统支持匿名性，同时也提供了保护用户隐私的机制。

2. 区块链技术的应用

在飞机装配生产线和工艺装备方面，区块链技术可应用于供应链追溯、数据共享与交互、质检与认证以及版权保护与溯源等方面。通过将各个部件的信息记录在区块链上，可以实现对飞机零部件供应链的可追溯性，并确保部件的真实性和质量。不同组织之间可以使用区块链共享生产线工艺数据，实现高效、安全的数据交换与协作。借助区块链技术，可以记录工艺装备的质检过程和结果，对于符合质量标准的装备进行认证，并确保工艺装备的可靠性和可信度。通过区块链的不可篡改性和透明性，可以记录知识产权和设计方案等信息，确保版权的安全性和权益的保护。

4.5　数字孪生

数字孪生是一种通过整合物理实体和虚拟模型，对现实对象或系统进行全面建模、仿真和分析的数字复制技术。

1. 数字孪生的特点

数字孪生主要包括数据采集和建模、仿真和分析，以及反馈优化。数字孪生具有全面性、实时性和可预测性等特点：①全面性指数字孪生能够综合考虑对象或系统的各个方面，提供全方位的建模和仿真；②实时性使得数字孪生能够在几乎实时的情况下对实际对象或系统进行监测和优化；③可预测性意味着数字孪生可以通过模拟和分析预测对象或系统的行为和响应，以及评估不同场景下的性能和结果。

2. 数字孪生的应用

在飞机装配生产线和工艺装备中，数字孪生有多种应用，包括装配优化、运维管理、仿真培训、设备优化等。

（1）装配优化是指通过数字孪生对飞机装配的过程、工艺和顺序进行模拟和分析，通过虚拟建模和仿真来找到最佳的装配流程，优化零部件的排布和调整策略，减少错误和时间成本并提高装配效率和质量。

（2）运维管理是指数字孪生可以对飞机运营阶段的维护和管理进行支持。它可以模拟飞机的状态、性能和损耗，并实时监测和评估飞机的各个部件和系统。这有助于提前预测潜在故障，制订维护计划，并进行故障排除和修复，从而减少停机时间和运营成本。

（3）仿真培训是利用数字孪生技术，可以开展对飞机操作、维护和紧急情况的模拟培训。透过虚拟环境，培训人员可以进行实时仿真演练，学习正确的操作流程和应对紧急事件的方法,提高工作人员的技能水平和反应能力。

(4)设备优化是通过建立数字模型并进行仿真分析,可以找到最佳的设备布局、调整参数和工艺流程,提高设备效率、降低能耗和资源消耗。

如图4.3所示,数字孪生在驱动飞机装配生产线设计过程中发挥着重要作用,主要包括三个阶段:客户需求与工艺分析、数字飞机装配生产线建模以及数字飞机装配生产线建模仿真验证。这些阶段的有机结合可以实现对飞机装配生产线的全面考量和优化。图4.4展示了波音F15C数字孪生模型。

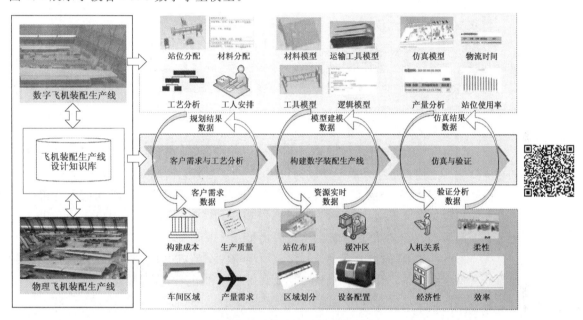

图4.3 基于数字孪生飞机装配生产线设计方法

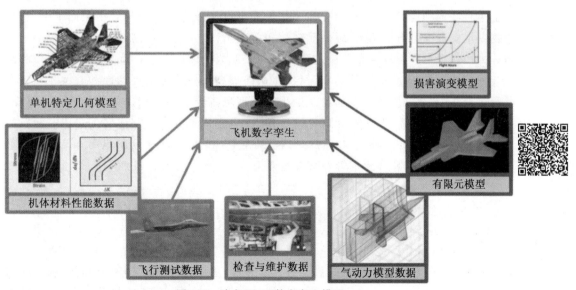

图4.4 波音F15C数字孪生模型

4.6　物联网

物联网技术是指将传感器、嵌入式系统、通信技术与互联网有机结合的新型信息技术。物联网技术主要组成部分包括：物联网感知层、物联网网络层及物联网应用层。

1. 物联网技术的特点

物联网技术的特点包括：

（1）互联性。物联网技术可以实现设备之间的互联，使其能够相互通信和交换数据。这种互联性使得各种设备能够协同工作，实现更高效的信息共享和协作。

（2）智能化。物联网技术利用传感器和嵌入式系统来获取环境信息，并通过分析和处理这些信息来实现智能化的决策和控制。这意味着设备可以有自主决策和适应能力，从而提高效率和优化资源利用。

（3）实时性。物联网技术支持实时数据监测和反馈，使用户可以及时了解设备状态和环境变化。这使得迅速采取行动成为可能，以便应对紧急情况并及时做出决策。

（4）大数据。物联网技术产生大量的数据，这些数据可以用于分析和挖掘有价值的信息。通过收集和分析这些数据，人们可以获得深入了解设备性能、用户行为和市场趋势等方面的洞察，从而做出更明智和精确的决策。

（5）安全性。物联网技术在设计和实施中注重安全性，以防止未经授权的访问、数据泄露或其他安全威胁。其中包括加密通信、身份验证和访问控制等安全机制。

2. 物联网技术的应用

物联网技术在飞机装配中应用广泛。安装在飞机各部位的传感器可以实时监控飞机的运行状态和运行数据，从而提高飞机的安全性和效率。通过建立物联网平台，将传感器获取的数据进行汇总，分析并反馈给相关人员，以支持飞机制造和维护过程中的决策。采用超宽带定位技术和卡片式身份证件识别技术等物联网技术，可以精确定位和跟踪装配作业人员、设备和工件的实时位置，从而提高飞机装配的准确性和效率。在飞机装配生产线中，物联网技术对移动装配生产线现场各项信息数据进行采集、分析、整理，并结合节拍设计与管理、生产计划与执行等信息化管理系统实现飞机装配过程监测及控制、生产过程追踪、质量控制、物流配送以及装配资源管理。将物联网应用于飞机移动总装生产线中，必须构建合理的管理系统框架。

4.7　人工智能

人工智能是模拟人类智能的科学与技术领域，主要包括机器学习和其他相关技术。机器学习是人工智能的一个子领域，利用统计和算法来使机器能够从数据中学习、优化和预测。人工智能通常由数据、算法和模型、计算能力、软件工具和编程语言组成。数据是模型训练和学习的基础。算法和模型是用于处理和分析数据的数学和统计方法。常见的机器学习算法包括决策树、逻辑回归、支持向量机等。计算能力包括强大的计算资源，如高性能计算集群或图形处理单元，可用于训练复杂的模型和处理大规模数据。软件工具和编程语言用于实现和应用机器学习算法，如 Python、TensorFlow、PyTorch 等。

1. 人工智能的特点

人工智能和机器学习的特点包括：

(1)自动化和智能化。能够自动处理复杂的任务和数据，以及根据经验不断改进和优化。

(2)学习和适应能力。可以从数据中学习并逐步提高性能，适应新的情境和变化。

(3)可预测性和模式识别。可以识别和发现数据中的模式和趋势，并进行预测和分类。

2. 人工智能的应用

在飞机装配生产线中，人工智能应用广泛，如无损检测、故障诊断和预测维护、装配优化、自动化机器人装配等。①无损检测是通过机器学习算法对工装零部件进行检测，以发现潜在的缺陷或结构问题。算法可以分析大量的扫描图像或传感器数据，并识别出异常、裂纹或其他缺陷，这有助于预防故障，并提高工装的可靠性。②故障诊断和预测维护是利用机器学习算法可以对飞机的各种传感器数据进行实时监测和分析，以便预测可能出现的故障和维护需求。通过对历史数据的学习，算法能够警示操作人员即将发生的故障，并提供相关建议或解决方案。③人工智能技术可以优化工装零件的装配过程。通过机器学习，可以分析大量实时数据，包括零部件尺寸、位置和形状等信息，以实现更精确的装配。算法还可以根据先前的装配经验，优化装配过程，减少错误和不必要的调整，提高装配效率。④利用机器学习与自动化机器人结合，实现更高程度的自动化装配和操作。通过使用自主导航和视觉识别系统，机器人可以准确识别和定位零部件，并进行装配操作。这可以大大提高生产效率和一致性，并减少人为错误。

4.8　机器人集群

机器人集群技术是指将多个机器人组合在一起，形成一个协同工作的团队。这些机器人通过相互之间的通信和协调，在共同目标下进行工作，以完成复杂的任务或提供特定的服务。

1. 机器人集群技术主要组成部分

(1)通信网络。机器人集群使用无线或有线网络进行通信，以实现信息传递和协调行动。这可以是基于局域网、云平台或自组织网络等不同类型的网络。

(2)传感器和执行器。每个机器人都配备了各种不同类型的传感器和执行器，用于感知环境、收集数据和执行任务。这些传感器可能包括摄像头、激光雷达、距离传感器、压力传感器等,而执行器可以是轮子、机械臂、夹爪等。

(3)智能控制系统。机器人集群利用智能控制系统来管理和协调机器人之间的任务分配和动作计划。这些系统可以根据实时情况做出决策,并发送指令给单个机器人或整个集群。

2. 机器人集群技术的特点

机器人集群技术的特点包括:

(1)协同性。机器人集群通过相互之间的协作和分工,能够完成复杂的任务。每个机器人可以专注于自己的一部分工作,并通过信息共享和协调来实现整体目标。

(2)弹性和可伸缩性。机器人集群可以根据任务需求进行扩展或缩减,以适应不同规模和复杂度的任务。

(3)容错性。当机器人集群中有多个机器人同时工作时,即使其中某个机器人出现故障或失效,其他机器人仍然可以继续工作。这种设计提高了系统的容错性和稳定性。通过这样的机制,即使出现故障,整个系统也不会完全停止运行。

3. 机器人集群技术的应用

在飞机装配过程中,机器人集群可以进行部件搬运和组装任务。每个机器人根据分工负责特定的部件或装配步骤,通过传感器和精确的动作协调,实现高效、准确的装配过程。此外,机器人集群还配备了各种传感器和摄像头,可用于检测工装表面的缺陷、裂纹或磨损等问题。机器人集群可以自动移动并使用工具进行维修和更换工装零件,提高维护效率和精度。另外,机器人集群搭载的传感器和数据采集设备可以实时收集关键数据,如温度、压力、振动等参数以及装配步骤和质量检查结果,通过机器学习分析这些数据,帮助优化生产线,提高质量和效率。机器人集群还可以通过安装摄像头、传感器和监测设备来监控飞机装配生产线的安全状况,识别潜在的危险或不安全行为,并发出警报或采取必要的措施,从而减少事故风险,保障员工安全,并确保生产过程的顺利进行。同时,在物流与仓储领域,机器人集群也可以协同工作于仓库、物流中心或生产线,实现货物搬运、库存盘点和包装等任务。

4.9　VR/AR/MR

4.9.1　虚拟现实

虚拟现实(virtual reality,VR)是一种基于计算机生成的仿真环境,通过头戴式显示设备和交互设备,使用户能够沉浸在虚拟世界中。虚拟现实通过完全取代现实世界,提供全新的虚拟体验,如图4.5所示。虚拟现实技术主要由硬件和软件组成。硬件方面,虚拟现实技术包括头戴式显示设备(如 VR 头盔)、追踪设备(如手柄、追踪器)和计算机系统。头戴式显示设备通常配备高分辨率屏幕、传感器和音频输出设备，提供逼真的视觉和听觉体验。

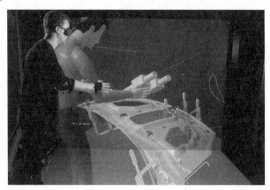

图 4.5　虚拟现实

1. 虚拟现实的特点

虚拟现实的特点包括沉浸感、交互性和逼真感。

（1）沉浸感。沉浸感指用户在虚拟环境中可以获得身临其境的体验，感受到与现实世界不同的视觉和听觉刺激。

（2）交互性。交互性使用户能够通过手势、语音或控制器等方式与虚拟世界进行互动，增强了用户参与感和自主性。

（3）逼真感。逼真感指虚拟环境通过高分辨率图像、立体声音、物理模拟等技术，使用户感觉到场景和物体的真实性。

2. 虚拟现实的应用

在飞机装配过程中，虚拟现实有多种应用。装配演练可以使工人在虚拟环境中进行飞机装配的模拟演练。工人可以通过手势或控制器进行操作并验证步骤和流程的准确性，从而减少实际装配中的错误和时间成本。虚拟导游可以用于培训新员工或帮助操作员熟悉不同的工作站和设备。通过虚拟导游，员工可以在虚拟环境中探索各种装配区域并学习正确的操作方法和流程。设备维护和故障排除是飞机装配生产线上经常需要进行的任务。虚拟现实可以使技术人员通过头戴式显示设备直接查看设备内部结构和元件的状态，以识别问题并采取相应的维修措施，从而减少停机时间。工艺优化是利用虚拟现实来改进飞机装配的工艺流程。通过模拟不同的工艺方案和流程，并进行实时评估和可视化，可以找到最佳的装配顺序和优化装配方法，从而提高装配效率和质量。

4.9.2　增强现实

增强现实（augmented reality，AR）是通过将虚拟对象叠加在真实世界中的实时图像上，来增强用户的感知体验。通常使用摄像头和显示器等设备来实现。用户可以通过AR 设备或移动设备的摄像头观看真实世界，同时可以看到叠加在真实世界中的虚拟对象，这些虚拟对象可以是文字、图像、视频等。增强现实使得用户能够与虚拟和真实世界进行交互。

1. 增强现实的特点

(1)虚实结合性。通过将虚拟环境与实际环境融为一体,让用户感觉不到真假融合所产生的不和谐。

(2)实时交互性。用户可通过交互设备直接与虚拟物体或虚拟环境进行交互,增强了使用者对环境的感知。

(3)3D定位性。例如视频式增强现实系统,一方面由摄像机拍摄所得的视频直接显示在显示器中,使用户看到真实场景;另一方面由虚拟摄像机拍摄到的虚拟视频被送到显示器,通过虚、实两个摄像机的全方位对准,使虚、实场景融合一体,可在三维空间中自由增添、定位虚拟物体。

2. 增强现实的应用

飞机装配中,增强现实的应用更注重实时指导和信息展示,以实现与现实世界的融合。增强现实通过将虚拟信息叠加到现实世界中,为用户提供额外的视觉、听觉和触觉体验。飞机装配中,AR的主要应用是为装配工作人员提供实时指导、信息展示和故障检测等服务。AR通过叠加虚拟指示符、图像和文字说明到飞机上,帮助工作人员完成装配任务。借助增强现实技术和可穿戴硬件平台,可以以第一视角在实景中展示设计作品或仿真设备的外观,并通过自然方式实现与虚拟模型的人机互动,有效地解决了虚拟现实技术存在的问题。将附加数字属性的物体与互联网连接,增强现实可以将附加在物体上的数字属性可视化,并提供与人自然交互的能力。当物联网与增强现实结合时,可以通过移动终端或监控系统以增强现实的方式实现数字信息的可视化管理,并实现人与数字化物联网之间全新的无缝交互模式。

4.9.3 混合现实

混合现实(mixed reality,MR)是将虚拟世界与真实世界进行融合,将虚拟对象完全与真实环境融合在一起,使用户无法区分虚拟和现实的界限。混合现实通过先进的传感器和算法,能够感知和识别真实世界,并在真实世界中实时生成虚拟对象。这使得用户可以与虚拟对象进行互动,并且虚拟对象能够与真实环境进行互动。

1. 混合现实的特点

(1)虚实融合。虚拟物体和现实世界可以显示在同一视线之中。

(2)实时交互。用户可与现实世界和虚拟物体进行实时的自然交互。

(3)三维注册。通过MR显示设备,用户可以同时看到真实环境和虚拟全息影像,加之手势、语音、视觉等方式的加持实现两者互动,真正搭建了虚拟世界和现实世界沟通的桥梁。

2. 混合现实的应用

混合现实可以在实际装配过程中为装配工作人员提供实时的虚拟指导,使他们能够看到虚拟的指示和步骤。通过混合现实设备,例如头盔或眼镜,工人可以同时在实际工作环境中看到虚拟的装配指导。这简化了复杂的装配流程,并减少了错误的可能性。混合现实还可以用于飞机维护和修理。技术人员可以使用混合现实设备来查看实时维修信息、故障排除指南以及组件的拆卸和组装步骤。这可以提高维修人员的工作效率,并减少由于错误或不完整的信息而导致的问题。混合现实可以用于实时记录和追踪装配工作过程中的数据。通过传感器和相机,混合现实设备可以捕捉并记录装配工作的关键数据,如装配时间、动作路径和质量检查。这些数据可以用于后续分析和优化,以帮助提高装配过程的效率和质量。

第 5 章　工装安装设备

5.1　型架装配机

　　型架装配机是一种精密的空间三坐标机械定位、测量设备。型架装配机主要用来安装型架骨架上的固定内型板、外卡板的悬挂叉耳和接头定位器,如图 5.1 所示。型架装配机实质上是台带有纵、横、竖组互相垂直的标尺所构成的空间坐标架。用型架装配机安装型架,不需要制造大尺寸的标准样件,只对协调要求高或形状复杂的部位,采用局部标准样件。但这种方法也有它的缺点:①型架装配机是一种机械式定位装置,受温度变化、刚度等的影响,安装的准确度受到限制,大型装配型架的检修比较困难;②因型架装配机的尺寸不宜过大,所以就不可能将大型的装配机的装配型架整个安装在型架装配机中。因此,型架必须设计成组合式的,只能将型架的梁安装在型架装配机上。

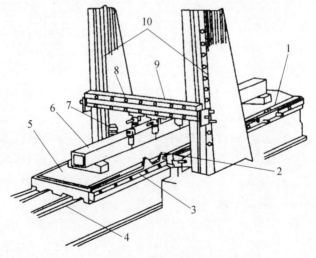

图 5.1　型架装配机

1—固定金具;2—固定变距板;3—纵坐标尺;4—滑轨;5—工作台;6—型架梁;7—叉形接头;8—固定金具;9—横坐标尺;10—垂直坐标尺

5.2 激光跟踪仪

激光跟踪仪(laser tracker system)是工业测量系统中一种高精度的大尺寸测量仪器,常用型号为 FARO Vantage,测距范围 35~80 m,测角精度为(20+5) μm/m,测距精度为(16+0.8) μm/m。它集合了激光干涉测距技术、光电探测技术、精密机械技术、计算机及控制技术、现代数值计算理论等各种先进技术,对空间运动目标进行跟踪并实时测量目标的空间三维坐标。激光跟踪测量系统具有高精度、高效率、实时跟踪测量、安装快捷、操作简便等特点,适合于大尺寸工件配装测量。激光跟踪仪的测量精度主要取决于角度、距离测量精度及测量环境的影响。当前,最新的商用激光跟踪仪型号主要有莱卡公司的 AT402 和 AT901 激光跟踪仪、FARO 公司的 ION 激光跟踪仪以及 API 公司的 Radian 激光跟踪仪等,如图 5.2 所示。激光跟踪仪与数码相机等传感器结合,实现对目标的自动瞄准定位和姿态测量正成为新的发展趋势,例如莱卡公司在激光跟踪仪上方安装了 T－Cam 相机,实现了基于 T－Probe 测头、T－Scan 扫描头、T－Mac 传感器等的动态测量,如图 5.3 所示。

(a) 莱卡 AT901   (b) FARO ION   (c) API Radian

图 5.2　商用激光跟踪仪

(a) T-Probe 测头　　(b) T-Scan 扫描头　　(c) T-Mac 传感器

图 5.3　莱卡激光跟踪仪附件

1. 系统组成

激光跟踪仪由激光跟踪头、控制器、计算机、反射器及测量附件组成。

2. 工作原理

如图 5.4 所示,激光跟踪仪测量原理是在待测目标点放置一个反射器(靶镜),跟踪头发射激光束到反射器上并接收反射回的光束,通过测角系统与测距系统来确定反射器球心到跟踪头的水平角 H_z、垂直角 V_t 及距离 D,从而得到待测点的空间坐标。

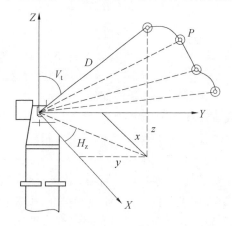

图 5.4　激光跟踪仪坐标测量原理

3. 激光跟踪仪在工装安装中的应用

使用激光跟踪仪指导工装安装中,利用激光跟踪仪在型架上建立三维安装基准,通过安装在需装配零件上的靶标球反射,读取坐标数据与设计提供数据进行比对,调整零件在空间的位置,从而达到型架安装的目的。首先,工装在安装制造过程中,所建立的坐标系应该尽可能地与飞机坐标系相吻合,尽量避免用局部坐标系。然后,设置 OTP(光学工具点)点来描述工装定位件在飞机坐标系中的准确位置。通常每个零件上有三个 OTP点,其坐标值采用三二一的原则,即第一 OTP 点控制该零件的三个坐标,第二 OTP 点控制该零件的两个坐标,那么第三 OTP 点仅需要控制该零件的一个坐标。这样就完全确定了该零件在所建立的坐标系中的位置。这种方法的优点是确保了零件的空间位置,并且仅需控制较少的坐标,其他坐标作为参考用于检查,以后检查、检修基准一致,避免了安装时所用坐标与检测时不一致的问题,保持过程的一致性。最后,在型架骨架上设置ERS(辅助参考系统)点。ERS 点是指在工装的框架和支撑的结构上,围绕工装各个定位组件埋设的许多衬套。将测量目标插入这些套筒中,目标的测量点即为 ERS 点。

5.3　激光干涉仪

激光干涉仪是一种使用激光干涉原理来测量物体表面形状和平面度的设备,如图5.5所示。常用型号包括 Renishaw XL-80,测距范围 $1\sim80$ m,测量精度为 0.5 μm/m。

1. 系统组成

激光干涉仪通常由一个激光光源、分束器、反射镜、光学平台、探测器和数据处理系统组成。

图 5.5　激光干涉仪

2. 工作原理

激光干涉仪利用激光的干涉原理来测量物体表面的微小高度变化,从而提供高精度的测量结果。首先,激光光源发出一束单色、相干的激光光束。通过分束器将激光光束分成两束光线,即参考光和被测光。参考光经过较长的光程路径,在被测物体的表面与被测光发生干涉。干涉现象导致光的波面产生差异,传感器捕捉到这些差异并将其转换为电信号。然后,数据处理系统对这些电信号进行和分析,最终推导出被测物体表面的形状和尺寸信息。

3. 激光干涉仪应用

激光干涉仪结合不同的光学镜,可以实现高精度测量线性长度、垂直度、角度、直线度、平行度和平面度等几何参数。在动态测量软件配合下,激光干涉仪可实现线性位移、角度和直线度的动态测量与性能检测,以及进行加速度、位移、速度、振幅与频率的动态分析。例如,数控定位器的传动机构通常采用滚珠丝杆副,其在生产、制造和装配过程中会存在误差,并且长期使用会导致精度下降,可以使用激光干涉仪来进行螺距误差补偿。激光干涉仪可用于定位和对齐夹具,确保工件正确定位和支撑,提高装配过程的效率和准确性。

5.4　激光跟踪干涉仪

激光跟踪干涉仪是一种结合了激光跟踪和激光干涉两种功能的设备。常用型号为 API System 2000,最大测距 50 m,测角精度 1 μm,测距精度为 ±5 μm。它可以同时实现物体的位置跟踪和表面形状测量,提供高精度的定位和测量功能。

1. 系统组成

激光跟踪干涉仪由激光发射器、光路系统、探测器和数据处理系统组成。

2. 工作原理

激光跟踪干涉仪利用干涉光的波面差异来测量目标物体表面的形状和位置。当激光光束与目标物体表面相交时,光的波面会发生偏移和变形,形成干涉图样。根据干涉图样的形状和变化,可以推导出目标物体的三维位置、轨迹和尺寸信息。

3. 激光跟踪干涉仪应用

在大型机械结构的制造和装配过程中,激光跟踪干涉仪可用于检测和测量机械件的形状变化和变形情况。在制造流程中,通过激光跟踪干涉仪的组网测量,可以实现对工装的定位和校正。通过多台激光跟踪干涉仪的协同测量,实现高精度的位置控制和误差校正,提高工装的精度和产品质量。在自动化制造系统中,组网测量可用于实现工艺装备的自动化控制和调整。通过与机器人和自动设备集成,激光跟踪干涉仪的组网测量能够提供实时反馈并实现工艺过程的自动校正和优化。在复杂装配过程中,组网测量可用于实时监测和评估零件的相对位置,并及时调整误差,以确保装配的准确性和一致性。

5.5　关节臂测量机

如图 5.6 所示,关节臂测量机是一种具有多自由度的测量机器人,常用型号为 FARO Arm,测距范围 4.8～12 m,测角精度 0.001 mm,测距精度为 ±0.025 mm。它通过一系列固定长度的杆件和一个连接头模仿人体关节的结构,并通过可旋转的关节实现灵活的运动。关节臂测量机具有结构简单、体积小、质量轻、便于访问狭小空间和便携灵活等优点。

(a) 接触式　　　　　　(b) 接触与非接触混合式

图 5.6　关节臂测量机

1. 系统组成

关节臂测量机通常由机械臂、传感器系统、控制系统、电源与电缆系统、外壳与支架组成。

2. 工作原理

由操作员或预定程序确定要进行的测量任务和目标。控制系统分析测量任务要求,计算并生成机械臂的运动轨迹。根据运动规划生成的指令,控制系统驱动机械关节运动和轨迹,将测量传感器定位到目标位置。测量传感器获取目标物体的相关数据,如尺寸、形状。测量数据传回控制系统进行分析和处理,生成最终的测量结果。根据测量结果,控制系统可以对机械位置或姿态进行微调,以确保准确的测量。

3. 关节臂测量机应用

关节臂测量机自从问世以来,已广泛应用于模具设计、产品质量在线检测、设备维修、飞机装配等领域。通过具备灵活可控的关节系统,关节臂测量机能够模拟人体手臂的运动,实现对零件的精确定位。

(1)在装配过程中,关节臂测量机能够准确地将各个零件放置到预定的位置,并保持稳定的固定,确保零件正确安装。

(2)关节臂测量机可以借助传感器或相机等设备,实现对零件的实时监测和检测。当出现装配过程中的异常情况,如零件缺失、错误装配等时,关节臂测量机能够及时识别并发出警报,以停止装配操作,避免产生错误和损失。

(3)在关节式坐标测量机的测头上附加小型结构的激光扫描仪来实现非接触快速三维扫描测量功能,可用于检测、逆向工程、快速成形、三维建模等测量场合。

5.6　数字照相测量系统

数字照相测量指通过从不同的观察方向对目标进行拍照、使用强大的图像处理软件处理数字图像、并进行测量和统计获得每个测量点的三维坐标。常用数字照相测量系统为 Nikon D850,像素数 $4\,592 \times 3\,032$,测量精度约为 $4.35\ \mu m$。

1. 系统组成

数字照相测量系统(digital photogrammetry system,DPS)如图 5.7 所示。数字照相测量系统由数码相机、测量标志物、计算机软件和数据处理工具组成。

图 5.7　数字照相测量系统

2. 工作原理

数字照相测量系统利用数码相机拍摄测量目标图像,并利用计算机视觉和图像处理技术对图像进行分析,以实现测量和测量结果提取。

3.数字照相测量系统应用

DPS已经成功地应用于国外的F—18飞机生产线,并且在某些飞机部件的外形测量中得到了应用。如图5.8所示为利用双目视觉动态检测耳形接头和叉形接头的相对位置误差,并将其与机翼位姿误差进行融合,以翼身对合质量的监控和偏差的综合修正。数字照相测量系统在验证工装零件是否符合设计要求、实时监控装配质量和进行评估方面具有重要作用。通过比较实际装配结果和设计参数,可以及时发现装配错误和缺陷,并采取纠正措施。

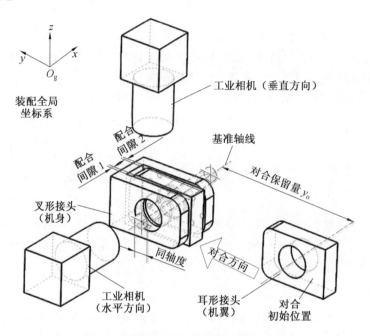

图5.8 交点位置误差动态检测示意图

5.7 IGPS

IGPS(indoor global positioning system)是室内定位和测量系统的缩写,通常应用于大尺寸几何量计量中。常用型号为ATX1043,在10 m工作区域内,测量精度为0.12 mm,在39 m工作区域内测量精度为0.25 mm。

1.系统组成

测量系统主要由覆盖工作空间的发射站网络、接收传感器、中央计算机、无线通信系统和其他辅助设备组成,图5.9所示为室内空间测量系统,图5.10所示为IGPS系统组成。

(1)发射器。IGPS系统含有2个或2个以上计量型发射器,用于高精度的计量应

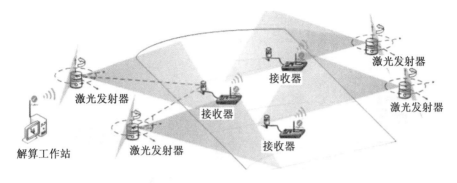

图 5.9　室内空间测量系统

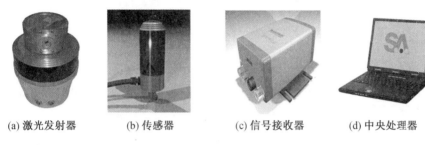

(a) 激光发射器　　　(b) 传感器　　　(c) 信号接收器　　　(d) 中央处理器

图 5.10　IGPS 系统组成

用。在工作范围内,每个传感器在任何时候都应至少与 2 个发射器直接交换信息。

(2)传感器。由于 IGPS 系统能够同时连续地读取多个传感器的坐标值,故 IGPS 支持各种不同结构的传感器。通常,要把传感器安装在工具、零件、组件或者大型构件上。一旦安装好后,保证同时与 2 个发射器在线通信,那么这些传感器将自动把精确的三维坐标值传送给用户。

(3)手持探头。IGPS 系统在工作区域内可以同时支持无数量限制的传感器。为了手工测量方便,该系统还配备了多自由度的手持工具和测头。

(4)系统软件。软件为 WORKSPACE。每套 IGPS 系统都配有基于位置服务器的手持式无线客户软件,这种软件可以实现 IGPS 系统的所有功能,包括计量软件包。

(5)接收器电路。IGPS 系统要求每个传感器连接到一个放大器和信号处理接收器电路模块上。该模块接收来自激光发射器的激光信号,并把它们实时转换成可用于三角法数学计算的三维坐标值。这些接收器电路模块封装在一个集线盒中。

2. 工作原理

IGPS 工作原理和 GPS 一样,利用三角测量原理建立坐标系,不同的是 IGPS 采用红外激光代替了卫星信号,它利用发射器发出红外信号,众多接收器能够独立计算它们的当前位置。图 5.11 所示为室内空间测量系统坐标定位原理。

3. IGPS 测量系统应用

(1)定位。

通过安装 IGPS 传感器和设备,并结合室内定位基站,可以实现对装配工件、工具和

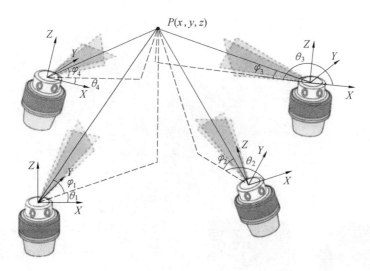

图 5.11　室内空间测量系统坐标定位原理

人员的准确定位。准确定位有助于操作员确认各个组件的正确位置和顺序,提高装配的准确性和效率。

（2）监测和控制装配过程。

通过连接 IGPS 传感器和装配设备,可以收集并分析实时位置数据。操作员可以通过该系统追踪装配进度,检测并及时调整和纠正装配误差或偏差,提高装配质量和效率。利用 IGPS 的位置定位功能,装配工艺装备可以与自动化物流系统相结合。

（3）导航。

机器人或搬运设备可凭借 IGPS 准确的定位信息自动完成零部件和工具的配送任务,提高物流效率并保持装配车间内物料的连贯性。

5.8　激光雷达

激光雷达是雷达技术与激光技术相结合的产物,即使雷达的工作波段扩展到光波波段。激光雷达的工作波段包括红外光、可见光和紫外光,由于工作波长较短,激光雷达的测量精度、分辨能力和抗干扰性能远远超过普通的微波雷达。图 5.12 所示为 Nikon Metrology 公司研发的激光雷达,距离测量精度为 $(10+2.5)$ $\mu m/m$。

1. 激光雷达系统组成

激光雷达主要由基准部件、传感器与光电转换部件、放大滤波部件、瞄准部件、信息处理及运算显示装置、驱动控制部件、机械构造部件等部分组成,详细功能如下。

（1）基准部件。激光雷达使用固定长度的比对光纤提供标准信号,与其定位、支持结构装置在一起构成基准部件,提供标准量,以提高被测量的精度。

（2）传感器与光电转换部件。主要用于感受被测量信号,激光雷达拾取原始的频率

图 5.12 激光雷达

信号并将它转换为易于放大处理的电信号。

(3)放大滤波部件。主要作用是将转换的电信号通过放大、滤波的集成电路进行进一步加工处理和显示信号。

(4)瞄准部件。激光雷达将两束同轴的激光束照射到测量反射镜上,通过折射光束及步进电机控制的水平、垂直轴系来确定被测量的基本位置,将与激光器同轴内置的电荷耦合器件(CCD)摄像机采集的被测量区域视频信号通过光缆传输显示在计算机的显示屏上,再通过键盘调整可见光斑的正确位置。

(5)信息处理及运算显示装置。用于测量数据的加工、处理、运算和校正,并将数据的详尽信息及处理结果显示在计算机显示屏上,并通过实际需要将这些信息以图示、表格等形式,以 WORD、EXCEL、PDF 等格式打印输出。

(6)驱动控制部件。主要使用步进电机等装置来驱动水平、垂直轴系等运动机构。

(7)机械构造部件。主要用于被测件、标准器、传感器等部件的定位、支撑和运动。

2.激光雷达系统工作原理

激光雷达系统的实质是一个非相干的连续波激光测距机,为球面坐标系测量系统,通过连续处理反射光进行工作,其发射的激光频率是 200 THz。激光雷达系统的测角原理与激光跟踪仪基本相同,而其测距则采用了与无线电或微波雷达相类似的测距原理。由距离和水平角、俯仰角,通过球形坐标系和笛卡儿坐标系的转换得出被测点的 X、Y、Z 坐标。

3.激光雷达应用

激光雷达能够快速地捕捉目标物体的表面形状和轮廓,并生成高精度的三维点云数据。这些数据可用于制造过程中的三维建模、产品检测和质量控制。

(1)用于检测工装表面的变形、缺陷和不良装配。

(2)用于工艺装备中的高精度定位和测量任务。通过扫描周围环境,激光雷达可以获取精确的位置信息,从而帮助机器人、自动导航系统或机械臂等设备实现准确定位和控制。

（3）用于工艺装备的智能操作和控制。通过将激光雷达与计算机视觉和机器学习技术结合使用，可以实现识别和定位不同类型的零件或工件，并自动调整设备操作参数。

5.9　激光扫描仪

激光扫描仪是一种利用激光束进行快速、高精度三维测量的设备。它通过发射激光束并接收反射回来的激光信号，结合相应的测量算法，能够获取目标物体表面的几何信息，并生成点云数据或三维模型。

1. 系统组成

激光扫描仪由发射器、接收器、旋转平台、控制单元等组成。发射器产生激光束的发射器，通常采用激光二极管或激光器。接收器接收并记录经过目标物体反射的激光信号。接收器通常包含光电探测器和相关电子元件。通过旋转整个系统使激光束可以覆盖全方位的视域，从而实现全景扫描。控制单元用于控制激光扫描仪的操作和参数设置的电子单元。

2. 工作原理

激光扫描仪的测距原理分为 3 种，即脉冲法激光测距、激光相位法测距、激光三角法测距。脉冲法激光测距的精度较低，一般为毫米级，但其测程较长，效率高，如莱卡公司的 HDS3000 型激光扫描仪（最大测程 100 m，测距精度 4 mm，曲面建模精度优于 2 mm），主要应用于大型结构整体特征测量领域。激光相位法测距精度和调制频率有关，常规测距频率为 50～100 MHz，新发展的高调制频率可达 100 GHz 以上，测量精度可达亚毫米，如 Surphaser 激光扫描仪 30 m 距离的测量精度可以达到 0.3 mm，测量范围为 0.2～140 m，如图 5.13 所示。

图 5.13　激光扫描仪

图 5.14 所示为基于激光三角法测距原理的扫描测量系统。以半导体激光器作为光源，光束照射被测表面，经表面散射或反射后，用面阵 CCD 摄像机接收，通过分析图像特征，结合测量模型，解算出表面的三维形貌。

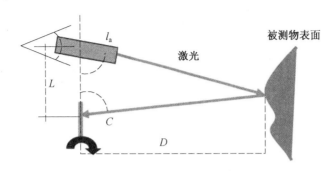

图 5.14　激光三角法测距原理示意图

L—偏移量；C—反射距离；D—激光器到物体的距离；l_a—发射距离

3. 激光扫描仪应用

(1)激光扫描仪可用于定位和导引工装零件的装配。

通过将实际扫描数据与设计模型进行比对,激光扫描仪能够精确定位,帮助操作员正确安装零件并确保准确对齐。

(2)激光扫描仪可以用于工装装配质量控制和验证。

通过对已装配部件进行实际扫描,与设计规范进行比较并进行精确的尺寸和形状分析,可确保装配的质量和符合性。激光扫描仪可以用于对工装表面和结构进行快速而全面的检查。激光扫描仪可以通过对工装外部进行扫描,生成高精度的点云数据或三维模型,用于检测表面缺陷、腐蚀、变形和结构间隙等问题。

第二部分　装配类工装设计

第6章　装配工装设计

6.1　概　　述

装配工装是指在完成飞机产品从组件到部件装配以及总装配过程中,用以控制其几何外形和空间位置的具有定位功能的专用装备。装配工装可分为组件装配工装、部件装配工装、精加工工装、检验工装等。装配工装通过对飞机产品的组件、部件等装配单元内的主要零组件进行支撑、定位、压紧,保证各产品零组件间的正确、稳定关系,以便操作者实施铆接、螺接等连接组合,形成正确的装配单元。合理设计和使用适当的工装能够提高装配效率、质量和安全性。装配工装结构主要由骨架、定位件、压紧件、辅助装置等组成。

1.骨架

骨架是安装定位、压紧元件和其他构件的基体,使整个工艺装备形成整体,以保证定位件之间具有稳定的相对关系。

2.定位件

定位件是保证产品几何形状或使其处于正确空间位置的元件。定位件主要包括外形定位件、接头定位件等。

(1)外形定位件。

外形定位件是用来确定飞机部件的气动力外形的定位件,一般可分为 3 类:卡板、内型板和包络板。卡板和内型板仅能定位某些切面外形,包络板则可定位整个空间曲面外形。外卡板及包络板一般位于部件外形的外侧,如图 6.1(a)所示。内型板一般用于定位蒙皮内形,如图 6.1(b)所示。有些型架,除了使用外卡板之外,还使用内卡板,如图 6.1(c)所示。内卡板与内型板的区别只在于后者是外形定位件,而前者对外形表面来说只是个夹紧件(但两者都能定位长桁),所以内卡板要与外卡板配合使用。位于部件下方,起支承作用的卡板一般称为托板,如图 6.1(d)所示。

(2)接头定位件。

接头定位件包括拆卸式、折动式、移动式等。如果定位空间狭小,定位件回转不开,

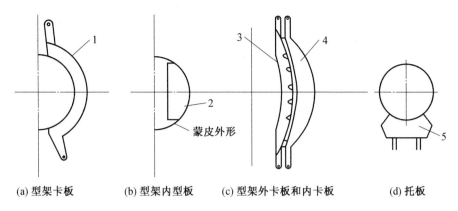

(a) 型架卡板 　　(b) 型架内型板 　　(c) 型架外卡板和内卡板 　　(d) 托板

图 6.1　卡板、托板及内型板

1—卡板;2—内型板;3—内卡板;4—外卡板;5—托板

接头定位件可采用拆卸式结构,如图 6.2 所示。

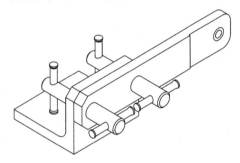

图 6.2　拆卸式接头定位件

如果定位空间开敞,定位件能回转开,接头定位件可采用折动式结构。图 6.3(a)所示的结构适用于激光跟踪仪按坐标值安装;图 6.3(b)所示的结构适用于型架装配机安装,或者按标准量规协调安装。

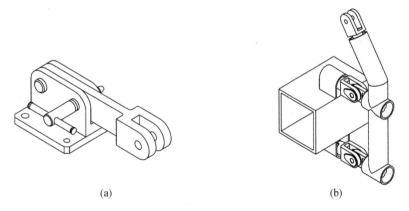

(a) 　　　　　　　　　　　(b)

图 6.3　折动式接头定位件

移动式接头定位件应用范围较广。按操纵方式可以分为直推式、螺旋式、齿条式等几种形式,每种形式都有定位销保证其正确定位状态。图 6.4(a)所示的结构是一种直推式接头定位件,适用于导杆直径不超过 30 mm 的小定位件。图 6.4(b)所示的结构是一种螺旋式接头定位件,移动较慢,但操作省力。图 6.4(c)所示的结构是一种齿条式接头定位件,移动迅速,但不能自锁,所以不宜用于垂直安放的定位件。图 6.4(d)所示的结构是一种螺旋式双导杆定位件,其定位稳定。

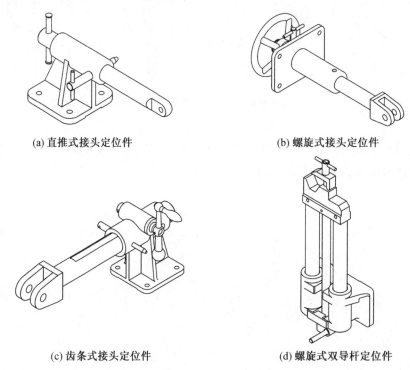

(a) 直推式接头定位件　　　　　　　　(b) 螺旋式接头定位件

(c) 齿条式接头定位件　　　　　　　　(d) 螺旋式双导杆定位件

图 6.4　移动式接头定位件

3. 压紧件

压紧件是压紧产品并配合定位件完成定位功能的元件。飞机装配所采用的压紧件,可分为一般压紧件与外形压紧件两大类。一般压紧件主要用于压紧一般的简单型面。根据使用情况,可分为专用压紧件与通用压紧件,所谓通用压紧件,是指能任意移动位置的活动压紧件。采用通用压紧件时,可改善使用开敞性和减少压紧件数量。根据一般压紧件的结构特点,又可分为螺栓压紧件、杠杆压紧件、偏心轮压紧件、弹簧压紧件、浮动压紧件等基本类型。外形压紧件主要用于较大压紧面积的曲面外形。

(1)一般压紧件。

①螺栓压紧件。螺栓压紧件的特点在于压紧力大,工作可靠,但旋紧和松开的效率低。故可根据需要,采用快速操作结构。通用螺栓压紧件如图 6.5 所示。

②杠杆压紧件。杠杆压紧件的优点在于操作迅速。常见的杠杆压紧件如图 6.6 所示。

③偏心轮压紧件。偏心轮就其外形来说,可分为圆柱偏心轮与曲线偏心轮两种基本形式。圆柱偏心轮制造简单,在夹具结构中采用。

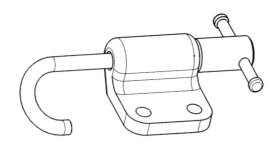

图 6.5 圆钩形螺栓压紧件

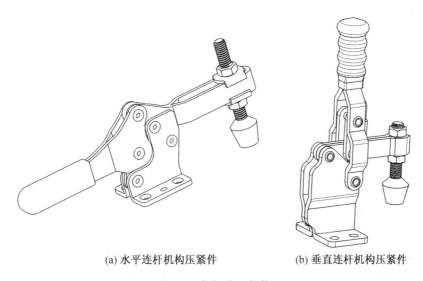

(a) 水平连杆机构压紧件　　　　　　(b) 垂直连杆机构压紧件

图 6.6 杠杆式压紧件

④弹簧压紧件。操作迅速,但压紧力小,适用于刚度较小的零件的压紧。

⑤浮动压紧件。浮动压紧件不是使被压紧零件强迫压紧于定位面上,而是将其夹紧在某些刚性强的零件上而又不使该刚性强的零件承受由于夹紧引起的变形力;或者将产品零件无应力地夹持住,以防止工作过程中发生移动。具有这种特点的压紧件称为浮动压紧件。

(2)外形压紧件。如图 6.7 所示外形压紧件主要用于将蒙皮压紧在骨架或内型板、卡板上。

4. 辅助装置

辅助装置是对产品的支撑、调整装置,为产品进出架而设置的附属于型架结构的吊运装置,为操作者方便而设置的放置架、工作架等。

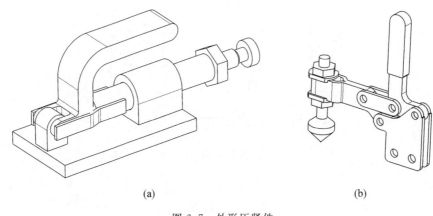

(a)   (b)

图 6.7   外形压紧件

6.2   装配单元划分与装配工艺流程

飞机装配单元划分和装配工艺流程存在密不可分的关系,它们相互依存、相互促进,在实现高品质、高效率的飞机生产过程中具有重要的作用。

6.2.1   装配单元划分

飞机装配单元划分是指合理地利用飞机结构的设计分离面和工艺分离面,将飞机体划分为若干个独立的装配单元。装配单元划分可以提高装配效率、优化流程安排、实现标准化管理、减少失误概率以及方便培训和交替工作。工艺分离面的合理划分,可取得显著的技术经济效果包括:①增加了平行装配工作面,可缩短装配周期;②减少了复杂的部件装配型架数量;③改善了装配工作的开敞性,提高了装配质量。

1.装配单元划分要求

不同部件具有多样化的结构形式,在装配单元划分过程中可能会遇到各种复杂情况。但在选择方案时,应考虑构造的可行性、工艺上的可操作性、装配单元的工艺刚度,以及是否有利于尺寸和形状的协调,是否有利于减少部件总装阶段的工作量等因素。在实际工作中,通常会在各种方案中遇到矛盾的情况,这时需要根据具体情况、产量规模和工厂经验等因素进行权衡,以找到合理的解决方案。

2.装配单元划分流程

进行装配单元划分时,首先将整架飞机划分为各部件,然后将部件如机翼、机身等划分为段件,再将段件如机翼前后段、机身前后段等划分为组合件和板件,最后将组合件和板件划分为各个零件。例如,机身可划分为机身前段、机身中段、机身后段;机身中段可划分为机身上部、机身下部、前地板、后地板等;机身上部或机身下部可划分为各壁板;壁板可划分为蒙皮和长桁;地板可划分为地板横梁、垂直支柱、座椅滑轨等。

6.2.2 典型装配工艺流程

飞机装配主要包括机翼装配、机身装配、垂尾装配、飞机总装等,飞机装配工艺流程是将各种零配件、部件和系统组装成完整的飞机的整个过程,飞机装配工艺流程的作用是保证飞机装配质量、提高装配效率、降低装配成本、保障装配安全、规范装配管理。

1.机翼装配工艺流程

机翼装配根据结构工艺分离面组合的先后次序可能有好几种方案。方案一:首先使用前梁型架装配前梁,后梁型架装配后梁;然后使用型架依次对前缘、上板件、翼肋、下板件、可卸板件、后缘进行装配;最后使用总装型架对机翼进行装配。方案一的流程如图6.8所示。

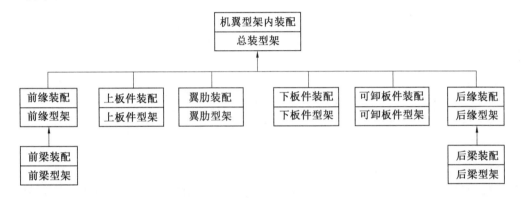

图 6.8 机翼装配工艺流程(方案一)

方案二的流程如图 6.9 所示。首先使用型架依次对前缘、上板件、翼肋、下板件、可卸板件、后缘进行装配;然后使用中段装配型架装配机翼中段,前梁型架装配前梁,后梁型架装配后梁;最后使用总装型架对机翼进行装配。

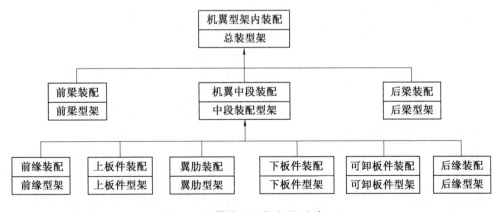

图 6.9 机翼装配工艺流程(方案二)

2.机身装配工艺流程

(1)机身各段装配。

机身各段由上左壁板、顶部壁板、上右壁板、下左壁板、底部壁板、下右壁板组成。图 6.10 所示为机身各段装配流程。机身各段的装配按照装配流程执行,首先由零件组成壁板,然后壁板和框组件装配成上半壳和下半壳,最后上、下半壳纵向对接成机身各段。

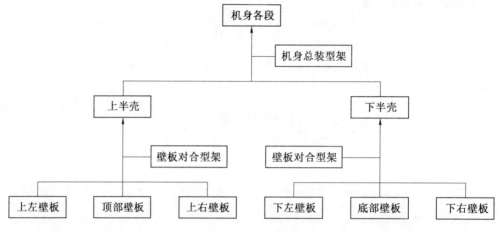

图 6.10 机身各段装配流程

(2)机身总装。

机身由前机身、中机身、后机身等组成,使用机身总装型架对其进行装配。飞机机身总装流程如图 6.11 所示。首先由中前机身、中中机身、中后机身装配成中机身,然后前、中、后机身环向对接。

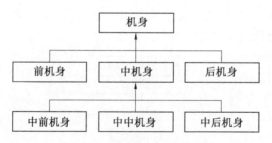

图 6.11 飞机机身总装流程

3.垂尾装配工艺流程

在装配过程中应当率先装配垂尾的中央翼盒部分,可以保证骨架精度,并且中央翼盒装配直接在总装型架上进行,在装配过程中通过定位前后梁的准确位置并进行肋的安装,紧接着进行盒段壁板的装配。中央翼盒装配结束后开始进行其他部位的安装,为了保证垂尾的高效率高质量的工程质量,垂尾的前缘舱、前缘、后缘舱、翼尖罩等部件均在各自分工装中进行装配。垂尾装配流程如图 6.12 所示。

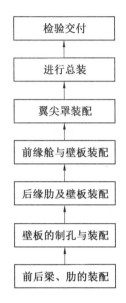

图 6.12 垂尾装配流程

4.飞机总装工艺流程

飞机总装是部件装配过程的延续,是飞机装配工作的最后阶段。飞机总装的任务是将飞机各部件对接成整架飞机,在飞机上安装各种设备、装置和系统,并进行调整、试验和检验,飞机总装流程如图 6.13 所示。

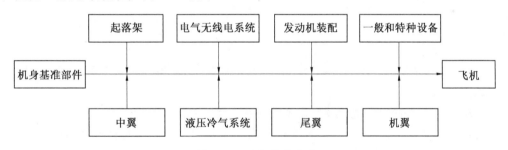

图 6.13 飞机总装流程

6.3 组件装配工装

壁板是形成飞机气动外形的主要结构件,主要包含机翼壁板和机身壁板。

6.3.1 机翼壁板装配工装

1.机翼壁板结构特点

机翼壁板是由翼梁、翼肋、长桁、框缘(或补偿片)和蒙皮等组成的板件结构,其刚性较差。蒙皮外形一般为飞机理论外形,长桁、框缘(或补偿片)分布在蒙皮内侧,是壁板的加强构件。壁板有单曲度壁板和双曲度壁板,单曲度壁板的长桁轴线为直线,双曲度壁板的长桁轴线为空间曲线。机翼壁板如图 6.14 所示。

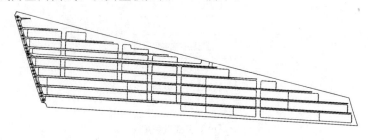

图 6.14　机翼壁板

2. 机翼壁板装配工装功能

机翼壁板装配型架用于把蒙皮、长桁、框缘(或补偿片)和蒙皮定位夹紧,铆接装配成壁板组件。

3. 机翼壁板装配工装方案设计

(1)设计基准。

机翼壁板装配型架设计基准一般与产品基准一致,选择肋轴线面、梁基准面、弦平面作为设计基准。

(2)协调方法选择。

机翼壁板装配型架可选择模拟量传递或数字量传递的协调方法,目前多采用数字量传递的协调方法。

(3)工装结构形式。

机翼壁板装配型架一般采用立放结构,便于产品上、下架和铆接装配。按框架结构形式的不同,分为整体框架式、组合框架式、整体底盘式三种。

①整体框架式:中、小型壁板型架多采用方管焊接的整体结构。

②组合框架式:对于采用型架装配机或光学工具坞安装的壁板装配型架,如果框架尺寸超出设备的工作范围,可设计成分散梁组合的结构形式。上、下梁分别制造,在现场调装、组合,形成组合框架。

③整体底盘式:如果壁板外形曲度变化较大,壁板结构复杂,采用框架式难以满足要求时可采用整体底盘结构,通过底盘对分散梁进行组合。

(4)定位方式。

壁板装配型架按蒙皮定位方式的不同,可分为内形板定位和外卡板定位两种方式。

①内形板定位:采用内形板定位蒙皮内形,内形板上开出缺口以躲开长桁,并安装有长桁定位器和长桁端头挡件。选用带胶皮的压紧卡板、拉紧带或橡皮绳压紧蒙皮。

②外卡板定位:采用外卡板定位蒙皮外形。内侧设托板用于安装长桁定位器和长桁端头挡件,用压紧器压紧长桁使其与蒙皮贴合。

4.机翼壁板装配工装结构设计

(1)骨架。

骨架设计时,应合理选择梁的截面,使梁的刚度满足设计要求。在梁的长度尺寸和截面一定的情况下,选择合理的支承位置可明显提高刚度。骨架与产品边缘应留出足够的空间,以方便铆接。通常情况下骨架距离产品边缘尺寸大于 200 mm。机翼壁板装配型架可采用左、右壁板合用一个框架,如图 6.15 所示,也可左、右壁板独立装配,如图 6.16所示。

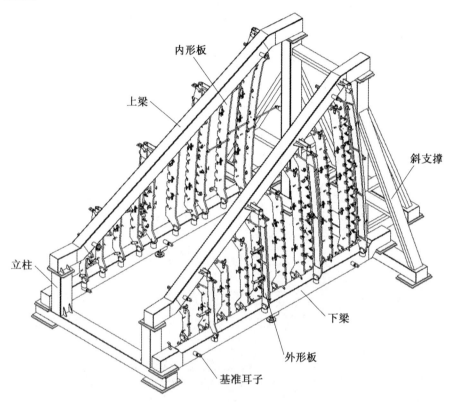

图 6.15 机翼壁板装配型架

(2)内形板、外卡板。

内形板是壁板装配型架的主要定位元件,在有框缘或补偿片的框处均需设置内形板。内形板的外形为蒙皮内形,内形板上须标记出长桁轴线、蒙皮边缘线及框缘端头线。内形板厚度根据长度选取,通常 2 m 以内的内形板取 20 mm 厚,超过 2 m 时则根据外形曲率大小适当加厚。内形板的材料一般选用铝板,对于长度超过 2.5 m、外形曲率较大或者 L 形截面的内形板,则选用铸铝件。

外卡板的外形为蒙皮外形,位置通常取在框、肋轴线处,材料及厚度的选取同内形板。

(3)框缘/补偿片定位件。

壁板装配型架上框缘一般用定位孔定位,如果内形板位置与框缘有距离,可在内形

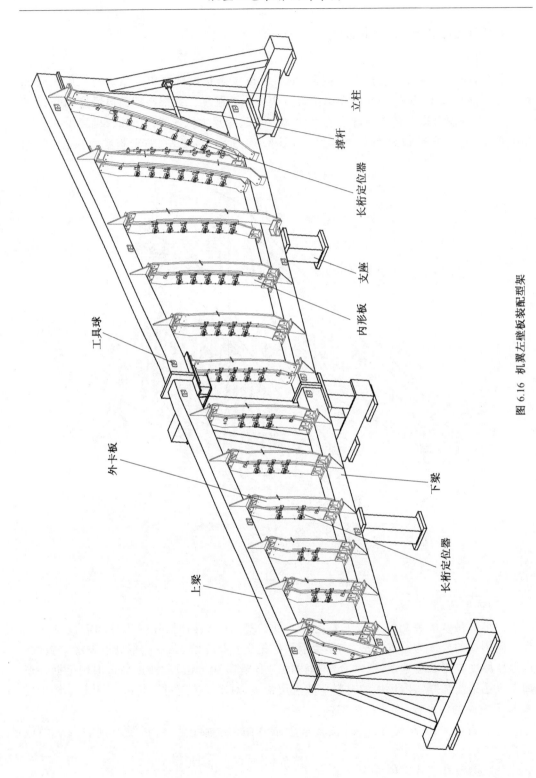

图 6.16 机翼左壁板装配型架

立柱

撑杆

长桁定位器

支座

内形板

工具球

外卡板

下梁

长桁定位器

上梁

板上安装框缘定位孔座,用螺纹定位销压紧;如果框缘按端头定位,则在卡板上划出框缘端头线,并设置压紧件。

(4)长桁定位器。

根据长桁截面选择长桁定位器的型式,双曲度壁板的长桁定位器需制出长桁走向角。

(5)蒙皮压紧件。

①拉紧带压紧:适用于外形曲率小或厚度较大的蒙皮压紧。

②橡皮绳压紧:适用于外形曲率较大和厚度不大的蒙皮压紧。

③外形卡板压紧:如果蒙皮外形有凹陷或突起,使用拉紧带或橡皮绳难以压紧,可使用外形卡板压紧。卡板外形与蒙皮外形做出等距间隙,在型面上贴橡胶垫或安装橡皮钉。

6.3.2 机身壁板装配工装

1.机身壁板结构特点

机身壁板是由蒙皮、长桁、框缘或补偿片等组成的板件结构,其刚性较差。蒙皮外形一般为飞机理论外形,长桁、框缘或补偿片分布在蒙皮内侧,是壁板的加强构件,如图6.17所示。壁板有单曲度壁板和双曲度壁板两种,单曲度壁板的长桁轴线为直线,双曲度壁板的长桁轴线为空间曲线。

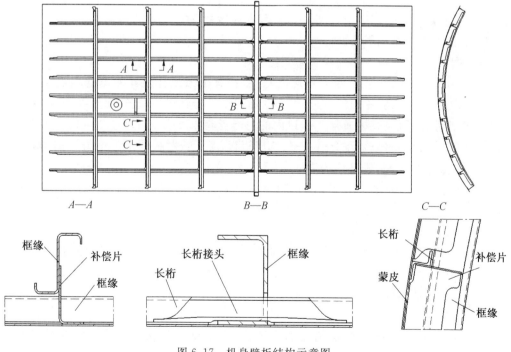

图 6.17 机身壁板结构示意图

2. 机身壁板装配工装功能

机身壁板装配型架用于把蒙皮、长桁、框缘或补偿片定位夹紧,铆接装配成壁板组件。有些门框或口框需在壁板上连接,这时应考虑门框或口框的定位。

3. 机身壁板装配工装设计方案

(1)设计基准。

机身壁板装配型架设计基准一般与产品基准一致,选择框轴线面、飞机水平基准面、飞机对称平面作为设计基准。

(2)协调方法选择。

机身壁板装配型架可选择模拟量传递或数字量传递的协调方法,目前多采用数字量传递的协调方法。

(3)工装结构形式。

机身壁板装配型架一般采用立放结构,便于产品上、下架和铆接装配。按框架结构形式的不同,分为整体框架式、组合框架式、整体底盘式三种。

4. 机身壁板装配工装结构设计

(1)骨架。

骨架设计时,应合理选择梁的截面,使梁的刚度满足设计要求。在梁的长度尺寸和截面一定的情况下,选择合理的支承位置可明显提高刚度。骨架与产品边缘应留出足够的空间,以方便铆接。通常情况下骨架距离产品边缘尺寸大于 200 mm。壁板装配型架也可采用左、右壁板合用一个框架。如果考虑温度变化对产品的影响,框架也可采用钢骨架加铝膨胀板的结构形式。

(2)内形板、外卡板。

内形板是壁板装配型架的主要定位元件,在有框缘或补偿片的框处均需设置内形板。内形板的外形为蒙皮内形,内形板上须标记出长桁轴线、蒙皮边缘线及框缘端头线。内形板厚度根据长度选取,通常 2 m 以内的内形板取 20 mm 厚,超过 2 m 时则根据外形曲率大小适当加厚。内形板的材料一般选用铝板,对于长度超过 2.5 m、外形曲率较大或者"L"形截面的内形板,则选用铸铝件。

外卡板的外形为蒙皮外形,位置通常取在框、肋轴线处,材料及厚度的选取同内形板。

(3)框缘/补偿片定位件。

壁板装配型架上框缘一般用定位孔定位,如果内形板位置与框缘有距离,可在内形板上安装框缘定位孔座,用螺纹定位销压紧;如果框缘按端头定位,则在卡板上划出框缘端头线,并设置压紧件。

(4)长桁定位器。

根据长桁截面选择长桁定位器的型式,双曲度壁板的长桁定位器需制出长桁走向角。

（5）蒙皮压紧件。

①拉紧带压紧:适用于外形曲率小或厚度较大的蒙皮压紧。

②橡皮绳压紧:适用于外形曲率较大和厚度不大的蒙皮压紧。

③外形卡板压紧:如果蒙皮外形有凹陷或突起,使用拉紧带或橡皮绳难以压紧,可使用外形卡板压紧。卡板外形与蒙皮外形做出等距间隙,在型面上贴橡胶垫或安装橡皮钉。

（6）门框定位组件。

门框定位组件用来定位门框骨架零件和交点接头,通常带有蒙皮外形和门框开口切割线,它的所有定位元件安装在一个整体焊接的框架上。门框定位组件设置在壁板外侧,一般为活动结构,如利用绞盘转开,或者通过导轨移开,便于产品上下架,如图 6.18 所示。

6.3.3　框装配工装

1. 框结构特点

机身纵向结构的主要承力结构是长桁,横向结构的承力件是框,同时框又是形成和保持机身径向力外形的主要结构件,分为平面框和球面框,如图 6.19、图 6.20 所示。

2. 框装配工装功能

框装配夹具用于将框缘、腹板、加强型材等零件定位、夹紧、钻孔并铆接在一起,有时还要在框夹具上完成一些系统件的安装或钻制系统件连接孔。

3. 框装配工装方案设计

（1）设计基准。

框装配夹具设计基准与产品基准一致,选择框平面、飞机水平基准面和飞机对称平面作为设计基准。

（2）协调方法选择。

框装配夹具一般采用模拟量传递的协调方法。随着数字化技术的应用,采用数字量传递的逐渐增多。

（3）工装结构形式。

框夹具包括平放、立放、转动三种结构形式,分别如图 6.21、图 6.22 和图 6.23 所示。

4. 框装配工装结构设计

（1）框架。

框架是根据定位件的布置需要,用方管焊接的多边形骨架,骨架上面还焊接有用于安装定位件的垫板。骨架应尽量躲避开产品铆接区域,以便使产品在夹具上能够完成大部分的铆接工作量。框装配夹具通常按样板安装定位件。框架表面应进行机械加工,作为夹具的基准面。

（2）框缘外形定位件。

框缘外形定位件通常有分散式定位件和整体外形定位件两种。分散式定位件常见形式如图 6.24 所示。

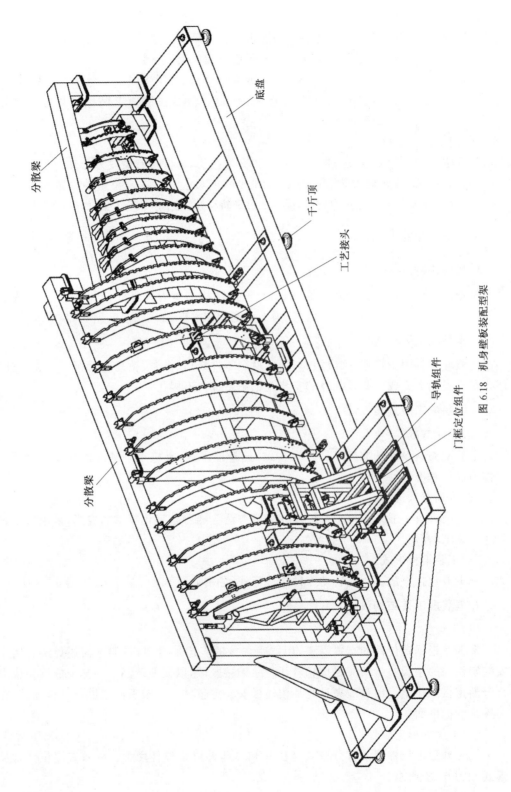

分散梁

底盘

千斤顶

工艺接头

分散梁

导轨组件

门框定位组件

图 6.18　机身壁板装配型架

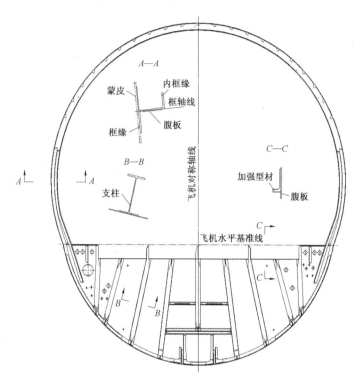

图 6.19　平面框结构示意图

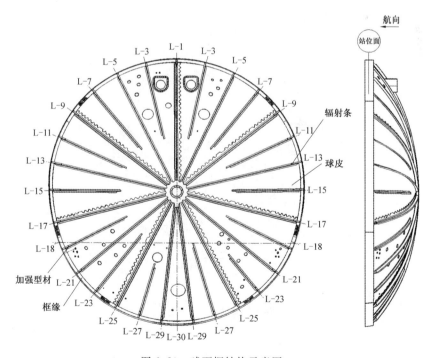

图 6.20　球面框结构示意图

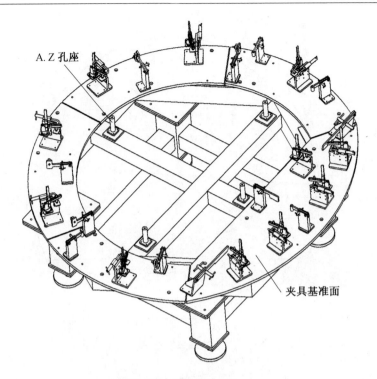

A.Z孔座

夹具基准面

图 6.21　平放式框夹具

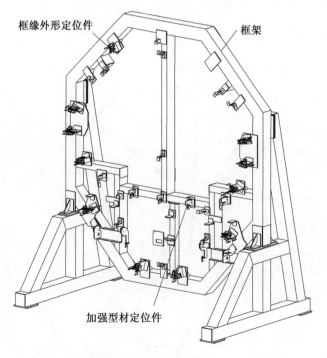

框缘外形定位件

框架

加强型材定位件

图 6.22　立放式框夹具

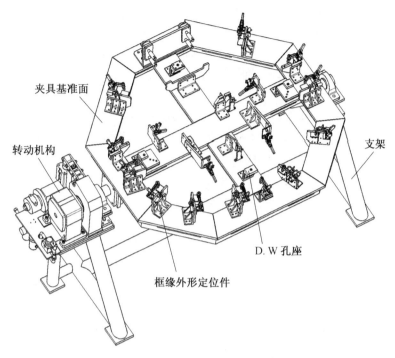

夹具基准面

转动机构

支架

D.W孔座

框缘外形定位件

图 6.23　转动式框夹具

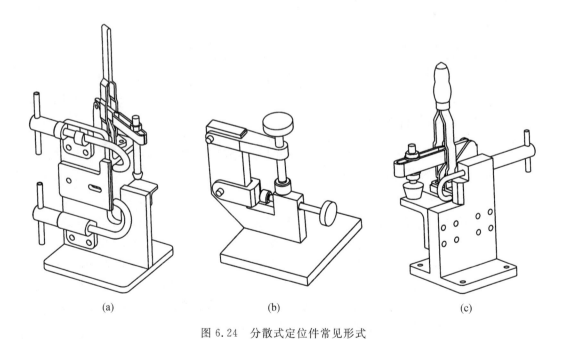

(a)　　　　　　　　　　　(b)　　　　　　　　　　　(c)

图 6.24　分散式定位件常见形式

分散式定位件沿框缘周向均匀分布,一个定位面托框缘的轴线面或腹板面,另一个定位面定框缘外形。外形定位面一般采用线接触,厚度约 5 mm 或更小,按样板外形法线安装。该定位件上应带有框缘压紧器。

整体外形定位件类似带有框缘外形的局部卡板,其外形可以按样板锉修,也可数控加工。设计框缘外形定位件时,应考虑使框缘轴线面距框架表面的尺寸大于 120 mm。

(3)腹板定位件。

框腹板大多采用定位孔定位,在夹具上设置定位孔座,框夹具定位孔座常见结构形式如图 6.25 所示。通常一块腹板采用两个定位孔定位,腹板定位孔处应有螺纹定位销与螺母,螺母可选用蝶形螺母或滚花螺母。

(4)加强型材定位件。

设加强型材定位件,定位型材的轴线面及端头。

(5)系统件定位件。

系统件定位件一般按样板上的标记线或孔安装,有时也按尺寸安装,安装公差为±0.2 mm。

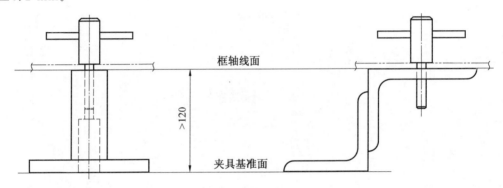

图 6.25　框夹具定位孔座常见结构形式

6.3.4　门与口盖装配工装

门、口盖在飞机上的应用很多,是一类相对独立的装配单元,通过与相应的门框、口框配合而具有某种特定的使用功能。

1.门、口盖结构特点

口盖主要包括检修口盖、发房口盖、各种安装口盖和维护口盖等。门主要包括登机门、应急门、服务门、货舱门、炸弹舱门及起落架舱门等。口盖一般由外蒙皮与盒形件铆接或点焊连接而成。维护口盖和检修口盖有结构简单的悬挂交点和锁紧点,安装口盖与口框多为托板螺母连接,无悬挂交点和锁紧装置。口盖类产品结构如图 6.26 所示。

门一般由内蒙皮、外蒙皮、边框及纵横隔框(板)、转动交点、止动挡块、锁机构等铆接组合而成,如图 6.27 所示。常见的边框有两种:

(1)整体边框:为钣金成形件,也称为盆形件。

(2)组合边框:一种由两个钣金件组合而成,另一种由两个侧边框和上、下边框通过

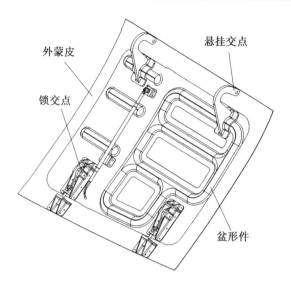

图 6.26　口盖类产品结构示意图

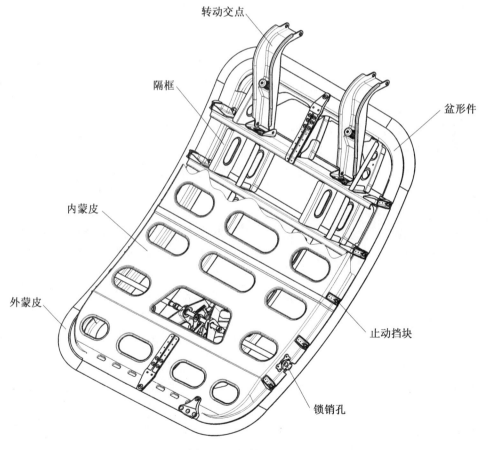

图 6.27　门结构示意图

四个角盒连接而成。

门（口盖）与门框（口框）的外形要求流线，需控制外形阶差；转动交点同轴度要求较高，应保证转动灵活；锁紧装置、止动挡块位置要求准确，与门框（口框）的配合部位要求协调；对有气密要求的登机门、服务门、货舱门等，应控制与门框的配合间隙。

2. 门、口盖装配工装功能

门、口盖夹具是对门、口盖组件中的主要零件进行定位、夹紧，完成铆接装配。通常要保证转动交点、锁交点、止动件等关键部位的协调，还应使门外形和周边外形满足产品技术要求。

3. 门、口盖工装方案设计

（1）设计基准。

门、口盖类装配夹具的设计基准一般与产品基准一致。

（2）协调方法选择。

门、口盖类装配夹具目前多采用数字量传递，也有采用数字量传递与模拟量传递相结合的协调方法，用标工来保证互换协调部位，完全按模拟量传递的协调方法已很少采用。

（3）工装结构形式。

门、口盖类装配夹具的形式有固定式、转动式。固定式工装可选择三点支撑或四点支撑；转动式工装的支座与地坪采用膨胀地脚螺栓连接。

（4）产品定位方式。

①外形定位方式：常见的有两种，一种是以蒙皮外形为基准定位，另一种是以蒙皮内形（骨架外形）为基准定位。

②定位方式选择：产品外廓尺寸较大、骨架刚性较弱、装配铆接空间较开敞的，一般选用外形定位；产品外廓尺寸较小、骨架刚性较强、装配铆接空间较小的，选用内形（骨架外形）定位。

③外形定位装置形式：卡板式和包络式。卡板式是以卡板的外形定位蒙皮或骨架，内形托板主要作用是连接门结构件定位器；包络式大多用于口盖类产品的装配，包络皮外形为口盖外形。

④交点定位：无论采用哪种外形定位方式，交点定位器一般安装在框架上。

4. 工装结构设计

（1）框架。

框架为方管焊接的平面框架，在定位器的连接位置应焊有局部加强板。

转动式工装的框架上应焊有转动轴安装连接板，大小及位置应合理，使转动轴线通过工装重心。

（2）外形元件。

①外卡板。

外卡板的工作外形可以是蒙皮外形，也可以是骨架外形。外卡板上除应标记蒙皮边缘线外,按产品结构及装配需要还应有隔框、隔板轴线等,便于零件定位及安装定位器。

②包络皮。

(a)按模拟量传递时,包络皮外形按标准样件制造,为蒙皮外形。按样件在包络皮上设置蒙皮边缘挡块及钻模孔,并划出骨架零件轴线、框轴线等标记线。

(b)采用数字量传递时,包络皮外形数控加工。设计时应给出数控加工基准平面、基准孔。数控加工钻模孔,划出蒙皮边缘线、骨架零件轴线、框轴线等标记线。包络皮多为铸铝件,牌号 ZL101,铸件壳体壁厚应控制在 12~18 mm,加强筋的厚度应与壳体壁厚相近或一致。

(3)交点定位器。

①转动交点定位器。

转动交点定位器通常设置在工装主体框架上。主要结构形式有单耳片式和叉子式。定位器与产品如果是叉耳配合,配合面应留出间隙并给出相应的垫片,以便产品的定位与下架。

②锁销交点定位器。

锁销交点定位器可设置在工装主体框架上或邻近的外形卡板上,定位器孔径应与产品相同。

(4)边框、隔板定位件。

①按模拟量制造的工装。边框定位件按门标准样件协调制造,设置在框架或外卡板上,为可卸件或活动件。隔板定位件设置在内卡板上,按样板上的隔板轴线安装。

②按数字量制造的工装。边框定位件设置在外卡板上时,按卡板上的数控刻线安装;设置在框架上时,使用激光跟踪仪按 OTP 点安装。隔板定位件设置在内卡板上,按内卡板上的数控刻线安装。

(5)其他定位件。

①止动挡销定位器。

止动挡销定位器设置在框架或卡板上,定位器应定位止动挡销平面和止动销孔,一般为可卸件。采用激光跟踪仪安装时,OTP 点应设在止动销孔轴线上。

②蒙皮边缘挡件。

蒙皮边缘一般留有修配余量,在外卡板上按蒙皮边缘线考虑修配余量安装蒙皮边缘挡件。

③蒙皮边缘划线板。

划线板的作用是划出蒙皮边缘线。划线板带有蒙皮边缘和蒙皮外形,外形与蒙皮等距 1~2 mm,通常连接在外卡板或框架上。划线板按协调方法的不同,选择按样件制造安装或采用数控加工、激光跟踪仪安装。

(6)压紧件。

①外蒙皮的压紧。通常在外卡板/包络皮的蒙皮边缘处设置活动钩紧器或活动压板,也可在内卡板上设置外形压紧件。

②隔板的压紧。压紧件一般安装在内卡板上,需考虑沿轴线面和外形两个方向的压紧。

常见的门、口盖铆接装配夹具如图 6.28、图 6.29、图 6.30、图 6.31 所示。

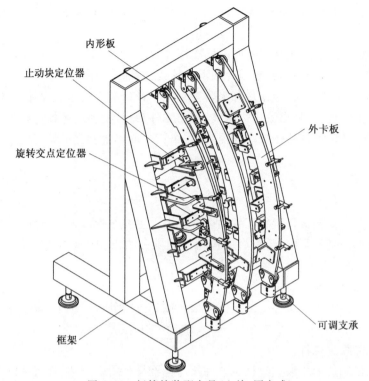

内形板

止动块定位器

旋转交点定位器

外卡板

可调支承

框架

图 6.28　门铆接装配夹具（立放、固定式）

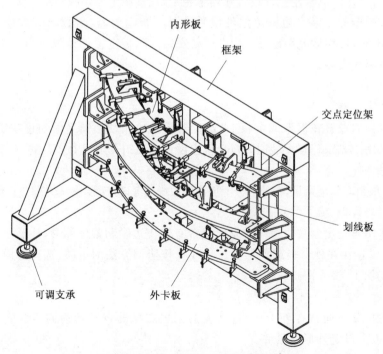

内形板

框架

交点定位架

划线板

可调支承

外卡板

图 6.29　门铆接装配夹具（侧放、固定式）

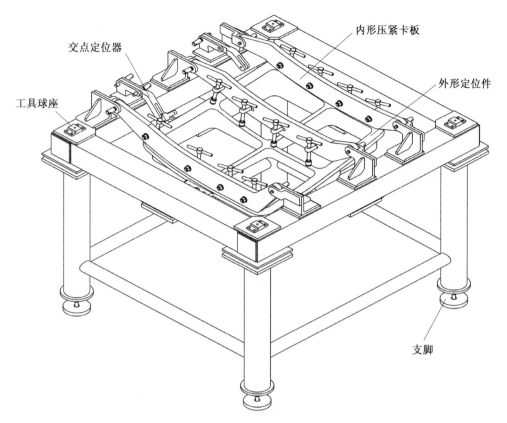

图 6.30 口盖铆接装配夹具

6.3.5 整流罩装配工装

1. 整流罩结构特点

整流罩是安装于飞机翼身结合部、发动机和部分飞机的起落架舱区域的流线型构件,是飞机结构中必不可少的部分。飞机整流罩通常由蒙皮、框、梁和一些拉杆结构组成。框、梁通常能形成较强的骨架结构,而蒙皮则可以分块并可拆卸,图 6.32 为翼身整流罩的结构示意图。

2. 整流罩装配工装功能

整流罩装配工装用于定位、夹紧飞机整流罩上的蒙皮、框、梁、拉杆接头等零件,并完成组件的钻孔、连接等装配工作。

3. 整流罩装配工装方案设计

(1)设计基准。

整流罩装配工装设计基准一般与产品基准一致,选择蒙皮内形、框平面、梁轴线和孔轴线等作为设计基准。

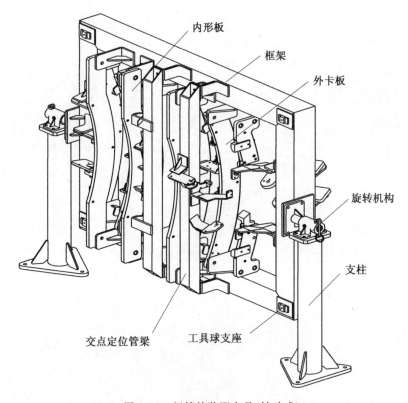

图 6.31　门铆接装配夹具(转动式)

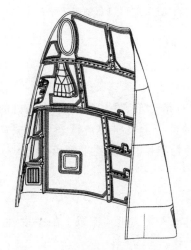

图 6.32　翼身整流罩的结构示意图

(2)协调方法选择。

整流罩装配工装一般采用数字量传递。

(3)工装结构形式。

整流罩装配工装通常采用整体框架式结构,底部设置整体底盘,上部随产品形式布置 C 型或 D 型框架结构。

（4）产品定位方式。

蒙皮采用内形或耳片孔定位、拉紧带压紧，框、梁结构采用定位孔和腹板面定位，其他辅助零件采用定位腹板面或者以框、梁上的立筋为基准协调定位。

4. 整流罩装配工装结构设计

整流罩装配工装结构设计的作用是为整流罩组件中各零件提供精确而可靠的定位和夹持，保证组件在装配铆接过程中各零件的相对位置关系，确保整流罩组件在飞机结构中的位置和姿态，同时对整流罩对接部位和关键协调部位进行全面的控制，保证后续总装阶段与其他组件间的协调关系，工装形式如图 6.33 所示。

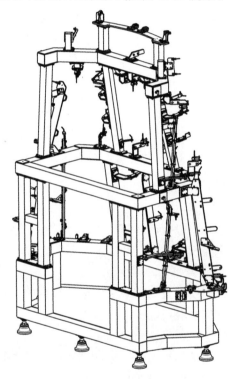

图 6.33　整流罩装配工装形式

6.3.6　雷达罩装配工装

1. 雷达罩结构特点

雷达罩产品通常为拉长的半球形结构，是飞机上保护雷达天线的重要结构，由罩体蒙皮、对接框、纵向件、铰链接头和防雷击条等结构组成。罩体蒙皮通常为复材整体成形零件，是保证组件整体气动外形和结构尺寸的最重要的构件，其他零件均为金属结构，其中对接框和铰链接头的安装定位精度要求高，直接关系到雷达罩整体与飞机机体的协调性。图 6.34 为雷达罩结构示意图。

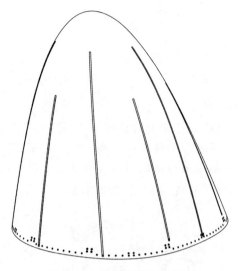

图 6.34　雷达罩结构示意图

2.雷达罩装配工装功能

雷达罩装配工装用于定位、夹紧飞机雷达罩上的罩体蒙皮、框、纵向件、铰链接头等零件,完成组件钻孔、连接等装配工作,并完成对接部位蒙皮修边、外形修切等加工工作。

3.雷达罩装配工装方案设计

(1)设计基准。

雷达罩装配工装设计基准一般与产品基准一致,选择蒙皮外形、框平面、纵向件腹板平面和铰链接头孔轴线等作为设计基准。

(2)协调方法选择。

雷达罩装配工装一般采用模拟量与数字量传递相结合的协调方法,应用模拟量协调保证雷达罩端框处平面、外形和铰链接头等关键要素,其余部位采用数字量协调。

(3)工装结构形式。

雷达罩装配工装通常采用整体框架式结构,底部设置带支腿的环雷达罩开口布置的框架,上部沿产品对中设置 C 形梁。

(4)产品定位方式。

蒙皮采用外形、顶部尖点及对接区端部为基准设置外形定位卡板和端面挡件定位,框采用定位孔和腹板面定位,铰链接头采用叉耳形式定位。

4.雷达罩装配工装结构设计

雷达罩装配工装结构设计的作用是为雷达罩组件中各零件提供精确而可靠的定位和夹持,保证组件在装配铆接过程中各零件的相对位置关系,确保雷达罩组件在飞机结构中的位置和姿态,同时对雷达罩对接部位和关键协调部位进行全面的控制,保证后续总装阶段与其他组件间的协调关系,工装形式如图 6.35 所示。

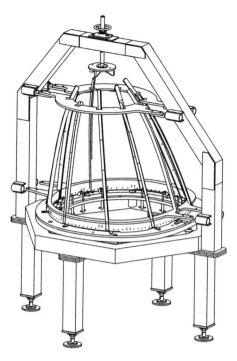

图 6.35　雷达罩装配工装形式

6.3.7　翼肋装配工装

1. 翼肋结构特点

翼肋是飞机的重要构成之一,机翼的横向受力骨架一般与翼型的形状一致,用来支持飞机机翼的蒙皮,维持机翼的剖面形状。肋组件一般包括钣金肋组件和整体机加肋。钣金肋装配组件主要由上、下缘条,肋腹板,加强角材等零件组成,有些钣金肋组件还装有一些接头和系统连接件。近年来,随着数控加工技术的广泛应用,飞机结构中钣金肋组件逐渐被整体机加肋所取代。

肋的上、下缘条用 T 形或 L 形铝型材加工成形,与腹板连接的一面为平面,另一面为与翼型有关的型面。肋腹板为薄铝板制成的钣金件,用于连接上、下缘条。加强角材用于加强结构或安装系统支架。肋产品结构示意图如图 6.36 所示。

2. 翼肋装配工装功能

肋装配夹具用于将肋缘条、腹板、加强角材、接头等零件定位、夹紧、钻孔并铆接在一起,用于钣金肋组件的铆接装配。

3. 翼肋装配工装设计方案

(1)设计基准。

肋装配工装设计基准一般与产品基准一致,选择肋平面、梁轴线和弦线作为设计基准。

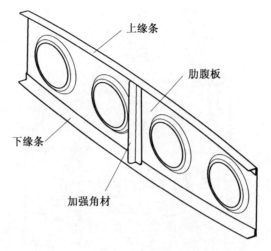

图 6.36　肋产品结构示意图

（2）协调方法选择。

肋装配夹具一般采用模拟量传递的协调方法。随着数字化技术的应用,采用数字量传递的逐渐增多。

（3）工装结构形式。

肋装配夹具通常采用整体框架式结构,框架按放置方式不同又分为移动式、固定式和转动式三种形式。

①移动式:成组布置的小型肋夹具集中安放在可移动的通用支架上,以减少占地面积。

②固定式:对于中、小型翼肋,可采用单独安放的固定式结构。

③转动式:对于较大的翼肋,考虑到产品上、下架和铆接装配的便利,应采用转动式结构。

（4）产品定位方式。

肋腹板采用定位孔定位,上、下缘条采用外形块定位,加强角材采用定位器定位,并设有压紧装置压紧产品。为提高钻孔工效,可按使用要求设计钻模板钻制产品连接孔。

4. 翼肋装配工装结构设计

翼肋装配工装结构设计的作用是为翼肋组件的加工、安装和调整提供精确而可靠的支撑和定位,以保证翼肋组件在飞机结构中的准确位置和姿态,从而确保飞机的飞行性能和安全性。对于较大的翼肋考虑到产品上下架和后续铆接装配的便利,应采用转动式结构。如图 6.37 所示翼肋装配夹具,为了便于产品上下架,采用转动式结构。腹板用定位孔定位;外形定位件同时定位缘条外形和腹板平面。采用了整体铝制钻模板钻制所有的铆接孔。

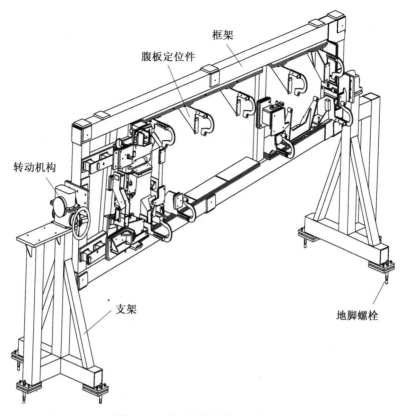

图 6.37　转动式翼肋装配型架

6.3.8　翼梁装配工装

1. 翼梁结构特点

翼梁是翼面中主要承受弯矩和剪力的纵向构件。翼梁由上、下缘条和腹板组成,在桁架式梁中由上、下缘条,直支柱和斜支柱组成。上、下缘条以受拉、受压的方式承受弯矩载荷,腹板则以受剪的方式传递切向载荷。常见的翼梁结构有三种,分别是腹板式翼梁、整体式翼梁、桁架式翼梁。

2. 翼梁装配工装功能

翼梁装配工装是用于翼梁组件的装配和定位的专用工装。其主要功能是将翼盒结构中的翼肋、钢管桁架等部件定位、夹紧、钻孔并铆接在一起,以确保整个翼梁组件的准确性和一致性。通过翼梁装配工装,可以保证翼梁组件与其他航空结构组件的配合和连接的精度和稳定性,提高飞机的安全性能和使用寿命。

3. 翼梁装配工装设计方案

(1)设计基准。

梁装配型架设计基准一般与产品基准一致,选择梁平面、肋平面和弦平面作为设计基准。

（2）协调方法选择。

梁装配型架可选择模拟量传递、数字量传递或模拟量传递与数字量传递相结合的协调方法。对于有互换协调关系的部位，一般用标工来保证。

（3）工装结构形式。

①骨架形式。

骨架分为框架结构和单梁结构，具体形式根据梁的高度尺寸确定。一般原则是梁的高度尺寸大于 300 mm 时，采用框架结构；梁的高度尺寸小于 300 mm 时，采用单梁结构。

②特殊要求。

如果梁型架比较长，考虑温度变化对产品的影响，框架可以采用全铝结构，也可采用钢骨架加铝膨胀板的结构形式。由于全铝结构工装成本高，综合性价比差，优先选用钢骨架加铝膨胀板的结构形式。

采用钢框架加膨胀板结构形式时，膨胀板与钢框架的连接要允许膨胀板沿长度方向随温度的变化可伸缩，因此膨胀板与钢框架的连接一般应定力，力太大，膨胀板被压死起不到补偿作用；力太小，膨胀板太松，会降低型架的定位精度。采用钢框架加膨胀板结构形式的装配夹具，所有定位件都必须安装在膨胀板上，膨胀板与钢框架、膨胀板与膨胀板之间的典型连接结构示意图如图 6.38 所示。

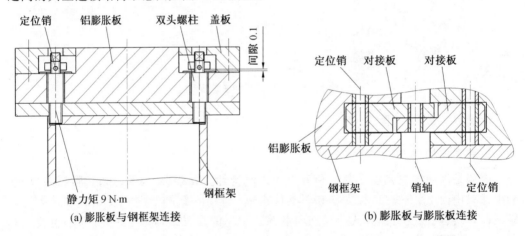

(a) 膨胀板与钢框架连接　　　　　(b) 膨胀板与膨胀板连接

图 6.38　膨胀板典型连接结构示意图

（4）产品定位方式。

翼梁在装配型架上的定位通常采用夹紧定位或铰接式定位。其中，夹紧定位是通过在型架和翼梁连接处加入固定件，如螺栓、销子等，进行夹紧，以实现相对位置的精确控制；铰接式定位则利用铰链连接型架和翼梁，通过限制相对运动而实现定位。

4. 翼梁装配工装结构设计

在飞机的制造过程中，翼梁装配工装结构设计是一个关键的步骤。它涉及确定最合适的材料和结构以及精确的组件装配方式，以确保飞机翼梁的质量和安全性。因此，在进行任何飞机制造之前，工程师们必须进行详尽的研究和规划，并且在整个过程中都要注意细节，以确保每个组件都能安全地连接在一起。图 6.39 所示为翼梁装配型架，型架为整体框架式。框架材料选用铝材 6061-T6,以消除温度变化对产品的影响。型架以梁平面作为设计基准,梁缘条用外形块定位,梁腹板用定位孔定位。为了方便梁的下架,缘条和腹板压紧件可转开。同时设有加强角材定位器及钻模,用于钻制梁腹板与缘条、加强角材的连接孔。为了提高钻孔工效,设置有钻模板钻制产品连接孔。除垂尾对接交点定位器按量规协调外,其他定位件采用激光跟踪仪安装。

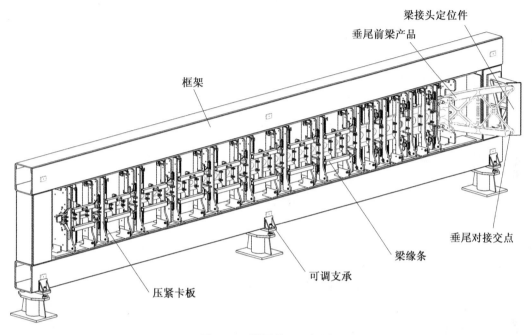

梁接头定位件
垂尾前梁产品
框架
垂尾对接交点
梁缘条
可调支承
压紧卡板

图 6.39　翼梁装配型架图

6.3.9　前缘装配工装

前缘类产品包括机翼前缘、内襟翼前缘、外襟翼前缘、垂尾前缘、平尾前缘等。根据装配需要前缘类装配夹具分为前缘钻孔夹具和前缘铆接夹具。

1. 前缘结构特点

前缘组件一般由前缘蒙皮、波纹板、前缘隔板(包括加强隔板和普通隔板)、连接角材和悬挂交点组成,外形为飞机理论外形。隔板为机加件或钣金件,通常都有隔板轴线位置要求,连接角材多为 T 形、L 形等截面的铝型材。前缘组件的共同特点是:外形曲率大,结构开敞性较差;零件多为钣金件,刚性差。前缘结构示意图如图 6.40 所示。

2. 前缘装配工装功能

前缘类装配夹具用于对前缘蒙皮、波纹板、前缘隔板、连接角材、悬挂交点等零件的定位、钻孔、铆接。有时还要在前缘装配夹具上完成一些系统件的安装或钻制系统件连接孔。

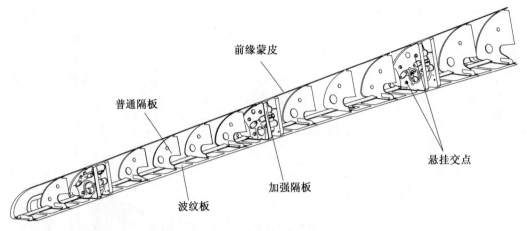

普通隔板

前缘蒙皮

悬挂交点

加强隔板

波纹板

图 6.40　前缘结构示意图

3. 前缘装配工装设计

（1）设计基准。

前缘类装配夹具的设计基准与产品基准一致，选择前梁平面、弦平面和前缘隔板平面作为设计基准。

（2）协调方法选择。

前缘类装配夹具多采用数字量传递与模拟量传递相结合的协调方法，用标工来保证互换协调部位，也可采用全数字量传递，完全按模拟量传递的已很少采用。

（3）工装结构形式。

前缘类装配夹具可选用固定式结构或转动式结构，骨架采用整体框架或单梁结构。产品在型架中的放置状态可以分为三种：前缘开口垂直朝上、前缘开口垂直朝下、前缘开口处在不同指定角度。

（4）产品定位方式。

前缘类装配夹具有骨架定位和外形定位两种方式。

①骨架定位方式：用隔板定位件定位前缘隔板，蒙皮用拉紧带或卡板压紧到隔板上，夹具上带有钻模，用于钻制隔板与蒙皮的连接孔。

②外形定位方式：用外形卡板或包络皮定位蒙皮外形，用压紧托板把隔板压紧到蒙皮上，压紧托板同时具有定位隔板轴线面的作用。

悬挂交点用交点定位件定位，通常连接于框架上。

4. 前缘装配工装结构设计

图 6.41 所示为整体框架式外襟翼前缘装配夹具。夹具中前缘开口朝下，侧向出架。夹具需定位子翼悬挂交点、前缘隔板、前梁、加强角材，定位并修切蒙皮，钻制蒙皮与前缘隔板的连接孔。夹具采用外形定位方式，用外形卡板定位蒙皮外形。设有前梁定位和压紧件，加强角材定位压紧件。子翼悬挂交点由于有协调要求，其定位器按量规安装，以保证交点孔位和间距的协调。

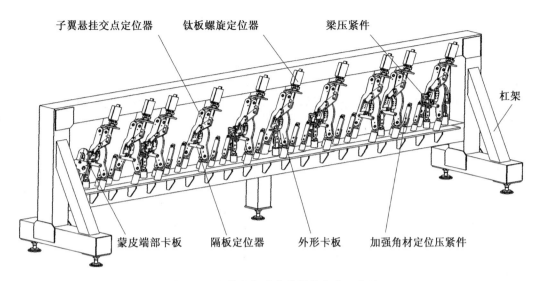

图 6.41　整体框架式外襟翼前缘装配夹具

6.3.10　升降舵装配工装

1.升降舵的结构特点

首先,升降舵是飞机的主要控制面之一,用于控制飞机的俯仰姿态。在常规布局的飞机中,升降舵通常位于水平尾翼的后缘处。其次,升降舵的结构通常由若干个部分组成,包括前缘、后缘、上表面和下表面等。前缘位于升降舵的前部,后缘位于升降舵的后部,上表面和下表面则位于升降舵的上下两侧。然后,升降舵还具有可调节的特性,可以通过操纵杆或者自动驾驶系统等进行控制。调整升降舵的角度可以改变飞机的俯仰姿态,从而使飞机上升或下降。最后,升降舵的设计还需要考虑强度和质量等因素。因为升降舵需要承受飞机在飞行过程中产生的巨大气动力,所以需要选用高强度、轻量化的材料进行制造。同时,设计也要考虑到质量的影响,尽量减轻升降舵的自身质量,以保证飞机整体的性能和安全。升降舵的外廓尺寸不大,零、组件数量较多,零件多为钣金件,此类产品还带有转动交点。因此,除气动外形要求外,转动轴线也应严格控制。

2.升降舵装配工装功能

通过对升降舵结构零件和转动交点的定位、夹紧,完成铆接装配工作,保证外形的准确及交点的协调。

3.升降舵装配工装设计方案

(1)设计基准。

升降舵装配型架设计基准一般与产品基准一致,选择梁平面、弦平面和隔板平面作为设计基准。

(2)协调方法选择。

升降舵装配型架目前多采用数字量传递与模拟量传递相结合的协调方法,用标工控制转动交点及对接面处外形的协调。随着数字化技术的发展,采用全数字量传递的将逐渐增多。

（3）工装结构形式。

型架骨架大多采用整体框架,用可调支承支撑在地面上。框架距产品边缘留有足够的空间,一般情况下不宜过小,便于产品的出架。如果采用转动结构,型架支撑必须与地坪固定,以防型架在转动过程中型架倾倒。升降舵装配型架一般采用立放结构,前缘向上或前缘向下。

（4）产品定位方式。

升降舵装配型架由于气动外形要求高,一般采用外形定位方式,用外形卡板定位蒙皮外形,以梁平面和端头定位梁,以外形和悬挂交点定位前、后缘组件。

4. 升降舵装配工装结构设计

图 6.42 所示升降舵装配型架为整体框架结构,采用外形定位方式。蒙皮用外卡板定位,外卡板不需在每个隔板位置处设置,使铆接装配通路开敞。隔板用外卡板或安装在外卡板上的隔板定位器定位。型架上设有前、后梁定位压紧件、尾边条定位件和升降舵转动交点定位件。升降舵转动交点由于有协调要求,其定位器按量规安装,以保证交点孔位和间距的协调。

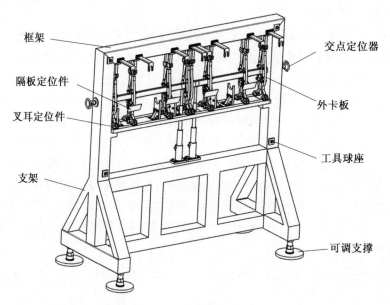

图 6.42　升降舵装配型架

6.3.11　襟翼装配工装

1. 襟翼结构特点

襟翼特指现代机翼边缘部分的一种翼面形可动装置,襟翼可装在机翼后缘或前缘,其基本效用是在飞行中增加升力。襟翼通常被收起,只有在降落或短距离起飞时才会伸展出来。依据所安装部位和具体作用的不同,襟翼可分为后缘襟翼、前缘襟翼。机翼前缘襟翼由内侧前缘襟翼和外侧前缘襟翼两部分组成,内侧前缘襟翼采用单梁式、多肋、金属铆接结构,斜梁为整体机加梁。内侧前缘襟翼布置有多个翼肋,肋为整体机加肋,其余肋为钣金肋。内侧前缘襟翼由多组铰链接头悬挂在机翼整体油箱段梁上。内侧前缘襟翼由安装在机翼油箱前段肋及隔板上的两个作动筒进行操纵。其中内襟翼结构示意图如图 6.43 所示。

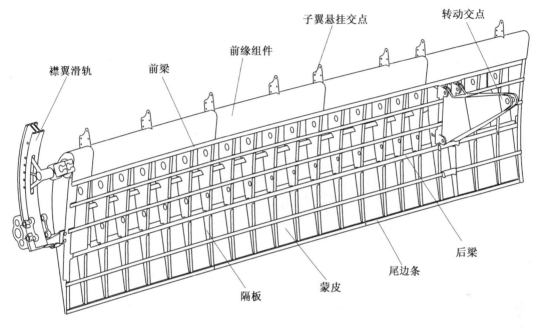

图 6.43 内襟翼结构示意图

2. 襟翼装配工装功能

襟翼装配工装通过对襟翼结构零件和转动交点的定位、夹紧,完成铆接装配工作,保证外形的准确及交点的协调。

3. 襟翼装配工装设计方案

(1)设计基准。

襟翼装配型架设计基准一般与产品基准一致,选择梁平面、弦平面和隔板平面作为设计基准。

(2)协调方法选择。

内侧前缘襟翼与机翼相应对接交点是该产品的重要协调部位。它们之间的协调是通过内侧前缘襟翼量规与机翼内段量规的协调来实现的,内侧前缘襟翼量规需与机翼内段量规进行对合协调。

(3)工装结构形式。

工装为框架式结构,上开合式卡板,产品侧方向上下架,方便产品上下架。

(4)产品定位方式。

上架后产品安置方向为内侧斜梁方向朝下。产品上架后,内前襟蒙皮最低处离地间隙1 200 mm,以方便工人安装。长桁通过卡板划线定位,内侧尾缘条通过腹板长桁定位器。

4.襟翼装配工装结构设计

骨架是型架的基体,用以固定和支撑定位件、夹紧件等其他元件,保证各元件空间位置的准确度和稳定性。此工装骨架由框架、挂架、支座三部分构成相互之间通过螺栓连接。骨架的所有零部件都由方管、钢板、角钢等型材经简单切割后焊接而成,降低了工装的制造成本和周期。型材焊缝处表面需焊上一块加强板,以增加骨架焊缝处强度。产品上下架时,卡板打开,挂在挂架的挂钩上,方便产品上下架。内襟翼装配工装形式如图6.44所示。

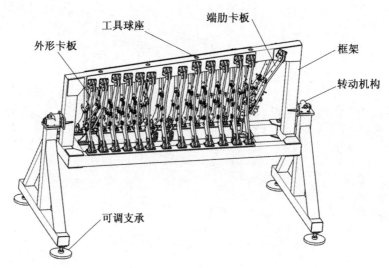

图 6.44　内襟翼装配工装形式

6.3.12　副翼装配工装

1.副翼结构特点

副翼是指安装在机翼翼梢后缘外侧的一小块可动的翼面。为飞机的主操作舵面,飞行员操纵左右副翼差动偏转所产生的滚转力矩可以使飞机做横滚机动。副翼主要由上蒙皮、下蒙皮、前缘组件、隔板、梁、尾边条及转动交点等组成,如图6.45所示。

2.副翼装配工装功能

通过对副翼结构零件和转动交点的定位、夹紧,完成铆接装配工作,保证外形的准确及交点的协调。

3.副翼装配工装设计方案

(1)设计基准。

副翼装配型架设计基准一般与产品基准一致,选择梁平面、弦平面和隔板平面作为

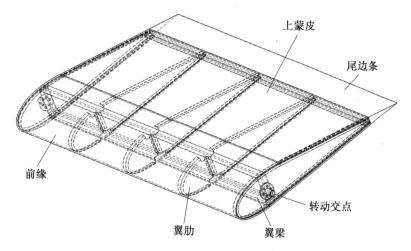

图 6.45 副翼的结构示意图

设计基准。

（2）协调方法选择。

副翼装配型架目前多采用数字量传递与模拟量传递相结合的协调方法，用标工控制转动交点及对接面处外形的协调。随着数字化技术的发展，采用全数字量传递的将逐渐增多。

（3）工装结构形式。

①放置方式。

副翼装配型架一般采用立放结构，前缘向上或前缘向下。对于较小的活动翼面类装配型架，考虑产品出、入架及铆接装配的方便，也可采用转动结构。

②骨架结构。

型架骨架大多采用整体框架，用可调支承支撑在地面上。框架距产品边缘留有足够的空间，便于产品的出架。如果采用转动结构，型架支撑必须与地坪固定，以防型架在转动过程中型架倾倒。

（4）产品定位方式。

①定位方式。

副翼装配型架由于气动外形要求高，一般采用外形定位方式，用外卡板控制产品的外形。

②结构件定位。

（a）蒙皮：用外卡板定位，外卡板布置在隔板位置处，卡板上带有蒙皮边缘挡件。为了使铆接通路开敞，不必在每个隔板位置处设置外卡板。

（b）隔板：以隔板平面定位。在外卡板上设置隔板平面定位件。

（c）梁：以梁平面和端头定位。在型架上设置梁平面定位支撑件和梁端头挡件。

（d）尾边条：以外形和端头定位。在型架上设置尾边条外形定位件和端头挡件。

（e）前、后缘组件：以外形和悬挂交点定位。用蒙皮外卡板控制组件的外形，并设置悬挂交点定位器。

③转动交点定位。

转动交点定位器一般设计成可拆卸或可移动结构。如果定位器与产品接头是叉耳配合,则配合面间应留有 $1\sim2$ mm 的间隙。

4.副翼装配工装结构设计

副翼装配工装是用于在飞机制造过程中安装副翼的工具和设备。图 6.46 所示副翼总装型架为整体框架结构,采用外形定位方式。蒙皮用外卡板定位,外卡板不需在每个隔板位置处设置,使铆接装配通路开敞。隔板用外卡板或安装在外卡板上的隔板定位器定位。型架上设有前、后梁定位压紧件,尾边条定位件和副翼转动交点定位件。副翼转动交点由于有协调要求,其定位器按量规安装,以保证交点孔位和间距的协调。

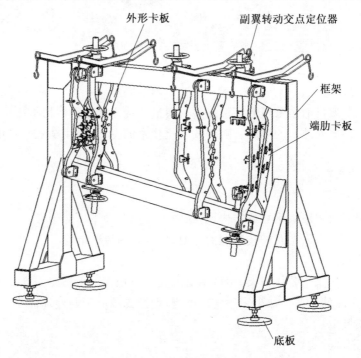

图 6.46　副翼总装型架

6.3.13　缝翼装配工装

1.缝翼结构特点

缝翼,又称"前缘缝翼",是增升装置的一种。其装在机翼前缘的活动翼面,打开时,向前推出与机翼形成一条缝隙,机翼下面的气流经过缝隙流到上表面,增加上翼面气流的速度,延缓气流层的分离,提高升力系数,降低失速速度。缝翼只在大迎角低速飞行时起作用。高速飞行时,缝翼收回,以减小阻力。缝翼主要由内蒙皮、外蒙皮、隔板、尾边条及转动交点等组成,如图 6.47 所示。缝翼的外廓尺寸不大,零、组件数量较多,零件多为钣金件,此类产品还带有转动交点。因此,除气动外形要求外,转动轴线也应严格控制。

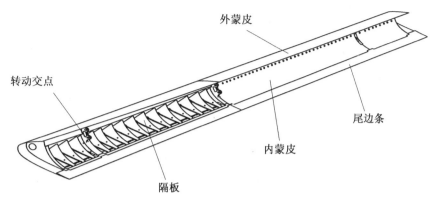

图 6.47　缝翼结构示意图

2. 缝翼装配工装功能

缝翼装配型架为单梁式结构。纵向缘条,既用以控制缝翼的后缘,又将各切面的固定卡板连成了整体,有利于其稳定性。通过对活动翼面类产品结构零件和转动交点的定位、夹紧,完成铆接装配工作,保证外形的准确及交点的协调。

3. 缝翼装配工装设计方案

(1)设计基准。

缝翼装配型架设计基准一般与产品基准一致,选择梁平面、弦平面和隔板平面作为设计基准。

(2)协调方法选择。

缝翼装配型架目前多采用数字量传递与模拟量传递相结合的协调方法,用标工控制转动交点及对接面处外形的协调。随着数字化技术的发展,采用全数字量传递的将逐渐增多。

(3)工装结构形式。

①放置方式。

活动翼面类装配型架一般采用立放结构,前缘向上或前缘向下。对于较小的活动翼面类装配型架,考虑产品出、入架及铆接装配的方便,也可采用转动结构。

②骨架结构。

型架骨架大多采用整体框架,用可调支承支撑在地面上。框架距产品边缘留有足够的空间,一般情况下不宜过小,便于产品的出架。如果采用转动结构,型架支撑必须与地坪固定,以防型架在转动过程中型架倾倒。

(4)产品定位方式。

①定位方式。

缝翼装配型架由于气动外形要求高,一般采用外形定位方式,用外卡板控制产品的外形。

②结构件定位。

(a)蒙皮:用外卡板定位,外卡板布置在隔板位置处,卡板上带有蒙皮边缘挡件。为了使铆接通路开敞,不必在每个隔板位置处设置外卡板。

(b)隔板:以隔板平面定位。在外卡板上设置隔板平面定位件。

(c)梁:以梁平面和端头定位。在型架上设置梁平面定位支撑件和梁端头挡件。

(d)尾边条:以外形和端头定位。在型架上设置尾边条外形定位件和端头挡件。

(e)前、后缘组件:以外形和悬挂交点定位。用蒙皮外卡板控制组件的外形,并设置悬挂交点定位器。

③转动交点定位。

转动交点定位器一般设计成可拆卸或可移动结构。如果定位器与产品接头是叉耳配合,则配合面间应留有 1~2 mm 的间隙。

4. 缝翼装配工装结构设计

图 6.48 所示为缝翼装配型架,用于缝翼梁、蒙皮、隔板、尾边条、缝翼转动交点的铆接装配。缝翼产品为全封闭结构,型面复杂,需定位的零、组件多,工作开敞性差。为满足产品不同部位的钻孔、铆接需要,型架采用转动结构。产品采用外形定位方式,缝翼转动交点定位器按量规协调安装。

6.3.14 胶接装配工装

胶接是将多个复合材料零件或金属零件通过胶膜或胶黏剂连接成一个整体组件的工艺方法。在常温或加温状态下,用于胶接复合材料零件或金属零件的工装称为复合材料胶接夹具。

(1)胶接夹具结构形式。

胶接夹具根据零件胶接工艺分为有气密要求和无气密要求两种类型。

有气密和热均匀性要求的胶接夹具适用于复合材料零件或金属零件的中温和高温胶接。这类夹具的主体结构与复合材料成形模具相同,不同的是夹具上增加了零件的定位、压紧装置,如图 6.49 所示。

无气密要求的胶接夹具适用于复合材料零件或金属零件的低温胶接。这类夹具一般采用金属框架式结构,主要由框架、定位件、压紧件组成,其结构与装配夹具相同,如图 6.50 所示。

(2)胶接装配工装产品结构特点。

胶接装配工装产品通常为复合材料制件,没有固定的产品尺寸、外形及装配关系等特征,一个装配组件包含的零件种类不会太多。

(3)胶接装配工装功能。

用于复合材料制件的零件定位、夹紧,随产品一起在热压罐内高温高压的环境下完成复合材料制件之间的胶接工作。

(4)胶接装配工装方案设计。

①设计基准。

胶接装配工装设计基准一般与产品基准一致,选择产品框平面、梁轴线等作为设计基准。

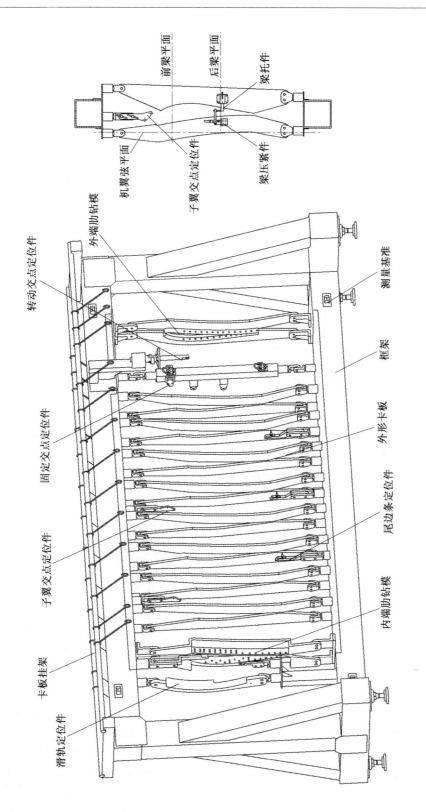

前梁平面
后梁平面
梁托件
机翼弦平面
子翼交点定位件
梁压紧件

转动交点定位件
外端肋钻模
测量基准
框架
固定交点定位件
外形卡板
尾边条定位件
子翼交点定位件
卡板挂架
内端肋钻模
滑轨定位件

图 6.48　缝翼装配型架

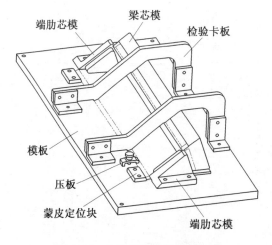

图 6.49　有气密要求的胶接夹具

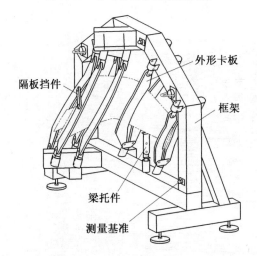

图 6.50　无气密要求的胶接夹具

②协调方法选择。

胶接装配工装一般采用数字量传递的协调方法。

③工装结构形式。

胶接装配工装通常具备一个整体底盘,在整体底盘上设置产品各类定位器及压紧器,胶接装配工装带有产品在进热压罐之前要进行密封制袋,整体底盘自身要具备密封特征且设置有制袋区。

④产品定位方式。

当产品外形作为装配要素时,产品外形为基准定位之一,通常产品的腹板面、边缘、耳片孔也会作为产品的定位基准。

(5)胶接装配工装结构设计。

胶接装配工装结构设计的作用是为胶接组件中各零件提供精确而可靠的定位和夹

持,高温环境下工装自身结构稳定,保证组件在高温高压交接固化过程中各零件的相对
位置关系,确保产品关键装配要素满足产品质量要求,满足后续装配协调要求。图 6.51
为铰接装配工装。

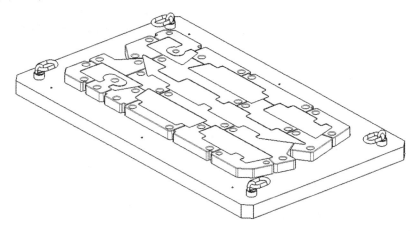

图 6.51 胶接装配工装

（6）复合材料胶接夹具典型结构。

①扰流板胶接夹具。

图 6.52 所示扰流板胶接夹具为金属框架结构,由型板、金属框架、肋芯模、梁芯模、
检验卡板和交点定位件等组成。两侧边肋芯模用于定位肋和型面,梁芯模用于定位槽型
梁和型面,所有外形定位件和交点定位件均设计为可打开式或可卸式,便于零件取出。

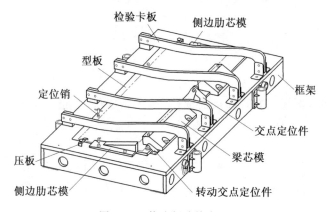

图 6.52 扰流板胶接夹具

②盖板胶接夹具。

图 6.53 所示盖板胶接夹具由型板、金属框架、定位销等组成,零件采用定位销定位。

③襟翼胶接夹具。

图 6.54 所示襟翼胶接夹具由型板、金属框架、定位芯模、支撑块、硅橡胶软模等组
成。定位芯模与型板采用活动销钉定位,支撑块与型板无连接,硅橡胶软模受热膨胀对
支撑块施加压力,从而一次完成所有零件的胶接。

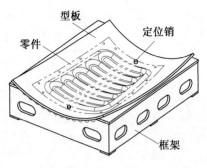

图 6.53　盖板胶接夹具

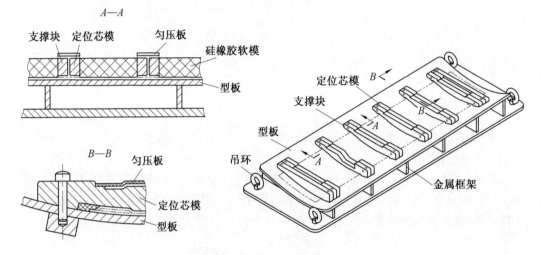

图 6.54　襟翼胶接夹具

④前缘胶接夹具。

图 6.55 所示前缘胶接夹具由型板、金属框架、框板、可调式压紧件等组成。型板外形曲率较大,框架由框板和方管焊接而成,型板预弯成形,与框板焊接或螺接;另外还需设置零件定位孔钻床夹具。

⑤翼尖胶接夹具。

图 6.56 所示翼尖胶接夹具由框架、隔板定位件、夹紧件、托件、外形卡板等组成。一般在肋、隔板处设置外形卡板、托板,卡板上设置夹紧件。由方钢、角钢、板等焊接成整体框架。

⑥反射器胶接夹具。

图 6.57 所示反射器胶接夹具由安装平台、支架、定位压紧件、定位板、定位销等组成。在安装平台上设置支架,安装可卸式定位板。在夹具上将零件按标记线、孔定位压紧后,进行装配胶接。

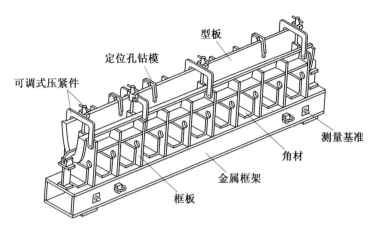

图 6.55　前缘胶接夹具

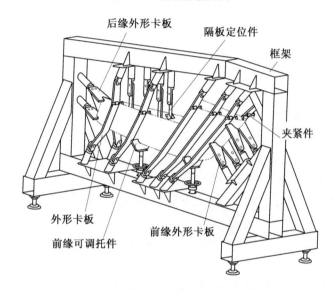

图 6.56　翼尖胶接夹具

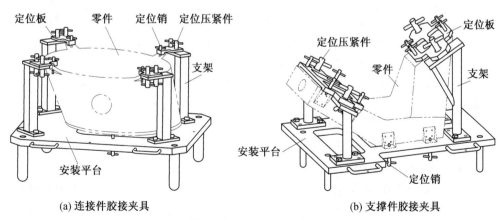

(a) 连接件胶接夹具　　　　　　　　(b) 支撑件胶接夹具

图 6.57　反射器胶接夹具

6.3.15 壁板类自动钻铆工装

(1)工装功能。

铆接装配是飞机制造过程中的关键环节。飞机连接的装配质量决定着其结构的抗疲劳性与可靠性。随着自动化发展进程的加快,为了满足飞机的高性能要求,飞机制造开始大量应用自动钻铆系统。

在飞机装配中,自动钻铆技术主要应用于紧固件安装工作量大、表面质量要求严、紧固件种类单一和具有较好开敞性的装配件。与传统的手工铆接相比,自动钻铆具有工作效率高、质量波动小以及铆接结构抗疲劳性能强等优势。

自动钻铆机是集电气、液压、气动、自动控制为一体,应用于航空、航天紧固件安装的专用设备。它不仅可以实现组件或部件的自动定位,还可以一次完成钻孔、锪窝、涂胶、送钉和紧固件安装过程,或独立完成上述操作的一种或几种操作的组合,是现代飞机装配中常用的设备。自动钻铆机可以对各种材料钻孔和锪窝,如铝合金、不锈钢材料、钛合金、凯芙拉和碳纤维复合材料等,可以完成普通铆钉、干涉配合铆钉、抽钉、高锁螺栓、抗剪紧固件的安装。

(2)工装方案设计。

飞机壁板自动钻铆应用是对前段上壁板的 3 块小壁板进行自动钻铆。3 块小壁板通过柔性工装完成预组合,连同小围框一起下架,安装到自动钻铆系统的大围框上,实现自动钻铆。小壁板预组合过程中,根据自动钻铆要求,在预组合工装上完成长桁、剪切片、蒙皮的定位,并按照长桁上的预定位导孔进行预紧连接,完成预装配。自动钻铆的核心是离线编程,所需参数通过一系列自动钻铆试验得出。自动钻铆试验方案设计如下。

①试片设计。

根据被加工壁板结构,分析其材料、夹层厚度等信息,规划 10 类试片。

②铆钉选型。

根据被加工壁板铆钉规格种类,选取试验用铆钉。

③试验方案设计。

在选择试片、铆钉的基础上,采用正交试验法,规划试验项目、需要验证的参数等。试验分为制孔参数试验和铆接参数试验。制孔试验测量项包含孔径、毛刺高度、粗糙度、窝角度、窝高度等。铆接试验测量项有干涉量、镦头直径、镦头高度、单边间隙等。

在上述试验的基础上,得出相关的自动钻铆参数,指导自动钻铆离线编程,实现壁板的自动钻铆。飞机机身壁板组件自动钻铆应用如图 6.58 所示。

6.3.16 起落架护板工装

(1)起落架护板结构特点。

图 6.59 所示的起落架护板具有轻量化、高强度、阻力小、耐用等特点,可以有效地保护起落架。起落架护板一般呈翼形或者 U 形,可以有效地阻挡外部的空气流动,降低飞机的阻力,提高飞机的飞行性能和安全性。

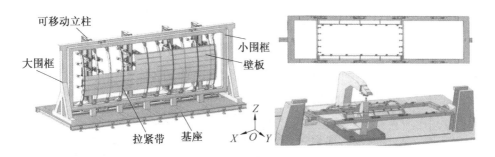

图 6.58　飞机机身壁板组件自动钻铆应用

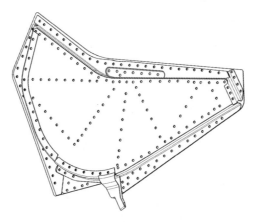

图 6.59　起落架护板

（2）起落架护板装配工装功能。

起落架护板装配工装用于将起落架护板、支撑件、连接件定位、夹紧、钻孔并铆接在一起，用于起落架护板的安装组装。

（3）起落架护板装配工装设计方案。

①设计基准。

起落架护板型架的设计基准一般与飞机的整体结构基准一致。型架的设计基准主要包括起落架护板的定位孔和起落架支架的定位孔。针对不同类型的飞机，型架的设计基准可能会不同。一般情况下，型架的设计基准会选择起落架护板的平面、支架轴线和支架法线作为基准面。此外，型架的设计基准还需要考虑飞行时可能发生的振动和冲击，确保型架具有足够的强度和刚度。

②协调方法选择。

起落架护板型架的协调方法选择需要根据具体情况进行考虑。一般而言，数字量传递与模拟量传递相结合的协调方法比较常见，这种方法可以利用数字化的手段精确计算部件之间的协调关系，同时通过标准件来保证互换性，从而提高生产效率和产品质量。

③工装结构形式。

起落架护板型架的工装结构形式需要根据具体的设计和制造要求来选择。一般而言，可以选择固定式结构或转动式结构，这两种结构形式的选择主要取决于起落架护板的形状和轮廓。另外,骨架的结构形式选择整体框架,起落架护板型架的工装放置状态为垂直朝上。

④产品定位方式。

起落架护板型架的工装产品定位方式需要根据具体的工装结构和起落架护板的外形特征来选择。一般而言,外形定位方式可以有效地控制产品的外形,减少误差和浪费,从而提高生产效率和产品质量。在起落架护板型架工装中,可以采用外卡板、定位夹具等方式来控制产品的外形,从而确保产品的精度和一致性。另外,在起落架护板型架工装的设计和制造过程中,我们还需要综合考虑产品的支撑方式和支撑点的位置,以确保产品的稳定性和安全性。在选择起落架护板型架工装产品定位方式时,需要综合考虑以上因素,并根据生产实际情况做出最合适的选择。

(4)起落架护板装配工装结构设计。

起落架护板型架是一种用于支撑起落架护板的夹具。为了便于装配和拆卸,该型架采用可拆卸式结构。夹具体内设有定位孔和定位凸台,用于定位起落架护板,并保持其平面度。此外,夹具采用铆钉连接,确保连接牢固。所有铆接孔都采用整体钻孔的方式完成,以保证精度和一致性。起落架护板装配型架如图 6.60 所示。

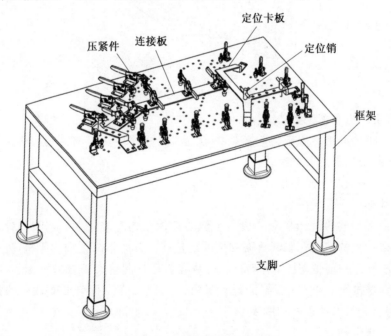

图 6.60　起落架护板装配型架

6.3.17　发动机舱门装配工装

(1)发动机舱门结构特点。

发动机舱门组件结构主要包括舱门主体、铰链,有时还包括锁环支座。舱门主体一般为分块结构,相互之间通过形状似框的铰链连接固定,对缝与边缘采用锯齿对接的形式,典型发动机舱门结构如图 6.61 所示。

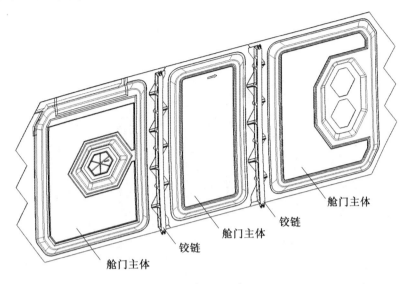

图 6.61 典型发动机舱门结构

(2)发动机舱门装配工装功能。

发动机舱门装配工装主要用于舱门组件的装配,是对组件中的舱门主体与铰链等主要零件进行定位、夹紧,以便实施铆接装配。应保证舱门主体与铰链的协调,以及舱门外形和边缘满足对接装配的技术要求。

(3)发动机舱门装配工装方案设计。

①设计基准。

发动机舱门装配工装的设计基准一般与产品基准一致,选择飞机对称平面,铰链的交点孔等基准。

②协调方法选择。

发动机舱门装配工装多采用数字量传递。

③工装结构形式。

发动机舱门装配工装的框架结构形式一般采用模块化框架,即采用工装标准模块直接在现场组合搭接形成的框架。

④产品定位方式。

发动机舱门主体一般以舱门外形面与工艺耳片孔为定位基准,铰链以交点孔为定位基准。

(4)发动机舱门装配工装结构设计。

发动机舱门装配工装一般采用立式装配,其框架应保证产品最低点距地面不小于 500 mm,框架与产品边缘应留出铆接空间,通常其距离产品边缘应该 200 mm 左右。舱门主体以耳片孔为基准,设置定位器,并设置外形定位卡板与内形压紧卡板,卡板位置不得阻碍铰链的铆接操作通路,内形压紧卡板上的压紧器需设置为可调节压紧力的螺旋压紧结构,并将压点置于外形定位卡板的定位面上。铰链以其上的回转交点孔为基准,设置可拆卸的工装定位器,若铰链为单孔结构,则还需设置压紧器使铰链与舱门主体能够贴紧,双孔则无须压紧,为保证锯齿边缘在后续对接时的缝隙与阶差,设置对缝边缘检查块,如图 6.62 所示。

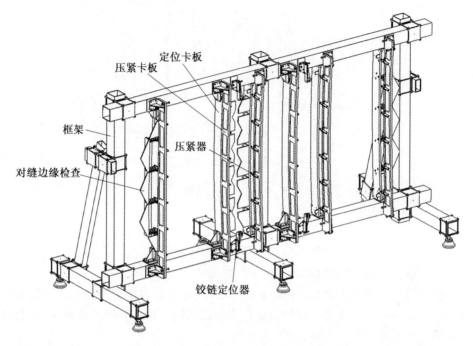

定位卡板

压紧卡板

框架

对缝边缘检查

压紧器

铰链定位器

图 6.62　典型发动机舱门装配工装

6.3.18　发动机固定框工装

(1)发动机固定框结构特点。

发动机固定框由框缘、腹板、支柱、加强型材等零件组成。其框缘外形也采用了飞机理论外形的等距面,并且与其他机身结构有较好的协调关系。发动机固定框需要具备承载发动机质量和连接发动机与飞机结构的功能,因此它的框架与其他零部件之间需要相互连接,确保整体具有足够的强度和刚度。发动机固定框的支柱、加强型材等关键零部件同样需要采用高强度材料制造,以确保它们能够承受高强度的振动和荷载。在发动机固定框上,还需要安装一些系统件和系统件连接支座等附件,以确保发动机和飞机的系统正常运行。为了确保发动机固定框的安全性和质量,制造和安装过程需要经过严格的质量控制和测试。同时,在产品分离面处的对接框上也需要制出对接孔,以确保整个结构更加牢固和稳定。发动机固定框如图 6.63 所示。

(2)发动机固定框工装功能。

发动机固定框工装可以对各个组件进行精确的定位和夹紧,以保证组件在装配过程中的准确性和稳定性。发动机固定框工装可以提供合适的夹具,以便进行钻孔和铆接操作时,令组件保持固定的姿态,并具有足够的刚度和稳定性。发动机固定框型架可能还需要完成一些系统件的安装或钻制系统件连接孔的任务。

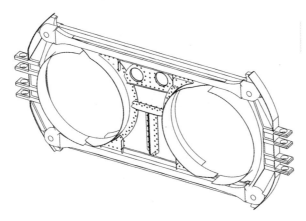

图 6.63　发动机固定框

（3）发动机固定框工装设计方案。

①设计基准。

发动机固定框型架各个部分的设计基准应该与整个产品的设计基准相同，即选择框平面、飞机水平基准面和飞机对称平面作为设计基准。在具体操作中，需要按照相关标准和规范进行实际的设计和制造，确保符合工程要求和质量要求。

②协调方法选择。

发动机框装配型架一般采用模拟量传递的协调方法。随着数字化技术的应用，采用数字量传递的逐渐增多。

③工装结构形式。

立放形式可以提供更多的支撑面积和强度，立放适用于铆接部位较多的大型框装配，便于铆接装配。

④产品定位方式。

框架设计中通常会预留一些定位孔，可以通过这些孔来实现框架的定位。发动机固定框型架通常由多个弯曲的部件组成，这些部件的弯曲角度和长度均有设计要求，弯曲的部件、加强型材等用其轴线面和端头定位，以确保框架的位置和方向。

（4）发动机固定框工装结构设计。

图 6.64 为发动机固定框装配型架，框架是根据定位件的布置需要，用方管焊接的多边形骨架，骨架上面还焊接有用于安装定位件的垫板。骨架应尽量躲避开产品铆接区域，以便使产品在夹具上能够完成大部分的铆接工作量。

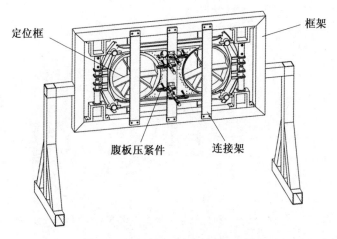

图 6.64　发动机固定框装配型架

6.4　部件装配工装

6.4.1　机身装配工装

机身总装型架是用来形成机身部件或者较大组件的大型装配工装,参与机身总装的产品装配单元主要包括壁板、框、梁和其他组件,以及一些产品零件等。

（1）机身结构特点。

飞机的机身是连接机翼、机尾和发动机的主要部分,承担着飞机承载、保护和传递动力的重要任务,它有着轻量化、强度高等特点。

（2）机身工装功能。

利用工装元件支撑、定位、夹紧各产品装配单元,完成产品铆接装配,保证各组件的相对位置关系,保证机身几何外形的准确及对接部位的协调。

（3）机身总装设计方案。

①设计基准。

机身总装型架的设计基准与产品基准一致,选择框平面、飞机水平基准面和飞机对称平面为设计基准。

②协调方法选择。

机身总装型架目前多采用数字量传递的协调方法。也可采用数字量传递与模拟量传递相结合的协调方法,用标工来保证互换协调部位。

③工装结构形式。

机身总装型架由于外廓尺寸大、定位元件分散,因此通常采用多支点可调整体底盘、分散式框架的结构形式。定位元件连接在分散的框架上,各个分散的框架连接在底盘上。采用多支点可调整体底盘可以减小因地坪下沉对型架的影响。

总装型架的结构布局应遵循"小集中,大分散"的原则,邻近的定位元件应尽可能集中在一个骨架上,分散的骨架通过整体底盘连成一体。

④产品定位方式。

总装型架首先要考虑对接面的定位方式,一般采用型架平板控制对接处的孔、面和外形。除对接面外,其他部位的定位方式通常有外形定位、内形定位、孔定位、工艺接头定位等。

(a)外形定位。

对于机身直径较小、气动外形要求较高的产品部件,通常采用以外形定位为主的定位方式,用外形卡板来控制机身蒙皮外形。

(b)内形定位。

对于机身直径较大、气动外形要求不高的产品部件,通常采用以内形定位为主的定位方式,用内形卡板来控制机身蒙皮内形。

由于内形卡板布置在机身内部,和型架骨架连接受到限制,一般通过机身上的开口设置连接件,将内形卡板连接到型架骨架上。

(c)孔定位。

孔定位就是将对产品外形的控制转换到和外形有确定关系的孔上,通过对孔的定位来间接保证产品外形。

(d)工艺接头定位。

工艺接头是指连接在产品上的工装元件,随产品一起进入下一道装配工序,起到转换定位的作用。即对难以直接定位的产品,将对产品的定位转化为对工艺接头孔、面的定位,目的是简化型架结构。

在机身总装型架中,参与装配的主要组件是壁板。为了便于总装时的定位,在壁板装配型架中设置工艺接头,通过长桁与蒙皮的铆钉孔连接在壁板上,保证工艺接头和壁板几何外形的协调。这样,总装型架中通过定位工艺接头就定位了壁板组件。

(4)机身总装工装结构设计。

机身总装是部件装配过程的延续,是飞机装配的最后阶段。飞机总装的任务是将飞机结构部件进行对接,在机上进行各种功能装置和功能系统的安装、调整、试验及检测,使飞机成为具有飞行功能和使用功能的完整的整体。一个好的机身总装工装结构设计能够提高生产效率,减少错误和事故的发生,并降低制造成本。

机身总装型架如图6.65所示,总装型架的梁包含固定梁和活动梁。活动梁有可卸梁、移动梁和转动梁三种形式,飞机总装型架多采用矩形等截面梁,梁截面尺寸通过刚度计算确定。设计时往往按简支梁模型计算梁的挠度变形,进而确定梁的截面尺寸。梁的许用挠度值一般取 $0.1\sim0.2$ mm。机身总装型架立柱和梁、立柱和底盘之间采用螺栓和销钉连接,结合面用环氧水泥补偿。机身部件对接面处多采用型架平板定位,用于定位对接面和对接孔。也可能以型架平板为基础,安装机身对接部位某些产品结构的定位器,型架平板还可以用来精加工框缘对接孔。

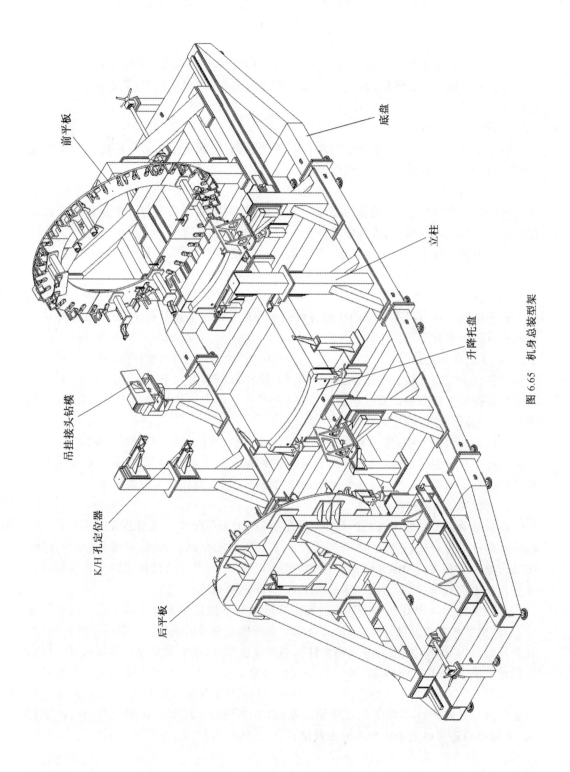

前平板

底盘

立柱

升降托盘

吊挂接头钻模

K/H 孔定位器

后平板

图 6.65　机身总装型架

6.4.2　外翼翼盒装配工装

(1)外翼翼盒结构特点。

外翼翼盒分为外翼盒段、固定前缘、固定后缘和翼尖 4 部分。外翼盒段通常由前后梁、上下壁板、翼肋及主起连接结构组成;固定前缘通常由整流罩和多段固定前缘组成;固定后缘由内/外襟翼舱和副翼舱组成,各舱段之间设置固定段。

外翼翼盒气动外形容差要求高,协调类型杂,协调部位多,协调精度高,协调困难;需装配的零、组件尺寸大,质量重,上架困难,连接件品种多,数量大,夹层材料钻孔的占比高,夹层材料组合类型多样,钻孔难度大。

(2)外翼翼盒总装工装功能。

外翼翼盒总装工装用于将前缘组件、后缘组件、梁间肋组件、上/下壁板组件、内/外襟翼滑轨接头、吊挂下翼面接头等零组件定位、夹紧、钻孔并连接,将其装配成外翼翼盒。

(3)外翼翼盒总装工装方案设计。

外翼与中央翼之间的连接可划分为工艺分离面连接和设计分离面连接。典型工艺分离面连接,外翼和中央翼采用梳状接头对接;典型设计分离面连接,外翼和中央翼采用上下壁板和前后梁构成围框结构对接。

外翼翼盒总装工装的产品定位方式、协调方法等都与外翼与中央翼之间对接结构相关,因此外翼翼盒总装工装可分为工艺分离面外翼翼盒总装工装和设计分离面外翼翼盒总装工装,简称工艺分离面外翼总装和设计分离面外翼总装。

①设计基准。

外翼翼盒产品装配采用以骨架为基准的装配。

外翼翼盒总装工装的设计基准,通常选择肋平面和与肋平面垂直的梁平面。

外翼产品的工装定位基准,通常选择产品的设计基准,即在骨架数模里定义的理论曲面、平面、轴线面、轴线和点。

②协调方法选择。

外翼翼盒总装工装的协调方法可采用模拟量混合协调或数字量协调。

工艺分离面外翼总装采用模拟量混合协调,外翼梳妆接头的孔与面采用标准平板协调,其余部分采用数字量协调;设计分离面外翼总装采用基于 MBD 技术的数字量协调。

③工装结构形式。

(a)按外翼在工装中放置状态,外翼翼盒总装工装分为立式工装和卧式工装两种类型,立式工装按前缘放置位置分为前缘朝下工装和前缘朝上工装。

(b)按外翼从工装吊出方式的不同,外翼翼盒总装工装分为活动梁工装和翻转吊挂下架式工装。它们的区别在于产品相对于框架的位置及产品下架的吊挂不同。活动梁工装上梁可移动,上梁处于定位状态时,外翼位于上梁下方,外翼未偏置在梁的一侧。上梁移动到非定位状态时,采用常规吊挂将外翼下架。翻转吊挂下架式工装,外翼位于固定上梁的下方,其未偏置或明显偏置在梁的一侧。外翼采用翻转吊挂下架,先将外翼吊离工装并移动到安全区,然后在吊挂液压缸的驱动将外翼由垂直状态翻转为水平状态并放置于运输车上。

（c）按外翼翼盒总装工装与地基连接关系，其分为整体底盘可调支撑工装和分散式固定连接工装。无论是可调连接或是固定连接，在外翼翼盒总装工装与地面接触区域必须做局部或整体地基。

（d）按外翼翼盒在工装内布置方式，其分为集合式工装和分布式工装。集合式工装将左侧和右侧外翼翼盒在工装内共架装配；分布式工装将左侧或右侧外翼翼盒分别在对应一侧的外翼翼盒总装工装上各自装配。

外翼翼盒总装工装结构形式可以依据4种分类并结合装配对象的结构特征和产品所处的阶段及产能需求，通过排列组合，综合判断得到外翼翼盒总装工装的总体方案。

④产品定位方式。

外翼产品结构会因机翼布局、发动机配置和主起落架的位置不同产生局部变化，如下所述产品定位方式是基于下单翼、发动机翼吊式、主起落架布置在外翼上大型飞机的外翼。它是飞机的典型布局，具有代表性。

（a）交点类零、组件定位。

以交点孔和面为基准，采用工装定位器定位。适用于前缘组件、后缘组件、内/外襟翼滑轨接头、吊挂下翼面接头的定位。

（b）型面类零、组件定位。

以翼面外形、轴线面为基准，采用工装定位器定位。适用于后缘组件、梁间肋组件、上/下壁板组件的定位。

（c）工艺结构定位。

以产品上工艺结构特征为基准，采用工装定位器定位。适用于上/下壁板组件定位。

（d）产品间互定位。

以定位的甲产品的结构为基准，来完成乙产品定位。适用于大部分零、组件定位。

（4）外翼翼盒总装工装结构设计。

①框架刚度。

框架设计采用材料及结构通常有两种，一种是型钢为基材的焊接结构，另一种是钢板为基材的焊接结构。型钢为基材的焊接结构梁截面尺寸选择受限、成本高、质量大、材料性能发挥不充分。钢板为基材的焊接结构，梁截面尺寸按设计需求选择，质量可通过结构设计进行有效控制，成本低、材料性能发挥充分，因此外翼翼盒总装工装框架采用以钢板为基材的焊接结构。

②温度场对场定位结构精度的影响。

针对温度场对定位结构精度的影响问题，目前存在两种解决方案：方案一是采用与产品同种材料或膨胀系数接近的材料做工装结构；方案二是将定位结构置于与产品同种材料或膨胀系数接近的材料的膨胀体上，将多组膨胀体通过传力结构连接成膨胀系统。方案一结构简单，成本过高，基本不适用于外翼翼盒总装工装；方案二是目前外翼翼盒总装工装设计时的首选方案。

依据膨胀体外形特征分为膨胀板结构和膨胀杆结构。膨胀板结构中，膨胀板是工装定位器的安装基体,工装定位器随膨胀板运动;膨胀杆结构中,膨胀杆是用来传递膨胀力的,工装定位器在膨胀杆的作用下,协同移动。

工装膨胀结构设计,既可以采用单一膨胀板结构,也可以采用膨胀板和膨胀杆组合结构。

外翼翼盒总装工装膨胀结构设计要遵循以下原则:

(a)膨胀结构必须要设置固定点,固定点尽量设置在产品的一端。

(b)多组膨胀结构各自设置固定点位置在工装基准中要尽量接近。

(c)膨胀板之间或膨胀杆之间必须设计传力结构,传力方向沿膨胀主方向。

③组件上下架安全性问题。

组件上架时,采用传统吊挂,在工人牵引下至接近定位器位置,稳住吊挂后由工人牵引产品局部,插入产品关键定位销,再逐步插入其余定位销,将产品导入定位状态,移除吊挂。此方法风险性较大,过度依赖专业操作人员的技能。

因此,在外翼翼盒总装工装结构设计时,要采用如下结构:在工装上梁设计前缘吊挂定位和支撑结构,限定吊挂位置,稳定吊挂姿态。在工装下梁设计后缘组件加载装置,加载装置可外伸到下梁之外,后缘组件由吊挂先吊入加载装置,由人工推动将后缘组件推动到定位位置,完成地定位。通过设计以上结构,可以解决安全性问题。

④工装结构的精益化。

工装结构的精益化改进,在结构设计时要关注以下几个问题:

(a)工装结构设计是否可实现快速定位。

(b)工装结构是否可实现非拆卸。

(c)工装可卸结构是否太重。

(d)工装可卸结构是否要做防差错设计。

(e)工装移动定位结构是否对工作位置做出标识。

(f)与产品接触的结构是否会损伤产品。

图 6.66 为翼盒装配工装典型结构图。

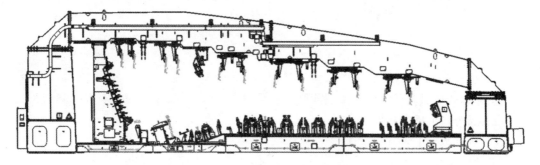

图 6.66 翼盒装配工装典型结构图

6.4.3 机翼装配工装

(1)机翼结构特点。

机翼是飞机的关键部件,其技术性能是飞机总体性能的主要体现。机翼结构关系复杂,对材料和工艺的要求高,是飞机制造的重要环节。机翼的前梁、后部、肋、壁板等分别以组件状态进入总装。机翼气动外形要求高,协调环节多,外廓尺寸大,产品结构的开敞性差,如图 6.67 所示。

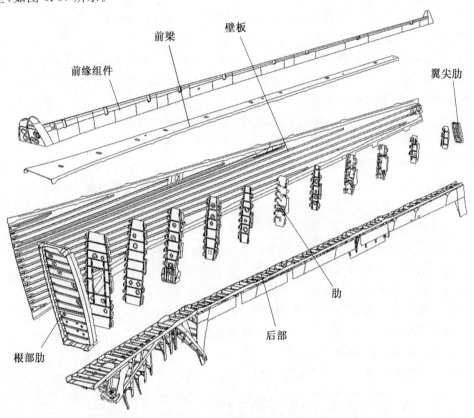

图 6.67　机翼结构示意图

(2)机翼装配工装功能。

机翼总装型架用于定位并装配前梁或前梁与前缘对合件、后部、肋、壁板及其相关交点,使其成为一个机翼部件。

(3)机翼装配工装方案设计。

①设计基准。

机翼总装型架设计基准与产品基准一致,选择肋平面、弦平面、梁平面作为设计基准。

②协调方法选择。

机翼总装型架目前多采用数字量传递与模拟量传递相结合的协调方法,用标工来保证互换协调部位；也可采用全数字量传递的协调方法。

③工装结构形式。

机翼总装型架大多采用整体底盘结构，定位元件布置在上、下梁和两端肋定位支架上，通过立柱和整体底盘将两端肋定位支架及上、下梁连成整体。

（a）整体底盘通常采用整体焊接结构，有时也采用分段焊接后组合或铸铝标准块拼接组合的结构。

（b）型架上梁通常采用单梁结构。当上梁较长时，为了保证刚度，可设计成桁架结构。

（c）两端肋定位支架可采用移动结构或转动结构。

（d）型架上梁采用单梁结构时，可把左右两台型架置于一个底盘上，并把左右两台型架上梁用钢管或槽钢连成整体，以增加型架的稳定性。

④产品定位方式。

根据产品结构特点和装配需要，机翼类产品定位可分为外形定位和骨架定位两种方式。

（a）对于带有钣金组合肋的产品通常采用外形定位方式，用外形卡板定位壁板外形。

（b）对于带有整体机加肋的产品通常采用骨架定位方式，无须外形卡板，翼肋按定位好的前、后梁组件定位，壁板则按形成的骨架定位。

（4）机翼工装结构设计。

图 6.68 所示为机翼总装型架 1，为钢框架结构，采用了多支点可调整体底盘。产品为外形定位方式，前梁、肋和壁板以外形定位，后梁以襟、副翼悬挂交点和外形定位。型架的上梁偏置，产品从上方出架。

图 6.69 所示为机翼总装型架 2，为钢框架结构，采用了多支点可调整体底盘。产品为骨架定位方式。后梁的定位基准为襟、副翼的悬挂交点，前梁用腹板上的定位孔定位，前、后梁定位件沿翼展方向为游动结构，以补偿温度变化的影响；根部肋处设型架平板，用以控制分离面处外形和对接孔；翼尖肋定位件采用导轨移动结构，控制对接面和外形；普通肋按已定位的前、后梁定位，用外形检验样板控制肋与梁的外形阶差。

6.4.4　垂直尾翼装配工装

（1）垂直尾翼结构特点。

垂直尾翼仅布置在飞机轴线的上部，因为在起飞着陆时，飞机头部上仰，尾部离地很近，无法布置垂直尾翼。垂直尾翼的前梁、后部、肋、壁板等分别以组件状态进入总装。垂直尾翼气动外形要求高，协调环节多，外廓尺寸大，产品结构的开敞性差。

（2）垂直尾翼总装型架工装功能。

垂直尾翼总装型架用于定位并装配前梁、后部、肋、壁板及其相关交点，使其成为一个尾翼部件。

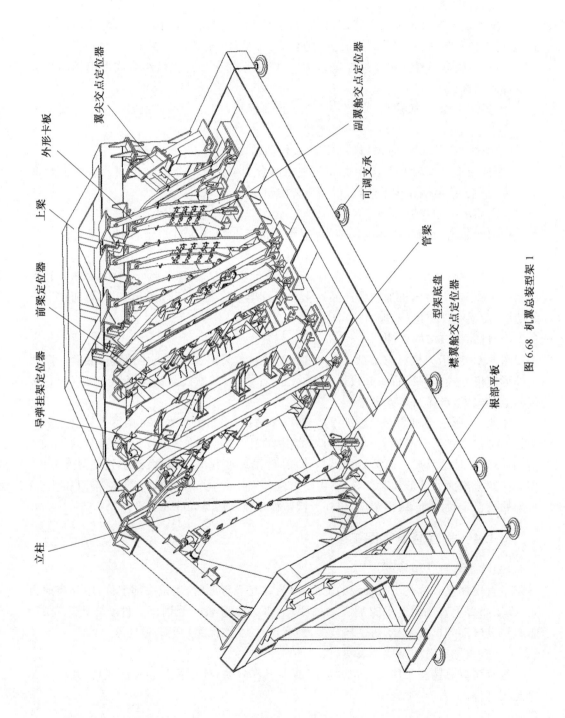

图 6.68　机翼总装型架 1

翼尖交点定位器
外形卡板
上梁
前梁定位器
导弹挂架定位器
立柱
副翼舱交点定位器
可调支承
管梁
型架底盘
襟翼舱交点定位器
根部平板

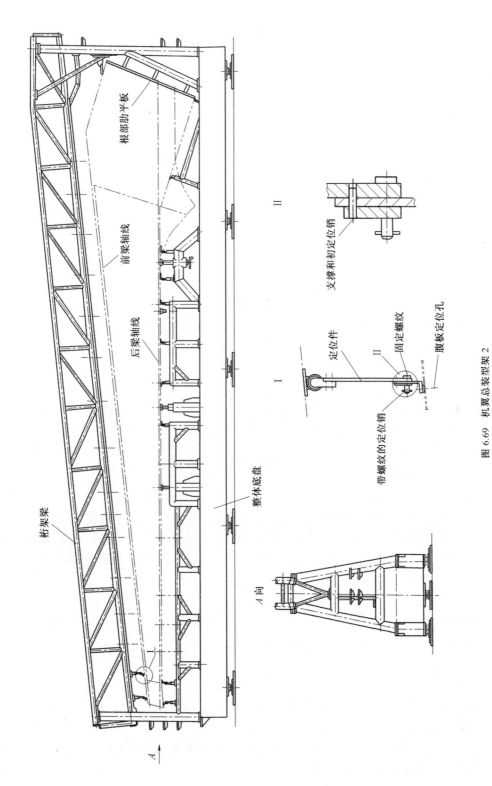

图 6.69 机翼总装型架 2

（3）垂直尾翼总装型架设计方案。

①设计基准。

垂直尾翼总装型架设计基准与产品基准一致，选择肋平面、弦平面、梁平面作为设计基准。

②协调方法选择。

垂直尾翼总装型架目前多采用数字量传递与模拟量传递相结合的协调方法，用标工来保证互换协调部位；也可采用全数字量传递的协调方法。

③工装结构形式。

垂直尾翼总装型架采用整体底盘结构，定位元件布置在上、下梁和两端肋定位支架上，通过立柱和整体底盘将两端肋定位支架及上、下梁连成整体。

④产品定位方式。

采用骨架定位方式，无须外形卡板，翼肋按定位好的前、后梁组件定位，壁板则按形成的骨架定位。

（4）垂直尾翼总装型架结构设计。

图 6.70 所示为垂尾总装型架，为减小温度变化对产品的影响，骨架元件采用全铝结构。上梁为铝板焊接的矩形管，立柱采用铸铝结构，底盘由多块铸铝标准块拼接而成。产品后缘朝上，后梁水平放置，采用了以骨架为基准的定位方式。

6.4.5　大部件对合装配工装

对合类工装用于飞机产品不同组件或部件之间设计或工艺分离面的对接装配，它同时具有装配和检测功能。所以除了以配套方式来完成某些装配工作之外，也是对具有结构分离面的组件进行协调交付的验收手段。

（1）产品结构特点。

机翼对合类产品包括前梁与前缘对合，后梁与后缘对合，机翼与活动面对合，中央翼与外翼对合等。由于飞机产品部位不同，结构特点也各不相同。参与机身对合的产品装配单元一般是机身的各个部件，例如机身前段、机身中段、机身后段等。机身分离面处各段蒙皮的对接通过环向带板连接，长桁的对接通过长桁接头连接在对接框框缘上，长桁对接接头由铝合金型材加工而成。

（2）工装功能。

对参与对合的产品组件或部件进行支撑、定位和调整，保证各对合单元间的正确关系，以便实施对合装配。对合类工装包括对合类装配型架和对合台。

（3）工装方案设计。

①设计基准。

对合类工装的设计基准与产品基准一致。

②协调方法选择。

对合类工装目前多采用数字量传递；也可采用数字量传递与模拟量传递相结合的协调方法，用标工来保证互换协调部位。

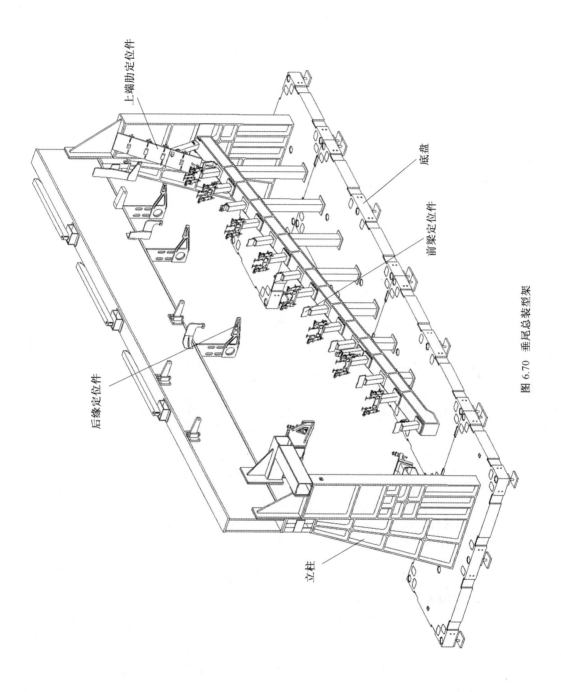

图 6.70　垂尾总装型架

上端肋定位件

后缘定位件

立柱

前梁定位件

底盘

③工装结构形式。

（a）对合类装配型架。

结构形式与装配型架类似。根据不同的技术要求可以是整体框架式，也可以是整体底盘式，或者是分散式结构。整体框架或整体底盘采用可调支承或千斤顶支撑，如果型架几何尺寸较大，尽量选用整体底盘结构，采取分散式结构时应当制作整体专用地基。

（b）对合台。

用于部件的对接装配，同部件对合型架没有严格区别。对合台的工装结构应便于其检测功能的实现。对合台需按气动外形的控制参数对组件进行对合协调检查，并做必要的调整，如左、右机翼的对合检查，左、右水平尾翼的对合检查等。对单独装配成组件的对合单元，在参加总装配之前进行结构协调性配套检查，包括结合部位和对缝间隙、阶差等。

④产品定位方式。

对合类工装重点在对合部位，模拟参与对合产品的几何关系或结构关系，提供定位支承装置和必要的检测手段。

（4）工装结构设计。

①翼身对合工装。

图6.71所示为飞机中机身与外翼对合工装，以中机身在两对接端面上安装的一组工艺拉紧接头作为定位基准，使用接头定位器定位中机身，再以中机身为基准调整外翼。首先将中机身放置在托架上，通过定位拉紧接头上的对接面和对接孔进行定位。然后通过POGO柱调整、移动参与对合的外翼，使外翼肋缘条和中央翼上、下翼面的间隙满足设计要求，同时使外翼上的交点和中机身上对应的交点协调。除此之外，调整外翼时还要检测外翼上的测量点，使其处于允许的误差范围内。最后，进行机身和机翼的对接。

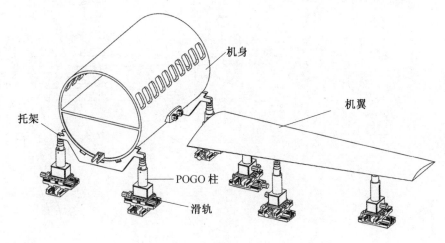

图6.71　飞机中机身与外翼对合工装

②DOME对合台。

图6.72所示为DOME对合台。将盒段组件、三个正三角形分布的端框组件、上下

壁板及部分加强隔板组合成局部椭球体。其中盒段组件按6肋基准平板定位,三个端框组件按同一个端框平板依次分别定位,下壁板按外形卡板定位,上壁板按装配好的骨架外形结合内部撑杆定位。虽然产品几何尺寸大,但封闭的产品结构会造成定位结构的不开敞。为便于工作和定位采用了活动框架,三个活动框架分别安装在各自的导轨上,通过导轨来实现框架的移动。

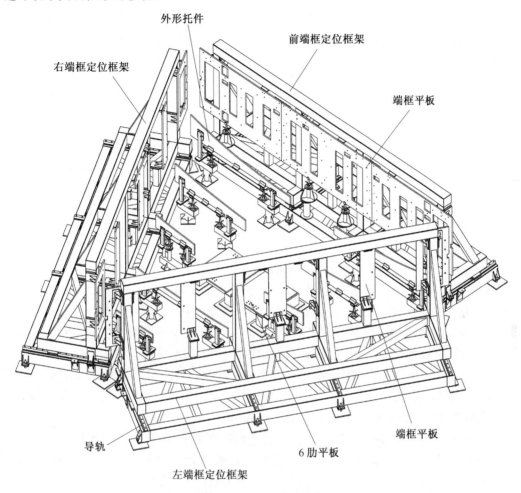

图6.72 DOME对合台

6.5 自动化装配工装

6.5.1 机器人钻铆设备

(1)概述。

自动化钻铆机是一个集机械、电气、气动、液压和自动控制技术为一体的高端航空制造工艺装备,能自动地完成待加工零组件定位和加工位置误差补偿,并一次性完成定位、压紧制孔、涂胶、锪窝、送钉、插钉、顶紧、连接和端头铣平等工序,大幅度降低工人劳动强度,提升制孔和连接效率,降低制孔和连接成本。常见钻铆机有 C 型、D 型和龙门式等,可在大负载工况下完成高速、高精、高可靠智能化钻铆工艺过程,已经成为机身、机翼壁板等飞机结构的高效率、高质量、高可靠自动化装配不可或缺的高端装备。自动钻铆机需要较大的投资,并需要较开敞的工作空间,不同形式的钻铆机都有各自适用的范围。例如,采用龙门式钻铆机和柔性托架可实现对水平尾翼前缘的钻孔和铆接,而采用 C 型钻机可完成机身段环形对缝区域制孔和相邻机身段的铆接装配。

(2)一般要求。

①总体要求。

(a)机器人最大承载、臂展适用范围选型合理,刚度可靠、满足使用要求。

(b)制孔末端执行器结构尺寸协调,制孔及压紧过程产品不受损伤。

(c)制孔布局为加工中心形式,周围及末端设计有安全防护功能,确保制孔过程中操作者和工装安全。

(d)设备工作区域与控制平台协调布局,便于产品上下架、制孔等。

(e)符合人机工程原理,保证操作人员安全、操作便利、产品和设备的安全。

②功能要求。

(a)制孔设备综合精度至少应为产品精度的 1/3;配有刀库,自动换刀,满足制孔范围内所有刀具需要;刀具采用复合刀,钻、扩、铰、锪一次加工到位。

(b)具有孔位误差补偿功能;具有自动压紧、自动钻孔、自动锪窝功能;具有刀具磨损、刀具断裂的自动在线检测及记录功能;同时具有断刀保护功能,刀具折断后自动停机;具有钻头冷却的功能,并设置冷却液回收装置,避免污染产品。

(c)具有单面紧固件自动输送并完成安装的功能。

(d)各坐标应具有自润滑功能或集中润滑功能,集中润滑功能具有故障自动报警;各坐标的润滑周期大于等于一年。

(e)设备安装声光电报警装置;具有对刀具故障检测、报警、防护产品的功能。

(f)系统具备在紧急情况下快速急停与快速恢复的能力,急停时可以保存断点数据;设备或装配单元入位时,系统具有接近警示、入位确认、自检等功能;系统具有 UPS 保护功能,能够在断电后使设备不会非正常关机,损伤设备。

(g)设备机构具有足够的静态、动态、温度补偿措施,采用具有反馈功能的伺服驱动系统;具有在线测量功能,并具有窝深及孔径超差报警提示;具有刀具寿命记录功能,刀具达到寿命时进行报警并进行更换提醒。

③稳定性要求。

(a)设备底座设计除保证零件的尺寸加工外,还需要考虑设备自重对底座的变形影响。

(b)应考虑在设备加工过程中的抗力是否达到可能使机器发生倾覆力矩的动力。

(c)设备应制作专用基础,基础四周应设置减震隔离带。

④可维护性要求。

(a)制孔设备润滑所需的注油嘴应位于容易接近的地方,润滑脂封装的轴承应能方便地定期润滑。

(b)设备有电、气、液的元器件及流量标识,以及气、液的标准和牌号标识。

(c)提高同类设备易损件的互换性比例;专用工具及设备的数量要严格限制,保证工具的通用性。

⑤安全性要求。

(a)具有操作过程互锁机制、防误操作措施、设备过载保护。

(b)生产过程中视线障碍应最小,特殊案例中还应设计安全监视系统。

(c)保证设备报警信息的准确性。

(d)制孔设备设计应消除在维修过程中可能导致人员伤亡和造成结构、设备损伤的潜在危险;设计中应考虑设备运行或意外停止时的安全性。

(e)电源进线端设置滤波电抗器及防雷接地保护装置;PE线线径截面选取及安装方式应符合电网接地系统标准的相关规定;主回路中设置短路保护、过载保护、欠压保护、欠流保护及漏电保护;局部照明或移动照明必须采用安全电压;各种行程限位、联锁装置、抗干扰屏蔽及急停装置等任何安全装置动作均切断动力回路。

(f)在自动制孔操作中,在地板上喷涂标记将警示工作区进行限制,为了限制进入该区域,安装报警装置,避免在制孔中由于操作员进入限制区域所造成的干扰。

(g)在重要位置必须设置明显的安全警示牌,并用围栏建立隔离区。

⑥人机工程要求。

(a)设备控制显示屏、仪表和指示刻度显示数据便于查看、识别和理解,物理布局应布置在操作者的最佳视域内,最好选用直读式,各种标志清晰易读。

(b)设备各部件单元应布局合理,有足够的操作和维修空间,使用方便,避免在使用和维修过程中造成人员精神状态及姿势不适。

(c)当工作环境中照度不满足设备及人员工作时,设计时需增加局部照明装置。

⑦结构静刚度及强度要求。

(a)设备应满足相关技术文件规定的受载状态要求,保证结构在设计载荷作用下不发生破坏,并考虑设备制孔过程中进给力、压紧力对关键部件的影响。

(b)应正确确定结构的危险部位和破坏准则,以便确定结构的破坏载荷。

⑧环境要求。

(a)电源:380 V±10%、50 Hz+2%三相五线制;工作用压缩空气0.4～0.8 MPa。

(b)设备精度的保持与使用时的状态稳定性需要对整体环境温度进行规定,应控制温度在15～30 ℃,湿度不大于85%。

(3)主要组成部分与功能。

①机器人自动制孔系统主要由工业机器人、制孔末端执行器、机器人移动系统、试刀校准台、安全防护装置、控制系统及离线软件等组成。

②工业机器人主要用于使制孔末端执行器可到达其行程范围内的任意位置,并且能

够实现末端执行器空间六自由度运动的位姿调整。

③制孔末端执行器作为机器人自动制孔系统中最核心设备,与工业机器人通过转换法兰连接,实现壁板钻孔、锪窝功能,主要由主轴进给模块、压力脚、视觉找正和法向调平等模块组成。

④移动系统用于给机器人运动扩大运动范围。

⑤试刀校准台用于对整体设备功能及精度进行试验及校准。

⑥安全防护装置用于实现设备运行安全、人员操作安全及产品加工安全。

⑦控制系统用于实现运动控制、逻辑判断、模块通信、数据处理。

⑧离线编程软件用于实现工艺流程仿真、运动碰撞检测、离线代码生成。

(4)机器人选型。

负载满足制孔最大臂展位姿负载至少两倍的安全系数。最大臂展满足一个站位内产品制孔区域全部覆盖。重复定位精度至少为产品空间定位精度的1/5,精度要求高时,机器人需要测量系统对自身空间位置标定。

(5)制孔末端执行器。

①连接方式。

根据工装及产品加工方式,机器人与末端执行器连接方式分为三种:同轴式安装、悬挂式安装和斜向式安装,如图6.73所示。同轴式安装连接方式中机器人可达性好,机器人可操作度稍差,制孔位置精度较高,灵活性较好。悬挂式安装连接方式中机器人可达性稍差,机器人可操作度高,制孔位置精度高,灵活性较好。斜向式安装连接方式中机器人可达性较好,机器人可操作度稍差,制孔位置精度稍差,灵活性较好。

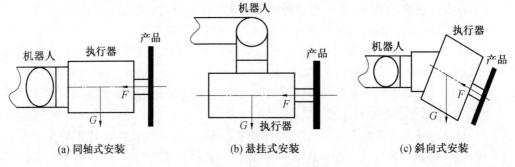

(a) 同轴式安装　　　　　(b) 悬挂式安装　　　　　(c) 斜向式安装

图6.73　机器人与末端执行器连接方式

②工位切换。

对于需要多功能操作的末端执行器,工位切换功能保证末端执行器在位姿不变的情况下,实现多组功能模块之间的快速切换及定位。主要分为三种方式:直线往复运动、绕水平轴旋转运动和绕竖直轴旋转运动,如图6.74所示。直线往复运动安装方式灵活,模块结构限制少,模块互换性好;绕水平轴旋转运动安装方式灵活,模块结构限制较大,模块互换性较差;绕竖直轴旋转运动安装方式模块结构限制较大,模块互换性差。

③主轴进给模块。

主轴进给模块带动刀具进给、旋转实现钻孔和锪窝的切削运动。主轴进给模块应满

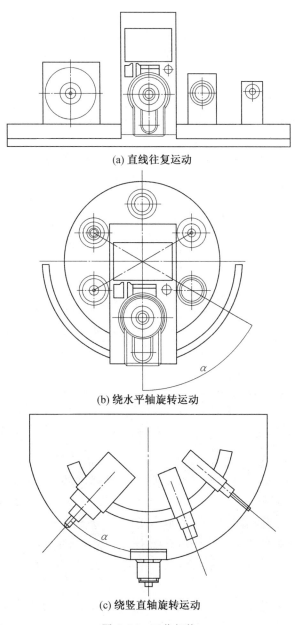

(a) 直线往复运动

(b) 绕水平轴旋转运动

(c) 绕竖直轴旋转运动

图 6.74 工位切换

足以下要求:

(a)采用主流的主轴控制系统,在较低转速下输出比较大的扭矩。

(b)主轴锥孔需具备快速定位抓紧快速刀柄的能力。

(c)主轴具有温度控制及高温报警功能,主轴具有主轴轴承温度显示及自动冷却功能。

(d)主轴具有冷却系统,保证能在最高转速下连续正常工作 24 h,在主轴运行30 min内达到热平衡状态;主轴应具有线性轴承无须维护功能和冷却钻头的功能。

(e)在平板上测量,离主轴 HSK 面 150 mm 处的轴向跳动±0.013 mm。

(f)有制孔轴向力、主轴功率、主轴扭矩、主轴转速及进给速度等的同步显示及记录功能。

(g)主轴的扭力在一段时间内大于 100%,系统将报警并停止工作;正在正常制孔过程中不应立即停止,若出现断刀、崩刃紧急情况,系统立即停止工作。

(h)设有多级软硬限制来保证设备的碰撞。

④压力脚。

压力脚主要形式为单独进给和整体进给方式,如图 6.75 所示。单独进给体积小,进给存在未知量,需要补偿,精度稍差;整体进给体积稍大,可消除进给中的未知量,精度高。

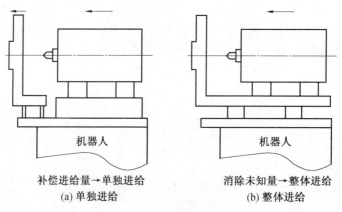

补偿进给量→单独进给
(a) 单独进给

消除未知量→整体进给
(b) 整体进给

图 6.75 压力脚主要形式

压力脚应满足以下要求:压力脚的前端面是锪窝精度控制的基准,制孔全过程中压力脚始终与产品表面贴合。压力脚前端的形式需根据产品的曲率以及制孔的空间进行优化设计。同一产品需根据不同工况配备不同的压力鼻头,且需满足压力鼻头快速更换、准确复位功能。为保证排屑顺畅,润滑通畅,压力鼻头内孔面积需大于刀具最大外径截面积的两倍。压紧力的大小为 10~1 800 N,精度控制 5% 以内。具有根据产品材料及结构设置不同的压力值的功能。压力脚的进给需进行全闭环反馈。

⑤视觉找正模块。

视觉找正模块主要是采用工业相机进行找正,相机镜头分为定焦和变焦两种形式。定焦相机适用于接触式法向调平工况,成像范围小、成像高度固定;变焦相机适用于非接触式法向调平工,成像范围大、成像高度变化。

视觉找正模块应满足以下要求:(a)能精确测量工件上的基准点位置,满足找正误差±0.1 mm,视觉系统应能在 100~300 lx 光照强度下正常工作;(b)视觉系统应能识别不同特征形状;(c)重复识别精度 0.02 mm。

⑥法向调平。

法向调平采用多组激光测距、位移偏移及长度计等传感器对待制产品表面进行测量计算并反馈给控制系统,通过机器人对末端执行器进行位姿调整,使主轴与产品表面待制点表面垂直,保证制完孔后轴线与产品表面垂直度。法向调平主要分为:接触式和非接触式,如图 6.76 所示,其中 A－a、B－b、C－c、D－d 为激光视线。

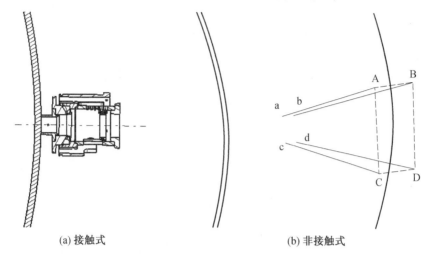

(a) 接触式　　　　　　　　　　　　　　(b) 非接触式

图 6.76　法向调平

⑦在线测量。

在线测量目的是测量制孔后的孔径、窝深、孔内表面粗糙度、孔内产品损伤等质量参数,如图 6.77 所示。

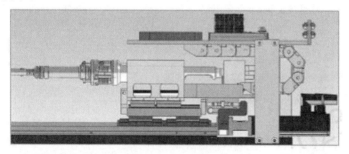

图 6.77　孔探结构

在线测量应满足以下要求:

(a)孔径在线测量具有测量进口、中部、出口部位的孔径质量的功能;孔径在线测量应能一次测量多个方向的孔径质量。

(b)孔径、窝深在线测量精度不低于产品要求的 1/5。

(c)在线测量装置应具有浮动功能,自动对心;在线测量装置应具有防碰撞功能,碰撞后停止并报警。

(d)在线测量与制孔应在单个制孔工作循环内完成。

(e)在线测量应具有数据记录、归档及检索功能。

(f)根据不同孔径配备不同的探头,且需满足快速更换、准确复位功能。

(g)末端执行器上应配备标定环,具备自动校准流程。

⑧刀具识别及检测。

刀具识别应具备判断不同刀具,防止刀具错装的功能,若出现刀具错装,系统进行报警并停止工作。刀具检测应具备检测刀尖磨损、破损的功能,在刀具达不到加工条件时报警。

⑨吸屑除尘系统。

吸屑除尘系统主要用于实现冷却刀具和排除加工切屑、粉尘的功能,应满足以下要求:

(a)吸屑除尘系统应具备气压监控功能。

(b)吸屑除尘对象为复合材料时,应具备防爆功能。

(c)吸屑除尘系统应具有断屑及粉尘的收集存放系统,除屑除尘率不低于95%。

⑩移动系统。

移动系统主要分为两种方式:机器人第七轴轨道和运输车移动,如图6.78所示。

(a) 机器人第七轴轨道   (a) 运输车移动

图 6.78 移动系统

移动系统应满足以下要求:

(a)移动系统与机器人、末端实现互联互锁。

(b)移动系统具有站位识别功能。

(c)运输车移动方式站位重复定位精度小于等于0.5 mm,移动系统应保证制孔过程中整体设备稳定性,机器人底座振动幅度小于等于0.05 mm。

(6)试刀校准台。

用于每次开机时的校准测试功能,具备每次换刀后的钻孔测试功能,具有快速装夹试片的功能,应与产品典型支撑结构刚性相匹配,试刀校准台装夹形式需结合飞机产品特点设计。

(7)控制系统。

控制系统用于实现运动控制、逻辑判断、模块通信、数据处理。控制系统各模块间通信采用总线进行数据传输。控制系统具有多模块检测功能,可对如冷却、吸尘、润滑、移动、末端等模块的状态进行监控。控制系统应接入机器人安全信号,针对防碰撞等安全类传感器及重要传感器需进行冗余设计,对于单台机器人需具备自检等状态判断功能。

(8)离线编程软件。

离线编程软件用于实现工艺流程仿真、运动碰撞检测、离线代码生成。应满足以下要求:

①需具有编程错误报警功能。

②具有叠层自动识别功能、叠层厚度自动计算,能够根据预设材料自动切换工艺参数。

③具有法向自动生成、制孔点坐标系自动生成功能。

④具有机构运动仿真功能。

⑤离线代码为文本格式,具有可读性,易于编辑修改。

⑥软件应将批量操作自动化实现,完成1 000孔离线程序的互动操作次数不大于100次。

⑦根据任务需求,离线编程软件应实时/周期保存当前状态。

(9)安全防护系统。

应满足以下要求:

①机器人工作中需对加工区域进行保护,当有人员活动时系统将报警并停止运动。

②机器人工作区域应有围挡,防止误入。

③末端执行器上的每个轴都应设有限位,防止各轴机械结构的碰撞。

6.5.2　数字化调姿定位系统

1.设计基础

(1)设计原理。

调姿定位是将飞机产品部组件从初始任意位置通过规划的调姿路径调整至理论目标位置的过程。调姿定位的基本原理是将调姿路径离散成为较为均匀离散点并可通过这些离散点拟合形成光滑样条路径,所有三坐标数控定位器球铰点的运动路径离散点数量一致,在运动路径上任一时间状态各离散点所在三坐标数控定位器球铰点位置相互之间的距离始终控制在一定公差范围内。离散原理如图6.79所示。

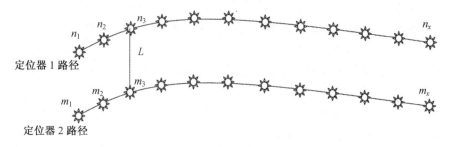

图6.79　调姿运动过程离散

调姿过程中应避免启动和停止冲击,起始位姿为标定值,终止位姿为飞机产品部组件装配目标位姿,因此,调姿定位需满足以下约束条件:①起始速度、终止速度分别为"0";②起始加速度、终止加速度分别为"0";③调姿初始位姿 $\boldsymbol{X}_s = [x_s \quad y_s \quad z_s \quad \varphi_s \quad \theta_s \quad \psi_s]^T$,调姿终止位姿 $\boldsymbol{X}_e = [x_e \quad y_e \quad z_e \quad \varphi_e \quad \theta_e \quad \psi_e]^T$。由调姿约束条件可知,调姿轨迹规划有6个约束,可用5次多项式实现调姿过程中的轨迹拟合:

$$f(t) = a_0 + a_1 t + a_2 t^2 + a_3 t^3 + a_4 t^4 + a_5 t^5 \tag{6.1}$$

式中，$a_0 \sim a_5$ 为多项式系数；t 表示时间。利用约束条件求解式(6.1)，可得飞机产品部组件运动轨迹方程为

$$f(t) = \frac{6(\boldsymbol{X}_e - \boldsymbol{X}_s)}{(t_e - t_0)^5} t^5 - \frac{15(\boldsymbol{X}_e - \boldsymbol{X}_s)}{(t_e - t_0)^4} t^4 + \frac{10(\boldsymbol{X}_e - \boldsymbol{X}_s)}{(t_e - t_0)^3} t^3 + f(t_0) \tag{6.2}$$

式中，t_0 为调姿初始时间；t_e 为调姿终止时间。利用上式可求得调姿过程中任意时刻装配的离散运动点。

（2）设计方法。

设计方法一般融合在设计过程中，以调姿系统基本原理为主线，其详细设计过程应该按照下列步骤进行。

①调姿路径的离散化，分析调姿运动工艺过程。

②控制系统功能模块对离散数据的运动实现。

③构建调姿路径离散化数学模型。

④程序将数学模型转化为调姿算法。

⑤电气系统原理架构设计。

⑥调姿算法对工艺过程运动实现。

⑦装配对象工艺流程分析。

⑧调姿系统总体设计。

⑨机械结构设计，电气控制系统设计。

⑩集成软件开发，包含数据库设计，测量设备等集成。

（3）设计输入。

调姿定位系统的设计输入主要包括：

①调姿定位对象：飞机产品技术要求。

②调姿定位工艺：飞机制造工艺技术要求。

③调姿定位系统具体要求：数字化调姿定位系统技术条件。

④功能要求：具备对飞机结构件数字化的精确调姿、定位和对接等功能。

⑤性能要求：具备冗余安全性和长久稳定性等性能。

⑥接口要求：支撑数字化调姿定位系统的地面或者平面具备稳定性，飞机产品须固连带有球头接头的工艺过渡接头。

⑦布局与结构要求：数字化调姿定位系统中的三坐标定位器具有分布式布局特性。

⑧与人－机－环境工程相关的要求。

⑨通用质量特性要求。

⑩电磁兼容要求。

⑪寿命、储存要求。

⑫其他相关要求。

（4）设计原则。

数字化调姿定位系统的设计应遵循以下准则：

①功能准则。

数字化调姿定位系统应具备结构件的六自由度自动调姿定位功能,同时满足调姿定位的精度、效率、稳定性和安全性等方面的要求。

②刚度准则。

单台三坐标定位器应具有足够的结构刚度,在满载、移动、许可应力范围内,以及最恶劣几何位置状态等过程中,定位末端相对于三坐标定位器的底座的变形量须满足要求。

③强度准则。

单台三坐标定位器应具有足够的结构刚度,在满载、移动、许可应力范围内,以及最恶劣几何位置状态等过程中,三坐标定位器中的所有结构须满足强度要求。

④稳定性准则。

单台三坐标定位器应具有足够的支承稳定性,在满载、移动、许可应力范围内,以及最恶劣几何位置状态等过程中,三坐标定位器须满足稳定性要求。

⑤单运动精度准则。

单台三坐标定位器应具有足够的定位精度,在满载、许可应力范围内,以及最恶劣几何位置状态等过程中,三坐标定位器须满足定位精度要求。

⑥协同运动精度准则。

多台三坐标定位器并联组成的调姿定位系统应具有足够的协同运动精度,在满载、许可应力范围内,以及最恶劣几何位置状态等过程中,调姿定位系统须满足协同运动精度要求。

⑦效率准则。

数字化调姿定位系统在零件制造、组装调试、检测交付、连接固定、工作运行、移动换位、重组复位、保养维护等过程中,设计上须考虑效率要求。

⑧成本准则。

数字化调姿定位系统在零件制造、组装调试、检测交付、连接固定、工作运行、移动换位、重组复位、保养维护等过程中,设计上须考虑成本要求。

⑨模块化、标准化和系列化准则。

数字化调姿定位系统的零件应考虑模块化、标准化和系列化设计,以便于协调互换、快捷重组。

⑩人机准则。

数字化调姿定位系统在连接固定、工作运行、移动换位、重组复位、保养维护等过程中,设计上须考虑人机工学要求。

⑪美观准则。

数字化调姿定位系统在整体结构、零件细节、线缆布设等所有人眼能观察到的地方,均应考虑美观性和协调性。

⑫并联数量要求。

(a)三台并联:适用于近似三角形结构件的调姿定位。

(b)四台并联:适用于近似矩形的结构件的调姿定位。

(c)多数量的并联:适用于结构件尺寸较大,以防止结构件变形多大,或降低单点支承力的调姿定位。

⑬驱动数量要求。

(a)高精度调姿定位:三坐标定位器中的三个运动轴均采用主驱动的方式。

(b)中低精度调姿定位:三坐标定位器中的只有一个或两个运动轴采用主驱动,其余为从动的方法。

⑭位置反馈要求。

(a)高精度调姿定位:主驱动轴采用光栅尺的绝对位置反馈。

(b)中精度调姿定位:主驱动轴采用磁栅尺的绝对位置反馈。

(c)低精度调姿定位:主驱动轴采用伺服电机内置编码器的相对位置反馈。

⑮力反馈要求。

(a)力参与测控的调姿定位:适用于力位混合控制,以及需要监测系统内力变化情况的调姿定位。

(b)无力参与测控的调姿定位:适用于纯位移控制,以及不需要监测系统内力变化情况的调姿定位。

⑯移动方式要求。

(a)托运移动:在三坐标定位器的底座上设置托运接口,便于车载托运三坐标定位器的移动,适用于重心偏低的三坐标定位器的移动。

(b)吊运移动:在三坐标定位器的底座上设置吊运接口,并设置防止侧倾的护栏结构,便于吊运三坐标定位器的移动,适用于重心偏高的三坐标定位器的移动。

(c)轮组移动:在三坐标定位器的底座上设置轮组,通过牵引车或者内置驱动轮移动三坐标定位器,适用于需要快捷移动的三坐标定位器的移动。

⑰复位方式要求。

(a)冗余约束式复位:三坐标定位器的底座上设置有多个六自由度限位机构,三坐标定位器复位时,所有的六自由度限位机构均起约束作用,三坐标定位器处于完全过约束状态,该复位方式适用于小型三坐标定位器的复位场景。

(b)变形协调式复位:三坐标定位器的底座上设置有一个定位机构,多个定向机构,以及多个支承机构,三坐标定位器复位时,三坐标定位器不仅具有确定的起始位置和确定的姿态,而且还能够对温度变化进行变形协调,三坐标定位器处于较弱的过约束状态,该复位方式适用于大型三坐标定位器的复位场景。

(c)随位式复位:三坐标定位器的底座上设置有三个固定主承点,多个可调辅助支承点,三坐标定位器复位时,通过主支承点和辅助支承点的支承,以及三坐标定位器的自重固定三坐标定位器的位置,该复位方式适用于重心始终位于支承点包络范围内的非长久工作的复位场景。

⑱位姿标定要求。

(a)静态式位姿标定:采用高精度测量仪器,对三坐标定位器中导向器的直线度、平行度、垂直度等进行测量,标定三坐标定位器坐标系位姿的方法,该方法适用于固定式高刚度专用型调姿定位系统的位姿标定。

(b)动态式位姿标定:采用高精度测量仪器,对三坐标定位器中定位末端的靶标点在运动过程的点集坐标进行测量,通过点的优选、构造和拟合等方法构造靶标点的运动轨迹,基于补偿模型标定三坐标定位器坐标系位姿的方法,该方法适用于随位式通用型调姿定位系统的位姿标定。

⑲工艺转接支承要求。

(a)多点工艺接头支承:适用于对产品操作开敞性要求高的调姿定位。

(b)整体工艺托架支承:适用于对产品支承安全性要求高的调姿定位。

(c)分段工艺托架支承:适用于兼顾产品操作开敞性和支承安全性的调姿定位。

(5)设计分类。

①调姿定位系统按照固定形式可分为固定型和可重构型两种类型。

(a)固定型的调姿定位系统相对整体装备系统中的空间位置固定,固定型对三坐标数控定位器的复位精度有一定要求,三坐标数控定位器及三坐标数控定位器之间的轴位平行垂直要求较高。

(b)可重构型相对整体装备系统中的空间位置不固定,其在整个装备系统中的位置主要通过测量系统标定来完成,其对三坐标数控定位器的复位精度无要求或要求较低,各定位器之间的轴位平行垂直要求也相对较低。

②调姿定位系统按照支撑点数进行分类主要包括冗余三定位器支撑调姿定位系统、非冗余三定位器支撑调姿定位系统、四定位器支撑调姿定位系统、多定位器支撑调姿定位系统。

③三坐标数控定位器按照结构形式主要分为正立柱式和侧载式。调姿定位系统设计时,根据使用不同状态和载荷情况选择适用的形式。三坐标数控定位器常见类别见表6.1。

表 6.1 三坐标数控定位器常见类别

序号	类别	结构示例	结构特点
1	正立柱式		1.Z向承载在三坐标数控定位器X、Y轴行程的理论零位; 2.基本不承受偏载

续表6.1

序号	类别	结构示例	结构特点
2	正立柱式		1. Z向承载在三坐标数控定位器X、Y轴行程的理论零位; 2. 基本不承受偏载; 3. 在Z轴顶端设置有可释放的自适应轴
3	大悬臂侧载式	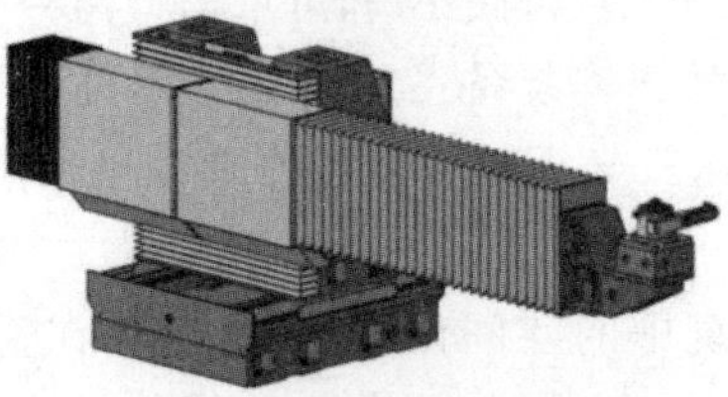	1. Z向承载远远偏离三坐标数控定位器X、Y轴行程外; 2. 承受偏载非常大的侧向载荷; 3. X轴或Y轴行程较大
4	侧载式		1. Z向承载偏离三坐标数控定位器X、Y轴行程外; 2. 承受偏载一定的侧向载荷; 3. Z轴行程较大

（6）设计流程。

按照调姿定位系统的功能模块构成以及设计的主要环节,设计流程分为总体设计和详细设计,详细设计包括机械系统、控制系统、测量系统和集成软件等。

①总体设计。

总体设计关键要素包含需要调姿定位的产品数量、尺寸、质量、调姿精度、支撑点规划、调姿行程、环境接口、支撑接口等。通过对关键要素的分析,进行调姿定位系统总体技术方案设计,包括机械、控制、测量、软件和数据库等系统的基本功能和技术性能指标要求,总体设计流程如图 6.80 所示。

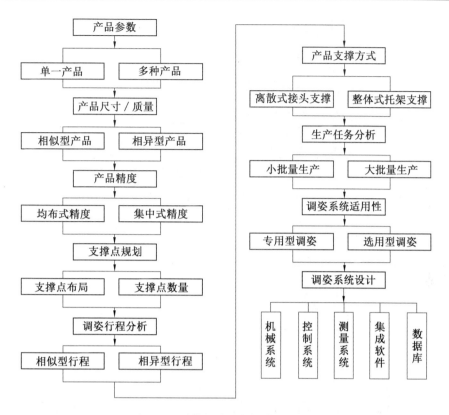

图 6.80　总体设计关键要素及其流程

②机械系统。

机械系统设计关键要素包含三坐标数控定位器、支撑对象（工艺接头或者托架等）、三坐标数控定位器的底座，以及各个分支的关键要素的分析论证，机械系统设计流程如图 6.81 所示。

③测量系统。

测量系统设计关键要素包含飞机坐标系、工件坐标系、定位器坐标系等，包含坐标系的建立、恢复、实测等，测量系统设计关键要素及其流程如图 6.82 所示。

④控制系统。

控制系统设计关键要素是控制器，以及根据不同的输入指令和输出结果而设计的控制器的前端和后端，控制系统设计关键要素及其流程如图 6.83 所示。

⑤集成软件。

集成软件设计关键要素包含上位控制软件、工艺界面软件和数据库，集成软件设计流程如图 6.84 所示，数字化调姿集成系统主界面如图 6.85 所示。

2. 总体设计要求

总体设计承接工艺需求，综合机械、控制、软件、测量等各子系统，开展可行性总体方案设计。

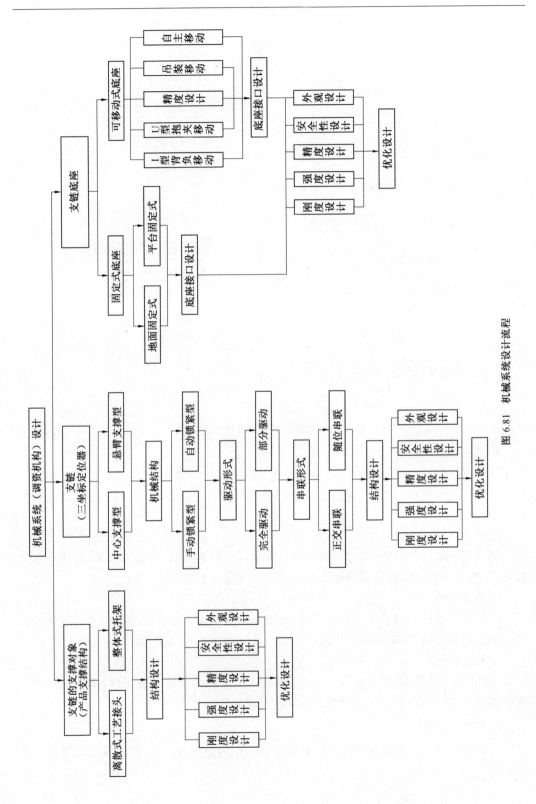

图 6.81 机械系统设计流程

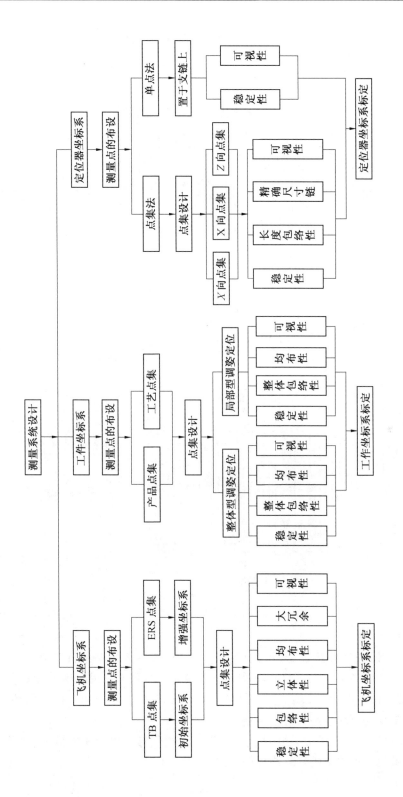

图 6.82　测量系统设计关键要素及其流程

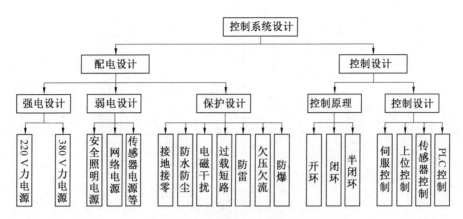

图 6.83　控制系统设计关键要素及其流程

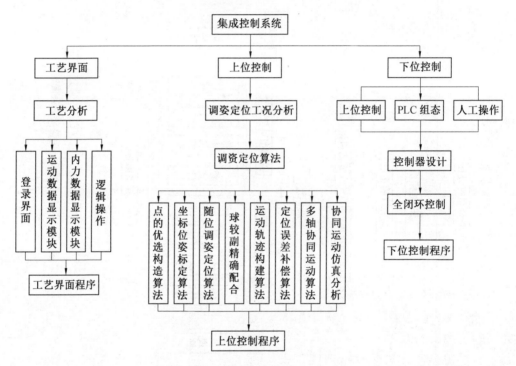

图 6.84　集成软件设计流程

（1）场景分析。

①对于单轴定位精度小于 0.1 mm 的调姿定位系统,控制系统必须按照全闭环控制进行设计,各轴均需配备封闭式光栅尺,油雾较大等特定场合可以采用磁栅尺。

②对于单轴定位精度大于 0.5 mm 的调姿定位系统,控制系统可以按照半闭环控制进行设计,各轴至少需要配备绝对值编码器。

③对于单轴定位精度大于 2 mm 且调姿行程小于编码器带电记录圈数的调姿定位系统,可以考虑采用增量式编码器或旋转编码器。

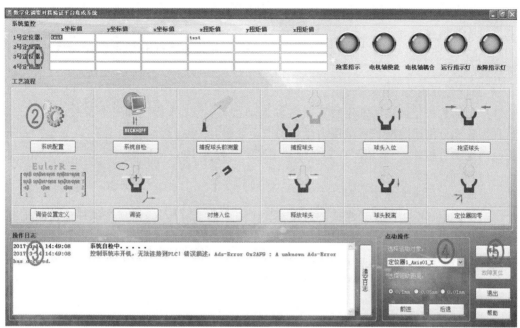

图 6.85　数字化调姿集成系统主界面

（2）精度分析。

①轴位精度。

调姿定位系统设计需根据不同场合确定不同的精度指标，以下给出飞机装配定位用调姿定位系统三坐标数控定位器常用定位精度，具体实施可根据装配对象、应用环境、制造成本等因素适当调整精度指标。

（a）各轴单坐标定位精度：±0.05 mm。

（b）各轴单坐标重复定位精度：±0.03 mm。

（c）空间重复定位精度：±0.05 mm。

（d）三坐标数控定位器各轴单坐标运动分辨率≤0.01 mm。

②协同精度。

（a）通过样件定检。一般按照实物样件，通过真实调姿运动进行载荷和协同运动精度检查，检查时主要依据样件在各三坐标数控定位器附近测量点的变化反映样件变形，位置精度≤0.5 mm。

（b）无样件定检。具体方式是采用单个三坐标数控定位器负载进行定检，空间协同定位精度采用分步运动位置前后数据构型比对，要求构型点位与路径规划预测误差≤0.2 mm，重复定位精度≤0.12 mm。

③其他要求。

（a）三坐标数控定位器的设计需考虑温度等外在因素对调姿定位精度的影响，同时应考虑对应补偿方法及措施。

（b）对于移动式、可重构的调姿定位系统，应考虑重复定位精度对调姿定位精度的影响。原则上三坐标数控定位器移动后再复位或受到较大振动影响,应对三坐标数控定位器进行实时标定。

(c)三坐标数控定位器的系统精度设计需要考虑静态特性和动态特性,并应通过计算优化结构设计。

(3)行程分析。

三坐标数控定位器的额定行程指各轴运动行程,由工作行程和安全行程组成,安全行程需要充分考虑装配行程范围内足够的安全余量,安全行程一般不小于 50 mm。去除长距离运动行程外,飞机装配调姿系统常用额定行程为 100~300 mm。

(4)载荷分析。

载荷分析按以下要求进行:

①根据临界受力工况计算调姿对象在支撑点上的承载力,同时需考虑任何极限工况下的承载能力,确定极限承载能力后,按照安全系数进行额定载荷设计。

②飞机装配相关调姿定位系统刚强度安全系数为 1.5,重载和大偏载结构安全系数按 2~3 考虑,所有传动过程和关键成品选择必须进行计算,关键结构刚强度和调姿过程变形及精度。

③必须进行分析。

(5)环境接口。

环境接口的设计应考虑以下因素:

①对于固定位置调姿定位系统,在总体设计时根据工艺需求、物流通路、系统可实现性等进行工艺接口确定,明确其与装配对象的连接形式、交接界面、支撑点布局,明确每个工况下的工作位置,明确系统周围结构状态。

②对于结构紧凑、空间狭小、位置固定的调姿定位系统,必须准确核实其详细尺寸位置,避免产生静态和动态结构上的干涉;对于随位重组调姿定位系统,应给出其工作理论位置,为避免因为重构导致的位置超出移动范围,应通过划线或靠块等方式给出工作位置的参考基准,确保运动行程在重构误差范围内以满足调姿定位需求。

③所有定位器均需考虑必须及可能的手动操作的可达性,可达性一般通过外部工作梯或工作平台间接保证。

④所有定位器应统筹考虑并明确与地面、台面等的连接形式。

⑤所有定位器应考虑移动方案、移动路径、移动开敞性。

3. 其他设计要求

(1)模块化要求。

①为便于维护和重用,调姿定位系统在机械、电气、软件各方面应优先考虑进行模块化、结构化和互换性设计,对于相关结构接口尽量采用易于拆卸、不易损坏的结构或成品,软件及集成控制系统接口尽量具有通用性。

②设计时应充分考虑系统的可扩充性,在相关机械、电气、软件模块中备有一定扩展性接口,以便增设新的模块或功能。

③机械系统设计过程中,一旦完成技术原理样机研发,传动轴、底座、工艺支撑、球头

球窝铰接等结构应优先考虑机械结构的模块化,为系列化研发做支撑。

④软件设计过程中应充分考虑模块化设计要求,调姿过程、工艺过程等操作流程内容应尽量形成独立模块,减少后期类似系统开发工作量。

(2)安全性要求。

①结构安全。

(a)结构设计必须进行完整的结构和传动力学分析,确保结构安全性。

(b)对装配过程中的视线产生的障碍最小,可考虑安全监视系统的设计。

(c)各个运动轴极限方向应设置行程开关和机械限位。

②系统安全。

(a)提高控制程序控制逻辑的准确性和实时性。

(b)需从电气回路、伺服控制、PLC逻辑、上位软件逻辑等方面对调姿定位的最大行程进行设定,设置多重互联互锁冗余功能,设置时需考虑其优先级,防止误操作。

(c)提高设备报警信息的准确性。

(d)考虑过载软保护。

(e)考虑多轴协同运动、活动连接的可靠性和实时监测。

(f)系统运行前需进行有效的仿真分析,并进行模拟运行,确保无误后方可进行正式产品运行。

(g)系统应具有自检功能,能进行故障自动诊断和报警提示。

(h)系统应具有应急保护功能。

(i)系统应具有关键的参数和位置监控,确保现场调姿过程应急技术问题可以得到及时处理。

③电气安全。

(a)为避免各独立的三坐标数控定位器之间脉冲或数据传输丢包,主要网络和信号线缆需要考虑抗干扰屏蔽。

(b)为保证产品安全,需从电气回路、伺服控制、PLC逻辑、上位软件逻辑等方面,设置多重互联互锁冗余功能,设置时需考虑其优先级。

(c)限位行程按照"上位软件限位<PLC限位<伺服限位<限位开关限位<光栅尺限位<机械限位"进行优先级设计。

(3)人机工程要求。

①外观要求。

考虑调姿定位系统中机械结构设计,电气、气动、液压等系统布局的合理性和美观性。

②操作要求。

在保证安全、可靠和工作效率前提下,应充分考虑三坐标数控定位器制造、使用和维护中的人机关系,主要包括:

(a)控制显示屏、仪表和指示刻度显示数据便于查看、识别和理解,物理布局应布置在操作者的最佳视域内,最好选用直读式,各种标识清晰易读。

（b）各部件单元应布局合理，有足够的操作空间，使用方便，避免在使用和维修过程中造成人员精神状态及姿势不适。

（c）应确定合理的操作方式，减少人为失误，保证最佳工作效能。

（d）必须进行所有工作状态和工作位的人机工程模拟。

③可维护性要求。

（a）专用维护工具及设备的数量要严格限制，保证工具的通用性。

（b）维修过程要考虑人的操作能力、操作空间，方便零部件的拆卸及安装。

（c）三坐标数控定位器的润滑采用自润滑系统，润滑点方便润滑油的加注。

（d）高度超过 2 m 的三坐标数控定位器，原则上需设置维护工作梯和工作平台。

（e）调姿定位系统的电气控制系统和软件系统必须为开放性系统，所有插件、源代码必须进行完整的备份。

6.6　精加工工装

6.6.1　机翼精加工工装

（1）精加工型架结构特点。

精加工工装包括部件精加工型架和借助产品定位的精加工夹具。精加工夹具除动力装置外，结构与定位原理可参照安装夹具。需进行精加工的飞机部件对接部位都留有工艺余量。为了消除铆接应力和铆接变形对产品的影响，避免由于误差积累导致产品部件无法对接，因此在装配过程中，对接平面和对接孔都留有余量，在产品部件装配完成后再进行精加工。

（2）机翼精加工工装功能。

精加工型架用于完成飞机部件留有工艺余量的对合接头铰孔、端面铣削、蒙皮铣切等精加工工作。它包括定位系统和相关的动力装置。精加工夹具是借助产品结构定位，完成部件内部精加工工序的夹具。

（3）机翼装配工装设计方案。

①设计基准。

精加工型架设计基准与产品基准一致。

②协调方法选择。

精加工型架可采用模拟量传递或数字量传递与模拟量传递相结合的协调方法，对于有协调关系的对接部位，通常用标工协调。

③工装结构形式。

尽量模拟产品在飞机总装时的对合状态放置，尽可能使被加工孔的轴线处于水平或铅垂方向。

④产品定位方式。

产品在精加工型架上的定位,原则上是模拟部件对合关系和几何外形的测量要求。定位部位及定位方法如下:

(a)当定位部位是叉耳,凸缘对合接头时:接头孔必须定位;不需精加工的接头配合面必须定位;需精加工的接头配合面,其定位器端面与产品接头端面之间应留出刀具工作空间,同时定位器端面还兼作测量基准面。

(b)当定位部位是围框对接的端面和孔时:围框连接的孔必须定位,其初孔定位销直径一般可较产品初孔直径小 $0.1\sim0.2$ mm;钻模板端面与产品围框对接端面之间应留出刀具工作空间,通常以钻模底孔衬套端面作为测量基准面。

(c)当定位部位是水平测量点时:水平测量点必须定位,通常采用测量点指示器定位形式;测量点指示器应有微调刻度装置,便于调整定位部件外形;测量点指示器完成部件调整定位工作后,一般应退出工作位置。

(d)当定位部位是部件外形时:可设置少量的外形定位件,使定位可靠。

(4)机翼工装结构设计。

①骨架。

(a)骨架用于连接固定定位夹紧元件、标高和测量用基准元件,它必须具有较好的刚性。

(b)尽可能采用整体结构形式,当必须采用分散结构形式时,应根据定位夹紧等元件的分布情况,采取适当分段结构,避免过于分散。

(c)骨架上必须设置定位标准工艺装备用的标高元件及供测量用的基准元件。

(d)采用组合式标准样件安装方法时,骨架上定位标准样件的标高板,宜采用整体标高架安装,以确保分段标准样件相互位置的正确。

(e)骨架与安装定位器和标高元件的工艺补偿填料,一般采用环氧水泥。

②接头定位器。

(a)定位器主体上附装有铰孔导套和夹紧装置。

(b)考虑到精加工动力头的振动和切削力的影响,定位器必须具有较好的刚性和稳定性。

(c)应尽可能减小由于定位器零件之间的配合间隙所引起的摆动量。

(d)叉形接头定位器的钻模孔应具有较好的同轴度,通常要求在 0.01 mm 以内;接头定位器定位孔与标准工艺装备接头孔的同轴度,采用较产品接头孔提高一级公差等级的插销检验,能自由插入,无紧涩现象。

③外形定位卡板。

外形定位卡板通常有以下几种类型:

(a)与工作外形等距的定位卡板。这种结构形式在机翼、尾翼精加工型架中采用较多。

(b)全外形定位产品的卡板。常用于部件围框对接面铣切精加工的定位,并起夹紧作用。

(c)包络式立体外形定位卡板。常用于护板和减速板等组件的铰孔精加工型架的定位,便于夹紧产品。

④夹紧器。

夹紧器的主要作用是平衡精加工的切削力,避免部件在精加工过程中产生振动和位移,其主要要求如下:

(a)夹紧器应尽可能设置在靠近被加工部位处,一般要求直接夹紧被加工的接头。

(b)夹紧器应尽量采用游动式结构,以免产生强迫夹紧现象。

(c)采用外形夹紧时,夹紧器位置应放在部件承力结构处。

(d)夹紧器应具有足够的刚性。

图 6.86 所示为机翼精加工型架,用于机翼与机身连接的接头孔和端面的精加工。型架采用分散式可调托架,结构简单,使用方便。接头定位器位置可调,定位可靠。

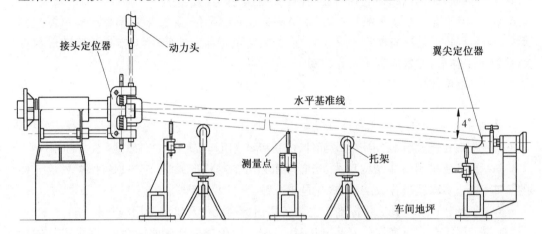

图 6.86 机翼精加工型架

6.6.2 垂尾精加工工装

(1)精加工型架结构特点。

需进行精加工的飞机部件对接部位都留有工艺余量。为了消除铆接应力和铆接变形对产品的影响,避免由于误差积累导致产品部件无法对接,因此在装配过程中,对接平面和对接孔都留有余量,在产品部件装配完成后再进行精加工。

(2)垂尾精加工型架工装功能。

精加工型架用于完成飞机部件留有工艺余量的对合接头铰孔、端面铣削、蒙皮铣切等精加工工作。它包括定位系统和相关的动力装置。

(3)垂尾精加工型架设计方案。

①设计基准。

精加工型架设计基准与产品基准一致。

②协调方法选择。

精加工型架可采用模拟量传递或数字量传递与模拟量传递相结合的协调方法,对于有协调关系的对接部位,通常用标工协调。

③工装结构形式。

骨架采用整体结构形式,调整机构多采用卡板或滚轮式托架,要求可调整水平高度。

④产品定位方式。

产品在精加工型架上的定位,原则上是模拟部件对合关系和几何外形的测量要求。定位部位及定位方法如下:

(a)当定位部位是叉耳,凸缘对合接头时:接头孔必须定位;不需精加工的接头配合面必须定位;需精加工的接头配合面,其定位器端面与产品接头端面之间应留出刀具工作空间,同时定位器端面还兼作测量基准面。

(b)当定位部位是围框对接的端面和孔时:围框连接的孔必须定位,其初孔定位销直径一般可较产品初孔直径小 0.1~0.2 mm;钻模板端面与产品围框对接端面之间应留出刀具工作空间,通常以钻模底孔衬套端面作为测量基准面。

(c)当定位部位是水平测量点时:水平测量点必须定位,通常采用测量点指示器定位形式;测量点指示器应有微调刻度装置,便于调整定位部件外形;测量点指示器完成部件调整定位工作后,一般应退出工作位置。

(d)当定位部位是部件外形时:可设置少量的外形定位件,使定位可靠。

(4)垂尾精加工型架结构设计。

图 6.87 所示为垂尾精加工型架,用于垂尾与机身连接的后梁接头孔和端面的精加工。型架采用构架式可调托架,沿后梁接头槽口轴线方向设置有圆柱形导轨,结构简单,使用方便。接头定位器采用立柱式导轨底座,其水平位置可调,定位可靠。钻模板位置可随铣切头上、下移动,采用自动进给风钻铰孔。型架采用两道卡板和根部局部压紧件对产品进行压紧。

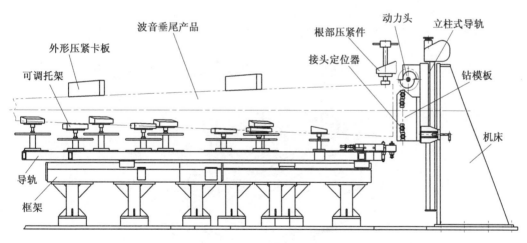

图 6.87 垂尾精加工型架

6.6.3 起落架交点精加工工装

(1)起落架交点精加工工装结构特点。

起落架交点精加工工装通常由定位调姿机构、孔处理设备及测量系统三个部分组成,定位调姿机构为工装的主要结构部分,具有多自由度调姿、可靠自锁和整体可移动的特点;孔处理设备具有精度高、可靠性好的特点。

(2)起落架交点精加工工装功能。

用于对装配完成后的起落架悬挂交点孔和端面进行加工。

(3)起落架交点精加工工装方案设计。

①设计基准。

起落架交点精加工工装设计基准一般与产品基准一致,选择交点孔轴线、内外端面等作为设计基准。

②协调方法选择。

起落架交点精加工工装采用数字量的方法进行协调。

③工装结构形式。

起落架交点精加工工装采用可移动的立式整体结构形式。

④产品定位方式。

以飞机产品上的测量接头或水平测量点为基准建立测量坐标系,测量工装上的基准点、同步调整姿态至飞机理论状态并锁死调姿机构。

(4)起落架交点精加工工装结构设计。

起落架交点精加工工装通常由调姿设备(定位调姿机构)、孔处理设备(线镗机及其配件)及测量系统三个部分组成。每个设备都包含机械传动、电气系统检测、驱动与控制、气动系统检测与控制,以及各类锁紧、保护模块等。起落架交点精加工工装结构如图6.88 所示。

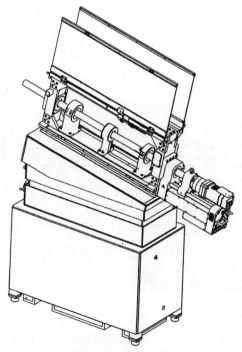

图 6.88　起落架交点精加工工装结构

第7章 检验工装

检验类工装是检验装配完工的产品组件或部件的工艺装备,它与一般的装配工艺装备类似,也由骨架、定位元件、检测元件等组成。根据功能及特点的不同主要分为检验夹具、检验量规等。

7.1 检验夹具

(1)结构特点。

检验夹具针对的都是飞机的重要、协调部位,因此这些部位的外形、对接面、对接孔、铰链交点等都可能是检验夹具的工作对象。

(2)工装功能。

检验夹具是检查已装配好的组件、部件是否满足飞机设计技术要求和互换协调要求的工装。根据产品的不同要求,可能是直接检查关键的尺寸或外形,也可能是模拟检查产品的运动灵活性。

(3)工装方案设计。

检验夹具方案设计主要考虑两个因素:检测部位与定位基准。检测部位是夹具技术要求确定的,工装设计应在检测部位设计检验元件。选择定位基准时应考虑检验夹具上定位的装配件已经具有一定刚性,不能像装配夹具一样用定位元件来维持其几何形状,而是选主要部位如交点、局部外形面等作为定位基准,将产品定位支撑。

(4)工装结构设计。

在检验夹具上定位的装配件是一个已具有一定刚度的组合件或部件,不需要也不允许用定位元件维持其几何形状,其定位属二次定位。按模拟量协调的工装,其定位与检验件均应以相应标工作为依据协调安装,最为常见的结构是整体框架式,详见图 7.1 和图 7.2。

①定位元件。

(a)接头定位件:有固定定位、浮动定位、夹紧定位几种形式。接头定位件应能可靠定位产品组件,接头孔定位销和接头配合面与产品的配合间隙应尽可能小。

(b)外形定位件:包括外形卡板和形板。外形定位件应设计为局部外形,而不是全形面。其布置要合理,有时还需要设置边缘挡件,以使产品能可靠定位。

②检测元件。

(a)接头检测元件:主要检查产品接头孔及配合面。孔用检验销棒检查,配合面用检验垫片或塞尺检查。

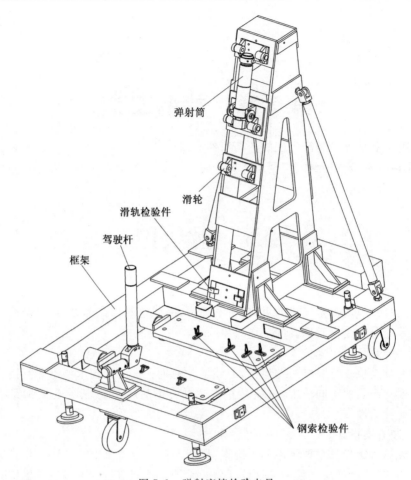

弹射筒

滑轮

滑轨检验件

驾驶杆

框架

钢索检验件

图 7.1　弹射座椅检验夹具

　　(b)外形检测元件:包括检验卡板、检验形板等。其外形面与被检测产品外形间应留有 5～10 mm 等距间隙,用检验销或检验块来检查。

　　对于仅需单纯检验外形的产品组件,一般采用在铆接装配型架上设置等距外形检验卡板,在产品下架前对产品进行检验,见图 7.3。

7.1.1　座椅检验工装

　　(1)座椅检验工装结构特点。

　　座椅检验工装结构与装配工装类似,由骨架、定位元件、检测元件等组成。骨架用于定位元件及检测元件固定,定位元件用于装配完成的座椅定位,检测元件用于检测部位外形、交点等的检测。

　　(2)座椅检验工装功能。

　　座椅检验夹具用于检查已装配完成的座椅是否满足飞机设计技术要求和互换协调要求。检查操纵台外形、弹射筒、驾驶杆、滑轨、滑轮等关键的尺寸、外形等,模拟检查弹射座椅与座舱结构的配合及弹射的顺畅性等。

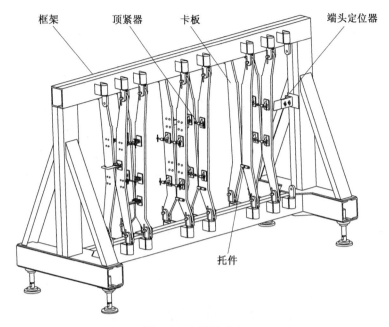

图 7.2　腹鳍检验夹具

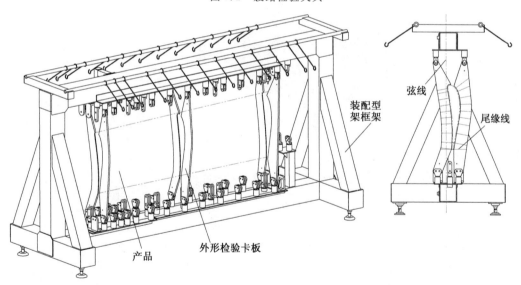

图 7.3　外形检验卡板

(3)座椅检验工装方案设计。

①设计基准。

座椅检验工装设计基准通常与产品基准一致,选择框平面、飞机水平基准面和飞机对称平面作为设计基准。

②协调方法选择。

协调方法一般采用数字量传递协调。

③工装结构形式。

工装采用立放式结构较多,骨架大多为整体框架。工装根据使用需求分为固定式和移动式,固定式工装采用可调支承支撑于地面上,移动式工装在骨架四周设置移动轮组方便移动设置升降支脚用于工装固定。

④产品定位方式。

座椅检验工装一般选主要部位(接头、局部外形面等)作为定位基准。工装定位基准应与装配型架定位基准一致,如影响检测可选择靠近装配基准的部位,以型面为定位基准时,应选择局部型面定位。

(4)座椅检验工装结构设计。

按上述原则进行座椅检验工装设计,图7.4所示为座椅检验工装结构。该座椅检验工装包含骨架、检测元件、定位元件、支脚、移动轮组等。

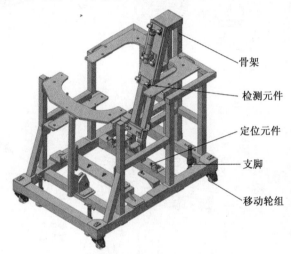

图 7.4 座椅检验工装结构

7.2 检验量规

(1)检验量规结构特点。

检验量规所检查的产品都与交点孔有关。通常要检查交点之间的相对位置,有关产品的外形阶差和对缝间隙,外形与交点的相对位置等。其相对应的产品部位如翼身对合交点,活动翼面与翼面舱,机头雷达罩和座舱盖等。对于滑动组件,则主要是检查滑轨或滑道的协调性,例如一些门、通风窗、安装座椅的滑轨等。

(2)检验量规工装功能。

检验量规用于检查部件或组件之间对合交点、悬挂交点及有协调要求的局部外形,保证各组件或部件的互换性。还有的检验量规是模拟滑轨中的滑动组件,以检查其形状、位置的协调性与正确性。检验量规见图7.5。

(3)检验量规工装设计方案。

检验量规方案设计首先要确定工装定位基准,然后根据检测部位确定工装结构形

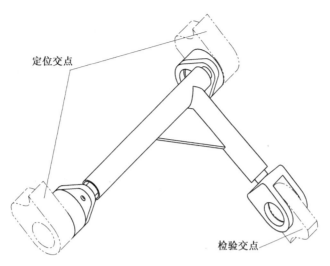

图 7.5　检验量规

式。确定工装结构时要考虑与产品的定位可靠，工装对产品的检测方便、准确。

（4）检验量规工装结构设计。

检验量规结构设计主要包括三个部分：定位件设计、检测元件设计及骨架设计等。定位件设计时应当模拟产品的对合关系，确定合理的定位尺寸和配合公差。检测元件设计应根据产品结构特点及精度要求，确定结构形式、尺寸精度、检验形式。骨架一般采用钢管焊接结构，应具备一定的刚性且质量要轻。

图 7.6 所示为垂尾主交点间距检验量规，工装以后交点孔和前交点平面为定位基准，利用检验量规检测前交点平面与后交点平面的距离。

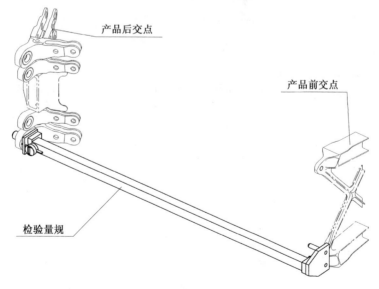

图 7.6　垂尾主交点间距检验量规

第三部分　夹具类工装设计

第8章　机床夹具设计

机床夹具是机床上用以定位夹紧工件和引导刀具的一种装置,其通常指专为某一工件的某道工序而专门设计的夹具。简单零件直接通过机床上的附带装置(三爪卡盘、虎钳、分度盘等)定位夹紧即能满足加工要求;对于精度要求高、结构复杂、不易直接在机床上定位夹紧的零件需设计专用机床夹具(简称机床夹具)。另外,零件在加工过程中无须配合机床的钳工装配、检验等夹具也归类为机床夹具。

8.1　机床夹具设计基础

8.1.1　夹具分类

机床夹具工装按通用特性、加工零件所使用机床、夹紧方式及其他进行分类,见表8.1。

表8.1　夹具工装分类

分类方法	类型	用途及特点
通用特性	通用夹具	具有通用的使用功能或通用于某类零件加工工序的夹具。如:通用平台、通用真空平台、倾斜台、回转分度台等
	专用夹具	通用夹具满足不了要求或零件精度高、生产批量大的情况下,用于加工零件某个工序的夹具
	可调夹具	对不同类型和尺寸的工件,只需调整或更换原来夹具上的个别定位元件和夹紧元件便可使用。它一般又分为通用可调夹具和成组可调夹具两种
	组合夹具	由一套精度高、耐磨性好并可循环使用、便于快速拆卸的标准元件组装而成的夹具,用于飞机研制时的零件加工
	自动线夹具	自动线夹具一般分为两种:一种为固定式夹具,它与专用夹具相似;另一种为随行夹具,使用中夹具随着工件一起运动,并将工件沿着自动线从一个工位移至下个工位进行加工

续表8.1

分类方法	类型	用途及特点
加工零件所使用机床	车床夹具	配合车床,用于加工具有回转中心的孔、圆柱、圆锥、螺纹及端面等
	铣床夹具	配合铣床,用于加工平面、曲面及槽等
	钻床夹具	配合钻床、风钻、手电钻,用于加工各类孔
	镗床夹具	配合镗床,用于加工直径较大、精度较高的孔及端面
	喷丸夹具	配合喷丸机床,对零件预应力成形或表面喷丸强化、校正时的保护
	磨床夹具	配合磨床,用于加工平面、槽耳等
	珩磨夹具	配合珩磨机床,用于光整较大的深孔
	研磨夹具	配合研磨机床,用于光整轴类零件的外圆
	拉床夹具	配合拉床,用于加工等截面方孔、圆孔、花键及键槽等
	线切割夹具	配合线切割机床,用于加工通槽、非圆通孔及外形
夹紧方式	手动夹具	采用手动方式夹紧,结构简单、操作灵活、应用广泛,但劳动强度较大
	真空夹具	由真空系统将夹具密封腔内空气抽出,在大气压力作用下将零件夹紧在夹具的定位面上。零件的定位面应足够大,并尽量避免选用台阶面定位,否则需增加辅助夹紧机构
	气动夹具	采用压缩空气驱动活塞或薄膜气缸操纵夹紧机构,用于大批量零件加工。特点是效率高,但结构较复杂,成本较高
	液压夹具	由液压泵驱动活塞来操纵夹紧机构,用于加工切削力大的零件。特点是夹紧力大,效率高,冲击力较小,但要求密封可靠,结构较复杂,成本较高
其他	检验夹具	对零件进行工序检测或修合的夹具。检验夹具仅能检测出零件被测部位是否在公差要求的范围内,不能检验其真实尺寸。随着数字测量机的普及应用,检验夹具的使用将越来越少
	划线夹具	在钳工台上对零件相交线、孔中心线等进行划线,也用于检查零件毛坯余量

8.1.2　夹具结构

(1)夹具结构。

夹具由夹具体、定位元件、对刀或导向元件、夹紧元件、转位分度元件、连接元件、安装元件等元件组成。

(2)夹具元件功能及形式。

①夹具体:装配夹具相关元件的基体,包括铸造体、焊接框架、底座、角座及圆盘等。

②定位元件:保证零件在夹具上处于正确位置的元件,包括定位板(块)、定位座、定

位销、V 形块及对线器、零点定位器等。

③对刀或导向元件：用于确定刀具相对于定位元件的正确位置，包括钻套、对刀块及靠模型面等。

④夹紧元件：保证零件在切削力、重力、惯性力等作用下位置不发生改变，并避免振动和防止零件变形的元件，包括压板、夹爪、螺纹施力件、摇臂、球锁、杠杆及凸轮等。

⑤转位分度元件：保证需要转位分度加工零件位置正确的元件，包括分度盘、分度插销等。在夹具底面增加的斜垫板可视为一种特殊的分度元件。

⑥连接元件：将夹具元件相互连接，保证相对位置固定的元件，包括螺栓、螺钉、销钉及螺母等。

⑦安装元件：保证夹具处于机床正确位置的元件，包括法兰盘、尾柄及定向键等。

⑧其他元件：配合夹具某些装置使用的成品件，包括手柄类操纵件、气缸、油缸、吊环螺钉、密封圈、密封条、工具球支座及零件保护罩等。

8.1.3　选用原则

选用夹具时，通常考虑以下几点：

(1)尽量选用可调整夹具、组合夹具及其他通用夹具，避免采用专用夹具，以缩短生产准备时间。

(2)在成批生产时才考虑采用专用夹具，并力求结构简单。

(3)装卸工件要迅速方便，以减少机床的停机时间。

(4)夹具在机床上安装要准确可靠，以保证工件在正确的位置上加工。

8.1.4　夹具协调

(1)与标工协调。

零件的孔或型面以模拟量传递为协调方法制造时，采用类比真实尺寸、形状的标准样件、标准平板、夹具样板、过渡模及量规等实物作为移形依据传递到夹具上。

(2)与专用刀具协调。

使用专用刀具时，应考虑夹具上导套内径及位置与刀具外径及长度的协调。与刀具协调的夹具主要包括钻床夹具、镗床夹具、拉床夹具。

(3)夹具之间的协调。

①具有装配关系的各零件在加工装配孔时所用夹具间应协调。

②加工零件需要多套夹具，零件在夹具上的定位基准相同、以上一工序所用夹具加工部位在该夹具上做定位基准时，夹具间应进行协调。

8.1.5　标准元件选用

为降低夹具成本、缩短设计及制造周期，应优选有储备、规格统一的标准元件，并依次按国标、航标、企标选用。如定位圆柱销常用规格 $\phi8$ mm、$\phi10$ mm、$\phi12$ mm 等；止动圆柱销常用规格 $\phi3$ mm、$\phi4$ mm 等；连接螺栓常用规格 M8、M10、M12 等。

8.1.6　安装防错方法

若夹具元件安装关系不唯一或标记不明确,特别是夹具可卸件或左、右零件共用的夹具,通常采用结构防错或标记防错,避免造成夹具在制造、使用过程中的误操作。

(1)结构防错。

①可卸钻模板的防错结构。

(a)采用不同尺寸的定位安装孔。

钻模板与夹具体的定位安装孔可采用不同直径,防止钻模板安装时左右端装反,见图8.1。

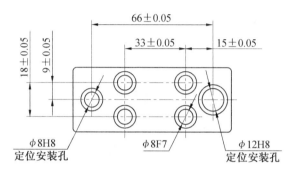

图8.1　采用不同尺寸的定位安装孔防错

(b)采用防错销。

夹具体上设置防错销,钻模板上设置防错槽,保证可卸钻模板安装的唯一性,见图8.2。

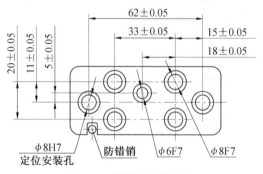

图8.2　采用防错销防错

②快换钻套防错结构。

在同一夹具上钻制直径相近的孔时,所选用的快换钻套标准元件的外径相同。为防止快换钻套装错,应将快换钻套的外径补加工为不同尺寸,见图8.3。

(2)标识防错。

①在同一夹具上加工多个相近孔径的孔时,采用在夹具实体上标记尺寸的方法区分,见图8.4。

②在同一夹具图样上,孔径尺寸相近时,可采用涂色或标注字母的方法区分,见图8.5。

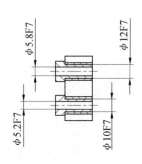 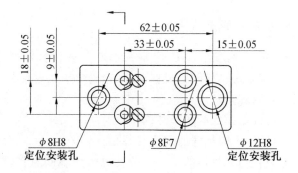

图 8.3　快换钻套防错结构

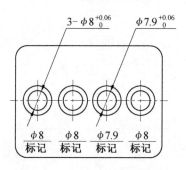

图 8.4　实体上标识防错

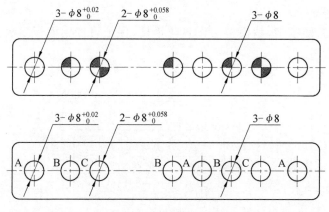

图 8.5　图样上标识防错

③左、右零件合用一套夹具时,采用在夹具体上标记零件图号的方法区分,见图 8.6。

8.1.7　通用要求

机床夹具设计应满足以下通用要求:

(1)满足零件及夹具使用单位技术要求。

(2)操作方便、工艺性好,与机床及工艺方法相适应,合理选择制造、检测基准。

(3)夹具结构合理、刚性好。

(4)零件应定位合理、可靠,夹具应安装方便、使用安全,夹具制造、使用时应采取防

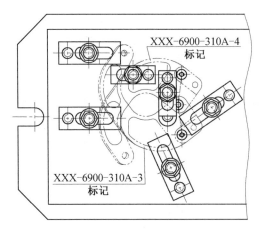

图 8.6　左、右零件标记图号防错

错措施。

（5）夹具与所使用的刀具应协调。

（6）易于排屑和使用冷却液，方便加工过程中观察和检测。

（7）为便于制造、使用，按需要设置把手及起吊机构。

（8）合理选用夹具元件材料及热处理，优先采用新材料、新结构、新技术。

8.1.8　设计步骤

（1）准备阶段。

①从零件图纸、数模、技术条件、协调图表、指令性工艺文件、零件工序状态、毛坯状态及工艺规程中了解零件的被加工部位、定位基准、夹紧方式、加工余量及表面处理等技术要求。

②了解所使用机床规格及精度，确定夹具在机床上的安装方式，了解所使用工具的有关参数。

③了解夹具与制造依据（如标工、数模等）之间的协调关系、部位、方法以及基准转移和变换关系；了解夹具制造设备的规格、精度及工艺方法。

④了解同类零件已使用的夹具状况、结构特点及存在问题。

⑤熟悉有关设计标准和资料。

（2）确定方案。

通过准备阶段确定夹具结构方案和绘制结构草图，夹具结构的自动化程度应与零件的生产批量相适应，对于大型、重要的夹具结构方案，应组织有关人员进行评审。

（3）尺寸及公差标注。

①与被加工零件原始尺寸对应的工作尺寸、公差，定位元件与零件的配合尺寸、公差。

②定位、引导及对刀元件的位置尺寸、公差。

③钻套等引导元件与刀具的配合尺寸、公差。

④夹具与机床安装配合尺寸、公差。

⑤可卸件与夹具体的连接尺寸及配合公差。

⑥夹具与制造依据间的协调关系、基准关系尺寸、公差。

⑦因零件特性需要标注的形状和位置度公差。

⑧夹具外廓尺寸。

⑨其他:注明工装相关技术要求,填写工装图样中标题栏和各类标识及表格。

(4)元、组件图。

①夹具上的非标准元、组件均需绘制图样。

②元、组件图尺寸应标注在反映结构特征的视图上,以便于读图,快速建立结构概念,并应校核元、组件图与总图的协调一致性。

③元、组件尺寸公差应保证总图装配要求,其尺寸标注应考虑基准关系,一般采用基准式或链式尺寸标注,以减少尺寸换算。如,由于图8.7(a)中不是以元件为基准进行标注,因此不合理;图8.8(b)中元件与元件之间没有采用基准式或链式尺寸标注,存在大量尺寸换算,因此不合理。

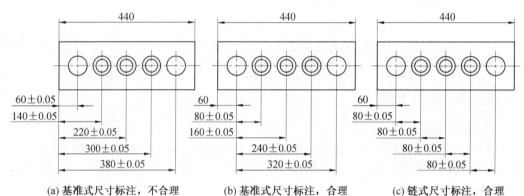

(a) 基准式尺寸标注,不合理　　(b) 基准式尺寸标注,合理　　(c) 链式尺寸标注,合理

图 8.7　元件图尺寸标注示例

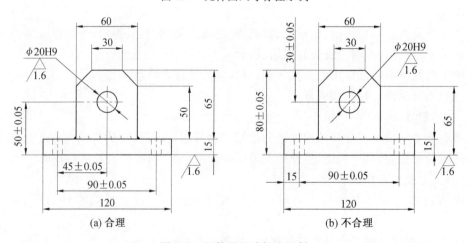

(a) 合理　　　　　　　　　　(b) 不合理

图 8.8　组件图尺寸标注示例

8.2 夹具精度分析

一般情况下,机床夹具的公差按上述原则选择就能满足零件的精度要求。但对于精度要求过高或加工过程误差环节多的零件,就需要对加工中的各项误差进行分析计算,以判断夹具的公差是否能满足零件在该加工工序的公差要求,即夹具精度分析。

8.2.1 影响因素

在加工工序所规定的精度要求中,与夹具密切相关的是被加工表面的相对位置精度,即位置尺寸和相互位置关系的要求。影响被加工表面位置精度的因素可分为 $\delta_{定基}$、$\delta_{安装}$ 和 $\delta_{加工}$ 三部分误差,夹具设计时应充分考虑和估算各部分的误差,使其综合影响不致超过零件在该工序所允许的公差。

1. 定基误差 $\delta_{定基}$

$\delta_{定基}$ 是指由定位基准与原始基准(零件工序尺寸基准)不重合而引起的原始尺寸误差。图 8.9 所示,原始尺寸为 A,两基准不重合,S 变动为 s,且变动方向与 A 方向一致,则 $\delta_{定基}=s$。

若两基准间距离尺寸方向与原始尺寸方向不一致,则 $\delta_{定基}=s\cos\varphi$。其中,φ 为两基准连线(或法线)方向与原始尺寸方向所夹的锐角。另外,$\delta_{定基}$ 在具体的夹具中各不相同,应根据两基准的实际情况来分析计算。$\delta_{定基}$ 由工艺方案所确定,夹具设计对它无法直接控制,若要减少或消除 $\delta_{定基}$,可建议修改工艺方案,采用基准重合的原则。

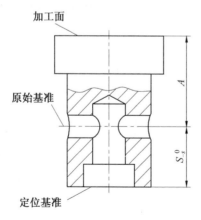

图 8.9 原始基准与定位基准不重合

2. 安装误差 $\delta_{安装}$

$\delta_{安装}$ 是零件在夹具上或夹具在机床上与安装有关的误差,包括 $\delta_{定位}$、$\delta_{夹紧}$ 和 $\delta_{夹安}$ 三部分。

（1）定位误差 $\delta_{定位}$。

$\delta_{定位}$ 是指零件在夹具上定位时所产生的误差，设计时通过合理选择定位方法和定位元件，将其限制在规定的范围内。

零件的定位基准已由工艺方案确定，常用的定位部位包括平面、孔、轴、型面及组合部位。以平面定位时，$\delta_{定位}=0$；以型面定位时，应根据具体情况分析。下面分析零件以轴定位（夹具上定位元件为套）及零件以两孔组合定位（夹具上定位元件为两销）的 $\delta_{定位}$ 情况。

①零件以轴定位，夹具上定位元件为圆柱套。

图 8.10 所示，零件轴的尺寸为 D_{-a}^{0}，夹具上定位套的尺寸为 $D_{定0}^{+b}$。令 $D_{定}-D=\Delta$，则有：

$$\delta_{定位}=(D_{定}+b)-(D-a)=a+(D_{定}-D)+b=a+\Delta+b \tag{8.1}$$

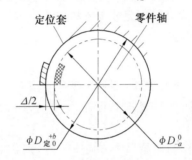

图 8.10　零件以轴定位时的轴、套公差带

②零件以两孔定位，夹具上定位元件为两圆柱销的组合定位。

图 8.11 所示，(a)为未考虑零件两孔、两定位销间尺寸公差时的孔、销公差带分布；(b)为未考虑零件两孔直径公差、两定位销间尺寸公差及直径公差时，第二个定位销直径 $D_{定2}$ 的确定。

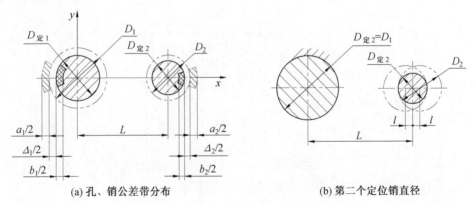

(a) 孔、销公差带分布　　　　　　　　(b) 第二个定位销直径

图 8.11　零件以两孔定位，定位元件为两圆柱销

设两圆柱销的直径为 $D_{定1-b_1}^{0}$ 及 $D_{定2-b_2}^{0}$，两圆柱销间的距离为 $L\pm l_{定}$，零件两定位孔直径为 $D_{10}^{+a_1}$ 及 $D_{20}^{+a_2}$，两孔间的距离为 $L\pm l$；并设 D_1 为第一基准孔，D_2 为第二基准孔。在确定定位元件的尺寸与公差时，必须考虑零件需装卸容易和满足定位精度的要

求,定位销的最大直径为

$$\begin{cases} D_{定1}=D_1-\Delta_1 \\ D_{定2}=D_2-\Delta_2 \end{cases} \tag{8.2}$$

式中,Δ_1、Δ_2 为便于零件装卸的最小间隙。

同时考虑两定位孔、两定位销间的距离尺寸公差 $2l$ 及 $2l_{定}$,则两定位销的最大直径分别为

$$\begin{cases} D_{定1}=D_1-\Delta_1 \\ D_{定2}=D_2-\Delta_2-2l-2l_{定} \end{cases} \tag{8.3}$$

这时定位销的最小直径分别为:$D_{定1}-b_1$,$D_{定2}-b_2$。

(a)在两孔中心连线方向(x 方向)上的定位误差。

第一基准在中心连线方向上的定位误差等于最大径向间隙,即

$$\delta_{定位1x}=a_1+\Delta_1+b_1$$

第二基准在同一方向上的定位误差则为

$$\delta_{定位2x}=\delta_{定位1x}+2l$$

若仅以第二基准的定位情况来看,可能位移量为

$$a_2+\Delta_2+b_2+2l+2l_{定}$$

但是对整体零件来说,第一定位销已限制了整个零件在 x 方向上的移动。

(b)在与两孔连线垂直方向(y 方向)上的定位误差为

$$\begin{cases} \delta_{定位1y}=a_1+\Delta_1+b_1 \\ \delta_{定位2y}=a_2+\Delta_2+b_2+2l+2l_{定} \end{cases} \tag{8.4}$$

(c)两定位孔中心连线与两定位销中心连线之间的倾斜角误差 α,见图 8.12。

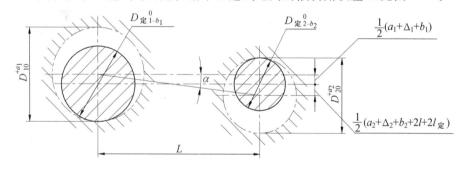

图 8.12　求倾斜角 α 的原理图

最大倾斜角:$\tan\alpha=\dfrac{\delta_{定位1y}+\delta_{定位2y}}{2L}=\dfrac{(a_1+\Delta_1+b_1)+(a_2+\Delta_2+b_2+2l+2l_{定})}{2L}$。

经分析,零件倾斜之后,其上各点的定位误差是不同的,因此对原始尺寸的影响也各不相同,对位于两基准之间的各点,其误差值将介于 $\delta_{定位1y}$ 与 $\delta_{定位2y}$ 之间,计算时应根据原始尺寸情况具体分析。

③零件以两孔定位,夹具上定位元件为一个圆柱销和一个菱形销的组合定位。

用两个圆柱销定位时,角向误差很大。从定位方法上改善就是第二个定位销采用菱

形销,以避免第二定位销在 x 方向的重复定位,即为补偿 $2l$、$2l_{定}$ 公差需减小第二圆柱销的直径而增大的误差,见图 8.13。下式为定位误差计算表达式:

$$\begin{cases} D_{定1\ {}^{0}_{-b_1}} = (D_1 - \Delta_1)^{0}_{-b_1} \\ D_{定2\ {}^{0}_{-b_2}} = (D_2 - \Delta_2)^{0}_{-b_2} \end{cases} \tag{8.5}$$

Δ_2 起着两个作用,一是保证间隙,二是保证基准在中心连线方向上有较大的位移,以补偿距离公差 $2l$ 和 $2l_{定}$。

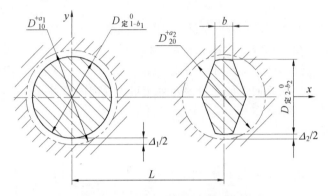

图 8.13 圆柱销、菱形销的定位情况

由图 8.14 可看出,Δ_2 与距离公差 l 和 $l_{定}$ 及圆柱部分宽度 b 有关。b 值越小,Δ_2 也可越小,菱形销磨损越快;但 b 值增大,Δ_2 也要增大,定位误差也将增大。因此应合理选择 b 值。b 值在选择菱形销标准件时已确定,在校验 Δ_2 时可直接选用。

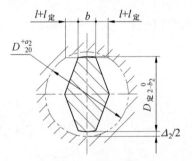

图 8.14 菱形销圆柱部分

定位误差:$\delta_{定位1x} = a_1 + \Delta_1 + b_1$,$\delta_{定位1y} = a_1 + \Delta_1 + b_1$,$\delta_{定位2x} = \delta_{定位1x} + 2l$,$\delta_{定位2y} = a_2 + \Delta_2 + b_2$。

最大倾斜角:$\tan \alpha = \dfrac{a_1 + \Delta_1 + b_1 + a_2 + \Delta_2 + b_2}{2L}$。

公式中 $2l$、$2l_{定}$ 已对倾斜角不产生影响,所以提高了定位精度。

常用的定位方法及其定位误差 $\delta_{定位}$ 见表 8.2。

表 8.2 常用的定位方法及其定位误差

定位基准	定位元件	简图	限制自由度	定位误差 $\delta_{定位}$
平面	三固定 支承	(简图：A 向视图)	3	$\delta_{定位}=0$
	支承平面 （支承板）	(简图)	3	$\delta_{定位}=0$

（2）夹紧误差 $\delta_{夹紧}$。

$\delta_{夹紧}$ 是指在夹紧力作用下，因夹具和零件的变形而引起原始基准在原始尺寸方向上的位移。设计时应考虑夹具的夹紧机构、夹紧力的方向，尽量避免产生夹紧误差。

（3）夹安误差 $\delta_{夹安}$。

$\delta_{夹安}$ 是指由于夹具在机床上的位置不正确而引起的原始基准在原始尺寸方向上的位移。$\delta_{夹安}$ 包括两个方面：①夹具安装面（或校正面）与定位元件之间的位置误差（如心轴的定位面对两顶尖孔的跳动误差，铣床类夹具上的找正面或键槽对定位面的平行度、垂直度误差等）；②夹具安装面与机床配合间的间隙所引起的误差（或安装找正时的误差），通常数值较小，可以人为控制到最小值。

3. 加工误差 $\delta_{加工}$

$\delta_{加工}$ 是指在加工过程中由于工艺系统变形、磨损、调整、刀具引导等不准确而造成的对原始尺寸的误差，包括 $\delta_{机床}$、$\delta_{刀具}$、$\delta_{调整}$、$\delta_{变形}$、$\delta_{引导}$。

①与机床有关的误差 $\delta_{机床}$，如：车床主轴的跳动、主轴轴线对溜板导轨的平行度、垂直度误差等。

②与刀具有关的误差 $\delta_{刀具}$，如：刀具的形状误差、同轴度误差及刀具的磨损等。

③与调整有关的误差 $\delta_{调整}$，如：定距装刀的误差，钻套轴线对定位元件的位置误差，钻套、衬套的同轴度误差，钻套和衬套间的配合间隙等（可在设计时控制该误差）。

④与变形有关的误差 $\delta_{变形}$，如：零件、刀具、夹具和机床受力变形和热变形。

⑤与刀具引导有关的误差 $\delta_{引导}$，如：钻头在钻套中的偏移、偏斜，拉刀在拉套中的引导偏差等。由于钻头、铰刀在钻套中的引导偏差对原始尺寸影响较大，所以应重视钻模中 $\delta_{引导}$ 误差的分析。

对钻模中 $\delta_{引导}$ 的计算方法分偏移和偏斜两种，当零件孔下端面与钻套引导底面的距

离 $B+S$ 小于钻套引导高度 H 的 1.5 倍(浅孔)时,按偏移计算;大于时(深孔)按偏斜计算。

(a)钻模仅带后引导导套时,见图 8.15。

钻套与刀具间最大配合间隙:$\Delta_{\max} = D_{\max} - d_{\min}$。

按偏移计算:$\delta_{引导} = \Delta_{\max}$,$\delta_{引导} = 2X = 2\left(\dfrac{H}{2} + S + B\right)\dfrac{\Delta_{\max}}{H}$。

(b)钻模带前后引导导套时,经作图分析其偏斜量很小,所以只按偏移计算 $\delta_{引导}$,且偏移量为前后引导配合间隙小的值。

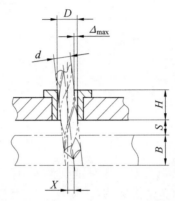

图 8.15　刀具引导误差 $\delta_{引导}$ 的分析简图

8.2.2　精度计算

上述诸因素都是造成被加工表面位置误差的原因,但要分析哪些会对零件的被加工表面造成影响,即造成原始尺寸方向上的误差。这些有影响的误差总和应小于原始尺寸的公差 δ,即

$$\begin{cases} \delta \geqslant \delta_{定基} + \delta_{安装} + \delta_{加工} \\ \delta \geqslant \delta_{定基} + \delta_{定位} + \delta_{夹紧} + \delta_{夹安} + \delta_{机床} + \delta_{刀具} + \delta_{调整} + \delta_{变形} + \delta_{引导} \end{cases} \tag{8.6}$$

上式中各项误差都是按最大值计算的,但在实际加工过程中各项误差不可能都达到最大值,因此在计算总误差时,若按上述各项误差最大值相加,且使之不大于零件在该加工工序的公差要求,那么夹具的制造势必困难,夹具的精度储备较大,造成浪费。如果按概率法计算,即总误差是各项误差的平方和再开方,这样计算与实际情况比较接近,即

$$\begin{cases} \delta \leqslant \sqrt{\delta_{定基}^2 + \delta_{安装}^2 + \delta_{加工}^2} \\ \delta \geqslant \sqrt{\delta_{定基}^2 + \delta_{定位}^2 + \delta_{夹紧}^2 + \delta_{夹安}^2 + \delta_{机床}^2 + \delta_{刀具}^2 + \delta_{调整}^2 + \delta_{变形}^2 + \delta_{引导}^2} \end{cases} \tag{8.7}$$

在夹具精度分析时应依据夹具的功能、结构、定位等实际情况具体分析,以得到真实的计算结果。同时应把较复杂的精度分析及容差分配计算记录在夹具总图上,以便查阅。

8.3 夹具检测坐标系建立

由于机床夹具制造的特殊性,当按工装三维模型制造,并需要数字测量机辅助检测的夹具,应建立夹具检测坐标系。

8.3.1 建立原则

夹具检测坐标系的建立通常需要遵循以下原则:
(1)检测坐标系与零件定位基准(坐标系)尽量一致。
(2)零件定位面是理论外形时,检测坐标系建立在零件被加工要素上。
(3)零件被加工要素为法向空间要素时,检测坐标系可按实际情况建立在夹具体上。

8.3.2 建立方法

(1)以零件定位基准建立夹具检测坐标系。
①以零件三个定位基准建立。
零件三个定位基准面相互垂直时,检测坐标系原点建立在三个面交点处,三个坐标轴与三个定位基准面方向一致。消除了检验过程中零件定位基准与检测基准不一致而产生的误差,保证了零件的加工质量,见图 8.16。

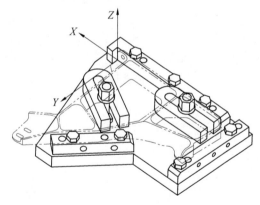

图 8.16 以零件三个定位基准建立

②以零件两个定位基准建立。
零件两个定位基准面相互垂直时,可通过零件三个定位基准的交点作为夹具检测坐标系的原点,以相互垂直的两个基准面的交线作为坐标系的一个轴,通过原点作这两个相互垂直基准面的垂线作为坐标系的另外两个轴,建立检测坐标系。

如图 8.17 所示,钻模以底面 A、两圆柱销组成的侧面 B 和挡块端面 C 组成定位基准,底面 A 与侧面 B 垂直。夹具检测坐标系的建立方法为:用定位面 A、B、C 的交点作为原点,用定位面 A、B 的交线作为 X 轴,通过原点作定位面 B 的垂线作为 Y 轴,通过原点作定位面 A 的垂线作为 Z 轴。

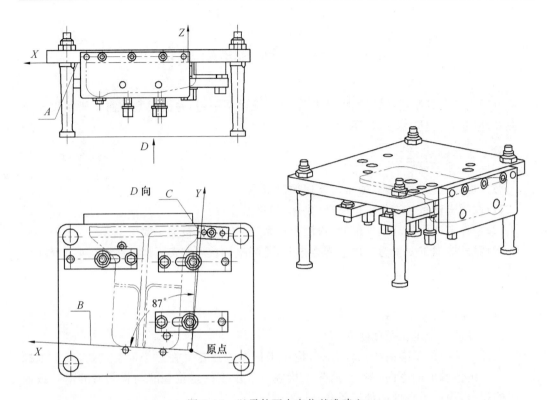

图 8.17 以零件两个定位基准建立

③以零件一个定位基准建立。

如图 8.18 所示,钻模以定位块上表面 A、钻模板内表面 B 和圆柱销组成定位基准,定位面 A 与圆柱销轴线垂直,定位面 B 为曲面。夹具检测坐标系的建立方法为:用定位面 A 与圆柱销轴线的交点作为原点,Y 轴通过原点与工艺孔轴线连线,Z 轴垂直于定位面 A。

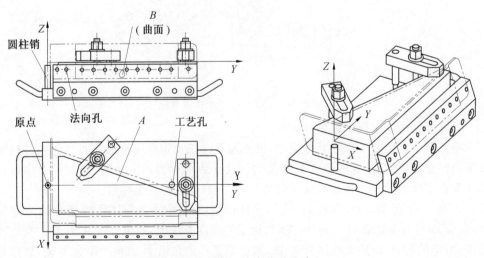

图 8.18 以零件一个定位基准建立

（2）以零件被加工要素建立夹具检测坐标系。

零件定位面是理论外形曲面，无法通过零件定位基准建立夹具检测坐标系时，则可以通过零件被加工要素和定位基准两者结合建立夹具检测坐标系。

图 8.19 所示钻模，零件上与被加工孔垂直的定位面是平面，其余两个定位面均为曲面。这时可将与被加工孔垂直的定位面作为 XY 平面，Z 轴建立在被加工孔轴线上，被加工孔轴线与 XY 平面的交点为夹具检测坐标系原点。

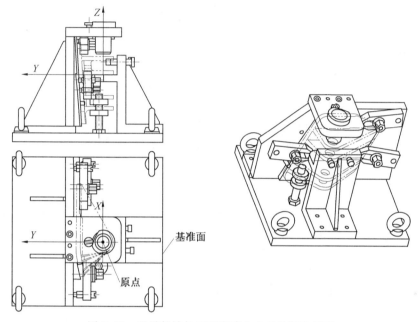

图 8.19　以零件被加工要素建立夹具检测坐标系

（3）以其他方式建立夹具检测坐标系。

①铣具装有对刀元件时，应将夹具检测坐标系建立在对刀元件上，使夹具检测坐标系和零件加工基准重合，见图 8.20。

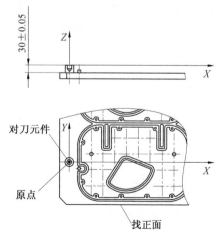

图 8.20　在对刀元件上建立夹具检测坐标系

②以零件定位基准或零件被加工要素无法建立夹具检测坐标系时,可根据实际情况以工艺孔来建立夹具检测坐标系,见图 8.21。

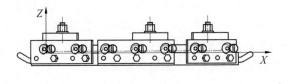

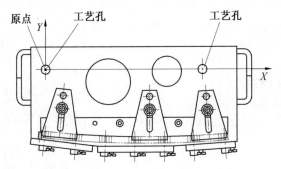

图 8.21 以工艺孔建立夹具检测坐标系

由于夹具的结构形式多样,因此其检测坐标系应依据具体结构建立,原则是在满足零件加工要求的前提下,减少夹具检测过程中的误差,方便夹具检测。

8.4 车床夹具

8.4.1 夹具功能

车床夹具是配合车床使用的一种工艺装备,可保证被加工孔、外圆、端面与定位基准的位置正确,并使被加工孔、外圆与车床主轴同轴,端面与车床主轴垂直。在加工过程中,车床夹具与零件随车床主轴一起旋转,刀具做进给运动。

8.4.2 被加工零件特点

不易直接在车床卡盘上定位夹紧且被加工面具有回转中心的零件,常常采用车床夹具,见图 8.22。

(a) 作动筒支架

(b) 锁销

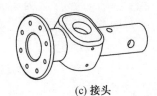
(c) 接头

图 8.22 被加工零件

8.4.3 夹具类型

夹具按与车床主轴安装方式的不同分为心轴式和法兰盘式。

(1)心轴式车床夹具。

心轴式车床夹具以莫氏锥柄心轴与车床主轴的莫氏锥面配合安装,两者配合面积应超过80%。一般心轴需与车床配制,以保证其安装稳定及传递足够的扭矩。因莫氏心轴锥柄配合面大、耐磨损、重复定位精度较高、安装方便,因此心轴式车床夹具多用于加工同轴度要求高的中小型零件,见图8.23、图8.24。

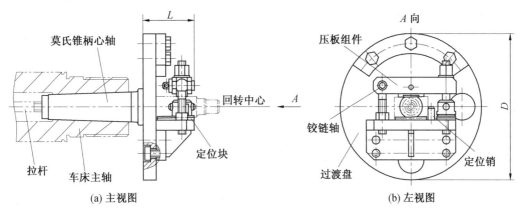

| (a) 主视图 | (b) 左视图 |

图 8.23 带过渡盘的心轴式车床夹具

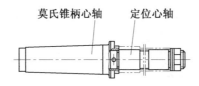

图 8.24 不带过渡盘的心轴式车床夹具

(2)法兰盘式车床夹具。

法兰盘式车床夹具以法兰盘与车床主轴的外圆柱面配合安装,用于加工外形较大,形状复杂的零件,见图8.25、图8.26。

8.4.4 夹具结构

车床夹具依据与车床主轴的安装方式设计,以保证被加工面的回转中心与车床主轴同轴,夹紧机构应足以平衡切削力及主轴旋转时的惯性力。应考虑车床夹具的动平衡,经估算后按需要采取加配重或制减轻孔去除材料的措施。由于车床夹具安装在车床主轴上呈悬臂状态,其悬伸长度 L 对工艺系统动态刚性及加工稳定性有较大影响,因此车床夹具结构应力求紧凑,尽量缩短悬伸长度 L,见图8.23、图8.25、图8.26。

车床夹具主要由夹具体、定位元件及夹紧机构组成。

(1)夹具体。

夹具体为莫氏锥柄心轴或法兰盘与过渡盘的组合体。

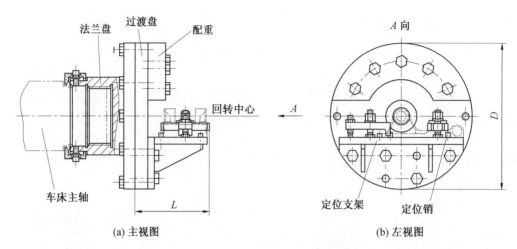

图 8.25　标准法兰盘式车床夹具

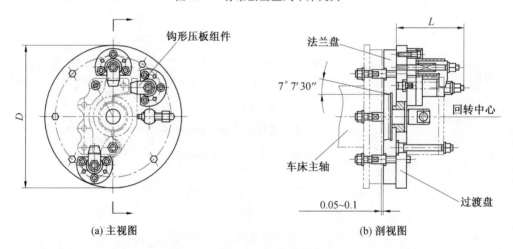

图 8.26　非标准法兰盘式车床夹具

①莫氏锥柄心轴。

莫氏锥柄心轴按车床莫氏锥度分为 5 号、6 号,材料为 45 钢。莫氏锥柄心轴已标准化,设计时按车床主轴的莫氏锥度选用。C620、C620－1、C620－3、C630 型号车床主轴的莫氏锥度为 5 号,CY6140、CY6150、CY6240、CY6250 型号车床主轴的莫氏锥度为 6 号。若过渡盘直径 $D<250$ mm 时选图 8.27(a),$D>250$ mm 时选图 8.27(b)。

②法兰盘。

法兰盘分为标准法兰盘和非标准法兰盘,见图 8.28。标准法兰盘材料为 HT200,用于 C620、C620－1、C620－3、C630 等型号车床;非标准法兰盘材料为 45 钢,用于 CY6140、CY6150、CY6240、CY6250 等型号车床。

③过渡盘。

过渡盘与车床夹具心轴或法兰盘配合连接,同时也是安装车床夹具上其他元件的基体,见图 8.27、图 8.28。过渡盘的半径必须小于车床主轴中心到导轨的距离,以避免与

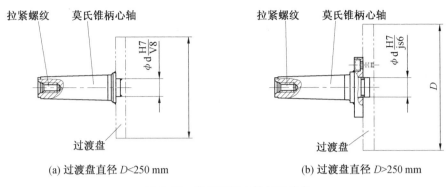

(a) 过渡盘直径 *D*<250 mm　　　　　(b) 过渡盘直径 *D*>250 mm

图 8.27　莫氏锥柄心轴与过渡盘

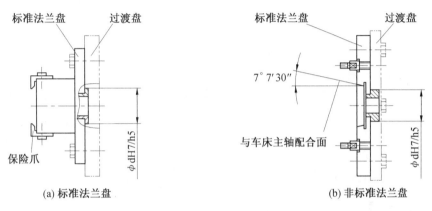

(a) 标准法兰盘　　　　　　　　　(b) 非标准法兰盘

图 8.28　法兰盘与过渡盘

导轨干涉。

对于位置度要求较高的零件,车床夹具上需要设计可调过渡盘,调整间隙取 0.5 mm,并在过渡盘上制出找正面,找正面与定位元件的相对位置已在车床夹具制造时保证。使用车床夹具时,通过过渡盘上的找正面调整过渡盘使其中心与车床主轴同轴,以减小车床夹具在车床上的安装误差,见图 8.29。

(2)定位元件。

车床夹具的定位元件包括定位销、定位块、定位支架、定位心轴及自动定心弹簧夹头等结构形式,见图 8.23、图 8.24、图 8.25。

(3)夹紧机构。

车床夹具随车床主轴一起高速旋转时,除承受切削力外,还承受惯性离心力,因此夹紧机构应刚性好并具有自锁功能。夹紧机构通常选用铰链压板组件或钩形压板组件,见图 8.23、图 8.26。使用铰链压板组件时,应选用铰链轴而不应选用圆柱销,以防止旋转时圆柱销松脱。

8.4.5　设计原则

(1)车床夹具应具有防脱结构。如:可换定位销配置防甩出的锁紧螺母,见图 8.30;

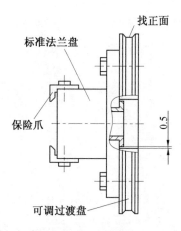

图 8.29 可调过渡盘

压板上制出防止螺母从压板开口处滑出的沉孔,见图 8.31。

(2)车床夹具应具有足够刚性,避免在使用中变形。

(3)车床夹具重心与车床回转中心不一致时,应采取平衡措施,以减小车床主轴的磨损。

(4)零件和车床夹具元件不应超出过渡盘的外圆,靠近外缘的元件不应有突出的棱角,必要时应设防护罩。

(5)车床夹具与主轴的安装应采用防松装置,如拉杆、保险爪。

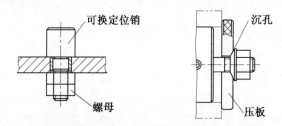

图 8.30 防甩出的锁紧螺母

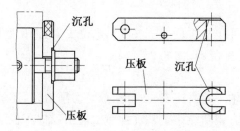

图 8.31 压板开口处防滑出的沉孔

8.5　铣床夹具

8.5.1　夹具功能

铣床夹具是配合铣床使用的一种工艺装备,它保证了零件被加工面与切削刀具及铣床工作台有正确的位置关系。铣床夹具常用于加工各种平面、槽口、耳片、端面及曲面等。

8.5.2　被加工零件特点

铣床夹具加工的零件结构较复杂,精度较高,被加工面与定位基准成空间角度关系,不易直接在铣床上定位夹紧,如梁、肋、长桁、壁板、滑轨、导轨、接头、安装支架等,见图8.32。

(a) 襟翼滑轨　　　　　　　　　(b) 导轨　　　　　　　　　(c) 悬挂接头

图 8.32　被加工零件

8.5.3　夹具类型

铣床夹具按所使用的铣床可分为普通铣床夹具、数控铣床夹具和靠模铣床夹具。

(1)普通铣床夹具。

普通铣床夹具安装在普通铣床上,应用最为广泛,用于加工平面、槽口、耳片及凸台端面等。图8.33所示为加工接头槽口的普通铣床夹具。为了保证槽口$R100$ mm尺寸,需要采用直径200 mm的专用圆盘铣刀,并且设置两个对刀块确定铣刀的起始点位置。对刀后,铣床工作台带动铣床夹具相对铣刀向左移动190 mm,即可完成槽口的加工。

(2)数控铣床夹具。

数控铣床夹具安装在数控铣床上,用于加工零件型面。图8.34所示为加工和检验零件型面的数控铣床夹具。加工时,使用基准孔调整铣刀的起始点后,按数控程序铣出零件型面;加工完成后,通过检验卡板来检查零件是否合格。

(3)靠模铣床夹具。

靠模铣床夹具简称靠模,用于加工各种零件型面。刀具靠紧靠模上与零件外形相关的型面对零件进行铣切,通过靠模型面来保证零件外形的正确加工。图8.35所示为专门用于铣切纸蜂窝芯零件倒角外形靠模。该靠模是用上下两块靠模板将蜂窝芯零件定位夹紧在中间,铣切时风动铣刀沿着靠模型面移动一周,即可完成加工。

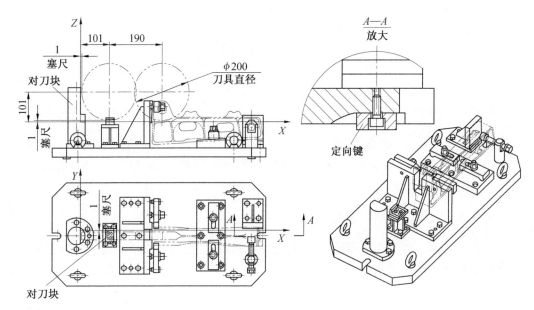

图 8.33　加工接头槽口的铣床夹具

8.5.4　夹具结构

铣床夹具主要由夹具体、定位元件、安装元件、夹紧机构及对刀元件等组成。

(1)夹具体。

夹具体是用来安装铣床夹具元件的基体。由于铣切加工是断续切削,切削力较大,在加工过程中会产生较强的冲击力,对零件的加工质量、操作者的安全等带来不利的影响,因此夹具体应具有足够的强度和刚性,以减少振动。为保证铣床夹具在铣床上安装的稳定性,铣床夹具的高宽比一般应小于 1.25,以降低铣床夹具重心。夹具体通常为板式结构,大型夹具体可采用焊接框架结构,材料一般选用 Q235。为减少振动,在生产周期允许的情况下,夹具体可采用铸件,材料牌号 HT200。

(2)定位元件。

定位元件用于确定零件在铣床夹具中的位置,保证被加工面与定位基准、对刀块工作面间的位置精度,包括定位板、定位块及定位支座等,材料可选用 45 钢、Q235、2A12。

(3)安装元件。

安装元件包括定向键、定向销,通常选用两个分布在铣床夹具两端与铣床工作台上的 T 形键槽配合,以确定铣床夹具在铣床工作台上的位置,见图 8.33、图 8.34。两定向键或定向销之间距离越大,导向精度越高。定向键或定向销不仅确定铣床夹具在铣床工作台上的正确位置,还承受着部分切削扭矩,以减轻铣床夹具在铣床上夹紧螺栓的负荷,增加铣床夹具的稳定性。

定向键已标准化,见图 8.36。

①常选用 A 型,定向键尺寸 B 与铣床工作台 T 形槽尺寸相同,公差带为 h6 或 h8。因为定向键与 T 形槽的配合间隙直接影响铣床夹具的安装精度,所以在采用定向键安装

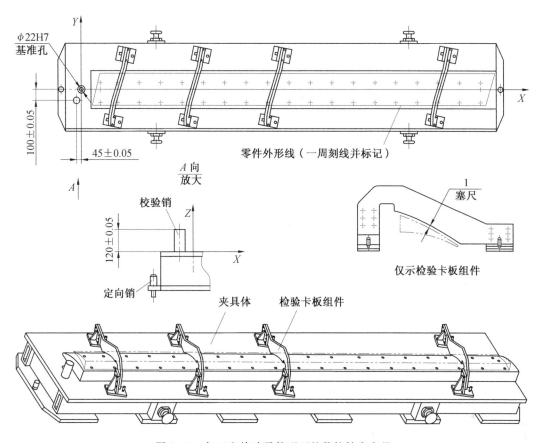

图 8.34　加工和检验零件型面的数控铣床夹具

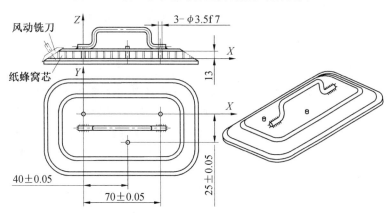

图 8.35　专门用于铣切纸蜂窝芯零件倒角外形靠模

铣床夹具时,应使两个定向键的同一侧面与铣床 T 形槽的一个侧面接触。

②当零件的加工精度较高时,铣床夹具应选用 B 型定向键,与铣床工作台 T 形槽配合的尺寸 B_1 留磨量 $B_1-B=0.5$ mm, B_1 按铣床工作台 T 形槽宽度配制,公差带为 h6 或 h8。

定向销一般选用定位插销,其定位精度高,使用方便,但由于是线接触,易于磨损。

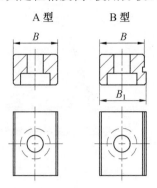

图 8.36 定向键

(4)夹紧机构。

夹紧机构是用于夹紧零件、抵抗切削力,保证零件在加工过程中不发生位移。由于铣切时,切削力较大,且力的大小方向随时变化,因此夹紧机构应有足够的夹紧力并具有自锁功能。夹紧部位应选择靠近零件被加工面及刚性好的区域,典型夹紧机构见图 8.37。

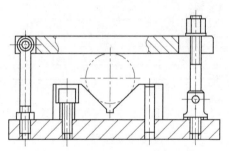

图 8.37 典型夹紧机构

(5)对刀元件。

被加工零件需要定距切削时,铣床夹具应设置对刀元件来保证刀具相对零件被加工面的位置正确,如铣槽、耳片等。另外,数控铣切时,铣床夹具也应设置对刀元件来确定数控加工程序的起刀点。数控铣床夹具上的对刀元件由对刀块和校验销组成。对刀块位于数控加工程序的起刀位置,对刀块与定位件之间的尺寸 a、尺寸 b、尺寸 c 需与数控加工程序工艺人员协商确定,见图 8.38。通过对刀块上的基准孔找正机床的主轴位置,采用对刀块上表面调整刀具的高度。数控铣床夹具上的校验销用以验证数控加工程序和刀具使用的正确性。校验销与对刀块之间的尺寸 d、尺寸 e、尺寸 f 应与数控加工程序协调。

8.5.5 设计原则

(1)应综合考虑以定位件、夹紧件平衡切削力,避免铣床夹具变形,保证零件定位可靠。

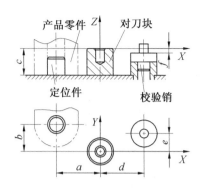

图 8.38　数控铣床夹具上的对刀元件

（2）铣床夹具元件应避开刀具的切削轨迹。

（3）为了便于清理切屑和排液，铣床夹具表面上不应有坑槽，若铣床夹具底面超出铣床工作台宽度时，应在铣床夹具底板上表面开流液槽。

（4）应考虑铣床的行程。

（5）零件刚性较差或呈悬臂状态时铣床夹具上应增加辅助支承。

（6）零件以毛坯面定位时，铣床夹具的定位元件应采用球头结构。

8.6　钻床夹具

8.6.1　夹具功能

钻床夹具是配合钻床使用的一种工艺装备，它保证了零件被加工孔与定位基准及各孔之间的位置正确，使引导套与被加工孔轴线同轴、与钻床工作台面垂直。在加工过程中，钻床夹具固定，刀具随钻床主轴沿被加工孔轴线方向做进给运动。

8.6.2　被加工零件特点

零件结构比较复杂、被加工孔精度要求较高或与定位基准面成空间角度关系，不易直接在钻床上定位、夹紧，具有协调要求或理论型面上的法向孔，见图 8.39。

8.6.3　夹具类型

钻床夹具按结构形式分为固定模板式、可卸模板式、复式、翻转式、分度式、移动式。

（1）固定模板式钻床夹具。

固定模板式钻床夹具是指钻床夹具板固定在夹具体上，其结构简单、刚性好、精度高，用于加工孔位精度较高的零件，见图 8.40。若钻床夹具板底面离被加工孔的端面距离较大时，为避免刀具引偏，应采用加长钻套，见图 8.40(b)。

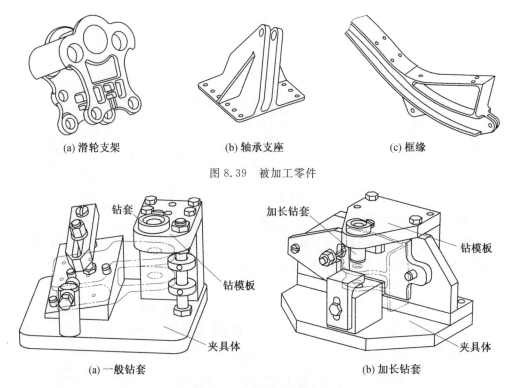

(a) 滑轮支架　　　　　(b) 轴承支座　　　　　(c) 框缘

图 8.39　被加工零件

图 8.40　固定模板式钻床夹具

（2）可卸模板式钻床夹具。

可卸模板式钻床夹具是指在装卸零件时,先将钻床夹具板拆卸,零件定位夹紧后,钻床夹具板再通过夹具体上的定位销安装在零件上面。可卸模板式钻床夹具结构比固定模板式复杂且精度较低,用于加工用固定式钻床夹具难以装夹的零件,见图 8.41。

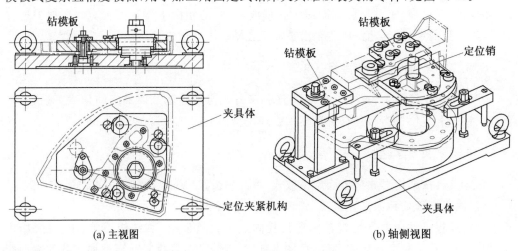

(a) 主视图　　　　　　　(b) 轴侧视图

图 8.41　可卸模板式钻床夹具

（3）复式钻床夹具。

复式钻床夹具是指钻床夹具板直接"复"在或贴合在被加工零件上，并通过零件表面定位钻床夹具板，见图 8.42。复式钻床夹具无夹具体，定位元件和钻套直接安装在钻床夹具板上，结构简单，用于加工大型零件上的小孔或用风钻、手电钻加工理论形面上的导孔。若在钻床上使用时，被加工孔必须与钻床工作台平面垂直。

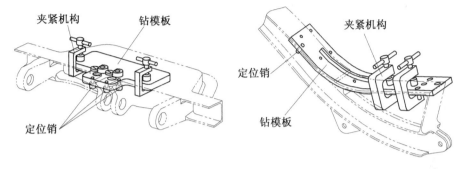

图 8.42 复式钻床夹具

（4）翻转式钻床夹具。

翻转式钻床夹具是指零件定位夹紧在夹具上并一起翻转，使钻孔轴线与钻床主轴同轴。根据其结构特点分为：支脚式钻床夹具，见图 8.43；箱式钻床夹具，见图 8.44；半箱式钻床夹具，见图 8.45。①支脚式钻床夹具一般由钻床夹具板、支脚及夹紧机构组成，结构简单，应用较为广泛。夹具的每个支脚的支承面直径应大于钻床 T 形槽的宽度，且两支脚间的距离应不等于钻床上 T 形槽的间距。②箱式、半箱式钻床夹具的钻套直接装在夹具体上，夹具结构较封闭，用于加工零件不同方向上的孔。夹具外形只在一面或两面敞开的为箱式钻床夹具，在三面或四面敞开的为半箱式钻床夹具。

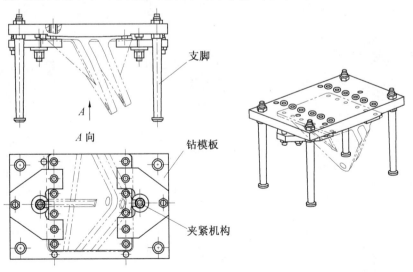

图 8.43 支脚式钻床夹具

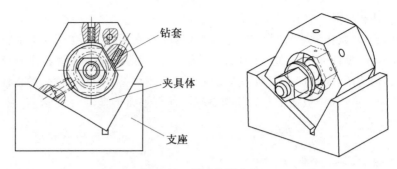

图 8.44　箱式钻床夹具

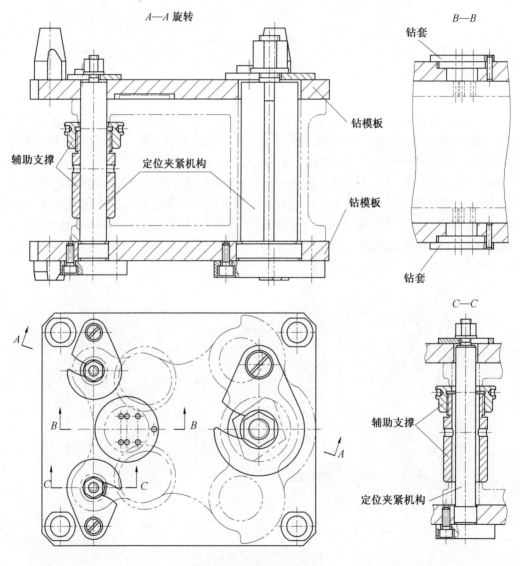

图 8.45　半箱式钻床夹具

（5）分度式钻床夹具。

分度式钻床夹具是指一次将零件定位夹紧在夹具上，分度机构使沿径向分布的每一被加工孔在加工时与钻床主轴同轴。用于加工分布在圆周上的多个径向孔或同一圆周上的多个轴向孔，见图8.46、图8.47。

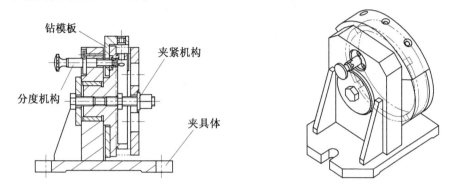

图8.46 钻圆周上径向孔的分度式钻床夹具

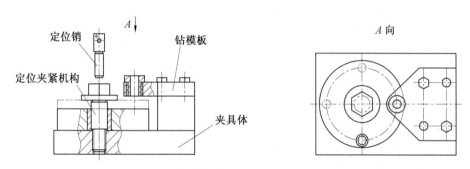

图8.47 钻圆周上轴向孔的分度式钻床夹具

（6）移动式钻床夹具。

移动式钻床夹具具有复式钻床夹具的特点，同时可以通过移动钻床夹具来满足多组孔的加工。钻床夹具体型较小，通常用来加工大型零件上同一方向且分布在不同位置上的孔或细长零件上的多组相同孔，见图8.48。

8.6.4 夹具结构

钻床夹具由夹具体、定位元件、引导元件及夹紧机构等组成。下面仅介绍钻床夹具中具有特殊性的引导元件及引导方式。

1.引导元件

钻床夹具的引导元件即为钻套，用于正确引导刀具（钻头、扩孔钻、铰刀等）进行孔加工，钻套的选用和设计直接影响零件的质量及生产效率。

（1）钻套的种类。

①固定钻套：钻套固定安装在钻床夹具板或夹具体中，两者选过盈配合 H7/p6。钻套分为不带肩（A 型）和带肩（B 型）两种类型，见图8.49。固定钻套的结构参数、材料、热

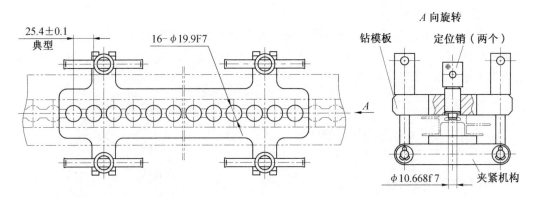

图 8.48　移动式钻床夹具

处理等已标准化。

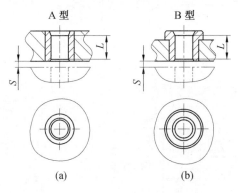

图 8.49　固定钻套

②可换钻套:大批量加工单一工序孔时,为便于更换磨损的钻套,应选用可换钻套,见图 8.50。可换钻套的结构参数、材料、热处理等已标准化。

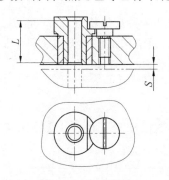

图 8.50　可换钻套

③快换钻套:需要钻、扩、铰多个工序加工零件时,应选用快换钻套,见图 8.51。若钻床夹具板底面离被加工孔端面的距离较大时,应采用加长快换钻套,见图 8.52。为减少加长钻套与刀具的摩擦,可将两者配合长度减小。快换钻套的结构参数、材料、热处理等已标准化。

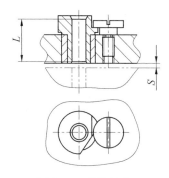

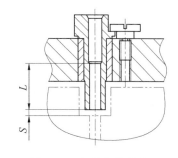

图 8.51　快换钻套　　　　　　　　图 8.52　加长快换钻套

④特种钻套:由于零件形状或被加工孔位置的特殊性,需设计特种结构的钻套,常用以下三种形式:

(a)小孔距钻套:用于加工零件上间距较小的多个孔。当两孔间距很小时,为方便安装,可将两钻套相邻的侧面切去,见图 8.53(a);当多孔间距很小时,可采用单套多孔整体结构,用圆柱定向销确定钻套径向位置,见图 8.53(b)。

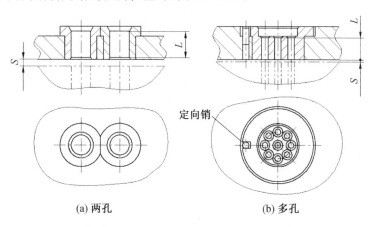

(a) 两孔　　　　　　　　　　　(b) 多孔

图 8.53　小孔距钻套

(b)兼有定位和夹紧功能的钻套:用于加工球类零件上的孔。钻套与衬套的一段为间隙配合,另一段为螺纹配合,以钻套下端的内锥面定位、夹紧零件,见图 8.54。

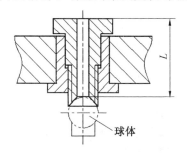

图 8.54　兼有定位和夹紧功能的钻套

(c)斜面钻套:用于加工斜面或圆弧面上的孔。钻套靠近零件的端面制成与零件外形相近的形状,以避免钻头引偏,排屑空间 $S=(0\sim0.2)d$,见图 8.55。

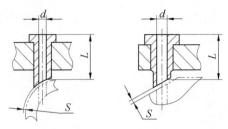

图 8.55 斜面钻套

2. 引导方式

引导方式按引导元件相对于被加工孔位置的不同可分为后引导、前后引导和中后引导。

(1)后引导。

后引导的引导元件位于被加工孔的上方,见图 8.56。用于加工较浅的孔,应用最为广泛。

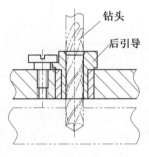

图 8.56 后引导

(2)前后引导。

前后引导的引导元件分别位于被加工孔的两侧,用于加工深通孔或排列在同一轴线上间距较大、同轴度要求较高的几个通孔。为防止钻头引偏,保证被加工孔的同轴,应先从两端钻孔,引导均为后引导,见图 8.57(a);再从一端扩、铰孔,引导为前后引导,见图 8.57(b)。

(3)中后引导。

加工同一轴线上间距较大的多孔时,可在一端钻初孔,加中引导防止钻头引偏,见图 8.58;扩、铰孔时,去掉中引导,采用初孔作为引导。加工铝镁合金零件上的小孔($d<$ 4 mm)时,中引导套直径一般加大 0.05 mm。

8.6.5 设计原则

(1)翻转式、移动式钻床夹具及可卸钻床夹具板,应质量轻,便于移动。

(2)钻盲孔、沉孔及锪平面时,为保证深度要求,钻床夹具上应设计控制轴向尺寸的对刀面。

(3)钻床夹具结构不开敞时,为便于观察零件定位、加工情况,必须留观察孔(或槽)。

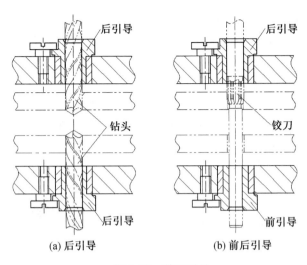

图 8.57　前后引导

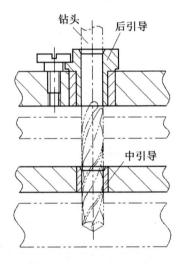

图 8.58　中后引导

(4)钻削扭矩大时,应考虑便于将钻床夹具与钻床工作台夹紧。

(5)钻床夹具和零件的重心及钻削轴向力必须作用在夹具的支撑面内。

(6)便于加注冷却液和清理切屑。

8.7　镗床夹具

8.7.1　夹具功能

镗床夹具是一种配合镗床使用的工艺装备,它用于保证零件被加工孔、端面与定位基准的位置正确,使零件被加工孔、端面分别与镗床主轴同轴、垂直。在加工过程中,镗床夹具固定,刀具随镗床主轴做进给运动。

8.7.2 被加工零件特点

零件结构复杂、被加工部位与定位基准成空间角度关系,不易直接在镗床上定位、夹紧;零件孔位精度要求高、孔径大、规格多、同一轴线上间距较大的孔,不宜在钻床上加工,见图8.59。

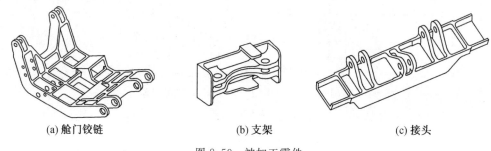

(a) 舱门铰链   (b) 支架   (c) 接头

图 8.59 被加工零件

8.7.3 夹具类型

镗床夹具按使用的镗床可分为卧式镗床夹具和立式镗床夹具。

(1)卧式镗床夹具。

卧式镗床夹具配合卧式镗床使用,可直接镗孔及加工端面,也可进行钻、扩、铰孔,用于加工孔径大或同一轴线上的孔距较大的零件,见图8.60。

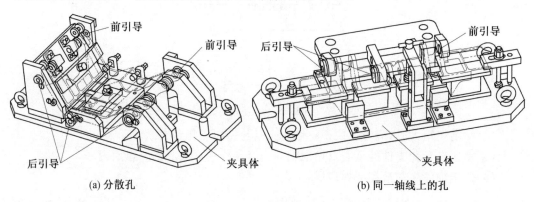

(a) 分散孔   (b) 同一轴线上的孔

图 8.60 卧式镗床夹具

(2)立式镗床夹具。

立式镗床夹具配合立式镗床使用,用于加工零件上位置精度较高的浅孔。①加工单孔时,利用夹具上的找正孔找正镗床主轴的位置,见图8.61(a);②加工多孔时,先按镗单孔的方法镗出一个孔,然后移动工作台依靠镗床精度保证其他被加工孔的位置,见图8.61(b)。

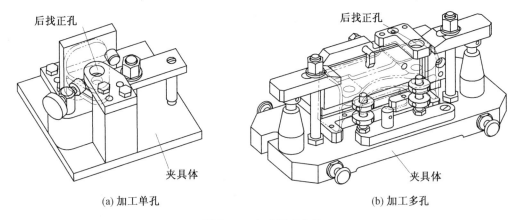

后找正孔　　　　　　　　　　　　后找正孔

夹具体　　　　　　　　　　　　夹具体

(a) 加工单孔　　　　　　　　　(b) 加工多孔

图 8.61　立式镗床夹具

8.7.4　夹具结构

镗床夹具由夹具体、定位元件、引导元件及夹紧机构等组成,下面主要介绍镗床夹具的引导元件及引导方式。

1. 引导元件

根据镗床使用的刀具,采用不同的引导元件。

(1)使用钻头、扩孔钻、铰刀加工零件时,镗床夹具的引导元件为钻套,用于确定刀具的位置和在加工中引导刀具。

(2)使用镗刀加工零件时,镗床夹具的引导元件简称镗套、找正套,是镗床夹具上特有的元件,用于在加工中引导镗杆、找正镗床主轴的位置,找正套结构与固定钻套基本相似。

2. 引导方式

根据使用刀具的不同,采用不同的引导方式。

(1)使用钻头、扩孔钻、铰刀加工零件时,其引导方式与钻床夹具基本相同。但在卧式镗床夹具中,镗床夹具的引导元件应水平安装。

(2)使用镗刀加工零件时,零件上需先加工通过镗杆的初孔,按引导元件位置的不同可分为:前引导、后引导、前后引导、前中后引导及找正套。

①前引导。

前引导的引导元件位于被加工孔的前方,见图 8.62。镗杆与镗床主轴刚性连接,用于加工 $D>60$ mm,$B<D$ 的通孔。采用前引导可以增加镗杆的刚性。引导长度 L 根据镗杆直径 d 确定,一般 $L=(2\sim3)d$。镗套至零件的距离 S 要根据被加工孔直径 D 来确定,一般 $S=(0.5\sim1)D$,为便于让刀,S 不应小于 20 mm。

②后引导。

后引导的引导元件位于被加工孔的后方,见图 8.63。镗杆与镗床主轴刚性连接,用于加工 $D<60$ mm 的浅孔或盲孔,后引导应尽量靠近被加工孔的端面。引导长度 L 根据

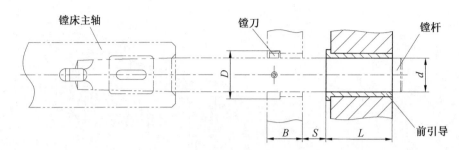

图 8.62　前引导

镗杆导向直径 d 来确定,一般 $L=(2\sim3)d$。镗套至零件的距离 S 应根据更换刀具的方式及排屑要求等确定,立式镗床 S 值可参考钻床夹具来确定,卧式镗床 $S=60\sim100$ mm。

当 $B<D$ 时,镗杆导向部分直径 d 可大于被加工孔的直径 D,以增强镗杆刚性,提高加工精度,见图 8.63(a);当 $B>D$ 时,镗杆导向部分直径 d 应小于被加工孔的直径 D,以便镗杆进入加工过的孔内,从而减少镗杆的悬伸长度,见图 8.63(b)。

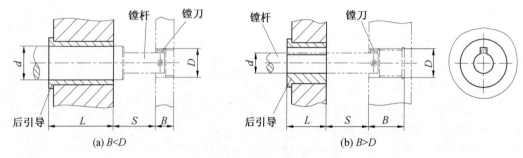

(a) $B<D$　　　　　　　　　　　(b) $B>D$

图 8.63　后引导

加工深盲孔或无法使用前引导的深通孔时,可采用双后引导,以增加引导长度,图 8.64 所示为镗杆与镗床主轴浮动连接,消除了镗床回转精度对镗孔精度的影响。引导长度 L 根据镗杆的悬伸长度 L_1 确定,一般 $L=(1.5\sim5)L_1$,镗套长度 H 根据镗杆的导向直径 d 确定,一般 $H=(1.5\sim2)d$。

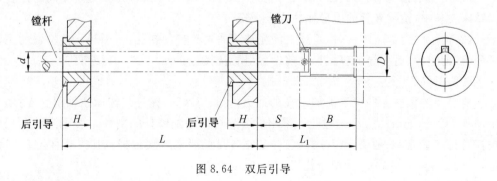

图 8.64　双后引导

③前后引导。

前后引导的引导元件分别位于被加工孔两侧,图 8.65 所示为镗杆与镗床主轴浮动连接,适用于加工 $B/D>1.5$ 的通孔或排列在同一轴线上的几个通孔。镗孔的精度取决于镗床夹具的精度,可以在低精度镗床上加工出高精度的孔,因此应用较为广泛。

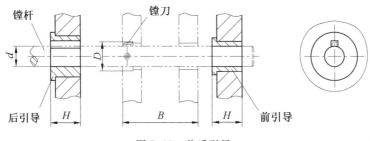

图 8.65 前后引导

④前中后引导。

前后引导之间距离较大时,镗杆容易产生弯曲变形,可增加中引导防止镗杆变形,但夹具的结构较为复杂,见图 8.66。

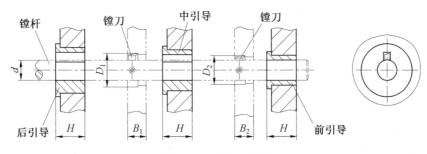

图 8.66 前中后引导

⑤找正套。

找正套用于找正镗床主轴的位置,保证被加工孔的位置精度,找正套分为前找正套和后找正套。

(a)前找正套。

镗通孔时,找正套位于被加工孔的前方,可缩短镗杆伸出的长度,增强镗杆的刚性;同时找正套的内径应大于被加工孔的直径,便于让刀,见图 8.67(a)。

(b)后找正套。

镗盲孔时,找正套位于被加工孔的后方,找正套的内径应尽量大,便于让刀和观察加工过程,见图 8.67(b)。既镗孔又镗端面时,找正套组件应设计为可卸式,找正精度较低。

8.7.5 设计原则

(1)固定式镗套结构简单,镗套中心位置精度高,扩孔与镗孔时运用广泛。但镗套易磨损,故仅适于低速镗孔。

(2)回转镗套一般用于镗削孔距较大的孔系,被加工孔径较大时,需开引刀槽使镗杆顺利进入。为确保进入引刀槽,镗套上设置尖头键或钩头键。

(3)当杆上要安装多把镗刀,应将刀具对称安装,使径向切削力平衡从而减少镗杆的

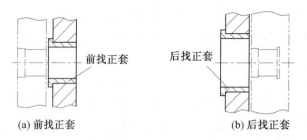

(a) 前找正套   (b) 后找正套

图 8.67　找正套

变形。当同一镗模上同时使用多根镗杆时,镗刀的安装方向应尽可能错开。

(4)镗模支架用于安装镗套,要具有足够的刚度和强度及尺寸稳定性,还应有足够大的安装基面和设置必要的加强肋。

(5)底座上安装各种装置、元件和工件,并承受切削力和夹紧力,因此也应有足够的强度和刚度,并能保持尺寸精度的稳定性。

8.8　真空铣床夹具

8.8.1　夹具功能

真空铣床夹具(简称真空夹具或真空铣具)配合数控铣床使用,利用大气压将零件压紧在夹具上,用于保证零件被加工面与定位基准及切削刀具的位置关系及与数控铣床工作台位置关系正确。

8.8.2　被加工零件特点

零件结构复杂,壁薄,刚性差,定位面要足够大且无阶差,见图 8.68。

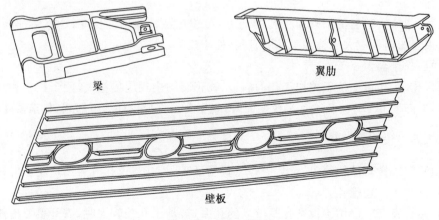

梁　　　　　　　　　　翼肋

壁板

图 8.68　被加工零件

8.8.3　夹具类型

真空铣具分为通用真空铣具(也称真空平台)和专用真空铣具。

(1)通用真空铣具。

通用真空铣具分为单体式与组合式两种。组合式由多个单元体组合而成,大型真空平台各单元体间嵌入密封条,安装在铣床工作台上。在真空平台上可依据零件定位面外形加工出相应的密封槽,以满足各种定位平面外形零件的加工要求。真空平台上表面磨损后可进行降低平台厚度的修正加工,以延长平台的使用寿命。平台由 $60\sim100$ mm 厚的预拉伸铝板 7A04 或 7075 制成,见图 8.69。

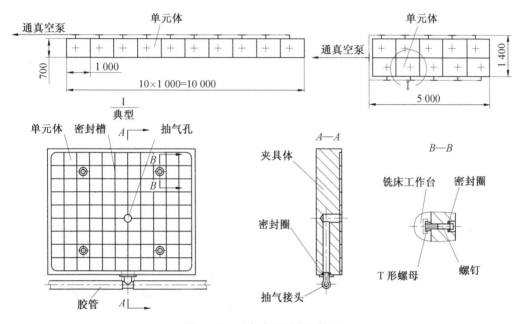

图 8.69　组合式通用真空铣具

(2)专用真空铣具。

专用真空铣具定位件及密封槽的外形与被加工零件外形相适应。夹具尽量选用铝制整体结构,一般由 $60\sim100$ mm 厚的预拉伸铝板 7A04 或 7075 制成,见图 8.70。该夹具是加工翼肋零件的专用真空铣具,结构简单、质量轻、工艺性好。

若零件外形较大、缘板较高,采用铝制整体结构不能满足夹具刚性及工艺要求时,可采用钢焊接框架加预拉伸铝板台面的钢铝结构专用真空铣具,见图 8.71。

8.8.4　夹具结构

真空铣具主要由夹具体(含密封槽、通气槽、抽气孔)、密封元件、接头及管路等组成。

(1)密封槽。

真空铣具的密封槽结构形式见图 8.72。密封槽尺寸由所选密封条直径 d 确定,$B=d\pm0.1$ mm、$H=0.75d\pm0.1$ mm。通用真空铣具密封槽成网格状分布在铣具的定位面

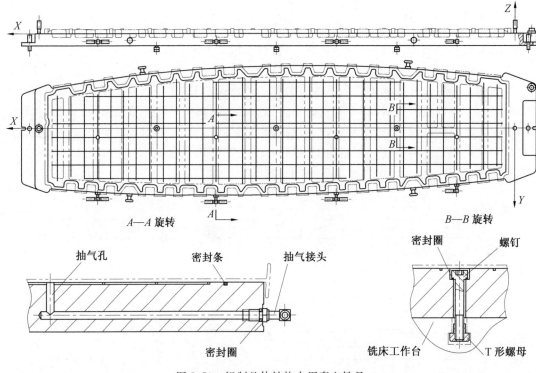

图 8.70 铝制整体结构专用真空铣具

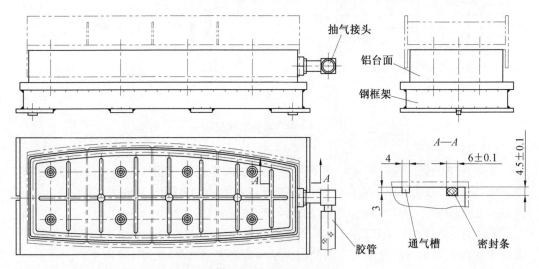

图 8.71 钢铝结构专用真空铣具

上,见图 8.72。专用真空铣具密封槽根据零件定位面的形状,在夹具定位面上距零件边缘 5~10 mm 向内一周分布,见图 8.70~图 8.72。

(2)通气槽。

①通气槽截面形状及尺寸见表 8.3。

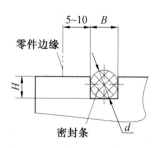

图 8.70　密封槽结构尺寸

表 8.3　通气槽截面形状及尺寸　　　　　　mm

类型	Ⅰ型	Ⅱ型
截面形状		
适用范围	厚壁的铝质类、钢质类、蜂窝类、复材类零件	薄壁铝质类零件

注:图中 $L=4\sim8$,$t=2.5\sim6$。

②通气槽分布形式见表 8.4。

表 8.4　通气槽分布形式　　　　　　mm

简图		
说明	通气槽分布简单,用于狭长形的夹具体	通气槽为网格排布,应用广泛,通气槽可与密封槽连通,便于加工。专用铣具两者尺寸不同;通用铣具两者尺寸相同,通气槽按密封槽加工

注:图中 $a=50\sim80$,$b=50\sim80$,$c=5\sim10$。

(3)抽气孔。

真空铣具的抽气孔是密封腔内的空气流出孔。抽气孔与通气槽连通,抽气孔的数量应根据密封腔的大小均匀分布,见图8.69～图8.71。

(4)密封元件。

真空铣具的密封元件包括密封条和密封圈。

①密封条。

密封条通常选用海绵橡胶轴,用于零件与夹具之间的密封。常用直径为 6 mm。使用时密封条嵌入密封槽内,零件与夹具之间形成密封腔,抽气后零件压缩密封条。密封条应比槽稍长一些,密封条首尾对接处应切成45°斜面,对缝面与槽底垂直,见图8.73。

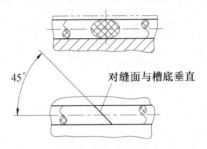

图 8.73　密封条对接形式

②密封圈。

密封圈用于抽气接头安装处的密封,其相应密封槽结构及尺寸见图8.74。

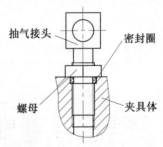

图 8.74　抽气接头安装处的密封

8.8.5　设计原则

(1)应选用可靠的密封结构,接头与管路的连接不漏气。

(2)密封腔的内部不应存在"死空穴",即不易抽出气体又未封严的空穴,否则会影响真空度。

(3)为增强夹紧力,必要时可在零件非加工面或刚性大的部位增加辅助压板。

(4)夹具体为铝质时,安装压板及起吊螺栓的螺纹孔应增加钢质衬套。

8.9　多点阵柔性夹具

8.9.1　夹具功能

多点阵柔性夹具是一种通过将夹具支撑曲面离散成单元高度可控的点阵,从而实现支撑柔性化的一种夹具。这些离散点对应工装夹具中的支撑单元,通过电机等执行机构和传动系统实现对支撑单元位置的精确调整,使支撑单元的支撑点与曲面完全贴合。因此,这种夹具能快速定位夹紧,能完成多工序加工,能适应不同的机床、不同的产品或同一产品不同的规格型号,能最大限度地满足各种机床夹具的需要。

8.9.2　被加工零件特点

多点阵柔性夹具适用于大型、弱刚度、曲面薄壁件的加工,如飞机蒙皮、壁板等,见图8.75。

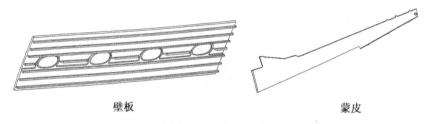

壁板　　　　　　　　　　　　　蒙皮

图 8.75　被加工零件

8.9.3　夹具结构

根据定位单元的移动特点,柔性工装有两种结构形式:基于三坐标定位器的柔性工装和采用固定式的柔性工装。

多点阵柔性夹具主要由工装主体框架、定位夹持单元、工装真空系统、控制系统等构成。

(1)工装主体框架。

图8.76所示的柔性铣切工装主体框架由两个沿 X 向的纵梁及若干个沿 Y 向的排架焊接组合,框架下方均布多个与机床台面 T 形槽相连的可调支脚,框架侧面设有多个盖板,其中盖板均可拆卸。

(2)定位夹持单元。

定位夹持单元主要由气动抱死机构、直线轴承、伺服电机、滚珠丝杆、丝杆螺母、轴承等组成,见图8.77。POGO柱顶部接头可通过与转接型板相配合实现对长桁零件的准确定位和吸附固定,并且可通过程序实现POGO柱的上下移动。

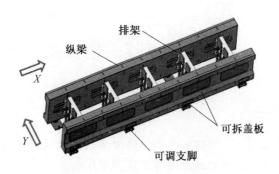

图 8.76　工装主体框架结构

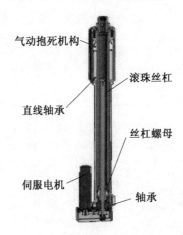

图 8.77　POGO 柱结构

（3）工装真空系统。

工装真空系统主要由真空发生器、真空吸盘、外接气源、电磁阀等组成,其作用是产生真空力,即吸附力,来提供夹持工件所需要的夹紧力。其中真空吸盘是最重要的组成元件。真空吸盘是一种密封唇边,在与被吸工件接触后,吸盘与被吸工件会形成一个临时的密封空间,通过抽走此密封空间里稀薄的空气,产生内外压力差,从而将壁板紧紧吸附在真空吸盘上。图 8.78 所示为真空吸盘结构图,与普通吸盘不同的是,柔性夹具的真空吸盘内置有接触传感器。当真空被开启时,吸盘的状态将被识别并将相关数据传输到数据平台以进行后续处理和监测。此外,橡胶吸盘内部配备有球形铰链,使得吸盘在吸附过程中可以进行全方位自适应及 45°摆动,从而满足不同场景的需求。

（4）控制系统。

控制系统是一种采用可编程逻辑控制器(PLC)来实现工装平台的运动控制和逻辑控制系统,其可实现夹具形态的重构。图 8.79 所示为多点柔性夹具的控制系统。每个立柱都可以单独控制,并且配备手持操作单元以方便操作。该控制站还能够显示所有定位柱的数据和状态、检测故障和报警,并能够存储柔性夹具的控制程序。柔性夹具系统能够自动生成形面,无须手动进行编程等操作,快速完成定位、夹紧任务。该夹具系统可以通过网络接口自动传输控制程序从机床到夹具系统端。

图 8.78 真空吸盘结构图

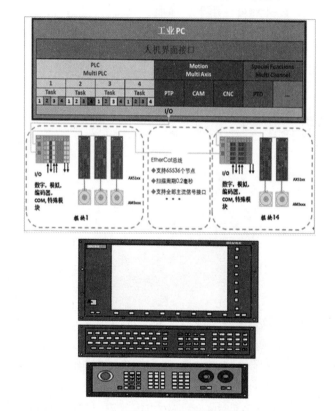

图 8.79 多点柔性夹具的控制系统

8.9.4 设计原则

柔性工装总体设计原则：为满足工装整体吊装、拆装方便、可重构性强等需求，利用固定框架与柔性多点支撑单元相结合的方式，实现壁板类零件的定位夹持和固定，并与铣削设备配合使用，使工装具备柔性化。在考虑总体方案时，工装底座由多个相同大小的小尺寸的底座单元组合而成，底座单元上设计有连接固定机构，用于立柱夹紧单元的固定，由此可以组成不同组合的方阵，每个立柱夹持单元通过伺服控制可以实现纵向移动。立柱夹持单元作为一个模块机构,可以和工装底座连接机构上的其他立柱互换并在工装底座任一槽内拆装,可重构性强。

在设计可重构柔性工装时应注意以下几点:

(1)根据飞机零件尺寸定义柔性工装定位尺寸的范围。

(2)根据飞机零件加工形式定义柔性工装定位点最大及最小可到达高度。

(3)根据飞机零件外形曲率变化情况定义柔性工装的定位器数量。

8.9.5 典型夹具

图 8.80 所示为复材长桁柔性铣切夹具,夹具结构主要包含柔性定位装置、自动化夹持装置、自动控制系统等。该柔性夹具系统由六个相同的标准模块组合而成,整个柔性系统中立柱数量共计为 60 个。该夹具可应用于多种形状的复材长桁和梁的铣切加工。

图 8.80 复材长桁柔性铣切夹具

8.10 组合夹具

8.10.1 夹具功能

根据各类夹具的功能原理,将所有夹具元件预先制成可调节、可互换的不同形状、不同规格的标准元件,并按零件工序要求组合装配成各种类型的夹具。在夹具使用完后,将夹具拆开,元件经过清洗油封后存储起来,需要时再重新组成其他夹具。这类夹具即为组合夹具,也称拼装夹具。组合夹具可快速组装各类夹具,用于急件及飞机研制时的零件加工;由于元件可重复使用,组合夹具能有效节约成本、缩短周期、提高效率;组合夹具调整灵活、快速,降低了研发风险;组合夹具为后期批量生产时工装设计和制造提供了基础依据。

8.10.2 被加工零件特点

急件生产、批量小、精度要求较低、工序内容简单。

8.10.3　夹具类型

组合夹具可分为槽系组合夹具和孔系组合夹具两种基本类型。槽系组合夹具元件间靠键槽和 T 形槽来定位,孔系组合夹具则是通过销和孔来实现元件的定位。

(1)槽系组合夹具。

槽系组合夹具采用 T 形槽作为其连接基面,通过键和螺栓等元件进行定位紧固连接。相比之下,孔系组合夹具则采用圆柱孔组成的坐标孔系作为其连接基面。槽系组合夹具系列按其尺寸分为小型、中型和大型三种,其区别在于元件的外形尺寸、T 形槽宽度以及螺栓和螺孔的直径规格不同。图 8.81 所示是槽系组合钻床夹具。

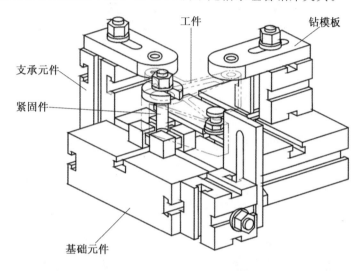

图 8.81　槽系组合钻床夹具

(2)孔系组合夹具。

孔系列组合夹具采用销和孔进行定位,因此具有精度高、刚性好、可靠性强等特点,特别适用于加工精度要求高的零件。然而,由于孔系列组合夹具的装配过程主要依赖计算机计算装配尺寸,因此对组合夹具拼装人员的技术水平和设计人员的计算能力要求较高,其调整难度大,且相对于槽系列组合夹具而言,其装配效率较低。

孔系组合夹具元件可分为大型(M16)、中型(M12)和小型(MS)三个系列,共分为八类元件,包括基础件、支承件、定位件、压紧件、紧固件、导向件、合件以及其他件。图 8.82所示的孔系组合夹具适用于固定圆柱形零件,其中三个系列均采用定位销进行定位,而定位孔和螺纹孔则按规律分布,孔距也有所不同。此外,孔系夹具元件的定位孔采用了镶套结构。

8.10.4　夹具结构

由于我国采用的是槽系组合夹具,因此本节只介绍槽系组合夹具元件。

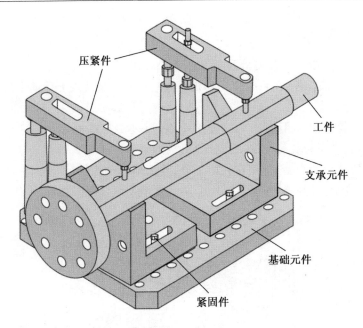

图 8.82　用于固定圆柱形零件的孔系组合夹具

（1）基础元件。

基础元件是各类元件安装的基础，通过螺栓、定向键和 T 形槽定位安装其他元件，包括方形、长方形、圆形及角形四种，见图 8.83。

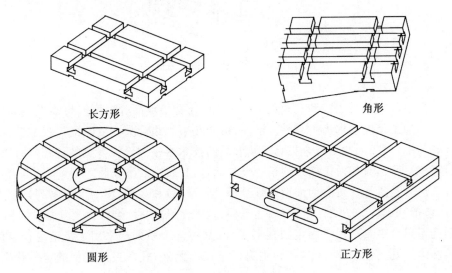

图 8.83　基础元件

（2）支承元件。

支承元件用于支承定位元件、导向元件、合件及其他元件。一般情况下，支承元件和基础元件共同组成夹具的夹具体。组装小型夹具时，支承元件可作为基础元件使用。包括垫片、垫板、支承、角形垫板、菱形板及 V 形块等，见图 8.84。

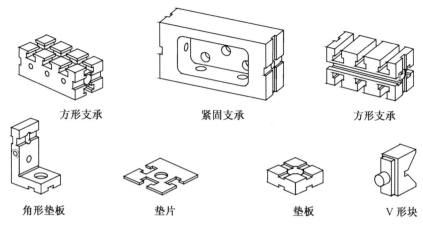

方形支承　　　　　紧固支承　　　　　方形支承

角形垫板　　　垫片　　　垫板　　　V形块

图 8.84　支承元件

（3）定位元件。

定位元件用于确定各元件之间或元件与零件之间的相对位置，保证组合夹具的组装精度，通过其增加元件之间的连接强度和整个夹具的刚性。包括定向键、定位销、定位盘、定位支座、定位支承、镗孔支承及顶尖等，见图 8.85。

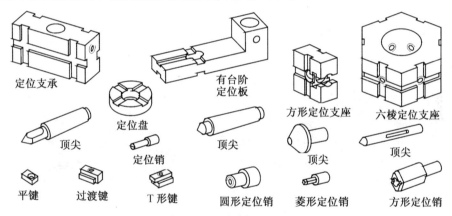

定位支承　　　　　　　　有台阶
　　　　　　　　　　　　定位板　　　方形定位支座　　六棱定位支座

顶尖　　　定位盘　　　顶尖　　　　　顶尖　　　　　顶尖

平键　　过渡键　　T形键　　圆形定位销　　菱形定位销　　方形定位销

图 8.85　定位元件

（4）导向元件。

导向元件用于确定刀具与零件被加工孔的相对位置，起引导刀具的作用，也可作为定位元件使用。包括钻床夹具板、钻套及导向支承等，见图 8.86。

（5）夹紧元件。

夹紧元件用于夹紧零件或夹具元件。包括压板、压块等，见图 8.87。

（6）紧固元件。

紧固元件用于连接各元件，包括螺栓、螺钉、螺母及垫圈等，见图 8.88。组合夹具使用的螺钉、螺母一般要求体型小、强度高、耐磨性好，因此所用材料和加工质量应比普通螺栓、螺母高。

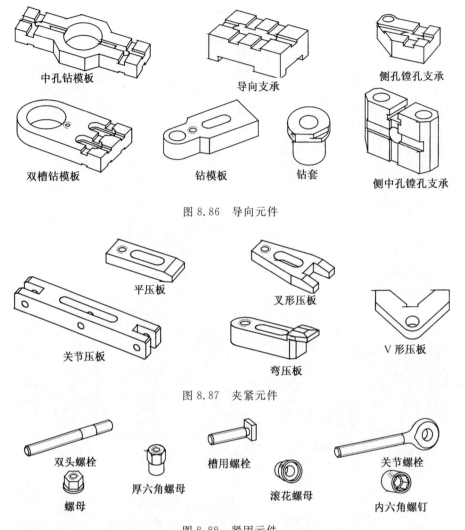

中孔钻模板　　　　　　导向支承　　　　　　侧孔镗孔支承

双槽钻模板　　　　　钻模板　　　钻套　　　侧中孔镗孔支承

图 8.86　导向元件

平压板

叉形压板

关节压板

弯压板

V 形压板

图 8.87　夹紧元件

双头螺栓　　　　　　　　　槽用螺栓　　　　　　　　关节螺栓

螺母　　　厚六角螺母　　　　　滚花螺母　　　内六角螺钉

图 8.88　紧固元件

(7)合件。

合件由几个元件组成,在使用过程中以独立构件形式参加组装。合件结构合理、使用方便。包括顶尖座、可调 V 形块、折合板、端齿分度台、可调支承及浮动压头等,见图8.89。

(8)其他元件。

其他元件包括连接板、浮动块、回转压板、支承钉、支承帽、支承环、两爪及三爪支承等,见图 8.90。

8.10.5　设计原则

(1)组合夹具各元件数量应根据实际情况合理配备。一般情况下两万个标准元件可以同时组装 150~250 套组合夹具,平均 100 个元件可以组装一套组合夹具,其中:基础

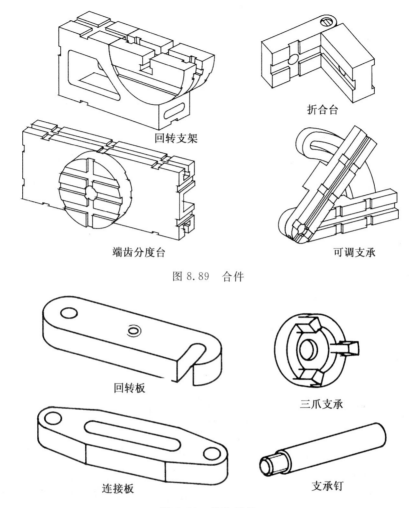

回转支架

折合台

端齿分度台

可调支承

图 8.89　合件

回转板

三爪支承

连接板

支承钉

图 8.90　其他元件

元件占 0.5%～1.5%、支承元件占 13%～18%、定位元件占 13%～17%、导向元件占 2%～8%、压紧元件占 3%～5%、紧固元件占 50%～60%、合件占 1%～3%、其他元件占 2%～6%。

(2)必须以零件工序件作为组装依据,因为重复组装时产生一定误差。

(3)组合夹具适用于急件生产、零件工序简单、精度较低、生产批量较小的情况。

(4)夹具不占用使用单位的存放面积,但需要设置专门机构来完成组合工作及存放组合元件。

(5)对于零件较为复杂及精度较高的组合夹具,组合成功后应以照片或计算机软件形式存档,以便下次组合时参考。

(6)根据具体要求设计专用元件以补偿精度误差及简化组装结构。

8.11 可调夹具

8.11.1 夹具功能

可调夹具是一种能够适用于多种工件加工的夹具,其通过调整或更换个别零部件的方式实现。可调夹具可以分为通用可调夹具和成组夹具两类。这类夹具的主要特点是能够通过更换或调整个别的定位、夹紧或导向元件,用于加工形状和工艺相似、尺寸相近的多种零件。可调夹具不仅适用于多品种、小批量生产的需求,同时也可以应用于少品种、较大批量生产的情况。采用可调夹具可以大量减少专用夹具的数量,缩短生产准备周期,降低产品成本,是一种比较先进的新型夹具。

8.11.2 被加工零件特点

(1)通用可调夹具。

形状和工艺相似、尺寸相近的多种零件,如图 8.91 所示的三个轴类零件,在一定尺寸范围内均有 1～2 个径向孔。

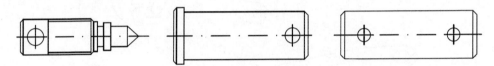

图 8.91 钻径向孔的轴类零件简图

(2)成组夹具。

成组夹具是为成组工艺中某一工序而专门设计的夹具。成组夹具所加工的零件组需要满足成组工艺的三相似原则,包括工艺相似、工艺特征相似和尺寸相似。在图 8.92 中展示了一组加工拨叉叉部圆弧面及其一端面的成组工艺零件组,该零件组符合成组工艺三相似原则。

8.11.3 夹具类型

同其他夹具一样,可调夹具也可以从不同角度,依据不同的属性或特征进行分类。若根据其使用的机床不同,可调夹具可以分为车床、钻床、铣床或磨床等不同类型的夹具。

(1)车床可调夹具。

夹具结构如图 8.93 所示,夹具与三爪卡盘搭配使用,可在手动车床上加工偏心工件;工件以标准三爪卡盘进行定心和夹紧;夹具的花盘上刻有 0°～10° 的刻度线,表示偏心距范围为 0～10 mm,夹具的法兰盘 2 上有"0"刻度线。需要根据工件的偏心距尺寸,将螺母 3 松开,将法兰盘 2 的"0"刻度线对准花盘 1 上所需的刻度线,然后再拧紧螺母 3。

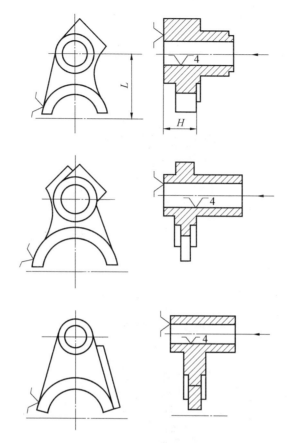

图 8.92 拨叉圆弧及其端面零件简图

在调整好配重块 4 后，即可进行加工。

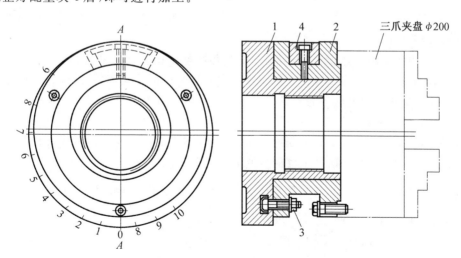

图 8.93 法兰式车偏心卡盘
1—花盘；2—法兰盘；3—螺母；4—配重块

(2)钻床可调夹具。

夹具结构如图 8.94 所示,该钻床夹具主要用于短轴类工件的钻孔加工。工件采用 V 形块 1 和支钉 3 进行外圆和端面的定位。通过扳动手轮 5,偏心轮 2 可以带动压板 4 夹紧工件,从而进行加工。

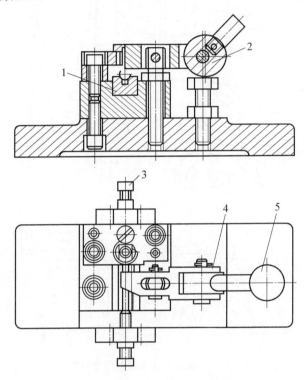

图 8.94　短轴钻孔可调式钻床夹具

1—V 形块;2—偏心轮;3—支钉;4—压板;5—手轮

(3)铣床可调夹具。

三向虎钳夹具结构如图 8.95 所示,虎钳夹具可以在铣、钻、磨等机床上进行使用。虎钳夹具能够在水平方向回转 360° 和垂直方向回转 90°,因此其调整方便,具有广泛的通用性,可以满足各种角度加工的需求。

(4)磨床可调夹具。

该夹具主要指的是锥柄式磨偏心卡盘,其夹具结构如图 8.96 所示,该夹具是一种可调偏心量为 0~20 mm 的磨削工件的可调卡盘。在操作时,首先根据工件的偏心量 e,按公式 $K = \dfrac{d_0}{D}$ 计算出卡盘 4 相对莫氏锥体 1 的转角 α,其中 E 为偏心夹具的偏心量,然后松开螺母 2 与 T 形螺栓 3 使卡盘转动 α 角,最后再拧紧螺母 2 即可进行加工。该夹具采用小型卡盘结构,具有简单的结构和便于调整的特点。

8.11.4　夹具结构

通用可调夹具和成组夹具的设计都是基于加工对象工艺相似性和尺寸近似性对零

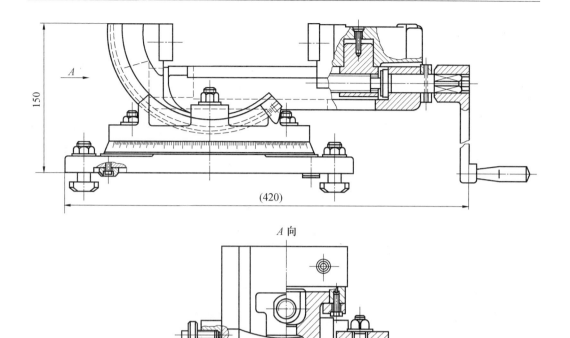

A 向

图 8.95　三向虎钳夹具结构

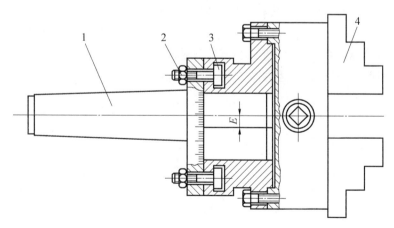

图 8.96　锥柄式磨偏心卡盘

1—锥体；2—螺母；3—T 形螺栓；4—卡盘

件进行分类编组。二者的原理和结构类似，通常由两部分组成。首先是基本部分，它主要包括夹具本体、夹紧传动装置和操纵机构等部分，可以长期固定在机床上，无须更换。

基本部分通常占整个夹具加工量的 80％,占质量的 90％左右。其次是可更换调整部分,主要包括定位、夹紧和导向元件等。这部分通常占夹具设计制造工作量的 20％左右,材料消耗量的 10％左右。随着加工对象的不同而进行更换和调整。因此,在使用时,只需要更换或调整相关的定位和夹紧元件即可实现对同一组内不同零件的加工。这大大减少了夹具的设计和制造工作量,缩短了生产技术准备时间。夹具的基本部分设计决定了其结构、刚度、生产率和经济效益,其设计原则与专用夹具相同。而夹具的可调部分设计则直接影响夹具的调整精度和调整速度。因此,可调夹具的设计关键在于可调部分的设计。

8.11.5　设计原则

(1)通用可调夹具的设计过程中,通常先将同类型产品的不同品种和规格的同名零件分组。其次,会考虑不同类型品的相似零件能否归为同一组,以扩大加工零件的种类,提高技术经济效益。

(2)通用可调夹具的结构总图设计过程与一般夹具设计顺序不同,着重于先设计夹具体。在具备足够刚性的前提下,力求能用于同组零件的全部或大部分加工。然而,在加工同组较大尺寸的零件时,夹具体不能过于笨重。

(3)通用可调夹具的关键在于准确、快速和简便地实现更换或调整。因此,在设计时力求减少更换和调整部件的数量。

(4)组合夹具设计基于零件分类。通过工艺分析,将形状、尺寸相近的零件分组,并编制组工艺。接着,将定位、夹紧和加工方法相同或相似的零件集中起来,统筹考虑夹具的设计方案。

(5)组合设计时,首先确定一个能代表组内零件主要特征的“合成零件”,然后针对“合成零件”设计夹具,再根据组内零件加工范围,设计可调件和可更换件。因此,夹具应调整方便、更换迅速、结构简单。组合设计时,首先确定一个能代表组内零件主要特征的“合成零件”,再针对“合成零件”设计夹具。根据组内零件加工范围,设计可调部件和可更换部件。因此,夹具应设计为调整方便、更换迅速和结构简单。

第9章 焊接夹具设计

9.1 焊接夹具设计基础

焊接作为飞机零、组件装配中除铆接、螺接外的另一种连接形式,被广泛用于飞机钣金、导管类零件的连接。焊接夹具是飞机零、组件焊接工艺必须采用的专用工艺装备。

9.1.1 夹具功能

焊接夹具用于确定被焊接零、组件间的相互位置关系,保证零件焊接精度、提高焊接效率。

9.1.2 被加工零件特点

一般为铝、钢、不锈钢、钛合金等材料的管类及壁薄钣金类零件,如导管、发动机尾喷口、卡箍、起落架支柱及油箱等,如图9.1所示。

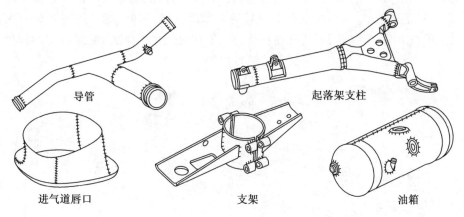

导管　　　　　　　　　　　　　　　起落架支柱

进气道唇口　　　　　　支架　　　　　　油箱

图9.1 在焊接夹具上焊接的零、组件

9.1.3 夹具类型

焊接夹具包括定位焊夹具、气体保护焊夹具和焊接组合夹具。

(1)定位焊夹具。

定位焊夹具用于零、组件的定位、夹紧、修配及局部点焊,通过点焊使被焊接零、组件间的相对关系正确固定,然后在夹具外再完成全部焊接工序。图9.2所示为法兰盘定位焊夹具,采用定位座、定向销、定位销和半圆形托座保证法兰盘与导管相对位置关系后点焊。

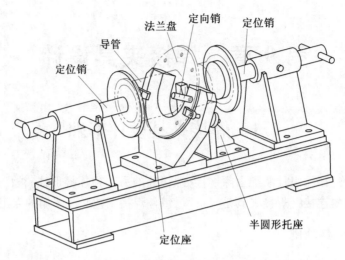

图 9.2　法兰盘定位焊夹具

(2)气体保护焊夹具。

气体保护焊夹具用于钛合金零、组件定位、夹紧、修配并完成全部焊接工序。钛合金焊接受热时易被空气、油脂等氧化,而钛合金吸收氧、氮等元素可使其延展性及韧性下降,并易产生气孔,所以夹具上应对焊缝及温度超过 400 ℃的热影响区设置保护装置。

图 9.3 所示为用于钛合金零件的气体保护焊夹具,两块被焊接的钛合金板平放在夹具上,焊缝对正通气槽,由焊接设备上自带的夹紧机构将零件夹紧。焊接时保护气体通过夹具上的进气嘴、出气孔、通气槽喷在钛合金零件对缝处的下方,起到保护的作用。对缝处上方的焊缝靠焊枪自带的保护气体进行保护。

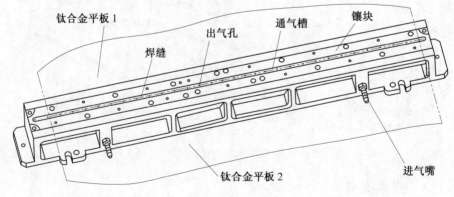

图 9.3　气体保护焊夹具

(3)焊接组合夹具。

焊接组合夹具类似于组合夹具,是由一套精度高、硬度高、耐磨性好、互换性好的标准元件组装出各种零、组件的焊接夹具。

9.1.4 夹具结构

1.夹具组成

夹具由夹具体、定位元件、夹紧元件、紧固元件、支承元件及辅助元件组成。

(1)夹具体。

夹具体是各元件的安装基体,结构依据被焊接零件的形状、尺寸及定位、夹紧元件的布局而定,通常为基础板或构架形式。

(2)定位元件。

定位元件是确定被焊接零、组件正确位置的元件,如定位销、托座、定位卡板及夹管器等。

(3)夹紧元件。

夹紧元件是使被焊接零、组件定位后在焊接过程中不发生位移变形的元件,如压板、压块及钩形螺栓等。

(4)紧固元件。

紧固元件是用于连接、固定夹具上各元件的元件,如螺栓、螺母及圆柱销等。

(5)支承元件。

支承元件是定位、夹紧元件与夹具体之间的结构件,如支座、角座及支架等。

(6)辅助元件。

辅助元件是根据夹具的特殊使用要求而设置的机构,如转动机构、车轮及气体保护装置等。

2.夹具设计与制造依据

(1)零件图样。

零件图样尺寸完整且无协调要求时,可直接依据零件图样设计。

(2)样板、模胎及样件。

被焊接零、组件的定位基准为型面,或有协调要求时,需要采用样板、模胎或样件作为设计制造依据,见图9.4、图9.5。

当制造零件采用的零件样板不能满足要求时,应设计夹具样板,其基准尽量与零件基准一致,外形应协调制造;夹具样板上应有制造夹具所需的依据要素,如基准线、外形标记线等。

对具有复杂定位型面的定位件,常采用环氧塑料按模胎、样件塑造型面,并在零、组件焊缝处嵌以铝块,开出 8 mm×4 mm 焊缝槽。以样板、模胎及样件为依据的夹具图样中应示出其与夹具的协调关系。

(3)标准实样。

标准实样类似于工序件,采用工艺手段在零件安装位置取制并经过鉴定合格作为依据的零件,同时也是夹具设计与制造的依据。导管类零件所用焊接夹具大多数是以标准实样为依据的。

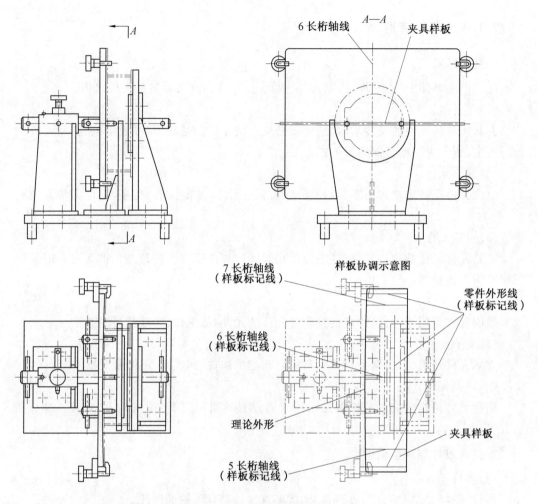

图 9.4　以样板为依据的焊接夹具

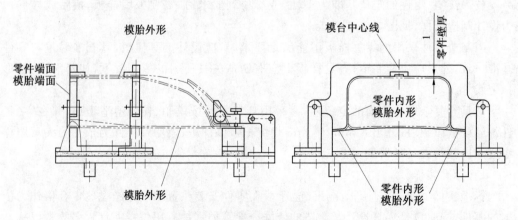

图 9.5　以模胎为依据的焊接夹具

基本要求如下：

①由于标准实样刚性较差,应通过其基准正确测绘相关结构尺寸。

②当导管端头为波纹管或留有余量时,应设置外形定位器。当导管端头为标准管接头或法兰盘时,应设置内形定位器。

③对于外形变化大的标准实样,定位元件与夹具体之间应留有 6~15 mm 环氧水泥的补偿间隙,以便于定位元件的调整安装。

④定位元件应设置在标准实样焊缝两侧 10~20 mm 处。若标准实样为两半管焊接,则定位元件应在两半管焊缝处开 8 mm×4 mm 的焊缝槽。

⑤定位、夹紧元件的设置方向应尽量一致。

⑥定位、夹紧元件应设置在标准实样弯曲部位的外侧。

⑦当标准实样中的接头为机加件时,其定位元件按对应尺寸制造。

(4)零件数模。

当零件采用三维数字化设计时,夹具需依据零件数模设计与制造。图 9.6 所示为进气道唇口定位焊夹具,该夹具以零件数模为依据采用三维设计、数控加工、激光装配。夹具由框架、内形卡板、夹紧机构、测量基准等组成,其结构与装配夹具相类似。

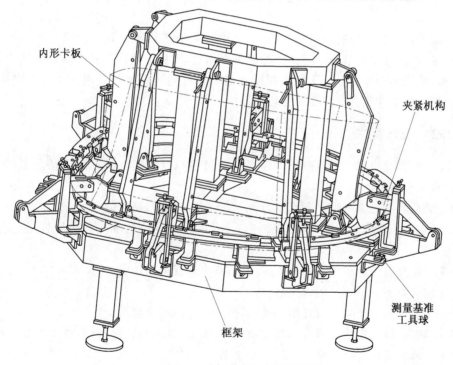

图 9.6　进气道唇口定位焊夹具

9.1.5　设计原则

(1)应保证零件技术要求,零件尺寸应考虑焊接收缩量。

(2)夹具应具有开敞性,焊接的每个零、组件都需对应定位、夹紧元件,当零、组件数量较多时,应考虑定位、夹紧元件的结构及安装位置不得妨碍焊接及装卸。

(3)夹具上的定位、夹紧元件应合理布置,既要控制零件的焊接变形,又要避免夹具元件过于紧凑,元件互相干涉,还应避免焊枪火焰直接作用在元件上而损坏元件。

(4)被焊零、组件多为刚性较差的薄壁零件,夹紧时既要保证夹紧可靠,又不允许损伤零件表面或使其产生变形,并应具有自锁功能。

(5)设计气体保护焊夹具时,通气槽处的镶块材料为紫铜 T2,通气槽尺寸一般取 6 mm×0.4 mm,出气孔直径取 1.2 mm。

(6)应具有良好的制造、使用工艺性,便于操作者施焊和零件装卸。在同一个夹具上的定位、夹紧元件结构形式尽量统一。

(7)应优选标准件及典型结构。

9.2　地板自动焊接夹具

9.2.1　夹具功能

飞机地板是飞机机身的关键部件,由多个超长零件组焊而成,属于大型超长部件,其焊接工序多,焊后精度要求高。与传统的熔化焊相比,搅拌摩擦焊接技术具有缺陷少、质量高、变形小、无污染等优点。飞机地板搅拌摩擦焊自动装夹装备是用于飞机地板搅拌摩擦焊的多工位柔性化自动焊接装夹装备。

9.2.2　设计要求

对于这种货舱地板的多零件拼焊、复杂截面特性以及高精度的产品质量要求,焊接工装设计要求包括:

(1)工装应具有足够的强度和刚度,动平稳性、抗震性好,精度稳定。

(2)工装应具有纵向(航向)、横向(展向)定位功能。定位基准应与产品装配定位基准一致。

(3)工装应具有侧向和垂直向的压紧功能,具有端面推顶功能。

(4)工装应具有一定硬度的焊接垫板。

(5)工装应具有对产品进行托举的功能,用于焊后产品的起吊。

(6)工装对产品的定位夹持应具有高刚性,焊接过程中产品窜动量不超过 0.1 mm。

(7)工装操作简单容易,维护方便,安全性高。

(8)操作控制界面简单、容易操作,控制系统具有异常现象检验和诊断功能,并进行报警显示。

9.2.3　结构设计

焊接夹具的主体结构按照功能需求进行设计,设计内容主要包括工作台、焊接垫板、展向定位、航向定位、航向调整、水平夹持、垂直夹持、产品上下架及控制系统。图9.7所示为焊接夹具结构示意图。

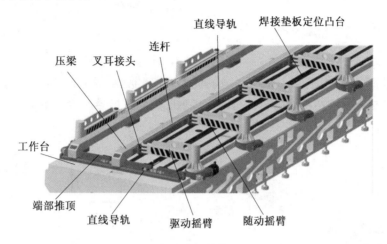

图9.7　焊接夹具结构示意图

（1）工作台设计。

工作台由7块单元拼接而成，其结构如图9.8所示。①工作台设计成空腔结构，上平面为工作平面，有若干个镶嵌槽，用于安装焊接垫板和侧定位台；②工作台内部空腔用于所有管线的隐藏式安装；③工作台侧面设有人孔，方便内部管线的检修；④踢脚设计成内缩式，既减轻了工作台质量，又增加了通道空间，整体设计符合人机工程。工作台为铸铁件，具有高刚性和高稳定性、吸收振动的特点。

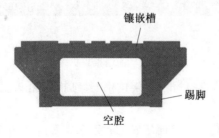

图9.8　工作台结构

（2）焊接垫板设计。

焊接垫板是为承受搅拌头轴向压力支撑工件和焊缝金属，在焊缝金属背面预置的一种刚性衬托装置，其结构如图9.9所示。焊接垫板结构属于细长杆形式，在设计时应考虑对垫板进行热处理时变形的控制。

（3）侧向定位台设计。

侧向定位台用于焊接工件的展向定位。每条焊缝对应一条侧向定位台。定位台包

图 9.9　焊接垫板

含两个基准面,一个底平面,一个侧立面,其结构如图 9.10 所示。设计成防差错结构,即将截面设计成非对称结构,在拼接时,不会出现基准侧拼接错误的可能。

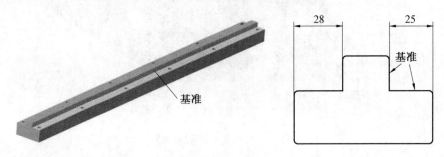

图 9.10　侧向定位台

(4)端部推顶设计。

工装上的端部推顶部件分别位于工作台的前端和后端,用于调节工件的航向位置和航向位置的固定。前端推顶部件为固定式,带有微调机构;后端推顶部件为移动式,用于不同长度工件的调节。前端推顶部件包含调节螺钉、导向杆、推板、压板,其结构如图9.11所示。

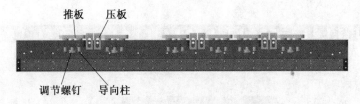

图 9.11　前端推顶机构

后端推顶部件包含调节螺钉、滑板、定位销,其结构如图 9.12 所示。

(5)航向定位销设计。

航向定位销用于焊接工件的航向定位,确定各个工件之间在航向上的相对位置,保证焊接产品的正确性。中央地板焊接使用如图 9.13 所示的三种定位销。在工作台上设有具有相对位置关系的定位孔,如图 9.14 所示,定位孔只进行航向定位,展向不做限制。

(6)侧向压紧装置设计。

侧向压紧装置用于将工件靠实在侧向定位基准上,并将工件拼缝压紧,同时具有对工件进行校正的作用。每条焊缝对应一列侧向压紧装置,压紧动力由液压系统提供,并可分组控制,如图 9.15 所示。

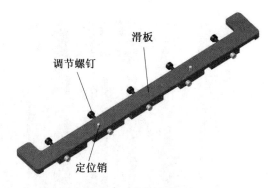

图 9.12 后端推顶机构

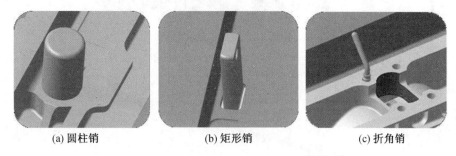

(a) 圆柱销　　　　　　(b) 矩形销　　　　　　(c) 折角销

图 9.13 中央地板航向定位销

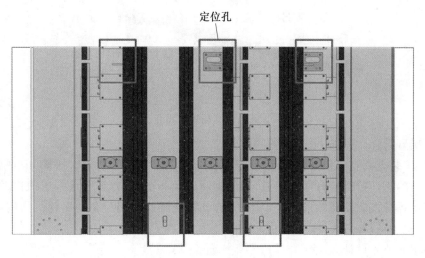

图 9.14 工作台上航向定位孔

(7)压梁设计。

压梁内部布置气缸单元,分组控制,实现对工件的垂直压紧。压梁两端与工作台两端的直线导轨滑块连接,中间由摇臂支撑,压梁的横向移动由带有电机的摇臂驱动实现。压梁单元包括矩形管、直线导轨、叉耳接头和气缸单元等,如图 9.16 所示。该压梁采用柔性梁设计思路、小截面尺寸、小截面惯性矩,梁的动载荷为均布的气缸自重及气体管路。梁在水平和垂直方向的刚性均较差,对于实现多杆平行四边形运动机构的运动,提

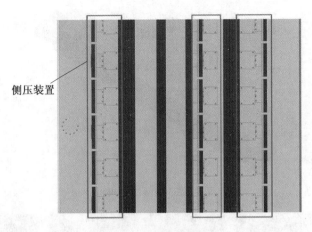

图 9.15　侧向压紧装置

供了杆件长度误差补偿的技术方案。

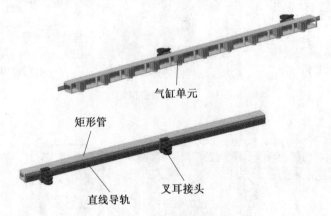

图 9.16　压梁单元

（8）摇臂设计。

每个工装上都有两列摇臂，分别位于工作台的工作平面的两侧。摇臂分为驱动摇臂和随动摇臂，驱动摇臂装有伺服电机，用于驱动压梁移动，同时具有保持压梁移动姿态的作用；随动摇臂被驱动摇臂推动同步摆动，起支撑压梁的作用。驱动摇臂包括伺服电机、旋转减速机、摇臂和叉耳等，如图 9.17 所示。

（9）顶升装置设计。

顶升装置用于工件的上下架。顶升装置由一列气缸单元组成，位于工作台上表面，沿工作台长度方向布置，如图 9.18 所示。每列包含多个顶升气缸单元，每列气缸对应一个工件的工位。每个气缸活塞杆的端部装有一个尼龙托板。压缩空气驱动气缸活塞杆的伸缩，则顶升装置顶起工件或使工件落下。

（10）槽型压板设计。

槽型压板用于工件焊缝两侧的压紧。槽型压板的两个压脚接触工件表面，槽型压板的上表面是垂直压紧气缸的施力点。槽型压板由若干个槽型压板单元组成，槽型压板按

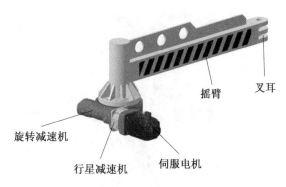

图 9.17 驱动摇臂

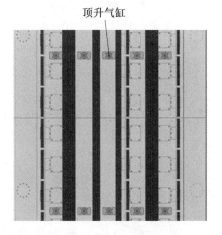

图 9.18 顶升气缸位置

照英文字母分组编号,每条焊缝对应两组。当应用于对称零件时,槽型压板单元顺序不变,每个槽型压板单元只在原位置掉头使用,其结构如图 9.19 所示。

图 9.19 槽型压板

焊接时,槽型压板的位置如图 9.20 所示。槽型压板的压脚靠近焊缝,原则上与焊缝位置越近,压实效果越好,但是压板之间的间隙又不能与搅拌头干涉,因此,两个压脚的与水平面必须保证一定的垂直度;另外,上表面是垂直压紧单元的施力点,所以,该槽型压板放置在工作台面上后的水平度也必须保证。

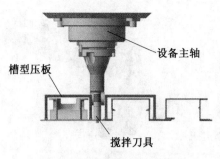

设备主轴

槽型压板

搅拌刀具

图 9.20　槽型压板应用位置

第四部分　模具类工装设计

第 10 章　模具设计基础

10.1　模具分类及用途

　　模具工装是飞机制造工程的重要组成部分,是产品生产用的重要工艺装备,可将模具分为冲压成形模具、橡胶与塑料零件成形模具、复合材料成形模具,详见表10.1。

表 10.1　模具分类

模具大类	模具小类	功能
冲压 成形 模具	冲裁模	使材料分离,主要用于各种板材的落料与冲孔
	弯曲模	将板料弯成一定角度或一定形状
	拉深模	将毛坯拉成任意形状的空心件
	压型模	利用橡皮囊液压或手工敲修将板材加工成具有一定几何形状的工件
	拉伸模	在拉伸机上拉伸成形蒙皮零件
	翻边模	将板料上的孔或外缘翻成直壁
	胀形模	使空心件或管状件的径向尺寸
	钛合金热 成形模	使钛合金板材在一定温度下成形出所需零件形状
	聚氨酯 橡胶模具	聚氨酯橡胶凸模(或凹模)与钢制凹模(或凸模)配套使用成形所需零件形状,可进行冲裁、弯曲、胀形等工艺
	可加工 塑料模具	用于各种成形、检验模具
	充液成形 模具	利用液体作为传力介质使得板材成形出复杂曲面外形零件
	钛合金超 塑成形模具	在一定的温度下,通过吹气口对零件成形施加一定的气体压力,成形出所需形状的零件

续表10.1

模具大类	模具小类	功能
橡胶、塑料零件成形模具	橡胶模具	用于成形橡胶零件,包括橡胶压模、橡胶压铸模和橡胶挤出模等
	塑料模具	用于成形各类塑料零件,包括塑料压模、塑料压铸模和塑料注射模
复合材料成形模具	复合材料热压成形模具	将预浸料及相关材料通过工装进行铺贴、固化(加温、加压),从而获得所需零件
	复合材料自动铺放模具	替代热压罐成形工艺过程中预浸料人工铺叠
	树脂传递模塑成形模具	用于制造中小型、具有较复杂结构的复合材料构件

10.2　回弹补偿方法

回弹是指钣金零件在成形过程中,当外力去除后产生的弹性回复,或复合材料零件在热压灌固化成形过程中由于复杂热、化学和力学性能的急剧变化,脱模后产生明显的收缩现象,使得零件与工装模具型面不一致,导致零件装配超差。回弹是钣金零件成形或复材零件成形中的固有特性,在飞机的机翼前缘、翼尖及襟翼等结构最为常见。回弹补偿是基于成形结果或成形仿真结果的预判,通过对产品数模反向建立零件修形曲面和修形后工艺模型,依据工艺模型完成工装模具型面的修正,使零件成形后达到产品状态,满足公差要求的一种设计技术。

10.2.1　回弹补偿原理

零件回弹补偿示意图如图 10.1 所示,通过对产品模型反向建立零件补偿模型,依据补偿模型构造工装模具型面。零件回弹补偿的技术原理如图 10.2 所示,通过测量或数值仿真预判获取零件外形数据,反向修正模具型面间接实现对零件的回弹补偿。其中向量$\overrightarrow{OP}$是目标位置,向量$\overrightarrow{OP_1}$、$\overrightarrow{OP_2}$为变形后的位置以及补偿后的位置,其中构件变形量与补偿量满足下列的公式:

$$d_2 = \delta d_1 \tag{10.1}$$

式中,d_1为零件变形量;d_2为零件回弹补偿量;δ为复合材料固化补偿系数。

10.2.2　回弹补偿方法

回弹补偿主要包括基于仿真预判结果的回弹前置补偿和基于成形测量结果的回弹后置补偿。

图 10.1　零件回弹补偿示意图

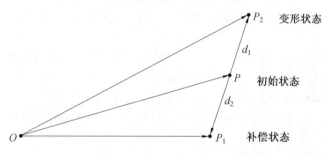

图 10.2　零件回弹补偿的技术原理

（1）回弹前置补偿。

回弹前置补偿是指零件在成形前,利用成形仿真软件 CAE 对零件进行成形仿真分析,依据仿真分析与零件的偏离值作为输入计算网格节点与产品数模的偏差值,反向建立补偿控制点位、补偿曲面控制曲线重构、回弹前置补偿修形曲面建立,建立回弹前置补偿的修形工艺模型。回弹前置补偿的步骤主要包括:

①零件成形仿真。

通过建立材料模型、施加边界条件对零件模型在计算机仿真软件 CAE 中进行成形工艺仿真分析,对成形零件成形结果和回弹结构进行预判,输出零件模型控制型面上的网格单元节点的回弹变形量。

②反向建立补偿控制点位。

以产品数模为基准分析零件成形仿真输出的控制型面上每一个网格单元节的回弹变形量 d_1,在产品数模控制型面上法向反向建立回弹补偿控制点位,其中回弹补偿控制点位法向距离 d_2 为零件回弹补偿量。

③补偿曲面控制曲线重构。

利用反向建立补偿控制点位方法建立补偿曲面控制曲线,补偿曲面控制曲线重构的建立需要满足补偿曲面重构精度和光顺要求,如图 10.3 所示。

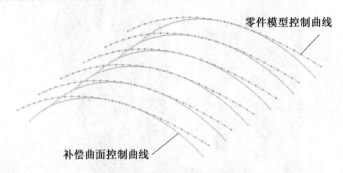

零件模型控制曲线

补偿曲面控制曲线

图 10.3　补偿曲面控制曲线重构

④回弹前置补偿修形曲面建立。

利用补偿曲面控制曲线在三维设计软件中利用曲面重构命令建立回弹前置补偿修形曲面。回弹前置补偿修形曲面是回弹前置补偿的修形工艺模型基础,其回弹前置补偿修形曲面的质量和精度直接关系到回弹前置补偿工艺模型的准确性。

(2)回弹后置补偿。

回弹后置补偿是指零件在成形后,利用照相测量、激光测量等测量手段对成形后的零件型面进行测量,将测量点云数据与产品模型在三维设计软件中进行坐标匹配,基于匹配后的点云数据利用数学公式进行回弹后置补偿点云数据反向计算,利用逆向建模技术建立回弹后置补偿曲面,通过零件特征映射建立回弹后置补偿工艺模型。回弹后置补偿的步骤主要包括:

①零件成形结果测量。

零件成形后将零件放置于成形工装上,以非变形区域为定位,开口类零件通常以底部进行约束固定,变形区自由状态以工装坐标系为测量基准进行逆向扫描,建立成形后点云数据。

②回弹后置补偿点云数据反向计算。

以零件数模为基准与逆向测量点云数据进行匹配分析,将输出的点云数据利用数学公式进行回弹后置补偿点云数据反向计算生成回弹后置补偿点云数据。

③建立回弹后置补偿曲面。

以回弹后置补偿点云数据为输入,在三维设计软件中利用逆向技术对点云数据进行输入、筛选、参数线构建,建立回弹后置补偿曲面。重构回弹后置补偿曲面的品质直接影响后续数字化实体模型构建,所以需要对重构曲面的光顺度和曲面重构精度进行评价,如图 10.4、图 10.5 所示,并对曲面迭代优化直至满足设计要求。

④建立回弹后置补偿工艺模型。

以设计数模外形曲面和回弹后置补偿曲面为参照,对产品数模的零件进行特征提取和特征映射,参照原始产品的建模过程以回弹后置补偿曲面为建模基准建立回弹后置补偿工艺模型。

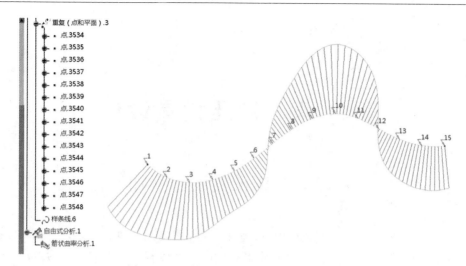

图 10.4　回弹后置补偿曲面光顺度分析评价

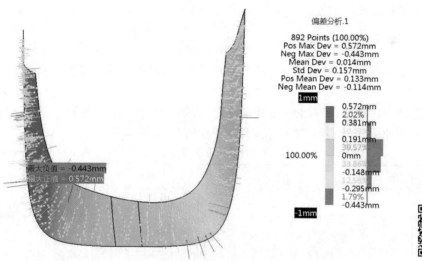

图 10.5　回弹后置补偿曲面重构精度分析评价

第11章 冲压模具设计

11.1 冲压模具设计基础

一种装置借助冲压设备,使金属板材、型材产生无切屑的分离或成形,从而获得具有一定几何形状的零件,这一装置称为冲压模具。这种无切屑的加工方法称为冲压工艺,特点是无须使用切削刀具,只凭借模具上的刃口及结构直接加工出所需零件。飞机钣金零件的加工主要通过冲压工艺来完成。

11.1.1 冲压工艺分类

根据被加工零件结构特点,冲压工艺分为冲裁工艺和成形工艺两大类。

(1)冲裁工艺。

冲裁工艺是指使板材、型材沿一定轮廓分离,从而获得所需零件的加工方法,包括切断、切边、落料和冲孔等,常用冲裁工艺类型及特点见表11.1。

表 11.1 常用冲裁工艺类型及特点

类型	简图	特点	类型	简图	特点
切断		将板材沿不封闭曲线切断,用于加工形状简单的平板零件	切边		将成形零件的边缘修切整齐或切成一定形状
落料		沿封闭轮廓冲裁板材或型材,冲出部分为零件,其余为废料	冲孔		沿封闭轮廓冲裁零件或毛坯,冲出部分为废料
切舌		将板材部分切开,切开部分产生弯曲	剖切		将弯曲零件或拉深零件切成两部分

（2）成形工艺。

成形工艺是指使板材、型材产生塑性变形，从而获得所需零件的加工方法，包括弯曲、拉深、翻边和整形等，常用成形工艺类型及特点见表 11.2。

表 11.2　常用成形工艺类型及特点

类型	简图	特点	类型	简图	特点
弯曲		将毛坯弯曲成一定形状	拉深		将平板毛坯拉深成空心零件
翻边		在有孔板件或空心零件上翻制出直径更大并成一定角度的直边	整形		对弯曲零件或拉深零件的形状进行校正
胀形		使空心或管状零件沿径向扩张	收口		使空心或管状毛坯的开口端沿径向缩小
旋压		在旋转状态下用辊轮使平板毛坯逐步成形为旋转体零件	校平		将拱弯或翘曲的平板零件压平

11.1.2　冲压工艺特点

（1）生产效率高。

冲压设备的工作频率每分钟可达几十到数百次，甚至上千次，而每次动作通过冲压模具即可完成一个冲压工序，因此生产效率高。

（2）易于实现生产自动化。

采用计算机控制并通过建立柔性加工系统和冲压加工中心，可有效提高冲压加工的自动化程度。

（3）节约原材料。

冲压模具加工零件与切削加工相比，不需大量切除金属产生废屑，其材料利用率可达 70%～85%。

（4）冲压零件尺寸精度稳定。

冲压零件尺寸精度由冲压模具保证，一般不需再进行机械加工，因此加工过程简单，人为因素影响小。

(5)零件加工方法独特。

冲压模具可制造出其他加工方法不能或难以完成的零件,如金属拉链、硬币等。

11.1.3　冲压模具常用零件

按照用途的不同,冲压模具零件主要分为工作零件、定位零件、导向零件、卸料零件和连接固定零件。

(1)工作零件:直接对产品进行冲压加工的零件,如凸模、凹模、凸凹模等。

(2)定位零件:确定产品在模具中正确位置的零件,如定位销、定位块、导正销等。

(3)导向零件:保证上、下模或卸料板的正确运动的零件,如内导柱、内导套、外导柱、外导套、独立导柱等。

(4)卸料零件:广义的卸料零件包括压料零件、卸料零件和出件零件,如卸料板、等高套筒、顶料销、弹簧等。其中,压料零件用于在冲压时压住材料,卸料零件用于将包在凸模上的废料或产品卸下,出件零件用于将卡在凹模中的产品推出或顶出。

(5)连接固定零件:在模具中起连接、固定作用的零件,如模座、垫块、固定板、圆柱头内六角螺钉、圆柱销、丝堵等。

11.1.4　冲压模具分类

冲压模具按其工作元件材料是金属或特种材料如聚氨酯橡胶、可加工塑料等,可分为普通冲压模具和特种冲压模具两大类,常用冲压模具分类见表11.3。其中,工作元件是指与产品零件直接作用的模具结构元件,如冲裁模的凸模、凹模,拉伸模型面等。

表 11.3　常用冲压模具分类

模具类型	普通冲压模具							特种冲压模具	
	冲裁模	弯曲模	拉深模	压型模	拉伸模、模胎	翻边模、胀形模	钛合金热成形模	聚氨酯橡胶模具	可加工塑料模具
冲压工艺	分离	成形						分离、成形	成形

11.1.5　冲压模具设计流程

(1)分析零件的冲压工艺性。

冲压工艺性是指零件对冲压加工工艺的适应性。模具设计时,首先应对零件的冲压工艺性进行分析。

(2)确定冲压工艺方案。

在工艺性分析的基础上,根据零件形状、尺寸、成形特点、生产批量等,确定出最佳冲压工艺方案。

(3)冲压工艺计算。

工艺计算包括:相关工艺参数、冲压力计算,冲压设备选择以及模具压力中心的确定等。

(4)模具结构设计。

结构设计包括模具结构形式、结构元件设计、强度及刚度校核等。

11.2　冲裁模

11.2.1　冲裁模功能

冲裁模是指从板材、型材或半成品上沿一定轮廓裁切分离而获得所需零件的模具。冲裁是冲压工艺的最基本工序之一。冲裁模的应用非常广泛,它既可直接冲制成品零件,又可以为弯曲、拉深等其他工序制备毛坯。冲裁模包括冲孔模、落料模、切口模、切边模等。

11.2.2　冲裁模结构形式

(1)冲切模。

冲切模是指通过压力机的一次行程在同一工位上完成一道冲裁工序的模具。其功能单一,结构简单,是冲裁模的基本结构单元。冲切模分为冲孔模和落料模。

①冲孔模。

冲孔模是指在半成品上冲出零件上所需孔的冲切模。图 11.1 所示为典型的导柱式冲孔模,模具由可沿导柱上下滑动的上模和工作时需要固定的下模两部分组成。上模经模柄安装在压力机滑块的固定孔内,可随滑块上下移动,下模通过下模板用压板螺栓固定在压力机工作台垫板上。导柱式结构特点是刚性好、工作平稳,用于冲裁材料厚度较薄(材料厚度≤0.5 mm)、生产批量较大的零件。

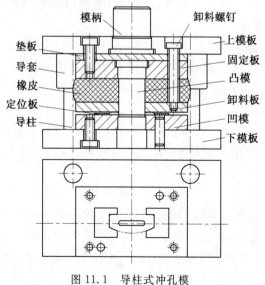

图 11.1　导柱式冲孔模

②落料模。

落料模是指在板材上冲出零件外形的冲切模。图 11.2 所示为典型的导板式落料模,固定卸料板除起卸料作用外兼起导板的功能,固定卸料板与凸模的单面间隙小于凸、凹模的单面间隙。导板式结构用于冲裁外形简单、材料厚度较大(材料厚度>0.5 mm)的零件。

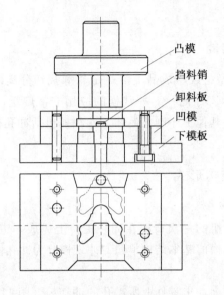

凸模
挡料销
卸料板
凹模
下模板

图 11.2　导板式落料模

(2)复合模。

复合模是指在压力机一次工作行程中,同一工位上完成两道或两道以上冲裁工序的模具。其特点是冲出零件内外形相对位置准确、精度高、表面平整,不受送料误差的影响。用于冲裁生产批量大、精度要求高的零件。按凹模安装位置不同,复合模分为倒装式复合模和顺装式复合模。

①倒装式复合模。

图 11.3 所示为倒装式复合模,凹模安装在上模。该结构相对简单、制造容易,冲孔废料通过凸凹模的孔漏下,生产效率高,用于零件内外形壁厚较大时的冲裁。

②顺装式复合模。

图 11.4 所示为顺装式复合模,凹模安装在下模,凸凹模安装在上模。该结构相对复杂,冲孔废料通过凸凹模中的顶杆顶出,生产效率较低,用于零件内外形壁厚较小时的冲裁。

(3)渐冲模。

渐冲模是指在压力机一次工作行程中,不同工位上完成两道或两道以上冲裁工序的模具,见图 11.5。其特点为多道工序可以分散,不必集中在同一个工位,模具强度高,寿命长,易于实现自动化,生产效率高。用于冲裁生产批量大、精度和平面度要求不高的零件。

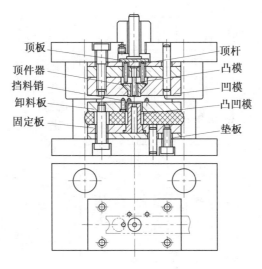

顶板
顶件器
挡料销
卸料板
固定板

顶杆
凸模
凹模
凸凹模
垫板

图 11.3 倒装式复合模

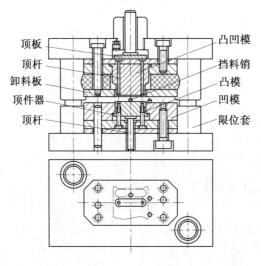

顶板
顶杆
卸料板
顶件器
顶杆

凸凹模
挡料销
凸模
凹模
限位套

图 11.4 顺装式复合模

11.2.3 冲裁模结构设计

(1)冲裁间隙。

冲裁间隙是指模具的凸模和凹模刃口之间的间隙,见图 11.6。间隙大小直接影响着冲裁零件的质量、冲裁力和模具寿命。

冲裁间隙大小与零件材料厚度及其机械性能有关,材料厚,硬度高,间隙应大。但间隙过大,零件会出现撕裂毛刺;若间隙过小,则断裂面处会有缺陷,并使冲裁力增大,甚至损坏模具和冲床。选择合理的冲裁间隙是获得优质零件的重要因素之一。

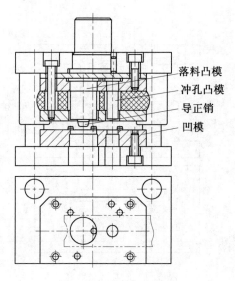

图 11.5 渐冲模

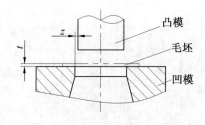

图 11.6 冲裁间隙

（2）凸模和凹模。

①凸、凹模刃口尺寸确定原则。

凸、凹模之间存在间隙，使冲裁零件断面带有锥度，落料零件大端尺寸等于凹模尺寸，冲孔零件小端尺寸等于凸模尺寸。在实际测量时，落料零件以大端尺寸为准，冲孔零件以小端尺寸为准，见图 11.7。

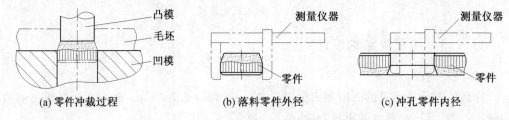

(a) 零件冲裁过程　　(b) 落料零件外径　　(c) 冲孔零件内径

图 11.7 冲裁零件尺寸与凸、凹模尺寸关系

②凸模固定形式。

凸模常用固定形式见表 11.4。

表 11.4 凸模常用固定形式

形式	压入式	铆接式	快换式	螺接式	胶结式
简图					
说明	常用结构,凸模刃口为非圆形时,应加防转销	多个圆形凸模间距较近时采用	用于孔径与材料厚度相近的小孔凸模,带保护套	用于非圆形、较大尺寸凸模	材料厚度较薄、冲裁间隙很小难以修配时,采用低熔点合金胶结

③凹模设计。

图 11.8 所示为凹模常用固定形式,图 11.17(a)为凹模采用螺钉和销钉直接连接在模板上,用于大中型模具;图 11.17(b)为凹模与固定板采用 H7/m6 配合,用于冲裁零件形状复杂、材料厚度较大的模具。

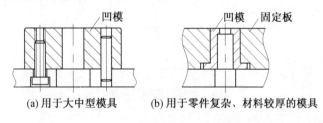

(a)用于大中型模具   (b)用于零件复杂、材料较厚的模具

图 11.8 凹模常用固定形式

(3)凸凹模。

凸凹模是复合模的特有结构元件,外形相当于落料凸模,内形相当于冲孔凹模。其刃口结构形式、尺寸计算与凸模、凹模相同。由于凸凹模具有内外双刃口,为保证强度,其内外刃口之间应满足最小壁厚要求。

(4)定位元件。

定位元件用于将工序件在模具中正确定位并限定被冲裁条料的进给步距。常用定位元件包括挡料销、定位销、导正销、定位板和侧刃等。

①挡料销。

挡料销是限定条料进给距离并保证条料正确定位的元件,分为固定挡料销和活动挡料销,结构及安装形式见表 11.5。

表 11.5　挡料销结构及安装形式

类型	安装形式	特点与应用
固定挡料销		安装在凹模上,制造简单,使用方便
		安装在凹模上,凹模刃口强度好,但由于形状不对称,需要增加防转销
活动挡料销		安装在固定卸料板上,条料向前推进对挡料销的斜面施加压力,将挡料销抬起。定位时需要将条料前后移动,生产效率低
		安装在橡皮弹压卸料板上,可上下移动
		安装在通过冲床缓冲器连接的弹压卸料板上,可上下移动

②定位销。

定位销是借助零件上的孔定位零件,其结构及安装形式见表 11.6。

表 11.6　定位销结构及安装形式　　　　　　　　　　　　mm

形式			
定位孔直径	$D<2$	$2\leqslant D<5$	$D\geqslant5$

③导正销。

导正销用于渐冲模,安装在落料凸模上,用于保证零件上孔与外形相对位置精度。结构及安装形式,见表 11.7。

表 11.7　导正销结构及安装形式　　　　　　　　　　　　mm

形式				
定位孔直径	$D<6$	$6\leqslant D<10$	$10\leqslant D<25$	$D\geqslant25$

④定位板。

定位板是借助零件毛坯的几何形状定位零件,其结构形式见表 11.8。

表 11.8　定位板结构形式

类型	外形定位			内形定位		
简图	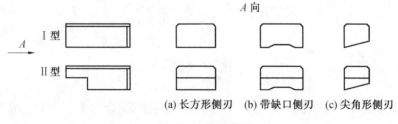					
应用	小型零件	中型零件	大型零件,成对使用	圆形零件	大型零件,布置在内孔对角	直径大于 30 mm 的圆孔零件

⑤侧刃。

侧刃用于工位多于两个、步距较小、零件材料厚度小于 0.5 mm 或对步距精度要求较高的渐冲模,其作用是限定被冲裁条料的进给步距。根据零件材料厚度不同,侧刃分为无导向侧刃(Ⅰ型)和导向侧刃(Ⅱ型)两种类型。Ⅰ型用于零件材料厚度 $t<1$ mm,Ⅱ型用于零件材料厚度 $t\geq1$ mm。如图 11.9 所示,每种类型包括(a)、(b)、(c)三种形式:①图 11.9(a)为长方形侧刃,制造简单,但当刃口尖角磨损后,会使条料侧边形成毛刺,影响送料和定位;②图 11.9(b)为带缺口侧刃,其尖角磨损后产生的毛刺在条料缺口处,不会影响条料送进和定位,但制造困难;③图 11.9(c)为尖角形侧刃,需与弹簧式挡料销配合使用,操作烦琐,生产效率低。

(a) 长方形侧刃　(b) 带缺口侧刃　(c) 尖角形侧刃

图 11.9　侧刃类型

(5)卸料装置。

卸料装置包括卸料板、推料板和顶料板。①卸料板是将冲裁后紧箍在凸模上的零件或废料卸下的结构元件,分为:固定卸料板和弹压卸料板;②推料板的作用是将零件或废料从上模的凹模中推出;③顶料板的作用是将零件或废料从下模的凹模中往上顶出,结构形式见图 11.10,图 11.10(a)和图 11.10(b)为推料结构,图 11.10(c)为顶料结构。

(6)固定与支撑元件。

①上模板和下模板。

上模板是通过模柄或压板将上模部分固定在压力机的滑块上,起到传递并承受冲裁力的作用;下模板是通过螺栓或压板将下模部分固定在压力机工作台面上,起到承受和

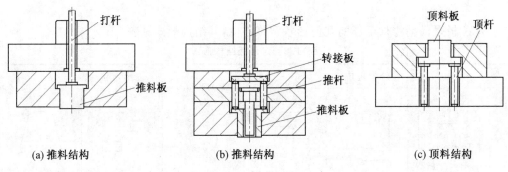

(a) 推料结构　　　　(b) 推料结构　　　　(c) 顶料结构

图 11.10　推料与顶料结构

分散冲裁力的作用。

②固定板。

用于将凸模和凹模间接固定在上模板或下模板上。

③垫板。

用于承受和分散凸模传递的压力。为防止冲压过程中模板被凸模尾端压陷,在模板与固定板之间应安装经淬火处理的垫板。

④限位柱和限位套。

图 11.11 所示为限位柱和限位套结构,其作用是限制冲裁行程,以及防止上模质量压在下模上而损伤模具刃口。

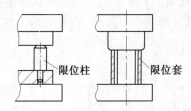

图 11.11　限位柱和限位套结构

⑤模柄。

中、小型冲裁模通过模柄将上模与压力机滑块连接,配合为 H11/d11。常用模柄结构形式见表 11.9。

表 11.9　常用模柄结构形式

类型	压入式模柄	槽型模柄	螺纹模柄	凸缘模柄	光尾模柄	浮动模柄
简图						

11.3　弯曲模

弯曲模是将板材、型材、管材毛坯弯曲成一定弧度或角度,形成所需零件形状的模具,分为板材弯曲模、型材弯曲模和管材弯曲模。

11.3.1　板材弯曲模

1. 模具结构形式

板材弯曲模分为普通弯曲模和闸压模。

(1)普通弯曲模。

普通弯曲模包括单角度弯曲模和多角度弯曲模。

①单角度弯曲模。

图 11.12 所示为典型单角度弯曲模。①图 11.12(a)型结构中为防止零件弯曲时毛坯滑动,在凸模圆角处制出突出表面约 0.5 mm 的中心锥防滑,用于外形定位、精度要求较低的零件弯曲;②图 11.12(b)型结构在零件弯曲时凸模与顶板夹紧毛坯,成形出的零件底部平整,用于孔定位、精度要求较高的零件弯曲。

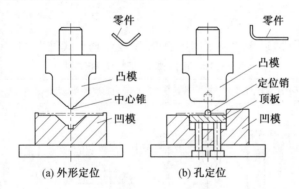

图 11.12　单角度弯曲模

②多角度弯曲模。

(a)先弯外角后弯内角的弯曲模。

当 $h \geqslant 12t, t < 2$ mm 时,为减小回弹,采用两套弯曲模具。先弯曲外角,再弯曲内角。为防止两道工序弯曲后,毛坯定位不准确产生滑动,采用孔定位,见图 11.13。

(b)带校正工序的弯曲模。

当 $h < 12t, t \geqslant 2$ mm 时,先将零件弯曲成适当角度,其中圆角 r 可适当放大,便于弯曲,再使用第二套模具复弯、压平,进行校正,见图 11.14。

(2)闸压模。

闸压模是通过专用闸压机床将板材弯曲成所需零件形状的模具,一般由上模和下模组成。不同角度的上模与不同槽形的下模配套使用,可成形出不同弯边高度、不同弯曲

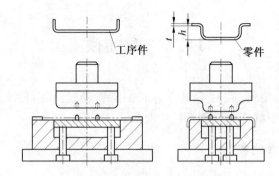

图 11.13　先弯外角后弯内角的配套弯曲模

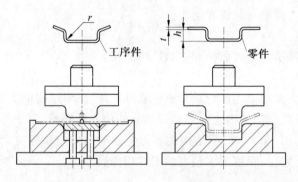

图 11.14　带校正工序的配套弯曲模

半径和不同角度的零件,通用性强。闸压模上、下模结构形式见表 11.10。

表 11.10　闸压模上、下模结构形式

形式		简图	零件类型	用途
上模	直臂式			用于成形 V 形、U 形、帽形等截面形状比较开敞的零件
	曲臂式			用于成形截面形状不开敞的零件

续表11.10

形式		简图	零件类型	用途
下模	单槽式			用于成形不同角度、厚度、弯曲半径和最小弯边尺寸受到一定限制的零件
	通用式			模体四个侧面制出多个槽宽不同、角度不同、槽口边距不一的槽形,可加工的零件类型多

2. 模具结构设计

(1)弯曲间隙的选取。

弯曲间隙是指弯曲模的凸模和凹模工作型面之间的间隙,用 Z 表示,见图11.15。间隙大小直接影响零件的质量和成形弯曲力。①V 形零件弯曲的凸、凹模间隙通过调整压力机的闭合高度来保证,设计时不予考虑;②U 形零件弯曲模设计时应选择合理的凸、凹模间隙。间隙大,回弹大,弯曲力小,零件尺寸和形状不易保证;间隙小,回弹小,弯曲力大,模具寿命降低;间隙过小会使零件表面擦伤、厚度变薄。

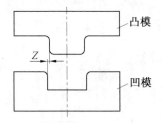

图 11.15　凸、凹模间隙

(2)凸、凹模工作尺寸计算。

图 11.16 所示为凸、凹模工作尺寸。

①圆角半径。

不考虑回弹时,凸模圆角半径 r_p 一般等于零件弯曲半径 r,但不小于材料允许的最小弯曲半径 r_{min}。考虑回弹时,凸模圆角半径 r_p 按计算回弹值的方法确定。凹模圆角半径 r_d 根据材料厚度 t 选取,但不小于 3 mm,以避免划伤零件表面。$t \leq 2$ mm 时,$r_d = (3 \sim 6)t$;2 mm $< t \leq 4$ mm 时,$r_d = (2 \sim 3)t$;$t > 4$ mm 时,$r_d = 2t$。

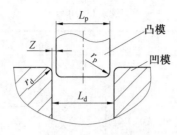

图 11.16　凸、凹模工作尺寸

②减少回弹的措施。

为减少零件弯曲过程中的回弹现象,在模具结构上常采用以下措施:

(a)凸、凹模上预先减去回弹角度。

(b)顶板顶部和凸模底部制成弧面;采用校正弯曲。

(c)厚度大于 0.8 mm 及塑性好的材料弯曲时,在凸模中部制出凹槽。

11.3.2　型材弯曲模

型材弯曲模分为下陷模、拉弯模和滚弯模。

1. 下陷模

下陷模是将型材毛坯弯曲成具有一定尺寸规格的下陷区并形成所需零件形状的模具,包括专用下陷模和通用下陷模块。

(1)专用下陷模。

专用下陷模用于特定零件的非标准下陷成形,分为挤压型材下陷模和板弯型材下陷模。

①挤压型材下陷模。

挤压型材下陷模结构及其工作尺寸见图 11.17。

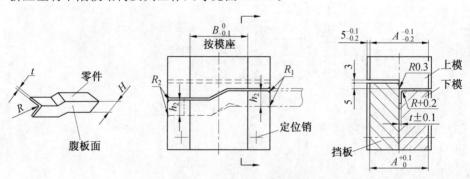

图 11.17　挤压型材下陷模结构及其工作尺寸

(a)模具端头圆角半径 R_1、R_2。

为防止成形时压伤零件,一般选用 $R_1 = 8 \sim 15$ mm,$R_2 = 3 \sim 5$ mm。

(b)模具腹板槽高度 h_1、h_2。

$$\begin{cases} h_1 = (H-t)^0_{-d} \\ h_2 = [(H_0^{+\delta}-t)+0.2 \vdots 0.4] \end{cases} \tag{11.1}$$

式中,H 为型材零件腹板高度,单位为 mm;t 为型材厚度,单位为 mm;δ 为模具制造公差,一般取 0.1 mm。

②板弯型材下陷模。

板弯型材下陷模结构见图 11.18。板弯型材成形下陷后,圆角半径 R 允许变小,但不允许出现皱折现象,见图 11.19。

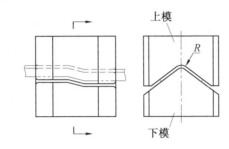

图 11.18 板弯型材下陷模结构

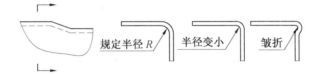

图 11.19 圆角 R 状态

(2)通用下陷模块。

通用下陷模块用于零件标准下陷的成形。模块一般为四个一组。图 11.20 所示为一组典型模块,用于圆角半径为 R_2、R_3、R_4、R_5 四种规格型材的下陷成形。

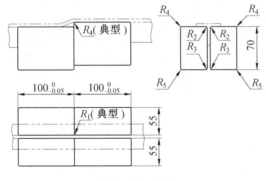

图 11.20 模块

2. 拉弯模

拉弯模是借助拉弯机双臂的夹头对型材施加一定的轴向拉力和弯矩,使型材产生一定的塑性变形,将型材毛坯弯曲成所需零件形状的模具。拉弯模结构形式见表 11.11。

表 11.11　拉弯模结构形式

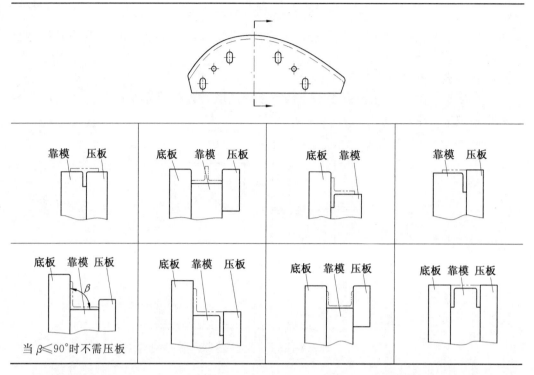

拉弯模典型结构如图 11.21 所示,其中图 11.21(a)的拉弯模适用于机床型号 Πгр-6,图 11.21(b)的拉弯模适用于机床型号 Πгр-7。

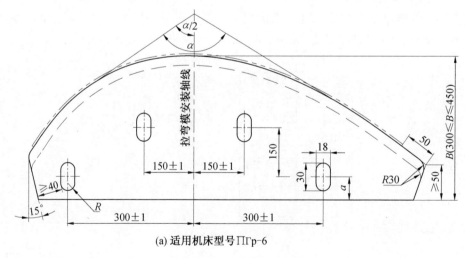

(a) 适用机床型号 Πгр-6

图 11.21　拉弯模典型结构

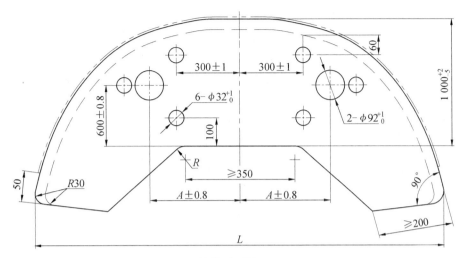

(b) 适用机床型号ПΓp-7

续图 11.21

3.滚弯模

滚弯模是将板材或型材毛坯在滚弯机上弯曲成具有一定曲率形状的模具,分为辊模和滚轮。辊模由一组不同截面形状的型辊组成,用于对金属板材在其纵长方向上进行连续的弯曲成形,最终形成具有一定横向截面的板弯型材;滚轮用于对型材进行纵向的弯曲成形,滚轮结构简单,调整方便,通用性好,用于成形曲率大、截面形状简单的型材零件。

下面仅介绍滚轮的设计。滚轮一般由上滚轮、下滚轮和弯曲滚轮组成。通过对弯曲滚轮 X、Y 方向的调整,可滚弯不同曲率的零件,见图 11.22。

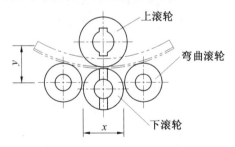

图 11.22　滚轮典型结构

图 11.23 所示为 XG－4 型材滚弯机的滚轮典型结构。

11.3.3　管材弯曲模

管材弯曲模是将管材毛坯弯曲成具有一定曲率形状的模具,包括绕弯模和压弯模。

(1)绕弯模。

绕弯模分为手工绕弯模和弯管机绕弯模。手工绕弯模是一套简易的弯管装置,无须专用的弯管设备,用于精度低、单件小批量零件生产;弯管机绕弯模是安装在弯管机上对

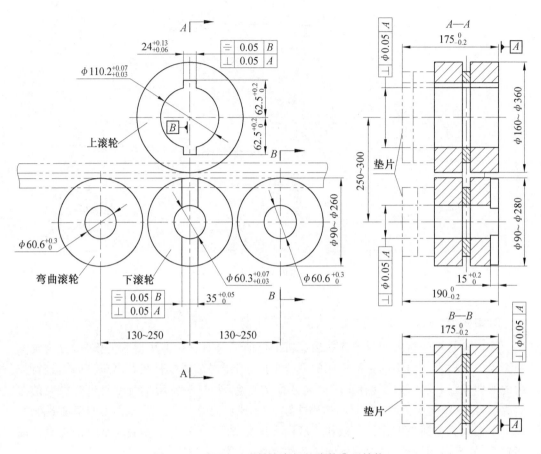

图 11.23 XG—4 型材滚弯机的滚轮典型结构

管材进行弯曲成形的专用弯管模具。下面仅介绍用于数控弯管机上的绕弯模,简称数控弯管模。

①结构形式。

模具一般由弯曲块、夹块、压块、防皱块、芯棒等组成,见图 11.24。弯曲块保证管材弯曲的最终形状。夹块与弯曲块的直线段部分构成夹料装置,用于保证弯曲过程中管材与弯曲块之间无相对滑移。防皱块的作用是减少或防止管材弯曲过程中内弯侧壁皱纹的生成。芯棒在弯曲过程中从内壁支撑管材,防止管材在弯曲处瘪塌或起皱。

②结构设计。

(a)弯曲块。

弯曲块的作用是在管材弯曲时控制其弯曲半径。弯曲块分为整体式和镶嵌式两种结构,见图 11.25。

(b)夹块。

夹块的作用是将管材的一端夹持在弯曲块上,并绕着弯曲块旋转。图 11.26 所示夹块凹槽直径 D 等于管材外径 D_0;夹块与弯曲块夹持部分对合处留 0.8 mm 间隙;夹块长度 L 等于弯曲块直线夹持部分长度。

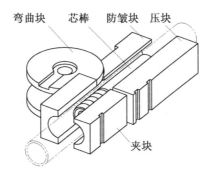

弯曲块　芯棒　防皱块　压块

夹块

图 11.24　数控弯管模

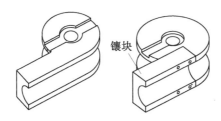

镶块

图 11.25　弯曲块结构

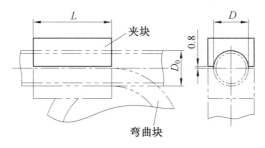

夹块

弯曲块

图 11.26　夹块

(c)压块。

压块的作用是将管材压在弯曲块的凹槽中,弯曲时,通过对管材外侧的助推作用,使外侧材料得到充分的补给,防止零件外侧拉裂、变薄超差等。图 11.27 所示压块凹槽直径 D 与管材外径 D_0 相同;压块与弯曲块对合外形面取在低于管材中心面 0.8 mm 处;压块长度 L 应大于零件弯曲的弧长。

(d)防皱块。

防皱块的作用是防止弯曲时管材内侧的失稳、起皱。如图 11.28 所示,防皱块 A 型面与弯曲块凹槽贴合,贴合面应大于 60%;B 型面与管材贴合。A、B 型面相交形成一个逐渐变薄的区域,称其为刃口区,最小厚度 0.1~0.15 mm。A 型面与弯曲块凹槽面采用滑配合,B 型面直径略大于管材外径。弯曲时是否需要防皱块,与管材的相对弯曲半径 r/D_0、相对厚度 D_0/t 有关。

(e)芯棒。

芯棒的作用是弯曲时支撑管材,防止管材失稳或压扁。芯棒分为刚性芯棒和柔性芯

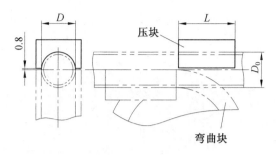

图 11.27　压块

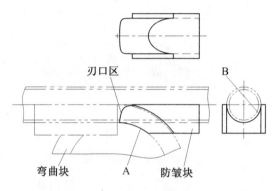

图 11.28　防皱块

棒,刚性芯棒结构简单,制造方便,但防扁效果较差,用于精度要求不高的管材零件的弯曲。刚性芯棒结构见图 11.29。柔性芯棒由活动关节、球头、半芯杆、芯杆等部分组成,活动关节由半芯头、芯头、弹簧、钢球、挡圈等组成,其中两个半芯头通过键连接构成一个芯头,见图 11.30。

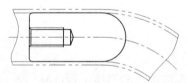

图 11.29　刚性芯棒结构

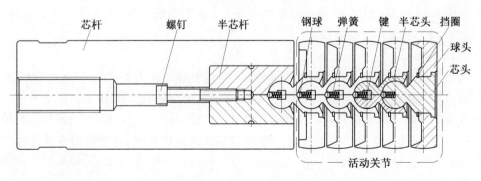

图 11.30　柔性芯棒

弯曲时芯棒与管材之间存在相对运动,芯棒与管材内壁应留有合理的间隙。间隙太大,弯曲时零件出现瘪塌或起皱,起不到支撑作用;间隙过小,芯棒进入管材困难,运动阻力大,不利于零件成形。一般双面间隙值取 0.05~0.15 mm。设计时,根据零件的外径、厚度、弯曲半径等参数,初步给定芯棒各部分的结构尺寸,经过多次模拟弯曲再修正,最终确定出合理的结构尺寸。

(2)压弯模。

压弯模常用于单曲度管材零件的弯曲,图 11.31(a)为 V 形零件压弯,图 11.31(b)为 U 形零件压弯。压弯工艺生产效率高,但成形出的零件精度较低。对于外径大于 10 mm 的薄壁管,弯曲前需在管中装入砂子、松香、铅等填充料。

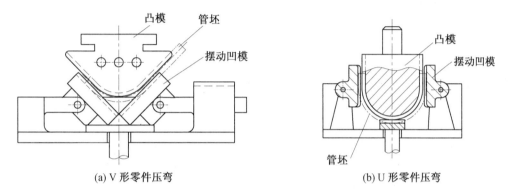

(a) V 形零件压弯　　　　　　　　　　(b) U 形零件压弯

图 11.31　压弯模

11.4　拉深模

11.4.1　拉深模功能

拉深模是将一定形状的板材毛坯加工成有底开口空心零件的模具。拉深冲压加工的生产率高,材料利用率高,能够制造小到几毫米,大到几米的拉深件和其他加工方法不易成形的薄壁且复杂的冲制件。

11.4.2　拉深模结构形式

拉深模分为首次拉深模和后续拉深模。

(1)首次拉深模。

图 11.32 所示为首次拉深模结构。图 11.32(a)为无压边圈的拉深模,这种模具结构简单,凹模下部安装刮件环将零件从凸模上脱下,用于材料厚度 $t \geqslant 2$ mm 及拉深高度较小的零件;图 11.32(b)为带压边圈的拉深模,这种模具结构采用压边圈压料,利于零件成形,用于拉深高度较大的零件。

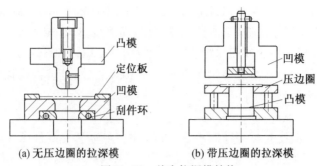

(a) 无压边圈的拉深模   (b) 带压边圈的拉深模

图 11.32 首次拉深模结构

(2)后续拉深模。

图 11.33 所示为后续拉深模结构。图 11.33(a)为无压边圈的拉深模,这种模具结构的凹模型面口部常采用锥形,斜度 30°～45°,利于零件导向,具有一定的抗失稳、抗起皱作用,卸料方便;图 11.33(b)为带压边圈的拉深模,拉深工序件靠压边圈外径定位,拉深过程中保证压边力均匀,用于拉深高度较大的零件。

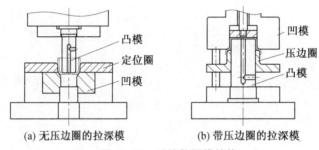

(a) 无压边圈的拉深模   (b) 带压边圈的拉深模

图 11.33 后续拉深模结构

11.4.3 拉深模结构设计

(1)压边圈。

压边圈的作用是防止毛坯凸缘在拉深过程中起皱。压边圈分为刚性压边圈和弹性压边圈。刚性压边圈主要用于大型覆盖零件拉深模,与双动压力机配套使用;弹性压边圈主要用于中、小型拉深模,利用气压、液压、弹簧或橡皮产生的力为压边圈提供压力,并起卸料作用。拉深模结构中是否采用压边圈可按表 11.12 选择,其中 t 表示零件毛坯的厚度,D 表示零件毛坯的直径,m_n 表示第 n 次拉深的极限拉深系数。

表 11.12 采用压边圈的条件

拉深工序	首次拉深		后续拉深	
	$t/D \times 100$	m_1	$t/D_{n-1} \times 100$	m_n
用压边圈	<1.5	<0.6	<1	<0.8
可用压边圈	1.5～2.0	0.6	1～1.5	0.8
不用压边圈	>2.0	>0.6	>1.5	>0.8

①首次拉深模压边圈。

凸缘宽的零件拉深时,为减少毛坯与压边圈的接触面积,增大单位压力,可采用局部压料,图 11.34(a)凹模上制出突起结构,图 11.34(b)压边圈制出凹陷结构。

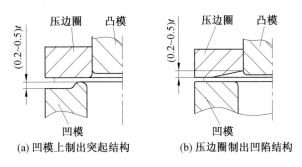

图 11.34　局部压料

凸缘特别小的零件拉深时,为增大拉深过程中的压边力、减少起皱,应使用带拉深筋的压边圈,见图 11.35。

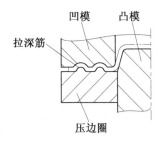

图 11.35　拉深筋

②后续拉深模压边圈。

后续拉深模若采用弹性压边圈,随着拉深高度增加,压边力增加,为防止压边力过大而使零件拉裂,后续拉深模应使用带限位装置的压边圈,见图 11.36。

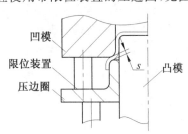

图 11.36　后续拉深模压边圈

压边圈的工作外形与工序件的内形一致。压边圈与凹模型面间的距离 s 与零件材料厚度有关,材料为铝或铝合金时,$s=1.1t$;材料为钢时,$s=1.2t$。

(2)凸、凹模。

①凸、凹模间隙。

图 11.37 所示为凸、凹模工作尺寸。拉深模凸、凹模之间的间隙对拉深力、零件质

量、模具寿命的影响很大。间隙过大,零件容易起皱、产生锥度、精度差;间隙过小,摩擦力增大,零件变薄程度增大,甚至拉裂。选择凸、凹模间隙时应考虑板材本身厚度、公差,以及在拉深过程中凸缘外侧或零件口部材料的增厚现象。

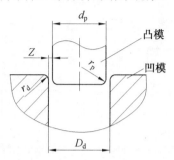

图 11.37　凸、凹模工作尺寸

凸、凹模间隙按下式计算:$Z = t_{max} + Ct$。式中,Z 为凸、凹模单面间隙,mm;t 为材料厚度,mm;t_{max} 为材料最大厚度,mm,$t_{max} = t + \Delta$,Δ 为材料厚度上偏差,mm;C 为增大系数,考虑材料增厚因素的系数。

②圆角半径。

凹模圆角半径过小,易使拉深零件表面划伤或产生断裂;圆角半径过大,则压边有效面积减小,易引起内皱。凹模圆角半径 r_d 按如下计算:

(a)首次拉深:$r_{d1} = 0.8\sqrt{(D_0 - D_d)t}$。式中,$r_{d1}$ 为首次拉深的凹模圆角半径,mm;D_0 为毛坯直径,mm;D_d 为凹模内径,mm;t 为材料厚度,mm。

(b)后续拉深:$r_{dn} = (0.6 \sim 0.8)r_{d(n-1)}$。

凸模圆角半径过小,会降低拉深零件危险断面的承载能力,易产生局部变薄,影响零件表面质量;圆角半径过大,易引起内皱。凸模圆角半径 r_p 按如下计算:

(a)首次拉深:$r_{p1} = (0.7 \sim 0.9)r_{d1}$。式中,$r_{p1}$ 为首次拉深的凸模圆角半径,mm。

(b)后续各次拉深:$r_{p(n-1)} = (d_{n-1} - d_n - 2t)/2$。式中,$r_{p(n-1)}$ 为前后工序中凸模圆角半径,mm;d_{n-1}、d_n 分别为前、后工序中毛坯的过渡直径,mm。

(c)最后一次拉深:$r_{pn} = r_b$。式中,r_{pn} 为最后一次拉深的凸模圆角半径,mm;r_b 为零件圆角半径,mm。零件圆角半径小于料厚 t 时,最后一次拉深凸模圆角半径 $r_{pn} = t$,通过整形工序得到所需的圆角半径。

11.5　压型模

11.5.1　压型模功能

压型模是利用橡皮囊液压或手工敲修将板材毛坯加工成具有一定几何形状的模具,其结构简单、制造工艺性好、成本低。压型模用于飞机各类内部结构件,如框板、肋板、缘条、板制型材、口框、口盖以及各种复杂形状的板制拉深零件的橡皮成形。压型模是飞机钣金零件成形工装中应用最广、数量最多、效率最高的模具工装。

11.5.2　压型模结构形式

压型模一般由型胎、盖板、工具销、固定销等组成,见图 11.38。压型模分为无盖板压型模和带盖板压型模。

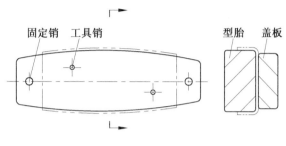

图 11.38　压型模

11.5.3　压型模结构设计

(1)结构元件。

①型胎和盖板。

型胎是零件成形的主体结构元件,盖板的作用是对零件进行夹持和保护。为实现模具标准化设计,一般零件边缘线以外的模具轮廓尺寸应按规范要求。无盖板压型模和带盖板压型模外形尺寸分别见图 11.39 和图 11.40。

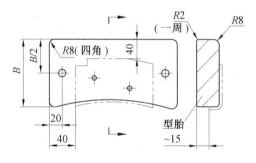

图 11.39　无盖板压型模外形尺寸

②工具销。

工具销用于定位零件或样板在型胎上的位置,其结构形式与零件几何形状有关。按外形样板制造的压型模,工具销的数量和位置均按样板上的工具销孔确定,直径一般按样板上工具销孔径减 0.2 mm 取制;按其他依据制造的压型模,采用两个直径为 5 mm 的工具销,设置在零件边缘线以外到 6 mm 的位置上,两工具销之间距离尽可能大。当采用橡皮囊液压机成形时,盖板上的工具销孔应封堵或制成盲孔。工具销结构及安装形式见表 11.13。

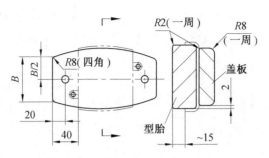

图 11.40　带盖板压型模外形尺寸

表 11.13　工具销结构及安装形式　　　　　　　　　　　　mm

类型	手工成形	橡皮囊液压机成形
零件弯边为直角或开斜角	型胎　盖板　工具销　$D(\text{H7/m6})$　$D_0^{+0.2}$　5	型胎　盖板　工具销　$D(\text{H7/m6})$　$D_0^{+0.2}$　5
零件弯边为闭斜角	型胎　盖板　工具销　$D_0^{+0.1}$　$D(\text{H7/m6})$	型胎　盖板　工具销　$D(\text{H8/f9})$
零件反向弯边	型胎　盖板　工具销　$D(\text{H8/f9})$	型胎　盖板　工具销　$D(\text{H8/f9})$

③固定销。

固定销又称安装销,用于定位型胎与盖板的相对位置,其结构形式与零件成形方法(手工或液压)有关。固定销一般选用两个,分别安装在压型模两端,直径通常取 10 mm。当模具外廓尺寸小于 100 mm×200 mm 时,可不使用。固定销结构及安装形式见表11.14。

表 11.14　固定销结构及安装形式　　　　　　　　　　　　　　　mm

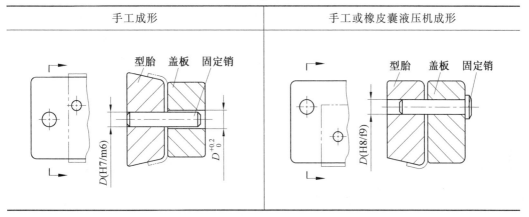

手工成形	手工或橡皮囊液压机成形

(2)典型结构。

压型模的形式有很多种,下面介绍几种典型结构形式:增压块防皱结构、侧滑压块防皱结构、压槽防皱结构、分块组合式结构、局部加强结构、细长零件对压结构、盖板保护式结构、标准减轻孔成形结构。具体见表11.15。

表 11.15　压型模典型结构形式　　　　　　　　　　　　　　　　mm

类型	简图	说明
增压块防皱结构	零件 A—A 增压块	橡皮囊液压机成形零件时,采用增压块控制零件弯边处橡皮走向,产生附加的压应力和拉应力,防止零件成形时起皱

续表11.15

类型	简图	说明
侧滑压块防皱结构	侧滑压块　零件　典型剖面	零件弯边面带有曲度、下陷或弯边转角半径小时,仅通过橡皮压力难以获得满意的零件外形,采用侧滑压块辅助成形,可获得合格的零件外形
压槽防皱结构	防皱压槽　零件	在模具上制压槽,可增加压边力及改善收边零件的材料流向,使易产生皱褶部分的多余材料转移到压槽处
分块组合式结构	固定销　型胎Ⅰ　盖板　工具销　型胎Ⅱ　底板　典型剖面　α　β　$\alpha>\beta+3°$	零件带有负角弯边,成形后零件无法顺利脱模,应采用分块组合式模块结构。模块的数量不宜过多,并防止由于模体分块而压伤零件表面

续表11.15

类型	简图	说明
局部加强结构	A 型（用于 $B \geqslant 12$） B 型（用于 $B < 12$） 型胎 盖板 A—A	零件尾部窄小,强度低,易变形,且盖板无法定位,应加强尾部
局部加强结构	支承面 底板	零件端部尺寸过小、局部狭窄时应采用加强结构:设置端部支承或加强底板
局部加强结构	底板 拉筋	马蹄形零件开口部位易发生变形,应增加底板或拉筋
细长零件对压结构		零件细长时,模具强度和刚性较差,应设计为对称压制结构

续表11.15

类型	简图	说明
盖板保护式结构		反向弯边零件采用橡皮囊液压机成形时,在盖板上制零件已成形部位的保护槽
标准减轻孔成形结构		标准减轻孔的成形,零件为翻边孔时在盖板上制出敞开孔;零件为加强窝时在盖板上制出凸块,为便于制造,凸块采用镶制式

11.6 拉伸模

11.6.1 拉伸模功能

拉伸模是成形蒙皮零件的常用工装。拉伸模用于在拉伸机上拉伸成形蒙皮零件,拉伸时板材产生一定的塑性变形并紧贴模具型面而成形,分为横向拉伸模和纵向拉伸模。

11.6.2 拉伸模结构形式

(1)钢、铝质结构。

模具采用钢质或铝质结构,具有刚性好、强度高、长期存放不易变形的特点。由于钢质结构硬度高、型面光滑,但加工困难,应综合考虑尽量采用钢质结构。

图11.41所示为钢质铸件结构前缘蒙皮拉伸模,上面带有钻制零件定位孔的翻转式钻孔装置。

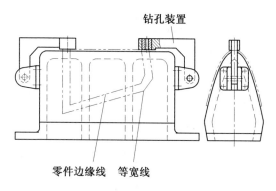

图 11.41 钢质铸件结构前缘蒙皮拉伸模

11.6.3 拉伸模结构设计

(1)设计原则。

①尽量使模具型面上零件纵向两端最高点连线与工装底面保持平行,模具四角近似等高,见图 11.42。拉伸模型面空间位置还应尽量使毛料工作状态受力均匀,成形安全可靠。

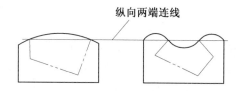

图 11.42 拉伸模、模胎型面空间位置

②拉伸模沿拉伸方向两侧与模体底面应有一定的倾斜角,外形边缘两侧面应设计合理的圆角或圆滑过渡至侧面。

③马鞍形横向拉伸模应设计排气孔和防滑装置。

④窄而高的模具应增加底座,使其具有良好的稳定性。

(2)拉伸模结构。

①横向拉伸模。

横向拉伸模用于横向曲度大的蒙皮零件的成形和检验。横向拉伸时,板材在被拉伸机工作台顶升的拉伸模顶力作用下,与拉伸模型面贴合成形。图 11.43 所示为横向拉伸模典型结构,用于大型拉伸模和模胎。当基体采用木质框架胶砂结构时,模体内设置木质芯盒,芯盒尺寸和数量根据模具尺寸决定。模具尺寸 B 小于 400 mm 时,不需芯盒。

对于马鞍形拉伸模,在模具结构上还应满足以下要求,见图 11.44。

(a)模具型面应使拉伸零件纵向两端点连线平行于模具底面。

(b)为使模具低凹部位空气易排出,应在其最低处开排气孔。

(c)为防止拉伸时板料向鞍谷滑移,模具两端应制出防滑台阶。

②纵向拉伸模。

纵向拉伸模用于纵向曲度大的蒙皮零件的成形和检验。纵向拉伸时,板材毛坯在被

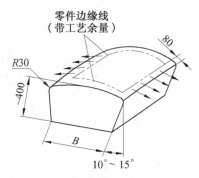

图 11.43　横向拉伸模典型结构

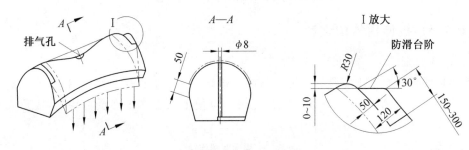

图 11.44　马鞍形拉伸模

拉伸机工作台顶升的拉伸模顶力和拉伸夹钳纵向拉力的双重作用下与拉伸模型面贴合。图 11.45 所示为木质框架环氧胶砂基体及有上模的纵向拉伸模典型结构。

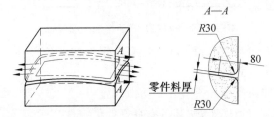

图 11.45　木质框架环氧胶砂基体及有上模的纵向拉伸模典型结构

11.7　翻边模

11.7.1　翻边模功能

翻边是一种冲压成形工艺,用以将毛坯或半成品的外边缘或孔边缘沿特定曲线翻成竖立的边缘。采用翻边工艺可以制造出形状复杂、刚度良好的立体零件,并能够在冲压件上实现与其他零件的装配。相比于拉深工艺,翻边能够改善材料的塑性流动,以避免材料的破裂或起皱。此外,翻边也能够代替先接后切的加工方法,制造无底零件,有效减少加工次数并节省材料。使平板类毛坯的孔边缘或外形边缘翻弯成垂直于毛坯板面的直边零件的模具称为翻边模,分为翻孔模和外缘翻边模。外缘翻边模结构与弯曲模相似。

11.7.2 翻边模结构形式

(1)翻孔模。

翻孔模的结构与拉深模类似,也有顺装和倒装、压边和不压边等区分。一般情况下,如果没有冲裁加工,翻孔模无须设置模架。

①图 11.46 所示为倒装式翻孔模,凹模在上模,采用倒装结构形式,以便于使用通用弹顶装置。翻边成形时,板材毛坯带有中心孔,被压边圈压紧,并在压力机的作用下,产生变形。随着压力机滑块下行,毛坯在凸模的作用下,中心孔逐渐扩大,并使凸模的材料沿着侧壁转移到凹模的材料上,直到完全贴在凹模侧壁上形成直立的弯边。翻边结束后,凹模上移,压边圈在顶件器的作用下回复到初始位置,取出零件,一次翻边工序完成。

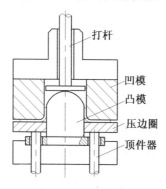

图 11.46 倒装式翻孔模

②图 11.47 所示为一种顺装式翻孔模。在该工艺中,带凸缘的拉深件的底部冲出翻边底孔,并被倒置放在翻边凹模上进行定位。在翻边时,工件被压料板压紧以使其较为平整,而在工作行程时,则由凸模完成翻边。回程时,压料板使工件脱离凸模并停留在凹模内。弹簧提供压料板的压力。最后,顶板 6 将工件从凹模中顶出,而顶件力则通过顶杆 7 传递给顶板,由冲床下方的弹簧装置提供。

(2)外缘翻边模。

外缘翻边是一种针对板料边缘的翻边工艺,其工件的结构形式和变形特点与翻孔件有很大不同。外缘翻边件的翻边线都是非封闭的轮廓。①当翻边线为内凹弧时,它与翻孔的变形特点相同,主要变形是切向受拉伸,因此称为伸长类翻边;②而当翻边线为外凸弧时,变形特点与翻孔完全不同,类似于拉深,主要变形是切向受压缩,因此称为压缩类翻边。

外缘翻边前的工序件可以是平面件,也可以是曲面件。因此,可以按变形特点分为伸长类和压缩类翻边,也可以按结构形式分为平面伸长翻边、曲面伸长翻边、平面压缩翻边和曲面压缩翻边等四种类型。平面伸长外缘翻边模的结构与 L 形弯曲模非常相似。在翻边过程中,不变形的平面部分需要被压紧并防止产生横向移动。有时可利用工艺孔

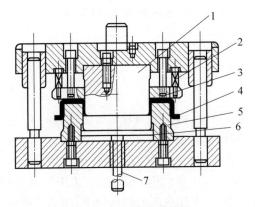

图 11.47　顺装式翻孔模

1—凸模；2—弹簧；3—压料板；4—工序件；

5—凹模；6—顶板；7—顶杆

定位,而翻边的变形区则应能够自由变形。然而,一侧的翻边可能会引起较大的侧向力。针对这种情况,可以考虑采用图 11.48 所示的模具,该模具可以一次对称翻边成双并加工两件工件,成形后再切割为两个工件。

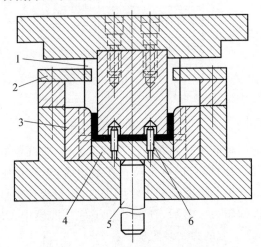

图 11.48　平面伸长成双的翻边模结构

1—凸模；2—卸件板；3—凹模；4—顶件板；5—顶杆；6—定位销

11.7.3　翻边模结构设计

(1)翻孔模。

图 11.49 所示为孔翻边零件。

①翻边系数。

孔翻边时的变形程度用翻边系数 K 来表示：

$$K = \frac{d_0}{D}$$

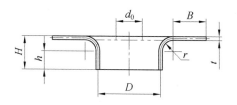

图 11.49 孔翻边零件

式中,K 为翻边系数;d_0 为翻边前预制孔直径,mm;D 为翻边零件中性层直径,mm。K 值越小,则变形程度越大。翻边时孔边不破裂所能达到的最小翻边系数称为极限翻边系数,用 K_0 表示。常用材料的极限翻边系数见表 11.16。

表 11.16 常用材料的极限翻边系数

材料 (未加工硬化)	白铁皮	软钢		黄铜	软铝	硬铝	不锈钢
		$t=0.25\sim2$ mm	$t=2\sim6$ mm	$t=0.5\sim6$ mm	$t=0.5\sim5$ mm		
K_0	0.70	0.72	0.78	0.68	0.70	0.89	0.65
K_{min}	0.65	0.68	0.75	0.62	0.64	0.80	0.61

注:翻边侧壁上允许有小裂纹时,可用最小翻边系数 K_{min} 替代 K_0 进行计算。

翻边系数大于极限翻边系数时,可一次翻边成形。否则,需增加拉深工序,在拉深工序件底部预冲孔,再进行翻边,其极限翻边系数按表中数据增大 15%～20%。拉深工序件底部冲孔翻边见图 11.50。

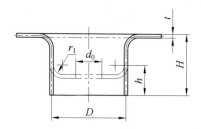

图 11.50 拉深工序件底部冲孔翻边

②预制孔直径 d_0。

(a)一次翻边,见图 11.49。

$$d_0 = D - 2(H - 0.43r - 0.72t) \tag{11.2}$$

(b)增加拉深工序的翻边,见图 11.50。

$$h = \frac{D-d_0}{2} + 0.57r_1, \quad d_0 = D + 1.14r_1 - 2h \tag{11.3}$$

③翻边凸模设计。

凸模形状对翻边过程有很大影响,合理的凸模形状可减少翻边力,提高零件的成形质量。凸模直径 d_p 与翻边孔内径 D_0 相等,凸模形状及尺寸见表 11.17。

表 11.17　凸模形状及尺寸　　　　　　　　　　　　　　　　　mm

$D_0 < 4$	$4 \leqslant D_0 < 10$	$D_0 \geqslant 10$	D_0 为任意尺寸
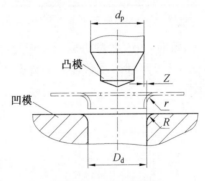

④翻边凹模设计。

图 11.51 所示为翻边凹模,参数间的关系可表示为 $D_d = d_p + 2Z$。式中,D_d 为凹模型孔直径;d_p 为凸模直径;Z 为凸、凹模单面间隙。孔边无垂直度要求时取 $Z = t$,有垂直度要求时取 $Z = 0.85t$。凹模圆角半径 R 与零件的圆角半径 r 相等。

图 11.51　翻边凹模

(2)外缘翻边模。

外缘翻边分为外凸外缘翻边与内凹外缘翻边两种,见图 11.52。

①外凸外缘翻边。

外凸外缘翻边是指沿着具有外凸形状的不封闭外缘翻边,见图 11.52(a)。该翻边变形近似于浅拉深。外凸外缘翻边的变形程度 ε_T 用下式表示,即

$$\varepsilon_T = \frac{b}{R + b} \tag{11.4}$$

式中,b 为翻边的宽度;R 为翻边的外凸缘半径。

②内凹外缘翻边。

内凹外缘翻边是指沿着具有内凹形状的外缘翻边,见图 11.52(b)。该翻边变化近似于圆孔翻边。内凹外缘翻边的变形程度 ε_A 用下式表示,即

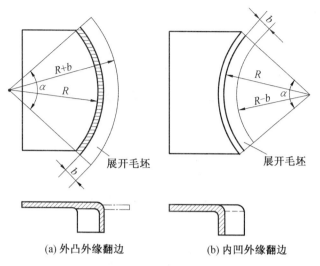

(a) 外凸外缘翻边　　　　　　(b) 内凹外缘翻边

图 11.52　外缘翻边的两种形式

$$\varepsilon_A = \frac{b}{R-b} \qquad (11.5)$$

外缘翻边可以使用橡皮模具或者普通模具进行成形。使用橡皮模具进行成形不会对翻边产生压紧作用,因此不会形成拉深效应。不过,成形后会使边缘产生有皱纹的弯曲,需要用手工进行修整以去除皱纹。图 11.53 所示为在橡皮模内的各种翻边方法;图 11.54 所示为用普通模具进行的内外缘同时翻边。

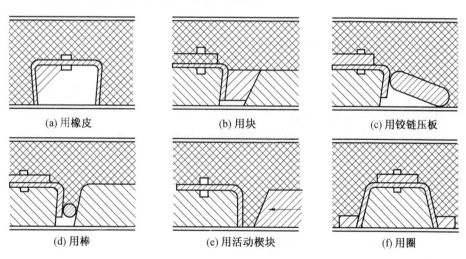

(a) 用橡皮　　　　　(b) 用块　　　　　(c) 用铰链压板

(d) 用棒　　　　　(e) 用活动楔块　　　　　(f) 用圈

图 11.53　在橡皮模内的各种翻边方法

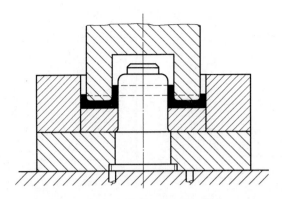

图 11.54　用普通模具进行的内外缘同时翻边

11.8　胀形模

11.8.1　胀形模功能

胀形是一种冲压成形工艺,可以利用外力使材料的厚度变薄、表面积增大来得到所需零件外形。因此,利用外力使空心毛坯或管状毛坯沿径向扩张成各种所需曲面零件的模具称为胀形模。在胀形成形过程中,材料的流动量较小,回弹也相对较小,因此尺寸精度容易保证。

11.8.2　胀形模结构形式

胀形模分为刚性胀形模、柔性胀形模和液压胀形模。

(1)刚性胀形模结构。

图 11.55 所示为一种刚性胀形模具。该模具利用锥形芯轴将分瓣凸模分开,使得工件能以所需形状胀出。当分瓣凸模 1 向下移动时,锥形芯轴 2 的作用使其向外胀开,从而使毛坯 3 胀形成所需形状尺寸的零件。胀形结束后,分瓣凸模 1 在顶杆 4 的作用下复位,便可取出零件。刚性凸模分瓣数目越多,所得到的工件精度越高。但模具结构较为复杂,制造成本较高,并且在加工形状复杂的零件时难以得到精度较高的正确旋转体,因此分瓣凸模刚性胀形模具并不适用于复杂形状的零件加工。

(2)柔性胀形模结构。

图 11.56 所示为柔性胀形模具。该模具使用橡胶或聚氨酯橡胶、液体、气体或钢丸等柔性材料来代替刚性凸模进行胀形加工。凸模 1 将力传递给软体介质 4,例如液体、气体或橡胶。软体介质再作用于毛坯 3,使之胀形并贴合于可以对开的凹模 2,从而得到所需形状尺寸的工件。与刚性模具相比,柔性模具的胀形过程会更加均匀且容易保证零件精度,适用于成形复杂的空心零件。由于柔性模具没有机械性损伤,工件表面相对较为光滑,容易抛光,因此在生产中广泛应用。然而,由于工序件经过多次拉深工序,会产生

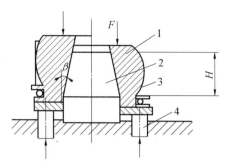

图 11.55 刚性胀形模具

1—分瓣凸模；2—芯轴；3—毛坯；4—顶杆

冷作硬化现象,因此在胀形前需要进行退火,特别是不锈钢件,以恢复金属的塑性并有利于后续工序的胀形。

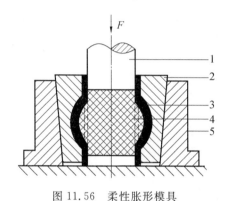

图 11.56 柔性胀形模具

1—凸模；2—凹模；3—毛坯；4—软体介质；5—外套

(3)液压胀形模典型结构。

图 11.57 所示为典型液压胀形模。胀形时,毛坯放在凹模内,利用装在凸模上充满液体的橡皮囊传递压力,使毛坯直径胀大,最后贴靠凹模实现零件的成形。液压胀形工艺过程简单、生产成本低,在成形过程中材料受力均匀,用于成形精度较高、形状复杂的零件。

图 11.58 所示为一种采用轴向压缩和高压液体联合作用的胀形方法。该方法首先将管坯 4 置于下模 3 上,然后将上模 1 压下,再使用轴头 2 将管坯端部压紧。随后经由轴头中心孔通入高压液体,通过高压液体和轴向压缩力共同作用的方式来实现胀形,获得所需形状的零件。

11.8.3 胀形模结构设计

(1)胀形系数。

如图 11.59 所示为管状毛坯胀形。

胀形的变形程度用胀形系数 K 来表示,$K = d_{max}/d_0$。其中 d_0 为毛坯原始外径,mm；d_{max} 为胀形后零件的最大外径,mm。K 值越大,变形程度越大。胀形时坯料不破裂

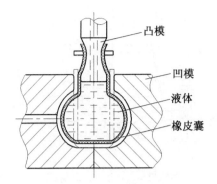

图 11.57 液压胀形模

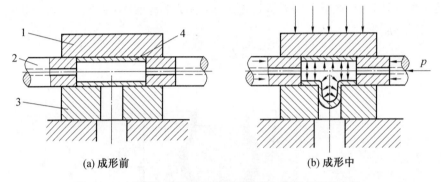

(a) 成形前　　　　　　　　　　(b) 成形中

图 11.58 采用轴向压缩和高压液体联合作用的胀形方法
1—上模;2—轴头;3—下模;4—管坯

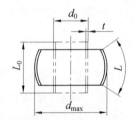

图 11.59 管状毛坯胀形

时所能达到的最大胀形系数称为极限胀形系数,用 K_0 表示。只有当胀形系数小于极限胀形系数时,才能采用胀形工艺成形零件。常用材料的极限胀形系数见表 11.18。

表 11.18 常用材料的极限胀形系数 K_0

材料	铝合金	纯铝			黄铜		低碳钢		不锈钢	
t/mm	0.5	1.0	1.5	2.0	0.5～1.0	1.0～2.0	0.5	1.0	0.5	1.0
K_0	1.25	1.28	1.32	1.32	1.35	1.40	1.20	1.24	1.26	1.28

(2)毛坯尺寸。

胀形时,毛坯长度 L_0 应比零件长度增加一定的延伸量,按下式计算:

$$L_0 = L[1+(0.3\sim0.4)\delta_0]+\Delta h \tag{11.6}$$

式中,L_0 为毛坯长度,mm;L 为零件母线长度,mm;δ_0 为零件切向最大伸长率,$\delta_0 = (d_{\max} - d_0)/d_0$;$\Delta h$ 为修边余量,mm。

(3)典型模具结构设计。

图 11.60 所示为罩盖类零件,其侧壁由空心毛坯胀形而成,底部则由起伏胀形而成。

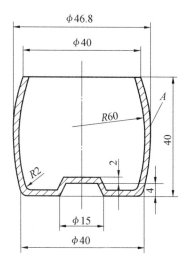

图 11.60　罩盖类零件

为方便成形后的工件取出,胀形模采用聚氨酯橡胶进行软模胀形。在凹模的设计中,将其分为上下两部分,两部分通过止口进行定位,并设置单边间隙为 0.05 mm。工件的侧壁通过橡胶的胀开成形,底部则依靠压包凸及模具进行成形。在模具闭合时,凹模的上、下两部分依靠弹簧进行压紧。罩盖胀形模如图 11.61 所示。

11.9　钛合金热成形模

11.9.1　钛合金热成形模功能

在常温状态下,钛合金材料硬度高、塑性低、成形回弹大,可成形形状简单、精度要求较低的零件。当温度达到 482～649 ℃时,钛合金材料的塑性显著提高,在此温度下成形出的零件回弹小、尺寸精度高。因此,在一定时间、温度和压力下,将钛合金板材成形为所需零件形状的模具称为钛合金热成形模。

11.9.2　钛合金热成形模结构形式

钛合金热成形模一般由上、下模组成,工作时,通过定位销或导向块进行上、下模的定位导向,见图 11.62。

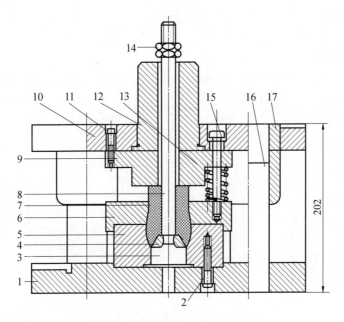

图 11.61 罩盖胀形模

1—下模座；2、11—螺钉；3—压包凸模；4—压包凹模；5—胀形下模；6—胀形上模；7—聚氨酯橡胶；8—拉杆；9—上固定板；10—上模板；12—模柄；13—弹簧；14—螺母；15—拉杆螺钉；16—导柱；17—导套

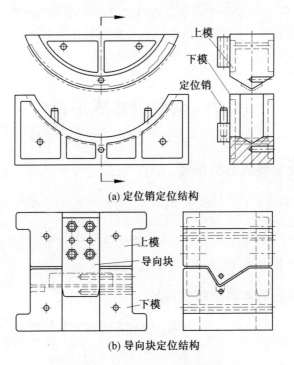

(a) 定位销定位结构

(b) 导向块定位结构

图 11.62 钛合金热成形模

11.9.3　钛合金热成形模结构设计

(1)模具的缩尺修正。

由于钛合金材料的热膨胀系数比钢材小,零件若在热成形状态时符合模具,则在冷却后通常比模具大。因此模具只有做得比实际尺寸小,才能保证钛合金零件经热成形、冷却收缩后符合尺寸要求。一般在零件形状和尺寸精度允许的情况下,可以不计算缩尺修正量。缩尺修正量是模具尺寸和零件尺寸的热膨胀差值,对简单的线性尺寸,可按下式计算:

$$\Delta L_s = L_{cm} - L_{cj} = K_s L_{cj} \tag{11.7}$$

式中,ΔL_s 为缩尺修正量,mm;L_{cm} 为常温时模具尺寸,mm;L_{cj} 为常温时零件的尺寸,mm;K_s 为缩尺系数。常用热成形模具材料的缩尺系数 K_s 见表 11.19。

表 11.19　常用热成形模具材料的缩尺系数 K_s

零件材料		TA2、TC1				TC3			
成形温度/℃		500	550	600	650	600	650	700	750
模具材料	1Cr18Ni9Ti	−0.004 4	−0.005 0	−0.005 5	−0.006 0	−0.004 9	−0.005 3	−0.005 7	−0.006 1
	21Cr11Ni2.5W	−0.005 3	−0.005 8	−0.006 4	−0.007 2	−0.005 3	−0.006 5	−0.007 2	—
	中硅钼球墨铸铁	−0.002 5	−0.002 8	−0.003 1	−0.003 3	−0.002 5	−0.002 6	−0.002 8	—

当零件形状为较复杂的曲面时,则需按缩尺模线或缩尺模型制造模具,缩尺模型可通过模具 CAE 专业分析软件得到。

(2)模具的定位与导向。

热成形模工作时,为保证上、下模位置的准确,模具需安装定位销或导向块进行定位导向。

①定位销定位。

图 11.63 所示为定位销定位,定位销一般安装在下模零件边缘线之外,数量 2～4 个,上模销钉孔直径比定位销大 0.5 mm,且上模销钉孔一个为圆孔,其余为长圆孔。定位销材料与模具材料性能一致,一般选 GH33。

②导向块定位。

图 11.64 所示为导向块定位,这种方式定位更为可靠,一般安装在模具两侧,应不妨碍取件,导向块固定在上模,与下模导向槽单面间隙保持 0.5 mm,导向块厚度一般为 40 mm,宽度为 50～100 mm。

(3)结构要素设计。

钛合金热成形模与其他冲压模具相比具有特殊结构。

①取件槽。

图 11.65 所示为取件槽,单位 mm。其作用是便于零件成形后从模具上快速取出。

②防皱梗。

图 11.66 所示为防皱梗。其作用是防止波纹板钛合金零件热成形时起皱。防皱梗

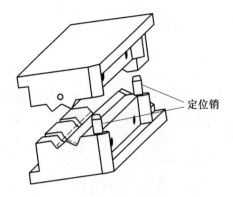

图 11.63 定位销定位

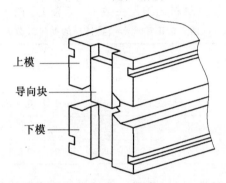

图 11.64 导向块定位

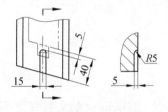

图 11.65 取件槽

允许镶制,材料为 1Cr18Ni9Ti。

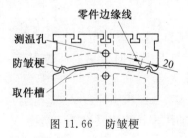

图 11.66 防皱梗

③测温孔。

图 11.67 所示为测温孔。测温孔的布置要求有:①测温孔要接近模具中心处的工作表面,一般孔壁距工作表面 10~20 mm;②测温孔的数量按模具大小和形状而定,小模具

在中间位置制一个孔,大模具和细长模具在中间和两端各制一孔;③热电偶的规格,一般为 5~10 mm,测温孔的直径比热电偶的直径加大 1~2 mm;④上、下模应尽量在相同的方向开孔,形状不允许时,可在两端分别开孔。

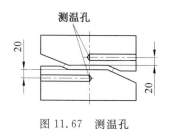

图 11.67　测温孔

④起吊孔。

图 11.68 所示为起吊孔。钛合金热成形模一般不安装吊环而设置起吊孔。要保证起吊平稳,不能翻转。

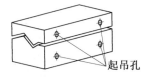

图 11.68　起吊孔

(4)设计原则。

①模具材料的热膨胀系数与钛合金材料热膨胀系数的差值越小越好。

②为缩短模具加热时间,保证模具的受热均匀,应尽量减小模具外廓尺寸和质量,一般设计成等壁厚的空心结构。

③正确选择毛坯的摆放位置,防止零件成形时产生侧向力。

④受温度和材料厚度公差的影响,上、下模间隙一般取零件材料厚度的 1.05~1.15 倍。

⑤毛坯通常采用外形定位,不宜采用孔定位,以防止零件从模具上卸下时产生局部变形。

11.10　聚氨酯橡胶模具

聚氨酯橡胶凸模(或凹模)与钢制凹模(或凸模)配套使用的模具称为聚氨酯橡胶模具。常用聚氨酯橡胶模具包括聚氨酯橡胶冲裁模、聚氨酯橡胶弯曲模和聚氨酯橡胶胀形模。聚氨酯橡胶模具的特点有:①凸、凹模之间不需修配间隙,模具结构简单;②产生的单位压力及剪切力较大;③成形过程中与毛坯之间错动较小,避免零件划伤;④聚氨酯橡胶具有较好的流动性,成形后的零件回弹小。

11.10.1 聚氨酯橡胶冲裁模

聚氨酯橡胶冲裁模冲出的零件表面平整,无划伤、压痕,用于冲裁厚度较薄、边缘不允许有毛刺的零件。

1. 结构形式

图 11.69 所示为聚氨酯橡胶冲裁模中的落料模,聚氨酯橡胶凹模装在下模容框内。

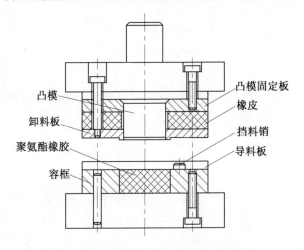

图 11.69 聚氨酯橡胶冲裁模中的落料模

2. 结构设计

(1)设计原则。

①落料模:聚氨酯橡胶作为凹模,凸模采用钢制。

②冲孔模:聚氨酯橡胶作为凸模,凹模采用钢制。

③复合模:聚氨酯橡胶作为冲孔凸模和落料凹模,凸凹模采用钢制。

(2)结构元件。

①钢制凸、凹模。

凸、凹模刃口尺寸按下式计算:

落料凸模:

$$D_{p} = (D_0 - x\Delta)_{-\delta_p}^{0}$$

冲孔凹模:

$$d_{d} = (d_0 + x\Delta)_{0}^{+\delta_d}$$

式中,D_p 为凸模刃口尺寸,mm;d_d 为凹模刃口尺寸,mm;D_0 为零件外形最大极限尺寸,mm;d_0 为零件内孔最小极限尺寸,mm;Δ 为零件公差,mm;δ_p 为凸模制造公差,mm;δ_d 为凹模制造公差,mm;x 为磨损系数,一般取 0.5。

②聚氨酯橡胶。

(a)聚氨酯橡胶硬度。

聚氨酯橡胶必须具有很高的硬度、较好的弹性及抗撕裂性。聚氨酯橡胶硬度越高,其综合性能就越好。一般用于冲裁的聚氨酯橡胶硬度不小于邵氏 90 A。

(b)聚氨酯橡胶厚度。

聚氨酯橡胶的厚度一般取 15～20 mm。厚度较大,则在同样的压缩量下产生的单位压力较小,冲裁出的零件不易从板材中分离;厚度较小,所需冲裁力较大,聚氨酯橡胶的使用寿命降低。

(c)聚氨酯橡胶外形尺寸。

聚氨酯橡胶与容框应有一定的过盈量,其外形一般比容框工作尺寸单面大 0.1～0.2 mm。

③容框。

(a)容框类型。

容框分为矩形容框和圆形容框,见图 11.70。

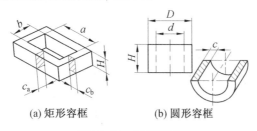

(a) 矩形容框   (b) 圆形容框

图 11.70　容框类型

(b)容框工作尺寸。

容框工作尺寸即容框的内腔尺寸,一般按钢制凸模(或凹模、凸凹模)刃口尺寸沿型放大 0.5～1.5 mm。零件材料厚度越小,值越小。

(c)容框壁厚。

容框受力较大,应保证足够的强度,一般容框壁厚 c 不小于 35 mm,必要时还需进行强度计算。

④卸料板。

卸料板不仅起卸废料的作用,更重要的是在冲裁过程中对毛坯板材施压,控制和调整聚氨酯橡胶的变形程度,从而改变零件材料的应力状态,提高零件的冲裁质量。

卸料板结构形式分为平面式和台肩式两种,其中图 11.71(a)为平面式结构,零件材料厚度 $t<0.2$ mm 时选用;图 11.71(b)为台肩式结构,材料厚度 $t\geqslant0.2$ mm 时选用,台肩起增大单位剪切力的作用。

11.10.2　聚氨酯橡胶弯曲模

聚氨酯橡胶弯曲模结构简单、制造成本低、成形的零件回弹小、精度与表面质量高,用于各种形状零件的弯曲成形,尤其是 U 形闭斜角零件。

1.结构形式

图 11.72 所示为聚氨酯橡胶弯曲模。钢制凸模安装在上模,聚氨酯橡胶安装在下模的组合式容框内,聚氨酯橡胶高度与容框高度一致,零件毛坯通过活动定位板定位。

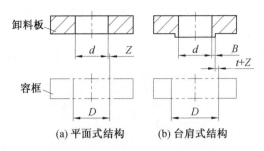

图 11.71 卸料板结构形式

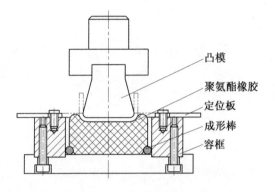

图 11.72 聚氨酯橡胶弯曲模

2. 结构设计

(1)设计原则。

①凸模为钢制,凹模为聚氨酯橡胶。

②为利于聚氨酯橡胶的流动变形,一般在容框内应设置成形棒。

(2)结构元件。

①钢制凸模。

凸模结构尺寸与普通钢制弯曲模相同。

②聚氨酯橡胶凹模。

(a)聚氨酯橡胶硬度。

弯曲用聚氨酯橡胶必须具有较高的硬度和弹性,一般硬度取邵氏 70~90 A。

(b)聚氨酯橡胶厚度。

聚氨酯橡胶厚度由冲压深度决定,为使成形时对零件转角处产生较大的单位压力,聚氨酯橡胶至少应有 10% 的压缩变形量。同时,为保证其使用寿命,最大压缩变形量不宜超过 30%。

③容框。

各种容框结构与其弯曲成形零件形状见表 11.20。

表 11.20　各种容框结构与其弯曲成形零件形状

容框结构			
零件形状			

④成形棒。

成形棒位于容框内聚氨酯橡胶的下方两侧,工作时使聚氨酯橡胶下方产生一个成形空间,其作用是:

(a)利于聚氨酯橡胶的流动变形,产生较大的侧向压力,减少零件回弹。

(b)降低成形时所需的压力。

(c)减少聚氨酯橡胶的变形量,提高使用寿命。若在带有成形棒的容框上再增加盖板,使凸模、容框和盖板组成一个封闭的空间,可提高聚氨酯橡胶对弯曲零件直壁部分的压力,减少弯曲零件的回弹变形。带成形棒的封闭容框见图 11.73。

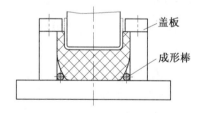

图 11.73　带成形棒的封闭容框

11.10.3　聚氨酯橡胶胀形模

聚氨酯橡胶胀形模是由聚氨酯橡胶凸模和钢制凹模为结构主体的模具,用于成形端部或中部突起的零件、曲母线的圆锥零件以及带加强槽的管状零件,模具结构简单,制造成本低。

图 11.74 所示为鼓形零件胀形模,凸模采用聚氨酯橡胶,钢制凹模内形与零件外形一致,凹模采用组合式结构。图 11.75 所示为管状零件胀形模,凸模采用聚氨酯橡胶,其外径略小于管状零件的内形。凹模采用组合式镶块结构。

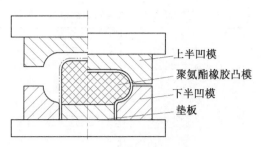

上半凹模
聚氨酯橡胶凸模
下半凹模
垫板

图 11.74　鼓形零件胀形模

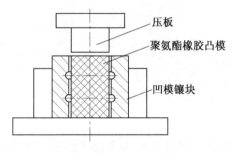

压板
聚氨酯橡胶凸模
凹模镶块

图 11.75　管状零件胀形模

11.11　可加工塑料模具

11.11.1　可加工塑料模功能

可加工塑料是由改性环氧树脂或聚氨酯树脂与专用填料按一定的比例混合固化而成的一种新型工程材料。在飞机制造中,它既适用传统的模拟量钳工工艺加工,又适用现代化的机械切削加工,具有良好的综合性能。目前这种材料已用于各种成形、检验模具。与传统环氧塑料模具相比,可加工塑料模机械加工性能好,制作工艺简单,制造周期短,材料成本较高,但综合成本低;精度高、尺寸稳定性好,易于修复、改型;强度高,耐磨性、耐冲击性、抗腐蚀性好,毒性小;模具加工时产生粉尘,需使用专用设备。

11.11.2　可加工塑料模结构形式

可加工塑料模具由型面和基体两部分组成,一般仅在型面采用可加工塑料,结构见图 11.76。

(1)型面。

将可加工塑料黏接、浇注或堆积在已加工好的模具基体上,经过加工形成具有一定尺寸形状的几何外形的型面。型面材料的选取应综合考虑零件的结构、材料、成形及模具制造等因素。

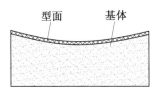

图 11.76　可加工塑料模具

（2）基体。

可加工塑料模具基体包括钢框架结构、金属铸造结构、金属板连接结构和胶砂结构等。由于胶砂基体模具报废后无法回收处理，易造成环境污染，尽量少选用。

11.11.3　可加工塑料模结构设计

（1）拉伸模与模胎。

①数控加工的拉伸模与模胎。

（a）小型拉伸模与模胎。

长度小于或等于 1 000 mm 的小型拉伸模、模胎，型面选用可加工塑料板，基体选用铝板。图 11.77 所示为蒙皮拉伸模，模具由可加工塑料型面和铝板基体组成，可加工塑料板直接黏在基体上。图 11.77（a）为可加工塑料板和基体的毛坯连接"排料"图，图 11.77（b）为加工完成的拉伸模。

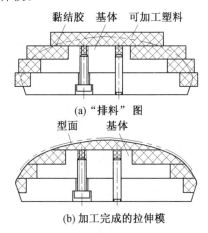

(a)"排料"图

(b)加工完成的拉伸模

图 11.77　蒙皮拉伸模

（b）大中型拉伸模与模胎。

长度大于 1 000 mm 的大中型拉伸模、模胎，采用液态可加工塑料在毛坯基体上进行浇注。浇注时，在模具四角浇注出 60 mm×60 mm×30 mm 加工区，用于设置数控基准孔。图 11.78 所示为拉伸模、模胎，图 11.78（a）为铸造铝基体蒙皮拉伸模，图 11.78（b）为胶砂基体的蒙皮模胎。

②塑制的拉伸模与模胎。

采用塑制方法制造的拉伸模、模胎，型面由表面层和过渡层组成。表面层材料采用耐磨的表面胶衣，厚度为 0.5～1.5 mm。过渡层材料采用普通环氧塑料，厚度为 4～10 mm，见图 11.79。

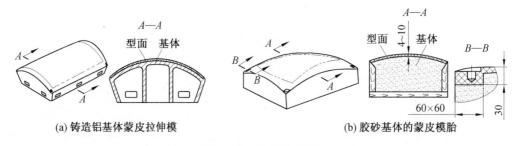

(a) 铸造铝基体蒙皮拉伸模　　　　　　　(b) 胶砂基体的蒙皮模胎

图 11.78　拉伸模、模胎

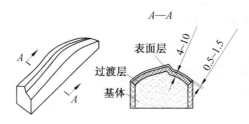

图 11.79　模胎

（2）过渡模。

过渡模是采用塑制方法制造模具时常用的一种中间工序的型面转换工装。图 11.80 所示为胶砂基体的过渡模,型面由表面层和过渡层组成,表面层材料采用普通的表面胶衣,厚度为 1～2 mm;过渡层材料采用普通环氧塑料,厚度为 4～10 mm。

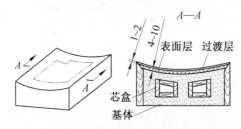

图 11.80　胶砂基体的过渡模

（3）移形模。

移形模主要用于铺贴成形复合材料工装的型板。根据复合材料成形的特点,移形模须有一定的气密、耐压、导热性要求。一般型面选用可加工塑料板,直接黏接在金属板上,数控加工后,表面用密封剂处理,打磨后,模具表面粗糙度 Ra 值可达到 0.2～$0.4\ \mu m$。图 11.81 所示为用于成形复合材料型板的移形模。

（4）检验模。

检验模用于零件几何形状与尺寸的最终检验,能全面反映零件形状的几何特征,如外形轮廓、下陷、孔、缺口等。根据零件形状不同,检验模基体可选用槽钢、方钢、铝板、钢板、木板等框架,在基体上局部浇注、堆积或黏结相应状态的可加工塑料作为型面和靠块,靠块位置排布应合理。图 11.82 所示为方钢基体检验模,由可加工塑料和钢基体组成,型面采用浇注料或糊状料,靠块采用可加工塑料板或糊状料。

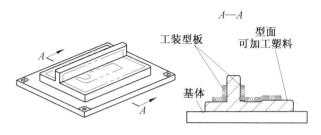

图 11.81 用于成形复合材料型板的移形模

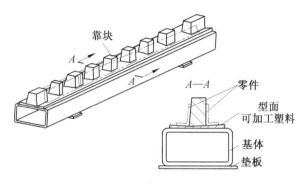

图 11.82 方钢基体检验模

11.12 充液成形模具

11.12.1 充液成形模功能

充液成形是指板材成形时利用流体介质代替凸模或凹模，通过流体压力使板材贴附凹模或凸模以改善板材变形的应力应变状态，可以有效抑制起皱、破裂等成形缺陷，从而提高了板材成形性能并使零件壁厚更加均匀。因此，利用液体作为传力介质使得板材、管材等成形出复杂曲面外形零件的模具称为充液成形模具。

11.12.2 充液成形模结构形式

（1）板材充液拉深成形模具。

板材充液拉深成形的基本原理是采用液体作为传力介质传递载荷，使板材在传力介质的压力作用下贴靠凸模以实现金属零件的成形。板材充液拉深成形技术适用于筒形、锥形、抛物线形、盒形等变形程度超过普通拉深成形极限的板材零件、带有冲压负角的板材零件，以及普通拉深模具型腔结构复杂、难于成形的板材零件，主要用于航天领域满足空气动力学性能的整流罩、头罩等覆盖件。

板材充液拉深成形模具典型结构形式见图 11.83。工作时将板材毛坯放在口模上，凸模向下运动，充满液体的液压室产生液压力作用于板材，使板材紧紧贴向凸模进行零件的拉深成形。充液成形可大幅度提高材料成形极限,减少零件拉深工序,防止零件壁厚减薄,提高零件的精度和表面质量,简化模具。解决了传统金属模具拉深零件时难以实现的较高技术难题,特别在相对高度较大的拉深零件成形中显得更为突出。

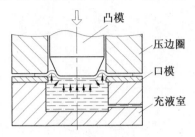

图 11.83 板材充液拉深成形模具典型结构形式

板材充液拉深模具结构相对简单,特别是凹模不需要制成与凸模型面一致的型腔。与普通拉深不同之处在于,充液拉深除了凸模、凹模、压边圈外还需要充液室。充液室需要与液压系统或者溢流阀等压力调节装置连接,以便在拉深成形时形成封闭的压力容腔,并进行液压控制。通常,凹模与充液室之间通过螺纹进行紧固连接,并设置密封结构。充液室的分体结构见图 11.84(a)。在设计中,凹模与充液室采用分体连接结构,这方便了对尺寸相近的模具零部件的更换并降低了模具成本。但对于形状复杂而又较浅的零部件,模具型腔无须太深,采用分体结构反而会增加模具加工成本。在这种情况下,通常采用充液室与凹模为一体的整体结构,见图 11.84(b)。如果充液室壁厚增大仍无法满足强度要求,可以在充液室外圈采用预应力结构,以保证使用安全。

(2)管材充液压弯成形模具。

管材充液压弯是管材压弯和液压成形复合的一种工艺,既具有压弯的一般特点,又具有自身的特殊性。管材充液压弯成形原理见图 11.85,首先从管端充入液体,在管材内建立起内压作为柔性支撑,然后在模具中进行弯曲,并随模具压下的过程控制内压保持

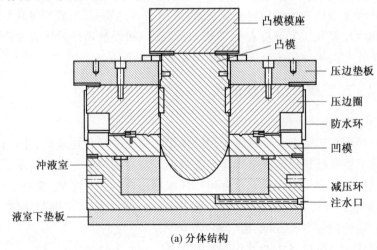

(a) 分体结构

图 11.84 充液室结构图

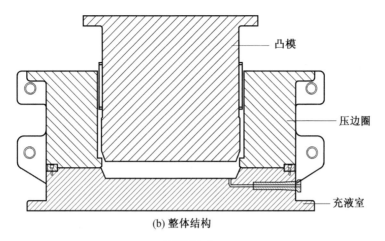

(b) 整体结构

续图 11.84

在一定数值,利用液压的支撑作用避免起皱和截面畸变,在合模后,可提高内压进行整形,使管材贴模定形。图 11.86 所示为常见的管材充液压弯成形模具结构形式,主要由上模、下模、导向装置、密封装置构成。

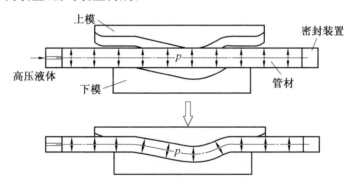

图 11.85　管材充液压弯成形原理

11.12.3　充液成形模结构设计

(1)板材充液拉深成形力计算。

①工艺计算。

(a)充液拉深成形力计算。

$$F_{成形力} = F_{拉深力} + F_{对向} \tag{11.8}$$

式中,$F_{拉深力}$ 表示成形时凸模拉深板料的拉深力,T;$F_{对向}$ 表示滑块抵抗液室压力,T;

$$F_{拉深力} = \pi d_p t \sigma_b K_d \tag{11.9}$$

式中,πd_p 为拉深零件的周长,单位 mm;t 为板料厚度,单位 mm;K_d 为与拉深比、相对厚度相关的系数,$K_d = 0.2 \sim 1.1$;σ_b 为坯料抗拉强度,单位为 MPa。

$$F_{对向} = P_{液} \times S \tag{11.10}$$

式中,$P_{液}$ 为液室压强,MPa;S 为液体与坯料接触的投影面积,mm²。

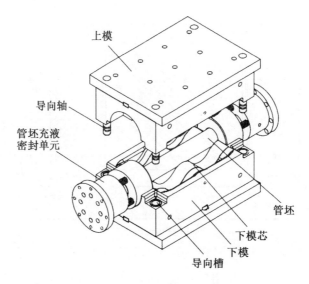

上模

导向轴

管坯充液
密封单元

管坯

下模芯

下模

导向槽

图 11.86　管材充液压弯成形模具

(b)压边力计算。

$$F_{压边}=KF_{成形}\tag{11.11}$$

式中,K 为系数,$K=0.3\sim0.5$。

②典型板材充液拉深模具。

图 11.87 所示为一种大尺寸板材构件充液拉深成形模具。该装置包括凸模、压边圈、凹模、液室和背压模,其中背压模的上表面为内凹曲面,曲面形状和上方凸模的对应部分曲面形状相同,背压模的侧壁可沿液室底部大通孔的侧壁上下滑动。当凸模向下运动至一定深度时,板坯的下表面与背压模的上表面接触并完全贴合,背压模随凸模同时夹持板坯同时向下运动,贴合处的板坯不受高压液体作用,只有背压模外侧环形区域内的板坯下表面受高压液体作用,由于减少了高压液体对凸模的作用面积,从而降低了充液拉深力。

该模具的拉深成形工艺如下:

(a)从液体注入孔向液室内注入液体,液体介质的液面与凹模的上表面持平。

(b)在凹模的上表面放置待成形板坯。

(c)控制顶出缸带动背压模上行至距离板坯下表面一定距离(h)。

(d)控制压边缸带动压边圈下行至与板坯相接触,与板坯接触后施加一定的压边力。

(e)通过增压系统从液体注入孔向液室内的液体加压使其对板坯产生流体压力,同时凸模在主缸的带动下向下运动,带动板坯从凹模表面向液室内运动进行拉深,中心部分板坯在底部高压液体作用下与凸模底部表面贴合。

(f)凸模向下运动至一定深度(h)时,板坯的下表面与背压模的上表面接触并完全贴合,与背压模贴合处的液体被完全排出,贴合处的板坯不受高压液体作用,只有背压模外侧环形区域内的板坯下表面受高压液体作用,以避免板材的开裂和起皱。

(g)凸模继续向下运动,背压模随凸模同时夹持板坯向下运动,直至拉深深度 H 时成形结束。

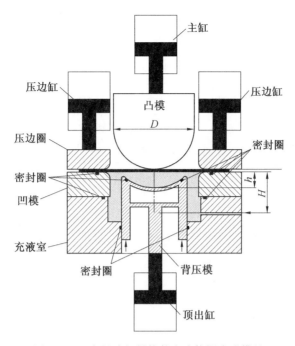

图 11.87　大尺寸板材构件充液拉深成形模具

(2)管材充液压弯成形模具设计。

①工艺计算。

管材在受内压作用的情况下,为了分析方便,假设轴向的应力为零,此时对于薄壁管来说,它的受力可以简化为只有环向应力 σ_θ,具体状态见图 11.88。

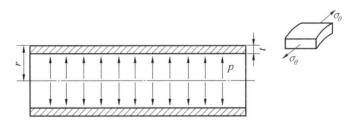

图 11.88　薄壁管受内压下的应力状态

根据材料力学知识,可以推出:

$$\sigma_\theta = \frac{r}{t}P \tag{11.12}$$

式中,r 为管材的外圆半径(mm);P 为管材内部的压力值(MPa);t 为管材的壁厚(mm)。

此时,$\sigma_1 = \sigma_\theta$,$\sigma_3 = \sigma_0$,根据特雷斯卡屈服准则,可以得出 $\sigma_3 = \sigma_1 - \sigma_3$。将前面得到的环向应力表达式 σ_θ 代入后可得:$\sigma_s = \frac{r}{t}P$。于是可得出管材发生塑性变形时的压力计算公式:

$$P = \frac{t}{r}\sigma_s \qquad (11.13)$$

为了使管材不发生塑性屈服,引入一个系数 K,K 根据厚径比的不同分别取 $0.90\sim 0.97$。在管坯的壁厚 t 与外径 d 之比小于 0.07 时,K 取 0.90,因此,管材的极限充液压力计算公式为

$$P' = K\sigma_s \frac{r}{t} \qquad (11.14)$$

式中,P' 为极限充液压力(MPa);σ_s 为材料屈服极限(MPa)。

当内压大于极限充液压力时,管材将可能发生塑性屈服,为了使管材不发生塑性变形,所选充液压力应小于此极限充液压力。

②典型管材充液压弯模具。

图 11.89 所示是一种大径厚比超薄管材充液压弯模具,主要由上模、下模、左端密封机构、右端密封机构等组成,待成形管材设置于上模与下模之间,上模两端分别设置弹性压边块,弹性压边块与下模分别从上、下两个方向抵紧管材的端部。模具安装后将进液管与出液管穿过右封块上的开口后分别与进液管嘴、出液管嘴连接以进行充液与放液,当管件压弯导致管件端部位移时,左弹簧推动左堵头随管件端部位移,从而保持密封,右弹簧推动右堵头随管件端部位移,从而保持密封。

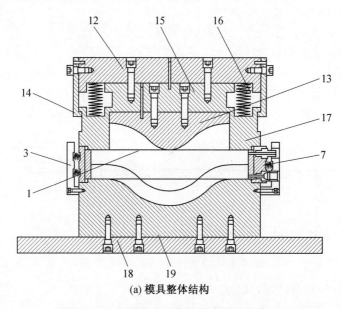

(a) 模具整体结构

图 11.89 大径厚比超薄管材充液压弯模具

1—管件;2—左堵头;3—左封块;4—左弹簧;5—左导向销;6—左密封圈;7—右堵头;8—右封块;9—右弹簧;10—右导向销;11—右密封圈;12—上模板;13—凸模;14—限位块;15—连接块;16—压边弹簧;17—弹性压边块;18—下模板;19—凹模;20—进液管嘴;21—出液管嘴

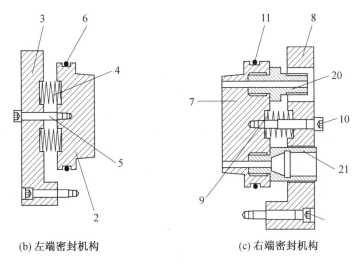

(b) 左端密封机构　　　　　　(c) 右端密封机构

续图 11.89

该模具的压弯成形工艺如下：

(a)将待压弯管件安装于模具组中并置于压机上。

(b)将进液管嘴与进液管连接并对管件进行充液,将出液管嘴与出液管连接。

(c)启动压机,压机带动上模下压,压边块在压边弹簧的作用下先与凹模对接形成压边槽将管件的两端压紧,上模通过凸模将管件压入下模中以进行压弯定型,压弯过程中管件的端部向管件的中部位移,左弹簧、右弹簧持续保持压缩状态以使左堵头、右堵头随着管件端部的位移而保持密封;压弯成形后,通过出液管将管件内的液体排出,拆下管件。

(d)重复上述步骤(a)～(c)的操作以对同批次的管件进行充液压弯。

11.13　钛合金超塑成形模具

11.13.1　钛合金超塑成形模功能

钛合金超塑成形是利用钛合金材料在特定的工艺条件下,具有非常高的延伸率和无缩颈的变形特性来成形零件的方法。在一次热循环过程中实现超塑成形及扩散连接,从而制成复杂整体结构件的方法,称为超塑成形/扩散连接组合工艺(SPF/DB)。钛合金超塑成形模的功能是在一定的温度下,在与工装所对应的设备上,通过吹气口对零件成形施加一定的气体压力,以达到在该模具上成形出所需形状的零件。

11.13.2　钛合金超塑成形模结构形式

(1)单层结构－超塑成形模具。

常见的单层结构零件的超塑成形模具结构形式有单凹模成形结构、凸凹模成形结构和反向预成形/正向成形结构。

①单凹模成形结构。

此模具结构适用于零件型腔较浅,总体变形量不大的零件。通常以气体作为阳模,在气压的作用下使零件发生正向塑性变形直至贴模,见图11.90。

  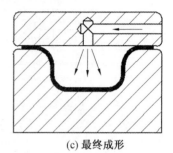

(a) 初始阶段　　　　　　　　(b) 成形阶段　　　　　　　　(c) 最终成形

图 11.90　单凹模成形结构

②凸凹模成形结构。

在凸凹模成形过程中,板料通过气体被吹到安置在凹模腔内的一个或几个凸模上。与单凹模成形相比,这种方法由于凸模周围的环形部分相对于板料的平面尺寸来说是较浅的,所以可以获得较为均匀的壁厚分布,且如果零件尺寸不大,可以放置多个凸模,同时成形多个零件,见图11.91。

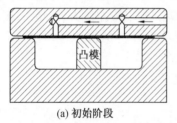 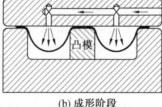 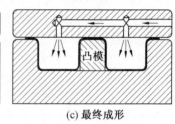

(a) 初始阶段　　　　　　　　(b) 成形阶段　　　　　　　　(c) 最终成形

图 11.91　凹凸模成形结构

③反向预成形/正向成形结构。

深凹形的零件超塑成形时容易出现局部变形量过大,极易导致零件破裂,成形失败。在上下模同时设置充气槽,先进行反向预成形,即对板料某些局部区域进行必要的预减薄,以分散变形,缓解正向成形时局部区域变薄集中。反向预成形时需要设计合理的工艺面,必要时需进行工艺仿真,见图11.92。

(2)多层结构 SPF/DB 模具。

在 SPF/DB 前,需要将面板与芯板进行焊接,见图11.93(a)。在不需要扩散连接的区域均匀涂上阻焊剂并保持试件扩散连接区域的表面清洁度,板料四周封焊完毕后需通入氩气检验封闭性。在模具温度达到扩散连接温度之后,对模具型腔内充入氩气加压,使板料之间未涂阻焊剂区域之间完成扩散连接,见图11.93(b)。扩散连接完成之后,向板料焊袋内充入气实现超塑成形,见图11.93(c),成形后的结构见图11.93(d)。

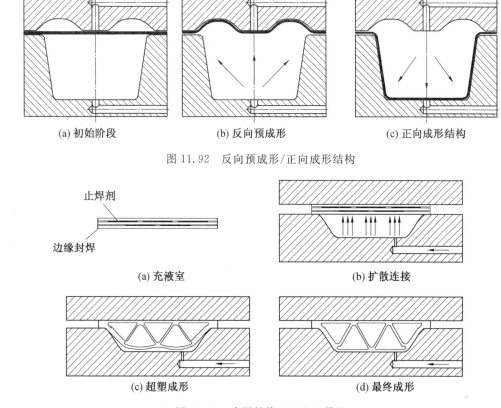

(a) 初始阶段　　　　　(b) 反向预成形　　　　　(c) 正向成形结构

图 11.92　反向预成形/正向成形结构

(a) 充液室　　　　　　　　　　(b) 扩散连接

(c) 超塑成形　　　　　　　　　(d) 最终成形

图 11.93　多层结构 SPF/DB 模具

11.13.3　钛合金超塑成形模结构设计

(1)模具密封。

模具上需设置密封结构,模具密封结构见图 11.94。即在压紧部分至型腔入口处增加高为 0.3～0.5 mm,宽为 10 mm 的台阶。当分模面为平面时,可不设置压紧凸台;当分模面为曲面时,必须压紧凸台。

(2)焊咀槽。

单层结构充气时一般直接在上模设置充气孔。多层结构充气时,将板料组合焊接后,板料焊接组合后需要在侧面设置水平焊咀,在模具上对应位置应设置焊咀槽,见图11.95。焊咀槽的设计合理与否直接影响着保护气体能否顺利充入板料焊袋内作为压力源。SPF/DB 工艺中涉及进气与抽真空气路,模具上设置焊咀槽,分别用来定位进气焊咀和抽真空焊咀。

(3)通气装置。

超塑成形的凹模面上一般需要开排气孔,防止发生憋气、零件无法贴模的情况。排气孔优先设置在凹弧面、凹形底部等容易憋气的位置。当毛坯需要随炉加热时,需要在模具上下表面通氩气,以防止毛坯过烧氧化,对应在模具上设置保护气路。模具型面排

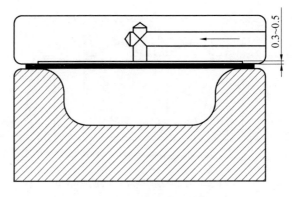

图 11.94 模具密封结构

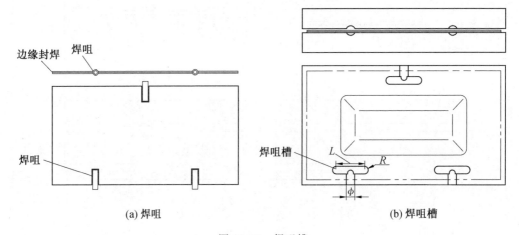

(a) 焊咀 (b) 焊咀槽

图 11.95 焊咀槽

气孔位置见图 11.96。

（4）零件定位。

在高温环境下零件的毛料很难准确放置在模具上,在模具设计时,应设置定位毛料的定位销。定位销一般设置在零件边缘线或等宽线（按最大轮廓）之外处。

（5）测温孔。

用于测量模具温度的测温孔,测温孔的直径比热电偶的直径大 1~2 mm;应接近模具中心处的工作表面,测温孔的数量按模具大小和形状而定。上、下模应尽量在相同的方向开孔,形状不允许时,可在两端分别开孔。

（6）导向装置。

SPF/DB 模具使用温度高达 950 ℃,导向装置可选导柱或榫卯式导向块。针对曲度较大的模具,为了降低模具合模高度,可优选导柱。针对型面曲度平缓的模具,采用榫卯式导向块。

（7）模具起吊装置。

模具起吊装置一般设计成吊柱式结构,吊柱与模体浇铸成一体。

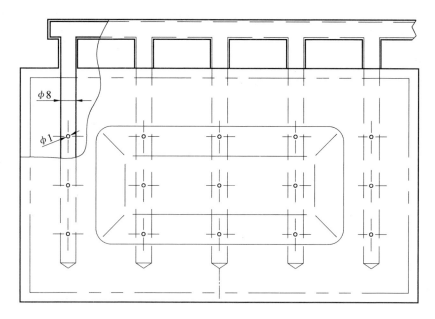

图 11.96　模具保护气路

（8）模具热膨胀修正。

对模具型面尺寸进行修正，修正系数需参考两者的线膨胀系数，一般按以下式对模具型面进行修正：

$$\begin{cases} L_{常模} = \dfrac{1+\alpha_{件} \cdot t}{1+\alpha_{模} \cdot t} L_{常件} \\[3mm] L_{高模} = \dfrac{1+\alpha_{件} \cdot t}{1+\alpha_{模} \cdot t} L_{高件} \end{cases} \tag{11.15}$$

式中，$L_{常件}$、$L_{高件}$ 分别为零件在常温和高温下的尺寸；$L_{常模}$、$L_{高模}$ 分别为模具在常温和高温下的尺寸；$\alpha_{件}$、$\alpha_{模}$ 分别为零件和模具在成形温度下的线膨胀系数；t 为成形温度。根据上述关系式可得

①当 $\alpha_{模} < \alpha_{件}$ 时，$L_{常模} > L_{常件}$，模具型面尺寸要放大。

②当 $\alpha_{模} > \alpha_{件}$ 时，$L_{常模} > L_{常件}$，模具型面尺寸要缩小。

③当 $\alpha_{模} = \alpha_{件}$ 时，$L_{常模} = L_{常件}$，模具型面尺寸不需要修正。

在工程实际中，由于超塑成形温度较高，模具的膨胀量和零件的收缩量的大小分布是不易测量的，设计模具时需要预留一定的修模余量，然后根据实际的尺寸采用"试错法"逐步对模具型面进行调整，直到符合尺寸技术要求。

（9）SPF/DB 模具设计流程。

①分析钛合金零件产品数据，确定成形工艺及成形设备。

②确定零件的成形工况，如成形/扩散温度、气压、材料参数等。根据工况来选择合适的模具材料，设置合理的热膨胀修正系数。

③进行模具结构设计。确定零件摆放姿态、模具设计基准、毛坯定位方式、工艺余量等。

④进行零件成形仿真。结合工艺模型及模具数模,借助有限元软件对零件 SPF/DB 过程进行数值模拟,进而优化模具结构。

⑤结合零件的成形工况进行模具详细设计,视情况增加通气装置等。建立三维模型、进行模具局部受力结构的强度计算及模具整体结构强度分析。

第 12 章　橡胶、塑料零件成形工装设计

12.1　橡胶、塑料零件成形模具设计基础

12.1.1　橡胶特性

橡胶是具有高弹性的高分子聚合物和化合物的总称。它具有高弹性性能、优异的抗疲劳强度、良好的耐磨性能、极好的电绝缘性能、理想的阻尼减振性能、优良的气密性和不透水性、良好的成形工艺及化学稳定性等等，是工程中一种非常重要的高分子材料。常见的橡胶零件包括密封垫片、保护套、管夹等，见图 12.1。

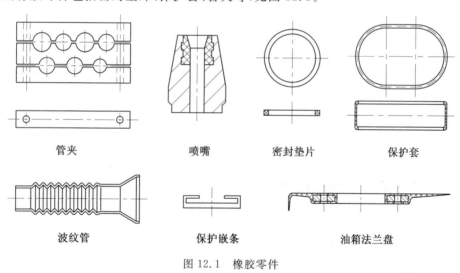

| 管夹 | 喷嘴 | 密封垫片 | 保护套 |

| 波纹管 | 保护嵌条 | 油箱法兰盘 |

图 12.1　橡胶零件

12.1.2　橡胶成形特性

（1）橡胶收缩率。

橡胶零件经硫化后体积发生收缩，体积变化值与硫化前体积之比称为收缩率。常用橡胶收缩率见表 12.1。

表 12.1　常用橡胶收缩率

橡胶牌号	收缩率/%	橡胶牌号	收缩率/%	橡胶牌号	收缩率/%
5160	1.6～1.8	5250	1.6～1.7	5471	1.3～1.4
5170	1.3～1.5	5260	1.5～1.6	5480	1.4～1.6
5171	1.4～1.7	5280	1.3～1.4	5860	1.5～2
试 5171	1.6～1.8	5460	1.4～1.5	5870	1.4～1.5
5172	1.3～1.5	5461	1.9～2	6141	2.5～3
5180	1.3～1.5	5470	1.6～1.8	6144	2.2～2.8

（2）橡胶收缩的一般规律。

①硫化温度越高、胶料流动距离越长,收缩越大。

②薄零件(断面厚度小于 3 mm)比厚零件(断面厚度 3 mm 以上)收缩大。

③胶料密度越大、硬度越高、填充剂用量越多,收缩越小。

④多型腔模具的中间型腔,制出的零件比边缘型腔制出的零件收缩小。

⑤压铸模制出的零件比压模制出的零件收缩小 0.1%～0.3%。

⑥带嵌件的橡胶零件收缩较小,且朝嵌件方向收缩。

（3）橡胶零件成形工艺流程见图 12.2。

图 12.2　橡胶零件成形工艺流程

12.1.3　塑料特性

塑料是以高分子合成树脂为主要成分,在一定条件(温度、压力等)下可塑制成所需形状并在常温下保持不变的一种材料。塑料按受热后所表现的性能分为热固性塑料、热塑性塑料两大类。常见的塑料零件包括支架、装饰钉、保护盖等,见图 12.3。

12.1.4　塑料成形特性

（1）塑料收缩率。

塑料经成形后所获得的塑件从模具中取出冷却后会产生体积收缩,体积变化值与模具型腔体积之比称为收缩率。收缩率不仅体现在塑料本身的热胀冷缩,还与成形因素有关。

影响塑件收缩率的因素包括:

①模具的分型面、加压方向、浇注系统形式和布局对收缩率影响较大。

②同种塑料由于填料及配比不同,收缩率也不同。

③塑件的形状、尺寸、壁厚、有无嵌件对收缩率都产生影响。

④成形工艺对收缩率有一定影响。

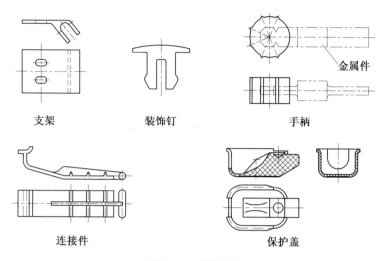

图 12.3　塑料零件

（2）塑料性能。

①热固性塑料是一种在一定温度下，经一定时间加热、加压或加入硬化剂后，产生化学变化而硬化的塑料。硬化后的塑料质地坚硬、不溶于溶剂、加热不再软化，但若温度过高就会分解。

②热塑性塑料是一种受热后产生物理变化，由固体软化或熔化成黏流体状态，冷却后又可变成固体的塑料。此过程可以多次反复，但塑料本身的分子结构不产生变化。图12.4 所示为塑件成形工艺流程。

图 12.4　塑件成形工艺流程

12.2　橡胶模具

用于成形橡胶零件的工装称为橡胶模具，包括橡胶压模、橡胶压铸模和橡胶挤出模等。

12.2.1　橡胶压模

橡胶压模是将胶料预制成简单的形状后填入模具型腔，经加压、加热硫化后，获得所需形状零件的模具，其结构简单、通用性强、应用广泛，见图 12.5。

（1）设计原则。

①了解橡胶零件选用的材料牌号和收缩率。

②模具中设置的型腔数量应合理，便于加工。

③在保证模具强度和刚性的情况下，力求模具质量轻。

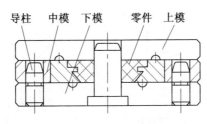

图 12.5　橡胶压模

④模具结构合理、定位可靠、操作方便。

⑤模具设计应系列化、标准化,力求通用。

(2)模具结构形式。

橡胶压模的形式包括开放式、封闭式和半封闭式,见图 12.6。

①开放式。型腔无延长面,零件边缘与分模面齐平,其结构简单、型腔开敞、便于加工。在压制零件时,多余胶料从分型面溢出,零件易产生水平方向飞边。用于压制胶料流动性较大、硬度较低、形状简单的零件。

②封闭式。型腔的延长面是定位配合面,胶料不易外溢,零件致密性好。用于压制带夹织物的橡胶零件以及胶料硬度较高、流动性较差的零件。

③半封闭式。兼有开放式和封闭式的优点。

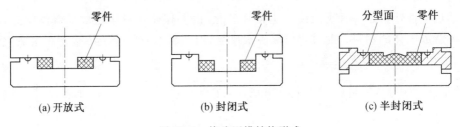

图 12.6　橡胶压模结构形式

(3)典型示例。

如图 12.7 所示为带金属嵌件两板橡胶压模。如图 12.8 所示为带金属嵌件三板橡胶压模。

12.2.2　橡胶压铸模

橡胶压模上增加压铸塞、压铸料腔(简称料腔),在料腔的底部或与其相连的模板上设置一定数量的浇道,压铸塞挤压胶料经浇道快速充满型腔,硫化定型后制出零件,这种模具称为压铸模。一般由压铸塞、压铸料腔、中模、下模板四个部分组成,适用于压制薄壁、超长、超厚和填料困难的零件,见图 12.9。

橡胶压铸模的设计原则有:

(1)模具应具有足够的强度和刚性,防止变形。

(2)选择压铸浇口或压铸面位置时,应避开零件工作面,且浇道尽可能短。

(3)尽量降低模具闭合高度,若闭合高度较高,应配有脱模装置。

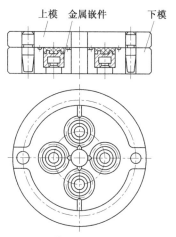
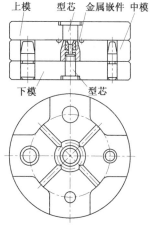

图 12.7　带金属嵌件两板橡胶压模　　图 12.8　带金属嵌件三板橡胶压模

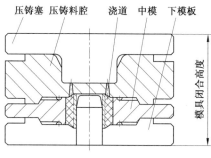

图 12.9　橡胶压铸模

12.2.3　橡胶挤出模

橡胶挤出模是胶料在挤出机中加热和塑化后,在一定压力下,通过挤出模制出各种形状截面、连续的半成品胶条。挤出模在挤出机上的安装示意图见图 12.10。典型橡胶挤出模见图 12.11。

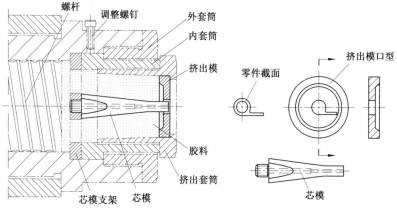

图 12.10　挤出模安装示意图

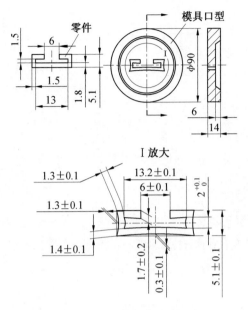

图 12.11 典型橡胶挤出模

12.3 塑料模具

塑料模具是用于成形各类塑料零件(简称塑件)的工装,包括塑料压模、塑料压铸模和塑料注射模。

12.3.1 塑料压模

塑料压模是成形热固性塑料零件的模具。根据模具在热压机上的固定形式分为移动式、半固定式和固定式三种。①移动式模具不固定在热压机上,零件成形后将模具移出;②半固定式模具一般将上模固定,下模可移动;③固定式模具是将上、下模固定,工作过程在热压机内进行。塑料压模由上模板、凸模(上模)、凹模(下模)、导柱四部分组成,见图 12.12。

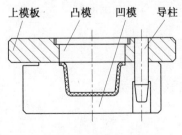

图 12.12 塑料压模

设计原则：

(1)模具结构便于填料,利于塑料流动充满型腔。

(2)应考虑脱模斜度,便于零件脱模。

(3)加压方向应选取在塑件投影面积大的方向,而不应选在尺寸精度高、带嵌件或型芯刚性较差的部位。

(4)上、下模尽量选取整体结构。采用组合结构时,装配间隙不宜取大,防止塑料进入而产生飞边。

(5)模具型芯、镶件、顶杆应具有足够的刚性。

12.3.2　塑料压铸模

将热固性塑料原料加入塑料压铸模的加料室内,使其受热成为熔融状态,在柱塞的压力下经过浇注系统进入模具闭合型腔后,获得所需形状的零件。塑料压铸模结构复杂、成形压力高、加工难度大,设有单独的加料室,适用于成形精度较高、形状复杂、带嵌件以及强度较差的塑件。塑料压铸模由柱塞、加料室、上模、凹模、凸模、下模、导柱七个部分组成,见图 12.13。典型热固性塑料压铸模见图 12.14。

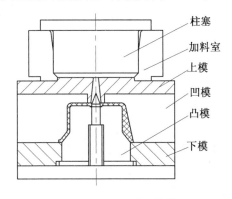

柱塞
加料室
上模
凹模
凸模
下模

图 12.13　塑料压铸模

塑料压铸模的设计原则有：

(1)便于装料,利于塑料流动填充型腔。

(2)考虑脱模斜度。

(3)选取投影面积大的方向作为加压方向,而不选尺寸精度高、带嵌件和型芯刚性较差的部位。

(4)压铸浇口位置应避开塑件工作表面,浇道尽量短;模具型芯、顶杆应具有足够的刚性,防止变形与损坏。

(5)模具闭合高度应适应设备工作行程。

12.3.3　塑料注射模

塑料注射模简称注射模,是在注射机上成形塑件的模具,主要用于成形热塑性塑料零件。模具沿分型面分为定模部分和动模部分。定模上的浇口套定位圈或浇口套与注

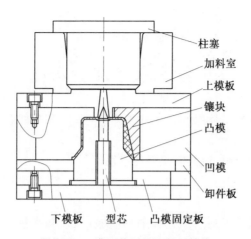

图 12.14　典型热固性塑料压铸模

射机定模板上的定位孔配合。模具的定模部分和动模部分分别固定在注射机定模板和动模板上,工作时注射机动模板运动将动模与定模闭合锁紧,料筒将加热均匀呈熔融状态的塑料通过喷嘴经浇注系统注入型腔,熔料在模具型腔内经保压冷却硬化后,注射机动模板带动动模与定模分开,由顶出机构将塑件从模具型腔内顶出。其工作原理见图12.15。

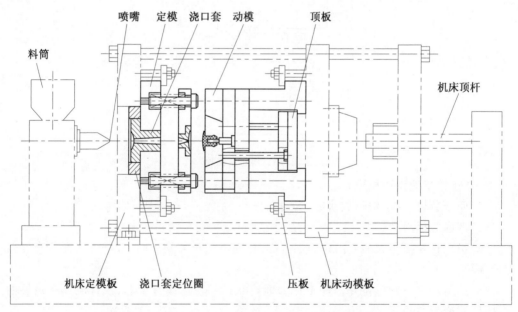

图 12.15　模具在注射机上的工作原理

(1)注射模分类。

注射模按所使用注射机的类型分为卧式注射模、立式注射模和角式注射模。

(2)模具典型示例。

推板式注射模见图 12.16;顶杆式注射模见图 12.17;点浇口、二次分型注射模见图

12.18;点浇口、斜导柱注射模见图 12.19。

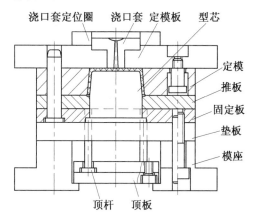

图 12.16 推板式注射模

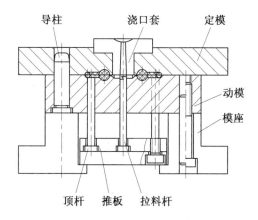

图 12.17 顶杆式注射模

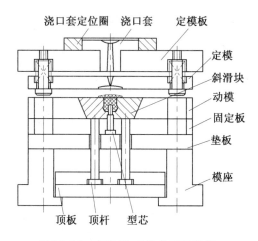

图 12.18 点浇口、二次分型注射模

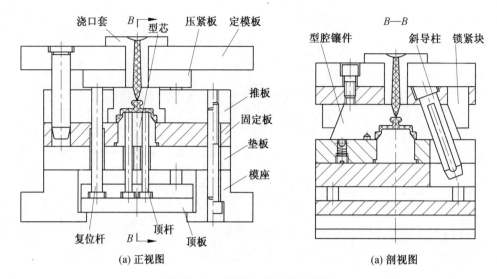

图 12.19　点浇口、斜导柱注射模

第 13 章　复合材料工装设计

13.1　复合材料热压成形工装

13.1.1　复合材料热压成形工装设计基础

1.常用复合材料

飞机复合材料零件常用的基体材料采用合成树脂,增强体材料采用玻璃纤维、碳纤维、芳纶纤维,合成后称为树脂基纤维增强复合材料,其特点如下:

(1)玻璃纤维复合材料:强度高、刚性低、抗损伤性好、成本低,主要用于功能结构件,如防冰前缘等,其热膨胀系数为$(7.8\sim12.6)\times10^{-6}℃^{-1}$。

(2)碳纤维复合材料:强度高、刚性好、密度小、耐高温、抗化学腐蚀、热膨胀小,用于壁板、梁等主承力及次承力结构件,其热膨胀系数为$(0.5\sim2.7)\times10^{-6}℃^{-1}$。

(3)芳纶纤维复合材料:抗拉强度高、刚性好、韧性高、耐冲击、密度小、抗压强度较低,用于前缘等次承力结构件。

2.复合材料零件类型

按结构形式分为层压零件、夹层零件、组合零件。

(1)层压零件。

层压零件是将预浸料逐层铺贴在成形工装上固化而成,如飞机蒙皮、肋、梁、长桁等,见图 13.1。

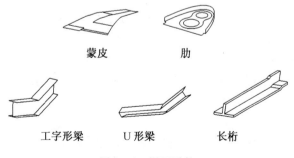

蒙皮　　　　　肋

工字形梁　　　U 形梁　　　长桁

图 13.1　层压零件

(2)夹层零件。

夹层零件是将预浸料与蜂窝或泡沫等夹芯材料按要求铺贴在成形工装上固化而成,

如飞机壁板、前缘、后缘、蒙皮、内装饰件等,见图 13.2。

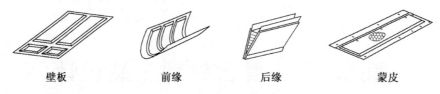

壁板　　　　　前缘　　　　　后缘　　　　　蒙皮

图 13.2　夹层零件

(3)组合零件。

组合零件是指将不同的零件采用共胶接、共固化、二次胶接等工艺组合在一起的零件,如飞机壁板、前缘、活动翼面、内外襟翼、梁等,见图 13.3。

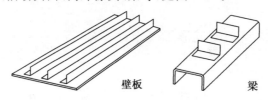

壁板　　　　　　　　　梁

图 13.3　组合零件

3. 复合材料零件热压成形工艺

热压成形工艺是将预浸料及相关材料通过工装进行铺贴、固化(加温、加压),从而获得所需零件的工艺方法。

(1)成形工艺流程。

零件的成形主要包括铺贴、固化两个过程。

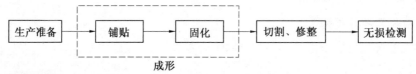

成形

(2)铺贴过程。

铺贴过程包括铺贴、制袋、抽真空压实三道工序。

①铺贴。

将预浸料按不同纤维方向逐层铺在工装上的过程称为铺贴。

②制袋。

实施抽真空压实时需要有封闭的空腔,一般是将塑料薄膜覆盖在铺贴后的胚件上并沿工装周边密封,这种用于形成封闭空腔的塑料薄膜称为真空袋,这一工序称制袋,同时需要在真空袋或工装上设置一个或几个抽气嘴。

③抽真空压实。

铺贴过程中根据需要每隔一定层数进行一次抽真空压实。真空压力不小于0.08 MPa,保持时间不少于 15 min,其目的是排出铺层间空气,减小零件孔隙率,提高树脂均匀度。

铺贴过程示意见图 13.4。部分元件功能如下。

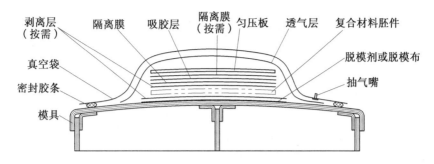

图 13.4 铺贴过程示意

①透气层：能排出气体和挥发物的多孔松软织物。

②隔离膜：防止零件与匀压板和吸胶层黏连的薄膜。

③吸胶层：吸出零件周边或表面多余树脂的一种疏松织物。

④剥离层：用于保护零件表面的一层可剥离织物。

⑤脱模剂：为使零件容易与工装分离而涂在工装表面的物质。

⑥匀压板：属工装元件，在固化过程中使温度、压力传递均匀，并使固化后的零件表面光滑的金属板或复合材料层压板。

（3）固化过程。

固化过程是通过专用固化设备对铺贴完成的胚件进行加压、加温，使其产生化学、物理反应从而获得具有预期机械、物理等综合性能的零件的过程。复合材料零件主要采用热压罐、烘箱、模压三种固化方法。

①热压罐固化。

热压罐是具有加热、冷却、充气加压、鼓风等功能的密封容器。热压罐固化的特点是零件孔隙率低，结构致密，生产效率高，是常用的固化方法。适用于性能要求高的结构件，如壁板、蒙皮、整流罩等。

②烘箱固化。

烘箱是带有真空及电加热系统的容器。烘箱固化的特点是零件孔隙率较低，生产效率高，成本低。适用于性能要求较低的零件，如内装饰板等。

③模压固化。

模压固化是利用带有热源的压力机通过模具对零件进行加压固化。模压固化的特点是零件尺寸精度高，表面质量好，但内部孔隙率较高。适用于精度要求高的中小型零件，如肋板等。

4. 复合材料热压成形工装设计原则

复合材料热压成形工装设计通常需遵循以下原则：

（1）复合材料热压成形工装应满足使用工艺性、制造工艺性、经济性、安全性、可靠性、可维护性等要求。

（2）复合材料热压成形工装应根据零件成形温度选择热传导性、气密性、焊接性、热稳定性较好的工装材料，需考虑各种材料热膨胀系数，保证工装与零件之间有尽可能小的膨胀差。

（3）复合材料热压成形工装应满足强度和刚度要求，应具有良好的传热效果和温均性以满足固化过程中升温、降温和温度场均匀的要求，同时应考虑成形零件各个部位受压均匀。

（4）复合材料热压成形工装的工作型面原则上应选在要求控制的零件表面，例如：飞机理论外形、装饰面、装配贴合面、设计选定面等。一般采用产品数模中定义的贴模面。

（5）对于非整体制袋的复合材料成形工装或胶接夹具，应保证气密性。其上的定位块、控厚板、定位销、压紧装置等不允许有锐棱尖角，以防止划伤产品、扎破真空袋。

（6）复合材料热压成形工装成形区域表面光滑流线，表面粗糙度 Ra 值不大于 $1.6~\mu m$，沿工装边缘宽约 $100~mm$ 范围内为制袋区，不允许有标记划痕，表面粗糙度 Ra 值不大于 $1.6~\mu m$。

（7）成形工装应便于脱模。对于盒型及带翻边零件，工装型面高度、凸台尽量降低；对有闭角不易脱模的工装，应分块或嵌入活动块。若采用分块设计，分模面的选取应使每个模体易于启模，且构型简单，尽量为平面，同时应尽量减少分块数量；若采用嵌入活动块设计，活动块易于脱模。

（8）胶接夹具中的定位卡板平面垂直工装底面，其上的定位件、压紧件要求便于操作。

（9）成形工装设计时应满足设备的使用要求，如热压罐、叉车的有效工作尺寸。

（10）大型、重要、受力复杂的成形工装应使用计算软件进行刚性校核和热均匀性分析。

（11）成形工装设计应通过提高工装附件的可互换性、唯一性，合理使用不同结构及标识等方法达到防差错目的。

（12）消除工装结构上的尖角，防止划伤人员或产品；压紧件与产品接触面应加垫保护。

（13）需要吊运的工装、工装可卸件，起吊装置设计应满足安全要求。

（14）移动、翻转、运动机构应安全可靠，有必要的防护措施。

13.1.2　复合材料热压成形工装结构形式

成形工装按所用材料可分为金属工装、复合材料工装和可溶性工装等，下面仅介绍金属工装。金属工装按结构方式可以分为：整板式、框架式、模压式。

（1）整板式工装。

工装采用金属板材机械加工，结构简单、制造周期短。用于成形小型平面或曲率较小的复合材料零件，见图 13.5 和图 13.6。

对于较厚的整板式工装，为了保证成形时的升降温速率及热均匀性，在工装背面开减轻槽，见图 13.7。

（2）框架式工装。

工装由型板和框架焊接而成，导热性好、热均匀性及升降温速率能满足零件的成形

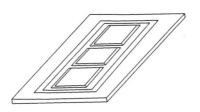

图 13.5　整板式工装

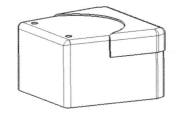

图 13.6　半封闭形及盒形零件工装

图 13.7　减轻槽

要求,用于成形大、中型复合材料零件。型板分为板弯和平板两种结构。板弯结构采用板材预弯曲成形后数控加工型面,适用于大曲率复合材料零件。平板结构采用适当厚度的平板直接数控加工型面,适用于外形平缓的复合材料零件。

(3)模压式工装。

工装由上、下模组成,利用压力机对模具施压,使位于上下模之间的零件实现加压固化,用于成形精度较高的中小型零件,设计时应考虑上、下模的定位及启模,见图 13.8。

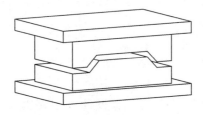

图 13.8　模压式工装

13.1.3　复合材料热压成形工装结构设计

(1)常用定位形式。

定位形式主要取决于零件的结构,常用定位形式见表 13.1。

表 13.1 常用定位形式

形式	可卸定位压块		螺纹定位销
简图	定位压块　锥形销　型板		螺纹销　零件的螺纹套　型板
说明	利用零件的孔定位		利用零件嵌入件的内孔定位
形式	可卸芯模	可卸型模	可卸挡块
简图	芯模　插销　型板	型模　匀压板　插销　型板	挡块　插销　型板
说明	利用零件内形定位	利用零件外形定位	利用零件边缘定位

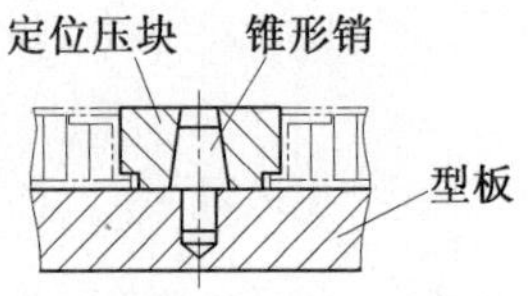

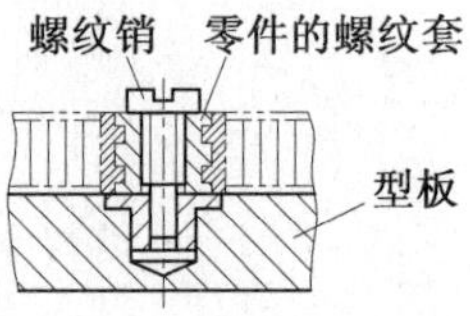

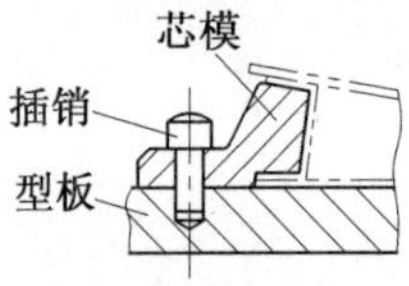

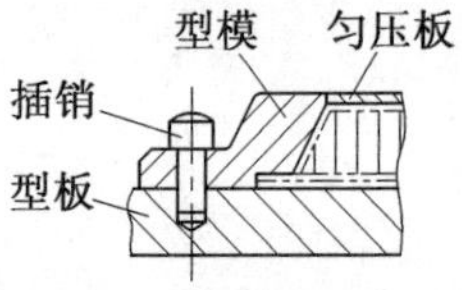

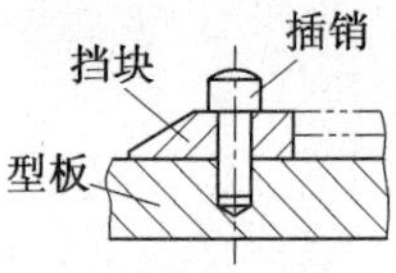

（2）常用启模结构。

启模结构主要取决于工装的结构，根据需要设置启模撬口或启模顶丝。常用的启模结构见表 13.2。

表 13.2 常用的启模结构

启模结构	启模撬口	启模顶丝
简图		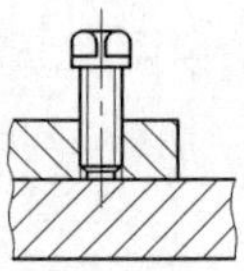
说明	用于启模力较小的工装	用于启模力较大的工装

（3）抽气系统。

工装的抽气系统主要由导气槽、导气盖板、真空管路组成。

①导气槽。

在等宽线外周边约 30 mm 处，设置导气槽，导气槽尺寸见图 13.9。

②导气盖板。

如图 13.10 所示，导气盖板按结构分为 A 型和 B 型两种，材料为 0Cr18Ni9，L 尺寸由设计按需给定。

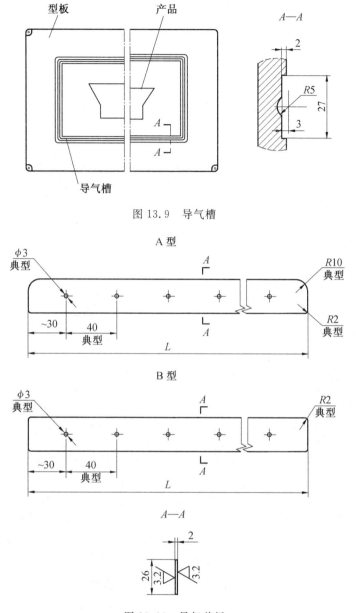

图 13.9 导气槽

图 13.10 导气盖板

③真空管路。

真空管路系统由真空嘴、直通接头、三通接头、穿板接头、快速接头、不锈钢管、软管总成、固定板、卡箍组成。

工装型面面积与管路系统抽气点个数、检测点个数及分布示意图见表 13.3。

表 13.3　真空管路布置

型面面积	抽气点个数	检测点个数	分布示意图
型面面积<2 m²	1	1	
2 m²≤型面面积<4 m²	2	1	
4 m²≤型面面积<6 m²	3	1	
6 m²≤型面面积<10 m²	4	2	

续表13.3

型面面积	抽气点个数	检测点个数	分布示意图
10 m² ≤ 型面面积 < 18 m²	6	3	
18 m² ≤ 型面面积 < 25 m²	8	3	
25 m² ≤ 型面面积 < 35 m²	10	4	

注:P 为检测点;V 为抽气点。

型面面积≥35 m² 时,按型面上导气槽中心轴线长度约 2.5 m 处均匀布置一个 1/4 in NTP(链螺纹孔)孔,用于抽气的 1/4 in NTP 孔和用于检测的 1/4 in NTP 孔数量按约 3∶1 分配。

型面带型腔的复材工装管路系统设计,导气槽中心轴线与型腔距离≥50 mm,见图 13.11。

13.1.4　复合材料热压成形工装典型结构

(1)肋成形模。

图 13.12 所示肋成形模通常为凸模,当模体未超过 25 kg 时,工装应选择无制袋区的

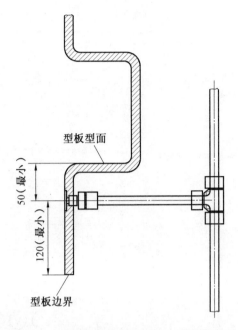

图 13.11　型面带型腔的复材工装导气槽位置

结构。无制袋区的肋成形工装需在四周带有翻边,工装无气密要求,按需设置钻模板。钻模板两端销钉不可放于同一侧,钻模板侧面与产品间距离应大于 5 mm。当模体超过 25 kg 时,工装应选择有制袋区的结构,按需设置辅助搬运装置。

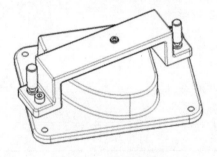

图 13.12　肋成形模

（2）蒙皮成形模。

图 13.13 所示为典型的蜂窝夹层蒙皮成形模,为薄壁框架结构,型板上设有靶标头、导气装置、防滑板和钻模板,框架上设有吊挂和叉车孔,方便工装搬运。

（3）T 型长桁成形模。

如图 13.14 所示,T 型长桁成形模一般由动模、定模、框架、型板、挡条、手柄、无油线型滑板等构成。长桁腹板面应垂直于工装底平面,动模侧面安装手柄底座,底部设置无油线性滑板组件,按需在动模或定模上设置撬口以辅助脱模。定模材料与平板框架材料不一致时,二者的连接为螺销钉连接,根据热膨胀系数差值确定长圆孔尺寸。

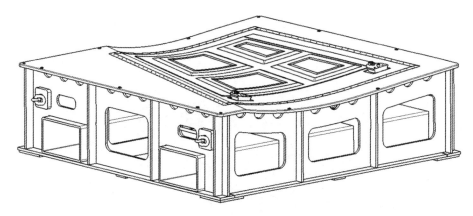

图 13.13　典型的蜂窝夹层蒙皮成形模

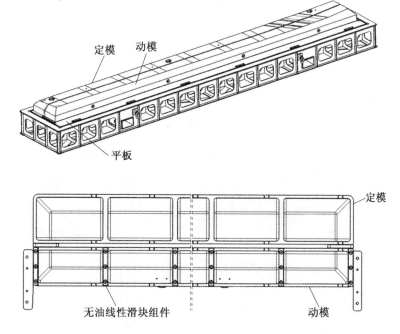

图 13.14　T 型长桁成形模

（4）加筋壁板成形胶接夹具。

复合材料加筋壁板是用高强度结构胶膜将筋条与蒙皮直接黏接在一起的零件，筋条形状以 T 型和 Ω 型居多，一般采用热压罐成形，通常采用共胶接的成形工艺。成形胶接夹具结构由型板、框架、定位卡板、检测卡板、钻模板、抽气系统等构成，见图 13.15 和图 13.16。

工装底面基准应选择与大多数筋条轴平面相垂直的面，同时应在肋平面设置筋条定位装置，以保证筋条位置。筋条的定位装置需要与产品一同进入热压罐时，定位装置材料应与产品成形主体材料热膨胀系数相近。若产品采用铺丝机或铺带机进行铺贴时，工装边界距产品铺贴余量区至少一个带宽，且工作型面不能有凸起。

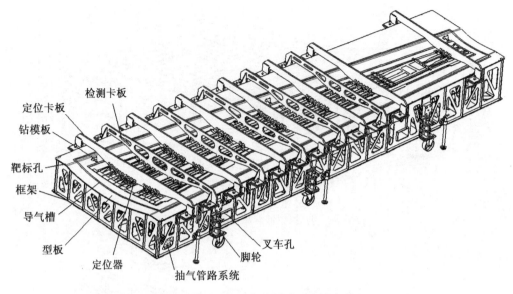

图 13.15　T型长桁壁板成形胶接夹具

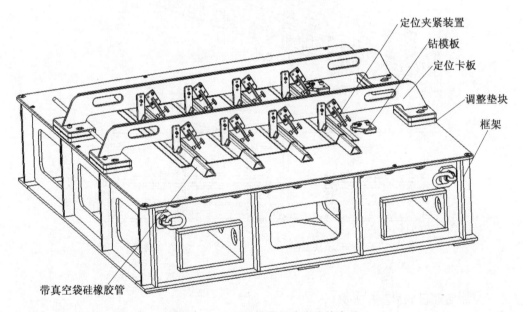

图 13.16　Ω型长桁壁板成形胶接夹具

（5）梁成形模。

梁零件按结构可以分为"C"型、"工"型和"J"型。"C"型梁按产品贴膜面要求，工装结构为凸模或者凹模，均为薄壁框架结构，见图 13.17。当梁芯模与平板框架材料不一致时，二者的连接为螺销钉连接，根据热膨胀系数差值确定长圆孔尺寸。使用凹模成形零件时，需要先在铺贴模上完成零件的铺贴，然后将铺贴好的零件转移至凹模内，配合压力垫完成零件的热压固化成形。

"工"型和"J"型梁成形模均为上、下模结构，零件等宽线外设有控厚块，上、下模两端

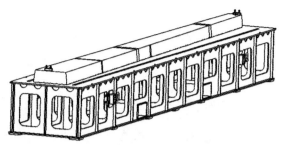

图 13.17　C 型梁成形工装典型结构

分别设置销钉和螺钉进行定位和连接,整体置于平板上制袋和搬运。"工"型梁成形模两侧通常采用 2 mm 厚铝制匀压板,上模质量超过 25 kg 时,两端设置吊挂,见图 13.18。"J"型梁成形模单侧通常配合使用复材压力垫,利用聚四氟乙烯销棒定位,见图 13.19。

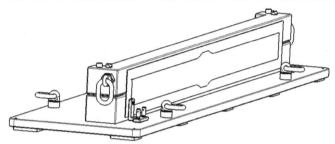

图 13.18　"工"型梁成形模典型结构

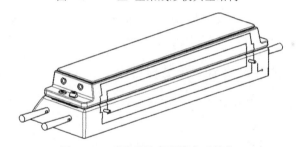

图 13.19　"J"型梁成形模典型结构

(6)楔形零件成形模。

图 13.20 所示为楔形零件,一般由外蒙皮、梁、左右端肋和蜂窝芯或者泡沫芯组成,外蒙皮分为上下蒙皮或者整体蒙皮。楔形零件的成形模主要由端肋定位器、梁定位器、尾缘挡块、盖板、框架、检验卡板组成,见图 13.21。定位器进行减重,厚度控制在 12 mm 左右。楔形零件成形模定位的产品较多,必须模拟安装和脱模的过程,确保成形模每个部件都能顺利安装与脱模。

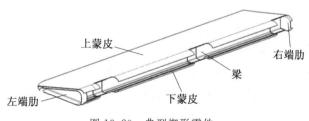

上蒙皮　右端肋　梁　下蒙皮　左端肋

图 13.20　典型楔形零件

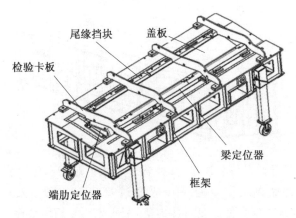

图 13.21　典型楔形零件成形工装

13.2　复合材料自动铺放工装

复合材料构件自动铺放技术是替代热压罐成形工艺过程中预浸料人工铺叠,提高质量和生产效率的重要手段。根据预浸料形态,自动铺放可分为自动铺带与自动铺丝两类,其共同特点是自动化快速铺放、质量可靠,主要适于大型复合材料构件。自动铺带主要用于小曲率构件(如翼面、壁板)的自动铺放,铺放效率高;而自动铺丝主要用于复杂形状双曲面(如机身)的铺放,铺放效率低于自动铺带。

13.2.1　复合材料自动铺放工装典型结构

复合材料自动铺放工装主要适用于壁板及"C"型梁类产品,铺带机仅适用于壁板产品铺放,铺丝机两者皆可使用。

自动铺放工装的设计要点为:

(1)依据铺带或铺丝设备要求,型板边界距产品铺贴余量区应预留足够距离。

(2)沿工装四周均匀布置 $\phi6H7$ 的靶标球定位衬套,定位衬套孔位间隔不超过 2 m,给出工装设计坐标系下的距离衬套上表面中心沿轴线方向 12 mm 点的实测值。

(3)壁板类自动铺放工装四周设置三个十字划线点,给出工装设计坐标系下的十字划线点实测值。

(4)"C"型梁自动铺放工装应设置避让区,避免铺丝头或者铺带头在铺放缘条面的过程中与工装干涉。

(5)控制型板长、宽及高度尺寸,使其在铺带机或铺丝机工作行程范围内,尽量保证工装对于铺丝机、铺带机两个设备的兼容性。

(6)工装型面上不得有与铺丝头或铺带头干涉的凸起。

(7)若工装尺寸较大,需使用 AGV(自动导引车)进行转运,则工装需配备支腿,支腿高度应兼容 AGV 设备、热压罐及自动铺放设备,同时,工装应具备调平装置和调平基准,便于操作人员进行工装调平操作。

图 13.22 和图 13.23 所示分别为典型壁板自动铺放工装结构图和"C"型梁自动铺丝工装结构图。

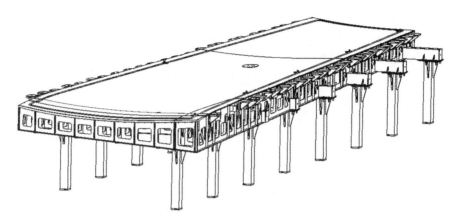

图 13.22 典型壁板自动铺放工装结构图

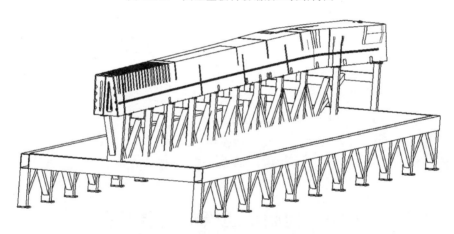

图 13.23 "C"型梁自动铺丝工装结构图

13.2.2 回转体成形工装

(1)设计要点。

①回转体工装应结合热压罐尺寸、厂房航吊、地面承载进行设计。

②大型回转体工装吊具应由专职吊具设计人员设计。

③大型回转体工装应具有足够的强度、刚性,防止在一定温度和压力下变形。在保证强度、刚性的条件下,应质量轻、体积小,减少固化时间,必要时需进行强度仿真计算。

④模具框架应设置空气循环孔,在保证模具强度、刚性的前提下,空气循环孔尽量加大,满足零件成形时的热均匀性及升降温速率要求。

⑤回转体模具,要考虑产品有无闭角,要保证产品能够脱模,闭角无法脱模时需考虑分块。

⑥大型回转体模具辅助装置(如吊环、车轮、叉车孔等)的安装位置应合理,使用方便、安全可靠,尽量选用成品。

(2)工装结构。

大型筒状零件一般包括筒体蒙皮和长桁,回转体工装的功能是定位长桁和铺贴整体蒙皮,然后对长桁和蒙皮进行共固化或者共胶接成形。回转体工装由三大部分组成,即总模具、殷瓦钢车和机电脱模系统,总模具由分块模具和两个金属环组成,需要进行回转铺丝、热压罐固化等;殷瓦钢车对总模具进行厂内运输、旋转等;机电脱模系统对总模具进行组合和脱模。

主体模具根据脱模需求分块,每块模具通过连接器与驱动环和从动环连接,连接器由 V 形块和平面块组成,并且预留调整间隙,便于利用模具外形进行准确组合。分块模具在组合和脱模过程中不能发生干涉,包括与产品长桁干涉、与模具自身干涉。图 13.24 所示为回转体模具示意图。

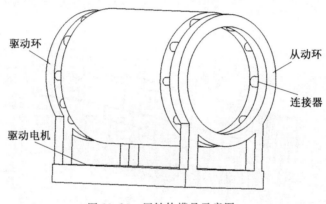

图 13.24　回转体模具示意图

13.3　树脂传递模塑成形工装

树脂传递模塑成形(resin transfer molding,RTM)是一种复合材料液体成形技术,具有产品质量高、生产效率高、制造成本低、易于生产整体复合材料构件等优点。RTM 适宜用于制造中小型、具有较复杂结构的复合材料构件。

13.3.1　树脂传递模塑成形工装结构设计

RTM 工艺为闭模工艺,模腔内的任何区域都会在注射后充满树脂,RTM 工装设计主要其包括注胶流道的设计、脱模结构的设计、工装温度均匀性等内容。因此,RTM 工装设计的基本原则及技术要求应包括以下几个方面:

(1)树脂在模腔内的流动距离尽可能短。

(2)工装有良好的密封性。

(3)工装有良好的温均性。

（4）工装需具有足够的刚度。

（5）为保证工装的密封性，工装周围开设密封槽，用于放置密封圈，密封圈应尽量位于简单平面内。

（6）工装应设计可靠的锁模系统，采用 GB/T 37—1988《T 形槽用螺栓》和 GB/T 2148—1991《机床夹具零件及部件带肩六角螺母》把上下模锁紧，保证工装在预成形体压缩和树脂注入的过程中处于闭合状态。

（7）为保证树脂固化，工装应自身具备热源，或可被置于烘箱或者压机中。

（8）合理布置注胶口和出胶口位置，保证预成形被完全浸渍，工装被完全充满。

（9）使用油加热的 RTM 工装需要在外侧的模体上设计油路通道，并借助内部封堵形成 S 形循环通道，实现工装温度准确控制。同时工装要有防烫设计，在工装外表面安装酚醛板。

（10）按需设计启模螺栓、启模板和启模撬口。

13.3.2　树脂传递模塑成形工装典型结构

图 13.25 所示为典型 RTM 工装结构，图 13.25（a）为合模状态下的工装结构图，图 13.25（b）为分模状态下的工装结构图。

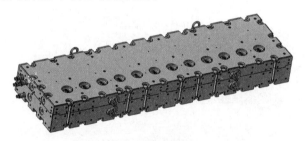

(a) 合模状态

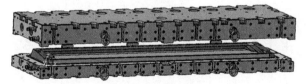

(b) 分模状态

图 13.25　典型 RTM 工装结构

RTM 工装主要元件结构设计如下。

（1）下模设计。

依据产品初步确定工装基准平面、下模外廓尺寸，其次确定注胶位置和下模上的出胶位置，再确定油加热系统孔位置，见图 13.26。梁芯模、内外封严肋芯模通过凸块初步定位在下模上，两端通过内外封严肋芯模压板压紧固定在下模上，见图 13.27。注意，梁芯模、内外封严肋芯模不能用螺钉固定在下模上，注完树脂无法取下螺钉。

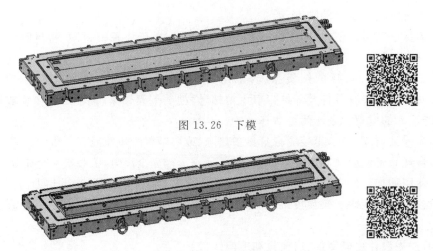

图 13.26　下模

图 13.27　梁芯模定位

（2）油路设计。

下模油加热系统是 S 形孔的通路，高温加热油在油路中循环加热工装，图 13.28 为下模油加热系统。

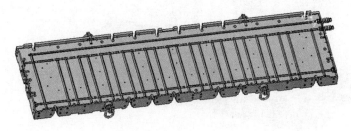

图 13.28　下模油加热系统

（3）上模设计。

通过下模、梁芯模、内外封严肋芯模压板确定上模型腔尺寸，通过下模外廓协调上模外廓尺寸，上下模定位块定位上下模并用紧固螺栓把紧，见图 13.29。注意，上模出胶口位置由梁芯模确定、注胶口位置由下模确定，确定胶口位置才能合理确定油加热系统孔位置。

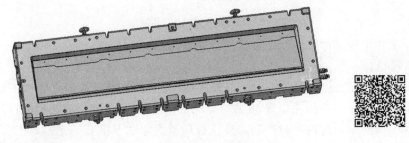

图 13.29　上模

13.4　热压罐成形工装热分布仿真

热压罐成形工装热分布仿真是复材成形工装设计使用的仿真技术,按照相关文件要求,工装温均性要好,一般要求工装型板固化成过程中温差不能超 $35°$,工装的温均性影响产品质量。通过工装热分布仿真,预测工装在热压罐的热分布情况,为设计优化工装结构提供数据支持,提高工装的温均性,为产品变形仿真提供热场数据,同时为工艺员提供工装在热压罐的摆放姿态,优化多个零件同时进热压罐的摆放位置。

仿真操作步骤见图 13.30。

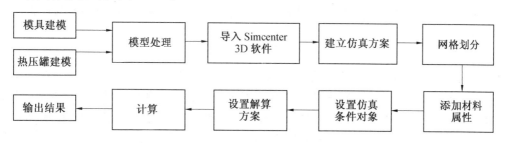

图 13.30　仿真操作步骤

(1)建立仿真模型及模型处理。

①在 CATIA 中建立模具模型及热压罐内的气体模型,其中气体模型需要除去模具在热压罐中的体积。

②模具模型需要进行简化处理,将型板上的孔删除,框架取消卯榫槽、小孔等,而将处理完后的模型装配在热压罐气体模内,热压罐气体模型采用布尔运算减去模具占有的空间。

(2)导入 Simcenter 3D 软件。

将装配 CATIA 模型导入到 Simcenter 3D 软件中或直接将文件拖入软件中,该软件会将 CATIA 模型换为 prt 格式。

(3)建立仿真方案。

通过前/后处理模块建立仿真方案,生成 sim 格式仿真文件。

(4)网格划分。

①一般采用 4 面体网格划分,划分网格大小根据模型尺寸比例进行定义。

②对于模具及热压罐气体模型分别进行独立网格划分,其中气体模型可在定义仿真对象时采用流体域由软件进行自动流体网格划分。

③一般应在接触面的流体区域部分向接触面方向进行渐进式的网格划分,逐渐增加网格密度。

(5)添加材料特性。

添加材料属性,在网格收集器中,各自编辑模型材料属性,对于材料库中不存在的可根据参考文献资料进行添加。

（6）设置仿真条件对象。

为了方便计算简化仿真模型条件,添加热压罐气体的流动面、入口、开口及气流的流速,固化时间温度曲线,同时高级控制选用在进行数值模拟时,应对模型进行必要的简化,并设定必要的边界条件。

（7）设置解决方案及计算。

通过解算方案功能设置详细的解算方案,包括解算方案细节、环境条件、3D 流、瞬态设置、结果选项。

通过点击"解决"完成计算,计算过程中可根据需求通过监视器观察计算过程。

（8）输出仿真结果。

在软件的导航器中选择后处理导航器或直接双击解算结果,就可以查看各计算选项的结果云图等。

（9）仿真结果分析。

观察模具在热压罐中的温度分布及变化情况,分析温度梯度、模具的温度差以及模具各部位温度最高点的时间。根据模具仿真温度分布状况判断模具结构的合理性,调整模具在热压罐的姿态,以工艺固化温度、时间,模具摆放位置为参考依据,根据模具各部位升、降温时间为产品固化曲线提供参考。

如图 13.31、图 13.32 所示为前缘凹模工装热分布仿真结果。

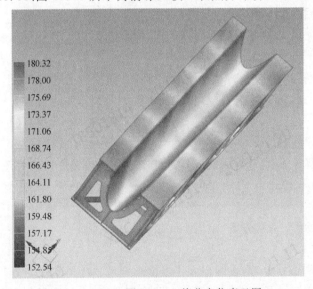

| 180.32 |
| 178.00 |
| 175.69 |
| 173.37 |
| 171.06 |
| 168.74 |
| 166.43 |
| 164.11 |
| 161.80 |
| 159.48 |
| 157.17 |
| 154.85 |
| 152.54 |

图 13.31　热分布仿真云图

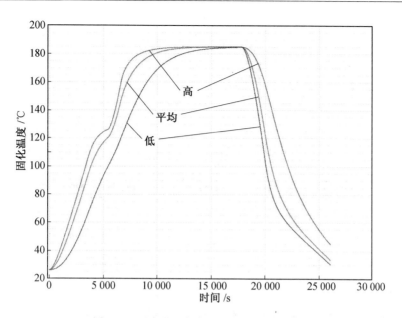

图 13.32 成形工装高、低、平均温度曲线图

第五部分 地面与试验工装设计

第 14 章 地面设备设计

14.1 地面设备分类及用途

地面设备是零部件在起吊、翻转、托放、运输时所使用的专用设备,包括吊挂、翻转设备、运输车、牵引杆、千斤顶等,另外还包括在对零部件安装、调试时因工作高度不可达而设置的工作梯。地面设备分类及用途见表 14.1。

表 14.1 地面设备分类及用途

分类		用途
运输车	零部件运输车	零部件工序间的运输周转
	机身运输车	机身的运输、停放、补铆等
	机翼运输车	机翼的运输、停放、补铆、气密试验等
	成品运输车	成品元件的运输
	安装车	零部件与机体的安装与分解
托架	不可调托架	零部件在固定高度的托放
	可调托架	零部件在不同高度的托放
	液压升降对接托架	零部件的对接
	带式通用托架	零部件的托放
工作梯	液压升降工作梯	通过液力实现工作台面高度方向调节的工作梯
	固定工作梯	工作台面在高度方向不可调节的工作梯
牵引杆	牵引杆	使飞机前进、后退,并能在牵引过程中控制前起落架实现飞机转弯

续表14.1

分类		用途
千斤顶	手动液压千斤顶	靠液力升降,用于飞机维修、总装及各种测量、调试等工作
	数控千斤顶	通过数控系统控制液压千斤顶顶起、落下并调整飞机姿态等工作
翻转设备	立柱式翻转设备	零部件在地面上的翻转
	机械式翻转设备	零部件在不同姿态进行装配、清洗、试验时的翻转
	气动式翻转设备	零部件在不同姿态装配时的翻转
翻转设备	立柱式翻转设备	零部件在地面上的翻转
	机械式翻转设备	零部件在不同姿态进行装配、清洗、试验时的翻转
	气动式翻转设备	零部件在不同姿态装配时的翻转
吊挂	下架吊挂	零部件从装配型架中吊出
	翻转吊挂	零部件在空中翻转
	运输吊挂	零部件的吊运
	对接吊挂	零部件与机体的对接、分解

14.2　运输类工装

14.2.1　设计依据

运输类工装的设计依据包括但不限于以下内容,以下仅为基本的设计依据:

(1)工装用途;

(2)运行路线或使用环境;

(3)设计技术要求:产品的运输要求,产品在运输类工装上的放置和托放要求,产品外观尺寸和质量、重心、牵引或移动要求;

(4)标准规范:设计规范、强度标准、与牵引车对接标准等;

(5)工装的实际使用需求。

14.2.2　设计程序

运输类工装应参照以下内容开展设计工作:

(1)根据设计依据,确定运输类工装外廓尺寸、产品在运输类工装上的状态和托放位置;

（2）根据产品质量、重心，确定轮子的布局；

（3）结合产品运输高度要求、产品重心高度和稳定性要求，确定轮子与车体的连接方式、导向及牵引方式；

（4）选择车体主体材料，校核强度；

（5）根据受力分析出的轮子承载，确定轮子型号规格；

（6）详细结构设计；

（7）标记、标识、使用说明及注意事项标牌设计。

14.2.3　设计基本要求

运输类工装设计应在满足安全的前提下开展功能性、外观设计工作，安全设计是最基本的要求和保证。以下为基本的设计要求：

（1）工装应具有推或拉的移动结构；

（2）工装至少一组轮子应具有转向功能；

（3）工装应具有停放时防止意外移动的结构，在条件允许时优先设计带有制动功能的机构；

（4）工装应带有限载标识以及使用说明与注意事项标牌；

（5）工装应带有托放与固定产品的结构，并防止产品表面损伤或运输过程中意外掉落的装置，托放产品的结构应当增加保护类的材料对产品进行防护，如采取带产品外形的托架、保护垫、收紧带等结构；

（6）工装的牵引杆应为可折叠结构，并设置防倾倒的固定机构，以减少占地面积；

（7）手推车把手高度应在 950～1 050 mm 之间，把手采用直径 30～40 mm 管材；

（8）机动牵引的工装，应设置专门与牵引车连接的结构。

14.2.4　安全设计要求

运输类工装是用于飞机零部件转运和放置的工艺装备，使用安全性主要表现在运输或停放过程中发生侧翻事故，以及活动与转动部位松脱造成工装分体，危及产品的质量和操作人员的人身安全。在设计中主要考虑强度、结构合理性、导向机构合理性以及操作规范性等方面的因素。

（1）运输类工装应设置防止停放期间意外移动的结构，如采用带有刹车装置的脚轮或支脚支撑装置，装卸产品时需要操作人员登上工装时，必须设置支脚支撑装置。合理选择支脚装置避免移动过程因受冲击而意外坠落，磕碰地面，导致发生安全事件。

（2）牵引杆与车体连接轴销、轮子连接螺栓等易松动的连接部位应采取防松措施，避免连接结构松脱，而发生安全事件；可采用开口销或保险丝（HB0－2）等防松方法，如轴销可采用开口销方法，轮子连接螺栓可采用保险丝防松方法，见图 14.1 和图 14.2。

（3）飞机大部件运输类工装或重要飞机部件运输类工装，轮子安全系数 K 应不小于 3，甚至可以选用双轮，以提高运行过程的可靠性和安全性。有侧翻风险或特别重要的运输类工装应考虑轮子失效时的防侧翻机构。

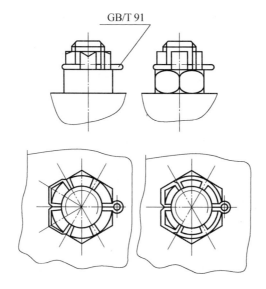

图 14.1　开口销防松法简图
(GB/T 91—2000《开口销》)

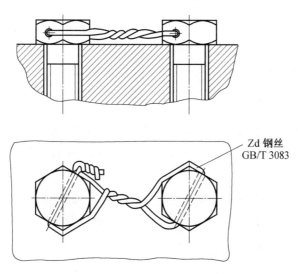

图 14.2　保险丝防松法简图
(GB/T 3083—1982《重要用途低碳钢丝》)

(4)运输易燃易爆物品的运输类工装,应带有静电导通装置并可靠接地,使静电对地泄漏,符合 GB 12158—2006《防止静电事故通用导则》要求。接地可采用专用接地导线(可卷式),接地端子与车体可靠导通,工装上其他零组件与车体采用 6 mm² 以上的裸纹线或编织线连接,流通燃油的软管应采用专用导静电软管。

(5)编制运输类工装使用操作说明,规定运输类工装的限载、牵引速度以及操作规程和注意事项。

(6)选用充气轮胎的运输类工装,应标记轮胎充气压力。

（7）必要时应考虑限制产品运输过程防滑落的结构，如结构限位或采取收紧带捆绑的方法。

（8）产品在运输类工装上应尽可能定置放置，在条件允许的情况下按形迹化放置。

（9）建立易损件和有寿件目录，并标记寿命周期。

14.2.5 强度设计要求

（1）零组件设计及强度符合 HB 3164—2000《飞机地面保障设备零组件技术条件》要求。

（2）运输类工装车体扰度变形应小于车体长度的 1/120，或在 1.5 倍额定载荷下不发生永久变形或损伤、焊缝无裂纹或损伤。

（3）连接螺栓应选用性能等级 8.8 级以上，螺栓性能等级见 GB/T 3098.1—2010《紧固件机械性能螺栓、螺钉和螺柱》。

（4）重要连接螺栓优选航标螺栓标准，强度性能等级见 HB 1—217—2011《螺栓和螺钉的强度数据》，预紧力矩见 HB 6586—1992《螺栓螺纹拧紧力矩》。

14.2.6 材料选用要求

车架通常由矩形钢管、方形钢管等焊接而成，材料采用 Q235 或 20 钢；轴、销、叉耳等受力元件采用 45 钢或 30CrMnSiA。承载大且外廓尺寸大的车体宜采用小截面型钢焊接成桁架的结构，在保证车体强度的同时，以减轻车体自重。

14.2.7 移动要求

（1）工装自重与产品质量之和大于 5 000 kg，应优先采用自行走轮组的移动方式。

（2）工装自重与产品质量之和介于 800～5 000 kg 之间时，应优先采用机动牵引的移动方式。

（3）工装自重与产品质量之和小于 800 kg 时，应优先采用人力拖动或推动的移动方式。工装需要长距离移动时可考虑人力拖动与机动牵引相结合的移动方式。

14.2.8 移动轮组选用要求

（1）轮子承载的安全系数。

①轮子的承载按运输类工装自重与产品质量之和核算。

②在厂房内人力推拉状况，安全系数 K 取 1.5。

③在厂房之间人力推拉状况，安全系数 K 取 2。

④在厂房内机动移动状况，安全系数 K 取 1.5～2。

⑤在厂房之间机动移动状况，安全系数 K 取 2～3。

（2）轮子布置。

①工装自重与产品质量之和大于 2 000 kg 时，导向轮承载应小于固定轮的承载，4 轮布置的运输类工装固定轮承载量应接近总承载的 2/3。

②固定轮应优先布置在运输类工装托放产品的位置,将产品质量直接传递到轮子上,减少车体变形。

③轮子的支撑面积在运输类工装宽度、长度方向尺寸均应大于产品重心距地面高度,否则应考虑防侧翻措施。

(3)轮子的选用要求。

①厂房内人力拖动的运输类工装应优先选择具有防压脚功能的脚轮,如选择的脚轮带有脚挡结构。

②在厂房内移动的运输类工装,优先选用聚氨酯脚轮或尼龙脚轮。

③载重大于 2 000 kg 的运输类工装,牵引杆带有人力拖动功能时,优选尼龙脚轮。

④在厂房之间移动的运输类工装,优先选用实心橡胶轮,必要时也可选用具有减震功能的聚氨酯胶轮。

14.2.9　导向机构选用

常用的导向机构按结构形式分为五种,即操纵外伸轮导向机构、操纵轮叉导向机构、操纵轮轴转盘导向机构、操纵车体导向机构和牵引车直接拖动。选用时应考虑运输类工装的外形、载荷、牵引方式以及路况等因素。

(1)操纵外伸轮导向机构。

操纵外伸轮导向机构,详见 HB 1860—2000《操纵机构》。采用航标车轮时,导向机构按外伸轮直径规格选用。采用非航标车轮时,按车轮直径参照标准进行设计,但尺寸 A 应一致,见图 14.3。

(2)操纵轮叉导向机构。

操纵轮叉导向机构,详见 HB 1861—2000《连杆》。采用航标车轮时,导向机构按车轮直径规格选用。采用非航标车轮时,按车轮直径参照标准进行设计,但尺寸 A 应一致,见图 14.4。

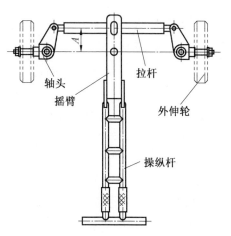

图 14.3　操纵外伸轮导向机构

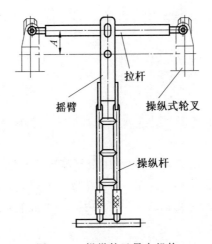

图 14.4　操纵轮叉导向机构

（3）操纵轮轴转盘导向机构。

操纵轮轴转盘导向机构，转盘与固定盘上加工圆环槽并设置钢球和圆柱销，固定盘与车体固定连接。具体结构可参照中车体外形尺寸设计；当承载质量为 $800\sim3\,000$ kg 时，可相应加大尺寸 D 和钢球直径，并将旋转轮轴架进行加强，见图 14.5。

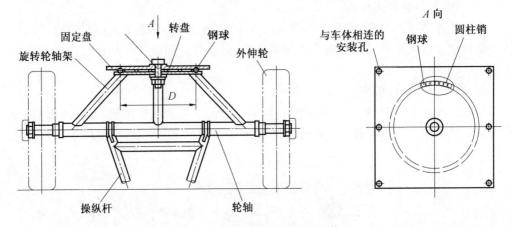

图 14.5　操纵轮轴转盘导向机构

（4）操纵车体导向机构。

操纵车体导向机构见图 14.6。用于由机动车牵引的、结构上无法直接操纵车轮进行导向的大型运输类工装；也用于外观尺寸及承载较小的运输类工装，如手推车。

（5）牵引车直接拖动。

牵引座与专用牵引车对接，用于工装在厂房内的牵引和位置移动。一般一台工装布置两个牵引座，如前后或左右分布，两台牵引车协同牵引或变向移动工装，可实现工装原地转向，如 C919 飞机部装生产线工装采用此牵引方式，见图 14.7。

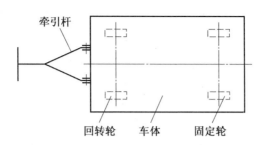

图 14.6　操纵车体导向机构

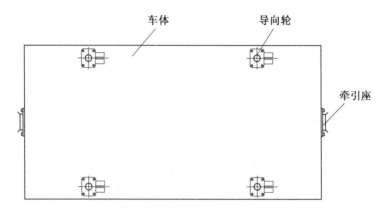

图 14.7　牵引车直接拖动导向方式

14.2.10　使用操作要求

运输类工装设计应充分考虑操作规范性要求,保证工装按照设计技术要求正确使用。编制运输类工装使用操作说明及注意事项、特殊机构操作说明、限载与限速警示标识等。以下内容供设计时参考。

（1）限载 800 kg。

（2）机动牵引速度小于 5 km/h。

（3）使用工装前,应分析工装及产品的运输风险,并制定应急预案。

（4）使用工装前,应全面检查工装结构完好性。

（5）使用工装前,检查轮子、铰链、轴销等活动结构连接可靠性,无松脱风险。

（6）使用工装前,请提前规划线路,专人指挥,指派专人观察,防止与产品或其他设施碰撞。

（7）使用工装前,检查产品无滑落风险。

（8）装卸产品时应防止产品滑落。

（9）装卸产品时应保证工装稳定,无侧翻风险。

（10）在转弯或上下坡环节,应减速慢行。

（11）运输或停放时,应按专用操作说明使支撑装置处于正常状态。

（12）停放时,应使刹车轮处于制动状态。

(13)无机动牵引结构的工装,禁止机动牵引。

14.2.11　典型运输车

1.机翼类壁板运输车

机翼类壁板运输车是一种用于机翼类壁板类零件转位运输的专用设备。由于该类零件的长度较大且形状呈曲线状,水平运输容易导致壁板的变形,特别是对于超长壁板来说,更容易在运输过程中发生变形。图 14.8 所示是一种保持壁板零件在运输过程中不易变形的保型运输车。该机翼壁板保型运输车主要由车体、车轮、牵引杆和保型卡板组成。车轮固定在车体底部,用于移动车体;牵引杆固定在车体的前部,用于施加力和掌握车体的运动方向;保型卡板固定在车体上,包括外型卡板和内型卡板,两者之间存在与壁板夹持位置对应的曲面间隙,见图 14.9。保型卡板上设有快卸连接件与车体连接,另有夹紧器,用于将壁板夹持定位在外型卡板和内型卡板之间,见图 14.10。

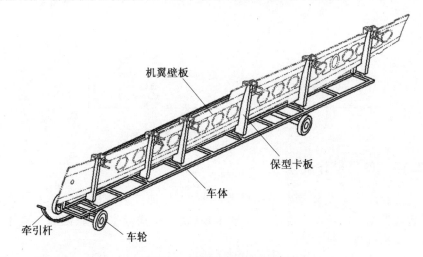

图 14.8　机翼壁板保型运输车

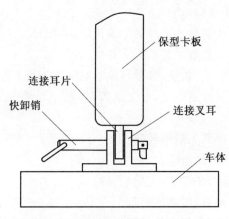

图 14.9　保型卡板与车体连接图

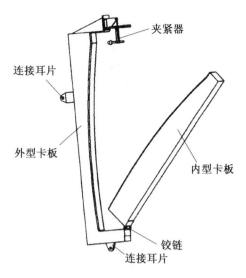

图 14.10　保型卡板结构图

2. 短舱对接车

短舱对接车由车架、带定位器导向轮、纵向调节机构、升降机构、托架、安全绑带等组成,用于短舱运输及与机体的对接,见图 14.11。

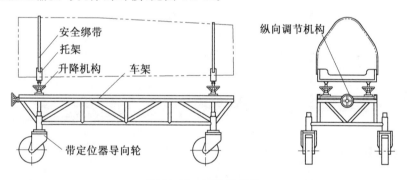

图 14.11　短舱对接车

3. 机翼运输车

机翼运输车按车体结构的不同分为常规结构和 AGV 结构两种。常规结构运输车与机身运输车类似,AGV 结构运输车应用于大型飞机的机翼运输。大型飞机的机翼运输车由 AGV 车体、固定托架、可调托架等组成,AGV 车体采用伺服电机驱动,遥控操纵,运动速度在 0.5~1 km/h 之间,有三档可调,运输过程中能够实现前进、后退、侧移、小半径转弯等功能,见图 14.12。

4. 机身运输车

机身运输车主要用于机身部件装配下架后的补充铆接、运输、水平测量等工作。图 14.13 所示为机身运输车,主要由车架、轮子、支承、导向机构及托架等组成,并采用双导向、双向牵引结构。其工作原理为:

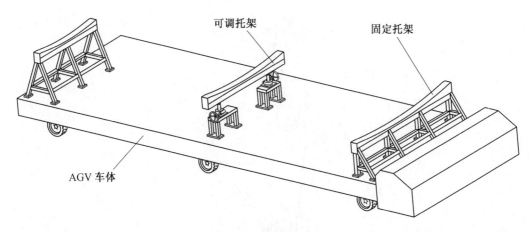

图 14.12　机翼运输车

(1)当架车用作补铆和系统安装时,机身必须正确放置在架车的托放位置,调整托架与机身外形吻合,固定好支脚,必要时可顶上前后千斤顶,然后才能进行工作。

(2)当移交总装运输时,首先升起支脚离地 100 mm 以上,绑好绑带,撤走千斤顶,充气轮充满气后,方可进行运输。

(3)在进行机身与中央翼对接及水平测量时,可调节前后升降托架。

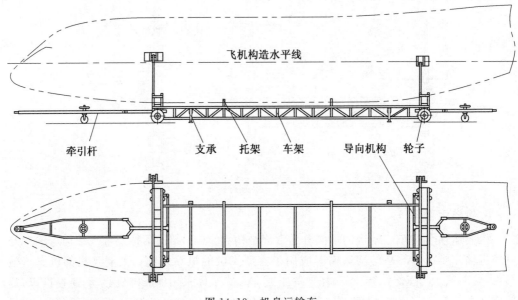

图 14.13　机身运输车

5.起落架安装车

起落架手动安装车由车架、手动泵、操纵箱、摇架、作动筒等组成,用于起落架的对接安装。前起落架安装车结构见图 14.14。

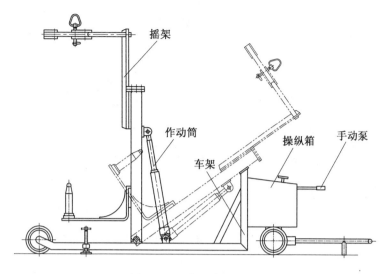

图 14.14　前起落架安装车

6. 发动机运输车

发动机运输车用于发动机的对接和拆卸。其主要由底盘、升降机构、送进调节机构、液压系统等组成,见图 14.15。

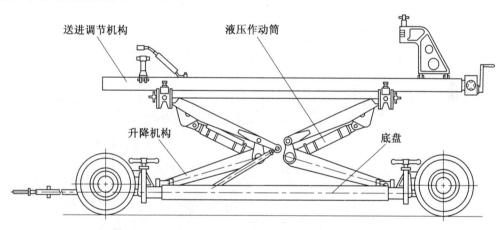

图 14.15　发动机运输车

（1）底盘由前后梁、侧梁、油箱、充气轮和牵引杆等组成,见图 14.16。

（2）升降机构由上下摇臂、拉杆和前后作动筒等组成,它与底盘和送进调节机构相连构成平面连杆机构,通过前后两组作动筒可以使送进调节机构整体升降,也可前后两端独立升降调整发动机安装姿态,见图 14.17。

（3）送进调节机构由上框架、送进装置、作动筒、导轨、手动绞盘和钢索等组成,见图 14.18。

（4）液压系统原理。

发动机运输车液压系统原理见图 14.19。

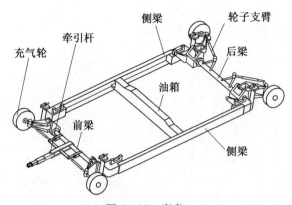

图 14.16　底盘

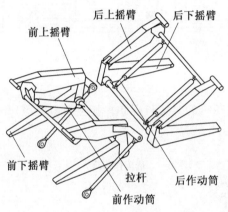

图 14.17　升降机构

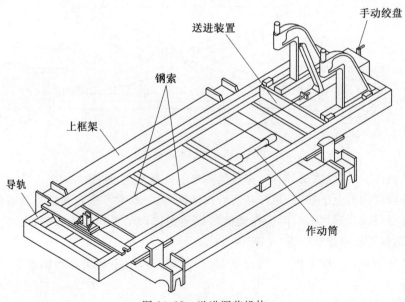

图 14.18　送进调节机构

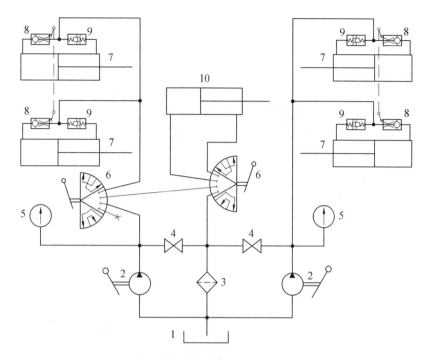

图 14.19　发动机运输车液压系统原理

1—油箱;2—手摇泵;3—油滤;4—开关;5—压力表;6—换向开关;7—升降作动
筒;8—三用阀;9—液压锁;10—送进作动筒

7. 数字化运输车

(1)运输形式。

根据所采用运输方式的不同,数字化运输车分为轮组式和气垫运输方式。常见轮组
式数字化运输车有麦克纳姆轮式、舵轮式和差速轮式。

①麦克纳姆轮式。

(a)结构形式:采用麦克纳姆轮轮组为装备的转向和驱动,电机提供动力源;整体结
构形式见图 14.20,麦克纳姆轮轮组单元见图 14.21。

图 14.20　麦克纳姆轮式运输车整体结构形式

(b)适用环境:一般适用于 20 t 以内承载。

(c)缺点:可在不改变自身位姿的情况下向任意方向移动;移动稳定性、灵活性好、精
度高,满足运行方向调整过程中响应速度快、运动灵活、稳定性好的需求。

图 14.21　麦克纳姆轮轮组单元

②舵轮式。

（a）结构形式：采用舵轮轮组集成转向与驱动，动力源为电驱动；整体结构形式见图 14.22，舵轮轮组单元见图 14.23，舵轮轮组结构示意见图 14.24。

（b）适用环境：可用于各类承载吨位。

（c）优缺点：转向时，需依次进行单轮方向调整后再进行运动，若采用直接一次调整全部轮组，车体会发生偏移，会与地面之间发生滑动摩擦，偏移量约为轮宽，灵活性低。

图 14.22　舵轮式运输车整体结构形式

图 14.23　舵轮轮组单元

③差速轮式。

（a）结构形式：采用差速轮轮组集成转向与驱动，动力源均为电驱动；整体结构形式见图 14.25，差速轮轮组单元见图 14.26。

（b）适用环境：适用于 10 t 以上大承载。

（c）优缺点：在转向时，需将轮组方向调整后再进行运动，灵活性较好。

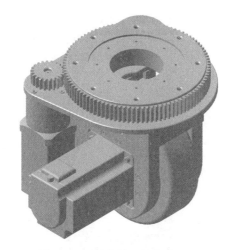

图 14.24　舵轮轮组结构图

图 14.25　差速轮式运输车整体结构形式

图 14.26　差速轮轮组单元

④气垫运输方式。

气垫运输方式运输车核心部件是气垫＋气动马达轮组,主要用于厂房内运输,无法实现精确定位,经济性好,对地面要求高。

(2)设计准则。

①数字化运输车应符合国家运输车辆相关要求。

②轮组承载选择。一般根据产品质量及数字化运输车自重的 1.3 倍进行选择,轮组大小一般按照车体高度确定,轮组数量按照总承载结合车体变形量确定。

③车体变形量的确定。一般车体最大允许变形量为 $L/500$，L 为车体全长，对于有高强度要求的数字化运输车车体，最大允许变形量为 $L/1\,000$。

④整体车身最大承载能力为额定承载的 1.5 倍。

⑤厂房外在满载情况下位于最大坡度且承受风压的情况下，应有运输时防止侧翻的功能，保证安全系数不低于 2。厂房外使用的数字化运输车需具备悬挂功能，适用以下三种情况：轮轴可绕悬架平衡臂做横向摆动，以适应不平的路面，见图 14.27(a)；在上下坡时，车体上平面与地平面平行，见图 14.27(b)；经过减速带或低洼地面时，车体上平面与地平面平行，见图 14.27(c)。

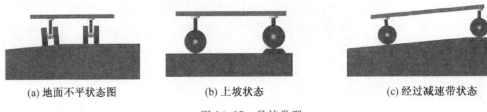

(a) 地面不平状态图　　　　(b) 上坡状态　　　　(c) 经过减速带状态

图 14.27　悬挂类型

⑥具有驻车制动功能：只用于产品运输时车轮组具有制动功能，保证产品放置于运输车上时，运输车不产生移动；用于产品调姿对接时应该具有除车轮制动功能外的其他辅助驻车制动功能，保证调姿对接过程车身不发生晃动。

⑦具备全向行驶的功能，可实现平面内任意方向的移动，包括直行、横行、斜行、八字转向、中心回转、前摆角和后摆角等多种行驶和转向模式功能。

(3)设计案例。

如图 14.28 所示为一种飞机部件全向运输平台，其主要由车身、弹簧减震器、全向轮、驱动系统、传动系统等组成。

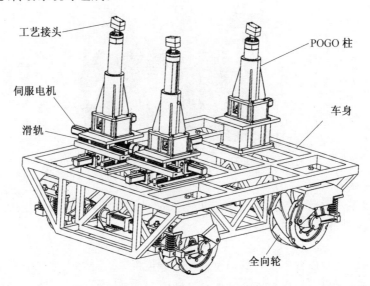

图 14.28　飞机部件全向运输平台

①运输平台驱动形式。

为了使运输平台工作平稳,支撑结构稳定,飞机部件运输平台选择四个全向轮驱动的移动机构,布局结构形式为矩形。每个全向轮通过行星减速机与驱动电机相连,即一个电机单独驱动一个全向轮,见图 14.29。四个全向轮最后合成的速度就是运输车的移动速度和方向。

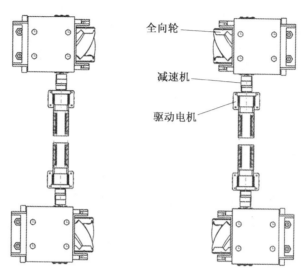

图 14.29　运输平台驱动结构

②全向轮结构设计。

(a)辊子安装形式。

全向轮辊子轴线与全向轮轴线成一定角度,因此全向轮在运动过程中辊子同时受到径向力和轴向力。径向力主要由运输平台的自身重力和牵引力径向方向分力合成,轴向力为牵引力的轴向方向分力。由于辊子主要受径向力,且辊子在两端支撑盖板处的安装空间比较狭小,因此选择了滑动轴承来承受径向力,安装在辊子两端内侧,图 14.30 所示为辊子在全向轮上的安装形式。

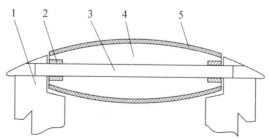

图 14.30　辊子在全向轮上的安装形式

1—盖板;2—滑动轴承;3—辊子芯轴;4—辊子;5—聚氨酯材料

(b)辊子结构设计。

辊子采用金属芯轴外面包裹一层聚氨酯材料,这种结构不仅满足辊子在较大力作用下强度足够的同时与地面长期摩擦磨损量很小,还具有缓冲减震的作用。辊子结构见图14.31。

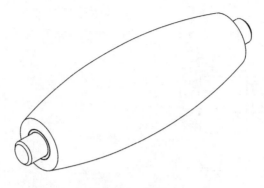

图 14.31　辊子

(c)盖板和轮辐结构设计。

全向轮两端盖板和轮辐主要是将全向轮圆周辊子固定安装在全向轮上。为了解决安装时在盖板与轮辐的定位问题,在支撑盖板和轮辐上均加工了止口,见图14.32和图14.33。

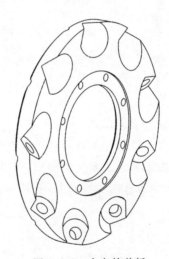

图 14.32　全向轮盖板

全向轮总体结构见图14.34。

③车身结构。

飞机部件运输平台车身通常采用桁架式焊接结构,其结构见图14.35。

④减震机构。

在每个全向轮的安装架上安装一对弹簧减震器,见图14.36。这样既可以保证运输平台在凹凸地面上运动时每个全向轮均能与地面保持良好接触,又可以有效避免运输平台运动过程中产生较大的震动。

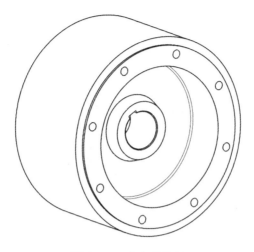

图 14.33　全向轮轮辐

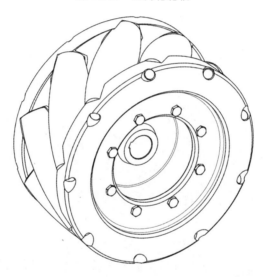

图 14.34　全向轮总体结构

⑤驱动和传动结构。

(a)驱动电机。

根据四轮全向移动机构的运动原理,每个全向轮转速和转向都能控制,这要求驱动电机的转速和转向必须都能够控制,而且正反转特性基本相同,故选用交流伺服电机。

(b)传动机构。

传动机构主要是连接驱动电机和全向轮,将驱动电机输出的扭矩传递到全向轮上。图 14.37 所示为传动机构结构。

由于运输平台空间的限制,传动机构应满足以下要求:

a.结构简单、紧凑合理。

b.保护电机的输出轴,避免全向轮反作用力直接加载到电机轴上。

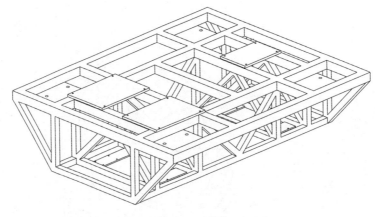

图 14.35　车身

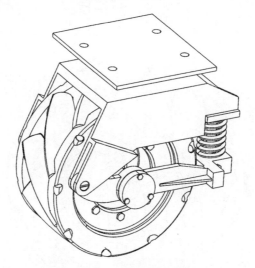

图 14.36　全向轮减震结构

　　c.强度及刚度符合要求。由于每个全向轮所需的力矩较大,因此,减速机的减速比较大,但由于安装空间的限制,要求减速机体积不能很大。

　　为了避免全向轮反作用力直接加载到电机轴上,在减速机输出轴与全向轮传动轴之间采用弹性联轴器连接,因为弹性联轴器能够吸收由全向轮运动时产生的冲击,起到减震缓冲的作用。

8.发动机数字化安装车

　　(1)工艺装备功能与用途。

　　发动机数字化安装车主要用于飞机发动机狭小空间的安装与拆卸。

　　(2)技术要求。

　　①安装车应能适应左右发动机的安装,且具有升降功能。

　　②发动机数字化安装车应设置横向移动功能、航向移动功能、绕 Z 轴偏摆功能、俯仰运动功能;且在各个方向运动平稳、可控。

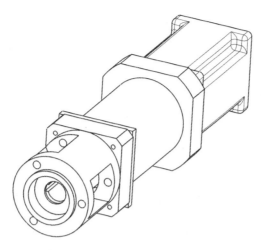

图 14.37　驱动系统与传动系统

③发动机数字化安装车应具备电动驱动和手动调节的功能,电驱移动精度应不大于 1 mm。

④应考虑发动机安装过程中机翼千斤顶和中央翼对发动机安装车运动位置和发动机安装轨迹的影响。

⑤在发动机安装过程的任意位置,需保证发动机与结构留有合适的安全距离。

⑥安装车应考虑产品防护要求,与发动机直接接触部位及有可能接触部位应采用硬质/软质胶皮防护,转接支架应保护好发动机前吊点齿盘不被划伤,后吊点耳片不产生应力变形。

⑦安装车设计应充分考虑人机工效学。

(3)结构组成。

发动机数字化安装车主要由剪刀叉、牵引车、升降平台、固定梯、工作台、升降立柱、翻转围栏、固定围栏、对开门、移动调姿组件和电器柜等组成,见图 14.38。

图 14.38　发动机数字化安装车结构图

9.起落架数字化安装车

图 14.39 所示为一种适合厂房内部使用的气垫型重载柔性起落架安装车,该安装车具有高集成度、能耗小、起落架安装柔性自适应等优点。

(1)工艺装备功能与用途。

起落架数字化安装车主要用于飞机起落架的安装与拆卸。

(2)技术要求。

①起落架数字化安装车应能适应左右起落架的安装。

②水平面内能自由移动。

③拥有空间五坐标姿态柔性自适应装置,可确保在全方位移动的同时,执行全坐标柔性自适应功能。

④设计应充分考虑人机工效学。

(3)结构组成。

起落架数字化安装车主要由 AGV 车、空间五坐标姿态柔性自适应装置、工作台、升降立柱和电器柜等组成。

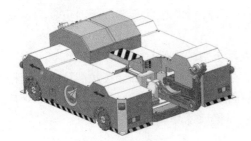 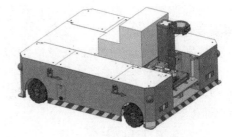

(a) 前起落架安装装置　　　　　　　　　　(b) 主起落架安装装置

图 14.39　起落架数字化安装车

14.3　托　　架

14.3.1　托架设计基础

托架用于零部件的托放、补铆、对接、维修等,包括不可调托架、可调托架、柔性托架、液压升降对接托架和带式通用托架等。根据工作对象的不同,托架又可细分为蒙皮托架、壁板类托架、机翼类托架和机身类托架等。

(1)普通托架结构形式。

①不可调托架。

不可调托架是在高度方向不可调节的托架,由框架、木托、软包覆层、支脚轮组成,木托应具有与蒙皮相吻合的外形,并保证使用稳定性。支脚轮托架移动方便,移动时,托架需倾斜约 10°,见图 14.40。

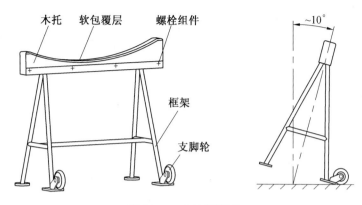

图 14.40　不可调托架

不可调托架通常组合使用,其数量由被托放产品外形确定。三个以上托架组合使用时,为保证每个托架同时支托产品,应在其中一个托架上增设微调支承。托架组合使用见图 14.41。

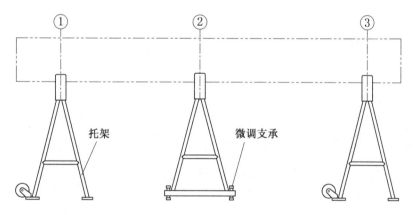

图 14.41　托架组合使用

微调支承一般采用螺钉调节形式,调节范围较小,结构形式见图 14.42。若产品尺寸较小时,可采用一个托架上设置多个木托的结构形式,见图 14.43。

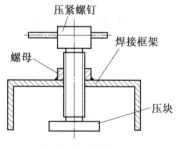

图 14.42　微调支承

②可调托架。

可调托架是通过升降机构在一定高度范围内进行调节的托架,见图 14.44。设计时

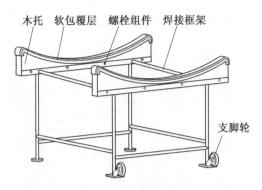

图 14.43　多木托托架

首先确定托架使用高度以及高度调节范围,然后根据木托长度和载荷大小确定升降机构的数量和规格。

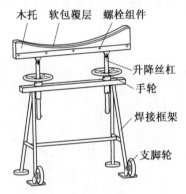

图 14.44　可调托架

③液压升降对接托架。

液压升降对接托架是通过液压升降机构将托放的产品送入飞机机体内指定位置,经过多自由度调节机构将产品姿态调整到对接状态,如 APU(auxiliary power unit,辅助动力装置)安装对接托架,见图 14.45。

④带式通用托架。

使用带式通用托架可以降低成本和减少占地面积。带式通用托架可分为单带式和双带式,见图 14.46 和图 14.47。使用带式通用托架应避免产品因自重而产生较大变形。另外,不应在托架上进行产品的补铆加工。

(2)木托型面。

①型面按尺寸制造。产品被托截面是直线或有规律的曲线时,如圆弧或折线,型面尺寸直接标注在木托图样中。

②型面按样板制造。图样中应标记出样板的位置和图号,型面根据样板外形预留出木托软包覆层的厚度,一般为 10～15 mm。当木托型面要求有斜度时,应注明斜度值或斜度值按样板。

③型面按纸模线制造。以 CAD 模型绘制的纸模线为依据,图样中应注明纸模线与

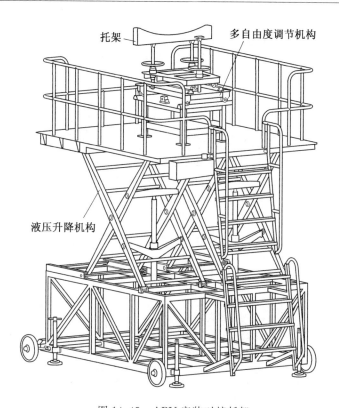

图 14.45 APU 安装对接托架

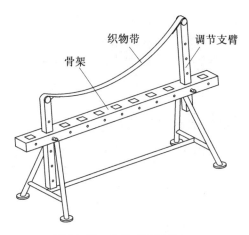

图 14.46 单带式通用托架

木托及产品外形的关系。纸模线应是木托型面的真实外形,并按 1:1 绘制。

以样板和纸模线作为木托的制造依据时,木托型面与制造依据之间的位置关系见图 14.48。

(3)软包覆层。

托架与产品接触部位应设置 10～15 mm 的软包覆层,起保护产品表面的作用。木托软包覆层见图 14.49。

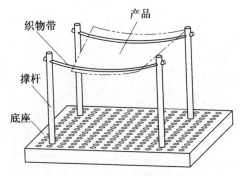

图 14.47 双带式通用托架

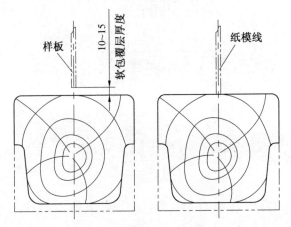

图 14.48 木托型面与制造依据之间的位置关系

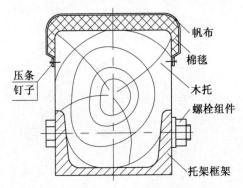

图 14.49 木托软包覆层

(4)材料选用。

托架在使用过程中需要经常移动,因此结构应轻便。框架选用直径 25 mm 或 30 mm、壁厚 2 mm 的圆钢管,或选用边长 25 mm 或 30 mm、壁厚 2 mm 的方钢管。重载托架的框架由上述管材组焊成桁架。安装木托一般选用槽钢或采用 3~4 mm 钢板轧压成的槽形件。木托通常选择松木,并经干燥处理,其含水量不大于 15%。常用软包覆层材料包括棉毯、海绵橡胶板 HM102(HG6-413)、毛毡、硅胶垫和帆布等。

14.3.2　发动机托架

图 14.50 所示为一种飞机发动机停放托架。该托架结构包括支架、输出轴托架、输出轴固定装置、机身托架以及机身固定装置。机身托架由侧支撑杆和中部支撑杆组成，侧支撑杆与中部支撑杆上均滚动设置有滑轮。输出轴固定装置包括固定块、转轴、连接盘以及定位盘。固定块安装在输出轴托架上，连接盘与固定块通过轴承转动连接，连接盘用于与发动机的输出轴连接。定位盘设置在转轴上并位于固定块和连接盘之间，其中固定块上有与定位盘适配的固定销，定位盘上有多个圆形定位孔。该托架的工作原理为：转轴可以沿着轴向自由旋转，配合机身固定装置，可以实现发动机的整体旋转，而定位盘和固定销可以限制其自由旋转，从而实现随时调整发动机角度以便于维修的功能。

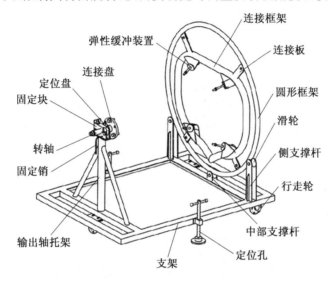

图 14.50　发动机停放托架

14.3.3　蒙皮数字化托架

图 14.51 所示为一种大型蒙皮 AGV 多工位托架。该托架结构由 AGV 小车、托架焊架、多组旋转工装和电机组成，能够适应不同曲率的蒙皮，通过 PLC 信号自动切换旋转工装的姿态。每组旋转工装由电机驱动旋转，包括轴承座和三种不同曲率的工装板，即凸形工装板、平型工装板和凹形工装板，三种不同曲率的工装板分别均匀安装在轴承座的外周上，见图 14.52。在轴承座的端面设置有链轮，电机是直接连接链轮然后电机带动链轮旋转进而带动旋转工装旋转，其中电机由 PLC 控制器控制。

14.3.4　机翼数字化托架

图 14.53 所示为一种可翻转机翼调姿对接托架。该托架由托架主体和多个支撑托板组成，其中支撑托板包括可翻转的型面支撑块和卡板。卡板的两侧设有多组可以上下调节的第一真空吸附盘。托架主体上装有气缸驱动装置，用于驱动型面支撑块翻转。局

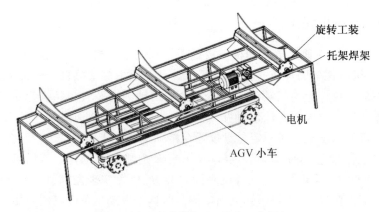

图 14.51　大型蒙皮 AGV 多工位托架

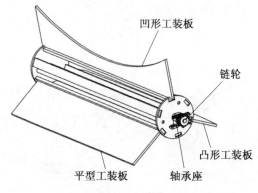

图 14.52　旋转工装

部结构见图 14.54～14.56。其工作原理为：

（1）当机翼与机身对接时，整个对接托架位于飞机机翼下方，并利用机翼调姿数控定位器的 X、Y、Z 三个坐标方向的数控移动模块化单元对顶平装置进行固定。顶平装置通过第二真空吸附盘将飞机襟翼吸附，手动旋转丝杠上升使飞机机翼前端和后端的襟翼得以顶平。

（2）将第一真空吸附盘吸附在机翼上，机翼调姿的托架主体上具有卡板结构，第一真空吸附盘由第一球关节和可调节螺杆锁紧在卡板上，每组第一真空吸附盘均可通过可调节螺杆进行单独调节，并采用球关节连接，从而保证吸盘能够与机翼表面高度贴合。此外，第一真空吸附盘与真空吸附装置连接，可以根据需要调整吸盘的吸附力。

（3）在完成飞机机翼和机身的对接后，启动气缸驱动装置。气缸的输出端向前伸出，并在传动固定件的铰接作用下，驱动型面支撑块朝向气缸输出端的一侧翻转 90°。

（4）将机翼调姿托架主体无干涉撤离出安装位置。

14.3.5　机身数字化托架

图 14.57 所示为一种飞机后机身可移动式调姿托架，用于对飞机后机身进行调姿操作。该托架由支撑组件、轨道组件、调姿定位器和微调限位组件等组成。支撑组件由托

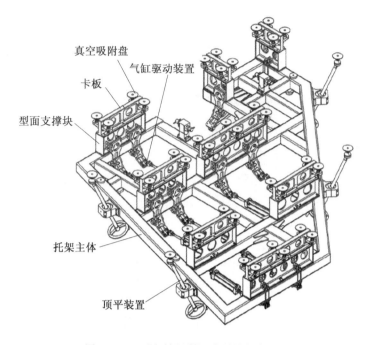

真空吸附盘

气缸驱动装置

卡板

型面支撑块

托架主体

顶平装置

图 14.53　可翻转机翼调姿对接托架

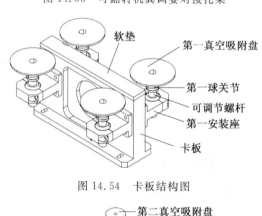

软垫

第一真空吸附盘

第一球关节

可调节螺杆

第一安装座

卡板

图 14.54　卡板结构图

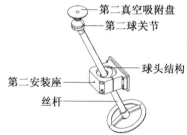

第二真空吸附盘

第二球关节

球头结构

第二安装座

丝杆

图 14.55　顶平装置结构图

架主体和支撑卡板组成,置于微调限位组件下方,其中支撑卡板与飞机后机身相抵以提供支撑。轨道组件通过调姿定位器与支撑组件连接,并包括驱动组件、沿飞机后机身进出工位方向的轨道底座和固定于轨道底座上方的托架底盘。驱动组件带动托架底盘沿

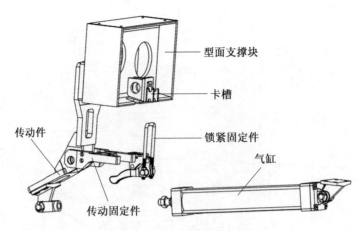

型面支撑块

卡槽

传动件

锁紧固定件

气缸

传动固定件

图 14.56　气缸驱动装置结构图

轨道底座做直线往复运动,从而将飞机后机身托运至目标位置。该调姿托架工作原理为:飞机后机身吊装入位时,通过微调限位组件实现初定位,然后支撑组件与支撑卡板相抵,以支撑飞机后机身,见图 14.58。完成初始化流程后,驱动组件开始运行,将飞机后机身沿轨道底座托运至目标位置。根据测量数据得到的偏差值,计算 X 轴、Z 轴和 Y 轴方向的进给量依次输入调姿定位器,调姿定位器先实现平面范围内的飞机后机身调姿后,再实现 Y 方向上的飞机后机身的调姿,完成飞机后机身的调姿。

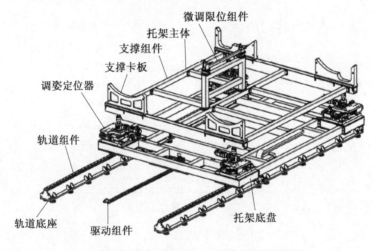

微调限位组件

托架主体

支撑组件

支撑卡板

调姿定位器

轨道组件

轨道底座

驱动组件

托架底盘

图 14.57　后机身可移动式调姿托架结构图

14.4　工作梯

14.4.1　工作梯设计基础

工作梯广泛应用于飞机产品的装配、喷漆和维修过程中,主要由工作平台与梯子组

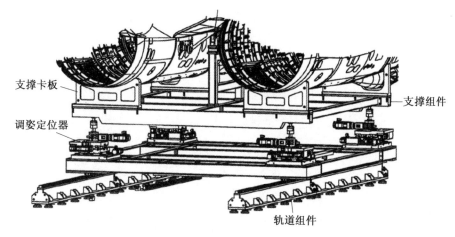

支撑卡板

支撑组件

调姿定位器

轨道组件

图 14.58 后机身可移动式调姿托架在后机身吊装入位后的工作图

成。工作梯可分为液压升降工作梯和固定工作梯等。液压升降工作梯的工作台面依靠液压力在一定高度范围调节,固定工作梯的工作台面高度不可调节。

1. 液压升降工作梯

液压升降工作梯具有无级调节工作高度、结构紧凑、使用轻便、维护简单等特点。分为单层单剪式、单层双剪式和多层多剪式三种结构形式,见表 14.2。

表 14.2 液压升降工作梯结构形式与用途

形式	单层单剪式	单层双剪式	多层多剪式
简图			
用途	零部件的安装、调试	机翼等零部件的安装、喷漆、维修	垂尾、平尾的安装、维修

液压升降工作梯是利用液压作动筒驱动升降支臂,实现工作台面高度方向的调节。设计时根据升降范围确定升降支臂的层数和作动筒行程。通过强度计算确定支臂的几何尺寸,并根据操作方式及工作条件确定作动筒的结构形式。液压系统的工作压力为 6～8 MPa,所选用成品的额定工作压力不小于 15 MPa。

(1)单层单剪式。

液压升降工作梯具有一层一组交叉升降支臂结构的称为单层单剪式,见图 14.59。

①结构设计。

单层单剪式液压升降工作梯由工作台面、升降机构、梯架、作动筒及液压系统等组成。

(a)工作台面的大小根据工作人数及使用空间确定,导轨两端应设置限位拉杆或

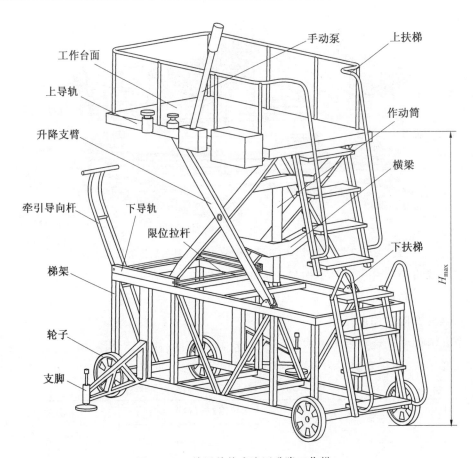

图 14.59　单层单剪式液压升降工作梯

挡块。

(b)升降机构由升降支臂及横梁组成,其运动轨迹见图 14.60。

(c)梯架结构尺寸应根据工作高度和升降支臂的尺寸确定。

(d)采用柱塞式单作用作动筒。结构简单、操作方便、应用广泛。

②液压系统原理设计。

单层单剪式液压升降工作梯采用柱塞式单作用作动筒,液压力仅控制工作台面的上升,工作台面的下降由自重完成。液压系统由手动泵、作动筒、截止阀、单向阀、节流阀、行程限位阀、脚踏式卸荷阀、油箱等组成,液压系统原理见图 14.61。打开截止阀,摇动手动泵,液压油通过单向阀进入柱塞式作动筒,作动筒柱塞伸出,工作台面上升。当上升至所需的工作高度时,关闭截止阀,工作台面高度位置锁定。需下降时,操作者脚踩卸荷阀,工作台面在自重(含操作者体重)的作用下下降,下降速度通过调节节流阀来控制。工作台面的极限高度由行程限位阀控制。

(2)单层双剪式。

液压升降工作梯具有一层两组交叉升降支臂结构的称为单层双剪式,工作台面的长度可加大至单层单剪式的两倍以上,承载量大,稳定性好。

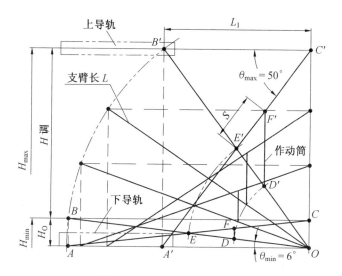

图 14.60　升降机构运动轨迹

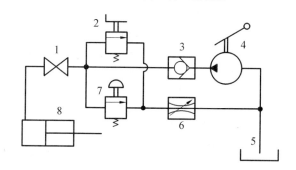

图 14.61　液压系统原理

1—截止阀；2—卸荷阀；3—单向阀；4—手动泵；5—油
箱；6—节流阀；7—行程限位阀；8—单作用作动筒

①结构设计。

单层双剪式液压升降工作梯由工作台面、双剪升降支臂、两套单作用柱塞式作动筒、梯架及液压系统等组成，见图 14.62。

单层双剪式液压升降工作梯作动筒和升降支臂的设计与单层单剪式液压升降工作梯相同，工作台面和梯架结构应协调设计。

②液压系统原理设计。

单层双剪式液压升降工作梯液压系统原理见图 14.63，其操作程序、工作原理及成品的选用均与单层单剪式液压升降工作梯相同。但单层双剪式由于使用了两个规格完全相同的作动筒，设计时两个作动筒的输入、输出口处均应设置可调节流阀，以调节作动筒的同步性。

（3）多层多剪式。

液压升降工作梯具有多层多组交叉升降支臂结构的称为多层多剪式，包括单向和双向两种控制方式。

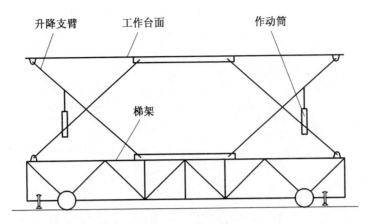

图 14.62 单层双剪式液压升降工作梯

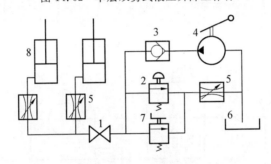

图 14.63 液压系统原理

1—截止阀;2—行程限位阀;3—单向阀;4—手动泵;5—节流
阀;6—油箱;7—卸荷阀;8—单作用作动筒

单向控制多层多剪式液压升降工作梯是采用液压力控制工作台面上升,通过自重实现工作台面下降。优点是液压系统简单、成本低。缺点是支臂层数受限制,一般不超过四层。支臂层数越多,下降阻力越大,难以通过自重实现工作台面顺利下降。其工作原理和操作方式均与单层单剪式液压升降工作梯相同。

双向控制多层多剪式液压升降工作梯是采用液压力控制工作台面的上升与下降。优点是适用支臂层数多、升降高度范围大,不受多层支臂下降时阻力的影响,使用方便。缺点是液压系统复杂、成本高。双向控制多层多剪式液压升降工作梯见图 14.64。

①结构设计。

双向控制多层多剪式液压升降工作梯依据工作梯高度、使用载荷、台面尺寸确定升降支臂的几何尺寸和层数、作动筒的筒径尺寸及行程。

由于工作梯升降范围大、支臂层数多、活动铰链点多,所以稳定性较差。一般支臂层数不宜超过七层。设计时应严格控制各活动铰链点的转动间隙,同时底架上应设置外伸支脚,以增强其稳定性。

②液压系统原理设计。

双向控制多层多剪式液压升降工作梯的液压系统由电动泵、作动筒、节流阀、单向阀、油滤、溢流阀、油箱及三位四通电磁换向阀等组成。双向控制多层多剪式液压升降工

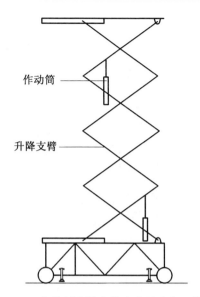

图 14.64 双向控制多层多剪式液压升降工作梯

作梯的液压系统原理见图 14.65。通过工作台面上的操纵按钮,控制电动泵,实现工作台面的升与降。点按"升"按钮,电磁阀换向,压力油进入作动筒,活塞杆伸出,工作台面缓慢上升。点按"降"按钮,工作台面缓慢下降。系统中采用节流阀和单向阀组成调速回路,调节工作台面的升降速度,使工作台面运动平稳。当工作台面升至最高限位时,滚轮撞击行程开关,电动泵断电,工作台面停止上升。

若采用气驱液压泵供油,则需将图 14.65 中的液压泵替换为气驱液压泵,并在气驱液压泵进气管路上设置控制开关。

2. 固定工作梯

固定工作梯是产品安装、调试过程中为解决工作高度不可达而设置的设备。根据需要在结构上可设置多个高度、多个部位的工作台面,以起到使用方便、安全可靠的作用。固定工作梯按用途分为:一般工作梯、组合式工作梯和对接工作平台。

一般工作梯具有结构轻巧、移动灵活、通用性较强的优点。当工作梯结构尺寸较大时,采用整体结构难以移动,通常由多个一般工作梯组合而成,组合式工作梯扩大了工作区域同时还具有一般工作梯的优点。对接工作平台用于飞机大部件或整机的对接、装配及维修,设置多个平台分布在各对接部位上,其结构应包容飞机产品,不但具有工作梯的功能,同时为对接工作提供动力、照明、物流、零件存放等设施。另外,若自动化程度很高、功能性更强的工作平台,可称为飞机工作坞。

3. 工作梯安全性

(1)工作梯高度大于 4 000 mm 时,底架宽度应不小于高度的 0.4 倍,否则必须设置外伸支脚。

(2)由手动泵或气驱液压泵驱动的液压升降工作梯,应设置限制最大高度的行程限位阀。

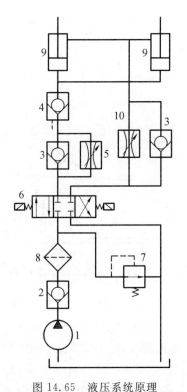

图 14.65　液压系统原理
1—液压泵；2、3—单向阀；4—液控单向阀；5—可调节流
阀；6—电磁换向阀；7—溢流阀；8—油滤；9—双作用作动
筒；10—节流阀

（3）由机械泵驱动的双向控制液压升降工作梯，应设置电控行程开关。当工作台面上升到限定的最大高度时，行走滚轮撞击行程开关，工作台面停止上升。

（4）液压升降工作梯中升降支臂的成形材料壁厚不应小于 3 mm。

（5）液压升降工作梯液压系统中应设置可调节流阀，用于调节工作台面的升降速度。

（6）液压升降工作梯制造完成后，需用 1.5 倍的使用载荷进行升降试验。

14.4.2　翼身对接装配用工作梯

图 14.66 所示为飞机翼身对接装配用工作梯，主要由支架、护栏、扶梯、台阶等部分组成。扶梯连接于支架的一端含有多级台阶，扶梯的多级台阶从支架的底部逐级上升到顶端。此工作梯为单层固定式工作梯，直接固定于地面，在供操作人员工作的平台平面均有防滑设计。

14.4.3　前段组合工作梯

飞机前段组合工作梯由围绕在飞机四周、若干不同高度工作层面的工作梯组合而成。用于飞机前段总装和维修时对产品零部件的安装、拆卸和调试，满足操作者在所需工作部位工作，降低劳动强度、提高工作效率和使用安全性。图 14.67 所示为飞机前段

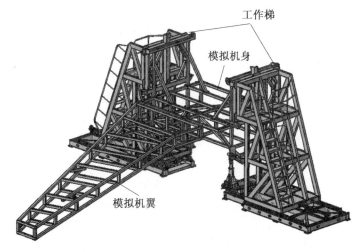

图 14.66 飞机翼身对接装配用工作梯

组合工作梯,主要由支架、护栏、扶梯、台阶、工作平台、活动伸缩单元等部分组成。

前段组合工作梯设计时应首先确定飞机产品的放置高度、所需工作部位及平台尺寸,再将这些工作部位结合人机工程原理优化成若干层面,以确定工作梯总体尺寸、基本

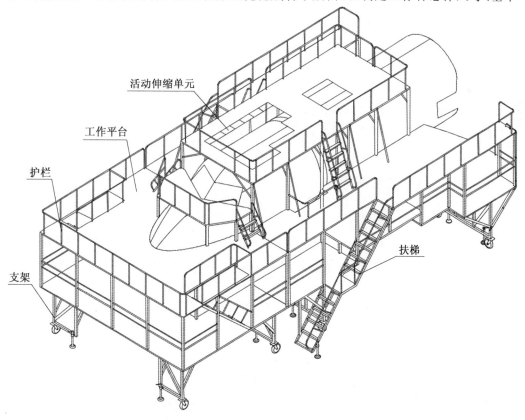

图 14.67 飞机前段组合工作梯

结构及组合形式。各层面之间应设置扶梯及通道,保证操作者在各工作层面工作的方便与安全。梯架应具有足够的刚度、强度及稳定性,同时应结构简单、移动灵活。

14.4.4 整机对接工作平台

整机对接工作平台由多个移动和固定的工作梯、通风系统、照明系统、工作间等集合而成,与飞机自动化对接系统、飞机装配测量系统配合使用,用于飞机部装、总装时部件的对接。通风系统为风动工具提供压缩空气、照明系统为装配工作过程提供照明、工作间为根据需要在平台上设置的专用区,如:自动化对接系统操作间、休息间、办公间、零件库、工具库等。

图 14.68 所示为整机对接工作平台,是一种三层框架式结构,用于飞机机身与机翼、尾翼、活动翼面等部件的对接,包括:机头移动工作梯、机翼固定工作梯、机身固定工作梯、尾翼固定工作梯、中央翼移动工作架及垂直升降运输平台等。

机头移动工作梯分为左右两部分,移动机构采用 AGV 车运动模式,具有遥控操纵和视觉导引自动运行两种方式。视觉导引运动方式可实现工作梯沿标定在地面上的轨迹线运动,且运动精度高。工作梯四周带有超声波测距报警装置,确保运动过程中的安全。

机翼固定工作梯、机身固定工作梯和尾翼固定工作梯连接为一个整体,采用模块式设计,由立柱、固定台面与活动伸缩单元组成。各部分均为螺栓连接,便于制造、运输、安装。活动伸缩单元设置在平台靠近飞机一侧,每个活动伸缩单元带一套气压驱动装置,通过控制活动伸缩单元的收回,确保飞机移动时不与工作梯干涉。固定台面具有足够的强度,保证在平台上进行各种工作时稳定安全。

中央翼活动工作架用于机翼与机身对接时的装配工作,使用时将其吊装至机翼固定工作梯上。垂直升降运输平台位于机身固定工作梯的两侧,用于运送装配工作所需的零件、工具、工装等。

14.4.5 数字化装配平台

1. 数字化装配平台概述

数字化装配平台也可称为机电信息一体化装配平台,是指在传统的固定或移动式装配平台中集成机电设备,引入信息技术,嵌入传感器等其他信息元器件的自动化、集成化装配平台系统。

2. 数字化装配平台设计原则

(1)安全性要求。

数字化装配平台设计应充分考虑人员登梯作业的安全性和与产品对接的安全性,保证在使用工作梯过程中人员及产品安全。满足 GB/T 4053.1—2009《固定式钢梯及平台安全要求 第 1 部分:钢直梯》、GB/T 4053.2—2009《固定式钢梯及平台安全要求 第 2 部分:钢斜梯》、GB/T 4053.3—2009《固定式钢梯及平台安全尺寸 第 3 部分:工业防护栏杆及钢平台》、GB/T 17888.3—2020《机械安全 接近机械的固定设施 第 3 部分:楼

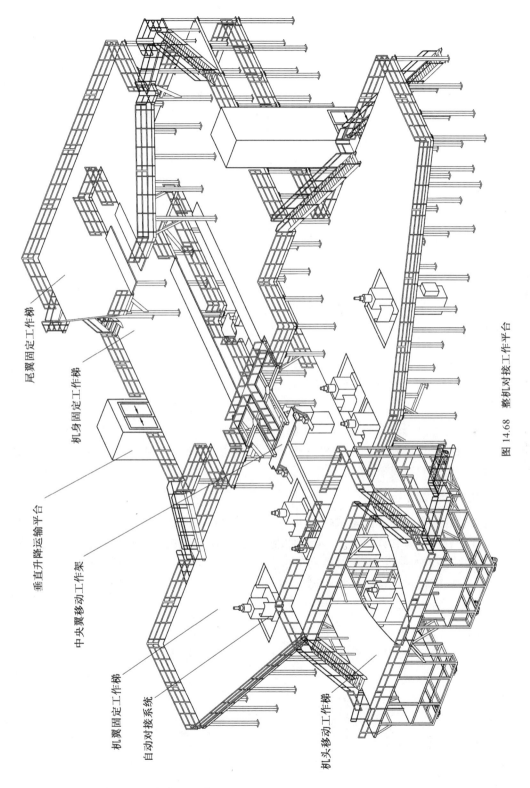

尾翼固定工作梯

机身固定工作梯

垂直升降运输平台

中央翼移动工作架

机翼固定工作梯

自动对接系统

机头移动工作梯

图 14.68 整机对接工作平台

梯、阶梯和护栏》相关安全要求。

（2）模块化要求。

模块化设计是数字化装配平台设计的基本原则，为适应机型谱系发展要求，数字化装配平台之间应具备功能和逻辑的可组合性，数字化装配平台各部件应采用模块化设计，固定平台、围栏、轮组、升降装置、伸缩装置、旋转装置等部件之间采用可组合、可分解和可更换的连接方式。

（3）路径规划与仿真要求。

数字化装配平台需要考虑产品、工装、工具等生产物料路径进行规划和布置，确保移动装配平台或移动模块的移动路径合理，移动模块各位置状态满足装配平台操作要求，且与产品保持合理距离。

（4）信息化要求。

数字化装配平台应规划 ERP、MES、对接系统、测试系统终端摆放位置，便于操作人员工作使用，具体位置由使用单位、信息工程技术室和设计单位协调确定。

（5）精益化要求。

数字化装配平台上的物流通道及集成设备的体积、运动空间、移动方式均应按照精益化的思想进行设计。

（6）维护性要求。

数字化装配平台设计考虑维护过程人的操作能力及维修通路，方便元件的拆卸和安装。

（7）工业设计。

数字化装配平台设计时，满足工作梯使用环境需求，在保证功能实现的基础上，从布局、结构优化、边角处理、表面修饰与标识等多方面综合评判美观性，进行多方案比较择优选用。

3. 数字化装配平台类型

数字化装配平台分为固定式数字化装配平台和移动式数字化装配平台。固定式数字化装配平台一般包含固定平台、自动伸缩抽板、自动升降装置、自动旋转结构等模块；移动式数字化装配平台一般包含移动平台底盘、固定平台、带动力移动轮组、自动伸缩抽板、自动升降装置、自动旋转结构等模块。

4. 数字化装配平台设计

（1）带动力移动轮组。

①带动力移动轮组主要分为以下两种类型，见表 14.3。

表 14.3 带动力移动轮组对比

类型	使用要求	优点	缺点
地轨式 (见图 14.69)	地面需铺设地轨	经济性高,操作性强,对飞机停放姿态要求较高	对飞机停放姿态要求较高;站位固定,转移困难
轮组式 (见图 14.70)	平台底部需预留足够的安装空间	对飞机停放姿态要求低;站位不固定,方便转移;适应性强	经济性较低;操作较复杂

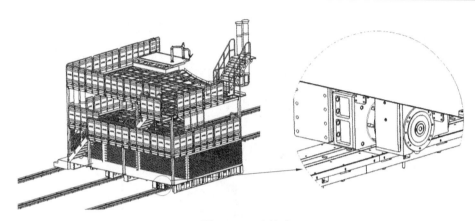

图 14.69 地轨式

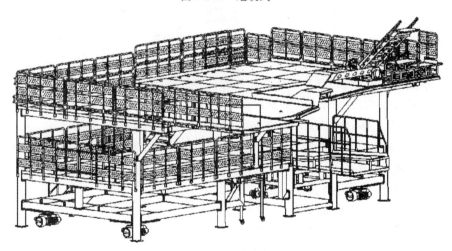

图 14.70 轮组式

②设计时合理匹配加减速及装配平台重心位置,保证启动与停止时,平台最高处水平偏摆量≤0.5‰×h,h 为平台高度。

③设计中应对比以上两种移动形式的优缺点、移动路径、兼顾厂房现有情况,确定带动力移动轮组形式。

(2)移动平台底盘。

①对于移动式数字化装配平台,必须设计结构合理、足够刚强度的底部框架,保证整

体结构的稳定性。

②在移动和整体举升过程中，底部框架的结构变形不能对上部传动部件的精度产生影响。

③在最大承载下专用底部框架最大允许变形量为$L/500$，其中L为底部框架全长。

（3）自动升降装置模块。

为满足飞机产品装配和物流通路，装配人员操作可达性，装配平台通常需要增加自动升降装置。

①剪刀叉式升降装置。

剪刀叉式升降装置见图14.71。

图14.71　剪刀叉式升降装置

剪刀叉式升降装置设计要求如下：

（a）一般用于要求压缩比≥5，无法增加导向装置的场景。

（b）根据承载需求，设计合理的承载，最大承载为额定承载的1.5倍。

（c）升降过程平稳、无明显抖动。在最大工作高度，平台最高处水平偏摆量≤$0.5\% \times h$，h为平台高度，满足高度方向任意位置停止，停止后平台不允许出现回落。

（d）须配备安全防护罩，要求外形美观、运动顺畅。

②导轨+驱动式升降装置。

导轨+驱动式升降装置见图14.72。

导轨+驱动式升降装置设计要求如下：

（a）用于升降精度高、可增加导向装置的场景。

（b）根据承载需求，设计合理的承载，最大承载为额定承载的1.5倍。

（c）升降过程平稳、无明显抖动。在最大工作高度，平台最高处水平偏摆量≤$0.1\% \times h$，h为平台高度，满足高度方向任意位置停止，停止后平台不允许出现回落。

（d）采用直线导轨作为导向装置且行程≥1 m时，升降结构须考虑增加弥补导轨平行度误差的随动连接结构，防止运行过程发生卡阻。

（4）自动旋转工作梯。

自动旋转工作梯见图14.73，设计要求如下：

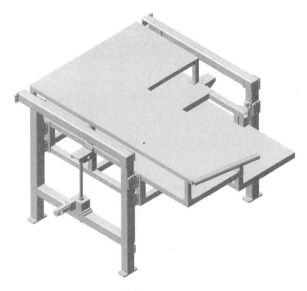

图 14.72　导轨＋驱动式升降装置

①为满足飞机安全进出装配站位、装配操作可达性,在装配平台合适位置增加自动旋转工作梯。

②为避免受外力时造成驱动机构破坏,禁止采用电机＋减速机直驱工作梯的形式进行旋转,采用电机＋弹性传动结构(皮带轮、链轮等),对冲击力进行吸收缓冲。

③增加机械保护装置,保证驱动机构失灵后工作梯不发生位移。

图 14.73　自动旋转工作梯

(5)自动伸缩抽板。

自动伸缩抽板见图 14.74,其设计要求如下:

①为满足飞机安全进出装配站位、装配操作可达性,靠近飞机机体结构部分设计为自动伸缩结构。

②伸缩板结构设计按执行,若由于自身结构限制,变形量无法满足要求时,可增加辅助装置以减小结构变形量。

③自动伸缩结构驱动方式采用电机驱动时,需设置机械撞块、电气限位、安全触边三种限位结合使用的方式,安全触边触发力≤2 kg,触发距离小于等于 10 mm,避免自动伸缩结构与飞机产品之间发生意外碰撞;安全触边设计根据与飞机产品距离进行选择。

④根据装配工作量及工艺需求确定操作控制。

⑤结构设计时应考虑驱动电机、齿条、限位装置等的维护性。

⑥自动伸缩结构伸出后与飞机实现零缝隙,由于飞机停放姿态存在误差,自动伸缩结构实际行程=理论行程+飞机最大偏摆量+50 mm。

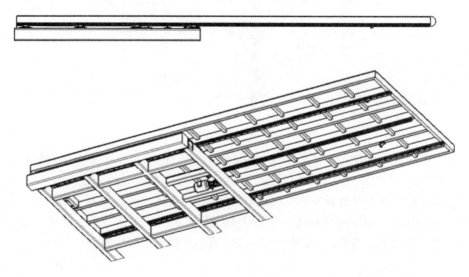

图 14.74　自动伸缩抽板

5. 安全性设计要求

(1)安全互锁设计。

装配平台各运动部件之间应设置互锁功能,与带动力移动模块进行互锁,带动力移动模块未移动到位时,不得进行操作。

(2)安全装置及措施。

①设计中考虑装备运行或意外停止时的安全性包含以下内容:

(a)机械式安全措施设计的总体原则是不增加任何附件危险。

(b)大负载移动部件的配重方案设计。

(c)装配平台的电气、气动、液压系统应设置限压装置或监控装置,保证运动过程中的安全性。

(d)对接近过程中的视线产生的障碍最小,对于特殊案例中考虑安全监视系统的设计。

(e)装配平台及控制器上均应设置手动急停开关;在紧急情况下,按下急停开关可使装配平台停止运动。急停按钮能方便快速操作,具有防差错设计。一般急停开关应位于操作人员手部可达位置。

(f)在装配平台接近飞机一侧增加安全激光扫描传感器,一般情况下接近距离≤1 m时报警,接近警示应有声光提示及装配平台开始减速,保证产品及人员安全。

(g)对固定防护、活动防护及可调可控防护的设计应符合 GB/T 15706.2—2007《机械安全 基本概念与设计通则 第 2 部分:技术原则》的要求。

(h)可根据工艺需求增加视频监控系统和门禁系统,视频监控系统覆盖人员主要活动范围,门禁系统控制人员出入权限。

②设计中考虑控制系统安全性包含以下内容:

控制程序可靠、逻辑准确防误操作措施;具有报警功能设置的过载保护。

③设计中应考虑人员操作安全性。

装配平台护栏设计应符合相关规定,并在平台工作区域设置安全带系留环;装配平台设置围挡,防止物品的坠落。

(3)人机工程。

在符合 GB/T 28001—2011《职业健康安全管理体系 规范》的要求,保证安全、可靠和工作效率的前提下,充分考虑装备制造、使用和维护中的人机关系,一般包括:

①装配平台台阶设计、平台工作区域高度、工人操作方式、物流通道、平台局部保护、人员上机通道等方面均应充分考虑人机工程,实现人员安全、舒适、高效工作。

②确立合理的操作方式,减少人为失误,保证最佳工作效能。

③当工作环境中照明不足时,设计时需增加局部照明装置。

④固定式装配平台下方应合理布置员工休息区。

⑤装配平台应按垃圾分类原则合理布置垃圾通道。

6. 其他设计要求

(1)预留接口。

装配平台应全面考虑布置气源接口、信息化网络接口、通风设施接口、电源接口。接口输入端位于每个工位或站位的地井、地坑处,输出端接口布局根据用户需要布置,装配平台应实现站位内各工作部位的实时通信。

(2)避让要求。

装配平台应避让飞机蒙皮外所有天线、空速管等外围设备;装配平台应避让千斤顶、升降地井等地面固定设施。

(3)可操作性。

当自动化模块出现故障无法运行时,须有合理结构保证其可以实现手动复位。

(4)可维护性。

①装备平台在设计时要考虑后期的可维修性,降低零部件的拆换成本。

②专用工具及备件的数量要严格限制,保证工具及备件的通用性。

③维修过程要考虑人的操作能力,方便零部件的拆卸及安装。

④提高同类集成装备易损件的互换性比例。

⑤具有储存故障代码功能,并可通过故障表对照查询。

(5)外观及质量设计。

①应符合以下标准:GB/T 19000—2016《质量管理体系　基础和术语》、GB/T 19001—2016《质量管理体系　要求》、GB/T 24001—2016《环境管理体系　要求及使用指南》。

②整体喷漆,主体颜色、电气柜、控制柜、电池柜内外表面及支架附件等喷漆。装备应具有相应的标识,包括企业标识、航向、承载要求、安全警示、安全注意事项等。

③外表美观,设计出预先效果图。

14.5　吊　　挂

吊挂是一种用于吊装和搬运货物的工具和设备。在飞机零部件装配过程中,由于飞机零部件体积和质量比较庞大,无法直接用人力进行搬运和安装,需要使用到吊装设备和吊挂。吊挂包括通用吊挂、蒙皮吊挂、壁板吊挂、垂直尾翼吊挂、机翼吊挂、机身各段吊挂、对接吊挂等。

14.5.1　通用吊挂

通用吊挂由吊环、钢索、吊梁和吊带组成。通用吊挂需满足相应通用技术要求。

1.吊挂载荷

吊挂载荷分为使用载荷、安全载荷、试验载荷和吊挂自重。

(1)使用载荷指被吊产品的实际质量。吊挂制造完成后必须标注使用载荷。

(2)安全载荷指被吊产品的实际质量与吊挂自重之和。

(3)试验载荷是对吊挂所做的强度、刚度等综合性模拟试验的载荷,其值为使用载荷的两倍。

(4)小型吊挂的自重可忽略不计,大型构架结构及质量很大的吊挂,必须考虑自重。

2.起吊点

吊挂起吊点,即与吊车吊钩相连的吊环,必须与产品的重心保持在同一铅垂线上,确保产品起吊时处于平衡状态。

3.吊索

(1)吊索空间夹角。

采用吊索和横梁组合的吊挂时,吊索和横梁间的夹角应大于30°,连接被吊产品的吊索与铅垂线的夹角应小于60°,且越小越好,见图14.75。

(2)吊索选用。

吊索包括钢索和聚酯吊带(简称吊带),应根据受力大小、使用状况和特点选用。

①钢索具有抗拉强度高、长度调节方便、适应温度范围大(−40～400 ℃)、伸缩率小(小于1%)、制造简便的特点。通常按破坏拉力选用,安全系数取5。钢索直径不应小于

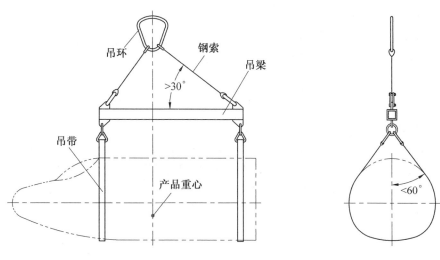

图 14.75　机身前段吊挂

4.8 mm。

②聚酯吊带具有耐磨、柔软、不导电、无油污染等优点,但长度需定制、伸缩率高(小于 5%)。聚酯吊带按额定载荷选用,安全系数取 7。在直接与产品接触且长度不需调节时应优先选用聚酯吊带。

(3)钢索收头。

钢索收头形式包括压制、钢索夹子和编结收头,钢索长度不需调节时应优先选用压制收头,型号及规格见 HB 1807—2012《起重钢索》。钢索夹子收头用于长度可调钢索,适用于需试吊调整起吊点的吊挂。编结收头抗拉强度低于压制和钢索夹子收头,所以一般不采用。图 14.76 所示为钢索夹子结构,图 14.77 所示为钢索夹子安装图。

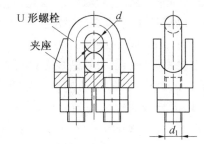

图 14.76　钢索夹子结构

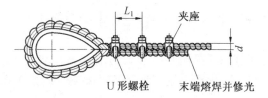

图 14.77　钢索夹子安装图

4. 吊挂接头

吊挂接头是吊挂与被吊产品连接接头,制造方法通常采用数控或塑造加工。

(1)数控加工接头。

若接头与产品接合面为曲面外形,且不与标工协调时,应采用数控加工接合型面及连接孔。

(2)塑造接头。

若接头与产品接合型面及孔需按标工协调时,应按标工使用环氧树脂塑造接合型面及连接孔衬套。塑造层材料选用环氧树脂 GB/T 13657—2011《双酚 A 型环氧树脂》中的 E51(618#)、E44(6101#)、300#、400# 等材料。

5. 材料选用

材料选用应遵循以下原则:

(1)吊挂骨架和吊梁选用低碳钢型钢。

(2)耳片和板状吊环选用 20 钢或 Q235 等低碳钢材料。

(3)吊挂中轴、销、螺栓等受力元件,选用 20 钢或经调质处理的 45 钢。若要提高元件强度,可选用 30CrMnSiA,热处理强度 $\sigma_b = (1\,080 \pm 100)$ MPa。

(4)吊挂接头与产品连接的自制螺栓,选用经热处理的合金钢 30CrMnSiA。

14.5.2 蒙皮吊挂

目前蒙皮零件的固定运转方式大致分为三种,一种是人工搬运,一种是吊带捆绑式,还有一种是预留孔螺栓提升。采用传统吊环和吊索水平吊运,吊环和吊索过程中,由于蒙皮形状和材料的特殊性,对起吊设备提出了一系列要求:如起吊时,必须使蒙皮起吊时受力均匀;吊装运输时,要求吊挂能可靠地捆绕蒙皮,以免滑落受损;翻转型架安装时,更要求吊挂能牢固地固定蒙皮,以保证蒙皮的安装精度。采用人工搬运为避免折损,需十几个工人同步抬起移动,但是因为蒙皮较宽人工翻转上下架十分困难。可见传统搬运方式进行大飞机蒙皮作业时,不仅效率低而且极易造成零件产生折痕甚至局部折断。

由于飞机表面质量要求很高,对飞机的气动外形又有十分苛刻的技术要求,因此在现代大型民用飞机上广泛采用铝合金镜面蒙皮,这类蒙皮有非常突出的特点,就是它的刚度非常差,因此在制造过程中,由于受到各种因素的影响,在吊装过程中很容易发生损伤。目前国外波音、空客等生产厂家均采用真空吸吊技术,采用真空吊挂吸吊蒙皮见图 14.78。

真空吸附和自适应调整模块由吸附夹具、吸盘、真空发生器、电磁阀、止回阀、法向调节轴等组成,结构形式见图 14.79。

吸盘、弹簧与法向调节轴是吸附装置和自适应调整模块的结构核心,法向调节轴的输出端和吸盘的输入端相连,构成了既能吸附蒙皮壁板,又能自适应壁板变形的法向调节,结构形式见图 14.80。

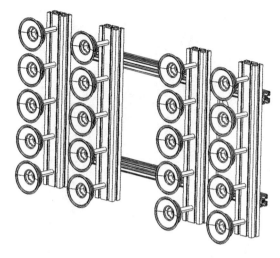

图 14.78　真空吊挂吸吊蒙皮

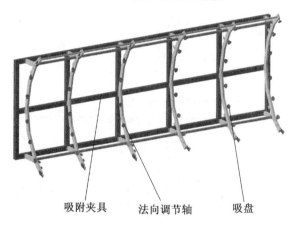

吸附夹具　　　法向调节轴　　　吸盘

图 14.79　真空吸附和自适应调整模块

14.5.3　壁板吊挂

壁板运输吊挂由桁架式吊梁和一组可调式吊带组成,见图 14.81。由于产品较长、刚性差,则采用多个吊带同时受力,避免了起吊时产品受力不均发生弯曲变形。桁架式起吊梁具有抗弯强度好、质量轻、使用方便、通用性强的特点,适用于长壁板或细长类产品的吊运。

14.5.4　垂直尾翼吊挂

垂直尾翼吊挂是飞机装配过程中一项重要的辅助工具,垂直尾翼吊挂能够有效地减少装配所用时间,提高了飞机装配质量和生产效率。

翻转吊挂用于在空中将产品从一种姿态转换至另一种姿态,分为手动和电力驱动两种方式。

图 14.80   吸盘、弹簧与法向自适应调节轴

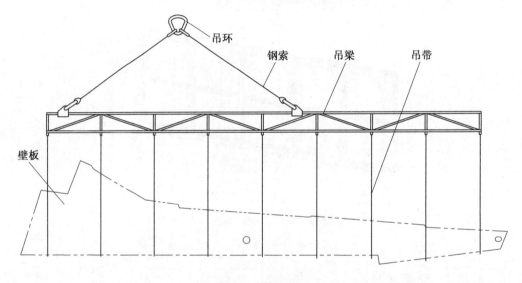

图 14.81   壁板运输吊挂

手动垂尾翻转吊挂见图 14.82。吊挂通过框架上四个接头与产品连接,以两个手动葫芦为动力实现翻转,其中手动葫芦 1 与弯臂外伸末端相连,手动葫芦 2 与弯臂固定端相连。下架后,手动葫芦 1 放下,手动葫芦 2 收起,产品由垂直状态翻转至水平状态。

14.5.5   机翼吊挂

图 14.83 所示为电力驱动外翼翻转吊挂。吊挂设置两个固定于机翼对应肋处的翻转运动单元,两个运动单元在结构上互相独立,铰链点 A 的连线与机翼翻转转动中心平行,两运动机构单元均相同,如电机、蜗轮蜗杆变速箱和滚珠丝杠等。利用一套电气控制系统,利用编码器,使两台电动机构转速相同,保证两个运动单元同步运动,实现机翼翻转。

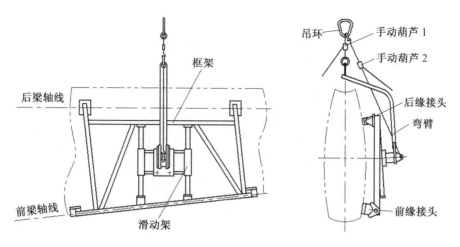

图 14.82　手动垂尾翻转吊挂

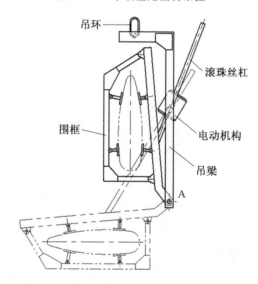

图 14.83　电力驱动外翼翻转吊挂

14.5.6　机身各段吊挂

图 14.84 所示为机身中后段下架吊挂,由于机身质量大,吊点距离长,所以横梁采用桁架结构。横梁一端用吊带兜揽机身加强框处,另一端用卡箍与平尾转轴相连。

运输吊挂用于产品在工位间的周转,如壁板和机身后段的吊运。机身后段运输吊挂见图 14.85。采用吊梁吊挂结构,一端利用产品对接面上的孔固定吊挂接头,另一端采用吊带兜揽产品,并在构造水平线附近设置水平方向拉带(安全带),防止吊带滑脱。

14.5.7　对接吊挂

对接吊挂用于部件之间的对接、分解安装,如机翼与机身的对接、机身尾段与机身中

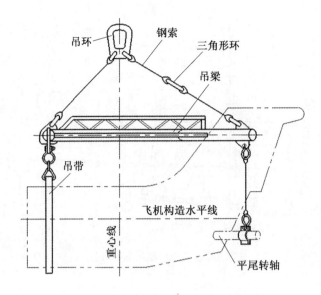

图 14.84　机身中后段下架吊挂

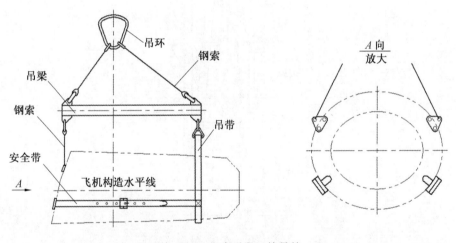

图 14.85　机身后段运输吊挂

段的对接、发动机的安装。机身尾段对接吊挂见图 14.86。采用"工"字形吊挂横梁,利用四根吊带通过吊挂接头与产品相连。

14.6　牵引杆

14.6.1　设计基础

　　牵引杆是与飞机前起落架连接,使飞机前进、后退,并能在牵引过程中控制前起落架实现飞机转弯的工艺装备。

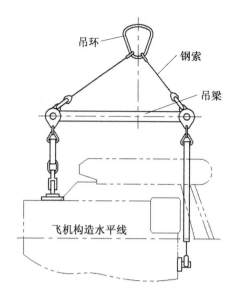
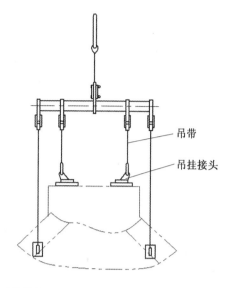

图 14.86　机身尾段对接吊挂

（1）设计依据。

①飞机的牵引质量，一般为飞机最大停机质量。

②飞机牵引杆的连接结构、接口位置、接口结构形式、接口空间。

③牵引车的形式。

④飞机的牵引安全要求。如最大牵引力要求、最大转弯力矩要求。

⑤飞机的特殊牵引要求。

（2）设计准则。

牵引杆的基本参数应满足 GJB 5864—2006《飞机牵引杆和牵引装置型别、基本参数和技术要求》的相关要求；自重大于 50 kg 的牵引杆，应设计行走机构；必要时还应设计液压升降机构，方便与牵引车、飞机对接。

（3）设计流程。

①根据飞机最大停机质量以及牵引车形式，参照 GJB 5864—2006 要求确定牵引杆的长度及其他基本参数。

②考虑牵引过程与飞机外形结构的干涉状况，确定牵引杆的外观形状。

③按照 GJB 5864—2006 要求，设计牵引杆结构方案，初步确定杆体材料型号与规格。

④进行刚强度校核、运动模拟仿真、缓冲装置验算等。

⑤进行详细结构设计。

⑥进行剪力销、弯矩销试件剪力试验，修正结构尺寸参数。

14.6.2　典型结构

牵引杆一般有两种典型结构形式。第一种牵引杆由牵引环、保护装置、杆体、牵引接头、行走机构、缓冲装置等组成,结构形式见图 14.87。第二种牵引杆由牵引环、保护装置、杆体(分前、后段)、滑轮、滑动销、牵引接头、钢丝绳组件、行走机构、缓冲装置等组成,结构形式见图 14.88。两种牵引杆的最大差异在于是否带有牵引钢索结构。

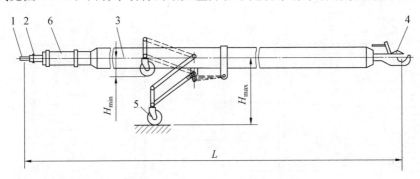

图 14.87　一般牵引杆结构图

1—牵引环;2—保护装置;3—杆体;4—牵引接头;5—行走机构;6—缓冲装置

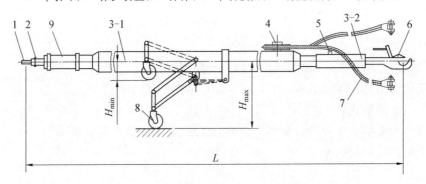

图 14.88　带有牵引索的牵引杆结构示意图

1—牵引环;2—保护装置;3−1—杆体前段;3−2—杆体后段;4—滑轮;5—滑动销;6—牵引接头;7—钢丝绳组件;8—行走机构;9—缓冲装置

14.6.3　典型牵引杆

图 14.89 所示为用于牵引大型飞机的牵引杆,其结构主要由牵引环、缓冲装置、杆体、行走机构、保护装置、牵引接头等组成。

(1)行走机构。行走机构由支撑架、轮组、液压作动筒、手摇泵及控制元件阀块、复位弹簧等组成。行走机构由液压作动筒与复位弹簧实现升降操作,顶起支撑千斤顶时,操作手摇泵使作动筒伸出,轮组下降支撑于地面。收回轮组时,打开液压控制阀,复位弹簧即可将轮组收起离开地面。

(2)牵引杆。牵引杆主体材料均采用高强度合金钢 30CrMnSi,并需经过强度与刚度分析,安全系数符合相关技术要求。

(3)保护装置。保护装置由抗拉剪力销与弯矩剪力销组成,抗拉剪力销按飞机最大牵引力进行推算设计,弯矩剪力销按飞机最大转弯扭矩进行推算设计,并经实验室剪切验证。

（4）缓冲装置。缓冲装置主要由外筒、芯轴、橡胶缓冲垫、金属缓冲片组成，可以有效消除飞机牵引过程中对起落架的冲击载荷。

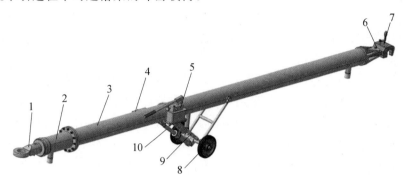

图14.89 大型飞机牵引杆结构图

1—牵引环；2—缓冲装置；3—杆体；4—易损件存放盒；5—手摇泵及控制阀块；
6—保护装置；7—牵引接头；8—轮组；9—复位弹簧；10—作动筒

14.7 千斤顶

14.7.1 千斤顶设计基础

千斤顶是一种升降支承设备，工作时无振动，能把重物升停在所需的高度。当飞机在外场或试飞测试阶段，常常需要对飞机整机进行顶起，千斤顶用于飞机调平或起落架的测试等，是飞机试飞测试阶段、外场维护保养必备的重要地面保障装备。

（1）千斤顶的分类和用途见表14.4。

表14.4 千斤顶的分类和用途

分类方法	类别名称	用途
按作用原理和机构特点	1.杠杆齿杆式千斤顶 2.齿轮传动齿杆式千斤顶 3.螺旋式千斤顶 4.液压式千斤顶 5.数控千斤顶	通常用于以下工作时的支承： 1.安装起落架及飞机附件 2.起落架收放试验，检查收放操纵系统 3.调整、维修和更换刹车装置 4.飞机的水平测量 5.校正瞄准距、调整飞机上有关设备位置 6.飞机称重 7.飞机装配 8.飞机定检与大修等
按用途	1.主千斤顶 2.辅助千斤顶	
按传动种类	1.手动千斤顶 2.机械千斤顶 3.电动千斤顶	

(2)千斤顶技术要求。

①千斤顶的升程一般不大于 0.8 m。

②手摇螺母或锁紧螺母的螺纹圈数一般不大于 10 圈。当螺杆与螺材料相同时，螺母厚度一般取螺纹大径的 0.8 倍。千斤顶的螺杆必须选用自锁螺纹。

③主千斤顶应具有承受垂直额定起质量的 150%，同时又有支承额定起质量 15% 的水平负荷的能力。

④有轮子的千斤顶，必须设有可靠的、保证整体稳定的装置。如果采用轮子的制动装置，考虑偏心载荷作用，必要时可采用可收放的伸臂轮、外伸支脚等。

⑤受压杆系在弯矩作用平面外的长细比小于或等于弯矩作用平面内的长细比时，可不必核算压杆在弯矩作用平面外的稳定性。

⑥手动螺旋式千斤顶一般用支承 2 t 以下的产品，大于 2 t 的产品支承应采用液压千斤顶。

⑦液压油为 YH－10 航空油，油箱的最小容积应为所需油量的 1.1 倍。

14.7.2　手动液压式千斤顶

手动液压式千斤顶是靠液力升降的，具有效率高、承载大、工作平稳可靠等优点，常用于飞机维修、总装及各种测量、调试等工作。

(1)设计依据。

①飞机最大质量及重心位置。

②飞机支撑点分布及结构。

③最大支撑高度要求。

④极限支撑最低高度要求(如起落架损坏、轮胎爆裂等状况)。

(2)设计准则。

①满足 HB 7791—2005《飞机千斤顶类型、基本参数和技术要求》文件中的飞机千斤顶类型、基本参数和技术要求。

②满足 GJB 1132—1991《飞机地面保障设备通用规范》中的飞机地面保障设备通用规范。

③作动筒结构应带有机械自锁结构，卸除液压后，可实现机械支撑。

④千斤顶支撑盘对地面压缩强度符合机场地坪强度要求。

(3)设计流程。

①确定千斤顶的额定载荷、最低高度及行程。

②依据液压系统额定压力，确定千斤顶作动筒外廓尺寸、行程。

③依据千斤顶支撑圆直径，完成方案设计，确定主要杆件材料规格。

④千斤顶强度与稳定性分析计算。

⑤方案优化及详细设计。

⑥编制千斤顶试验大纲及使用维护说明书。

(4)不同类型千斤顶的结构组成。

按结构分为两类：一类是三脚架式，见图 14.90；另一类为柱式，见图 14.91。前者一般初始顶起高度比较大，相反后者一般初始顶起高度比较小，其最小高度、最大高度、液压行程、机械行程和稳定圆直径应符合 HB 7791—2005 的规定。

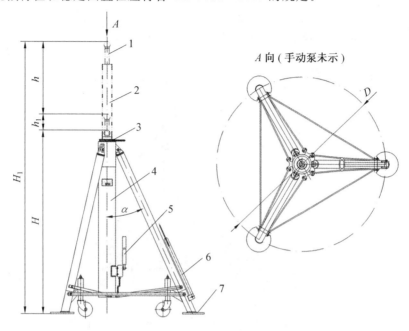

图 14.90　三脚架式千斤顶示意图

1—可调螺杆；2—活塞杆；3—保险螺母；4—作动筒；5—手动泵；6—牵引杆；7—支撑盘

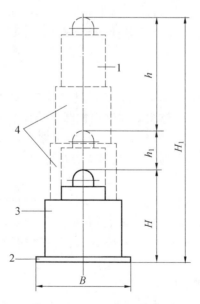

图 14.91　柱式千斤顶示意图

1—可调螺杆；2—底座；3—作动筒；4—活塞杆

(5)典型案例。

如图 14.92 所示为三脚架式液压千斤顶结构。该千斤顶采用三个脚轮的升降方式,通过轮子操纵作动筒实现运动。当千斤顶到达飞机支撑位置后,升起轮子并将支承盘放置在地面上,调整支承盘使其与地面垂直。切换液压系统至千斤顶顶起状态,使用手摇泵实现飞机的顶升,并同步旋转自锁螺母以确保顶升过程安全,从而达到飞机顶升的目的。

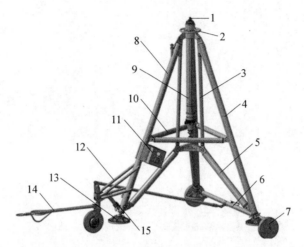

图 14.92　飞机三脚架式液压千斤顶结构简图
1—支撑头;2—保险螺母;3—竖向拉杆;4—斜支柱;5—
斜拉杆;6—轮轴;7—轮子;8—斜支柱(油箱);9—作动
筒;10—水平连杆;11—液压操纵箱;12—轮子升降连杆;
13—支承盘;14—牵引杆;15—轮子操纵作动筒

14.7.3　数控千斤顶

数控千斤顶是用于飞机总装阶段的关键工具设备,其主要功能是顶起、落下并调整飞机姿态等工作。数控千斤顶能够实时监测和控制千斤顶在工作过程中的可靠性、平稳性、同步性和精确性等关键参数。其液压系统稳定可靠,运行平稳,无任何冲击,而电控系统则功能齐全、安全可靠、保护到位、人机界面设计合理。

(1)数控千斤顶工作原理。

数控千斤顶液压电气控制系统通过对三个具有独立液压系统的千斤顶进行统一控制,从而实现三个千斤顶的入位、同步升降、微量调整等功能,达到飞机升降及调平的要求,其液压系统原理图、液压电气控制系统总图、电气控制原理图分别见图 14.93、图14.94、图 14.95。

(2)数控千斤顶设计原则。

①千斤顶设计牵引杆,底盘设计行走机构,移动方便,可在地面任意方向移动,并设有方便操作的锁紧装置。

②千斤顶采用独立的双动力系统,每台千斤顶均设计有一套手摇泵动力源和一套电

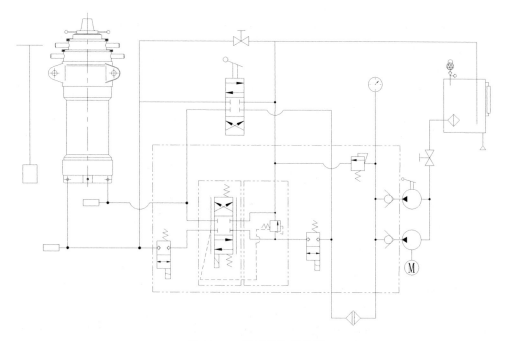

图 14.93　液压系统原理图

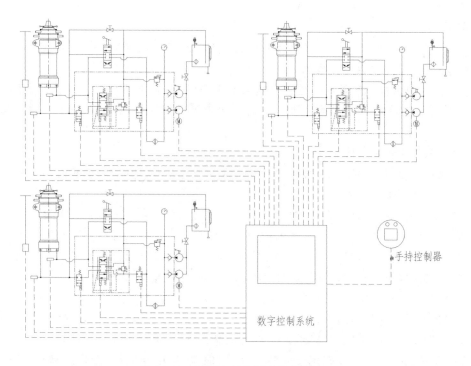

图 14.94　液压电气控制系统总图

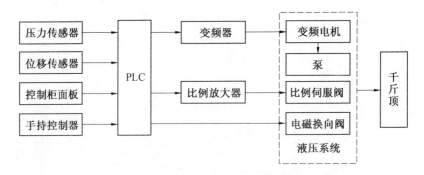

图 14.95　电气控制原理图

动泵动力源,手摇泵并联在电动泵支路上,两组动力源相互独立,互不影响,可实现液压千斤顶的手动和电动升降。

③千斤顶配置有绝对值式位移传感器,可将千斤顶的行程高度采集传入控制系统,通过程序运算实现千斤顶运行参数的数字化显示和智能控制。电动系统采用 PLC 作为控制器,选用伺服电机和定量柱塞泵,配套比例伺服液压阀组,实现千斤顶的电动升降和微调。

④千斤顶支撑底盘与主撑杆采用焊接形式,各主撑杆与作动筒采用螺栓连接,各螺栓均设置有保险销,具备良好的防脱措施。支承盘组件上配备垂直调节丝杆,可对千斤顶进行入位调平。作动筒上安装有万向水平仪,调平时观察水平仪气泡位置即可完成入位调平。

⑤千斤顶液压油箱设计成圆柱体,安装在支撑底盘上,油箱上盖整体可拆卸,并设置有加油空气滤,方便加油和清洗。

⑥千斤顶升降式脚轮组件通过调节丝杆整体可升降,可调节行走高度,行走轮选用三个万向聚氨酯实心轮,可有效吸收运输过程中来自地面的振动,承载千斤顶自身质量实现转场运输。

(3)数控千斤顶总体设计。

①将千斤顶根据功能进行模块化分解,分别为支撑架、作动筒、油箱、液控箱、轮子组件、牵引杆和连接辅件等。

②分别对各模块进行新材料、新工艺、新方法的研究,将模块质量作为设计重要指标,在保证产品功能和强度的基础上减轻产品质量。支撑架的撑杆、拉杆、调节支撑选用高强度材料,减小材料尺寸,在保障强度的同时可以大大减轻设备质量。作动筒选用高强度钢,提高使用压力等级,降低缸体厚度,使设备质量大大减小。

(4)数控千斤顶结构组成。

数控千斤顶由三脚形支撑架、工作梯、作动筒、升降式脚轮、牵引杆、操纵箱和油箱等构成,见图 14.96。其中,三脚形支撑架主要由支撑杆、可调节支撑板的调节丝杆和拉杆等部件组成。三脚形支撑架用于安装作动筒、油箱、液压操纵箱、升降式脚轮、牵引杆和其他辅助部件,以承载和分散来自千斤顶的负载,保证设备对地面的压力均匀分布并提高其稳定性。支撑杆及拉杆采用起重机臂架用高强度无缝钢管 HSM890 焊接、铰接制成,在保证强度的前提下减轻质量。调节丝杆能够调节支撑盘底部与地面的间隙,确保在顶起飞机时轮子不会承受载荷,同时调节主作动筒处入垂直状态,千斤顶拖动时支撑盘离地。气泡水平仪安装在作动筒底部安装板上,可以保证安装后与作动筒轴线垂直。

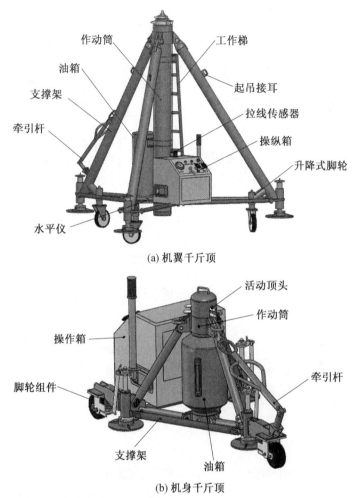

(a)机翼千斤顶

(b)机身千斤顶

图 14.96 数控千斤顶组成

(5)典型案例。

图 14.97 所示为典型数控千斤顶,其主要用于飞机总装阶段顶起飞机、落下飞机和飞机调姿等工作。该数控千斤顶用同一控制系统对三个具有独立液压系统的千斤顶进行控制,实现三个千斤顶的入位、同步升降、微调等功能,达到飞机顶起及调姿的要求。

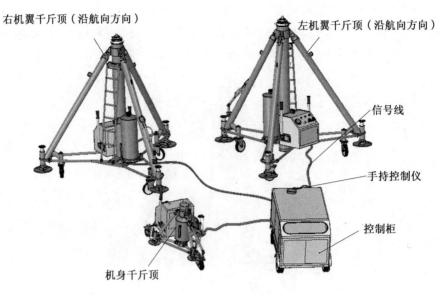

右机翼千斤顶（沿航向方向）

左机翼千斤顶（沿航向方向）

信号线

手持控制仪

控制柜

机身千斤顶

图 14.97　典型数控千斤顶

14.8　翻转设备

翻转设备是用于调整产品姿态的一种专用设备，在进行飞机维修、保养、清洗等工作时，需要将飞机翻转到便于操作的位置，这时就需要使用翻转设备。飞机翻转设备种类繁多，根据使用对象可以分为翼盒翻转工装、机翼翻转工装、机身翻转工装和其他翻转工装。

14.8.1　机翼翻转设备

飞机在装配生产过程中需要对机翼进行翻转、调姿及吊运等，以实现机翼的精确装配与安全运输。对于小型机翼，采用一种框架式结构与机翼上几处连接接头连接，电动或气动葫芦调节链条长度来实现翻转，见图 14.98；对于大型机翼，采用将带有旋转梁的翼盒从型架中吊出后，与固定在地面上的两个液压支柱顶部铰链连接，以铰链轴为旋转中心实现机翼翻转，见图 14.99。

1. 结构设计

图 14.100 所示为立柱式机翼翻转设备，用于实现机翼由垂直状态翻转为水平状态或由水平状态翻转为垂直状态。

立柱式机翼翻转设备由水平吊挂、勾形起吊梁、内侧连接横梁、外侧连接横梁、翻转立柱及延伸梁组成，两种翻转状态使用的延伸梁不同，必须对应使用。在前一种翻转状态中，延伸梁包括内侧前翻转延伸梁、内侧后起吊延伸梁、外侧前翻转延伸梁、外侧后起吊延伸梁；在后一种翻转状态中，延伸梁包括内侧前起吊延伸梁、内侧后翻转延伸梁、外

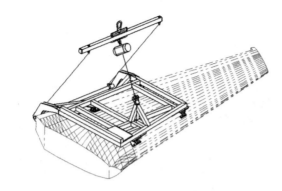

图 14.98 小型机翼翻转设备

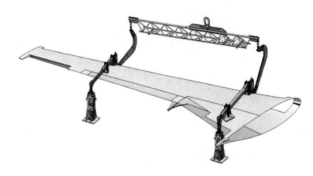

图 14.99 大型机翼翻转设备

侧前起吊延伸梁、外侧后翻转延伸梁组成。翻转延伸梁设计时应保证两立柱上 C、D 孔同轴。在机翼垂直状态时 C、D 点应处于 A、B 两点连线外靠近连接横梁的一侧,见图 14.100,即吊挂连接点 A、B 和机翼重心 G 均应偏向翻转一侧。

2. 原理设计

立柱式机翼翻转设备工作原理见图 14.101。将连接横梁、起吊延伸梁、翻转延伸梁与机翼相连,水平吊挂通过勾形起吊梁与延伸梁的 $A(B)$ 点相连,将机翼(竖直状态)从型架中吊出,通过轴销将翻转延伸梁的 $C(D)$ 点与翻转立柱连接。因为机翼重心 G 点偏向 $C(D)$ 点垂直面左侧,所以吊挂下降时,机翼在重力的作用下绕 $C(D)$ 点向左下方转动,直至机翼呈水平状态,通过运输车或托架托放机翼,即可完成机翼由垂直状态至水平状态的翻转。

同理,机翼在水平状态时,通过轴销将翻转延伸梁与翻转立柱连接,通过吊挂提升起吊延伸梁,实现机翼由水平状态至垂直状态的翻转。机翼由水平状态翻转至垂直状态时,需更换另一套延伸梁,即内侧前翻转延伸梁更换为内侧前起吊延伸梁。

3. 材料选用

延伸梁、连接横梁均选用矩形钢管,连接横梁应采用无缝钢管。

14.8.2 机身翻转设备

飞机在装配生产过程中需要对机身进行翻转、调姿及吊运等,以实现机身的精确装

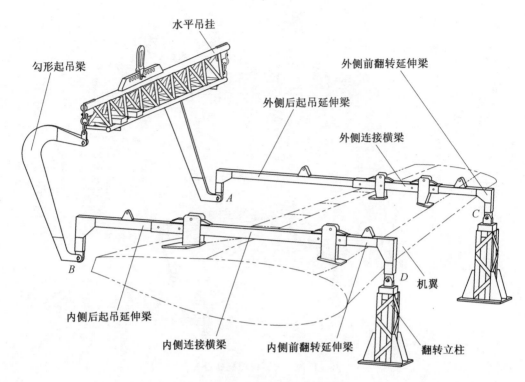

水平吊挂

勾形起吊梁

外侧前翻转延伸梁

外侧后起吊延伸梁

外侧连接横梁

A

C

B

D 机翼

内侧后起吊延伸梁

内侧连接横梁

内侧前翻转延伸梁

翻转立柱

图 14.100　立柱式机翼翻转设备

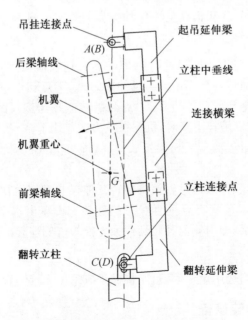

吊挂连接点

起吊延伸梁

$A(B)$

后梁轴线

立柱中垂线

机翼

连接横梁

机翼重心

前梁轴线

G

立柱连接点

翻转立柱

$C(D)$

翻转延伸梁

图 14.101　立柱式机翼翻转设备工作原理

配与安全运输。

（1）结构设计。

图 14.102 所示为机身下壁板翻转设备，主要由翻转支架、翻转框架和转动机构组成。设计时应注意：

①连接下壁板的翻转框架必须具有足够的刚度，且质量较轻，应采用桁架结构。

②两端翻转支架的转动中心必须重合，翻转框架、下壁板两者复合重心应与转动中心线尽量接近。

③转动机构必须带有自锁功能或制动装置，以满足转动过程中任一位置停止并处于制动状态。

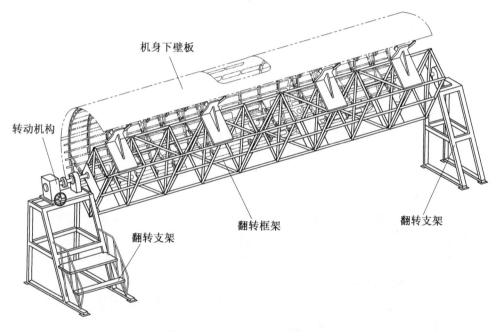

图 14.102　机身下壁板翻转设备

（2）原理设计。

机身下壁板为等截面结构，翻转框架中的各杆件规格相同且分布均匀，框架外廓为等截面结构。当机身下壁板、翻转框架两者的复合重心与设备的转动中心线接近或重合时，只需较小的扭矩即可实现转动。

（3）材料选用。

翻转支架选用型钢，翻转框架桁架选用薄壁钢管。

14.8.3　其他翻转设备

其他翻转设备主要包括气动式翻转设备。气动式翻转设备采用气压驱动，实现产品的翻转，按驱动扭矩分为轻型和重型，常用于装配型架中装配和铆接产品时的翻转。

1. 结构设计

(1)轻型气动翻转设备。

轻型气动翻转设备适用于驱动扭矩小于 300 N·m 产品的翻转,由气动马达、气动制动器、变速箱、联轴器、翻转支座、气动控制箱等组成,见图 14.103。

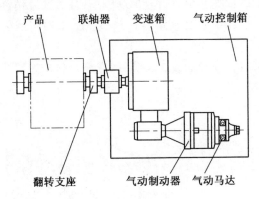

图 14.103 轻型气动翻转设备

气动马达、气动制动器、变速箱安装在控制箱底板上,变速箱输出轴与翻转支座的转轴同轴,产品和翻转框架两者的复合重心与翻转支座的转动中心线尽可能接近或重合,换向阀、气动制动器的控制按钮安装在箱体的面板上,换向阀的手柄可处于"正转""中立""反转"三种操作状态。

气源采用厂房压缩空气,气体进口处设置气源处理三联件,对进入的气体进行除水、过滤、调压、油雾(润滑气动马达)处理,三联件规格由气动马达进气口尺寸及耗气量确定,油雾器中润滑油的滴落速度调节为 3~4 滴/min,出口压力调节为 0.55 MPa。

(2)重型气动翻转设备。

重型气动翻转设备适用于驱动扭矩大于 300 N·m 产品的翻转。结构形式见图 14.104,由气动马达、气动制动器、变速箱、支架、输出转轴、从动转轴等组成。

2. 气压系统原理设计

轻型气动翻转设备的气压系统原理见图 14.105。接通气源,将三位四通换向阀 4 的手柄扳至所需转动方向的位置(正转、反转),压缩空气通过气源处理三联件 9 和三位四通换向阀 4 进入气动马达 3,驱动气动马达 3 空转,按住二位三通控制阀 7 的按钮,压缩空气通过二位三通控制阀 7 的左位进入气动制动器 2,气动制动器中的"闸瓦"将气动马达 3 的输出轴和变速箱 1 的输入轴抱紧联结,产品开始翻转。当产品翻转至所需角度时,松开二位三通控制阀 7 上的按钮,气动制动器 2 中的气压通过消音器 8 卸压,气动马达 3 的输出轴和变速箱 1 的输入轴脱开,产品停止翻转,将三位四通换向阀 4 的手柄扳至中立位置,气动马达 3 停止运转并制动。通过节流阀 5 调节翻转转速,一般输出转速为 1.5~2 r/min。

重型气动翻转设备和轻型气动翻转设备的气压系统原理基本相同,不同之处是重型气动翻转设备的气动制动器采用常抱闸式气动控制机械抱闸。接通气压时,抱闸松开,

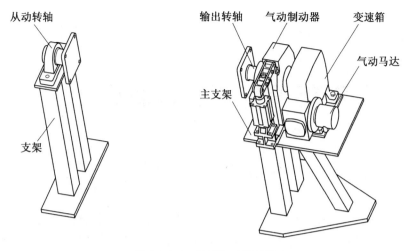

图 14.104　重型气动翻转设备

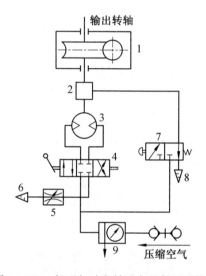

图 14.105　轻型气动翻转设备的气压系统原理
1—变速箱；2—气动制动器；3—气动马达；4—三位四通换向阀；5—节流阀；6—消音器；7—二位三通控制阀；8—消音器；9—气源处理三联件

实现翻转。

3．成品选用

气动式翻转设备成品的选择首先是确定气动马达，根据被驱动产品和翻转框架的质量、重心与转轴的位置，计算出翻转时的扭矩理论值，按此理论值考虑 1.5 倍的安全系数选择气动马达的额定扭矩，以确定气动马达的规格、型号。再依据气动马达的工作压力、额定转速、进排气口尺寸、耗气量和输出轴的几何尺寸，选择其他气动元件和变速箱的规格、型号。

第 15 章　试验工装设计

15.1　概　　述

试验设备是在飞机制造过程中对飞机液压系统、气压系统、附件等的技术参数进行试验与检测，以及用于试验中封堵产品开口或接头的专用设备，试验设备分为液压试验台、气压试验、淋雨试验台及试验夹具，这些设备主要用于对飞机机身和部件进行试验和测试，以检验其是否满足设计要求和规范标准。

15.2　液压试验台

液压试验台包括液压系统试验台和液压附件试验台。在总装或试飞现场，液压系统试验台代替飞机泵源给飞机液压系统供油，并进行相关功能试验。液压附件试验台则是在实验室内完成附件功能、寿命、技术参数等科目的测试。

1.结构设计

(1)液压系统试验台。

液压系统试验台又称为液压试验车，一般由底架、壳体、动力系统、液压系统等部分组成，底架配装轮子，便于移动。底架由槽形板弯件、角钢、矩形钢管等焊接而成，用于安装电机、液压泵、冷却器、油箱等元件，在满足强度与刚度的前提下应尽量轻巧。由于试验车中装有电机驱动的液压泵，所以轮子应采用充气轮或海绵实心轮，起到减震效果。壳体为薄壳结构，与底架相连。壳体内应预留空间或在顶部设置围栏用于放置电缆及软管。露天使用的试验车其仪表板上应设置保护盖。

(2)液压附件试验台。

液压附件试验台固定放置于实验室内，由操纵台(含操纵装置和壳体)和泵源装置组成，二者用软管通过快速接头连通。采用软管连接可避免泵源装置运行时产生的机械振动波及到操纵台上，对测试仪表产生影响。泵源装置的底架除了不配装轮子外，其余与系统试验台的底架结构基本相同。操纵台壳体为薄壳结构，由厚度为 $1\sim1.5\ \mathrm{mm}$ 的不锈钢板组焊而成。设置垂直仪表板和水平台面板，各种仪表、控制按钮、指示灯、手动阀均安装在垂直仪表板上，垂直仪表板采用厚度 $2\sim3\ \mathrm{mm}$ 的不锈钢板，见图 15.1。

水平台面板分为无集油盘式和带集油盘式两种结构形式。无集油盘式适用于被试产品不用放置在台面板上做试验,这种结构台面板上可安装手动阀、调压阀;带集油盘式适用于被试产品直接放置在台面板上做试验。集油盘结构见图15.2。

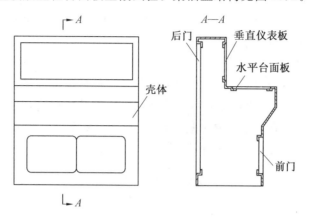

图15.1　操纵台壳体

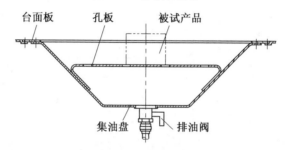

图15.2　集油盘结构

(3)液压泵动力装置。

①民用泵动力装置。

民用泵一般适用于常温试验台。通常选用介质为液压油的进口民用泵通过钟形罩与B35带底座法兰型电机相连,液压泵的输入轴与电机的输出轴在钟形罩内采用联轴器连接,应选用啮合处嵌件为高弹性聚酯材料的联轴器,见图15.3。

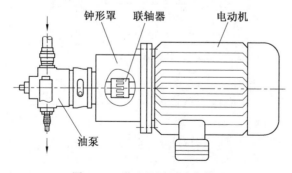

图15.3　进口民用泵动力装置

②航空泵动力装置。

航空泵额定转速高,使用时必须设置变速机构。航空泵 CB－40、ZB－34、ZB－16 可选用航标或企标变速箱。

2. 液压系统设计

试验台液压系统由不同功能的基本液压回路组成,其系统原理必须正确合理,确保完成产品试验技术条件所规定的试验科目。

(1)液压系统试验台。

液压系统试验台可参照 GJB 1691—1993《飞机地面液压油泵车通用规范》的基本要求,并结合飞机液压系统的试验技术要求设计。主液压系统试验台、助力液压系统试验台和液压系统清洗试验台的系统原理基本相同。图 15.4 所示为液压系统清洗试验台系统原理图。若飞机油箱是自供压力油箱,则不需设计油箱气压增压系统。

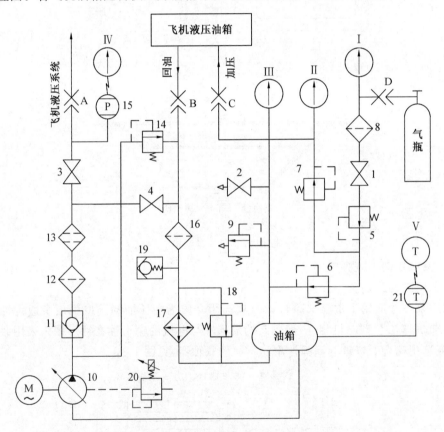

图 15.4　液压系统清洗试验台系统原理图

1～4—手动阀;5～7—减压阀;8—气滤;9、14—安全阀;10—液压泵;11—单向阀;12、16—油滤;13—精油滤;15—压力传感器;17—散热器;18—低压溢流阀;19—采样活门;20—比例溢流阀;21—温度传感器;Ⅰ～Ⅲ—压力表;Ⅳ—压力显示仪;Ⅴ—温度显示仪

(2)液压附件试验台。

液压附件试验台应根据附件试验技术要求确定试验台的技术参数和系统原理,大部

分液压附件均可在一个试验台上完成相关试验,本节以附件通用试验台和作动筒加载寿命试验台为例对液压附件试验台进行介绍。

①附件通用试验台。

飞机上各种液压附件的功能虽各不相同,但多数试验科目是相同的,如气密、强度、流量、液压阻力、作动筒摩擦力等试验,采用附件通用试验台即可满足不同附件做相同试验的要求。附件通用试验台系统原理图见图15.5。

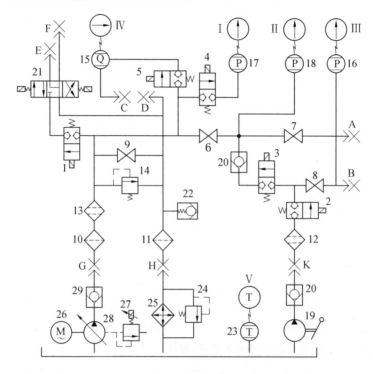

图 15.5 附件通用试验台系统原理图

1~5—电磁球阀;6~9—手动阀;10、11—油滤;12、13—精油滤;14—安全阀;15—流量传感器;16~18—压力传感器;19—手动泵;20—单向阀;21—电磁换向阀;22—采样活门;23—温度传感器;24—低压溢流阀;25—散热器;26—电机;27—比例溢流阀;28—液压泵;29—单向阀;

Ⅰ~Ⅲ—压力显示仪;Ⅳ—流量显示仪;Ⅴ—温度显示仪

②作动筒加载寿命试验台。

飞机作动筒,如襟翼收放作动筒、舱门作动筒、减速板作动筒、前轮转弯作动筒等,除了做气密、强度、摩擦力等通用试验科目外,还应做加载寿命试验。因此必须设计作动筒加载寿命试验台。

以带液压锁襟翼收放作动筒双向加载寿命试验台为例,其系统原理见图15.6。襟翼作动筒活塞杆伸出时加载(载荷值由调压阀13的调整压力确定),收入时加载(载荷值由调压阀12的调整压力确定),收入到底部后锁住活塞,在被试作动筒两腔均无压力的情况下给活塞杆加拉载(载荷值由溢流阀29的打开压力确定)3 s,试验锁的可靠性,3 s后卸去拉载,襟翼作动筒无杆腔进入压力油、开锁、活塞杆伸出,如此加载循环运动2万次。

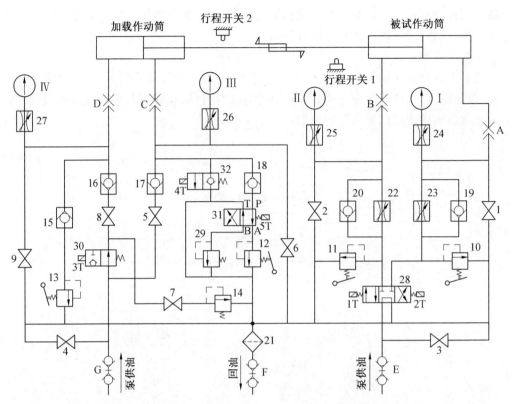

图 15.6　带液压锁襟翼收放作动筒双向加载寿命试验台系统原理

1～9—手动阀;10～13—调压阀;14—安全阀;15～20—单向阀;21—油滤;22～27—可调节流阀;
28—电磁换向阀;29—溢流阀;30、32—电磁球阀;31—电磁换向阀;Ⅰ～Ⅳ—压力表

　　襟翼作动筒双向加载寿命试验台按以下程序自动运行:

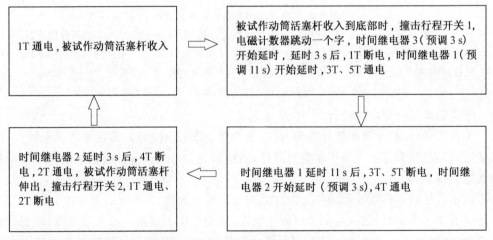

　　无液压锁的作动筒寿命试验台系统原理可参照图15.6,将 29、31、32 号件取消即可。
试验台启动时,按下任意一个行程开关,系统即可自动加载往复循环运动。

15.3 气压试验台

气压试验台是以气体为介质对飞机冷气或氧气系统及其附件、飞机部件,如座舱、机翼油箱,进行压力、功能和气密试验的专用设备。根据被试产品的不同,试验台的工作介质包括氧气、氮气、高压压缩空气、厂房管道压缩空气。

1. 结构设计

气压试验台的操纵台及仪表板的设置与液压试验台相同。

2. 气压系统设计

试验台的气压系统由不同功能的基本气压回路组成。气压试验台的种类较多,下面以气压系统气密试验台和附件通用气压试验台为例对气压系统设计进行介绍。

(1)气压系统气密试验台。

气压系统气密试验台系统原理见图15.7。

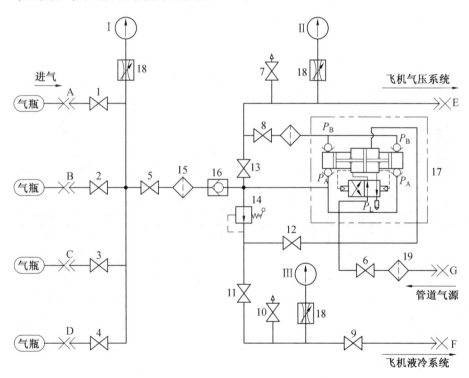

图 15.7 气压系统气密试验台系统原理

1~13—手动阀;14—减压阀;15—气滤;16—单向阀;17—气驱气压泵;18—节流阀;19—过滤器;Ⅰ、Ⅱ、Ⅲ—压力表

采用1~4个(根据试验容积的大小确定)40 L的高压氮气瓶作为试验介质源,对产品做压力低于4 MPa和压力为4~15 MPa的气压试验。做低于4 MPa的气压试验(如

飞机液冷系统)时,关闭开关12、13,通过手动减压阀14减压(4 MPa以内可任意调节)至所需试验压力。做4~15 MPa的气压试验时有两种情况:当气源压力大于试验压力时,关闭开关8~12,打开开关13,直接给被试产品充压至试验压力;当气源压力小于试验压力时,关闭开关13,依次打开开关8、12、6,启用管道压缩空气驱动气驱气压泵给被试产品充压至试验压力。

(2)附件通用气压试验台。

附件通用气压试验台系统原理见图15.8。

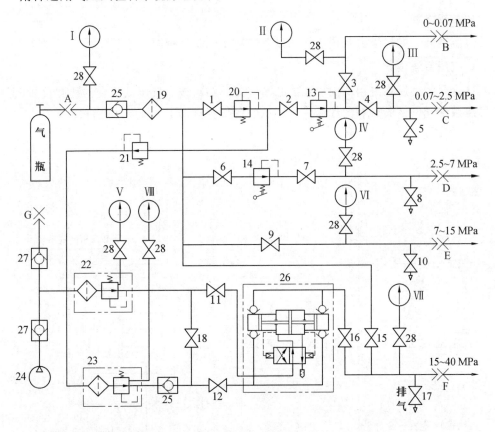

图15.8 附件通用气压试验台系统原理

1~8、11、12—手动阀;9、10—高压针阀;13、14—调压阀;15~18—手动阀;19—气滤;20、21—减压阀;22、23—调压阀;24—空压机;25、27—单向阀;26—气驱气压泵;28—压力表开关;Ⅰ~Ⅷ—压力表

3.基本气压回路

(1)减压回路。

为简化试验台结构和确保飞机产品不受污染,除飞机座舱气密试验外,一般试验台采用瓶装高压气体作为产品的试验介质。瓶装高压气体的压力在初始状态时,保持在13.5 MPa左右,当试验压力为2.5~8 MPa时,可采用高压减压阀如KJY-21M进行1级减压。当试验压力小于2.5 MPa时,所需压力可由2个不同规格的减压阀进行2级

(次)减压,如第 1 级减压阀采用定压减压阀 KJY－8A,第 2 级减压阀采用可调减压(调压)阀如 QS－1 来实现。采用 1 级减压还是 2 级减压主要取决于试验压力的高低和成品减压阀的技术参数。若产品的试验压力是恒定值,则优先选用定压减压阀,或采用可调减压阀调到所需压力后铅封。上述型号的减压阀均为航空专业厂的成品,流量在 200 L/min 左右。若试验所需流量较大时,应选用通径较大的气动成品元件。

(2)增压回路。

全机冷气系统和部分气动附件的气密强度试验压力往往大于瓶装气体的压力,如 15 MPa、21 MPa、35 MPa。因此,试验台必须设置将气体压力增至所需试验压力的增压系统,增压方式包括以下三种:

①气驱气压泵增压回路。

气驱气压泵(即风动气压泵)增压是采用气驱气压泵将试验介质(气体)的压力直接增加到所需的试验压力,根据产品试验压力的大小和所需流量选择不同型号规格的气驱气压泵。

气驱气压泵增压回路见图 15.9。大活塞联动小活塞利用面积之比来增压,气控先导非平衡原理控制活塞连续往复运动实现增压。输出气体的压力 P_B 取决于泵的增压比和驱动气体的压力 P_L。气驱气压泵的驱动气体可以是厂房管道压缩空气。给被试产品充填的气体(即试验介质)是高压瓶装气体或厂房管道压缩空气。工作时气体压力从小到大,缓慢上升。当达到所需压力时关闭进气开关,增压完成。

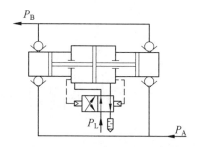

图 15.9 气驱气压泵增压回路

②增压器增压回路。

增压器增压是利用增压器将低于试验压力的气体增压至产品试验压力。增压器增压回路见图 15.10。关闭开关 1,打开开关 2,气源(一般为 40 L 的瓶装气体)中的气体打开单向阀 3 进入增压器的小活塞腔(高压腔),小活塞连同大活塞向下运动,大活塞腔中的气体通过开关 2 排出,活塞运动到底。同时,气源气体通过单向阀 4 充入被试产品,产品中的压力与气源压力相同。关闭开关 2,打开开关 1,气源中的气体进入大活塞下腔,大活塞带动小活塞上行,大活塞上腔中的气体通过中上部的排气孔排出,活塞上行,小活塞腔(即高压腔)中的气体被压缩,直至高压腔中的压力和小活塞面积之积与气源压力和大活塞面积之积相等。与此同时高压腔中的气体通过单向阀 4 充入被试产品,直至气压达到所需试验压力。增压的次数取决于气源的压力和被试产品的容积。该增压原理适用于试验容积较小的气动附件。

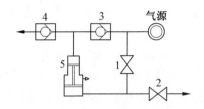

图 15.10　增压器增压回路

1、2—开关；3、4—单向阀；5—增压阀

③活塞缸液压增压回路。

活塞缸液压增压是采用类似大尺寸活塞式蓄能器的活塞缸，利用油压推动活塞运动来压缩气体，实现气体增压。

活塞缸液压增气压回路见图 15.11。打开开关 1，气源压缩气体通过单向阀 2、3 进入产品及活塞缸 4 的气压腔。在气压的作用下，活塞下行，活塞增压缸中的液压油则通过电磁阀 5 排向油箱，活塞下行到缸底时，缸中的气腔和被试产品容腔充满了与气源压力相等的气体。此时电磁阀 5 中的电磁铁通电，启动高压液压泵供油，高压液压油通过电磁阀 5（下端阀位）进入活塞缸的液压腔，活塞向上运动，将缸中气腔的气体压缩并通过单向阀 3 进入产品，使产品容腔中的气压升高到所需压力。若试验产品容积特别大，可连续几次增压直至达到所需压力。该增压方式的液压泵最大输出压力必须大于最大的气体试验压力。该增压回路不适用于氧气系统的试验，因为活塞运行中会致使缸体气腔内壁残存液压油油渍，而氧气系统必须禁油。

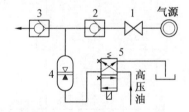

图 15.11　活塞液压增气压回路

1—开关；2、3—单向阀；4—活塞缸；5—电磁阀

4. 微压限压自动卸荷报警系统

机翼整体油箱的气密试验压力很低，一般只有 20～35 kPa，试验过程中为保证机翼整体油箱的安全，必须采用微压限压自动卸荷报警系统，见图 15.12。当机翼整体油箱内的气体压力达到规定值时，微压电子开关 1（分辨率 0.1 kPa）常开触点闭合使报警灯报警，同时使电磁球阀 2 通电打开，进行排气卸荷。

5. 气源处理

当试验压力小于 0.5 MPa 时，试验台可采用厂房管道压缩空气作为气源。因厂房管道压缩空气中水分和杂质较多，必须在试验台的进气管道上设置过滤装置。过滤装置主要由分水滤气器、过滤精度 1～5 μm 的自动排水过滤器和 0.3 μm 的油雾分离器组成。同时在试验台与产品连接的出口前加装过滤精度为 1～5 μm 的过滤器。

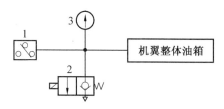

图 15.12　微压限压自动卸荷报警系统
1—微压电子开关;2—电磁球阀;3—压力表

当试验压力大于 0.5 MPa 时,一般采用瓶装高压氮气(纯度 99.999%)作为试验介质,由于瓶装氮气的露点低于−70 ℃,且杂质含量极少,所以采用瓶装高压氮气作为试验介质时无须加装分水滤气器。但为确保产品不受杂质污染,需要在进入产品的管路中加装过滤器。

15.4　试验夹具

在对飞机气压系统或液压系统、附件、导管、机翼整体油箱等进行气密试验时,能够通过气密试验台为产品充压,并对产品开口或接头封堵的装置称为试验夹具,包括活门试验夹具、焊接导管气密试验夹具和气密试验堵具。

1. 结构设计

按照被试产品开口或接口的标准形式及其尺寸设计相应的试验夹具,并根据产品试验要求的介质流动方向设置进气(油)接嘴,以便在测试时与试验台连接。

(1)活门试验夹具。

活门试验夹具是用于检测活门打开与关闭的试验装置。图 15.13 为燃油系统活门试验夹具,由外螺纹堵盖、外套螺母、O 形密封圈、内螺纹堵盖组成。试验时分别从两端充入试验介质,所以需在两端堵盖上设置进气(油)接嘴,并配制堵帽(图中未示出)。

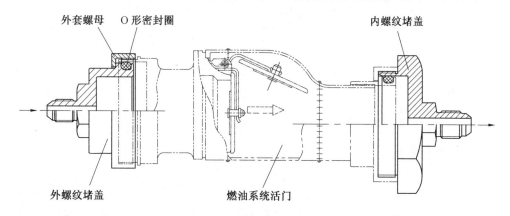

图 15.13　燃油系统活门试验夹具

（2）焊接导管气密试验夹具。

焊接导管气密试验夹具是用于检测导管焊接质量的试验装置。图 15.14 为焊接导管气密试验夹具，由底架、堵板、卡箍及进气接嘴组成。

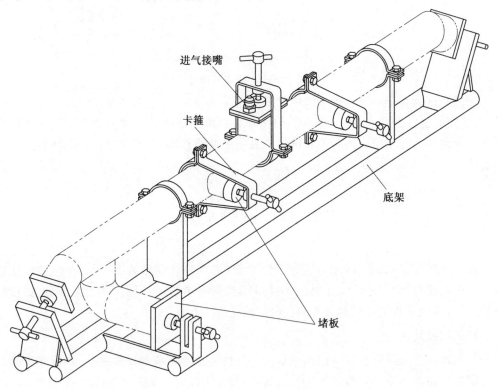

图 15.14　焊接导管气密试验夹具

（3）气密试验堵具。

气密试验堵具是用于封堵产品开口或接头的装置。常用试验堵具形式多样，应根据产品的具体结构，参考表 15.1 中近似的形式与原理进行设计。

表 15.1　常用堵具

名称	大径滚波管头堵具 $d \geqslant 50$ mm	小径滚波管头堵具 $d < 50$ mm		柔性接头内 螺纹堵具
结构简图	工作压力 $P < 2$ MPa	工作压力 $P < 0.7$ MPa	工作压力 $P < 2$ MPa	工作压力 $P < 2$ MPa

续表15.1

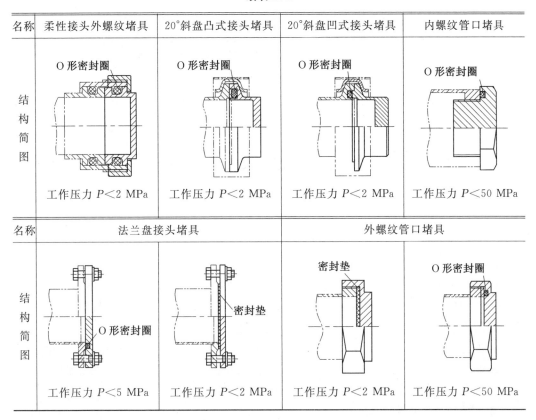

名称	柔性接头外螺纹堵具	20°斜盘凸式接头堵具	20°斜盘凹式接头堵具	内螺纹管口堵具
结构简图	O形密封圈 工作压力 $P<2$ MPa	O形密封圈 工作压力 $P<2$ MPa	O形密封圈 工作压力 $P<2$ MPa	O形密封圈 工作压力 $P<50$ MPa

名称	法兰盘接头堵具		外螺纹管口堵具	
结构简图	O形密封圈 工作压力 $P<5$ MPa	密封垫 工作压力 $P<2$ MPa	密封垫 工作压力 $P<2$ MPa	O形密封圈 工作压力 $P<50$ MPa

2. 材料选用

试验夹具密封件采用与试验介质相适应的橡胶材料,可参照前述 O 形密封圈材料选用;结构件材料选用 2A12－T4 或 Q235。

第六部分　其他工装设计

第 16 章　标准工艺装备

16.1　概　　述

标准工艺装备(简称标准工装或标工)是以类比模拟来体现产品某些部位几何形状和尺寸的刚性实体。它作为制造、协调、检验工装的模拟量标准,也作为保证工装之间以及产品部件、组件之间尺寸和形状协调的重要依据。

标工必须具有足够的刚度以保持其尺寸和形状的稳定,同时应具有比其他工装更高的准确度。随着数字化技术的发展,数字量逐步取代标工模拟量成为主要的协调手段。

(1)标工类别及用途。

标工类别及用途见表 16.1。

表 16.1　标工类别及用途

标工类别	用途
标准平板	适用于对接框分离面、对接肋分离面理论外形、对接孔的协调互换
标准量规	适用于部件、组件对接接头之间的协调互换
标准样件	适用于协调产品整体或局部复杂部位,互换内容为外形、对接孔、接头、锁
对合协调台	为对合的标工提供定位基准,在协调台上对成组标工进行对合协调检查

(2)标工结构组成。

①骨架。

骨架是由方管、圆管等焊接而成的平面或立体框架,或以钢板、铝板、铸铝为基体的整体结构。

②基准系统。

基准系统包括基准孔、基准叉耳、标高和工具球四种形式,其是标工与标工之间、标工与工装之间的协调基准。

③协调要素。

协调要素是产品部(组)件的交点、型面、孔位等几何要素在标工上的模拟,其是标工发挥协调作用的具体要素。

16.2　标工设计基本要求

(1)协调要求。

标工既然是其他工装的协调依据,就必须满足产品部件(组件)的交点、型面、孔位等几何要素在标工之间、标工与工装之间的"转移",以保证互换协调要求,即协调部位及精度满足技术要求,协调部位的制造依据符合协调图表。

(2)基准要求。

为保证协调关系的准确传递,标工设计基准的选取应符合以下原则:

①标工的设计基准应与相应产品的设计基准一致。

②相邻部件、组件的标工设计基准应尽量一致。

③设计基准、工艺基准和检验基准尽量一致。

(3)刚度要求。

为避免标工在使用及运输过程中产生变形而影响协调精度,其结构必须具有足够的刚度。在标工的设计中,可采用以下方法增强刚度:

①合理选择主体骨架结构及材料以保证足够的刚度。

②加强局部刚度,特别是重要交点接头、分离面和对接部位等。

③采用组合结构分段制造。

④使用加强架、标高架等辅助装置。

(4)稳定性要求。

标工在使用过程中,关键尺寸及型面必须具有稳定性,可采用以下措施:

①标工中的焊接件、锻件、铸件在精加工前或安装前必须进行时效处理,以消除内应力。

②为减少温度变化对标工尺寸稳定性的影响,应尽量采用线膨胀系数相近的材料,或采用能补偿温度变化影响的设计结构。

16.3　标工结构设计

(1)标准平板。

标准平板是保证端面对接孔协调的原始依据,通常用于机身各段分离面、翼身分离面、发房与短舱分离面、对接肋分离面等的协调。

(2)基本要求。

①标准平板一般成对(正、反)设计,基准孔取制一致,便于对合、制造和检查。

②标准平板上应有对接端面的全部孔,孔通常为产品终孔尺寸。

③标准平板按需要可制出外形。

④标准平板上应明确标记出产品方位,如:航向、上下、左右和轴线面等标记。

(3)结构示例。

①平板式标准平板。

图 16.1、图 16.2 分别为某飞机进气口标准平板和机头雷达罩对接框标准平板,结构简单,适用于小尺寸的平板。这种平板上有对接面的外形和全部孔位,孔径为产品终孔尺寸,孔内装有衬套。平板上可开适当的减轻孔,平板的材料选用硬铝 2A12 或铸铝 ZL101,厚度 30~50 mm。图 16.2 标准平板中的接头可以拆卸作为零件标准样件。

图 16.3 为某飞机组合式标准平板。为适应产品结构,平板由平板 1 和平板 2 由连接板组合而成,根据所协调工装的需要,既可以作为整体使用,也可以单独使用。

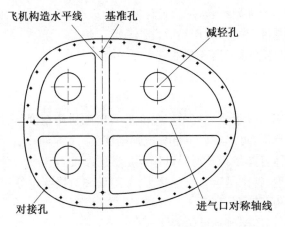

图 16.1　进气口标准平板

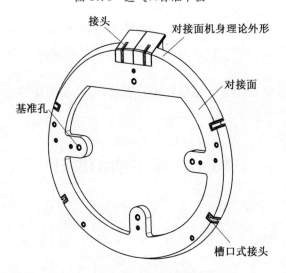

图 16.2　机头雷达罩对接框标准平板

②框架式标准平板。

图 16.4、图 16.5 分别为某飞机机翼对接肋标准平板和机身对接框标准平板,平板按

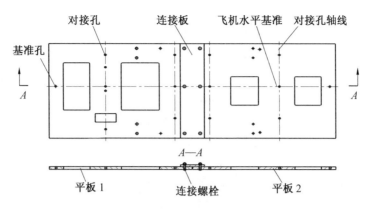

图 16.3　组合式标准平板

协调需要制有肋、框上的所有对接孔。此类对接面标准平板属于大尺寸平板,平板用框架支撑加强,框架由方管、圆管组焊而成。框架和平板的连接采用精制螺栓。

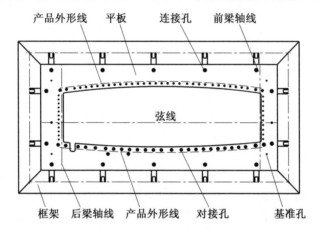

图 16.4　机翼对接肋标准平板

(4)注意事项。

①相互协调的标准平板材料应尽量一致。

②标准平板应便于制造,工艺性好。

③反标准平板的孔通常按正标准平板协调制造。

④相互协调的标准平板之间应具有保证相互位置关系的基准孔。

(5)标准量规。

标准量规简称量规,其用于保证产品部件、组件对合接头(如机翼吊挂接头、发动机舱交点、襟翼悬挂接头、起落架接头等)之间的互换协调,并协调安装型架上的对合接头定位件。

①基本要求。

(a)量规一般成对(正、反)设计,正、反量规的基准系统应一致,便于对合、制造和检查。

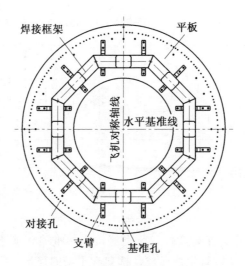

图 16.5　机身对接框标准平板

(b)量规上交点端面、交点孔径通常与产品一致。

(c)若有协调需要,量规可带产品局部外形。

②结构示例。

(a)单梁式量规。

图 16.6、图 16.7、图 16.8 所示量规的共同结构特点是:骨架为单方管梁,在梁上布置工具球(T/B 点)、吊环和交点定位件。

图 16.6 所示为吊挂交点量规,用于协调安装吊挂与机翼、吊挂与吊舱的交点位置。量规上前交点是耳子结构,上后、下前、下后交点是叉子结构。该量规上既设置了工具球(T/B 点),作为量规在型架上进行安装的调整基准;又布置了标高,作为吊挂交点量规与吊挂交点反量规对合的基准,这样设置便于量规之间、量规与型架之间的定位检测。

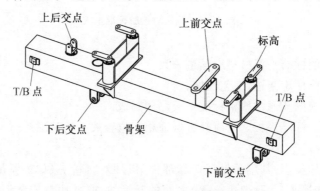

图 16.6　吊挂交点量规

图 16.7 所示为前缘加强肋间距量规,其用于协调机翼前缘加强肋间距、加强肋平面上的对接孔、滑轨接头、滑轨腔对接孔。量规上的加强肋平板、滑轨腔平板和滑轨交点定位件均为可卸件,拆卸后用于协调制造相应的零件工装。

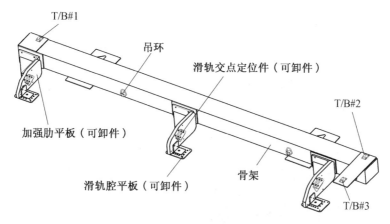

图 16.7 前缘加强肋间距量规

图 16.8 所示为襟翼交点量规,其用于协调襟翼的摇臂交点、支臂交点、子翼支臂及与之相应的子翼接头对接孔。所有交点定位件均设计为可卸件,用于协调零件工装。量规还带有襟翼两侧面端肋的外形,并制出了端肋连接孔,便于型架端肋卡板的协调制造。为方便该量规与机翼后部量规、子翼量规及相关型架之间的协调,量规图样应注明 T/B 点在机翼、襟翼、子翼坐标系下的坐标值。

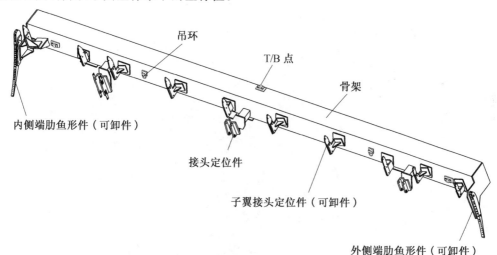

图 16.8 襟翼交点量规

(b)构架式量规。

构架式量规的骨架大多是由圆管或方管焊接成的桁架结构。

图 16.9 所示的机身发动机舱交点量规(正量规)、短舱交点量规(反量规)是典型的构架式量规。骨架采用桁架结构,由钢管组焊而成,适用于大尺寸量规。图示为两量规的对合状态。

(6)标准样件。

标准样件简称样件,具有产品部、组件较完整的外形和接头,用于协调零件工装和装

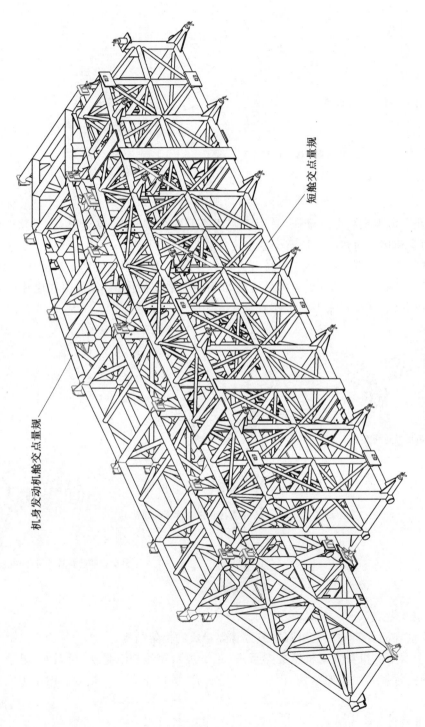

短舱交点量规

机身发动机舱交点量规

图 16.9　机身发动机舱交点量规与短舱交点量规的对合

配工装。

样件主要有以下几种类型：

①零件标准样件。

零件标准样件简称零件样件，用于制造和协调零件工装。它既可以是独立样件，也可以是组合式样件的可卸元件。

（a）基本要求。

a）零件样件的形式一般与产品零件类似。

b）零件样件的材料一般选用 2A12 或 ZL101。对于形状比较复杂、结构刚性较差的重要接头样件可采用钢件。

c）零件样件一般应有一个基准面和至少两个产品定位孔作为基准。

（b）结构示例。

图 16.10 所示为吊挂梁零件标准样件，用于协调制造吊挂梁支臂零件，样件上带有零件外形、交点孔、基准面、基准孔。由于样件外形比较复杂，因此采用数控加工。

图 16.11 所示为风挡型材零件标准样件，其是协调制造前机身上部风挡型材零件工装的依据，也是协调前机身上部型架风挡型材定位件的依据。

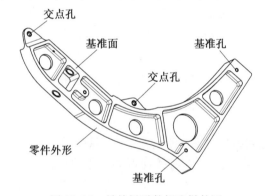

图 16.10　吊挂梁零件标准样件图

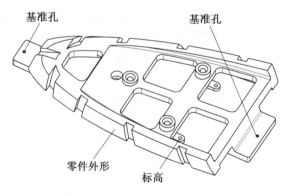

图 16.11　风挡型材零件标准样件

②局部标准样件。

局部标准样件简称局部样件，用于协调产品局部复杂部位，如：发动机进气口、机身加强框、机尾罩等。

（a）基本要求。

局部样件可以制成局部切面外形，也可以制成全型面外形；局部样件一般带有交点接头和对接孔；局部样件应有完整的基准系统。

（b）结构示例。

图 16.12 所示为机翼吊挂局部标准样件，用于协调制造总装型架吊挂孔钻模和起吊接头。该样件带有机翼吊挂的局部蒙皮外形和连接孔，每一外形板上都有各自的基准面、基准孔。两外形板用一根方管梁连接成整体。

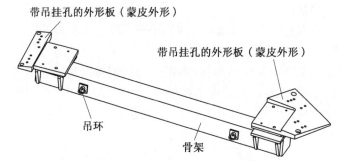

带吊挂孔的外形板（蒙皮外形）

带吊挂孔的外形板（蒙皮外形）

吊环

骨架

图 16.12　机翼吊挂局部标准样件

③表面标准样件。

表面标准样件简称表面样件，用于协调复杂曲面外形钣金零件，有时也用于协调装配型架的外形定位件。

（a）基本要求。

表面样件具有零件完整的表面外形，并刻有产品的结构轴线、零件结构线和边缘线；根据不同的用途和外形复杂程度，表面样件可采用正或反的外形表面；为使成形模具制造方便，表面样件外形通常取制为蒙皮内形；表面样件应有使用需要的基准面和基准孔。

（b）结构示例。

图 16.13 所示为前缘表面标准样件，用于协调制造前缘蒙皮零件工装、前缘型架的外形定位件。此样件是一个典型的环氧玻璃钢结构。样件体由钢板、圆管、方管、角钢组焊形成骨架，表面铺金属网，按样板塑造环氧玻璃钢层，厚度 10～20 mm，并按划线图在表面样件上刻出产品的结构轴线、零件结构线和边缘线。

图 16.14 所示为座舱盖风挡表面标准样件，用于协调制造座舱盖夹具上风挡骨架外形定位件、玻璃口框切边工装；同时用于协调制造前机身总装型架的座舱盖外形定位件、前座舱盖分离面定位件。此样件体材料选用 ZL101，外形数控加工，在表面样件上数控刻出产品结构轴线、零件结构线和边缘线。

④整体标准样件。

整体标准样件简称整体样件。对于飞机上外形及结构复杂，互换协调要求较高的部件和组件，应取制整体样件，用于协调装配工装，如：门和门框样件、口盖和口框样件等。

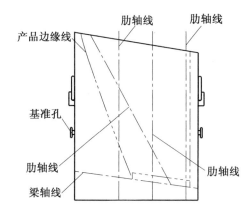

图 16.13　前缘表面标准样件

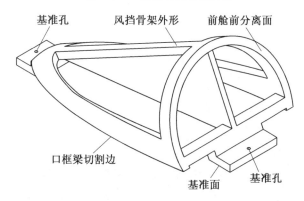

图 16.14　座舱盖风挡表面标准样件

（a）基本要求。

应有产品部件较完整的外形和交点接头；应有完整的标高定位系统以保证样件使用状态的稳定；应有产品结构轴线、重要零件外形线及重要的结构孔位。

（b）结构示例。

图 16.15 所示为登机门标准样件，用于协调登机门的外形（含登机门的周边外形）、锁接头和旋转交点，其是制造零件工装和装配型架的依据。样件体材料选用 ZL101，该样件先制造出基准面、基准孔和外形，再安装所有交点定位件。

图 16.16 所示为登机门门框标准样件，用于协调登机门门框的外形、锁接头和旋转交点，样件体材料为 ZL101。门样件与门框样件在对合架上协调检查外形阶差、交点接头及对合面间隙。

（7）对合协调台。

为参与对合的标工提供定位基准，协调成组标工间的位置关系。对合协调台的框架通常由钢管焊接而成，为保证对合精度，其上的对合基准通常使用型架装配机或光学工具坞安装。

①基本要求。

对合协调台应有参与对合的所有标工的定位基准，以保证参与对合标工的位置

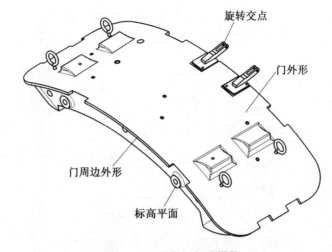

图 16.15　登机门标准样件

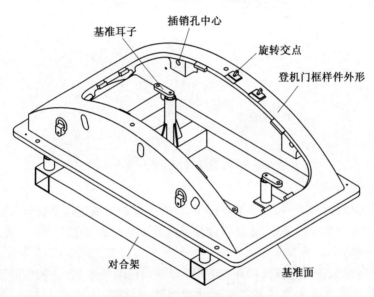

图 16.16　登机门门框标准样件

正确。

　　②结构示例。

　　图 16.17 所示为内襟翼滑轨对合协调台,用于协调滑轨样件及内襟翼滑轨反量规。此协调台采用可调支承,整体框架由钢方管组焊而成,带有参与对合的所有标工的定位叉耳,并留有适当的对合间隙,保证其顺利对合。

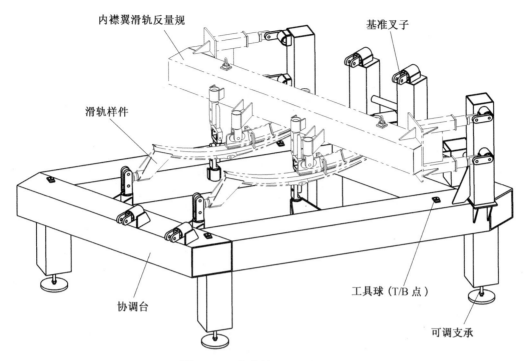

内襟翼滑轨反量规

基准叉子

滑轨样件

工具球（T/B 点）

协调台

可调支承

图 16.17　内襟翼滑轨对合协调台

16.4　数字化环境下的标工设计

在数字化环境下,飞机产品全部建立三维数学模型,并通过预装配技术对产品进行预装配校验,依靠工装的数字量传递协调应能满足产品的最终装配要求,数字量协调已成为飞机制造的主要协调方法。但是飞机产品由于其庞大的零件数量、复杂的结构及装配关系,特别是产品的关键、重要部位,协调精度要求很高,若单纯采用数字量传递必然会增加工装的制造难度和工作量。因此,现阶段基于经济性和制造技术水平的综合考虑,还需对产品的某些关键、重要部位采用实物标工协调。

(1)标工的取制遵循以数字量协调为主、标工模拟量协调为辅的原则。

①外形定位件采用数字量协调。

②协调误差允许在 0.1~0.2 mm 范围内的交点和对接孔位可用数字量协调。

③产品设计结构有补偿的交点可采用数字量协调。

④位置和协调精度要求较高的交点和对接孔位,适宜用实物标工协调。

(2)标工的结构设计应适应数字化环境。

①标工的设计基准使用工具球,便于用激光跟踪仪找正位置。

②标工型面、交点、孔位等协调要素应使用数字化方法制造和安装,便于检测及调整。

第 17 章 模线样板

17.1 概 述

17.1.1 模线样板技术

飞机必须具有光滑流线且合乎气动力学要求的几何形状,其大量零件具有与气动力外形有关的曲线或曲面外形,且要求互相协调。同时,飞机零件大部分用板材制造,其尺寸较大,刚度差,不便用通用量具来度量其外形尺寸。因此,在飞机制造中必须采用一种与一般机器制造业不同的技术——模线样板技术,以保证制造出的各种工艺装备和零件互相协调,并能顺利进行装配,制造出符合设计要求的飞机。

航空产品的制造协调方式经历了从以模拟量为主到以数字量为主的变化,样板作为以模拟量为制造协调的主要依据,形成了一个系统的飞机模线、样板设计制造体系。样板在飞机零件制造中始终处于重要的地位。数字化的发展主导着样板的发展,它们的演变又体现了在不同环境下形式趋向的变化。

在无数字模型时代,航空产品的制造协调以实物为主,通过实物进行尺寸传递。模线样板工作法是以模拟量为主的传递方式,通过模线加工样板,通过样板在飞机制造中进行尺寸传递。模线样板工作法流程如图 17.1 所示。

17.1.2 模线样板技术发展

我国的模线样板技术是随着航空工业的建立而发展起来的,至今已有约 50 年的历史,其间大致经历了 4 个发展阶段。第一阶段用手工计算和几何作图来绘制模线,采用喷漆的钢板作为图板,用钢针画线,手工移形。第二阶段应用二次曲线等解析计算法来计算飞机理论外形,应用画线钻孔台来钻制图板和样板上的基准孔以及画基准线,提高了理论模线的绘制精度以及外形检验样板、样件样板、夹具样板等的制造和定位精度。第三阶段应用 CAD 技术在聚酯薄膜上绘制模线,并应用接触晒相法复制模线和移形,提高了模线和样板的移形精度和样板的生产效率。第四阶段随着数字化设计技术发展,利用飞机数学模型应用 CAD/CAM 技术绘制模线,实现数字化模线样板设计和数控样板制造。

在数字化制造时代,模线样板工作法发生了演变,逐渐被图 17.2 所示的样板工艺数模工作法替代,实现了数字化转型。对飞机三维零件数模进行处理,分别获取零件外形

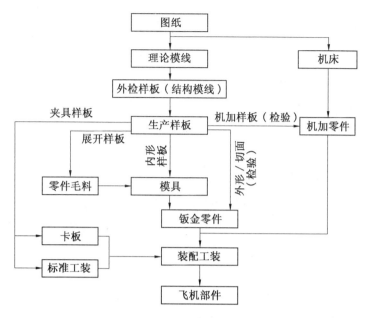

图 17.1　模线样板工作法流程

轮廓线、内部结构线、结构轴线等信息绘制结构模线,生成展开数据集、零件工艺数模;结构模线主要用于设计制造各种样板,在样板数控加工完成后,使用绘制在聚酯胶板的模线对样板进行目视检查;展开数据集主要用于零件的数控下料,在下料完成后,通过展开样板对毛料进行检验;零件工艺数模主要用于模具设计制造及部分数控零件制造。

17.2　模线设计

模线是由模线设计员根据飞机图纸或数模绘制的 1∶1 工程图。模线主要绘制在聚酯胶板上,是样板加工检验的依据,按照类型模线可分为理论模线、结构模线。

17.2.1　基本要求

模线设计基本要求包括:

(1)在数字化设计环境下模线设计仅绘制结构模线,原则上在三维软件环境下进行。

(2)模线的设计应满足样板制造的工艺要求,如零件图号、各种工艺孔、零件外形线、弯边展开线、弯边弯曲内半径、斜角值、下陷位置和深度、基准、站位、加强槽或减轻孔的位置和规格等,还应考虑样板制造和使用的方便;切面样板的基准原则上尽量与飞机设计基准一致。

(3)以零件为单位在计算机上进行结构模线设计,并通过数控绘图机将外形、结构和基准线等内容绘制在明胶板上。

(4)同一组件的模线图形要尽可能地画在一张图板上,窄长的零件如须画在两张或

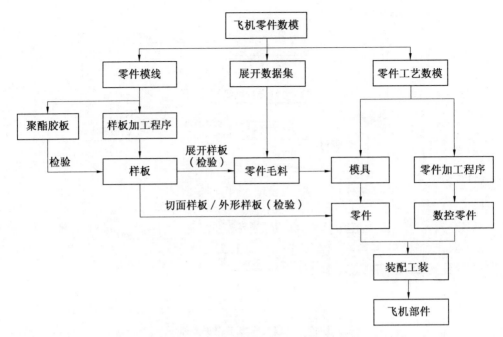

图 17.2 数字化环境下样板工艺数模工作法

两张以上的图板上时,在相邻的两张图板上,要相互重叠地画出该零件的一段,并且画有同一定位基准线。

(5)销钉孔要求取制在零件以外,如必须取制在零件内的,由产品设计提供合理孔位。

(6)在结构模线上样板的补加部分不绘制,止裂口、长桁缺口在模线样板设计中按航标;套合零件的模线按照套合件清单的技术要求绘制。

(7)明胶图统一编号。

17.2.2 理论模线

理论模线是根据飞机气动外形而绘制的模线。

(1)理论模线一般以综合切面理论模线为主,必要时画出局部平面模线,以及必需的坐标轴线和结构轴线。

(2)综合切面理论模线包括部件各横向结构平面的外形线、辅助剖面外形线以及结构轴线。如机身前段综合切面理论模线,除画出机身前段各框平面外形外,还要画出制造表面样件、型架卡板等所需剖面的外形,以及必需的坐标轴线和结构轴线,如水平基准线、对称轴线、梁轴线、长桁轴线、座舱与机身交线、最大宽度线等。

(3)建立部件外形数学模型后,一般很少画平面模线,需要时可画局部平面模线,如座舱、翼尖、尾翼和机身对接部位等,为了协调和量取角度的方便,有时也可画一些1:5或1:10的缩比平面模线,如机翼缩比平面模线等。

(4)坐标轴线一般包括水平基准线、对称轴线、飞机轴线、零站位线、发动机轴线、翼弦线、梁轴线、框轴线、肋轴线等。

(5)综合切面理论模线还包括一份外形斜角值表,打印有坐标位置及斜角值,注明是切线斜角还是割线斜角,斜角值以分为单位给出。

17.2.3 结构模线

结构模线是依据飞机理论模线、飞机结构图及样板品种、交接状态等工艺要求而绘制的;目前结构模线主要依据相关数模组合件及样板品种,工艺装配要求等。在结构模线上绘制的内容有设计基准线,以及该切面上全部零件的外形和所在位置。结构模线包括装配模线和零件模线。

根据结构模线绘制的内容,它在飞机制造中的主要作用如下:

(1)以1:1比例准确地确定飞机内部的结构形状和尺寸,因此,它作为保证飞机内部结构协调的依据。

(2)作为用于加工生产的各种样板的依据。

(3)制造样件、装配型架、模具和夹具等工艺装备,量取一些经过模线协调的尺寸。

(4)图17.3所示为吊舱部分组件结构模线实例。

17.3 样板设计

样板是按照模线或数据制造的,表示飞机零、组、部件真实形状的,刻有标记并钻有工艺孔的专用刚性量具。飞机制造中所用样板的主要特点是它们之间必须相互协调。因为在这里样板起着制造、协调、检验零件和工艺装备的作用,因此,要求样板之间有着相互协调的关系。

17.3.1 样板分类

生产中使用的样板种类繁多,可分为外形样板、内形样板、展开样板、切面样板、钻孔样板、夹具样板和化铣样板等。

(1)外形样板。

外形样板通过样板的外廓边缘线和样板上的标记符号来表示出整个零件的形状。对于无弯边的平板零件,样板的外缘就是零件的外廓形状;对于有弯边的零件,样板外缘是零件弯边处外形交叉线所形成的轮廓线。图17.4所示为翼肋前段的外形样板。

(2)内形样板。

内形样板是零件成形模的制造依据,也是检验零件成形模的样板。内形样板的外缘是由零件弯边外、内形交叉线所构成的曲线。内形样板与外形样板之间外缘位置的差值为s,如图17.5所示,其计算公式如下:

$$s = \left(\tan\frac{\pi/2 \pm \beta}{2}\right) \cdot \delta = \tan\frac{\alpha}{2} \cdot \delta \tag{17.1}$$

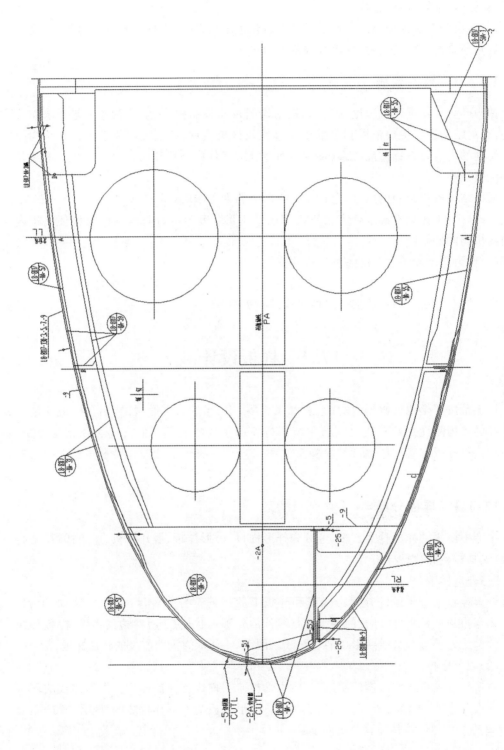

图 17.3 吊舱部分组件结构模线实例

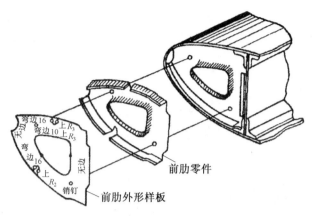

图 17.4　翼肋前段的外形样板

式中，δ 为零件材料厚度；β 为弯边斜角值；α 为斜角，闭斜角 $\alpha=\pi/2-\beta$，开斜角 $\alpha=\pi/2+\beta$。

　　在生产中，为了减少样板数量，现在基本上不再使用内形样板，而是直接按外形样板和角度样板来制造与检验零件的成形模，如图 17.6 所示。

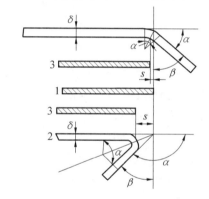

图 17.5　内、外形样板差值

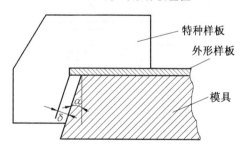

图 17.6　按外形样板和角度样板加工模具

　　(3)展开样板。

　　对于弯边线为直线的零件，其毛料尺寸可以通过直接计算得到。对于弯边线为曲线的零件，也可以根据弯角大小、弯曲半径、弯边高度等把零件的展开尺寸大致地计算出来，求得零件展开后的形状。根据零件展开后的形状制成的样板称为展开样板。而对形状复杂的钣金零件,其毛料形状只能通过反复试验求得。按所求得的形状制成的展开试压件,可以复制成展试样板。图 17.7 所示为制造隔框零件时使用的几种样板。

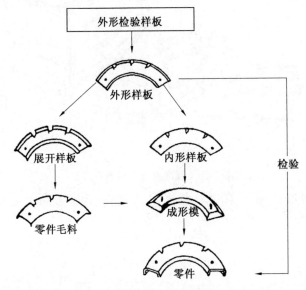

图 17.7　制造隔框零件时使用的成套样板

(4)切面样板。

对于形状复杂的立体零件,如双曲度蒙皮,必须用一组切面样板才能把零件的形状控制住,如图 17.8 所示。为制造与检验这类模具和零件,必须用多种切面样板,例如切面内形、切面外形、反切面内形和反切面外形。它们之间的尺寸关系如下:

$$S_外 = C_内 + h$$
$$S_反 = C_反 - h$$

式中,$S_外$ 为切面外形;$S_反$ 为反切面外形;$C_内$ 为切面内形;$C_反$ 为反切面内形;h 为零件材料厚度。

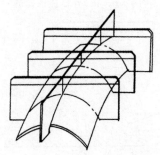

图 17.8　机身双曲度蒙皮用切面样板

这 4 种切面样板及其用途如图 17.9 所示。为了保证一组切面样板在使用中相互位置准确,在每块样板上必须刻有基准线,如图 17.10 所示。如果对形状复杂的模具采用数控加工和数控测量,则有时可以不用切面样板。

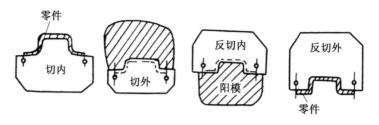

图 17.9　切面样板及其用途

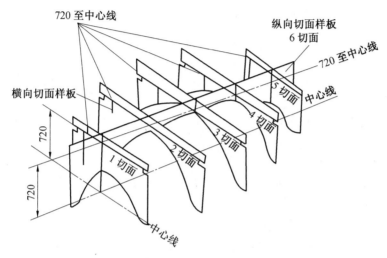

图 17.10　切面样板组合

（5）钻孔样板。

钻孔样板是零件样板的一种,主要用于给零件钻孔,是零件钻孔的重要工具,其技术直接影响零件生产的速度和准确度,对零件生产起到关键作用。蒙皮钻孔样板如图17.11所示,装配时各零件之间相对位置按这些装配孔确定。

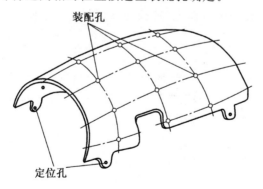

图 17.11　蒙皮钻孔样板

（6）夹具样板。

制造、安装工装用样板称为夹具样板。它以模拟量的方式将模线的飞机部件外形和结构线传递到工装上,起着协调、制造、检验工装的作用。在模拟量传递的协调方法中,它是重要的原始协调依据。例如,图 17.12 所示为夹具样板,用于制造装配夹具。

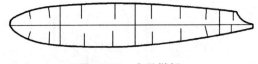

图 17.12　夹具样板

17.3.2　设计要求

(1)按样板的品种设计样板,样板表面所刻图形需正确地表示出样板各部分之间的相互位置关系,图形大小可不按比例,但需相似。图形局部表示不清时,可用详图表示,也可以用代号表示。

(2)需要打在样板上的标记一般均写在图形内,当安排不下时,也可写在图形外,但应注明"标记"或"刻入"字样。

(3)标记以外的说明和尺寸,若写在图形内时,用"〔〕"括起来,表示不打在样板上。

(4)用粗实线表示样板轮廓外形,用细实线表示需刻在样板上的线,用双点画线表示展开样板。

(5)新机试造时,样板设计以产品数模及产品图纸为依据,根据试造总方案设计用于检验零件的各品种样板。机型批产时,可补充为提高功效、进一步提高产品质量所需要的各种样板。其品种为企标所规定的品种。

(6)对接样板的基本标记只需打在一块中,另外一块只需要样板品种和图号,并将标记放在连接板覆盖的位置(这些标记在样板对接后是不需要的),有标记的地方禁止作为对接处,特殊情况下需要将标记打在连接板上标记出来。

17.3.3　基本要素设计

(1)补加设计。

外廓尺寸较小的样板为了打标记,狭长的样板为了增加刚性以及工艺要求,均需留出额外的补加材料,并打补加标记。

(2)较小样板补加。

外廓尺寸小于 100 mm×100 mm 的样板,应留出供打标记用的补加,根据需要亦可做成铁丝连接的活动补加。补加应位于无弯边的一边,补加与样板连接处通常不小于 30~50 mm,补加的长、宽为 80~120 mm。

(3)狭长样板补加。

型材零件外形样板的补加:对于角材或 T 形材的补加一般不得位于有"角"或"T"的一边;型材零件外形无切割处,补加可不开孔。

弧形零件的样板补加:弧形零件仅一边有弯边时,补加不得位于有弯边的一边,两边有弯边时,不应位于与其他零件有配合关系的一边。

工艺补加:供钻销钉孔用的小补加工艺耳片。

补加开视孔要求,下列三种情况在样板与补加连接处需开视孔:

①零件外形靠补加的一面无弯边,且在零件成形后,要按样板画线切割的部分。

②弯边斜角变化的部分。

③零件宽度变化的部分。

补加上开视孔位置由样板图确定,开缺口数量和尺寸由样板加工需要确定。补加宽度和长度超过 200 mm 的样板都要采用从外形面等宽的方式来做补加,按照规定的补加大小取制补加,大样板的补加部分切角做成 45°切角,如没有特殊要求就不倒圆角。

(4)斜角值。

在标注平面组件的零件斜角时,应分析理论外形曲面的变化情况,以确定采用切线斜角还是割线斜角。目前通过部件外形数学模型算出的外形斜角值,一般是切线斜角。图 17.13 中 M 表示斜角值。当零件弯边面与腹板面夹角小于 90°时,形成的斜角为闭斜角;当零件弯边面与腹板面夹角大于 90°时,形成的斜角为开斜角。闭斜角值为负值,开斜角值为正值。

$$M(斜角值)=弯边面与腹板面夹角-90°$$

当零件弯边端头到切线之间的距离 α 大于 0.5 mm 时,应采用割线斜角而不用切线斜角。

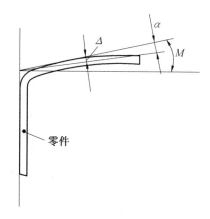

图 17.13 斜角值示意图

零件的弯边外形弯曲挠度值 Δ 大于 0.5 mm 时,零件的弯边形状不能用斜角值表示,而应取几块切面样板表达零件弯边的形状。

斜角值有正负变化时,在模线上应注出零度斜角值。

(5)零件交叉线。

对于有弯边的零件,外形交叉线为零件弯边外形延伸面与腹板外形延伸面的交叉线,对无弯边的零件,零件外形线即为零件外廓。图 17.14 中所示 M 为闭斜角,r 表示弯曲半径,δ 表示零件厚度值。图 17.15 中所示同一类零件分别为开斜角、直角、闭斜角时的零件外形交叉线。图 17.16 中所示同一零件有 2 个异向弯边时,零件外形交叉线设计方法。

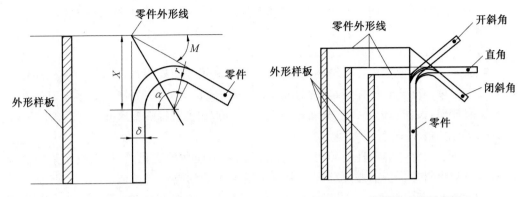

图 17.14　外形交叉线示意图 1　　　　图 17.15　外形交叉线示意图 2

内形交叉线为零件弯边内形延伸面与腹板外形延伸面的交叉线。如图 17.17 所示为同一零件外形交叉线与内形交叉线设计方法。当零件为直角弯边时,内形线距外形线的尺寸即为零件的材料厚度。

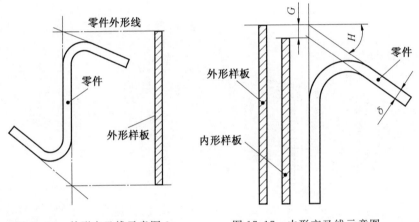

图 17.16　外形交叉线示意图 3　　　　图 17.17　内形交叉线示意图

(6)下陷。

当零件弯边面之间由相隔等厚度的不同面组成时,低面为下陷面,连接面为过渡面。在样板设计过程中,下陷位置、深度、过渡区的长度均需表示出来。下陷过渡区的长度取决于零件的下陷深度和材料厚度。

当在一个零件上有连续几个下陷面时,应选定一个基准面计算下陷,下陷深度则以相邻两面的深度差来计算,下陷标记面即为下陷。图 17.18 所示为连续 2 层连续下陷设计方法,Z 表示下陷边界,"陷 2 下"表示下陷面与零件基础面等距 2 mm,第 2 层下陷面的基础面为第 1 层下陷面。

零件有斜角时,下陷处的外形按零件基准面处的外形面作为设计基准面,如图 17.19 所示。

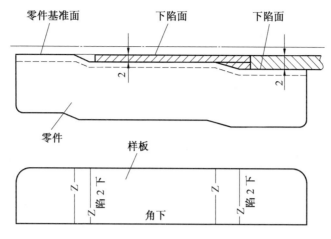

图 17.18 多层下陷画法示意图

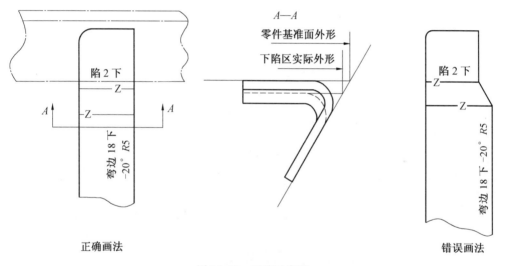

图 17.19 下陷示意图

(7)止裂孔。

为了避免零件弯边时在转角处出现裂纹,在零件转角处通常设计止裂孔。在飞机图样未给出时,止裂孔中心定在零件内形线的交点上。

当零件弯边斜角为负值而β角(两弯边夹角)又小于 90°时,止裂孔中心则不应在零件的内形线的交点上,而应沿β角的等分线向内移动,直至止裂孔的边缘通过弯曲起始线的交点为止,如图 17.20、图 17.21 所示。

如图 17.22 所示的配合关系,在确定零件 2 的止裂孔时,在保证铆钉边距的情况下,要使零件 2 的弯边不致进入零件 1 的弯曲部分。

17.3.4 夹具样板

制造、安装工装用样板称为夹具样板(对于冷冲模等工装,通常借用产品零件样板作

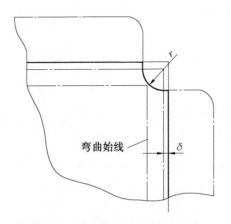

图 17.20 零件转角处的止裂孔

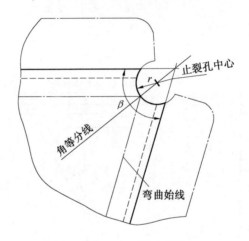

图 17.21 β<90°的止裂孔

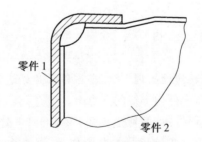

图 17.22 配合关系下止裂孔画法

为制造依据)。它以模拟量的方式将模线的飞机部件外形和结构线传递到工装上,起着协调、制造、检验工装的作用。在模拟量传递的协调方法中,它是重要的原始协调依据。

随着数字化技术的发展,模线和样板已不是工装协调的主要原始依据。但是综合考虑生产成本和生产效率,用夹具样板协调、制造、检验工装仍是可选用的工艺方法。

1. 夹具样板取制原则

(1)通常应取制在飞机结构轴线或模线的控制切面上。

(2)与零件样板取制位置应尽量一致。

(3)标准样件对合协调用夹具样板与加工该样件用夹具样板取制位置应一致。

(4)有对合协调关系的相邻两部件标准样件用夹具样板,取制位置应尽量一致。

(5)夹具样板在满足工装制造及协调的前提下数量应少,尽量做到合并使用。

(6)相互对称的两台工装只取制一套夹具样板。

2. 夹具样板设计

(1)夹具样板定位基准。

夹具样板的定位基准如图 17.23 所示。

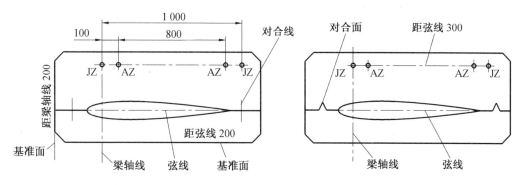

图 17.23　夹具样板定位基准

①基准线、基准面。

(a)基准线用于确定夹具样板与工装之间的位置关系,通常与产品设计基准一致。

(b)基准面的概念与基准线基本相同,可根据夹具样板的使用需要确定是否采用。基准面一般为样板的一个边缘,应与某条基准线平行。

②对合线、对合面。

同一切面对合使用的两块夹具样板,它们之间的位置关系由对合线或对合面确定。对合线一般垂直于样板对缝,对合面则是在对缝上协调制出的三角形配合面。

③基准孔与安装孔。

(a)基准孔(JZ)是夹具样板在模线图板上的定位基准,安装孔(AZ)是夹具样板在工装上的定位基准。基准孔和安装孔的公称直径规定为 $\phi 8$ mm,夹具样板图上可直接表示为"JZ"或"AZ"。

(b)通常主要使用安装孔,安装孔之间以及安装孔与飞机产品基准线之间的距离应是 50 mm 的整数倍,而且应在尺寸后加"＊"标记,表示该孔是用划线钻孔台钻制。

④定位孔。

定位孔(DW)是产品零件在工装上的定位基准。其公称直径一般是 $\phi 5.2$ mm,夹具样板图上可直接表示为"DW"。

（2）夹具样板外形。

夹具样板的工作外形（简称夹具样板外形），一般应取制与被加工工装元件相同的外形。

（3）夹具样板标记。

①标记面。

(a)夹具样板一般以样板轴线面（也称样板正面）为标记面，确定夹具样板轴线面的一般原则是。

(b)轴线面上的标记应便于工装制造使用。

(c)夹具样板轴线面应取制在型面锐角的一侧，如图 17.24 所示。

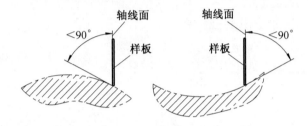

图 17.24　夹具样板轴线面选择示例

②标记内容。

(a)样板的制造和使用基准标记，如：飞机基准线、结构基准线等。

(b)样板的航向及方位标记，如：航向、上下、左右、内外等。

(c)样板的几何特征标记，如：样板工作外形、样板开缺口外形等。

(d)样板的工艺孔标记，如：基准孔（JZ）、安装孔（AZ）、定位孔（DW）。

(e)样板制造和使用所需的其他标记，如：样板外形斜角、长桁走向角、零件边缘线、切割线、定位件轴线等。

（4）夹具样板图样。

①图样表示方法。

(a)样板主视图面（即样板轴线面），所表示的内容应与样板一致。

(b)样板视图的布置尽量与使用该样板的工装图纸的视图方向一致。

(c)图形局部表达不清时，可用详图表示。

(d)粗实线表示样板的外形，点画线表示基准线和结构轴线，双点画线表示有关产品的结构线。

(e)成套样板需正确示出各样板之间的相互位置关系。

②图样内容。

(a)样板的取制位置。

(b)样板的工作外形（应注明同产品结构的关系）。

(c)样板使用所需要的基准线和基准孔。

(d)有关的产品结构线和结构孔。

（e）样板结构上需开出的缺口（用于工装制造时投划标记线或避让工装元件）。

③图样特殊附注。

（a）样板图形中未示出或不便标注的要求，如：两面划线，正面打标记等。

（b）通用性标记可不在图形中标注而在附注中说明，如：标记出全部外形斜角、长桁走向角等。

（c）需要说明的协调要求。

（d）本样板所协调的工装。

第18章　工具设计

工具(包括刀具、量具和装配工具)在飞机生产制造过程中必不可少,随着新研机型的不断研发,飞机新材料、新工艺对工具的要求越来越严格,工具领域也在进步与发展,研发出许多具有高精度、高效率的新型刀具,同时也沉淀了许多没有编入相关书籍的典型量具、工具。

工具种类繁多,本章主要介绍刀具基础和新型结构的刀具、典型量具、工具。

18.1　刀　　具

1. 刀具基本几何参数

以车刀为例介绍切削刀具的基本几何参数,见图18.1。

(1)前角 γ:主剖面中前刀面与基面的夹角。增大前角可减小切屑变形及切屑与前刀面的摩擦,使刀刃锋利,切削轻快。但会减弱刀头及切削刃口的强度。

(2)后角 α:主剖面中主后刀面与切削平面的夹角。增大后角可减小主后刀面与零件加工表面的摩擦,使刀刃锋利。但会减弱刀头及切削刃口的强度。

(3)主偏角 φ:主切削刃在基面上的投影与走刀方向的夹角。其大小可改变切削厚度与切削宽度。

(4)副前角 γ_1:副剖面中前刀面与基面夹角,$\tan \gamma_1 = \tan \gamma \cos(\varphi + \varphi_1) - \tan \lambda \sin(\varphi + \varphi_1)$。

(5)副后角 α_1:副剖面中副后刀面与通过副切削刃垂直于基面的平面之间的夹角。增大副后角可减小副后刀面与已加工表面的摩擦。

(6)副偏角 φ_1:副切削刃在基面上的投影与走刀方向的夹角。增大副偏角可减小副切削刃与已加工表面的摩擦,影响已加工表面粗糙度和刀具的散热。

(7)刃倾角 λ:切削平面中主切削刃与基面的夹角。其大小可改变排屑方向,影响刀头强度及切削平稳性。

(8)楔角 β:主剖面中前刀面与主后刀面的夹角,$\beta = 90° - (\alpha + \gamma)$。

(9)切削角 δ:主剖面中前刀面与切削平面的夹角,$\delta = 90° - \gamma$。

(10)刀尖角 ε:主切削刃与副切削刃在基面上投影之间的夹角,$\varepsilon = 180° - (\varphi + \varphi_1)$。

2. 车刀

车刀应用广泛,种类较多,下面主要介绍内孔车刀和螺纹车刀。

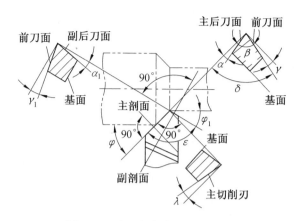

图 18.1　车刀切削部分几何参数

（1）内孔车刀。

①功能。

制有初孔的零件装夹在车床卡盘上并借助车床主轴的旋转运动以及刀架的轴向、径向进给运动对零件初孔进行扩大加工。内孔车刀适用于加工孔径较大的通孔或台阶孔。

②结构。

内孔车刀的刀头与刀杆之间角度 J 一般取 $15°$、$20°$、$35°$、$45°$、$90°$，见图 18.2。

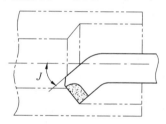

图 18.2　内孔车刀

③后角 α 与主后刀面。

内孔车刀的后角及厚度应根据被加工材料及孔径的大小确定。在设计内孔车刀时，应考虑主后刀面与零件孔内壁是否发生干涉，当主后刀面与零件孔内壁发生干涉时，应在保证车刀刚性和强度的前提下，采用减小车刀厚度、增大后角、在主后刀面与底面相交棱上倒圆或倒角等方法来消除干涉；而外圆车刀的主后刀面与零件被加工面的干涉很小，见图 18.3。

（2）螺纹车刀。

①功能。

零件装夹在车床卡盘上并借助于车床主轴的旋转运动以及刀架的径向、定值轴向进给运动进行内外螺纹的加工。

②结构。

螺纹车刀分为内螺纹车刀和外螺纹车刀，是廓形比较简单的成形刀具，所加工的螺纹类型包括：普通螺纹、圆牙螺纹、梯形螺纹、矩形螺纹等。

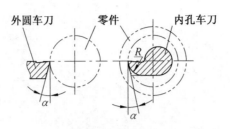

图 18.3　外圆车刀与内孔车刀工作图

（a）内、外螺纹车刀的结构见图 18.4，切削刃廓形的角度为螺纹牙型角。普通螺纹牙型角为 60°，梯形螺纹牙型角为 30°。

（b）两侧后角的不对称性。螺纹车刀沿螺旋升角走刀的侧刃刃磨后角应比另一侧的大，即 $\alpha_1 > \alpha_2$，以消除螺旋升角与侧刃后面的干涉，见图 18.5。后角按下式计算：

$$\alpha_1 = \alpha_0 + \mu \tag{18.1}$$
$$\alpha_2 = \alpha_0 - \mu \tag{18.2}$$

式中，α_1 为左侧刃磨后角；α_2 为右侧刃磨后角；α_0 为工作后角，普通螺纹 3°～5°，梯形螺纹 6°～8°；μ 为螺旋升角。

$$\tan \mu = \frac{nP}{\pi d_2} \tag{18.3}$$

式中，P 为螺距，mm；d_2 为螺纹中径，mm；n 为螺纹头数。

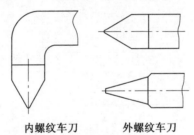

内螺纹车刀　　　外螺纹车刀

图 18.4　螺纹车刀

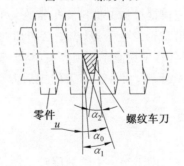

图 18.5　螺纹车刀后角的不对称性

3. 孔加工刀具

孔加工刀具是种类最多的刀具，主要介绍新型孔加工刀具和加工新材料的孔加工刀具。

(1)功能。

①麻花钻。

麻花钻用于加工精度较低、表面粗糙度值较大的孔,如:螺栓通过孔、螺纹底孔、拉削前底孔、扩铰前预制初孔等。钻孔公差等级一般大于IT12。

②扩孔钻。

扩孔钻是对零件上的初孔进行扩大加工,与麻花钻相比切削齿较多、刚性好,加工零件时用初孔引导,对孔的形状误差具有校正作用。用于孔的半精加工,扩孔后的公差等级一般为IT11~IT12,表面粗糙度 Ra 值为 6.3~3.2。

③铰刀。

铰刀是直径尺寸精确的多齿刀具,对预制孔进行半精加工或精加工,铰孔后孔的公差等级可达IT6~IT10,表面粗糙度 Ra 值为 1.6~0.4。铰刀分为手用铰刀和机用铰刀。

④拉刀。

拉刀用于加工形状特殊、表面粗糙度值小、精度要求高的通孔,如:圆孔、方孔、键槽、花键等。

(2)孔加工刀具与夹具的协调。

孔加工刀具与夹具的协调是指刀具与机床夹具(钻模、镗具)、装配夹具的协调。而铰刀与机床夹具的协调关系最为典型,所以仅介绍铰刀与机床夹具的协调。铰刀与钻模(镗具)的协调主要是依据钻模(镗具)的结构来确定铰刀引导长度和总长度,而钻模(镗具)引导套的内径尺寸应与铰刀相应部分的直径进行协调。

铰刀与钻模(镗具)的协调分为三种形式:

①以零件初孔做前引导,钻模引导套做后引导的形式,见图18.6。

(a)铰刀前引导长度 L_1。

一般情况下 L_1 等于零件孔深度 L_3。当孔较深时,L_1 取孔深度的 $2/3$。

(b)铰刀总长 L。

$$L = L_1 + L_2 + L_3 + L_4 + L_5 + L_6$$

式中,L_2 为铰刀工作部分长度,mm;L_4 为钻模板端面到钻套端面之间的距离,mm;L_5 为钻套端面到铰刀尾柄端面之间的距离,一般取 20~30 mm;L_6 为铰刀尾柄长度,mm。

(c)铰刀前后引导公称直径及公差。

前引导公称直径等于零件初孔直径,后引导公称直径等于铰刀切削刃直径的最小极限尺寸,公差均为 f7。

②以钻模前后引导套做引导的形式,见图18.7。

(a)铰刀前引导长度。

$$L_1 = A + B + C$$

式中,A 为钻模前引导套长度,mm;B 为被加工零件端面与钻模前引导套端面之间的距离,mm;C 为零件厚度,mm。

(b)铰刀总长。

$$L = L_1 + L_2 + L_3 + L_4 + L_5 + L_6$$

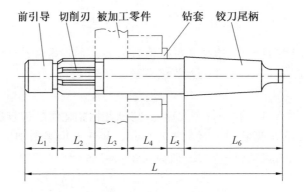

图 18.6 以零件初孔做前引导,钻模做后引导

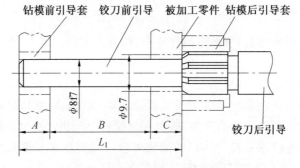

图 18.7 以钻模前后引导套做引导

式中,$L_1 = A + B + C$;L_2、L_3、L_4、L_5、L_6,见图 18.8。

(c)铰刀前后引导公称直径及公差。

为避免铰刀前引导、钻模前引导套、零件初孔三者之间发生干涉,铰刀前引导公称直径必须小于被加工零件的初孔直径。图 18.7 所示零件初孔直径 $\phi 9.7$ mm,铰刀的前引导公称直径取 $\phi 8$ mm,后引导公称直径等于铰刀切削刃直径的最小极限尺寸,公差均为 f7。

③以钻模前后定值引导套做引导的形式,见图 18.8。

定值引导套的作用是减少因更换钻套带来误差,提高零件加工的位置精度。

(a)铰刀前引导长度。

$$L_1 = A + B + C$$

(b)铰刀总长。

$$L = L_1 + L_2 + L_3 + L_4 + L_5$$

式中,E 为铰刀工作部分长度,mm;L_2 为被加工零件端面与钻模板端面之间的距离,$L_2 > E$,mm;L_3 为钻模板端面与引导套端面之间的距离,mm;L_4 为钻模后引导套端面与铰刀后引导端面之间的距离,$L_4 = C + E + 20 \sim 30$,$20 \sim 30$ 是铰刀切削刃通过被加工零件后,铰刀尾柄距钻模后引导套端面必须留有的安全距离,mm;L_5 为铰刀尾柄长度,mm。

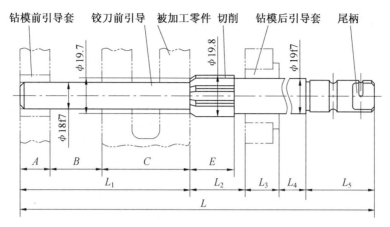

图 18.8 以钻模前后定值引导套做引导

(c)铰刀前后引导公称直径及公差。

铰刀前引导公称直径必须小于被加工零件的初孔直径,公差为 f7。

铰刀后引导公称直径与钻模后引导套公称内径一致,需小于切削刃公称直径,公差为 f7。图 18.8 所示铰刀切削刃的公称直径为 $\phi 19.8$ mm,后引导公称直径取 $\phi 19$ mm。使用时先将活动后引导套套入铰刀的后引导,再将前引导装入前引导套并固定活动后引导套,铰刀尾柄与机床主轴连接后进行切削加工。

④铰刀与钻模、镗具协调时需注意的问题。

以上三种协调形式,是加工过程中机床主轴与钻模或镗具结构不发生干涉时铰刀的长度。若机床主轴与钻模或镗具结构发生干涉,应增加铰刀长度避开干涉部位。图 18.9 所示卧式镗床主轴直径为 $\phi 110$ mm,当卧式镗床主轴中心线与镗具底座上表面距离小于 55 mm 时,加工零件进刀时镗床主轴与镗具底座可能会发生干涉。

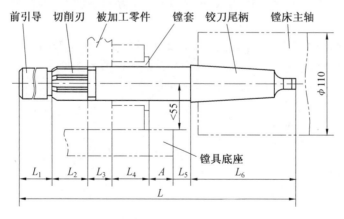

图 18.9 铰刀与钻模、镗具协调关系图

铰刀总长

$$L = L_1 + L_2 + L_3 + L_4 + A + L_5 + L_6$$

式中,A 为镗套端面到镗具底座端面的距离,单位为 mm。

4. 铣削刀具

1）功能。

铣削刀具是一种多刃刀具,装入机床主轴后,主轴做旋转运动,刀具或零件借助机床动力在机床坐标系内做进给运动,完成零件的表面加工。铣削刀具重点介绍数控铣削刀具中整体硬质合金立铣刀。整体硬质合金立铣刀（以下简称铣刀）在航空零件加工中已被大量应用,是目前应用最为广泛的一种高效数控刀具。

2）被加工零件的特点。

产品零件一般需要进行槽腔、端面、侧面粗加工、半精加工、精加工。

3）刀具结构。

铣刀的结构一般从被加工零件的材料特点、零件的厚度、使用的数控设备、冷却方式、加工工况等方面考虑。

（1）零件的厚度决定铣刀的刃长,数控设备决定刀柄结构和直径大小、夹持长度。铣刀夹持长度和直径范围见表 18.1。

表 18.1　铣刀夹持长度对照表

直径/mm	夹持长度/mm
$\phi 4 \sim \phi 10$	40
$\phi 12 \sim \phi 16$	45
$\phi 18 \sim \phi 20$	48
$\phi 20 \sim \phi 25$	52
$\phi 32$	65

（2）冷却方式决定刀具是否需要带内冷却孔,最常用的是外冷,故铣刀无须带内冷孔。

（3）被加工零件的结构、公差、型面特征及所用工装等决定铣刀的悬伸长度、刀具直径、刀尖圆弧大小及制造公差。铣刀刃部直径及柄部制造公差见表 18.2。

表 18.2　铣刀刃部直径及柄部制造公差　　　　　　　　　　mm

立铣刀公差					
D	公差	R	公差	D_1	公差(h6)
$\leqslant 3$	$0/-0.04$			$\leqslant 3$	$0/-0.006$
$>3 \sim 6$	$0/-0.04$			$>3 \sim 6$	$0/-0.008$
$>6 \sim 10$	$0/-0.04$	—	± 0.03	$>6 \sim 10$	$0/-0.009$
$>10 \sim 18$	$0/-0.05$			$>10 \sim 18$	$0/-0.011$
$>18 \sim 30$	$0/-0.05$			$>18 \sim 30$	$0/-0.013$
$>30 \sim 32$	$0/-0.05$			$>30 \sim 32$	$0/-0.016$

（4）被加工零件的材料决定铣刀的齿数及刀具几何参数和微观处理。针对常用的航空铝合金、钛合金、不锈钢、钢件材料，其所用整体硬质合金立铣刀基本结构如下：

①铝合金材料用铣刀。

图 18.10、图 18.11 分别为无缩颈式结构和缩颈式结构。刀具基本特征：

（a）两齿或三齿。

（b）过心刃口。

（c）螺旋角 30°～35°。

（d）带修光刃带。

（e）右旋右切。

（f）正前角。

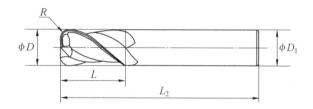

图 18.10　无缩颈式结构

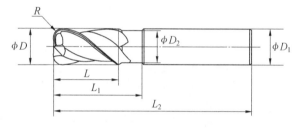

图 18.11　缩颈式结构

②钛合金、不锈钢用铣刀。

图 18.12、图 18.13 分别为无缩颈式结构和缩颈式结构。刀具基本特征如下：

（a）四齿、五齿、六齿。

（b）带修光刃带。

（c）过心刃口。

（d）不对等分布排屑槽。

（e）右旋右切。

（f）螺旋角 35°～38°。

（g）刃部涂层。

③钢件用铣刀。

图 18.14、图 18.15 分别为无缩颈式结构和缩颈式结构。刀具基本特征如下：

（a）四齿。

（b）过心刃口。

（c）螺旋角 3.35°～38°。

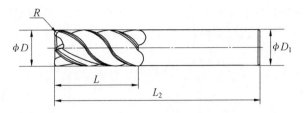

图 18.12　无缩颈式结构

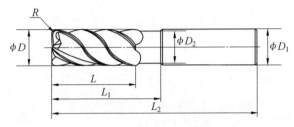

图 18.13　缩颈式结构

(d)带修光刃带。

(e)右旋右切。

(f)正前角。

(g)不对等分布排屑槽。

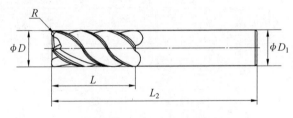

图 18.14　无缩颈式结构

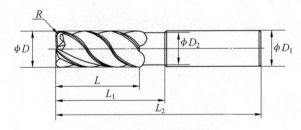

图 18.15　缩颈式结构

5. 新型刀具

(1)匕首钻。

如图 18.16 所示,匕首钻的切削刃锥角较小形似匕首,主要用于加工碳纤维和玻璃纤维复合材料。可解决出孔面毛刺、劈裂等问题,可用于精加工直径 5 mm 以下孔径,或者用于钻制大孔径的初孔,匕首钻材料为硬质合金。加工复合材料时切削刃锥角 18°,螺旋角为左旋 5°最佳,钻尖为 120°,匕首钻公称直径一般按钻孔径的最小极限值加孔公差的 40% 设计,公差一般取 -0.01。

图 18.16 匕首钻

(2)三尖钻。

如图 18.17 所示,三尖钻的钻尖有三个尖,用于加工芳纶复合材料,边缘的钻尖用于切断芳纶的纤维丝,避免制孔面带出纤维。三尖钻采用右螺旋,中间的钻尖角度为 100°,边缘的角度为 35°,中间的钻尖比边缘的钻尖突出 0.5 mm,有利于钻孔时的定位及轴向进给。

图 18.17 三尖钻

(3)转位卡口式自动进给钻制孔用刀具。

半自动制孔在飞机装配中其优势是显而易见的,近年来在航空行业得到了越来越广泛的应用,转位卡口式自动进给钻制孔用刀具用在半自动制孔工具转位卡口式自动进给钻上,其具有制孔效率高、制孔质量稳定的特点。如图 18.18 为自动进给钻结构及工作示意图。根据加工材料和加工用途,转位卡口式自动进给钻制孔用刀具可分为转位卡口式自动进给钻制孔用硬质合金钻头、转位卡口式自动进给钻制孔用硬质合金钻铰刀、转位卡口式自动进给钻制孔用硬质合金扩孔钻、转位卡口式自动进给钻制孔用 PCD 钻头和转位卡口式自动进给钻制孔用 PCD 扩铰刀。它们在尺寸设计上具有通用性。

在进行自动进给钻刀具长度的设计时,只要充分考虑制孔全过程中刀具的初始位置状态和加工完零件的刀具状态。自动进给钻的刀具长度计算中由于考虑容屑问题,所以会多出一个容屑槽长度的设计。此外,自动给进给钻刀具长度的设计还应考虑自动进给钻的行程,所用鼻管的长度,所以具体工况应具体分析。但为便于理解,此处暂不考虑鼻管长度和行程限制,作出工作图见图 18.19。制孔初始时,一般要使刀尖与 ADU 导套端面平齐。

①刀具刃长。

刀具刃长设计原则要保证终孔尺寸直径出零件(5~10) mm 时,剩余刃部依然大于零件厚。综上刃长一般至少比零件厚多(15~20) mm。

$$刀具刃长 = 零件厚 + (15\sim20)\ mm$$

②容屑槽长。

容屑槽长的设计要尽可能长一些,尽量做至螺纹柄对接处,也可通过下式计算容屑槽最小长度:

$$容屑槽长 = (5\sim10) + 零件厚 + (5\sim15) + 钻模板厚 + 36$$

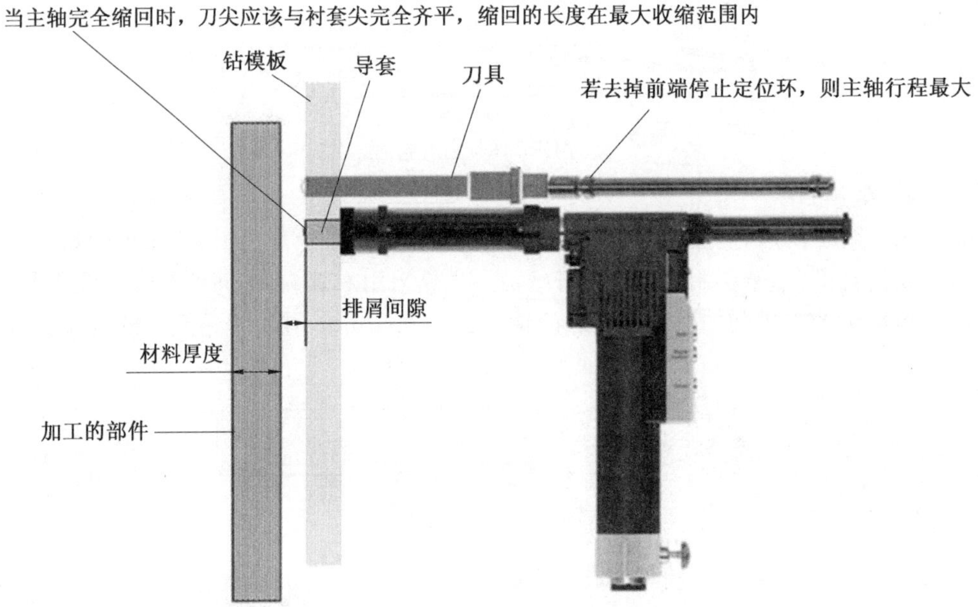

当主轴完全缩回时，刀尖应该与衬套尖完全齐平，缩回的长度在最大收缩范围内

钻模板　导套　刀具　若去掉前端停止定位环，则主轴行程最大

排屑间隙

材料厚度

加工的部件

图 18.18　自动进给钻结构及工作示意图

③刀具总长。

刀具总长的设计要考虑刀具伸出零件厚度后，保证柄部与 ADU 导套不发生干涉、碰撞，一般取安全距离（20～25）mm。

刀具总长＝（5～10）＋零件厚＋（5～15）＋钻模板厚＋36＋（20～25）＋柄部长度

④转位卡口式自动进给钻制孔用硬质合金钻头。

如图 18.20 所示，转位卡口式自动进给钻制孔用硬质合金钻头由钻头和刀柄两部分组成，钻头和刀柄使用热缩连接，钻头设计成双刃带结构，一般适用于初孔加工。转位卡口式自动进给钻制孔用硬质合金钻头一般用于加工复材与金属叠层、金属与金属叠层材料，当直径大于 14 mm 时，适用于加工铝合金与铝合金叠层、复合材料与铝合金叠层；切削刃锥角一般为 135 度。

⑤转位卡口式自动进给钻制孔用硬质合金钻铰刀。

如图 18.21 所示，转位卡口式自动进给钻制孔用硬质合金钻铰刀由钻头和刀柄两部分组成，钻头和刀柄使用热缩连接，钻头设计成双刃带结构，一般适用于终孔加工。转位卡口式自动进给钻制孔用硬质合金钻铰刀一般用于加工复合材料与金属叠层、金属与金属叠层材料。切削刃锥角一般为 135°。

⑥转位卡口式自动进给钻制孔用硬质合金扩孔钻。

如图 18.22 所示，转位卡口式自动进给钻制孔用硬质合金扩孔钻由钻头和刀柄两部分组成，钻头和刀柄使用热缩连接，一般用于终孔公差≥0.05 mm 的终孔加工，以及部分孔径的过程孔加工。转位卡口式自动进给钻制孔用硬质合金扩孔钻一般用于加工复合材料与金属叠层、金属与金属叠层材料。

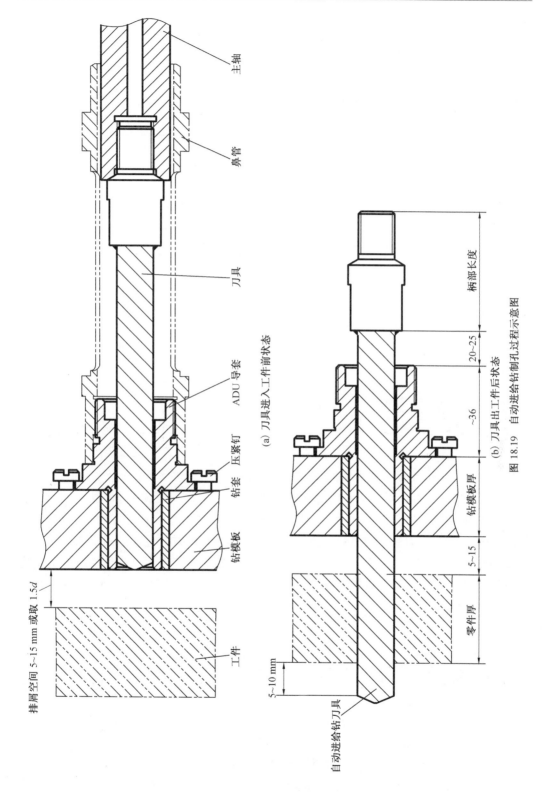

主轴

鼻管

刀具

ADU 导套

压紧钉

钻套

钻模板

工件

排屑空间 5~15 mm 或取 1.5d

(a) 刀具进入工件前状态

柄部长度

20~25

~36

钻模板厚

5~15

零件厚

5~10 mm

自动进给钻刀具

(b) 刀具出工件后状态

图 18.19 自动进给钻制孔过程示意图

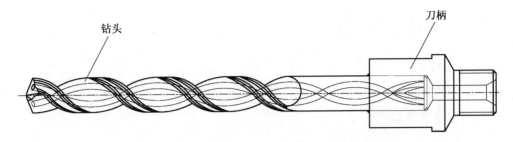

图 18.20　转位卡口式自动进给钻制孔用硬质合金钻头

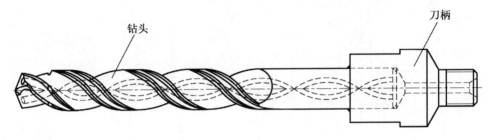

图 18.21　转位卡口式自动进给钻制孔用硬质合金钻铰刀

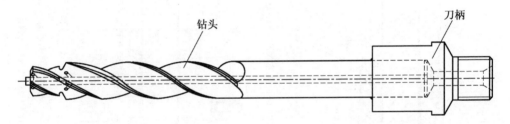

图 18.22　转位卡口式自动进给钻制孔用硬质合金扩孔钻

⑦转位卡口式自动进给钻制孔用 PCD 钻头。

如图 18.23 所示，转位卡口式自动进给钻制孔用 PCD 钻头由 PCD 钻尖、钻头和刀柄三部分组成，钻头和刀柄使用热缩连接，钻头设计成双刃带结构，一般适用于孔径公差≤0.03 mm 的初孔加工和孔径公差＞0.03 mm 的终孔加工。转位卡口式自动进给钻制孔用 PCD 钻头用于加工复合材料叠层。

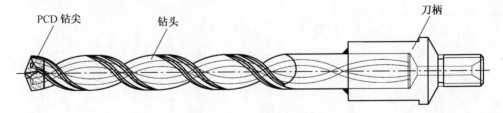

图 18.23　转位卡口式自动进给钻制孔用 PCD 钻头

⑧转位卡口式自动进给钻制孔用 PCD 扩铰刀。

如图 18.24 所示，转位卡口式自动进给钻制孔用 PCD 扩铰刀由 PCD 刀片、扩铰刀和刀柄三部分组成，钻头和刀柄使用热缩连接，一般用于终孔和过程孔加工。转位卡口式自动进给钻制孔用 PCD 钻头用于加工复合材料。

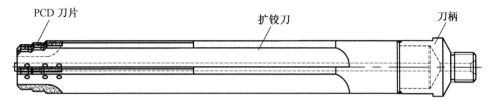

图 18.24 转位卡口式自动进给钻制孔用 PCD 扩铰刀

(4)螺纹柄角度锪钻。

如图 18.25 所示,角度锪钻是对孔口进行锪口的刀具。在设计时需要注意以下几点:前引导直径、切削刃角度、根部 R、锪钻直径和螺纹柄尺寸,前引导直径根据零件孔直径给出,切削刃角度根据技术要求,根部 R 根据技术要求或者铆钉的 R 尺寸,锪钻直径要比锪窝直径大,考虑经济适用性,比锪窝直径大 2 mm 左右即可,螺纹柄尺寸根据风钻适用的限位套的尺寸。角度锪钻加工铝合金时可以用高速钢材料,加工钛合金和不锈钢等用硬质合金材料,见图 18.26;加工碳纤维和玻璃纤维复合材料时切削刃采用 PCD 材质的刀片,见图 18.25;如果加工芳纶材料则需要把切削刃设计成 S 形,见图 18.27。

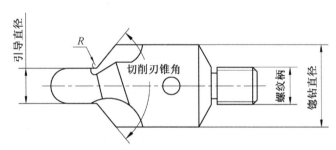

图 18.25 螺纹柄角度锪钻

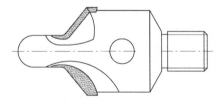

图 18.26 PCD 角度锪钻

(5)复合材料手工制孔用台阶铰刀。

如图 18.28 所示,复合材料手工制孔用台阶铰刀为直齿形式,有 4 齿和 5 齿之分。一般台阶铰刀直径在 8 mm(包括 8)以下的推荐采用 4 齿结构,铰刀直径大于 8 mm 的推荐采用 5 齿结构。复合材料手工制孔用台阶铰刀用于复合材料加工,一般直接用于终孔加工。

(6)钻锪复合刀具。

如图 18.29 所示,钻锪复合刀具由钻头部分和锪钻部分组成。钻锪复合刀具将钻孔

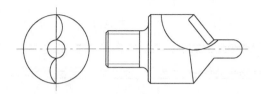

图 18.27　S 刃角度锪钻

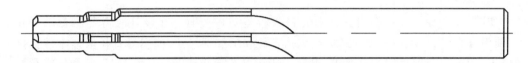

图 18.28　复合材料手工制孔用台阶铰刀

与锪孔功能集为一体,用在自动钻铆机或机器人等自动设备上工作,一般用于加工终孔。
加工铝合金时,钻锪复合刀具为硬质合金材料,加工碳纤维复合材料时,钻头部分的钻尖
为 PCD 材料,锪窝部分也为 PCD 刀片,如图 18.30 所示。

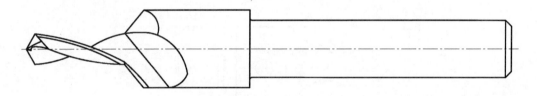

图 18.29　加工铝合金钻锪复合刀具

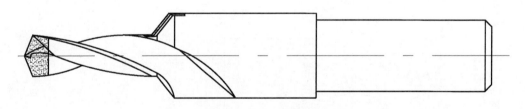

图 18.30　加工复合材料钻锪复合刀具

18.2　量　　具

(1)功能。

工具样板是用于机加零件上由直线、角度及曲线(曲面除外)所组成的各种形状平面
或台阶面的划线、检验及控制廓形的工具,分为划线、检验、锉修样板。划线样板用于划
出零件廓形;检验样板用于检验零件廓形是否满足零件图纸要求;锉修样板是锉修零件

廓形的标准样件。

（2）结构。

样板廓形与零件相同，一般为平面或台阶面，具有一个或两个定位基准，见图 18.31。

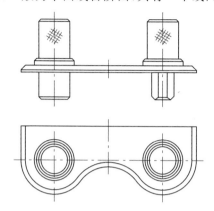

图 18.31 带定位销的检验样

（3）样板设计。

①样板制造公差。

样板制造公差一般取零件公差的 1/3～1/5。若零件公差精度很高样板制造困难时，其公差取零件公差的 1/2。

②样板粗糙度。

样板工作型面的粗糙度 Ra 值一般为 0.4 μm，两侧面和型面倒角的粗糙度 Ra 值为 0.8 μm，非工作面的粗糙度 Ra 值为 3.2 μm；若零件型面粗糙度 Ra 值 $\geqslant$ 0.4 μm，样板工作型面粗糙度应比零件提高一级，见图 18.32。

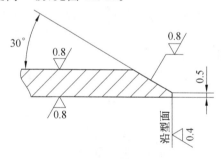

图 18.32 样板粗糙度及沿型面倒角

③样板倒角。

锉修样板不倒角，划线、检验样板的工作型面应倒角 15°～75°，一般取 30°，型面宽度 0.5 mm。

④样板厚度。

样板厚度按表 18.3 选取，带定位孔的样板厚度不小于 6 mm。

样板长边	≤50	50～100	100～300	300～500	>500
样板厚度	2	3	4	5	6、8、10

表 18.3　样板厚度　　　　　　　　mm

⑤样板基准。

在满足被测零件技术要求的情况下,样板设计基准应尽量与工艺基准、检验基准一致,从而方便制造和检验。

⑥样板设计要求。

为保证零件质量和缩短样板的检验时间,检验样板一般应正、反成对设计。正样板检验零件,反样板检验正样板,见图 18.33。

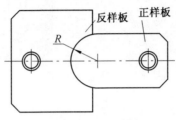

图 18.33　正、反样板

18.3　工　　具

(1)轴承收口工具。

如图 18.34 所示,零件壳体有槽,收口工具在一定的压力下冲压零件壳体,零件材料在收口槽规定的区域内形成点式变形以固定轴承,各个冲头球面部分装配后必须在垂直于导柱轴线的同一平面±0.02 范围内,适用于轴承径向和轴向受力较大;在一定压力下,对轴承径向移动精度要求较高的零件。

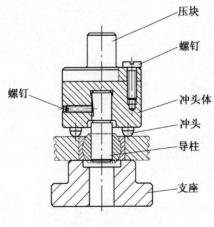

图 18.34　轴承收口工具

（2）轴承测扭工具。

如图 18.35 所示,轴承测扭工具用于检测轴承收口前及收口后无载启动力矩是否合格,轴承测扭工具由螺母和芯轴组成,利用螺母与芯轴的肩部把轴承内圈夹紧,轴承测扭工具不可以碰触到轴承外圈,可以用扭矩表夹住圆柱端转动检测扭矩,圆柱端直径设计应与扭矩表夹持尺寸匹配;也可以用定力扳手插入芯轴四方孔测量扭力,内四方孔的设计与定力扳手方头匹配。

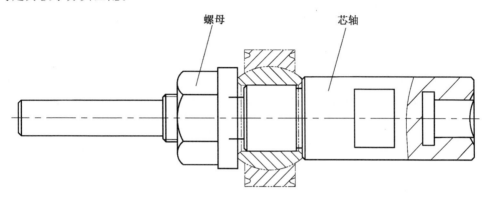

图 18.35　轴承测扭工具

（3）轴承载荷工具。

如图 18.36 所示,轴承载荷工具用于检测轴承收口后相对零件轴向载荷能力。轴承载荷工具由压轴和底座组成,压轴作用于轴承外圈,底座顶住零件,百分表从底座孔中插入接触压轴端面,压力机设定要求力值,通过百分表度数检测轴承轴向位移量。

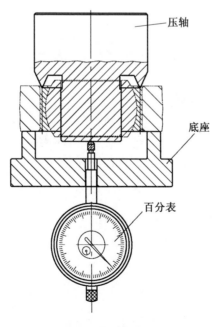

图 18.36　轴承载荷工具

（4）扳手。

①功能。

用于装卸螺母或螺栓。

②分类及要求。

（a）扳手分为：定力扳手、棘轮扳手、开口扳手、内六方扳手、钩头扳手、双销扳手、三销扳手等。

（b）由于飞机空间位置复杂，技术条件无法阐述清楚时，设计员应到生产现场测量后再确定扳手的结构尺寸。

③工作尺寸公差。

与外六方螺母配合的扳手，对边尺寸采用 $S_孔$ 表示，公差按 D11 选取；与内六方螺栓配合的扳手，对边尺寸采用 $S_轴$ 表示，公差按 d11 选取，见图 18.37。

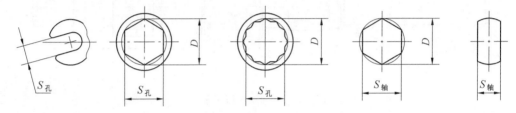

图 18.37　$S_孔$、$S_轴$ 标注

（5）转接器。

①功能。

转接器是定力扳手、棘轮扳手与螺母或螺栓之间传递力矩的过渡工具，其一端与螺母或螺栓相连，另一端与扳手相连。

②设计要求。

（a）应满足与螺母、螺栓、定力扳手、棘轮扳手的配合要求。

（b）应满足操作空间位置的要求。

（c）应选择刚性好、强度高的材料。

③工作部分孔的公差。

转接器与螺栓或螺母配合部分可设计成空心梅花形、空心六方形、开口形，对边尺寸用 $S_孔$ 表示；另一端设计成四方孔与扳手配合，对边尺寸用 a 表示。$S_孔$ 和 a 的公差按 D11 选取，见图 18.38。

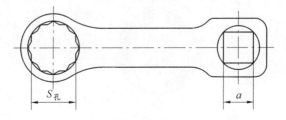

图 18.38　转接器

第七部分 生产线规划与集成

第 19 章 数字化生产线规划

19.1 工装需求识别与原理性试验

19.1.1 工装关键技术需求识别

工艺装备关键技术需求主要来源于：①行业发展方向、公司发展规划和专业发展趋势；②新飞机立项、预研及新研飞机工装研制中技术需求；③在产飞机技术改进与提升中技术需求；④先进航空制造企业成熟技术应用转化。

（1）需求识别原则。

①具有先进性、前瞻性的技术。

②解决飞机研制或工艺改进中瓶颈问题的技术。

③可显著提高生产效率和产品质量，降低成本，减轻劳动强度和改善工作环境的技术。

（2）需求识别依据。

①上级制造技术规划及指南。

②工装专业行业发展趋势。

③飞机制造技术发展对工装技术需求。

④工装能力建设发展规划。

⑤型号技术要求。

⑥制造总方案。

⑦工艺总方案。

⑧现场改进需求。

⑨其他相关行业技术发展趋势。

（3）需求识别要求。

在飞机研制或改进的方案设计阶段开展需求识别，工装设计和制造技术人员按照识别原则和依据，对所需的工装技术进行搜集、整理，形成需攻关或开展研究的工装技术清单。

(4)需求分析。

①对于影响飞机研制的瓶颈技术,直接纳入需求分析清单重点进行攻关。

②工装技术人员应从技术先进水平、技术成熟度、技术应用范围、经济效益、设备保障、产品质量提升、生产效率提高程度、技术依赖度等要素对工装技术清单进行分析评估。技术分析评估最终结果将作为技术选择、采用和改进的重要依据。

识别工装的关键技术需求,并整理出详尽的技术需求清单。准确识别和明确这些关键技术需求,可以指导工装设计,确保最终产品符合要求。

19.1.2　工装设备需求识别

(1)需求识别原则。

①用户需求导向。工装设备的设计和选择应始终以满足用户需求为导向,通过与用户充分沟通和了解,确保工装设备能够满足生产线的需求。

②技术可行性。需求识别过程中需要考虑技术可行性,即工装设备的设计和制造是否符合现有技术水平和生产能力,以确保工装设备能够实现预期功能,并具备稳定性和可靠性。

③经济合理性。需求识别时还需要考虑经济合理性,即工装设备的设计、制造和维护成本是否合理,是否符合预算。同时需要评估工装设备的使用寿命和性能指标,以确保其能够实现预期的经济效益。

(2)需求识别要求。

①需求明确。需求识别的首要任务是明确工装设备的功能需求和性能指标,包括所需的工作量、生产能力、加工精度、生产周期等,以确保工装设备能够满足生产线的需求。

②安全可靠。工装设备在生产线上的使用应具备安全性和可靠性,需求识别过程中需要考虑工装设备的稳定性、防护措施、应急处理等,以确保工装设备的正常运行和操作人员的安全。

③灵活性和可扩展性。需求识别时还需要考虑工装设备的灵活性和可扩展性,即能否根据生产线需要进行调整和升级,以应对不同的生产需求和规模变化。

④环境适应性。工装设备需求识别还需要考虑其在特定环境条件下的适应性,包括温度、湿度、电磁干扰等因素,以确保工装设备能够稳定运行。

通过识别工装设备的需求,可以生成一份详细的工装设备需求清单。通过准确识别和明确这些工装设备需求,可以指导工装设备的设计和制造,确保最终产品满足要求。

19.1.3　原理性试验

工装原理性试验是指对于工装的设计原理和功能进行验证的一种试验方法。其目的是通过实际操作和观察,验证工装在操作过程中是否符合设计预期,并发现可能存在的问题和改进的空间。在进行工装原理性试验时,通常需要考虑以下几个方面:

(1)功能验证:验证工装是否能够完成设计预期的功能。例如,对于一个装配工装,需要验证其能否实现零部件的准确装配、紧固等功能。

(2)安全性验证:验证工装在使用过程中是否存在安全隐患。例如,对于一个搬运工装,需要验证其搬运重物时是否稳定,避免意外事故的发生。

(3)适用性验证:验证工装是否适用于预期的工作环境和工作对象。例如,对于一个焊接工装,需要验证其能否适应不同材料和焊接场景的需求。

(4)效率验证:验证工装在实际操作中的效率和性能。例如,对于一个自动化组装工装,需要验证其组装速度和准确度。

在进行工装原理性试验时,根据识别报告和关键技术需求清单,针对急需突破的关键技术开展关键技术预研,选取有明确的技术方案,在结构、功能、性能等方面需通过试验进行验证的新技术、新材料或新结构开展工装原理性试验流程,通过技术原理分析、模型仿真、实验验证及工装实物验证等阶段,验证关键技术指标,分析潜在风险,给出试验结论:可行、不可行及部分可行,对于“可行”内容制定工装典型结构标准纳入工装知识库,对于“不可行”内容分析原因,对“部分可行”改进完善与迭代优化。

通过工装原理性试验,可以针对某项技术进行深入研究,找出其中的瓶颈技术,并形成科研课题。

19.2　生产线工装研制方案

19.2.1　工装选择原则

(1)总体原则。

①工艺装备的选择应保证产品技术指标和制造工艺需求,保证飞机研制产品生产的质量、效率和成本控制需求,保证安全生产需求,满足生产过程的环境控制需求。

②根据飞机整体气动外形、关键交点、对接面控制精度要求,复合材料制件制造要求等确定工装系数。按照 HB/Z 99.5—1987《飞机制造工艺工作导则　工艺装备选择、订货、设计工作条例》,工装系数一般为 0.5~0.8。

(2)数量控制原则。

①通过优化工艺流程、集成规划等方法,统筹考虑工序、功能等共用工艺装备,减少工艺装备的种类和数量。

②互换协调部位优先采用数字量协调方法,减少标准工艺装备数量。

③零组件优先采用数字量制造,减少模线样板和二类工艺装备数量。

④工装结构应进行标准化设计,零组件优先采用通用标准货架产品,减少刀工量具种类和数量。

⑤工装结构设计应考虑采用组合、拼装、模块化、移动可重构、柔性化等结构及系统技术,减少装配、夹具、保障等专用工艺装备的种类和数量。

⑥外形类零件应采用数控加工,减少铸、锻、金属成形等模具种类和数量。

19.2.2 工装设计原则

(1)工装选材原则。

①工艺装备选材应满足产品质量控制要求。

②工艺装备选材应优先选择标准化、规格化的产品。

③工艺装备成品选择应兼顾飞机研制总体成本,应根据供货周期及性能、功能匹配原则进行成品选择。原则上应选用国产产品。

(2)过程控制原则。

①工艺装备设计应进行评审,其中大型关键复杂装配单元及系统设计应进行风险评估,大型关键复杂的数字化装配单元及系统制造应进行方案评审。

②工艺装备设计制造应确保设计、制造过程资料完整性及可追溯性。

③工艺装备设计制造应充分执行相关工艺装备安全技术及管理规范,应严格执行国家及行业的强制标准,在各级评审阶段应有安全评审要求。

④工艺装备设计与飞机产品设计协同,工艺装备设计与工艺装备制造协同。

⑤工艺装备采用 MBD 技术设计,部总装装配工装、大型零件工装、吊挂、传动系统等类别工装应进行刚强度分析,大型复杂装配工装及传动系统应充分考虑装配过程、人机工程、安全风险等进行仿真分析及优化。

⑥关键复杂工艺装备和数字化集成装备应进行试用验证,保证持续制造出符合互换、协调要求和图样要求的产品。

⑦工艺装备设计软件与产品设计软件版本应保持一致。

(3)总体设计原则。

①工装详细设计前应进行生产线工艺装备的总体设计规划,应制定本飞机工艺装备总体设计规范和各专业工艺装备设计规范,应针对大型装配系统进行总体方案论证和初步设计。

②工艺装备设计公差应为产品公差 1/3~1/5,关键部位及交点的制造公差原则上应为产品公差要求的 1/5;位置及外形等公差原则上应为产品公差要求的 1/3,最终公差原则上不能低于产品公差要求的 1/2;在按前述要求依然无法实现产品精度要求情况下,应在保证产品最终检验精度要求情况下根据工艺过程精度控制和工装最大实现精度等要求综合研判。

③自动化工艺装备的选择应兼顾飞机研制总体成本,中央体、机翼翼盒、大部件对接、大部件运输及翻转等类别工艺装备原则上全面采用机电集成结构,后部、机头、大部件架外等类别工艺装备适度采用机电集成结构,部组件装配、零件制造等类别工艺装备除因产品安全、效率、质量及人机工程等因素外不建议采用机电集成结构。

④工艺装备设计应最大限度统一连接件、操作件的结构形式,减少种类和规格。

⑤工艺装备设计原则上应采用数字量制造和协调,对于复杂接头、端面等精度及协调性要求高的部位允许采用模拟量制造和协调。

⑥工艺装备的大型尺寸及型面原则上应优先采用激光跟踪仪、激光雷达、激光跟踪

干涉仪、数控测量机等数字化手段进行测量。

⑦与复合材料制件直接接触的工艺装备需设置软质保护层,避免造成产品损伤,具有起吊功能的还需设置独立的机械式防坠落装置。

⑧工艺装备设计特别是部总装装配系统设计,采用模块化等通用技术,应优先考虑采用移动可重构定位、运输等技术。

⑨大型复杂装配系统及总装类型架应进行测量站位规划、测量基准点布局(TB 点/ERS 点)、测量视线仿真、测量精度分析等测量系统规划设计工作。

19.2.3　工装制造原则

(1)过程控制原则。

①工艺装备须严格控制加工和安装质量,严格控制制造过程及结果的精度和尺寸图实相符,确保加工、定位准确无误和满足产品制造要求,确保制造过程可追溯、制造过程及结果一致。

②工艺装备须控制表面处理质量,确保表面整洁美观、无目视可见的表面质量缺陷。

③工艺装备须控制焊接质量,应确保焊缝牢固、整齐和美观。

(2)精度控制原则。

①工艺装备须严格按照各类工艺装备的试验要求进行功能、性能试验,确保工艺装备传动、安装、定位等精度技术指标,确保工艺装备使用过程的稳定、可靠及安全。

②工艺装备与产品发生直接关系的定位面、孔等特征,应进行最终检测,确保工艺装备最终精度满足产品制造容差分配要求。

(3)配套控制原则。

①成套工艺装备配套供应须严格按照相关文件进行质量控制。工艺装备设计、检验应严格控制图样设计及更改过程,工艺装备检验应严格控制生产现场图实相符。

②工艺装备成品配套供应须对其安装前、后质量进行控制。

19.2.4　工装研制总方案设计

(1)总方案制定依据。

①产品设计数据。包括 MBD 数模、二维图样、EBOM 及技术文件等。

②工艺设计数据。包括制造总方案、工艺总方案、生产线规划方案、装配协调方案、组件装配方案及零件加工方案等。

③工装基础数据。包括工装知识数据、制造资源数据、各种基础性工装标准等。

④工艺装备技术水平、生产能力、技术发展规划等。

⑤有关的国家、行业、企业标准。

(2)总方案制定原则。

①在飞机研制阶段工艺准备工作开始时,编制工艺装备研制总方案,在飞机研制工艺装备方案设计前发布,随着飞机工艺准备工作进展按需对工艺装备研制总方案进行完善。

②工艺装备研制总方案按机型编制,内容应涵盖工艺装备各个专业,对于改进、改型飞机或非整机项目可按需编制。

③工艺装备研制总方案应满足公司制造技术整体发展规划和工装专业技术发展规划要求。

④工艺装备研制总方案应承接飞机制造总方案、工艺总方案、生产线规划方案等关于工装研制的要求。

⑤通过分析机型研制及批产量和生产率,综合考虑适合的工艺装备研制总方案。

⑥在保证产品质量的同时,应尽可能降低产品成本,提高效率,缩短生产周期,并考虑安全和环境保护。

⑦工艺装备研制总方案应明确各类工装关键技术控制要求,提出风险点并制定相应的解决措施。

⑧结合实际生产条件,积极采用国内外先进工装技术,以不断提高飞机产品质量水平。

(3)总方案制定要求。

①编制结构。

内容一般包括总则、工装关键技术分析、主要工艺装备分析、工艺装备设计与制造原则、工艺装备数据管理要求、数字化集成装备设计要求、生产线工装设计基本要求、生产线工装结构设计要求、工装制造要求及其他要求。

②编制内容。

(a)工装关键技术分析。

针对飞机的主要技术特点,结合行业及国内目前工艺装备发展水平,分析制约、影响工装研制的关键因素,梳理工装研制需要攻关、研究的关键技术。

(b)主要工艺装备分析。

根据飞机的结构特点、工艺划分、零组件材料选型与结构型式,以及产品装配方案和零组件加工方案,对设计、制造技术难度大、对飞机产品研制具有重要影响的工装项目进行技术分析。

(c)工艺装备设计制造原则。

对工装设计、制造、安装及检测所应用的技术进行规范,对工装设计的标准化及先进技术的应用进行要求。

(d)工艺装备数据管理要求。

确定工装设计所生成的数据类型,各类数据所应用的软件及版本,工装建模要求等。

(e)数字化集成装备设计要求。

确定数字化集成装备各专业模块的协调、集成设计要求。

(f)生产线工装设计基本要求。

确定生产线工装设计的基本要求,包括自动化、信息化、模块化、标准化、安全性及稳定性、测量、仿真等方面。

(g)生产线工装结构设计要求。

确定生产线工装设计的通用要求,各专业工装设计特殊要求;框架设计,标准件、成品件限定选用规格飞机;工装零组件表面处理要求等。

(h)工装制造要求。

确定飞机工装制造、安装、检验方面的技术要求。

(i)其他要求。

确定各专业、各类别工装设计、制造的其他特殊要求。

根据工装研制的总方案设计,能够得出工装研制总方案,该方案将为工装的研发和制造提供一个完整的指导和执行框架。

19.2.5　关键工装总方案设计

(1)设计要求。

概括叙述产品结构及主要技术指标。按需制定防差错控制措施,提高方案的可靠性、适用性。明确零组件定位方法,关键点、难点、风险点等控制措施。确定数字化集成装备应确定需要的设备、软件等技术要求。按需制定安全及环境保护措施。

(2)设计内容。

关键工装系统总体方案一般应包含产品介绍、工艺需求分析、工装总体方案、工装主要组成部分功能、计算分析、精度分析、工装制造工艺分析、关键技术分析、技术风险分析及解决措施、工装成本概算、防差错及安全措施、总结等内容。

根据关键工装总方案设计的设计要求和设计内容,输出关键工装总方案,以确保工装在产品制造和生产过程中的成功应用和运行。

19.3　生产线布局规划

生产线是产品生产过程所经过的路线。生产线可分为两种方式:一种是以产品为对象,按产品工艺流程对生产过程中的设备、人员等资源进行组织排布的方式,如脉动式装配线、精益加工单元等;另一种是以工艺为对象,将功能相同或相似的一组设备、人员等资源进行组织排布的方式,如精密镗床组、喷漆生产线等。生产线规划应结合产品类型、生产特点等选择不同的生产线方式。对于装配过程,一般应按机型布置专用生产线。对于零件制造过程,应尽可能以成组技术为基础,按零件族的典型工艺流程布置精益加工单元,也可以工艺为对象布置通用生产线。对于特种工艺过程,一般应以工艺为对象布置通用生产线。

19.3.1　规划要求

1.总体要求

数字化装配生产线规划需依据公司发展规划、制造总方案、工艺总方案、生产线规划方案等。数字化装配生产线规划总体要求包括：

(1)满足产品装配工艺需求,满足产品装配功能和性能需求。

(2)满足飞机研制目标,统筹考虑生产节拍及产能需求。

(3)满足基于投入产出比效能要求的成本控制。

(4)满足可获取的装备设计制造能力。

(5)满足工艺装备专业技术发展规划。

(6)满足后续工艺装备升级改造要求。

(7)满足工艺装备设计总方案要求。

(8)满足模块化、标准化、系列化要求。

(9)满足可靠性、经济性、安全性要求。

2. 主要要求

数字化装配生产线装备规划主要要求包含地面基础、工装/设备、能源动力、集成管控、布局物流、测量要求和环境安全要求。

(1)地面基础规划要求。

①一般要求。

数字化装配生产线地面基础的强度与稳定性对于分布其中的工艺装备和设备精度及稳定性有着直接影响,根据工装、设备设计规范相关要求,工装装配周期内需确保工装变形小于 0.1 mm。对于有精度要求的基础设计参照《动力机器基础设计标准》(GB 50040—2020)。

②基础分类。

数字化装配生产线地面基础根据工装、设备与地面连接形式和载荷工况不同可分为通用基础和专用基础,对于与地面无固定连接的小型组件装配工装采用通用基础,与地面设置固定接口的大型装配工装、离散式工装和设备采用专用基础。

③基础计算。

地面基础承载计算采用工艺装备质量/接触面积的估算方法或采用有限元法进行详细计算,通常需考虑工装、设备自重,并取 1.5 倍安全系数;地面基础需结合全流程使用工况,视情况考虑满足飞机整机运输过程中轮压载荷,大尺寸部件运输过程中运输装备轮组载荷等承载要求。

④通用基础。

通用基础在厂房建设过程中同步施工,使用时对同一载荷区域内工艺装备放置位置无限定;通用基础按生产线规划要求划分区域,各区域承载按该区域单台工装最大载荷,不同区域进行载荷统筹规划,减少厂房内载荷规格,降低基础施工难度及成本;通用基础稳定期内单点沉降≤0.3 mm。

⑤专用基础。

专用基础承载按所放置工艺装备对象计算,专用基础在厂房建设过程中需在工艺装备支撑处设置预埋件,专用基础要求稳定期内单点沉降≤0.1 mm。

（2）工装/设备规划要求。

①接口设置要求。

固定工装与可移动设备按需设置机械、压缩空气、电气、信息网络、通信、给排水等快卸式接口；可移动工装、设备与地面按需设置机械、压缩空气、电气、信息网络、通信、给排水等快卸式接口；具备可拆卸组成的工装、设备之间按需设置机械、压缩空气、电气、信息网络、通信、给排水等快卸式接口；同类接口结构形式需统一，并统筹规划，减少接口种类。

②集成规划要求。

（a）装配工装依据所装配产品对象进行分类设计，同类工装结构形式统一，并根据装配工艺需求进行全流程统筹，合理规划产品出入架、设备布局、工装间协调等所需的空间避让和物流路径。

（b）装配平台应满足产品装配、测量、检查以及工装/设备维护等人员操作可达性要求，并根据产能及工艺需求确定数量，提升平台通用性，统筹规划平台移动方式。

（c）调姿设备按各装配站位工艺需求独立设计后，对调姿行程、承载等技术指标进行全生产线统筹，减少调姿设备规格和种类。

（d）测量设备尽量选用厂内现有的同类激光跟踪仪、激光雷达等测量设备，基本操作需符合相应操作规范，测量设备工位及视线通路与装配工装、平台和调姿设备相互协调。

（e）制孔设备需根据产品族类进行适应性规划，尽量提升制孔设备通用性，并提前规划制孔设备移动路径和转运通路。

（f）移动设备根据生产线中需移动的工装、平台、设备的外廓尺寸和载荷统筹规划移动设备承载及尺寸要求，并对承载较大的专用移动设备尽量以小型通用移动设备组合的形式进行替代，控制移动设备数量。

（g）工装、设备中同类控制器、主轴、电机等关键成品件需规格和品牌统一，提升通用性和可维护性，便于备品备件储备。

（h）装配工装、平台上气动工具的用气点均布在平台框架靠近飞机产品侧，通过快速接头与风动工具连接，压缩空气总管路管径大小按同时工作的风动工具数量确定，且快速接头的设置应避开装配工装上的激光检测点，满足工作需求。

③颜色要求。

除特殊说明，数字化装配生产线设备、工装、信息设施等颜色按《厂房内设备、工装、信息设施等颜色规定》执行；数字化装配生产线厂房地坪、通道涂色按《建构筑物颜色管理方法》执行。

（3）能源动力规划要求。

①电气功率。

生产线规划总体用电功率需综合考虑工装、设备、照明、电动工具、吸尘装置等部分的总功率，并按相关标准预留余量，具体计算公式如下：

$$P_{总} = K(\sum_{i=1}^{n_1} P_{380\,V} + \sum_{i=1}^{n_2} P_{220\,V} + \sum_{i=1}^{n_3} P_{36\,V}) \tag{19.1}$$

式中，n_1 为额定电压 380 V 电器数量；n_2 为额定电压 220 V 电器数量；n_3 为额定电压 36 V 电器数量；K 为电器同时使用系数，并参照厂房配电设计手册选取。

②压缩空气。

生产线规划的压缩空气用量需根据各站位装配需求和装配工艺方案确定，管路布置及接口满足气动工具、气密试验、气动设备等同时使用需求。

③能源布置。

生产线能源保障布局需统一、整齐，在结合厂房布局的基础上，按就近原则布置，并尽量以地井等方式布置，避免凸出地面；液压能源站、充电站布置于试验台和设备存放区域附近，并与可移动工装、设备充分避让，不得影响其通路。

④管网布置。

生产线能源保障中管网统一布置，设计、制造协同进行，并与信息网络和给排水管路统筹考虑，避免局部调整造成的地面二次开挖。

（4）布局及物流技术要求。

①布局要求。

工装/设备等布局应遵循生产线规划方案中工艺布局合理布置；工装/设备之间物流通道需满足飞机产品转运、人员操作通路以及工装/设备移位等空间需求；保型架、工作平台等大型辅助工装及工装附件等需规划放置位置，设计相应的存放架/柜，并统筹考虑大型工装空间的合理利用；调姿对接类设备布局应能使操作人员观察到调姿对接过程中产品关键部位。

②物流要求。

工装/设备布局紧凑，位置合理，避免出现物流回流现象；存放架等现场辅助设施配置：符合一步原则、30 s 原则、45°原则、顺手可及原则及沉重的东西放置靠近膝关节，尽可能避免下蹲和弯腰；定位销等工装附件采用就近、按工序放置的方式，减少工人现场取放时间，提升使用效率。

（5）测量技术要求。

①测量设备布局。

设备布局设计时需尽量减少测量设备转站次数，但对于单台激光跟踪仪进行测量基准点标定时精度无法满足要求的可根据实际情况采用多台激光跟踪干涉仪、激光跟踪仪干涉功能进行组网测量以进行 ERS 基准坐标系统标定；测量设备在测量站位设置时需考虑稳定的最大测量距离和转站距离，具体不同型号测量设备参照其操作说明书。

②测量精度。

需结合测量设备布局对测量精度进行分析，测量精度原则上应小于产品装配精度的 $1/3 \sim 1/5$，特殊情况下，允许测量精度小于最终装配产品精度的 $1/2$；测量精度要求较高的具有协调关系的成组接头、轴销等，原则上需要在用相同的基准点拟合的同一坐标系下完成装配，并尽量减小测量设备与被测对象实际尺寸。

③测量数据。

测量数据需包含装配站位激光测量基准点、飞机产品测量点和装配系统测量点等；

测量数据需与数字化调姿设备进行交互通,并建立闭环反馈;测量数据可实现多种测量设备的协同测量和数据交互。

(6)环境安全技术要求。

①环境要求。

数字化装配生产线装备规划需充分考虑生产过程的噪声抑制、粉尘处理、有毒有害物质处理等环境安全保护要素,确保符合国家相关标准;数字化装配生产线装备规划对于制孔、打磨等可能造成粉尘的工位需设置吸尘装置,如有复材制件制孔,还需配备空气质量检测系统;数字化装配生产线装备需在温度范围为 $5\sim40$ ℃,湿度范围为 $40\%\sim80\%$ 时可正常工作。

②工装/设备警示要求。

数字化装配生产线各类工装、设备需编制使用说明书,并明确标识标记位置以及警示内容。

③机械系统安全要求。

数字化装配生产线电气系统、移动/加工/升降设备需设置急停装置并醒目标识,有联动要求的需设置软件锁止和机械限位,并符合 GB 16754—2021 相关要求。

④电气系统安全要求。

数字化装配生产线管线布置需配备必要的防雷和接地措施,并符合《通用用电设备配电设计规范》(GB 50055—2011)相关要求。

19.3.2　布局规划

1. 布局要素

(1)需求规划。

①进行关键技术需求识别、生产线工装需求识别、生产线设备需求识别、生产线建设能力需求识别,可以确保后续规划和布局的顺利进行。

②进行关键技术研究与原理性试验,以验证技术的可行性和有效性。

(2)顶层规划。

①确定工装选择、设计和制造原则。

②制定工装研制总方案,明确工装的总体规划和设计方向。

③制定关键站位/单元/系统总方案,保证整个生产线的完整性和协调性。

(3)布局规划。

①进行工装总体布局与物流分析,以实现工装的合理布置和物料流动的生产效率最大化。

②设计工装地基需求,以确保工装的稳固和安全。

③设计工装测量系统,用于对工装进行测量和监控。

④进行风水电气网接口集成和主要设备集成设计,以实现对工装的测量和监控。

2. 布局类型

(1)工艺原则布局。

工艺原则布局在提高空间利用率、降低成本和提高灵活性方面具有优势,但也面临设备间依赖性、高建设成本、空间利用限制和变更调整困难的问题。

(2)产品原则布局。

产品原则布局在优化产品流程、降低成本、提高质量和适应不同产品方面具有优势,但也面临着特定产品限制、需求变动困难、设计复杂度和空间利用效率的问题。

(3)固定式布局。

固定式布局可以提供稳定的工作环境,操作人员可以熟悉设备的位置和操作流程,可以提供更好的安全性和保密性。由于设备和工作站被固定在特定位置,难以适应生产需求的变化和调整。由于设备位置固定,维护和修理可能会受到限制,需要更多的时间和资源来进行维护、清洁和修理。无法适应快速变化的市场需求和生产流程的变化。

(4)U 型流水布局。

零件流动方向一致,操作者 U 型区域内行走,缩小活动范围可单人操控多台设备。但是其布局规划较为复杂 U 型区域内物流曲折,占用面积更大,管理难度高。

(5)一字流水布局。

零件单向流动,布局简单,便于管理。适合自动化程度高的生产线。但是其受各站位操作人员熟练度影响较大,某站位发生故障影响整条生产线。

(6)鱼骨布局。

生产线布局调整灵活,当产能提升时直接在分支位置增加效率工装,有备用生产线,不受操作者熟练度、工位故障影响。但是其规划难度较高,需充分考虑未来产能变化因素,预留产能提升面积,占地面积不经济。

(7)汇流流水布局。

汇流流水布局在提高生产效率、优化人员利用、改善生产质量和高空间利用率方面具有优势,但也面临投资成本高、变更调整困难、故障风险和缺乏灵活性等挑战。

(8)回转流水布局。

回转流水布局可以有效利用环形流动方式,最大化地利用生产空间,产品在生产过程中不断流动,可以减少等待时间和运输时间,可以根据不同产品或生产需求进行灵活调整和重新配置。但一旦其中一个设备出现故障,可能会影响整个生产流程,回转流水布局相对较复杂,需要精确规划和设计。

3. 布局方法

(1)摆样法。

通过摆放实际大小的工作站、设备等,以实际操作来确定最佳的布局方案。

(2)数模法。

利用三维建模软件创建生产线的虚拟模型,模拟生产过程,评估不同布局方案的效果。

（3）图解法。

通过手绘或使用绘图工具，绘制生产线的平面图，清晰展示布局方案的各个环节和位置。

（4）仿真法。

利用仿真软件，如 3DMAX、DELMIA 等，对生产线进行三维建模与仿真，模拟生产过程，测试不同布局的效果。

19.3.3　布局设计

产线布局设计需要考虑到生产效率、物流效益、安全性等因素。通常情况下，应该采用清晰的布局结构来最大化利用空间，并通过公差堆积分析和基于虚拟仿真的工作流程，进行布局方案的优化和验证。在设计过程中，需对生产线的各个环节进行详细的数据收集和需求分析，以便确定最优的布局方案。

（1）安全性设计。

由于航空产品制造过程中具有一定危险性，需要根据具体的认证要求和安全标准，进行安全方案的设计和评估。

（2）物流管理。

物流管理主要包括材料管理、供应链管理和库存管理等方面。

（3）空间分析。

对现有空间作出分析，详细了解建筑物的形状、结构和存在的障碍物等情况；计算所需的存储空间和通道空间以及保证生产线人员的通勤安全。

（4）产品流程设计。

根据生产线上各个工序之间的关系，设计出流程完整的生产线图表。明确定位到所有零件和组件的位置，包括输入端板、机械臂/机器人的位置、运输车道等方面，已达到提高生产效率和最小化物料损耗的目的。

（5）设备布局。

设备布局应能够支持自动化生产线并符合批次生产的需求；还应根据自身产品进行使用设备选型，并借助仿真技术评估配套组件间的相互干扰和协调情况来确定放置的方向，从而实现最佳的排列顺序和最大化的空间利用。此外，还需要考虑设备的容量和品种适应范围，以便更好地满足生产目标。

（6）人员流程安排。

依据工作岗位的内容、生产作业要求和作业顺序等优化人员流程安排和行走路径。

（7）安全与返修。

评估包括人员操作设备安全，设备自身带来的风险，并充分考虑设备的维护和保障返修依据不受影响。

19.3.4　布局评价

(1)产品适用性。

①效率:快速研制能力。

②质量:高质量生产能力。

③成本:低成本生产能力。

④现状:现有研制能力。

(2)操作安全性。

①人员、产品、装备安全。

②物流运输安全。

③爆燃等特种安全。

(3)物流有效性。

①运输路线通畅合理性。

②运输工具数量合理性。

③运输成本消耗合理性。

(4)工作舒适性。

①作业工序舒适性。

②作业环境舒适性。

19.3.5　节拍设计

节拍设计的核心原理是充分利用机器的速度、人员和材料资源,以得到最优的产品组装速度,同时确保质量和生产效率的双重保障。节拍设计是一个逐步迭代和优化的过程,需要根据实际情况和实验测试结果进行不断调整和优化。节拍设计具体为:

(1)确定任务清单。

将产品组装阶段分解为一系列任务,根据每个任务所需的时间、人力和材料等因素设定任务清单。

(2)计算标准时间。

根据任务清单中每个任务的时间、人力和材料等参数,计算出各项工作的标准时间。

(3)优化生产顺序。

根据以上数据建立数学模型,优化整个生产过程,并安排合理的生产顺序。在此过程中,需要满足各环节之间的稳定性要求,同时避免资源瓶颈和零部件配送延误等问题。

(4)设定适当的产能。

根据上述计算结果,设定适当的产能目标。对于一个给定的生产线,产能目标可以定义为每小时可完成的总装配次数或某一产品组装站每天所需的工时。

(5)节拍计算。

节拍计算可用于精确地计算生产速率和操作时间,节拍计算的步骤为:

①设定目标生产速率(target production rate)。目标生产速率为规定时间内完成的

单个零件或产品数量,根据实际情况和需求设置。

②确定整个制造流程所需的时间(total manufacturing time)。整个制造流程所需时间为自材料准备到最终产品出厂的总时间。该时间包括设计、加工、焊接、组装、检查和测试等操作。

③计算非生产动作时间(non-value-added time)。非生产动作时间为在整个制造流程中的任何活动,不直接增加价值或在产品加工中添加特定贡献,如等待、调整、检查或运输等。

④计算操作时间(operating time)。操作时间为完成实际生产任务所需的时间,不包括任何等待、调整或运输等间隔。操作时间计算式为

$$t_{操作时间} = t_{总制造时间} - t_{生产动作时间}$$ (19.2)

⑤计算节拍时间(takt time)。节拍时间为在一个生产周期内所需完成的所有操作所需的平均时间。节拍时间计算式为

$$t_{节拍时间} = \frac{t_{操作时间}}{t_{目标生产速率}}$$ (19.3)

⑥生产线节拍。

$$T_{Pt} = \text{Max}\{T_k \mid T_k = \sum t_i\}, \quad i \in N_k, \quad k = 1, 2, \cdots, K$$ (19.4)

式中,T_{pt} 为生产线节拍;T_k 为第 k 站位装配时间;t_i 为第 i 道工序作业时间;N_k 为第 k 站位所包含的工序集合;k 为生产线站位数。

(6)工装使用技术指标。

数字化装配生产线使用过程中涉及的技术指标有平衡率、设备利用率、完好率、平均故障间隔时间、平均无故障时间、平均修复时间、综合效率、时间开动率、性能开机率和故障率。

①生产线平衡率。

$$P = \frac{\sum_{i=1}^{n} t_i}{K \times \text{Max}(T_k)} \times 100\%$$ (19.5)

式中,P 为生产线设备平衡率;$\text{Max}(T_k)$ 为所有站位中最长作业时间,等于瓶颈站位节拍,即是生产线的总节拍。$P \geqslant 90\%$,生产线平衡达优;$90\% > P > 80\%$,生产线平衡为良;$P \leqslant 80\%$,生产线平衡较差。

②生产线设备利用率。

$$P_m = \frac{T_t - T_m - T_h}{T_t} \times 100\%$$ (19.6)

式中,P_m 为生产线设备利用率;T_t 为总工作时间;T_m 为设备维修保关时间;T_h 为计划外停机时间。$P_m \geqslant 95\%$,表示设备充分利用;$P_m \leqslant 90\%$ 且持续下降,表示设备闲置时间较多;$P_m \leqslant 84\%$,表示设备未得到充分利用。

③完好率。

设备完好率是指完好的生产设备在全部生产设备中的比重,是反映企业设备技术状

况和评价设备管理工作水平的一个重要指标,也是设备管理的基本依据。

$$E = \frac{N_1}{N_2} \times 100\%$$ (19.7)

式中,E 为设备完好率;N_1 为集成装备完好总台数;N_2 为集成装备总台数。

④平均无故障时间。

平均无故障时间(y_1)为规定环境下正常生产到发生下一次故障的平均时间。

⑤平均修复时间。

平均修复时间(y_2)为故障出现到故障修复至可以运行期间的时间。

⑥平均故障间隔时间。

$$y_3 = y_1 + y_2$$ (19.8)

式中,y_3 为平均故障间隔时间。

⑦综合效率。

$$\eta_综 = \eta_1 \eta_2 \eta_3 \times 100\%$$ (19.9)

式中,$\eta_综$ 为综合效率;η_1 为时间开动率;η_2 为性能开动率;η_3 为合格品率。

⑧时间开动率。

$$\eta_1 = \frac{t_开}{t_负}$$ (19.10)

式中,$t_开$ 为开动时间;$t_负$ 为负载时间。

⑨性能开动率。

$$\eta_2 = \eta_3 \eta_4$$ (19.11)

式中,η_3 为净开动率;η_4 为速度开动率。

⑩故障率。

$$\eta_故障 = \frac{y_4}{y_5 + y_6} \times 100\%$$ (19.12)

式中,$\eta_故障$ 为故障率;y_4 为故障停机时间;y_5 为实际开动时间;y_6 为故障停机时间。

(7)物流强度分析。

物流强度分析是评估和衡量物流活动的综合指标的一种方法。它通常使用货物流转量、运输成本、运输时效、运输距离等指标,来探索和衡量物流活动的规模和效益。物流强度分析的目的是评估物流活动的效率和效益,找出问题和瓶颈,并提出改进措施和优化方案,以提高物流运作的效率和降低成本。在物流强度分析中,常将作业单位间的物流强度划分为 A、E、I、O、U 五个等级,分别表示非常重要、较重要、重要、一般和无关。物流强度等级和非物流强度等级可以取 0 到 1 之间的值,其中 0 表示最低等级,1 表示最高等级。一般来说,加权系数可以取 0 到 1 之间的小数,以表示不同因素的重要程度或贡献程度。根据具体的问题和数据分析,可以根据经验和专业知识来确定加权系数的数值。计算综合强度的值可以按照以下步骤进行:①确定评估指标和对应的权重:根据具体需求,选择适合的评估指标,并为每个指标分配相应的权重,反映其重要性;②收集数据:获取各个评估指标的实际数值,可以通过调研、统计数据、专家意见等方式收集;③进行加权计算:将每个指标的数值与对应的权重相乘,得到加权值;④汇总加权值:将所有

加权值相加,得到综合强度的值。综合强度计算公式如下:

$$T=(m\times M)+(n\times N) \tag{19.13}$$

式中,T 为综合强度;M 为物流强度等级;N 为非物流强度等级;m、n 为加权系数,具体反映至穆德图中。

穆德图分析法是一种常用于工业工程和作业研究领域的分析方法,用于评估作业单元之间的联系紧密性。穆德图分析法首先根据关系的密切程度划分等级,然后列出导致不同程度关系的原因。使用这两种资料,将待布置的部门一一确定出相互关系,根据相互关系重要程度,按重要等级高的部门相邻布置的原则,安排出最合理的布置方案。设施布局设计要根据作业单位间在工艺流程中的密切程度,决定相互位置。

按照作业单位对的物流强度,可以将其划分为五个等级,见表 19.1。

表 19.1　物流强度等级分析表

物流等级	标识	物流路线比例	物流量比例/%	评分
超高强度	A	10	40	4
特高强度	E	20	30	2
特大强度	I	30	20	2
一般强度	O	40	10	1
可忽略	U			0

根据物流强度表,绘制图 19.1 的穆德图。

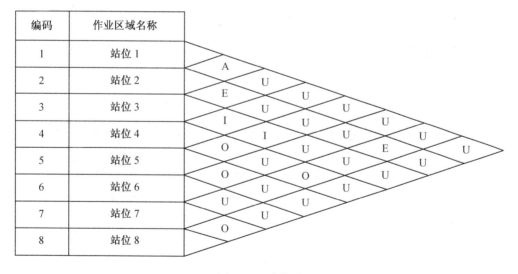

图 19.1　穆德图

(8)用水计算。

厂房加湿是指在工业生产、制造或加工过程中,通过增加空气中的湿度来调节环境湿度的一种控制措施。加湿量计算公式如下:

$$W=G\times\rho\times(d_2-d_1) \tag{19.14}$$

式中，W 为有效加湿量，kg/h；G 为新风量，m³/h；ρ 为空气密度，kg/m³，一般取 1.2；d_1 为加湿前空气含湿量，kg/kg；d_2 为加湿后空气含湿量，kg/kg。

（9）用电计算。

生产线规划总体用电功率需综合考虑工装、设备、照明、电动工具、吸尘装置等部分的总功率，并按相关标准预留余量，具体计算公式如下：

$$P_{总} = K\left(\sum_{i=1}^{n_1} P_{380\,V} + \sum_{i=1}^{n_2} P_{220\,V} + \sum_{i=1}^{n_3} P_{36\,V}\right) \tag{19.15}$$

式中，n_1 为额定电压 380 V 电器数量；n_2 为额定电压 220 V 电器数量；n_3 为额定电压 36 V 电器数量；K 为电器同时使用系数，可参照厂房配电设计手册选取。

（10）用气计算。

车间所需压缩空气系统的容量应以最大耗气量为依据，计算公式为

$$Q = \sum Q_{max} K(1 + \psi_1 + \psi_2 + \psi_3) \tag{19.16}$$

式中，Q 为压缩空气系统设计容量，m³/min；Q_{max} 为车间最大耗气量，m³/min；K 为消耗量不平衡系数，取 1.2；ψ_1 为管道漏损系数，当管道全长小于 1 km 时取 0.1，1.5 km 时取 0.15，大于 2 km 时取 0.2；ψ_2 为用气设备磨损增耗系数，取 0.15；ψ_3 为未预见的消耗量系数，取 0.1。

（11）用风计算。

通风量计算：

$$Q = n/V \tag{19.17}$$

换气量计算：

$$n = Q/V \tag{19.18}$$

换气次数计算：

$$V = Q/n \tag{19.19}$$

净化器数量计算：

$$X = Vn/Q \tag{19.20}$$

式中，Q 为通风量，m³/h；n 为换气次数，次/h；V 为净化体积 m³；X 为器数量，块。

换气次数为对洁净室级别的换气次数，未做规定。100 级换气次数要达到垂直层流 0.3 m/s，水平层流 0.4 m/s。横切面积由设计院依据实际需求设计，新风补充量是总送风量的 10%～30%。在实际应用中，可能还需要考虑其他因素，如设备可靠性、员工安全等，需要根据具体情况进行相应调整。

通过上述计算，生产线节拍计算结果以及工装设备关键技术指标，如节拍、平衡率、利用率、物流强度、设备完好率等。这些指标和计算结果可以帮助企业评估生产线和工装设备的性能和效益，为生产资源的配置和生产计划的制定提供参考依据，并帮助企业进行生产效率和成本的控制和优化。

19.3.6 产线仿真

可重构柔性化定位设备、可重用自动化制孔设备的装配生产线，需仿真模拟其物流

路径,细化各工序定位/制孔时间,合理创建缓冲站位,提高可重构柔性化工艺装备的利用效率。

(1)模型要求。

生产线仿真模型包括几何模型和逻辑模型。

①几何模型。

生产线的几何模型用于仿真建模的直观展示,并不参与仿真运算过程,几何模型要求如下:

(a)几何模型包括生产线上的产品、工装夹具、加工设备、运输设备、暂存区等实体的三维模型。

(b)外部导入的几何模型应经过轻量化处理,保存为 stl 格式。DELMIA Quest 支持 CATIA、UG 等常用 CAD 软件生成的三维模型。

(c)几何模型的颜色应符合文件要求。

②逻辑模型。

逻辑模型是参与仿真运行的元素。逻辑模型应真实反映实际生产线运行的各种属性信息,如工艺流程、工时数据、物流关系、设备故障情况等,见图 19.2。

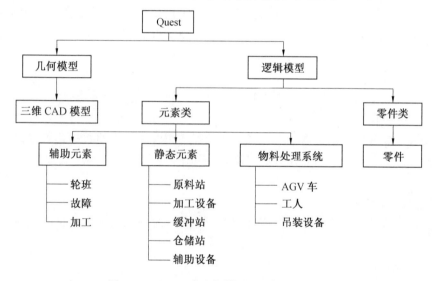

图 19.2 Quest 中几何模型和逻辑模型架构

(2)仿真内容。

①生产线产能仿真:对生产线在给定资源配置、工时安排、设备故障约束条件下的生产过程进行仿真模拟,分析生产线在一定时间内的产能,与目标产能进行比较,判断是否满足需求。

②生产线平衡仿真:对生产线在运行过程中各站位/加工设备的空闲时间、等待时间进行仿真分析,判断生产线的平衡情况,通过调整各站位之间的作业负荷,消除瓶颈站位,提高设备的利用率和生产线的效率。

③生产线物流仿真:对生产线的工装、产品物流运输过程进行仿真,分析 AGV 车、吊

装设备等物流运输设备的使用情况,通过优化资源配置,调整运输方式和运输路径,使其满足生产线物流配送需求。

(3)需定义的边界条件。

生产线仿真需定义的边界条件包括产品数模、产品年产量/节拍、产品工艺总方案、产品生产线规划方案、工装/设备数模等。

(4)仿真步骤。

①数据准备。

(a)工艺过程分析。

产品工艺过程是生产线仿真的基本输入,工艺过程分析包括以下内容:明确生产线的产品对象,确定生产方式,根据产量需求确定生产线节拍,确定生产线的装配站位及每个站位的工序内容,梳理装配流程所有工序的操作顺序,梳理/预估各工序操作时间,梳理各工序所需的物料、工装工具信息。

(b)三维模型准备。

确定生产线基本布局;收集产品和工装的三维模型并进行轻量化处理,仅保留几何信息,保存为 stl 格式;物料存放区、辅助设备数模在生产线仿真阶段可利用 Quest 素材模型库中提供的模型构建,简化建模过程;收集加工设备的运动情况,为后续模拟设备对工件的实际操作行为提供支持,使仿真更为真实;模型的命名应按照一定的规则,方便在建模过程中识别和获取,Quest 不支持中文名称。

(c)物流分析。

梳理零组件、工装工具、标准件等物料物流方式、物流路径和配送时间。

②生产线建模。

以 Quest 软件所需求的参数和仿真目标作为导向,对收集的数据进行处理,转化为仿真软件可以识别和进行仿真运算的模型。

③生产线仿真。

(a)定义仿真参数。

定义设备故障率、生产线目标产能/生产线运行时间、物流设备的传送速度、时间间隔。

(b)仿真输出。

仿真结果包括生产线达到目标产能所需的时间,生产线在规定时间内的产能,各站位/加工设备的空闲时间、繁忙时间,各站位/加工设备的利用率,物流设备的工作时间/利用率,生产线的瓶颈站位。

通过产线仿真,可以生成总体布局模型和仿真视频,从而帮助企业优化生产线布局、提前发现问题和风险、增强决策依据、提高生产效率。

第 20 章　生产线工装集成设计

20.1　地基集成设计

20.1.1　设计原则

(1)刚度适应原则。

工装地基设计以飞机工装的刚度即工装区域的最大整体变形量为主要适应对象,不同刚度要求的工装构建的地基形式和厚度不同。

(2)动态特性原则。

工装地基形式应根据工装动态载荷变化进行分类设计。

(3)最小包络原则。

工装地基按照工装投影截面的最小包络外廊进行设计。

(4)整体性原则。

有刚度要求的单项工装地基原则上应为单一整体结构。

(5)稳定性原则。

有刚度和稳定性要求的单项工装地基原则上应保证地基结构稳定。

20.1.2　设计要求

(1)地基总体设计。

①工装地基按照工装的精度需求和静态动态特性进行分类,类别不同则依据的地基设计要求也不同,见表 20.1、表 20.2。

表 20.1　工装地基分类设计要求

序号	工装地基类别	工装实例	设计依据	设计要求
1	动力机床设备	龙门铣床	GB 50040—2020	按照机床分类,考虑机床运动、振动,分析地基刚度和强度
2	有动力机床设备性质的工装	塔式制孔设备		
3	刚度要求小于 0.2 mm 的离散工装或长度＞15 m、宽度＞3 m 的大型部件装配工装	翼盒总装、中机身总装或其他精度要求较高的工装		分析地基刚度和强度

续表20.1

序号	工装地基类别	工装实例	设计依据	设计要求
4	精度实现与地基无直接关联的质量超过 20 t 的工装	重载运输车、总装区域、可移动零组件工装	GB 50007—2011《建筑地基基础设计规范》	分析地基承载强度
5	无精度质量＜30 t 要求的工装	中小型运输车、可搬离及移动零组件工装		由工装自身结构保证刚度和强度

表 20.2 工装地基刚强度影响因素分析

序号	载荷分类	载荷工况	敏感度	影响事项
1	外界载荷	动态、振动等载荷变化引起地基结构变形	大	影响刚度,工装自身无法克服运动载荷变化变形,地基作为工装主体结构存在
2		静态载荷不均匀引起地基结构变形	中	影响刚强度,地基越稳定影响越小
3	地基载荷	整体沉降	小	不影响工装的整体结构刚强度
4		由于徐变、冷凝等引起不均匀沉降	小	结构内应力,从材料选择及时效方法可以做到一定控制,养生期不能小于 21 d,1~3 年后则可比较稳定,通过制造工艺和工装结构设计优化解决,刚强度设计通常不予考虑。
5		温度变化引起不均匀沉降	小	

②工装地基设计一般包含强度、刚度、结构、接口等需求设计,地基结构施工方案应由具有建筑设计资质单位进行设计,应经工装结构和地基设计单位审签或评审通过。

(2)地基强度设计。

①地基根据承载对象工装采用极限载荷叠加安全系数进行强度设计,安全系数原则上应大于3。

②地基设计时混凝土强度按照 GB 50010—2010《混凝土结构设计规范》中的分级确定。

③工装地基局部承载宽度小于或等于混凝土深度向下 45°辐射投影面积时,强度计算主要按照混凝土的抗压强度进行计算;当承载宽度大于混凝土深度向下 45°辐射投影面积时,强度计算主要按照混凝土的抗拉强度进行计算。

④混凝土为实心垫层,向下压力强度计算一般采用抗压强度进行计算;混凝土受多点支撑的桩基结构或受力朝向地面一般采用抗拉强度进行计算。

⑤强度计算主要针对地基的结构承载能力进行评估,对地基的整体性原则、不均匀沉降等不做要求,但对于有动态载荷如运输车等通过时,需要考虑不均匀沉降尺寸不至

于影响运动结构的通行。

⑥接地面积 $S_{接地}$ 为工装与混凝土连接面积沿混凝土深度向下 45°辐射投影面积,按以下公式计算:

$$S_{接地} = S_{连接} + C \times H$$

式中,$S_{连接}$ 为工装与混凝土的连接面积;C 为连接面积周长;H 为混凝土厚度。

⑦混凝土可承载的最大载荷按照 $F_{理论} = \sigma \times S_{接地}$ 进行计算,σ 表示混凝土强度,当 $F_{理论} > F_{外载}$ 时,混凝土满足强度要求。

⑧总装站位等有飞机轮压承载区的地基强度设计时,参照 GJB 1278—1991《军用机场水泥混凝土道面设计规范》中机场道面要求进行设计。大飞机厂房一般按照优于一级机场道面等级进行设计,接地面积一般按照飞机轮胎为无内胎、双胎面空心轮胎结构,轮胎圆截面压缩量按照轮胎直径的 5%~8% 计算。

⑨飞机部总装等有强度要求的工装地基混凝土,一般按照 C30 混凝土进行地基设计,普通无强度要求的工装地基或垫层设计,至少按照 C15 混凝土进行最低地基要求。

⑩对于工装地基支撑强度不足的,可以采用地面铺设厚钢板的方式增大接地面积,钢板与地面一般采用反钩钢筋预埋方式处理,也可以采用地脚螺栓或种植螺栓进行固连,工装结构则固定于钢板上。任何情况下,铺设的钢板与地面原则上不允许存在空鼓、悬空等情况。

⑪地基强度设计时,应考虑同等截面的预埋加强筋的连接强度优于地脚螺栓或种植螺栓,如采用地脚螺栓或种植螺栓连接后置钢板,则应考虑增加连接点和连接面以加强连接强度和稳定性。

⑫同一厂房内混凝土等级原则上应一致。

(3)地基刚度设计。

①工装地基刚度设计需满足工装在定检周期或装配周期内精度要求。

②除涉及动力设备分类或高振动、大载荷动态变化等因素,工装地基刚度设计时混凝土厚度一般情况下不得大于 GB 50040—2020 龙门铣床相关要求,可参照 GB 50040—2020 相关金属切削机床分类地基进行设计,特殊情况参照 GB 50040—2020 的其他分类。

③地基根据承载对象工装采用极限载荷叠加安全系数进行刚度设计,安全系数原则上应大于 1.5。

④地基刚度设计时,在工装自身最大载荷及最大允许运动载荷情况下,不考虑温度、混凝土化学变化等因素,地基变形曲线倾斜角不能超过 0.01 mm/m,地基的横向和纵向最大允许变形量计算可参考 $y_{max} = 0.01 \times L/2$ mm,L 为地基最大长度,单位为 m。如果工装为一般精度要求,y_{max} 可放大 1.5 倍。

⑤装配工装需满足 HB/Z 248—1993《飞机装配型架设计》关于外载变形的刚度要求,以较高精度的装配工装为例,y_{max} 原则上不能大于 0.1 mm,超过 15 m 小于 30 m 的 y_{max} 可以放宽至 0.15 mm。

⑥有精度要求的离散工装刚度设计时,工装地基作为工装结构一部分参与刚度计算,地基变形应满足相关工装的自身精度要求。

⑦静态特性的工装地基设计时主要关注地基自身的不均匀沉降对工装精度的影响，动态特性的工装地基设计时主要关注载荷变化引起的地基不均匀沉降对工装精度的影响。

⑧符合整体性原则的工装地基原则上须将预埋件、加强筋等固定好后一次浇灌完成，其与周围的地基一般需进行物理减振隔离，常规的处理方法为设置隔振沟。

⑨有刚度要求但不符合整体性原则的工装地基，需考虑不同地基分块之间因为温差、地下沉降等因素导致的地基不均匀沉降，需特别关注海边等近水地理位置地下水位可能发生变化的情况，还需注意早中晚、雨雪晴及冬夏等气候因素温度急剧变化的情况。

⑩有刚度要求的工装地基需要在地基表面设置观测点用于观察地基的不均匀变形，单项工装地基的观测点在纵、横两个方向矩阵分布，单一方向观测点不能少于 3 个，两个观测点之间的距离不能大于 5 m。

⑪工装地基刚度设计时，需考虑工装结构对地基刚度的加强作用，需考虑管线槽沟等对地基刚度的减弱作用。

⑫地基刚度设计应考虑膨胀系数，混凝土线膨胀系数依据 GB 50010—2010，参考 $l_t = 8 \sim 12 \times 10^{-6} ℃^{-1}$ 执行，膨胀量计算公式为 $\Delta L = L \times \Delta T \times l_t$，$L$ 为地基单向切面长度，ΔT 为温度变化程度，l_t 为线膨胀系数。

（4）地基结构设计。

①工装地基外廓设计原则上需满足最小包络原则。

②工装地基宜设计为中间厚四周薄、框架组合等结构，以减少混凝土方量。

③装配工装等有刚度要求的工装地基，原则上不允许同一工装跨越不同地基分块。

④工装地基表面平整度按 GB 50209—2010《建筑地面工程施工质量验收规范》执行。

⑤工装地基表面需采用混凝土耐磨地面，颜色为灰色。

⑥有连接要求的工装结构，地基设计时原则上需对地基上的工装连接用钢板、工装装配坑洞进行预设。对于通用地基可采用扩孔钻钻孔后埋入地脚螺栓或种植螺栓的方法进行处理，工装结构可以布设钢板以增大连接接触面积。

⑦工装地基应考虑对工装结构、设备埋地所需坑道进行预留，预留坑道在宽度方向两侧预留各大于 100 mm 的空间，在长度方向两端预留各大于 500 mm 以上的空间。

⑧工装地基结构设计需考虑风、水、电、网等的就近获得及通路，部装及组件装配生产区域工装接入方式优先采用地上能源柜、地坑、地井等方式，总装生产区域工装接入方式优先考虑升降地井方式，所有接入方式或能源点之间采用埋管、地下管廊、地沟等方式串联，接入与串联均须保证维修通路。

⑨地基结构设计应提供混凝土徐变、冷凝等反应控制方案。

（5）地基接口设计。

①工装地基设计时，风的接入需包含站位内相关气动工具、工装、设备等现场使用压缩空气。

②工装地基设计时，水的接入主要考虑用于加湿用的自来水、空调冷热水，主要针对装配、密封涂胶等需要在一定湿度、温度控制要求环境下工作的相关工装站位，通常要求

湿度为 20%～80%。

③工装地基设计时,电的接入需包含工装站位内所用到的全部高低压供电能源需求,常规采用外部接入 380 V 三相五线制,工装接入电气柜设置 5 V、12 V、24 V、36 V、220 V 等工装内部用电源规格需求。为减少后期接入转换电源数量,大于等于 36 V 电源也可采用外部直接接入工装内部方式。

④工装地基设计时,网的接入主要包含工装站位需要与上位、其他站位、公司主网等进行通信的网络节点。具有控制系统及软件的工装站位,内部原则上必须独立成为一个子系统,子系统通过网络节点与外部进行数据交换。

⑤针对复合材料等有粉尘影响的工装地基设计时,还需考虑高负压除尘设备的管路引入。

⑥地基风、水、电、网等接口设计应满足相关机械制造企业安全生产标准化规范设定的距离危险源的安全距离。

⑦预埋外部连接接口设计时,应考虑工装结构可能发生的变化,应考虑安装误差、加工误差、协调误差等变量因素。

⑧地基相关各类接入接口应考虑冗余设计。

通过地基集成设计,可以输出综合考虑风水、电气和设备因素的工装地基设计方案,以确保地基的稳定性、适应性和功能完善性。

20.2　测量系统集成设计

1. 设计内容

测量系统设计内容一般包含基准测量点布局设计、目标测量特征设计、测量设备布局设计、测量可视性设计、测量人机设计、测量附件设计、测量精度分析等,设计过程需要结合工装、设备、地基、环境等因素综合考虑,但各项内容可以并行开展。

2. 设计原则

(1)稳定性原则。

基准测量点、目标测量特征、测量设备应布置在强刚度、弱外部激励、弱温度敏感、少外部磨损等相对稳定的结构上,满足测量点及其坐标值在测量周期或定检周期内的稳定性和一致性。

(2)包络性原则。

基准测量点、目标测量特征应遵循最小几何体包络面对测量对象进行包络。

(3)可视性原则。

测量过程中测量设备在预定测量站位到基准测量点和目标测量特征的连接光线不被遮挡。

(4)相对固定原则。

测量过程中确保基准测量点、测量设备与被测对象的目标测量特征的空间尺寸相对固定。

3. 设计技术要求

(1)基准测量点设计。

①全局坐标系。

(a)全局坐标系即是工装坐标系,原则上以飞机坐标系为全局坐标系。

(b)对于飞机坐标系无法采用的情况,则以装配产品对象或工装最大投影面长度方向作为 X 轴、宽度方向作为 Y 轴、高度方向作为 Z 轴建立全局坐标系。

(c)全局坐标系的构建参照执行。

②稳定性设计。

(a)基准测量点应设置在稳定的工装结构或地面上,基准测量点支撑结构应进行刚度分析。离散工装或地面基础作为主体结构的工装,地基应作为工装结构主体参与刚度和稳定性分析;整体型工装,工装自身结构需保证刚度和稳定性。

(b)基准测量点应进行稳定性分析和评价,判断指标是点位在定检周期内的偏移,去除温度等影响因素,常规参考值为 0.1 mm。

(c)基准测量点设置的工装基体或独立的测量结构原则上应与人员、物料通道隔离或分离。

(d)基准测量点不可在不稳定的组件及可卸件上布置。

(e)基准测量点原则上不应设置在运动基体上;特殊情况无法避免时,设置在运动基体上的基准测量点仅可用于局部坐标系构建,并应遵循相对固定原则,保证目标测量特征在测量状态时的相对稳定。

③包络性设计。

(a)包络性设计的测量对象应包含工装内所有有测量需求的工装和产品。

(b)通常情况下,基准测量点构成的三维空间应包络测量对象;特别情况时,至少应满足基准测量点构成的空间在地面的投影区域应包络测量对象在地面的投影区域。

(c)基准测量点包络空间的几何中心应尽量接近测量对象的几何中心。

④布局设计。

基准测量点包括基准测量点(TB 点)和扩大基准系统测量点(ERS 点)。

(a)TB 点选取的 3 个初始基准测量点应是被测工装整体最大结构的体现,TB 点一般不应少于 4 个,特殊情况不少于 3 个;TB 点数量和位置应能整体反映工装主体水平垂直基准变化情况;对于整体底盘类工装,TB 点应靠近可调整支撑点位置布置。

(b)ERS 点根据装备结构系统布局,点位布置原则上应最大限度的对装备结构进行几何包络,点间距一般情况为 300~800 mm,最大不超过 1 400 mm。对于无法设置 ERS 点的结构位置、精度要求不高的基准系统、超大尺寸工装系统,可以根据具体结构在局部区域适当放宽 ERS 点布局间距尺寸,但必须保证转换路径上 ERS 点的包络性和尺寸连续性。

（c）工装主体结构的 ERS 点无法满足包络性时，可设置辅助测量立柱布置基准测量点。

（2）目标测量特征设计。

①稳定性设计。

稳定性设计应遵循稳定性原则和相对固定原则，具体应按照以下要求进行设计：

（a）目标测量特征应设置在稳定的工装结构或相对稳定的产品结构上。

（b）目标测量特征设置在活动结构上的，应遵循相对固定原则，须保证目标测量特征在测量状态时的相对稳定。

（a）目标测量特征在同一零组件内的，应保持相对位置关系的稳定。

（b）目标测量特征原则上应与人员、物料通道隔离或分离。

②包络性设计。

包络性设计应遵循包络性原则，具体应按照以下要求进行设计：

（a）目标测量特征应被基准测量点最大范围包络。

（b）目标测量特征一般应对该零组件进行最大投影面包络，对正方体类结构应考虑立体空间包络。

③布局设计。

目标测量特征设计主要包含特征点和特征面的测量布局设计，工装结构的特征点主要包含孔类零组件、卡板类零件、梁类结构件等，产品结构的目标测量特征设计除了满足稳定性、包络性要求外，还需要满足装配工艺需求。

（a）孔类零组件。

一般设置 2 个 OTP 点，设置在孔轴线结构件两侧，两点连线需包络零组件孔轴实体结构，两点均进行公差控制。对于普通精度的孔类零组件，也可以设置在孔轴线结构件单侧轴线上，靠近结构的为主控制 OTP 点。

（b）卡板类零件。

一般设置 3 个 OTP 点，平面内最大包络，按照 3－2－1 原则进行公差设计，控制卡板平面位置公差。

（c）梁类结构件。

一般设置 4 个 OTP 点，第 4 点作为包络冗余，平面内最大包络，按照 3－2－1 原则进行公差设计，控制定位面位置公差。

（d）特征面。

OTS 特征面主要为直接定位面，一般按照定位件定位区域的主要特征进行设计，接头类零件一般以孔轴线、定位端面作为特征基准，平面类零件通常将定位面作为 OTS 特征面，外形类零件通常将定位外形、基准面作为 OTS 特征面。

④测量设备布局设计。

（a）测量设备布局设计前，需进行测量精度分析，确定最佳、最经济的测量设备及方法，依次按照单站位测量、多站位转站测量、干涉标定/跟踪测量的顺序进行考虑；对于干涉标定和跟踪测量建议采用多台激光跟踪干涉仪、激光跟踪仪干涉功能进行组网测量以进行测量基准坐标系统标定。

(b)测量设备布局设计时需考虑激光跟踪仪稳定的最大测量距离和转站距离,测量参数参照具体型号的使用说明书。

(c)设备布局设计时需谨慎选择转站次数。

(d)引入一个新的激光跟踪仪站位时,要求站位可测量的公共测量点数量至少是 7 个,且这些公共测量点不共线、不共面,考虑在站位转换中,原则上允许删除不超过 15% 的公共测量点,设计时转站公共点设置数量应至少取 9 个。

(e)对于小型工装,基准测量点布置应便于测量设备在一个站位就能采集到所有点;对于大型工装,基准测量点布置应尽量减少测量设备转站次数。

4. 测量可视性设计

(1)可视性设计应首先保证测量设备相对于基准测量点、目标测量特征的布置应具有良好的视线通路。

(2)可视性设计应保证在一个位置观察到的基准测量点、目标测量特征的区域范围和数量最大化,在工装实体部分、重要结构元件拐角处需布置基准测量点,以便在两侧都可看到,特殊情况可设置辅助的测量立柱布置基准测量点以满足可视性。

(3)可视性设计应考虑工艺流程中工装、产品、测量设备的结构布局的变化,应根据工艺变化依次模拟和检查测量设备相对于基准测量点、目标测量特征的视线通路。

(4)可视性设计需考虑断光续接产生的误差,常用设备断光续接测量误差增加 0.01 mm。

5. 测量附件设计

测量附件设计主要包含测量靶标座、测量立柱、测量支架和其他附件等设计内容。

(1)测量靶标座设计。

靶标座主要包含用于布置测量点的 TB 座、目标衬套、反射座等,应按下列要求设计:

①连接结构应稳定性好,与被测对象连接紧密,无晃动。

②靶标座设计或选择需优先考虑匹配现有或通用规格靶球,并应按照规格、尺寸、型号最大限度统一靶标座品类。

③靶标座设计或选择应在提升自身结构的稳定性的同时,应考虑减少末端人为操作因素影响的措施,如选择磁吸式结构。

④应严格控制反射器与靶标座配合结构;用于目标测量特征的靶标座,应严格控制靶标座与支撑结构之间的配合公差和位置公差。

⑤应尽量选择标准货架产品。

(2)测量立柱设计。

测量立柱用于辅助布置基准测量点,应按下列要求设计:

①应保证结构稳定、刚度好,与振动源隔离。

②测量立柱与地面或工装主体固连,设置在地面上的测量立柱应布置在工装主体结构的地基范围内。

③测量立柱整体融入装配系统,自身结构及协调结构便于操作且美观。

(3)测量支架设计。

①测量支架用于测量时放置测量设备,包含支架、升降台等,应按下列要求设计:

②应保证测量周期内的稳定。

③移动测量支架放置于地面或工装平台,不固连,但应指定测量放置位置;固定测量支架直接固连于工装内部或借用工装主体结构。

(4)其他附件设计。

其他附件主要包括工具球、转接靶标座、转接衬套等转接零件,应按下列要求设计:

①工具球应统一后退量和种类规格。

②转接靶标座应统一后退量和种类规格。

③转接衬套用于测量对象孔与转接靶标座或工具球尺寸不匹配时的转接,转接衬套应通过内外径、同轴度等公差要求将转接间隙公差控制在 0.01～0.03 mm 之间,有台肩的转接衬套台肩厚度公差应控制在 0.05 mm 以内。

通过工装测量系统设计,可以输出工装测量系统设计方案,以确保工装的质量,提高生产过程的可靠性和效率,并降低工装的调整和修正成本。

20.3 工装与设备集成设计

1. 总体要求

部总装装配工装与设备的集成要综合考虑每个工位或站位物流配送、物料存放、精益制造、集成检测、精准/安全移动、人机工程、可视化、信息化、生产管控、工艺管理等多方面因素。设备的集成是为了合理实现工作平台与生产过程的完美结合,工作区域的全覆盖、生产物料的快速配置、风网电气的最优配置、工装空间的合理利用、与自动化检测设备的高度融合。

2. 一般要求

(1)总体布局要求及设计依据。

①总体布局要求:结合厂房实际现场,风电系统地井位置,飞机上下架运行方向,同时还应考虑厂房整体规划,并对自动循迹功能类设备,移动类设备预留所需能源接口。

②设计依据:产品技术要求、飞机工艺总方案、技术协议、生产技术条件。

(2)集成设计流程。

集成设计流程见图 20.1。

(3)设备的移动路径规划和移动方案要求。

①每个工位或站位的工装与设备集成需要考虑零组件、成品、材料、工装等生产物料路径进行规划和布置,确保工装与设备集成中设备的运动及移动路径合理,设备满足工装操作要求,且不与工装发生碰撞干涉。

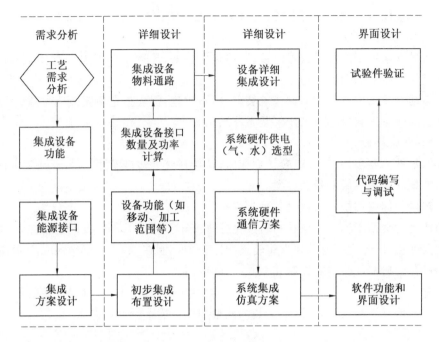

图 20.1　集成设计流程图

②生产线内设备集成应与装配工装协同设计,确保设备各坐标有效行程内不与工装发生干涉。

③移动类设备或集成移动类工装设计方案应对比气动方式、电动方式及液压方式等不同方案,综合工装尺寸、重心、结构分布及厂房地面要求并兼顾厂房能源与产品需求,最终确定移动方案。主要形式有:

(a)气垫方式:承载能力巨大,可达数百吨;移动时几乎没有摩擦,载荷浮在一层气体薄膜之上;使用成本低,基本不需维护;但对地面要求较高,其地面层应致密不透气、无缝、不易起尘,地面坡度不应大于 1‰,且不应有连续长坡。

(b)电动导轨方式:对接效率高,能保持较高的对接精度,缺点是使用成本较高,需在地面提前预埋导轨,否则需要破坏地面。

(c)电动自行方式:可以随时改变生产线的布局,灵活方便,缺点是对接效率较低,需要各种接近传感器控制产品距离及方位,造成成本较高。

(4)预留能源与信息化接口。

①装配工装与设备的集成应全面考虑布置气源接口、信息化网络接口、通风设施接口、电源接口。接口输入端位于每个工位或站位的地井、地坑处,输出端接口布局根据用户需要布置,工作平台应实现站位内各工作部位的实时通信。

②电源、气源接口布置位置及数量需结合人机工程合理设计。

③电源及气源容量设计需兼容多台设备同时使用时峰值的裕度,确保使用安全可靠。

（5）可视化要求。

平台需设置设备运行状态显示屏，并规划 SQCDP（安全、质量、成本、交付、人员）看板摆放位置。

（6）信息化要求。

平台应规划 ERP、MES、对接系统、测试系统终端摆放位置，便于操作人员工作使用，具体位置由使用单位、信息技术处、设计单位协调确定。

（7）精益化要求。

工装的物料摆放位置、摆放方式、平台上的物流通道及集成设备的运动空间、移动方式均应按照精益化的思想进行设计。

（8）稳定性要求。

装配工装与集成设备基础需独立分开，确保工作时两者各自的稳定性，不会相互影响。

（9）避让要求。

装配工装与集成设备应避让飞机蒙皮外所有天线、空速管等外围设备，移动类设备应避让千斤顶、升降地井等地面固定设施。

（10）可维护性。

在集成设计时要考虑后期的可维修性，降低零部件的拆换成本。专用工具及备件的数量要严格限制，保证工具及备件的通用性。维修过程要考虑人的操作能力及维修通路，方便零部件的拆卸及安装。提高同类集成装备易损件的互换性比例。数字化类设备应具有储存故障代码功能，并可通过故障表对照查询。

（11）安全装置及措施。

①设计中考虑工装或设备运行或意外停止时的安全性。

（a）机械式安全措施设计的总体原则是不增加任何附加危险。

（b）大负载移动部件的配重方案设计。

（c）集成装备的电气、气动、液压设置限压装置或监控装置，保证运动过程中的安全性。

（d）对接近过程中的视线产生的障碍最小，对于特殊案例中考虑安全监视系统的设计。

（e）控制器上均应设置手动急停开关；在紧急情况下，按下急停开关可使集成装备停止运动；急停按钮应方便快速操作，具有防差错设计。

（f）具有障碍物检测功能，能实现分区域接近警示或报警、避免碰撞伤害功能，能保证产品及人员安全。

（g）对固定防护、活动防护及可调可控防护的设计应符合 GB/T 15706.2—2007《机械安全　基本概念与设计通则　第 2 部分：技术原则》的要求。

②集成设计中考虑装配工装与设备之间控制逻辑关系的安全性。

（a）提高控制程序控制逻辑的准确性。

（b）急停开关布置的合理性。

(c)操作过程互锁机制。

(d)防误操作措施。

(e)提高报警信息的准确性。

(f)设置过载保护。

(g)各种行程限位、联锁装置、抗干扰屏蔽及急停装置等任何安全装置动作均切断动力回路;急停装置应符合 GB 16754—2021 的相关规定,并不得自动复位。

(h)电气设备的绝缘、屏护、防护间距应符合 GB 5226.1—2019 的相关规定;电器箱、柜与线路应符合电气元件与线路安装标准的规定,周边 0.8 m 范围内无障碍物,柜门开启应灵活。

(i)工作时应有声光报警警示功能。

(12)人机工程。

在保证安全、可靠和工作效率的前提下,充分考虑集成设备与装配工装的制造、使用和维护中的人机关系,一般包括:

①集成设备的装配工装工人操作方式、工作区域高度、物流通道、平台局部保护、人员上机通道等方面均应充分考虑人机工程,实现人员安全、舒适、高效工作。

②设置控制显示屏、仪表和指示刻度显示数据便于查看、识别和理解,物理布局应布置在操作者的最佳视域内,最好选用直读式,各种标志清晰易读。

③各部件单元应布局合理,有足够的操作和维修空间,使用方便,避免在使用和维修过程中造成人员精神状态及姿势不适。

④当工作环境中照明不足时,设计时需增加局部照明装置且为安全电压。

(13)外观设计。

整体喷漆,主体颜色、电气柜、控制柜、电池柜内外表面及支架附件等喷漆,工艺装备表面修饰及颜色按文件执行,装备应具有相应的标识,包括航向、承载要求、安全警示、安全注意事项等。外表美观,设计时应出预先效果图。

通过工装与设备集成设计,可以输出工装与设备集成技术方案,覆盖了转运、制孔、助力和检测等多个方面,可以帮助企业实现工装和设备的高度集成,提高生产效率、降低成本,并确保产品质量和生产线稳定运行。

20.4　工装与风电集成设计

(1)总体设计要求。

①设计依据。

装配工装框架与风、电集成的设计依据应包含:

(a)装配工装框架与风、电集成设计技术条件。

(b)装配工装框架与风、电集成申请单。

(c)装配工装框架及产品数字化模型、图样、专用技术要求。

(d)有关的国家、行业、企业标准。

②设计内容。

装配工装框架与风、电集成的设计内容应包含：

(a)装配工装框架与风、电集成的设计技术条件可行性分析、判断。

(b)风、电集成设计系统中风、电管线的布局规划，以及工装框架开洞位置、固定方式。

①风、电系统详细设计、零组件设计。

(2)一般设计要求。

①材料选取。

材料选取应满足以下要求：

(a)材料选取符合本专业的国家标准、行业标准要求。

(b)材料选取满足实用性、安全性、经济性原则。

(c)压缩空气管道材料选取符合《压缩空气站设计手册》中相关要求。一般压缩空气管道采用不锈钢无缝钢管，参照 GB/T 14975—2012《结构用不锈钢无缝钢管》。

(d)电气材料选取符合 GB 50055—2011《通用用电设备配电设计规范》中电器和导体章节的相关要求。

②成品件选型。

成品件选型原则应满足以下要求：

(a)成品件的参数单位采用国际单位制。

(b)成品件的性能应可靠稳定、功能性强且质优价廉。

(c)成品件应优先选用国内企业生产的产品。

(d)成品件的选用原则及方法参照文件要求。

(e)成品件选型参照《工艺装备成品件选用目录》。

③人机工程。

(a)风、电集成设计中各管线应合理布局，要有足够的操作和维修空间，保证操作人员安全、舒适，实现高效工作。

(b)风、电系统的供气、供电接口采用防差错设计，以减少人为失误，保证操作安全。

④安全性。

(a)风、电系统的管线沿工装框架敷设或设在框架内部，都应考虑装配工装框架结构的稳定性、刚性。

(b)风、电线路的标识要准确、清晰，安全警示标识应粘贴在工装框架、电器柜等显著的位置上，按文件规定执行。

(c)针对复杂、重点项目中的风、电系统设计应编制安全操作使用说明书。

(3)具体设计要求。

①压缩空气系统设计。

(a)依据飞机产品在装配过程中气动工具的用气流量、压力、品质等参数，按 GB 50235—2010、GB 50316—2000 要求进行压缩空气系统设计。设计压缩空气管路时，应与电器专业协调,合理布置,压缩空气管路与电气管线不能紧贴且留有距离,按 GB 50311—2016《综合布线系统工程设计规范》规范要求执行,平行净距不小于 150 mm,垂直交叉净距不小于 20 mm。

(b)装配工装上气动工具的用气点均布在工装框架两侧,通过快速接头与风动工具连接,快速接头的个数多少与工装操作人数有关,压缩空气总管路管径大小与同时工作的风动工具个数有关。快速接头的设置应避开装配工装上的激光检测点,满足工作需求。

(c)为风动工具提供气源的压缩空气管路一般从厂房立柱上端已有的总管路上引出,垂直向下,经过油水分离装置进入管沟或埋地敷设,最终至各工装型架旁的用气点。压缩空气管路直埋深度一般为−0.2～−0.3 m。为了保证压缩空气品质,满足风动工具使用要求,不同的空气品质要求配置油水分离装置。油水分离装置由过滤器、减压阀、油雾器组成。空气过滤装置一般布置在厂房立柱旁,离地 1 m 左右,钢支架支撑,紧固件固定。压缩空气入口处设有手动不锈钢阀门,确保需要时有效切断气源,不锈钢阀门设计安装一般在离地 1.2 m 左右,或人手可及处。压缩空气管道的颜色为中黄色,色环为淡灰,箭头孔雀蓝,详见相关文件要求。

(d)管道系统液压强度试验合格后或气密性试验前,应进行全系统的吹扫和清洗。彻底清洗在安装及试验过程中的焊渣、锈质和积水等。

②电气设计。

(a)设计过程中进线电源必须带有接地系统和接零系统,三相 380 V 进线采用三相五线制电源系统,220 V 进线采用单相三线制系统。设计过程中考虑电磁兼容性,以保证电气装备在预期使用环境中可以可靠运行。配电箱及控制柜外壳设计可靠的接地系统,确保人身安全。

(b)进线电源处设计加装带漏电保护的断路器或隔离开关,确保需要时有效切断电源,且切断开关设计安装在人手可及处。中、大型装配工装进线电源加装浪涌保护器,防止闪电和开关浪涌引起系统损坏。

(c)工装总电源一般由厂房已有动力箱引出,沿桥架或埋地敷设至工装型架配电箱,接入配电箱内总开关回路。

(d)工装上的电源线路敷设,工装腔体内空间足够的情况下,线路用电缆穿管保护敷设在腔体内,空间不够情况下,线路用槽线沿工装敷设;不同电压等级线路不得穿同一管、槽。电气导线线径选择与线路敷设严格按照工业与民用配电设计手册要求进行。

(e)照明用变压器,工装腔体内空间足够的情况下,安装在工装腔体内,空间不够情况下,安装在工装供电的配电箱内。

(f)插座回路应配置剩余电流动作保护装置,按场所环境特征选择动作参数,PE 线不得接入其装置,始终保持其连续性、可靠性。插头插座采用防差错设计,不同的电压等级选用不同规格的插座、插头;镶嵌式插座配安装盒。

(g)电气导线线径选择与线路敷设严格按照工业与民用配电设计手册要求进行。

(h)一般情况下照明电源采用 36 V 安全电压;工装照明照度为 300～500 lx,对于试验件类的工装配置充电式移动灯具,固定式单一工装,整体照明可采用固定式照明灯具,局部可配置便携式灯具,复杂综合类工装整体照明可采用固定式照明灯具,局部可配置便携式及移动式灯具。

(i)配电箱、柜门上应贴有"当心触电"内容的电气安全标识,安全标识按照GB 18209.1—2010《机械电气安全　指示、标志和操作　第 1 部分:关于视觉、听觉和触觉信号的要求》标准用铝板制作。门内侧应贴有电气系统图,并标明电器元件参数;柜内零线、地线端子应按国家标准规定有标识。配电箱、柜应带有产品合格证及电器成品件合格证。

第 21 章　数字化生产线案例

21.1　翼盒生产线

该生产线重点满足 A320 飞机和 C919 飞机增量需求,同时可兼容 ARJ21、AG600 等飞机生产要求。依据 C919 翼盒装配工艺,制定 C919 翼盒装配流程,如图 21.1 所示。

图 21.1　C919 翼盒的装配流程图

(1)工装需求识别。

依据 C919 翼盒装配工艺流程和装配工序步骤,并针对各装配步骤进行详细分析,确定所需的工装类型和工装数量,如表 21.1 所示。

表 21.1　翼盒工装需求数量

序号	工装名称	数量
1	翼盒前缘装配工装	1
2	翼盒后缘装配工装	1
3	翼盒骨架装配工装	1
4	翼盒上壁板装配工装	1
5	翼盒下壁板装配工装	1
6	自动化制孔设备	1

续表21.1

序号	工装名称	数量
7	电脉冲铆接末端执行器	1
8	大部件自动测量装备	1

（2）工装方案。

①工装技术方案。

（a）产品放置状态为前缘向上。工装主体结构采用数字化、模块化、标准化设计。零组件上下架方式为架内吊车吊装，翼盒组件下架方式为架外电动翻转。

（b）工装移动方式为导轨、轮组和助力牵引车混合驱动。

（c）翼盒装配过程中，利用状态感知技术，实时采集工装状态信息，分析、溯源产品装配质量异常的原因，监控装配应力实际情况。

（d）基于数字孪生技术实现生产线工装全生命周期健康管理。

②设备选型。

（a）制孔设备选型。

与其他制孔设备相比，LTD（精益技术制孔设备）具有精度、效率、稳定性更高等优点，故选用LTD制孔设备，如图21.2所示。

(a) 爬行机器人

(b) 7轴机器人

(c) 虚拟五轴

(d) LTD制孔设备

图21.2　制孔设备

（b）紧固件自动安装设备选型。

图21.3采用自动送钉、人工插钉、高效能低电压电脉冲铆接末端执行器，实现人机协同高效干涉高锁螺栓自动安装。

图 21.3　电脉冲铆接末端执行器

图 21.4 采用螺母人机协同安装单元,实现人工微拧螺母、机器人精确拧紧安装。

图 21.4　机器人螺母拧紧安装

(c)数字化测量设备选型。

如图 21.5 所示,采用移动式自动化三维测量装备,该设备集 AGV、工业机器人及测量装置为一体,可沿地面磁条在测量区域任意进行移动、测量。

大部件三维自动测量装备

测量末端

图 21.5　大部件三维自动测量

(d)数字孪生系统。

如图 21.6 所示,将厂房、设备、工装、人员、产品、产线资源等全部渲染三维化,孪生出虚拟环境,生产线三维可视化基于工业数据驱动数字孪生系统,实现产线级孪生,实时监控、辅助决策等能力,提高产线设备的协同能力,提高生产效率、人机交互效率。

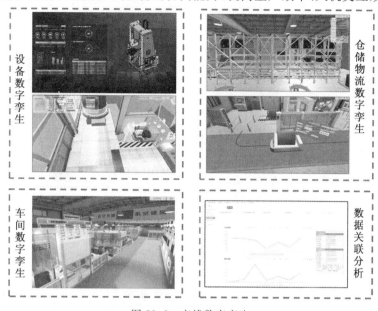

图 21.6　产线数字孪生

(e)智能生产线管控系统。

如图 21.7 所示,应用 5G、云边端技术,实现制造资源智能化、生产过程智能化、质量管控智能化。

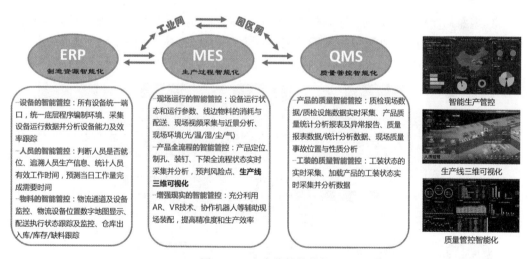

图 21.7　生产线智能管控

(f)线边智能物流。

如图 21.8 所示,应用线边智能物流技术实现工装、零件、标准件、漆胶料、生产辅料在各站位间按脉动节拍精准配送。利用 AGV 线边物流小车和智能存储中心,实现线边物流智能配送;实现车间接收点智能分拣与车间内物流状态的实时跟踪和闭环反馈给智能存储中心;形成物料配送过程网络化管理以及库存和站点动态信息的高度闭环;实现车间内物流信息实时采集、物料状态实时确认、物流数据可跟踪可追溯。

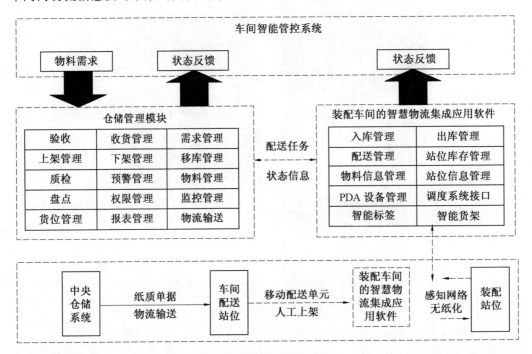

图 21.8　线边智能物流技术

(3)生产线布局规划。

　　U 型布局零件流动方向一致,操作者 U 型区域内行走,缩小活动范围可单人操控多台设备。翼盒装配流程在整体上装配工艺顺序上下衔接,整体上应采用 U 型布局方式。依据厂房条件、站位工作任务等布设装配站位,如图 21.9 所示。

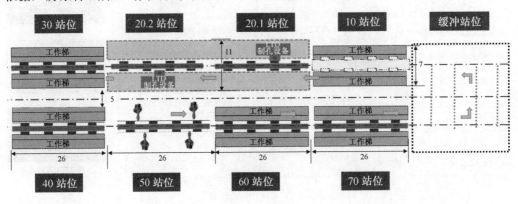

| 10 站位:骨架安装 | 20.1 站位:下壁制孔 | 20.2 站位:上壁制孔 | 30 站位:下壁补孔 |
| 40 站位:上壁补孔 | 50 站位:下壁连接 | 60 站位:上壁联接 1 | 70 站位:上壁连接 2 |

图 21.9　站位规划图

21.2　舱门生产线

A220 飞机舱门工作包月产 4 架。按照公司规划目标需求,需要通过生产线规划改善,在现有人力基础上实现月产 6 架的生产能力。A220 飞机舱门工作包单架份需完成 8 个门的装配任务,分别是前登机门(FPD)、后登机门(APD)、前服务门(FSD)、后服务门(ASD)、前货舱门(CCD-1)、后货舱门(CCD-2)、左应急门(OWEED-1)、右应急门(OWEED-2)各 1 个,图 21.10 为前登机门装配流程图(其他门装配顺序与前登机门相同)。前登机门从主结构定位至存储发运共分为 8 个站位节拍,除检验调试工位上/下架过程中需使用吊车外,其余各站位节拍之间全部需要采用人工拖车转移。

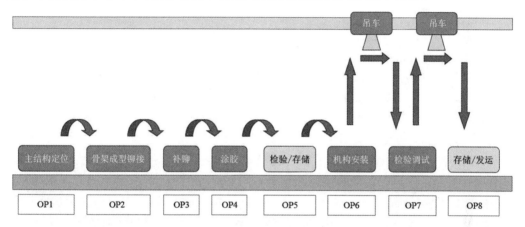

图 21.10　前登机门装配流程图

(1)工装需求识别。

根据公司规划目标需求,A220 项目舱门生产线未来年产量为 72 架,即月产 6 架,按照每个月有效工作天数 24 d、每天工作时间为 7.5 h 计算,生产线节拍 CT(cycletime)为 24/6＝4 d/架。基于上述工时曲线和客户生产节拍要求计算得出所需工装数量如表21.2 所示。

表 21.2　舱门工装需求数量

序号	工装名称	所需工装数量
1	前登机门装配工装	2
2	后登机门装配工装	2
3	前服务门装配工装	2
4	后服务门装配工装	2
5	货舱门装配工装	2
6	应急门装配工装	2

续表21.2

序号	工装名称	所需工装数量
7	补铆工装	4
8	前登机门检验工装	1
9	后登机门检验工装	1
10	前服务门检验工装	1
11	后服务门检验工装	1
12	货舱门通用检验工装	1
13	应急门通用检验工装	1

（2）工装方案。

A220飞机舱门工作包单架份需完成8个门的装配任务，分别是前登机门、后登机门、前服务门、后服务门、前货舱门、后货舱门、左应急门、右应急门各1个。各舱门的装配工装采用传统的刚性工装。前登机门从主结构定位至存储发运共分为8个站位节拍，除检验调试工位上/下架过程中需使用吊车外，其余各站位节拍之间全部需要采用人工拖车转移。

（3）生产线布局规划。

根据图21.10、图21.11所示的舱门装配工艺流程以及作业单位物流相关图可知，A220项目舱门工作包在整体上装配工艺顺序上下衔接，整体上应采用串联布局方式。由于未来舱门需达到年产120架的生产能力，交付节奏较快，因此需要保证生产线持续稳定生产，对生产线应对风险能力要求较高，因此局部瓶颈站位采用并联布局方式，即鱼骨型布局为最佳选择。

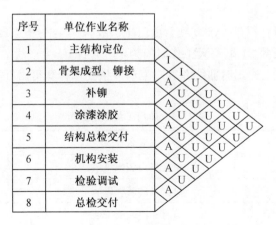

图21.11 舱门生产线作业单位物流相关图

依据厂房条件、站位工作任务等布设装配站位，如图21.12～图21.14所示。

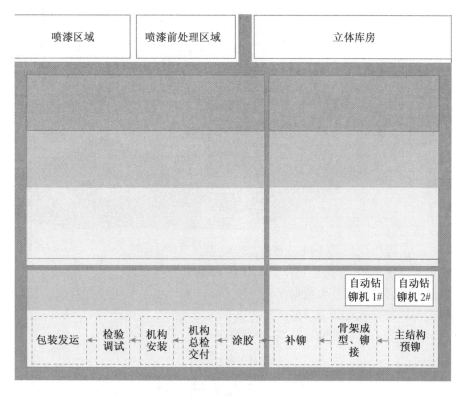

图 21.12　舱门生产线整体布局

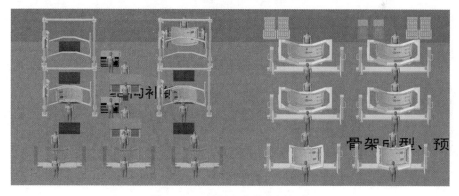

图 21.13　舱门生产线布局细节

21.3　总装生产线

总装是飞机装配工作的最后阶段,总装阶段完成的工作包括飞机大部件对接装配、机载设备安装调试,以及系统成附件安装调整等;因此,飞机总装具有装配精度要求高、专业性强、工作量大、任务计划复杂等特点,其装配质量与装配效率直接影响飞机的研制

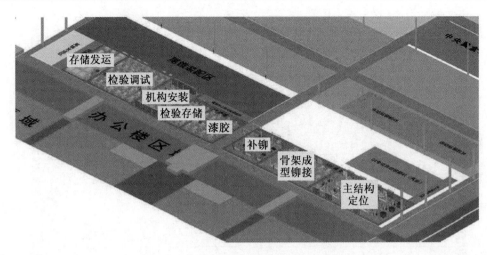

图 21.14　舱门生产线三维工艺布局效果

周期。由前文分析可知,与固定站位式生产线相比优势明显,故总装产线也采用脉动生产线,将物联网、云计算以及大数据等先进技术引入到飞机总装生产过程中,实现移动式装配和智能制造的有机结合。依据生产线重点满足飞机总装生产需求,确定总装生产线边界条件。图 21.15 所示为脉动总装装配流程图。

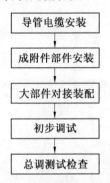

图 21.15　脉动总装装配流程图

(1)工装需求识别。

依据脉动总装装配流程,并针对各装配步骤进行详细分析,确定所需的工装类型和工装数量,如表 21.3 所示。

表 21.3　工装类型和数量

序号	工装名称	所需工装数量
1	发动机安装平台	1
2	起落架安装平台	1
3	翼身对接平台	1
4	飞控及机电管理系统测试及故障诊断智能平台	1

（2）工装方案。

①产品放置状态为前缘向上。工装主体结构采用数字化、模块化、标准化设计。零组件上下架方式为架内吊车吊装,翼盒组件下架方式为架外电动翻转。②工装移动方式为 AGV 驱动。③翼身对合装配过程中,利用力传感器和视觉传感器实时采集定位器状态信息,分析、溯源产品装配质量异常的原因,监控装配应力实际情况。

图 21.16 所示为脉动总装智能生产线的架构。智能总装生产线由智能总装生产过程建模与仿真优化系统、智能生产管控系统、智能物料配送系统、基于物联网的制造信息智能感知系统和智能制造云服务平台等组成。

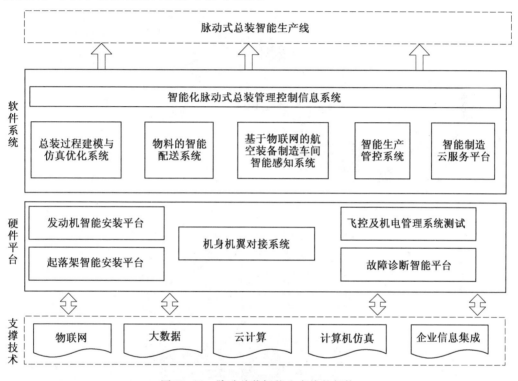

图 21.16 脉动总装智能生产线的架构

发动机安装平台由全向移动平台、升降系统、精密调姿系统、控制系统组成,如图 21.17 所示。全向移动平台将发动机转运就位后,升降系统将发动机顶升至适当高度,完成发动机安装前的初步定位。初步定位结束之后,控制精密调姿系统完成发动机的顶升、调姿、平移和旋转等,最终完成发动机的精密定位、对接、安装。

起落架安装平台主要用于主/前起落架安装,完成起落架与机身的快速对接。起落架安装平台由起落架安装车、专用托架和控制系统组成,如图 21.18 所示。

翼身对接平台采用全向移动平台作为底盘,在上面安装有 3 台调姿定位器(图 21.19)。调姿定位器完成机翼升降、俯仰和翻滚等动作,实现机翼与机身对接的精确定位。

飞控及机电管理系统测试及故障诊断智能平台将参数测试过程与合格研判过程进

图 21.17　发动机安装平台安装

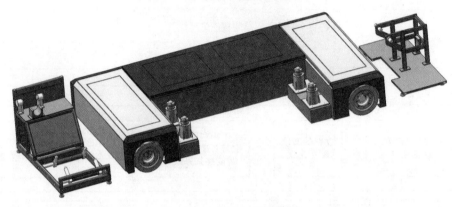

图 21.18　起落架安装平台

图 21.19　机翼调姿定位器

行集成,实现智能研判,并记录合格参数,通过测试设备与 MES 系统连接和数据接口,实现合格测试数据实时上传记录,从而实现飞控、机电管理等系统测试过程的智能化。

(3)生产线布局规划。

根据总装生产线的脉动总装工艺流程及实际生产情况,将总装脉动生产线划分为 5 个装配站位,采用一字流水布局,根据各站位作业需求对各站位进行相应的适应性设计,各站位进行的工艺内容如图 21.20 所示。第 1 站位完成导管、电缆安装和操纵系统支座、拉杆等基础安装;第2站位完成液压、燃油、飞控、电气等系统成附件安装;第3站位完成起落架、发动机、机翼等大部件安装,大部件对接完成后,飞机就可以落地牵引前进;第4站位完成搭接电阻测量,通电、通压等功能测试;第5站位完成飞控等系统的复杂调试、全机水平测量、大检查等工作。

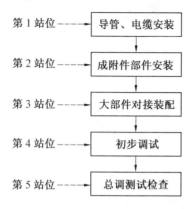

图 21.20　脉动总装工艺流程

参 考 文 献

[1] 冯子明.飞机数字化装配技术[M].北京:航空工业出版社,2015.

[2] 王海宇.飞机装配工艺学[M].西安:西北工业大学出版社,2012.

[3] 《航空制造工程手册》总编委会.航空制造工程手册:飞机装配[M].北京:航空工业出版社,2010.

[4] 《航空制造工程手册》总编委会.航空制造工程手册:飞机工艺装备[M].北京:航空工业出版社,1994.

[5] 柯映林.飞机数字化装配技术及装备[M].北京:科学出版社,2023.

[6] 范玉青,梅中义,陶剑.大型飞机数字化制造工程[M].北京:中航出版传媒有限责任公司,2014.

[7] 朱永国,黄翔,宋利康.飞机大部件数字化对接装配[M].哈尔滨:哈尔滨工业大学出版社,2019.

[8] 何胜强,姚丽瑞.大型飞机数字化装配技术与装备[M].北京:航空工业出版社.2013.

[9] 张旭.工艺装备制造方法及常用材料[J].工业 C,2016(4):275-276.

[10] 吴拓.机床夹具设计实用手册[M].北京:化学工业出版社,2014.

[11] 张应立.机械安全技术实用手册[M].北京:中国石化出版社,2009.

[12] 孔理,付慧桥,闫建伟,等.飞机装配工装管理系统的研究与开发[J].机械制造,2019,57(2):64-67,71.

[13] 戴晓波.论变配电设计中常见的问题及对策[J].工业 C,2016(4):274.

[14] 闫宝强,杨文举,张程.飞机外翼总装型架数字化设计技术研究与应用[J].航空科学技术,2018,29(10):11-15.

[15] 陈伟.民机机身壁板结构装配偏差的数字化协调方法研究[D].上海:上海交通大学,2014.

[16] 李长杰.飞机工装设计知识管理技术研究与应用[D].上海:上海交通大学,2014.

[17] 胡铮.大型机翼活动翼面安装调试技术研究[D].哈尔滨:哈尔滨工业大学,2019.

[18] 张迪.大规模定制环境下基于工艺相似性的工时模块化方法研究[D].重庆:重庆大学,2014.

[19] 徐艳莉.组合夹具在生产过程中的应用[J].机械研究与应用,2013(4):100-102.

[20] 苏霞,景新荣,刘向丽,等.防差错技术在航空产品中的应用[J].自动化应用,2016(7):76-78,109.

[21] 孔志礼.机械产品参数化设计技术[M].北京:国防工业出版社,2014.

[22] 魏晓东.飞机装配工装快速设计技术研究与系统开发[D].南京:南京航空航天大

学,2019.

[23] 耿育科.基于多场扰动的飞机装配工装目标精度机理探索[J].航空制造技术,2022,65(18):14-22.

[24] 郭志敏,蒋君侠,柯映林.一种精密三坐标 POGO 柱设计与精度研究[J].浙江大学学报,2009,43(9):1649-1654.

[25] 朱永国,张文博,刘春锋,等.基于 SDT 和间接平差的中机身自动调姿精度分析[J].航空学报,2017,38(12):291-304.

[26] 朱永国,张文博,邓正平,等.基于激光跟踪仪和机器视觉的飞机翼身对接装配偏差动态综合修正[J].机械工程学报,2019,55(24):187-196.

[27] 卢秉恒.机械制造技术基础[M].3 版.北京:机械工业出版社,2008.

[28] 渠振州.嵌入式自动导引小车(AGV)系统研究与设计[D].天津:河北工业大学,2013.

[29] 朱永国.飞机大部件自动对接若干关键技术研究[D].南京:南京航空航天大学,2011.

[30] 牛秦玉,李美凡,赵勇.改进人工势场法的 AGV 路径规划算法研究[J].机床与液压,2022,50(17):19-24.

[31] 蔡自兴.机器人学基础[M].北京:机械工业出版社,2009.

[32] 陈晓光.双端虎克铰并联运动模拟器机构的分析[D].哈尔滨:哈尔滨工业大学,2011.

[33] 陈晓光,李超锋,焦胜海,等.双端虎克铰 Hexaglide 并联机构零姿态工作空间分析[J].机械设计与制造,2020(11):266-270,274.

[34] 戴肇鹏.飞机部件对接调姿技术研究与软件开发[D].南京:南京航空航天大学,2015.

[35] 兰自立.飞机数字化调姿对接验证平台的设计与关键技术研究[D].哈尔滨:哈尔滨工业大学,2019.

[36] 孙元亮,张超.基于物联网的飞机移动总装生产线管理关键技术[J].航空制造技术,2019,62(8):30-37,60.

[37] 薛红前.飞机装配工艺学[M].西安:西北工业大学出版社,2015.

[38] 李继红.飞机制造中工装数字化技术的应用研究[D].西安:西北工业大学,2001.

[39] 巴晓甫,赵安安,郝巨,等.模块化柔性飞机装配生产线设计[J].航空制造技术,2018,61(9):72-77.

[40] 林美安.飞机机身装配工艺及仿真技术研究[D].南京:南京航空航天大学,2010.

[41] 姜宇航.空间曲面薄壁零件多点定位机理及其夹持方法研究[D].沈阳:沈阳航空航天大学,2013.

[42] 宋利康,朱永国,刘春锋,等.大飞机数字化装配关键技术及其应用[J].航空制造技术,2016(5):32-35,51.

[43] 陈文亮,安鲁陵.飞行器制造技术基础[M].北京:北京航空航天大学出版社,2014.

[44] 蔡玮. 双线并行飞机总装脉动式装配线平衡与调度问题研究[D]. 成都:西南交通大学,2021.

[45] 王俊芳. 某型飞机座舱盖机器人制孔末端执行器研究[D]. 沈阳:沈阳工业大学,2022.

[46] 曹爱民. 某飞机排气筒激光焊接工艺装备的研究[D]. 哈尔滨:哈尔滨工业大学,2020.

[47] 陈鑫. 预应力磨削家具及加载系统的设计与分析[D]. 沈阳:东北大学,2016.

[48] 陈蔚芳. 夹具敏捷设计若干关键技术研究[D]. 南京:南京航空航天大学,2007.

[49] 肖继德,陈宁平. 机床夹具设计[M]. 2 版. 北京:机械工业出版社,2011.

[50] 杨殿英. 机械制造工艺[M]. 北京:机械工业出版社,2009.

[51] 刘文周. 数控组合夹具典型应用实例[M]. 北京:机械工业出版社,2015.

[52] 王新峰,杨宝华,王伟华,等. 飞机地板搅拌摩擦焊的多工位柔性化自动装夹装备设计研究[J]. 现代制造技术与装备,2020,56(12):4-7.

[53] 林承全. 冲压模具设计[M]. 北京:中国轻工业出版社,2010.

[54] 王秀凤,李卫东,张永春. 冷冲压模具设计与制造[M]. 4 版. 北京:北京航空航天大学出版社,2016.

[55] 魏春雷,张宁. 冲模设计与案例分析[M]. 2 版. 北京:北京理工大学出版社,2014.

[56] 李桂东. 复合材料构件热压罐成型工装设计关键技术研究[D]. 南京:南京航空航天大学,2010.

[57] 杨连发. 冲压工艺与模具设计[M]. 西安:西安电子科技大学出版社,2013.

[58] 鲁成旺. 复合材料构件热压罐成型工装参数化设计及优化[D]. 杭州:浙江大学,2018.

[59] 高文柱,杨彩友,王磊. 自然导航无人驾驶冶金框架运输车的设计与制造[J]. 起重运输机械,2019(22):60-63.

[60] 裘禄. 飞机部件全向运输平台的研究与开发[D]. 南京:南京航空航天大学,2011.

[61] 张坤,黄丙寅. 基于试验的地面保障设备适应性评估验证技术研究[J]. 西安航空学院学报,2017,35(3):20-24.

[62] 崔璐璐. 某型飞机液压系统清洗试验台设计与研究[D]. 哈尔滨:哈尔滨工业大学,2015.

[63] 贾玉红,何景武. 现代飞行器制造工艺学[M]. 北京:北京航空航天大学出版社,2010.

[64] 刘振宇. 橡皮囊成形回弹工艺数模构建技术研究[D]. 沈阳:沈阳航空航天大学,2019.

[65] 刘敏,王大维,杨艳瑞,等. 空客 A220 飞机舱门精益生产线规划研究[J]. 航空制造技术,2021,64(8):50-57.

[66] 李再有. 浅谈生产车间压缩空气系统的设计[J]. 液压气动与密封,2020,40(3):48-49,54.

［67］刘楚辉,柯映林.飞机翼身对接装配中的接头测量与评价技术［J］.浙江大学学报(工学版),2011,45(2):201-208.

［68］邱波,王小凌,张宇航.一种自行走式飞机柔性称重系统的测量方法［J］.电子测量技术,2020,43(19):1-4.

［69］崔馨予.数控铣削数字孪生模型研究及面向能效的加工参数优化［D］.哈尔滨:哈尔滨工业大学,2021.

［70］宋利康,郑堂介,朱永国,等.飞机脉动总装智能生产线构建技术［J］.航空制造技术,2018,61(1):28-32.